리만 가설

PRIME OBSESSION:
Bernard Riemann and The Greatest Unsolved Problem in Mathematics
by John Derbyshire ⓒ 2003
First published in English by Joseph Henry Press an imprint of the National
Academies Press. All rights reserved.
This edition of published under agreement with the National Academy of Sciences.
Illustrations by Van Nguyen
Korean translation copyright ⓒ 2006 by Seung San Publishers
Korean translation rights arranged with Chandler Crawford Agency, Inc.
through EYA(Eric Yang Agency).

이 책의 한국어판 저작권은 EYA(Eric Yang Agency)를 통한 Chandler Crawford Agency, Inc.와의
독점계약으로 한국어 판권을 도서출판 승산이 소유합니다.
저작권법에 의하여 한국 내에서 보호를 받는 저작물이므로 무단 전재와 복제를 금합니다.

리만 가설 : 베른하르트 리만과 소수의 비밀 / 존 더비셔 지음 ; 박
병철 옮김. -- 서울 : 승산, 2008
  p. ;   cm

원표제: Prime obsession : Bernhard Riemann and the great-
est unsolved problem in mathematics
원저자명: John Derbyshire
색인수록
권말부록: 노래로 부르는 리만 가설
영어 원작을 한국어로 번역
ISBN 978-89-88907-88-7 03410 : ₩20000

412.3-KDC4
512.73-DDC21   CIP2008000670

리만 가설

베른하르트 리만과 소수의 비밀

Prime Obsession
Bernhard Riemann and the Greatest Unsolved Problem

$$\sum_n n^{-s} = \prod_p \left(1 - p^{-s}\right)^{-1}$$

| 존 더비셔 지음 | 박병철 옮김 |

승산

지식탐험의 걸작, 탁월한 필치
《워싱턴 타임스(The washington Times)》

읽을 가치가 충분히 있다
《워싱턴 포스트(The Washington Post Book World)》

수학의 역사 탐험… 재미로 가득한 이야기들
《이코노미스트(The Economist)》

리만 시대의 흥미진진한 이야기
《아메리칸 사이언티스트(American Scientist)》

더비셔, 어려운 주제를 우아한 필치로 풀어내다
《사이언스 뉴스 매거진(Science News Magazine)》

더비셔는 어려운 수학 주제를 쉽게 풀어내는 타고난 이야기꾼이다
《뉴 크라이테리언(New Criterion)》

아직 풀리지 않은 수학의 최대 난제를 자세하면서도 알기 쉽게, 친숙한 필체로 소개한 책
-키스 데블린(Keith Devlin), 『The Millenium Problems(새 천년의 문제들)』의 저자

소수에 미친 사람들,
베른하르트 리만의 일생과 수학 역사상 가장 어려운 문제에 관한 이야기이다. 그동안 수학이나 수학자에 관한 책을 읽으면서 알맹이가 없다고 느꼈다면, 이 책을 반드시 읽어 보기 바란다. 저자인 더비셔는 수학을 매우 친절하면서도 수준 높게 설명하고 있다. 나는 이 책 덕분에 세상에서 가장 어려운 수학 문제인 리만 가설의 실체를 알게 되었다. 이것만으로도 충분한 보상을 받았다고 생각한다.
(R. 리처드슨Michael R. Richardson, 전직 교사, 뉴욕 거주) Amazon 독자서평

정말로 멋진 수학 책!
일반 독자들을 위해 리만 가설을 쉽게 풀어쓴 책이다. 홀수 장은 수학 자체에 관한 내용을 담고 있고, 짝수 장에는 수학의 역사가 일목요연하게 정리되어 있다. 애초에는 역사에 관한 부분을 뛰어넘으려고 했으나, 처음 몇 문장을 읽다 보니 나도 모르게 완전히 빠져들고 말았다. 나는 매일 밤마다 이 책을 읽었고, 읽다가 나도 모르게 잠든 적은 단 한 번도 없었다. 물론 나는 수학을 잘 모른다. 그러나 나는 이 책을 읽으면서 마치 수학교수가 된 듯한 기분마저 들었다. 저자의 설명이 그만큼 친절하고 자세했기 때문이다. 이 책을 읽는 동안에는 나 자신이 괴짜 수학자가 되어 고상한 수학의 세계를 마음껏 날아다니는 피터팬이 된 듯이 느껴졌다. 요즘 나는 수학자가 되어 리만 가설을 직접 증명하는 꿈을 꾸고 있다.
(스티븐 매슈Stephen Mathews, 플로리다 선라이즈 거주) Amazon 독자서평

최고의 걸작이다
이 책은 추상적인 수학개념을 현실적인 대상과 연결시키고 있다. 예를 들어, 카드 쌓기에 관한 내용은 정말로 흥미진진하다. 수학사를 정리한 장들(짝수 장)도 매우 재미있다. 저자는 수학뿐만 아니라 수학 역사에도 달통한 사람인 것 같다. 나는 이 책을 읽으면서 다른 책에서 잘못 서술되거나 오해의 소지가 있는 내용들(특히 동유럽의 수학사)을 일목요연하게 정리할 수 있었다.
(로만roman, 폴란드) Amazon 독자서평

로지에게

| 서 문 |

1859년 8월, 베른하르트 리만Bernhard Riemann은 겨우 서른두 살의 나이로 수학자 최고의 영예라 할 만한 베를린학술원의 회원이 되었다. 그때 리만은 당시의 관례를 따라 자신이 연구하던 주제로 논문을 작성하여 학술원에 제출하였는데, 별로 특별할 것도 없이 일상적인 산술에 관한 내용을 담은 그 논문의 제목은 〈주어진 수보다 작은 소수의 개수에 관한 연구On the Number of Prime Numbers Less Than a Given Quantity〉였다. 이 논문에서 리만은 주제를 부각시키기 위해 다음과 같은 질문을 던졌다. "20 미만의 자연수들 중 소수prime number는 몇 개인가?" 답은 2, 3, 5, 7, 11, 13, 17, 19, 즉 8개이다. 그렇다면 1,000 미만의 자연수들 중에는 소수가 몇 개나 있을까? 100만보다 작은 소수는 몇 개일까? 소수를 일일이 세는 중노동으로부터 우리를 구제해 줄 일반적인 규칙이 과연 존재할 것인가?

리만은 요즘 보기에도 고등수학이라 할 만큼 세련된 방법을 동원하여 이 문제와 씨름을 벌이던 중에 대단히 강력하면서도 그 성질이 매우 미묘한 하나의 수학적 대상을 만들어 냈다. 그리고 논문의 중반부에서 이 대상과 관련된 하나의 추측을 언급하고는 다음과 같이 마무리 지었다.

> 나는 이 추측이 옳다는 것을 증명하기 위해 몇 번의 시도를 해 보았지만 결국 실패했다. 물론 이것은 엄밀한 증명을 거쳐야 하겠으나, 지금 당장은 논문의 주제와 직접적인 관련이 없으므로 생략하겠다.

그 후로 십여 년 동안 리만의 추측은 세간의 관심을 끌지 못하다가 서서히 그 중요성이 부각되면서 결국 수학자들의 마음을 완전히 사로잡게 된다.

이렇게 된 계기는 앞으로 이 책의 본문에서 구체적으로 언급될 것이다.

리만이 그의 논문에서 짤막하게 언급했던 추측은 훗날 리만 가설Riemann Hypothesis이라는 이름으로 불리면서 20세기의 수학자들을 무던히도 괴롭혔고, 지금도 그 사실 여부는 증명되지 않은 채로 남아 있다. 사실 리만 가설은 최근에 해결된 역사 깊은 수학 문제들보다 중독성이 훨씬 심하다. 페르마의 마지막 정리Fermat's Last Theorem(1637년에 제기되어 1994년에 풀림)와 4색 문제Four Color Theorem(1852년에 제기되어 1976년에 풀림)를 비롯하여 전문 수학자들이 별로 관심을 갖지 않는 변두리 문제에 이르기까지, 그동안 세간의 관심을 집중시킨 수학 문제는 많이 있었지만 그 중에서도 리만 가설은 전문 수학자들이 가장 많은 관심을 갖고 있는 미해결 문제이다. 리만 가설은 모든 수학자들이 에이하브 선장과 같은 심정으로 찾아 헤매는 백경(白鯨)과도 같은 존재인 것이다.

수학자들은 20세기를 리만 가설과 씨름하면서 다 보내 버렸다. 당대 최고의 수학자였던 힐베르트David Hilbert는 1900년 8월에 파리에서 개최되었던 제2차 국제수학자회의ICM에서 다음과 같이 언급하였다.

> 소수의 분포에 관한 이론은 최근 들어 아다마르Hadamard와 발레 푸생de la Vallée Poussin, 그리고 폰 망골트von Mangoldt 등에 의해 기본적인 진전을 보였다. 그러나 이 문제의 완전한 해법은 리만의 〈주어진 수보다 작은 소수의 개수에 관한 연구On the Number of Prime Numbers Less Than a Given Quantity〉라는 논문에 가설의 형태로 이미 제시되어 있다. 불행히도 우리는 그 가설의 참·거짓 여부를 아직도 증명하지 못하고 있다 ….

그로부터 100년 후, 하버드대학의 수학과 교수를 역임하고 현재 프린스턴 고등과학원 원장으로 있는 필립 그리피스Phillip A. Griffiths는 《아메리칸 매스매티컬 먼슬리American Mathematical Monthly, AMM》라는 수학 월간지의 2000년 1월호에 '21세기의 도전 과제'라는 제목으로 다음과 같은 글을 게재하였다.

> 20세기에 수학은 엄청난 진보를 이룩했지만 십여 개의 유서 깊은 문제들은 아직 해결되지 않고 있다. 이들 중 다음 세 가지의 문제가 가장 중요하고 흥미롭다는 데 이의를 달 사람은 없을 것이다.
> 리만 가설 — 첫 번째 문제는 단연 리만 가설이다. 이 문제는 지난 150년 동안 수학자들을 괴롭혀 왔고….

미국의 부유한 수학 애호가들은 지난 몇 해 동안 기금을 모아 여러 개의 수학 연구 재단을 설립하였다. 클레이수학연구소Clay Mathematics Institute(보스턴의 은행가인 클레이Landon T. Clay가 1998년에 설립)와 미국수학연구소American Institute of Mathematics(캘리포니아의 사업가인 존 프라이John Fry가 1994년에 설립) 등이 대표적인 사례인데, 이들은 모두 리만 가설을 증명하려는 목적으로 세워진 연구소들이다. 클레이수학연구소 측에서는 리만 가설이 참(또는 거짓)임을 증명하는 사람에게 100만 달러의 상금을 걸어 놓고 있으며, 미국수학연구소는 리만 가설을 주제로 전 세계의 수학자들이 참석하는 학회를 꾸준하게 개최해 오고 있다(1996, 1998, 2002년). 이러한 노력들이 어떤 결실을 맺을지는 좀 더 지켜 볼 일이다.

페르마의 마지막 정리나 4색 문제와는 달리, 리만 가설은 내용 자체가 어렵기 때문에 수학을 전공하지 않은 일반인들에게는 그다지 친숙한 문제가 아니다. 난해한 수학 이론을 배경으로 하고 있는 리만 가설을 간단하게 표현하자면 다음과 같다.

리만 가설

제타 함수 ζ function의 자명하지 않은 non-trivial 모든 근들 zeros은 실수부가 $\frac{1}{2}$이다.

고등교육을 제대로 받았다 해도 수학을 전공하지 않은 사람들은 대체 무슨 소리인지 갈피를 잡기가 어려울 것이다. 거의 아프리카 오지의 토속어 수준이다. 본문에서 이러한 가설이 나오게 된 역사적 배경과 관련 인물들을 소개하고, 리만 가설을 이해하기 위한 수학적 배경 지식들을 단계적으로 소개하려고 한다. 이 책의 목적은 수학을 전공하지 않은 일반 독자들도 리만 가설을 이해할 수 있도록 관련 정보들을 가능한 한 쉬운 형태로 제공하는 것이다.

* * * * *

이 책의 순서는 아주 간단하다. 홀수 번호가 붙은 장 chapter에서는 수학적인 내용들을 주로 다루면서 독자들로 하여금 리만 가설을 수학적으로 이해하고 그 중요성을 인식할 수 있도록 돕는 데 주안점을 두었다(처음에는 홀수가 아니라 소수 장에 이 내용들을 할당하려고 했었으나 독자들이 혼란스러워할 것 같아서 포기했다). 그리고 짝수 번호가 붙은 장은 주로 역사적인 배경과 관련 인물들(주로 수학자들)에 관한 내용이 담겨 있다. 그러므로 수식을 좋아하지 않는 독자들은 짝수 장만 골라서 읽으면 된다. 물론 수학적 성향이 강하면서 수학사나 에피소드에 별로 관심이 없는 독자들은 홀수 장만 읽을 수도 있다. 사실, 수학에 관한 글을 쓰면서 이런 식의 분리법을 고수하는 것은 조금 부자연스러운 일이라 끝까지 엄밀하게 분리되었는지는 자신하기 어렵지만 기본적인 패턴은 그런대로 지켜졌다고 본다. 이 책을 읽다 보면 알게 되겠지만 홀수 장에는 수식이 압도적으로 많고 짝수 장에는 수식이 거의 없다. 그러므로 독자들은 취향에 따라 한쪽만 골라 읽어도 전체적인 윤곽을 잡는 데는 별 어려움이 없을 것이다. 그러나 가능하다면 모든 내용을 빠짐없이 읽을 것을 권한다.

이 책은 지적인 자극을 즐기고 호기심이 많은 '비수학적인' 독자들을 위해 쓰여졌다. 물론 이런 식으로 말하면 당장 의문이 떠오를 것이다. 비수학적인 독자란 어떤 사람을 의미하는가? 이 책을 읽으려면 어느 정도의 수학적 지식을 갖추고 있어야 하는가? 사실, 우리 주변에 수학을 전혀 모르는 사람은 없다. 아마도 대다수의 사람들은 미적분학에 대한 아련한 추억이나마 갖고 있을 것이다. 나는 고등학교 수학 과정을 성공적으로 마치고 대학에서 수학 관련 과목을 한두 개 정도 수강한 사람들의 수준에 맞춰서 이 책을 집필했다고 '생각한다'. 원래 이 책의 목적은 '수식을 전혀 인용하지 않고' 리만 가설을 설명하는 것이었다. 그러나 책을 쓰다 보니 수식 없이는 설명 불가능한 부분이 필연적으로 등장하여, 세 개의 장에 걸쳐 미적분학의 기초 지식을 나열할 수밖에 없었다.

그 외에 등장하는 수학은 기껏해야 $(a+b) \times (c+d)$와 같은 괄호의 곱셈이나 $S = 1 + xS$에서 $S = \dfrac{1}{1-x}$을 구하는 방법 등 기초 대수학의 범위를 넘지 않는다. 따라서 독자들은 수학자들이 즐겨 사용하는 약자나 약어에 빨리 익숙해져야 할 것이다. 단언하건대, 이 책에는 리만 가설을 이해하기 위해 요구되는 최소량의 수학만이 실려 있다. 이보다 더 간단한 수학으로 리만 가설을 설명할 수는 없다고 생각한다. 그러므로 이 책을 덮는 순간까지 리만 가설을 이해하지 못한다면 다른 방법으로 접근해도 여전히 이해하지 못할 것이다.

＊＊＊＊＊

이 책은 여러 수학자와 수학사학자들의 도움으로 완성되었다. 특히 제리 알렉산더슨Jerry Alexanderson과 톰 아포스톨Tom Apostol, 맷 브린Matt Brin, 브라이언 콘리Brian Conrey, 해럴드 에드워즈Harold Edwards, 데니스 헤이절Dennis Hejhal, 아서 제프Arthur Jaffe, 패트리시오 리버프Patricio Lebeuf, 스티븐 밀러Stephen Miller, 휴 몽고메리Hugh Montgomery, 에르빈 노이엔슈반더Erwin Neuenschwander, 앤드루 오들리즈코Andrew Odlyzko, 새뮤얼 패터슨Samuel Patterson, 피터 사르낙Peter Sarnak, 만프레트 슈뢰더Manfred Schröder, 울리케 포르하우어Ulrike Vorhauer, 매티 부오리넨Matti Vuorinen, 마이크 웨스트모어랜드Mike Westmoreland에게 깊은 감사를 드린다. 이들은 여러 분야에서 내게 훌륭한 조언을 해 주었을 뿐만 아니라 내가 아무리 어리석은 질문을 해도 끝까지 친절하게 답해 주었고 집을 방문했을 때 커다란 환대를 베풀었다. 만일 이 책에 내용상의 오류가 있다면 그것은 이들의 잘못이 아니라 순전히 나의 불찰임을 미리 밝혀 둔다. 브리기테 브뤼게만Brigitte Brüggemann과 헤르베르트 아이테나이어Herbert Eiteneier는 나의 짧은 독일어 실력을 보충해 주었고《내셔널 리뷰National Review》와《뉴 크라이테리언New Criterion》, 그리고《워싱턴 타임스Washington Times》는 내가 이 책을 집필하는 동안 우리 식구들이 먹고 사는 일을 해결해 주었다. 또 온라인상에서 의견을 개진해 준 독자들 덕분에 일반인들이 수학의 어떤 부분을 가장 어렵게 생각하는지 알 수 있었다.

감사도 감사지만, 그에 못지않게 양해를 구해야 할 점도 많다. 이 책은 현재 전 세계의 내로라하는 수학자들이 혼신의 노력을 기울여 연구 중인 주제를 다루고 있지만, 페이지의 한계와 표현상의 문제 때문에 리만 가설과 관계된 내용 중 상당 부분을 뺄 수밖에 없었다. 그래서 이 책에는 근사적 함수 방정식인 밀도 가설Density Hypothesis을 비롯하여, 오랫동안 잠들어 있다가 최근 들어 주목 받기 시작한 흥미로운 내용들이 빠져 있다. 뿐만 아니라 리만 가설의 변형된 형태인 '일반화된 리만 가설Generalized Riemann Hypothesis'과 '수정된 일반적 리만 가설Modified Generalized Riemann Hypothesis', 그리고 '확장된 리만 가설Extended Riemann Hypothesis'과 '대 리만 가설Grand Riemann Hypothesis', '수정된 대 리만 가설Modified Grand Riemann Hypothesis', '유사-리만 가설Quasi-Riemann Hypothesis' 등도 다루지 않았다.

더욱 안타까운 것은 지난 십여 년간 이 분야를 연구해 온 수많은 사람들의 이름이 이 책에서 누락되었다는 점이다. 엔리코 봄비에리Enrico Bombieri와 아미트 고시Amit Ghosh, 스티브 고넥Steve Gonek, 헨리크 이바니엑Henryk Iwaniec(그에게 메일을 보내는 사람들 중 절반 정도는 그의 이름을 '헨리 K. 이바니엑Henry K. Iwaniec'으로 알고 있다), 니나 스나이스Nina Snaith 등 많은 사람들에게 정중한 사과를 드리는 바이다. 집필을 처음 시작할 무렵에는 내가 얼마나 방대한 주제를 건드리고 있는지 미처 깨닫지 못했었다. 이 책은 지금 나온 분량의 세 배, 혹은 30배 이상 길어질 수도 있었다. 그러나 담당 편집자는 원고의 매수에 명확한 한계선을 이미 그어 놓고 있었기에 나로서도 어쩔 도리가 없었음을 이해해 주기 바란다.

단순한 정보의 나열에 불과한 책을 제외하고, 저자의 세심한 배려와 애정이 배어 있는 책들은 일종의 생명력을 갖고 있다고 생각한다. 그것은 하나의 인격체로서, 집필되는 동안 저자의 마음속에 담겨 있으면서 책의 전체적인 분위기를 좌우한다. 이 책을 집필하는 동안 그 신비한 생명력은 옆방에서 헛기침을 하기도 하고, 이미 쓰여진 책의 각 장을 이리저리 둘러보면서 나를 인도해 주었다. 물론 말할 것도 없이 그 생명력의 원천은 베른하르트 리만으로부터 비롯된 것이었다. 그는 사회에 적응하지 못했고 몸도 병약했을 뿐만 아니라 항상 가난했고 가까운 사람들과의 사별을 수도 없이 겪었지만, 그의 마음과 정신은 불멸의 힘을 갖고 있었다.

완성된 책을 살아 있는 누군가에게 헌정하는 것은 항상 기쁜 일이다. 나는 이 책을 나의 아내에게 바치고 싶다. 그녀는 책을 바치는 나의 마음이 얼마나 절실한지를 잘 알고 있으리라 믿는다. 그러나 뭐니 뭐니 해도 이 책의 주인은 베른하르트 리만임을 부인할 수 없다. 그는 짧은 생애를 반복되는 불행 속에 살면서도 그의 동료와 후손들에게 정말로 가치 있는 유산을 남겨 주었다.

2002년 6월

뉴욕 헌팅턴에서

존 더비셔 John Derbyshire

차례

서문 8

1부 소수 정리

제1장 카드 마술   21

제2장 토양과 수확물   41

제3장 소수 정리   57

제4장 거인의 어깨 위에 서서   79

제5장 리만의 제타 함수   99

제6장 위대한 융합   123

제7장 황금 열쇠와 개선된 소수 정리   145

제8장 그런대로 믿을 만한 것   169

제9장 정의역 확장하기   191

제10장 증명 그리고 전환점   209

2부 리만 가설

제11장 중국을 지배한 아홉 명의 줄루족 여왕 233

제12장 힐베르트의 여덟 번째 문제 253

제13장 변수 개미와 함수 개미 281

제14장 몰입 309

제15장 큰 O와 뫼비우스 뮤 함수 327

제16장 임계선을 타고 올라가다 345

제17장 약간의 대수학 359

제18장 정수론과 양자역학의 만남 377

제19장 황금 열쇠 돌리기 397

제20장 리만 연산자와 다른 접근 방법들 415

제21장 오차항 433

제22장 참인가, 거짓인가? 459

에필로그 473
후주 477
부록_ 노래로 부르는 리만 가설 519

역자후기 535
찾아보기 541

일러두기

1. 각 장의 후주(◆1, ◆2, ◆3, …)는 책의 뒷부분에 정리되어 있다. 후주는 인용한 내용의 출처나 참고할 만한 내용을 담고 있다.

2. 이 책에 나오는 외국 인명이나 지명은 '국립국어연구원 외래어표기법'을 따라 표기하되 이미 굳어진 인명 등 몇 가지 경우에 한해서는 관용에 따랐다. 이는 타 한글 자료 및 정보들을 상호 참조할 경우에 독자들의 편의와 이해를 돕기 위함이다.

1 소수 정리

$$\sum_n n^{-s} = \prod_p \left(1-p^{-s}\right)^{-1}$$

1 카드 마술

I. 카드로 행해지는 모든 마술이 그렇듯이, 이 마술도 한 벌의 카드에서 시작된다.

52장으로 이루어진 한 벌의 카드를 가지런히 정돈하여 책상 위에 올려놓고, 손가락을 사용하여 맨 위에 있는 카드 한 장을 바깥쪽으로 밀어 보자. 단, 카드를 책상 바닥에 떨구면 안 된다는 제한 규칙이 있다. 그렇다면 카드를 이동시킬 수 있는 한계는 어디까지일까? 다시 말해서, 제일 위에 있는 카드를 바닥에 떨구지 않고 바깥쪽으로 얼마만큼이나 밀어낼 수 있을까?

그림 1-1

물론 답은 그림 1-1에서 보는 바와 같이 카드 길이의 반이다. 그 이상 밀어내면 카드는 당연히 바닥으로 떨어진다. 즉, 카드의 받침점이 무게중심과 일치할 때까지 카드를 바깥으로 밀어낼 수 있다(카드의 무게중심은 카드의 넓이를 반으로 나누는 직선상에 있다).

여기서 한 단계 더 나가 보자. 정확하게 반만큼 밀어낸 최상위 카드를 그대로 유지한 상태에서 두 번째 카드를 또 바깥쪽으로 밀어낸다면 어디까지 밀 수 있을까?

언뜻 보기엔 제법 복잡한 문제 같지만, 제일 위에 있는 두 장의 카드를 하나의 몸체로 간주하면 쉽게 해결할 수 있다. 카드 한 장의 길이를 L이라 했을 때, 이 몸체의 무게중심은 어디일까? 그렇다, 전체 길이의 중간이다. 그런데 맨 위에 있는 카드는 그 아래의 카드보다 $\frac{L}{2}$만큼 빠져나와 있으므로 두 장의 카드를 하나로 간주했을 때 전체 길이는 $\frac{3L}{2}$이고, 따라서 무게중심은 이것의 반인 $\frac{3L}{4}$에 위치한다(그림 1-2). 즉, 맨 위의 카드 두 장을 가능한 한 길게 뺀다고 했을 때, 다다를 수 있는 최대값은 카드 한 장 길이의 $\frac{3}{4}$이다.

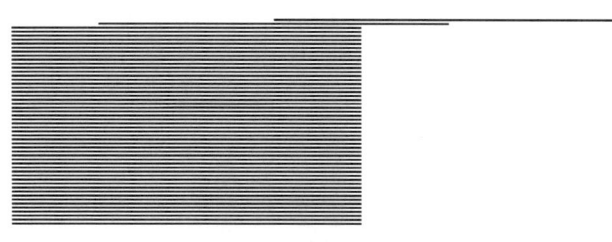

그림 1-2

이 상태에서 세 번째 카드까지 밀어낸다면 어디까지 밀 수 있을까? 앞서 사용했던 논리를 그대로 적용해 보면 $\frac{L}{6}$이라는 답을 얻을 수 있다. 이 경우에도 세 장의 카드를 하나의 몸체로 간주하여 중심의 위치를 찾으면 된다.

이 몸체의 무게중심은 세 번째 카드의 앞쪽 모서리에서 안으로 $\frac{L}{6}$만큼 들어온 지점에 위치한다(그림 1-3).

그림 1-3

 이 점을 기준으로 하여, 밖으로 돌출된 부분을 각각 계산해 보자(번거로움을 피하기 위해, 지금부터 카드의 길이 $L = 1$이라 하자). 우선 세 번째 카드는 원래 길이의 $\frac{1}{6}$만큼 나와 있고 두 번째 카드는 그 $\frac{1}{6}$에 $\frac{1}{4}$만큼 더 나와 있으며, 첫 번째 카드는 여기서 $\frac{1}{2}$만큼 더 나와 있다. 이들을 모두 더하면

$$\frac{1}{6} + \left(\frac{1}{6} + \frac{1}{4}\right) + \left(\frac{1}{6} + \frac{1}{4} + \frac{1}{2}\right) = 1\frac{1}{2}$$

이 되는데, 이 값은 카드 한 장의 무게를 1이라 했을 때 카드 세 장의 무게의 절반에 해당된다. 나머지 절반은 받침점의 안쪽에 분포되어 있다. 세 장의 카드를 이런 식으로 밀어낸 후의 상태는 그림 1-4와 같다.

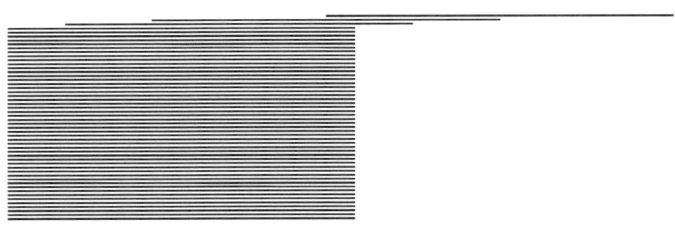

그림 1-4

 밖으로 돌출된 총 길이는 $\frac{1}{2}$ (첫 번째 카드) + $\frac{1}{4}$ (두 번째 카드) + $\frac{1}{6}$ (세 번째 카드) = $\frac{11}{12}$이다. 다시 말해서, 카드 한 장 길이의 $\frac{11}{12}$만큼이나 앞으로 밀

어낼 수 있다는 뜻이다. 이 얼마나 놀라운 사실인가!

그렇다면 맨 위에 있는 카드가 카드 뭉치를 완전히 벗어나게 만들 수도 있을까? 물론 할 수 있다. 그림 1-4의 상태를 그대로 유지한 채 네 번째 카드를 조심스럽게 밀어 보자. 이 경우에는 $\frac{1}{8}$만큼 밀어낼 수 있다. 왜 그런가? 계산 과정은 더 이상 나열하지 않겠다. 나른한 독자들은 그냥 내 말을 믿으면 되고, 의심 많은 독자들은 앞에서 했던 계산을 한 번 더 반복해 보기 바란다. 이제 밖으로 돌출된 총 길이는 $\frac{1}{2} + \frac{1}{4} + \frac{1}{6} + \frac{1}{8} = \frac{25}{24}$가 되어, 맨 위에 있는 카드는 원래의 카드 뭉치를 완전히 벗어나게 된다(그림 1-5).

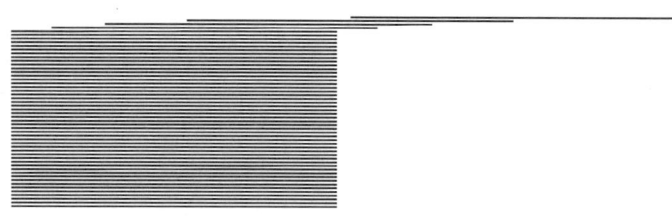

그림 1-5

이런 식으로 51장의 카드를 모두 밀어낸다면(52번째 카드를 밀어내는 것은 아무런 의미가 없다) 돌출된 부위의 총 길이는

$$\frac{1}{2} + \frac{1}{4} + \frac{1}{6} + \frac{1}{8} + \frac{1}{10} + \frac{1}{12} + \frac{1}{14} + \frac{1}{16} + \cdots + \frac{1}{102}$$

이며, 이 값은 약 2.25940659073334이다. 즉, 카드 한 장 길이의 두 배가 넘을 정도로 카드 뭉치를 기울일 수 있다는 뜻이다!(그림 1-6)

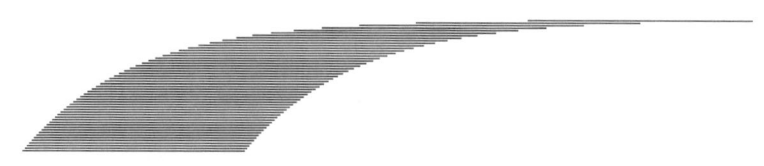

그림 1-6

나는 대학 학부생이던 시절에 이 사실을 처음 알았다. 그 당시 나는 학비를 벌기 위해 여름 방학 동안 건설 현장에서 잠깐 막노동을 했었는데, 학생이라는 신분 때문에 노동조합에도 가입하지 않았고 사실 일 자체도 그다지 고되지는 않았던 것으로 기억한다. 아무튼, 카드를 만지작거리며 이 놀라운 사실을 알아낸 다음 날, 나는 건설 현장에 수북이 쌓여 있는 천장용 타일 52장을 실험 도구 삼아 두어 시간 동안 끙끙거리던 끝에 그림 1-6과 같은 희한한 모양의 탑을 쌓아 올리는 데 성공했다. 그때 내 모습을 우연히 목격한 현장감독은 아마도 두 번 다시 대학생을 일꾼으로 고용하지 않겠다고 속으로 다짐했을 것이다.

Ⅱ. 수학자들은 하나의 문제를 풀었을 때 그것으로 만족하지 않고 그 결과를 다른 경우에 확장·적용하는 것을 무척 좋아한다. 물론 모든 문제가 다 그런 것은 아니지만, 개중에는 단순한 문제의 답으로부터 아주 복잡한 문제가 거의 공짜로 풀리는 경우도 있다.

위에서 우리는 52장의 카드로 심하게 기울어진 탑을 쌓았다. 만일 카드의 수가 더 많다면 더욱 심하게 기울어진 탑을 쌓을 수 있을 것이다.

52장으로 끝내야 한다는 규칙이 어디 있는가? 친구에게 카드 한 벌을 빌려서 더 높이, 더 기울게 쌓을 수도 있다. 100장도 좋고 100만 장, 10억 장이라 해도 시간만 충분하다면 얼마든지 쌓을 수 있다. 그렇다면 무한개의 카드를 가장 아슬아슬하게 쌓아 올렸을 때 '카드 탑'의 기울어진 폭은 얼마나 될 것인가?

우선 앞에서 유도한 식부터 살펴보자. 52장의 카드를 가장 '삐딱하게' 쌓았을 때 기울어진 폭은 다음과 같다.

$$\frac{1}{2}+\frac{1}{4}+\frac{1}{6}+\frac{1}{8}+\frac{1}{10}+\frac{1}{12}+\frac{1}{14}+\frac{1}{16}+\cdots+\frac{1}{102}$$

보다시피 모든 분모가 짝수이므로 $\frac{1}{2}$을 공통인수로 빼내고 다시 쓰면

$$\frac{1}{2}\left(1+\frac{1}{2}+\frac{1}{3}+\frac{1}{4}+\frac{1}{5}+\frac{1}{6}+\frac{1}{7}+\frac{1}{8}+\cdots+\frac{1}{51}\right)$$

이 된다. 카드의 수를 100장으로 늘리면 탑의 기울어진 폭은

$$\frac{1}{2}\left(1+\frac{1}{2}+\frac{1}{3}+\frac{1}{4}+\frac{1}{5}+\frac{1}{6}+\frac{1}{7}+\frac{1}{8}+\cdots+\frac{1}{99}\right)$$

이며, 1조(10^{12}) 장으로 탑을 쌓으면

$$\frac{1}{2}\left(1+\frac{1}{2}+\frac{1}{3}+\frac{1}{4}+\frac{1}{5}+\frac{1}{6}+\frac{1}{7}+\frac{1}{8}+\cdots+\frac{1}{999999999999}\right)$$

이다. 이것을 일일이 더하자면 엄청난 노동이지만, 다행히도 수학자들은 이런 종류의 계산을 쉽게 해치우는 방법을 개발해 놓았다. 그리고 나는 수학자들을 믿기 때문에 100장의 카드를 쌓았을 때 기울어진 폭은 약 2.58868875882이고 1조 장을 쌓은 경우에는 약 14.10411839041479라고 자신 있게 말할 수 있다.

이 숫자들은 두 가지 면에서 우리를 놀라게 한다. 첫째로, 비록 1조 장이라는 어마어마한 양의 카드가 필요하긴 하지만, 어쨌거나 카드 한 장 길이의 14배나 기울어진 탑이 똑바로 서 있을 수 있다는 것이다. 보통 크기의 카드를 사용했을 때, 14장이면 무려 1.2m가 넘는다. 두 번째로 놀라운 사실은 카드 장수의 증가에 비해 기울어진 폭의 증가 속도가 엄청나게 느리다는 점이다. 카드를 52장에서 거의 두 배인 100장으로 늘려도 탑의 기울어진 폭은 약 $\frac{1}{3}$배밖에 증가하지 않는다(정확하게는 $\frac{1}{3}$배보다 조금 모자란다). 그리고 카드 1조 장을 쌓아 올리면 달에 닿을 정도로 높아짐에도 불구하고, 100장

일 때와 비교할 때 그 폭이 카드 한 장 길이의 11.5배 정도밖에 증가하지 않는다.

무한개의 카드를 쌓아 올리면 어떻게 될까? 카드 탑의 기울어진 폭도 무한정 커질까? 놀랍게도 답은 'yes!'이다. 카드만 충분히 있다면 무한정 기울어진 탑을 쌓을 수 있다! 카드 길이의 100배만큼 기울어진 탑을 쌓고 싶은가? 별로 어렵지 않다. 405,709,150,012,598×1조×1조×1조×1조×1조장의 카드만 있으면 된다. 카드를 다 쌓아 올리기도 전에 우주의 끝에 다다른다는 사소한 문제만 해결하면 된다. 물론 여기서 카드의 수를 더 늘리면 100배 이상 기울어진 탑도 얼마든지 쌓을 수 있다. 카드 길이의 100만 배만큼 기울어진 탑은 어떨까? 계산은 되는데 답을 쓰자면 책 한 권을 넘어가기 때문에 자제하기로 한다. 그 숫자는 자릿수만 해도 868,589자리나 된다.

Ⅲ. 여기서 우리가 주목해야 할 부분은 괄호 안에 들어 있는 다음의 덧셈이다.

$$1+\frac{1}{2}+\frac{1}{3}+\frac{1}{4}+\frac{1}{5}+\frac{1}{6}+\frac{1}{7}+\cdots$$

이와 같이 어떤 분명한 규칙하에 연속적으로 배열된 수의 총합을 급수 series라고 한다. 그리고 덧셈기호 없이 그냥 숫자들을 나열한 것은 수열 sequence 이라 한다. 이 급수에 나타난 각 숫자들 $1, \frac{1}{2}, \frac{1}{3}, \frac{1}{4}, \frac{1}{5}, \frac{1}{6}, \frac{1}{7}, \cdots$ 은 일상적인 자연수 1, 2, 3, 4, 5, 6, 7, …의 역수임을 눈여겨보기 바란다.

특히, $1+\frac{1}{2}+\frac{1}{3}+\frac{1}{4}+\frac{1}{5}+\frac{1}{6}+\frac{1}{7}+\cdots$ 이라는 급수는 수학적으로 매우 중요하여 조화급수 harmonic series라는 고유의 이름까지 갖고 있다.

지금까지 한 말을 요약하자면 다음과 같다. 조화수열을 계속 더해 나가면 제아무리 큰 수라도 얻을 수 있다. 조화수열의 합은 위로 한계가 없다.

이 말을 좀 더 친숙한 표현으로 바꾸면 이렇게 된다. "조화수열의 합은 무한이다!"

$$1+\frac{1}{2}+\frac{1}{3}+\frac{1}{4}+\frac{1}{5}+\frac{1}{6}+\frac{1}{7}+\cdots=\infty$$

고등교육을 받은 수학자들은 이런 표현을 별로 좋아하지 않는다. 그러나 의미만 정확하게 알고 있다면 표현 방법은 별로 중요하지 않을 것이다. 지구에 살다 간 위대한 수학자 중 다섯 손가락 안으로 꼽히는 오일러Leonhard Euler도 이런 표현을 고수하면서 엄청나게 많은 업적을 남겼다. 아무튼, 수학자들이 좋아하는 표현은 바로 이것이다. '조화수열의 합은 발산divergent한다.'

말은 쉽다. 하지만 과연 증명할 수 있을까? 수학적인 주장은 반드시 엄밀한 증명을 거쳐야 한다. 지금의 주장은 아주 간단명료하다. "조화수열의 합은 발산한다." 이것을 어떻게 증명해야 할까?

사실, 증명은 아주 쉽다. 그저 간단한 대수학만 알고 있으면 된다. 이 증명을 처음으로 완성한 사람은 중세 후기 프랑스 학자인 니콜 오렘Nicole d' Oresme(1323~1382)이었다. 그는 $\frac{1}{3}+\frac{1}{4}$이 $\frac{1}{2}$보다 크고 $\frac{1}{5}+\frac{1}{6}+\frac{1}{7}+\frac{1}{8}$도 $\frac{1}{2}$보다 크며 $\frac{1}{9}+\frac{1}{10}+\frac{1}{11}+\frac{1}{12}+\frac{1}{13}+\frac{1}{14}+\frac{1}{15}+\frac{1}{16}$도 $\frac{1}{2}$보다 크다는 식으로 부분적인 논리를 적용하였다. 다시 말해서, 처음 두 개의 항과 그 다음 네 개의 항, 그리고 그 다음 여덟 개 항 등으로 그룹을 지어 나가면 무한히 많은 개수의 그룹을 지을 수 있고 모든 그룹들이 한결같이 $\frac{1}{2}$보다 크므로 전체적인 합은 무한하다는 것이다. 뒤로 갈수록 한 그룹에 포함된 항의 개수가 급속하게 많아진다고 해서 걱정할 필요는 없다. '무한'에는 수많은 공간이 있어서, 그 모든 것을 포함하고도 남을 정도로 충분히 많기 때문에 그룹을 아무리 많이 지어 나가도 그 다음 그룹을 항상 만들 수 있다. 즉, $\frac{1}{2}$보다 큰 그룹을 아무리 많이 더해 나가도 아직 더해져야 할 그룹이 남아 있다는 뜻이다. 그러므로 조화수열의 총합은 무한할 수밖에 없다.

조화급수가 발산한다는 오렘의 증명은 그 후 수세기 동안 잊혀져 있었다. 그러다가 1647년에 피에트로 멩골리Pietro Mengoli가 다른 방법으로 이를 증명하였고, 그로부터 40년이 지난 후에 요한 베르누이Johann Bernoulli는 동일한 결과를 또 다른 방법으로 증명하였다. 그리고 얼마 지나지 않아 요한 베르누이의 형인 야콥 베르누이가 네 번째 증명을 완성하였다. 짐작하건대, 멩골리와 베르누이 형제는 14세기 중세 수학의 걸작인 오렘의 증명을 모르고 있었던 것 같다. 지금까지 알려진 네 가지 증명들 중에서 가장 우아하고 명료한 것을 고르라면, 수학자들은 단연 오렘의 증명을 꼽는다. 가장 오래된 증명임에도 불구하고 논리가 가장 뛰어나기 때문이다. 그래서 오늘날의 수학 교과서에는 대부분 오렘의 증명이 소개되어 있다.

IV. 급수 중에는 조화급수처럼 무한으로 발산하는 것도 있지만, 그렇지 않은 급수도 있다. 일부 독자들은 무한히 많은 수들을 모두 더하면 당연히 무한하다고 생각할지도 모른다. 그러나 사실은 전혀 그렇지 않다. 발산하지 않는 급수의 간단한 사례를 들어 보자.

여기, 인치inch 단위로 눈금이 매겨진 평범한 자가 하나 있다. 이 자의 눈금은 $\frac{1}{4}$인치, $\frac{1}{8}$인치, $\frac{1}{16}$인치의 단위로 새겨져 있다(눈금은 촘촘할수록 좋다. 그림에는 $\frac{1}{64}$인치까지 표시해 놓았다). 이제 끝이 뾰족한 연필로 눈금 0인 지점을 가리켜 보자. 여기서 연필의 위치를 오른쪽으로 1인치만큼 옮기면 연필의 끝은 1인치의 눈금을 가리키게 된다. 즉, 연필의 이동 거리는 1인치이다(그림 1-7).

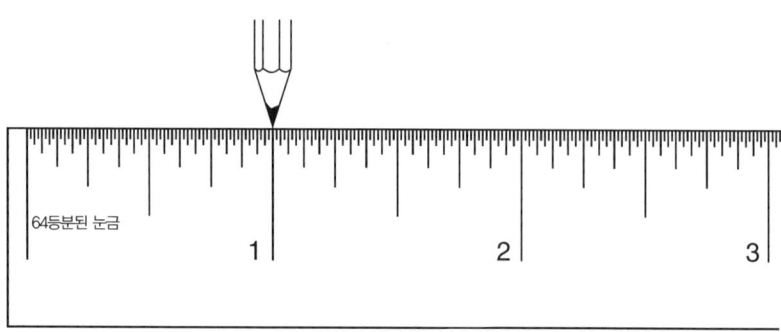

그림 1-7

여기서 다시 연필의 끝을 $\frac{1}{2}$ 인치만큼 오른쪽으로 옮겨 보자(그림 1-8).

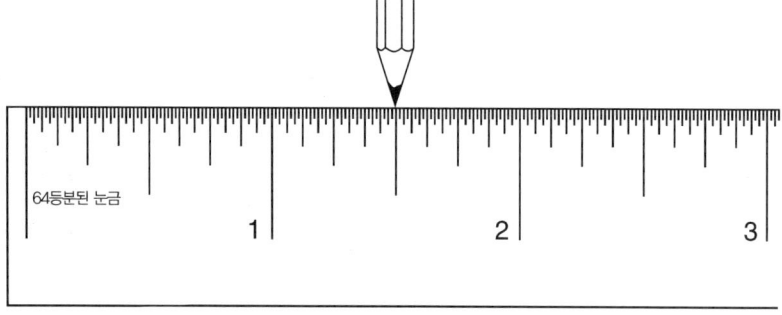

그림 1-8

그 다음, 연필을 $\frac{1}{4}$인치만큼 오른쪽으로 옮기고 … 다시 $\frac{1}{8}$인치만큼 오른쪽으로 옮기고 … $\frac{1}{16}$인치 … $\frac{1}{32}$인치 … $\frac{1}{64}$인치만큼 옮겨 보자. 그러면 연필은 그림 1-9와 같은 위치를 가리키게 될 것이다.

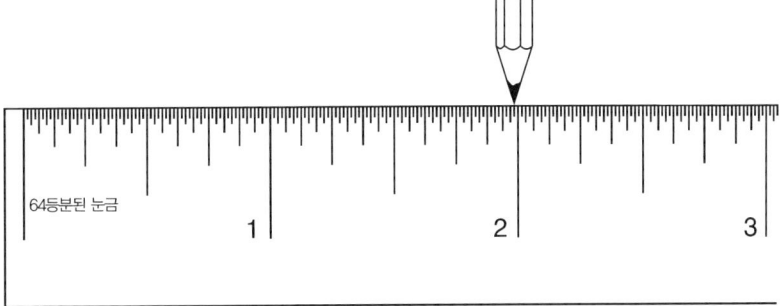

그림 1-9

지금까지 연필이 이동한 총 거리는

$$1+\frac{1}{2}+\frac{1}{4}+\frac{1}{8}+\frac{1}{16}+\frac{1}{32}+\frac{1}{64}$$

이며, 계산 결과는 $1\frac{63}{64}$이다. 이런 식으로 계속 이동하면 연필은 점점 2인치 눈금에 가까워지지만, 결코 2인치 눈금에 이르지 못한다. 단, 이동을 계속하여 2인치 눈금과 연필 사이의 간격을 무한히 작게 줄일 수는 있다. 2인치 눈금에 100만분의 1인치 간격으로 접근할 수도 있고, 1조분의 1인치 또는 1조×1조×1조×1조×1조×1조×1조×1조분의 1인치까지 접근할 수도 있다. 이 상황은 다음의 덧셈으로 표현된다.

$$1+\frac{1}{2}+\frac{1}{4}+\frac{1}{8}+\frac{1}{16}+\frac{1}{32}+\frac{1}{64}+\frac{1}{128}+\cdots=2$$

식 1-1

이 식의 등호가 정확하게 성립하려면 좌변의 항이 무한히 많아야 한다.

지금 내가 강조하고자 하는 것은 조화급수와 식 1-1로 표현되는 급수의 차이점이다. 무한히 많은 항으로 이루어진 조화수열의 합은 무한(∞)이었지만 지금은 무한히 많은 항들을 더했는데도 겨우 2밖에 얻지 못했다. 조화급수는 발산divergent하는 반면에, 지금 소개한 이 급수는 수렴convergent하기 때문이다.

생긴 것부터 범상치 않은 조화급수는 이 책의 주제인 리만 가설의 핵심을 이루는 요소이다. 그러나 이것은 예외적인 경우이고, 수학자들은 일반적으로 발산하는 급수보다 수렴하는 급수에 더 많은 관심을 갖고 있다.

V. 오른쪽으로만 이동하지 말고 좌우로 번갈아 가면서 이동해 보자. 눈금 0에서 시작하여 처음에는 1인치만큼 오른쪽으로 이동했다가 $\frac{1}{2}$인치만큼 왼쪽으로 이동하고, 다시 오른쪽으로 $\frac{1}{4}$인치, 왼쪽으로 $\frac{1}{8}$인치, … 이런 식으로 일곱 차례 이동했을 때 연필의 끝이 최종적으로 가리키는 지점은 그림 1-10과 같다.

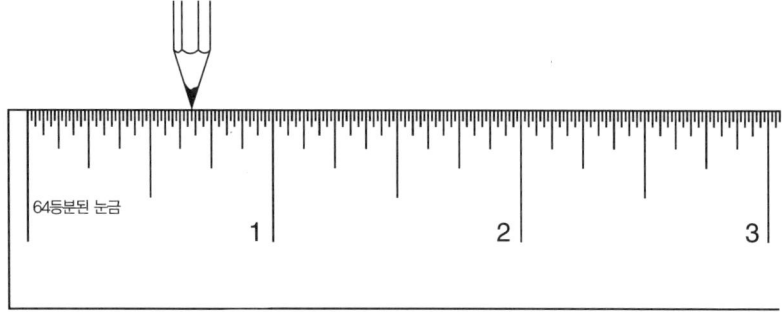

그림 1-10

수학적인 관점에서 볼 때, 왼쪽으로의 이동은 급수의 덧셈을 뺄셈으로 바꾼 것과 같다. 따라서 연필의 최종 위치는

$$1 - \frac{1}{2} + \frac{1}{4} - \frac{1}{8} + \frac{1}{16} - \frac{1}{32} + \frac{1}{64}$$

이며, 계산 결과는 $\frac{43}{64}$이다. 이런 식의 이동을 무한히 계속했을 때 연필의 끝

은 어느 지점으로 접근할 것인가? 자세한 증명은 나중으로 미루고, 지금은 결과만 알고 넘어가자(증명은 아주 쉽다). 위의 급수를 무한히 확장시킨 결과는 다음과 같다.

$$1 - \frac{1}{2} + \frac{1}{4} - \frac{1}{8} + \frac{1}{16} - \frac{1}{32} + \frac{1}{64} - \frac{1}{128} + \cdots = \frac{2}{3}$$

식 1-2

Ⅵ. 이제 $\frac{1}{2}, \frac{1}{4}, \frac{1}{8}, \frac{1}{16}, \cdots$ 인치의 단위로 눈금이 매겨진 자를 치우고, $\frac{1}{3}$, $\frac{1}{9}$, $\frac{1}{27}, \cdots$ 인치의 단위로 눈금이 매겨진 자를 사용해 보자. 다시 말해서 반, 반의 반, 반의 반의 반, … 으로 나가는 자가 아니라 삼분의 일, 삼분의 일의 삼분의 일, 삼분의 일의 삼분의 일의 삼분의 일, … 로 눈금이 매겨진 자를 사용하자는 것이다. 이전과 마찬가지로 눈금 0에서 시작하여 오른쪽으로 1인치 이동한 후 다시 $\frac{1}{3}$인치 이동하고, 거기서 다시 $\frac{1}{9}$인치, $\frac{1}{27}$인치를 이동하면 연필의 끝은 그림 1-11의 위치에 놓이게 된다.

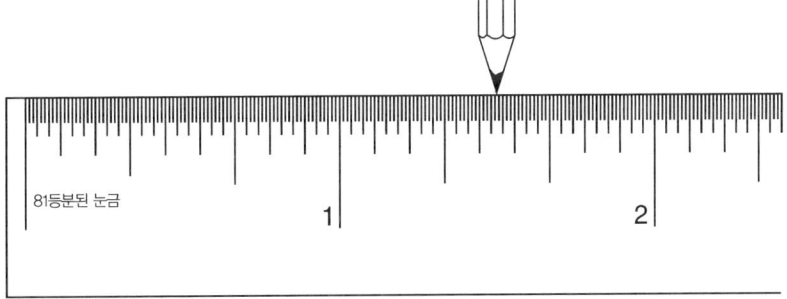

그림 1-11

이런 식으로 무한히 이동했을 때, 연필의 최종 위치는 식 1-3에서 보듯이 $1\frac{1}{2}$ 인치에 접근하게 된다(증명은 그다지 어렵지 않다).

$$1 + \frac{1}{3} + \frac{1}{9} + \frac{1}{27} + \frac{1}{81} + \frac{1}{243} + \frac{1}{729} + \frac{1}{2187} + \cdots = 1\frac{1}{2}$$

식 1-3

물론, 이런 식의 이동을 좌우로 번갈아 가며 실행할 수도 있다. 오른쪽으로 1인치, 왼쪽으로 $\frac{1}{3}$인치, 다시 오른쪽으로 $\frac{1}{9}$인치, 왼쪽으로 $\frac{1}{27}$인치 이동하면 연필은 그림 1-12의 위치에 놓이게 된다.

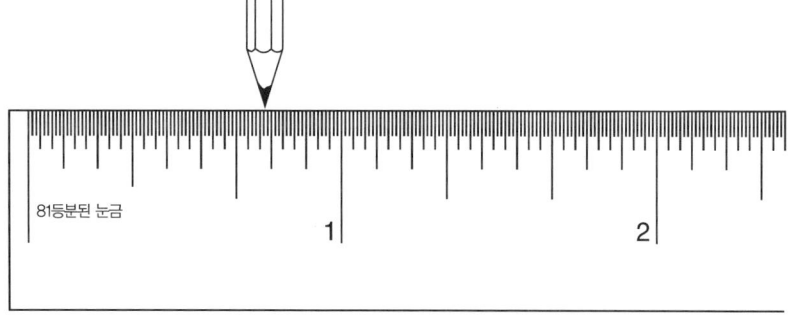

그림 1-12

이들을 무한히 더한 결과는(직관적으로 선뜻 이해가 가진 않겠지만) 식 1-4와 같다.

$$1 - \frac{1}{3} + \frac{1}{9} - \frac{1}{27} + \frac{1}{81} - \frac{1}{243} + \frac{1}{729} - \frac{1}{2187} + \cdots = \frac{3}{4}$$

식 1-4

이리하여 우리는 특정값으로 수렴하는 네 개의 급수를 얻었다. 첫 번째 급수(식 1-1)는 왼쪽으로부터 2에 접근하고 두 번째 급수(식 1-2)는 좌우로 오락가락하면서 $\frac{2}{3}$에 접근하며, 세 번째 급수(식 1-3)는 왼쪽으로부터 $1\frac{1}{2}$로 접근하고, 네 번째 급수(식 1-4)는 역시 좌우로 오락가락하면서 $\frac{3}{4}$에 접근한다. 그리고 제일 먼저 도입했던 조화급수는 무한으로 발산한다.

Ⅶ. 수학 책을 읽을 때에는 전체적인 논리의 흐름 중에서 자신의 현재 위치가 어디쯤인지를 항상 확인해야 한다. 지금 우리가 다루고 있는 무한급수는 수학자들이 흔히 말하는 해석학analysis의 한 부분에 해당된다. 무한히 큰 양이나 무한히 작은 양을 다룰 때에는 해석적인 방법이 가장 유용하다. 1748년에 오일러(이 위대한 수학자에 대해서는 나중에 자세히 설명할 것이다)는 해석학에 관한 자신의 첫 저서에 『무한 해석 입문Introductio in analysin infinitorum』이라는 제목을 붙였었다.

19세기 초에 활동하던 수학자들은 무한과 무한소의 개념 때문에 한동안 골머리를 앓다가 결국 일대 개혁과 함께 이들을 모두 치워버리는 데 성공하였다. 현대 수학은 이런 개념들을 허용하지 않는다. 무한과 무한소는 수학 사전의 한 귀퉁이에 짤막하게 소개되어 있을 뿐이다. 나는 이 책에서 무한이라는 용어를 자유롭게 사용할 생각이지만, 그것은 어디까지나 편의를 위한 선택일 뿐, 무한 자체에 어떤 수학적 의미를 부여하겠다는 뜻은 아니다. '무한'이라는 단어가 들어 있는 모든 수학적 서술은 그 단어를 빼고도 동일한 의미로 재서술될 수 있다.

조화수열의 합(조화급수)이 무한이라는 말의 정확한 의미는 '아무리 큰 수 S를 잡아도 조화수열의 합은 S보다 커질 수 있다'는 뜻이다. 자세히 보라. 이 문장에 '무한'이라는 단어가 어디 있는가? 19세기 중반의 해석학은 모두 이런 식으로 표현되어 있다. 이렇게 재서술될 수 없는 명제는 현대 수학에서 허용되지 않는다. 수학과 친하지 않은 사람이라면 이런 의문을 제기할 수도 있다. "당신, 수학 좀 한다지요? 그렇다면 저의 의문을 풀어 줄 수 있겠군요. 무한을 무한으로 나누면 대체 얼마가 되는 겁니까?" 그러면 나는 다음과 같이 대답할 수밖에 없다. "방금 당신이 한 질문은 이치에 맞지 않습니다. 그건 전혀 수학적인 문장이 아니거든요. 당신은 무한을 마치 실재하는 숫자처럼 말하고 있지만 사실은 그렇지 않습니다. 그건 '진실을 아름다움으로 나누면 얼마인가?'라고 묻는 것과 다를 게 없다고요. 물론 저는 그 답을 모릅니다. 알 길이 없지요. 그렇다고 저를 바보 취급하지는 말아 주세요. 숫자로 하는 나눗셈은 저도 할 줄 아니까요. 다만, '무한'과 '진리', '아름다움'과 같은 단어들은 숫자가 아니기 때문에 나눗셈을 적용할 수 없다는 겁니다. 이제 이해가 가십니까?"

그렇다면 해석학의 현대적 정의는 무엇인가? 극한$_{\text{limit}}$을 공부하는 것은 이 책의 원래 목적과 조금 거리가 있지만, 어쨌거나 극한은 해석학의 핵심을 이루는 개념이다. 해석학의 상당 부분을 차지하는 미적분학도 극한의 개념에 그 기초를 두고 있다.

예를 들어 $\frac{1}{1}, \frac{3}{2}, \frac{7}{5}, \frac{17}{12}, \frac{41}{29}, \frac{99}{70}, \frac{239}{169}, \frac{577}{408}, \frac{1393}{985}, \frac{3363}{2378}, \cdots$ 과 같은 수열을 생각해 보자. 여기 등장하는 수는 단순한 규칙을 따라 만들어진 분수들이다. 즉, 분자와 분모를 더한 값이 그 다음 분수의 분모가 되고, 분모에 2를 곱하여 분자와 더한 값이 그 다음 분수의 분자가 된다. 그런데 놀랍게도, 이 수열은 $\sqrt{2}$에 수렴한다(수열의 합이 아니라 수열의 마지막 항이 $\sqrt{2}$로 수렴한다는 뜻이다: 옮긴이). 위에 열거한 수열의 열 번째 항인 $\frac{3363}{2378}$을 제곱하면 $\frac{11309769}{5654884}$가 되는데, 이 값은 $2.000000176838287\cdots$로서 거의 2에 가깝다. 즉 수열의 마지막 항이 $\sqrt{2}$에 접근한다는 것을 알 수 있다.

또 다른 예로, 수열 $\frac{4}{1}, \frac{8}{3}, \frac{32}{9}, \frac{128}{45}, \frac{768}{225}, \frac{4608}{1575}, \frac{36864}{11025}, \frac{294912}{99225}, \cdots$의 N번째 항을 계산해 보자. N이 짝수이면 ($N-1$)번째 항에 $\frac{N}{N+1}$을 곱

하면 되고, N이 홀수이면 $(N-1)$번째 항에 $\frac{N+1}{N}$을 곱하면 된다. 이 수열의 마지막 항은 어떤 값으로 수렴할까? 바로 원주율 π로 수렴한다! 위에 열거한 마지막 항 $\frac{294912}{99225}$를 계산해 보면 2.972154…가 얻어지는데, 아직은 실제의 π값과 많이 다르지만 한참 뒤로 가면 원주율 π에 수렴한다는 것을 알 수 있다(이 수열은 아주 천천히 수렴한다). 다른 예를 하나만 더 들어 보자. $1^1, \left(1\frac{1}{2}\right)^2, \left(1\frac{1}{3}\right)^3, \left(1\frac{1}{4}\right)^4, \left(1\frac{1}{5}\right)^5, \cdots$은 $1, 2\frac{1}{4}, 2\frac{10}{27}, 2\frac{113}{256}, 2\frac{1526}{3125}, \cdots$으로 계산되며, 2.718281828459…로 수렴한다. 나중에 다시 언급하겠지만, 이 값은 수학과 물리학에서 없어서는 안 될 중요한 상수이다.

지금까지 열거한 예는 급수가 아닌 수열이라는 점을 명심하기 바란다. 다시 말해서, 이들은 숫자의 합(급수)series이 아니라 그냥 여러 개의 숫자들을 나열한 것(수열)sequence에 지나지 않는다는 것이다. 그러나 해석학의 관점에서 볼 때, 수열과 급수는 크게 다른 개념이 아니다. 예를 들어, '급수 $1 + \frac{1}{2} + \frac{1}{4} + \frac{1}{8} + \frac{1}{16} + \frac{1}{32} + \cdots$은 2로 수렴한다' 라는 말은 '수열 $1, 1\frac{1}{2}, 1\frac{3}{4}, 1\frac{7}{8}, 1\frac{15}{16}, 1\frac{31}{32}, \cdots$은 2로 수렴한다'는 말과 수학적으로 동일한 의미를 갖는다. 방금 나열한 수열의 네 번째 항은 그 앞에 제시된 급수에서 처음 네 개의 항들을 더한 것과 같고, 수열의 다섯 번째 항은 급수의 처음 다섯 개를 더한 것과 같고, … 등이다(이런 수열을 부분합 수열sequence of partial sums이라 한다). 이와 비슷하게, '조화급수는 발산한다'는 말은 '수열 $1, 1\frac{1}{2}, 1\frac{5}{6}, 2\frac{1}{12}, 2\frac{17}{60}, 2\frac{27}{60}, \cdots$은 발산한다' 는 말과 동일한 의미를 갖는다. 이 수열의 N번째 항은 바로 앞에 있는 항에 $\frac{1}{N}$을 더하여 얻어진다.

지금까지 살펴본 바와 같이, 수열은 어떤 극한값을 향하여 무한히 가깝게 접근할 수 있다. 이런 식으로 극한의 특성을 연구하는 분야가 바로 해석학이다. 어떤 수열이 '무한히 계속된다'고 말할 때, 그것은 '아무리 많은 수를 나열해도 그 뒤에 또 다른 수를 추가할 수 있다'는 뜻이다. 그리고 '수열의 극한값이 *a*다'라는 말은 '아무리 작은 수 *x*를 잡아도 수열의 마지막 항과 *a*의 차이가 *x*보다 작아지도록 만들 수 있다'는 것을 의미한다. 무한이라는 말이 그저 편의상 도입한 용어에 지나지 않는다는 사실만 명심한다면 "이 수열은 무한이다"라거나 "*N*이 한없이 커질 때 *N*번째 항의 극한값은 *a*이다" 등의 표현을 사용해도 큰 문제는 없다.

Ⅷ. 전통적으로, 수학은 다음의 네 가지 분야로 세분된다.

- 산술학Arithmetic — 정수와 분수의 성질을 연구하는 분야.
  정리theorem의 예: 짝수에서 홀수를 뺀 결과는 항상 홀수이다.

- 기하학Geometry — 도형과 공간의 특성을 연구하는 분야. 점과 직선, 곡선, 3차원 도형 등을 주로 다룬다.
  정리의 예: 평면에 그려진 삼각형의 내각의 합은 180°이다.

- 대수학Algebra — 수학적 대상(수, 선, 행렬, 변환 등)을 추상적인 기호로 나타내고, 이 기호들을 조합시키는 규칙을 찾는다.
  정리의 예: 임의의 두 수 x와 y에 대하여 $(x+y) \times (x-y) = x^2 - y^2$이 성립한다.

- 해석학Analysis — 극한limit을 연구하는 분야.
  정리의 예 : 조화수열은 발산한다(끝없이 증가한다).

물론 현대 수학에는 이보다 훨씬 많은 분야가 있다. 1874년에 게오르그 칸토어Georg Cantor가 창시한 집합론이 있고, 1854년에 영국의 조지 불George Boole이 고전 논리학에서 파생시킨 기초론foundations은 모든 수학적 아이디어의 논리적 기초를 연구하는 분야이다. 수학의 전통적인 세부 분야는 그동안 꾸준히 확장되어 기하학에 위상수학topology이 추가되었고 대수학에는 게임이론game theory 등이 추가되었다. 19세기 이전에도 수학의 각 분야는 서로 섞이기 시작하여 기하학과 대수학이 혼합된 삼각법trigonometry(이 용어는 1595년에 처음으로 사용되었다)이 탄생하기도 했다. 그리고 데카르트Descartes는 17세기 기하학의 상당 부분을 산술화 또는 대수화시켰는데, 사실 지금의 우리는 순수 기하학이라 할 수 있는 유클리드의 기하학을 더 선호하고 있다. 유클리드의 기하학적 논리가 데카르트의 변형된 논리보다 훨씬 더 명료하고 아름답기 때문이다.

이렇게 세부 분야가 많이 있긴 하지만, 위에서 나열한 네 가지 분야만 알고 있으면 수학의 전체적인 그림을 그리는 데 별 지장은 없을 것이다. 또한 이 분류법은 19세기 수학의 가장 위대한 업적 중 하나인 '위대한 융합'을 이해하는 데에도 많은 도움을 주리라 믿는다. 여기서 말하는 위대한 융합이란, 산술학과 해석학이 결합되어 전혀 새로운 모습으로 탄생한 해석적 정수론analytic number theory을 의미한다. 여덟 쪽이 조금 넘는 단 한 편의 논문으로 해석적 정수론의 지평을 열었던 그 위대한 수학자를 지금부터 소개하고자 한다.

2
토양과 수확물

Ⅰ. 베른하르트 리만의 생애에 대해서는 별로 알려진 것이 없다. 그는 자신의 개인적인 삶에 관하여 아무런 기록도 남기지 않았다. 그래서 리만의 삶은 그가 친구들에게 썼던 편지로부터 추정하는 수밖에 없다. 가까운 유일한 친구였던 리하르트 데데킨트Richard Dedekind의 회고록을 보면 17쪽에 걸쳐 리만에 관한 이야기가 나오는데, 그다지 자세한 내용은 아니다. 이런저런 이유로 리만의 삶을 자세히 들여다볼 수는 없게 되었지만, 그렇다고 '리만'이라는 이름만 소개하고 넘어가는 것은 그의 업적에 대한 예의가 아닌 것 같다. 그래서 간접적이나마 여러 사료들을 종합하여 그의 삶을 가능한 한 자세히 조명해 보고자 한다. 일단 이 장에서는 그의 학문적 경력을 간단하게 언급하고, 나중에 8장에서 좀 더 자세한 이야기를 할 예정이다.

우선, 리만이 살던 시대와 장소의 역사적 배경부터 살펴보자.

Ⅱ. 이야기는 프랑스에 시민혁명이 일어났던 시기로 거슬러 올라간다. 공화주의자들과 반군주 세력을 중심으로 시작된 프랑스혁명(1789~1794)은 나라 전체에 극도의 혼란을 야기시켰다. 프랑스의 적국들은 그 기회를 놓치지 않고 오스트리아와 프로이센의 군대, 그리고 프랑스로부터 망명한 15,000명의 군사들까지 합세한 대부대가 1792년에 파리로 진격해 들어왔다. 그러나 프랑스의 혁명군은 발미Valmy라는 작은 마을에 진을 치고 짙은 안개 속으로 침략군을 유인하여 집중포화를 가함으로써 그해 9월 20일에 대대적인 승리를 거두었다. 에드워드 크리시Edward Creasy는 그의 저서인 『세계사를 바꾼 15차례의 전쟁Fifteen Decisive Battles of the World』에서 이 사건을 '발미 전쟁'이라 칭했고, 독일인들은 '발미의 포격Cannonade of Valmy'이라 부르기도 했다. 발

1815년 독일 북서부 지방의 지도. 당시 하노버(Hanover)는 하노버 시와 괴팅겐(Göttingen)으로 나뉘어져 있었다. 프러시아도 두 개의 큰 영토와 몇 개의 작은 지역으로 분리되어 있었으며, 베를린과 쾰른(Cologne)이 프러시아에 속한 도시였다. 브룬스빅(Brunswick)은 세 구획으로 분할되어 있었다.

미 전쟁을 시작으로, 전 유럽은 향후 23년 동안 연속적인 전쟁의 소용돌이에 휘말리게 된다. 이 대대적인 전쟁은 흔히 '나폴레옹 전쟁'으로 일컬어지지만, 아메리카와 극동 아시아까지 전쟁에 휘말린 점을 고려하면 사실상 세계대전이나 다름없었다. 길고 긴 전쟁은 결국 1815년 6월 8일 빈회의에서 이루어진 평화협정으로 막을 내렸고, 그 후 유럽은 근 1세기 동안 비교적 평화로운 시기를 보낼 수 있었다.

평화협정이 유럽에 미친 영향 중 하나는 유럽 전역에 퍼져 있던 게르만계 민족들이 뭉치기 시작했다는 점이다. 프랑스혁명이 일어나기 전에 독일어를 사용하던 유럽인들은 오스트리아의 합스부르크나 프러시아 왕국의 지배를 받았고 독일의 영토는 300여 개의 별 볼일 없는 약소국으로 분리되어 있었으며 그들 중 일부는 프랑스나 덴마크, 혹은 스위스 연맹의 통치하에 있었다. 사실, 게르만인들이 '뭉쳤다'는 것은 당시의 상황에서 볼 때 상대적으로 그렇다는 뜻이다. 여러 차례의 소규모 전쟁을 겪으면서 게르만인들은 대부분 뿔뿔이 흩어졌고, 이것은 훗날 두 번에 걸쳐 발발했던 세계대전의 원인이 되었다. 당시 오스트리아는 제국을 굳건하게 유지하고 있었으며(여기에는 다수의 비게르만계, 즉 헝가리와 슬라브계, 루마니아인, 체코인 등이 속해 있었다), 스위스와 덴마크, 프랑스도 다수의 게르만인들을 통치하고 있었다. 이를 바탕으로 18세기에 300여 개의 작은 국가들로 갈가리 쪼개져 있던 독일은 34개의 독립국과 4개의 자유도시로 통합되었고 독일인들은 문화적 단일성을 십분 발휘하여 독일연방을 탄생시켰다.

그들 중 가장 강대한 국가는 오스트리아와 프러시아였다. 당시 오스트리아의 국민은 약 3천만 명이었는데, 그중 게르만은 4백만에 불과했다. 반면에 프러시아의 천오백만 시민들은 대부분 게르만인이었다. 그 외에 바바리아 Bavaria의 인구는 2백만 정도였고 백만 명 이상의 인구를 가진 나라는 하노버 왕국과 색스니Saxony, 뷔르템베르크Württemberg, 그리고 바덴 대공국Grand Duchy of Baden 이렇게 4개국뿐이었다.

하노버 왕국은 이름상으로 분명한 왕국이었음에도 불구하고 왕이 존재한 적은 거의 없었다. 파란만장한 역사를 겪으면서 영국의 왕이 하노버의 왕을 겸임했기 때문이다. 하노버를 다스린 처음 네 명의 왕들은 모두 '조지George'라는 이름을 갖고 있었는데,♦1 리만 가설과 관련된 이야기는 이들 중 네 번째 왕이 즉위했던 1826년에 비로소 시작된다.

Ⅲ. 게오르그 프리드리히 베른하르트 리만Georg Friedrich Bernhard Riemann은 하노버 왕국 동쪽 국경 근처의 브레젤렌츠Breselenz라는 작은 마을에서 1826년 9월 17일에 태어났다. 브레젤렌츠를 포함한 그 일대의 지역은 당시 벤드란트Wendland라는 이름으로 불렸는데, 벤드Wend는 독일어로 '슬라브어를 쓰는 사람'이라는 뜻이다. 벤드란트는 6세기에 슬라브 왕국이 영향력을 행사했던 서쪽 끝에 위치하고 있다. 브레젤렌츠라는 지명도 '자작나무'라는 뜻의 슬라브어이다. 그래서 이 지역에는 슬라브의 방언과 민속문화가 지금까지 전승되고 있다. 그러나 중세 말기부터 게르만인들이 이주하기 시작하여 리만이 살던 시기에는 거주자의 대부분이 독일인들이었다.

예나 지금이나 벤드란트는 변방의 일개 벽지에 불과한 조그만 마을로서, 현재 남부 색스니 지방에서 인구밀도가 가장 낮은 지역이다(43명/km^2). 여기에는 공장도 거의 없고 단 몇 개의 중심가가 형성되어 있을 뿐이다. 마을 근처를 흐르는 엘베 강(이곳에서 강의 폭은 약 230m나 된다)은 지금도 브레젤렌츠와 바깥세상을 연결해 주는 중요한 통로이다. 19세기에는 중앙 유럽에서 생산된 목재와 농산물을 함부르크로 운반할 때 주로 뱃길을 이용하였으며, 이 물건들은 석탄이나 산업 제품으로 교환되었다. 엘베 강을 끼고 있는 벤드란트 지방은 지난 수십 년간 동독과 서독의 경계에 위치하여 별다른 발전을 이룩하지 못했다. 이 지역의 대부분은 단조로운 평원에 관목과 습지, 그리고 약간의 삼림지대가 형성되어 있으며, 특히 홍수 피해가 큰 것으로 유명하다. 리만이 어린 시절을 보내던 1830년에도 기록적인 홍수 피해가 있었던 것으로 알려져 있다.◆2

리만의 부친인 프리드리히 베른하르트 리만은 루터교회의 목사이자 나폴레옹 전쟁에 참전했던 역전의 용사이기도 했다. 그는 아내인 샤를로테 에벨Charlotte Ebell과 결혼할 때 이미 중년의 나이였고, 우리가 아는 수학자 리만은 그들 사이에서 태어난 두 번째 아이였다. 리만은 유일한 누나인 이다와 사이가 각별하여 훗날 자신의 딸에게 누나의 이름을 붙여 주었다고 한다. 리만의 아래로는 남동생 하나와 여동생 셋이 더 있었다. 당시의 경제적 상황에 비춰 볼 때, 외딴 시골에 사는 중년의 성직자가 아내와 여섯 명의 아이들을 부양한다는 것은 결코 쉬운 일이 아니었다. 결국 리만의 동생들은 어린 나이에 모두 사망하였고(영양실조 때문이었을 것으로 추정된다), 리만의 모친도 이다와 리만이 장성한 모습을 보지 못하고 젊은 나이에 세상을 떠나고 말았다. 리만 자신도 결코 오래 살았다고 볼 수 없으므로 여섯 형제들 중 정상적인 삶을 살다 간 사람은 장녀인 이다뿐이었다.

가난은 둘째 치고, 그런 시골 동네에서 일자리를 구하는 것도 하늘의 별 따기였다. 그 당시 도시 외곽에 거주하는 대다수의 중산층들은 간신히 생계를 유지하는 수준이었다. 정상적인 직업이래봐야 농부와 성직자, 교사, 의사, 그리고 정부 관리 정도였고 땅을 소유하지 못한 사람들은 장인이 되거나 부유한 집의 하인, 또는 소작인으로 생계를 유지해야 했다. 당시 여성들에게 가장 인기 있는 직업은 개인 가정교사였으며, 그 외에 여인들은 남편에게 의

지하거나 남성 위주의 가정에서 집안일을 하는 수밖에 없었다.

리만이 어린 소년이었을 때 그의 부친은 브레셀렌츠에서 엘베 강 쪽으로 몇 마일 떨어진 퀵본Quickborn의 한 교회에 성직자로 임명되었다. 오늘날에도 퀵본은 오래된 목조 주택이 주류를 이루는 조용한 시골 마을로서, 도로의 대부분은 아직도 포장이 되지 않은 채로 남아 있다. 리만의 가족은 퀵본으로 이사하여 1855년에 부친이 사망할 때까지 그곳에서 살았는데, 리만은 서른 살이 다 되도록 퀵본에서 보냈던 어린 시절을 무척 그리워했다고 전해진다. 퀵본은 리만이 정서적 안정감을 느낄 수 있는 유일한 장소였던 것이다.

그러므로 리만의 삶을 이해하려면 그의 정서적 배경을 이루는 어린 시절의 환경을 먼저 알고 있어야 한다. 그가 살던 집은 양초와 기름으로 조명을 대신했고 겨울에는 추웠으며 여름에는 거의 찜통이었다. 이런 열악한 환경 속에서 리만의 어린 동생들은 한결같이 오랫동안 병을 앓았고 회복되지도 않았다(그의 동생들은 모두 결핵을 앓았던 것으로 추정된다). 게다가 음식도 변변치 않았으니 가족들의 영양 상태가 좋을 리 없었다(노이엔슈반더 Neuenschwander는 리만이 만성 변비 때문에 고생했다고 지적하고 있다[*3]). 리만의 가족은 이런 최악의 상황을 어떻게 견뎌 냈을까? 그들은 가족 간의 애정만으로 이 모든 고난을 이겨 낼 수 있었다. 사실, 그 당시에는 이런 가난이 그다지 유별난 것도 아니었다.

IV. 리만이 살던 시대에 북부 독일에 위치했던 다양한 형태의 국가들(왕국, 공국, 대공국 등)은 서로 독립성을 유지하면서 각자 고유의 정책을 펴고 있었으므로, 지역적인 자존심과 국가 간의 경쟁심이 필연적으로 커질 수밖에 없었다.

이 국가들은 대부분 프러시아를 강대국으로 섬겼다. 1806~1807년에 걸쳐 나폴레옹이 프러시아를 굴복시킨 후에도 왕국의 동쪽 끝에 위치한 게르만 국가들은 어느 정도의 독립성을 유지할 수 있었다. 프러시아는 주변 국가들의 잠재적인 위협에도 불구하고 철학자이자 외교관, 그리고 언어학자였던 빌헬름 폰 훔볼트Wilhelm von Humboldt의 지휘 아래 내부적인 개혁을 단행하였는데(그의 동생인 알렉산더는 위대한 탐험가이자 자연과학자였다), 그는 "새로운 것은 역겹다Alles Neue ekelt mich an"라고 말했을 정도로 고전적이고 사색적인 학자 스타일의 관리였다. 이토록 보수적인 사람이 개혁을 진두지휘했다는 것이 다소 의외이긴 하지만, 아무튼 훔볼트는 독일계 국가들의 교육제도를 유럽 최고의 수준으로 끌어올리는 데 성공하였다.

새로 만들어진 교육제도의 가장 두드러진 특징은 10세부터 20세 사이의 학생을 김나지움Gymnasium이라는 9년 과정의 중등학교에서 교육한다는 것이었다. 초기 김나지움의 교과과정은 다음과 같이 편성되어 있었다.

라틴어	25%
그리스어	16%
독일어	15%
수학	20%
역사, 지리	10%
과학	7%
종교	7%

이와는 대조적으로 1840년경에 대영제국의 초급학교에서는 교과과정의 75~80%(주당 40시간)를 고전 교육에 할당하고 있었다(조너선 하디Jonathan

Gathorne-Hardy의 『공교육의 현상 The Public School Phenomenon』에 근거함).

퀵본에는 김나지움이 없었기 때문에 리만은 열네 살이 되도록 정규교육을 받지 못했다. 퀵본에서 80마일이나 떨어져 있는 왕국의 수도 하노버에 김나지움이 하나 있었는데, 다행히도 리만의 외할머니가 그곳에 살고 있었다. 리만의 가족은 어려운 와중에서도 리만의 교육을 위해 돈을 저축하였다. 그리고 김나지움에 입학하기 전까지는 그의 부친과 마을의 교사인 슐츠Schultz가 리만을 가르쳤다.

하노버로 유학길을 떠난 열네 살의 리만은 고향집에 대한 그리움과 병적으로 소심한 성격 때문에 우울한 나날을 보내야 했다. 공부 이외에 그가 하는 일이라곤 부모와 형제들의 생일 때마다 선물을 사서 보내는 것이었다. 1842년에 외할머니가 사망한 후 뤼네부르크Lüneburg에 있는 김나지움으로 전학하면서 사정은 조금씩 나아지기 시작했다. 데데킨트는 리만이 처한 새로운 상황에 대하여 다음과 같이 적고 있다.

> 이전보다 집에 가까운 학교로 전학한 후부터 리만은 방학 때마다 가족들과 함께 있을 수 있었고, 그것은 어린 리만에게 최고의 행복이었다. 그는 학교와 집을 걸어서 왕복했는데, 옮긴 학교도 결코 집에서 가까운 거리가 아니었으므로 한번 도보 여행을 하고 나면 완전히 녹초가 되어 쓰러지곤 했다.♦4 리만의 건강을 항상 걱정했던 그의 모친은 아들에게 편지를 쓸 때마다 '과로하지 마라'는 애정 어린 충고를 한 번도 잊지 않았다.

사실, 리만은 그다지 훌륭한 학생이 아니었다. 그는 무엇이건 흥미를 느낄 때에만 관심을 가지는 타입이었고 그의 관심은 주로 수학에 집중되어 있었다. 게다가 그는 과제를 마감 기한에 맞춰 제출하는 것보다 오류가 없도록 만전을 기하는 것이 더 중요하다고 생각했다. 리만의 완벽주의적 성향을 간파한 교장은 좀 더 효율적인 교육을 위해 히브리어 교사인 세퍼(Seffer, 혹은 Seyffer라고도 함)에게 리만의 개인 교습을 부탁하였고, 세퍼의 자상한 가르침 덕분에 리만의 학업 성취도는 일취월장하여 1846년에 괴팅겐대학의 신학과에 입학할 수 있었다. 신학과를 선택한 것은 아마도 아버지의 직업을 잇겠다는 생각 때문이었을 것이다.

V. 괴팅겐대학은 하노버 교회 근처에 있는 유일한 대학이었으므로 그것은 필연적인 선택이었다. 괴팅겐이라는 이름은 앞으로 이 책에서 수시로 등장할 것이므로, 그 학교의 역사적인 배경을 알고 넘어가는 것도 괜찮을 것이다. 1734년에 영국의 조지 2세(그는 하노버의 통치인, 즉 선제후(選帝侯)Elector였다)◆5가 설립한 괴팅겐대학은 얼마 지나지 않아 독일의 일류 지방대학으로 발전하였고 1823년에는 학생수가 1,500명에 달할 정도로 규모가 커졌다.

1830년대는 괴팅겐대학으로서는 고난의 시기였다. 학교의 정책에 반대하는 학생과 교직원들이 들고일어나는 바람에 1834년에는 학생수가 900명까지 감소하는 위기를 맞았다. 결국 학교와 직원들의 끈질긴 노력으로 3년 후에는 다시 안정을 되찾아 전 유럽적인 명성을 얻게 되었다. 1837년에 영국의 왕 윌리엄 4세가 자손을 보지 못하고 세상을 떠나면서 그의 조카딸이 권좌를 물려받아 빅토리아 여왕으로 즉위하였다. 그러나 하노버는 중세 프랑크족의 전통에 따라 오직 남자만이 나라를 다스릴 수 있었으므로 그때부터 대영제국과 하노버는 각자의 길을 걷게 되었다. 하노버의 새로운 지도자로 즉위한 에르네스트 아우구스투스Ernest Augustus는 조지 3세의 자손들 중 죽지 않고 살아남은 장손이었다.

보수적 성향이 강했던 아우구스투스는 즉위하자마자 윌리엄 4세가 4년 전에 확립해 놓은 자유로운 체제를 폐기하고 새로운 체제를 구축하였다. 그리고 백성들은 그가 만든 체제에 복종한다는 서약을 하도록 강요받았다. 그런데 괴팅겐대학의 교수 일곱 명이 그 서약을 끝까지 거부하는 바람에 학교에서 파면되었고, 그들 중 세 사람은 하노버 왕국의 경계 밖으로 추방되는 사건이 벌어졌다. 세칭 '괴팅겐 7인조 the Göttingen Seven'라 불리는 이들은 개혁을 지지하는 무리들에게 영웅적인 존재로 부각되었다.◆6 7인조 중 두 사람은 친형제 간으로 괴팅겐대학의 언어학과 교수였는데, 오늘날 그림 Grimm 형제로 잘 알려진 동화작가가 바로 그들이다.

1848년에 전 유럽을 휩쓸었던 대변혁에 편승하여 하노버는 다시 자유로운 체제를 회복하였다. 그리고 괴팅겐 7인조 중 한 사람인 물리학자 빌헬름 베버 Wilhelm Weber가 복직되면서 괴팅겐대학은 곧 이전의 명성을 되찾았을 뿐만 아니라, 유럽 최고의 대학으로 장족의 발전을 하게 된다. 그러나 리만이 입학했던 1846년에는 전혀 그런 분위기가 아니었다. 당시의 괴팅겐은 정부의 탄압과 함께 9년 전의 서약 거부 사건 이후로 뚝 떨어진 출석률을 아직 회복하지 못하고 있었다.

그러나 젊은 리만은 괴팅겐의 분위기에 흠뻑 매료되었다. 또한 그곳은 당대 최고, 아니, 수학사를 통틀어 가장 뛰어난 수학자라 할 만한 가우스 Carl Friedrich Gauss가 교편을 잡고 있는 곳이기도 했다.◆7

리만이 괴팅겐으로 왔을 때 가우스는 이미 69세의 고령이었으므로, 그간의 업적을 모두 뒤로하고 편안한 여생을 보내고 싶어했다. 그래서 가우스는 쓸데없는 시간 낭비라며 강의를 거의 하지 않고 있었다. 그러나 리만은 이미 수학에 완전히 매료되어 있었기에 가우스가 학교에 있다는 사실만으로도 가

슴이 벅차올랐다. 알려진 바에 의하면, 리만은 가우스가 강의하는 선형대수학linear algebra과 모리츠 슈테른Moritz Stern의 방정식이론을 수강했다고 한다. 1846~1847년 사이에 리만이 아버지에게 썼던 편지를 보면, 자신이 신학보다 수학에 더 관심이 많다고 솔직하게 고백하는 구절이 나온다. 그리고 평소 자상한 성품의 소유자였던 그의 부친은 아들의 성향을 존중하여 수학자가 되는 것을 흔쾌히 허락하였다. 이때부터 리만은 수학자로서 본격적인 길을 걷게 된다.

Ⅵ. 청년 리만의 개인적 성품에 대해서는 알려진 것이 거의 없다. 그의 성품을 유추할 만한 단서라고는 앞서 언급했던 데데킨트의 짧은 회고록뿐이다. 리만이 사망하고 10년이 지난 후에 작성된 이 회고록은 데데킨트가 논문 모음집 《Collected Works》를 발간하면서 뒷부분에 부록으로 끼워 넣었다(내가 아는 한, 이 책은 아직 영어로 번역되지 않았다).◆8 나는 이 책을 쓰면서 데데킨트의 회고록을 최대한 참고하였으므로 2장과 8장에 수록된 글들은 각 문장의 서두에 '데데킨트의 자서전에 의하면…'이라는 말이 추가되어야 마땅하겠으나, 갈 길 바쁜 독자들을 위해 생략한 것이니 이 점을 감안하여 읽어 주기 바란다. 데데킨트가 사실을 잘못 이해한 부분이 있을 수도 있지만, 누가 뭐라 해도 그는 가장 가까운 거리에서 리만을 접했던 절친한 친구였다. 데데킨트는 정직하고 경우가 바르며, 확신이 서지 않는 모호한 말은 좀처럼 하지 않는 사람이었다. 단, 여기에는 단 하나의 예외가 있었는데 이점에 관해서는 나중에 따로 언급할 예정이다. 데데킨트의 회고록 이외에 리만이 생전에 썼던 편지들과 주변 사람들(주로 리만의 제자들과 연구 동료들)이 남긴 증언도 이 책을 쓰는 데 중요한 자료가 되었다.

이 모든 자료들을 종합해 볼 때, 리만은 대충 다음과 같은 사람이었다.

- 리만은 지극히 내성적이고 수줍음이 많았다. 그는 사람들과의 접촉을 가능한 한 피했으며, 사람들 속에 섞이는 것을 몹시 불편하게 여겼다. 그와 가까운 관계를 유지한 사람은 오로지 가족과 수학자들뿐이었다. 가족을 그리워하는 그의 향수병은 매우 유별났던 것 같다.

- 리만은 독일 개신교의 독실한 신자였다(그는 루터교도였다). 데데킨트의 서술을 그대로 옮기자면, 리만의 종교관은 '하나님 앞에서 매일 자신을 시험하는 것'이었다.

- 그는 철학에 관심이 많았고 대부분의 수학 연구를 철학적 관점과 결부시켰다.

- 그는 지나치게 걱정이 많은 심기증 환자Hypochondriac였다(일종의 우울증이라고도 할 수 있다). 데데킨트는 리만에 대해 서술하면서 이 단어의 사용을 자제하였는데, 그 이유는 리만의 미망인이 남편의 심기증을 남들 앞에서 숨기고 싶어했기 때문이다. 데데킨트는 대수롭지 않게 서술하고 있지만, 사실 리만은 항상 불행의 그림자를 벗어나지 못했고 특히 그가 존경했던 부친이 사망했을 때에는 심한 절망감에 빠졌었다.

- 오랜 세월에 걸친 궁핍 때문에 리만은 신체적 건강과 담을 쌓고 지냈다. 당시에 고등교육의 혜택을 받았던 가난한 학생들은 이 점을 감수해야만 했다.

주변 사람들의 눈에 비친 리만은 이토록 우울하고 슬픔에 찬 모습이 대부분이었으나, 사실 그의 내면은 위대한 천재성과 대담함으로 가득 차 있었다. 보통 사람들이 보기에는 그저 내성적이고 언행이 굼뜬 답답한 인간 정도에 불과했겠지만, 리만의 수학은 나폴레옹의 전투력만큼이나 용맹스럽고 거침이 없었다. 그와 연구를 같이 했던 동료들은 예외 없이 이 점을 깊이 인정하면서 리만의 천재성에 갈채를 보냈다.

리만의 일대기를 보고 있노라면 서머셋 몸Somerset Maugham이 고갱의 삶에 감동을 받고 썼다는 『달과 6펜스』가 떠오른다. 소설 속의 화가는 몸Maugham이 존경했던 고갱처럼 남태평양의 외딴섬에서 자신만의 예술 세계를 추구하다가 나병으로 사망한다. 그가 죽었다는 소식을 듣고 한 의사가 거의 쓰러져 가는 그의 오두막을 방문했는데, 놀랍게도 집안의 바닥과 벽, 그리고 천장은 그의 작품 세계를 대변하는 놀라운 그림들로 도배가 되어 있었다. 리만의 내면세계는 이 오두막과 비슷하다. 그는 외형적으로 애처로운 사람이었지만 내면의 수학 세계는 태양처럼 타오르고 있었다.

Ⅶ. 훔볼트의 개혁에는 고등교육도 예외가 아니었다. 그러나 그 개혁은 아직 프로이시아의 수도인 베를린에 국한되었고 다른 독일계 대학들은 사정이 그다지 좋지 못했다. 베버가 리만의 논문 모음집 《Riemann's Collected Works》의 도입부에 남긴 글을 보면 당시의 상황을 이해할 수 있을 것이다.

> 대학의 목적은 부유한 집안의 자손들을 법관이나 의사, 교사, 목사 등으로 만들어 주는 것이었다. 그리고 대학에 입학한 귀족이나 부잣집 자손들은 남들이 부러워할 정도로 방만하고 헤픈 시간을 보냈다.

사실, 훔볼트의 개혁은 한동안 독일의 교육 시스템에 부정적인 영향을 미쳤다. 개혁을 제대로 추진하려면 실력을 갖춘 중등학교 교사들이 상당수 필요했고, 그 인력을 양성할 곳은 대학뿐이었다. 심지어는 당대의 석학이었던 가우스까지도 1846~1847년 사이에 괴팅겐대학에서 교사 지망생들을 위한 기초 수학 과정을 강의했을 정도였다. 그 무렵 리만은 좀 더 나은 식생활을 위해 베를린대학으로 학교를 옮겼는데, 그곳에서 2년 동안 독일 최고 수준의 교육을 받으면서 수학자로서의 자질을 탄탄하게 다질 수 있었다.

(여기서 한 가지 짚고 넘어갈 것이 있다. 이 무렵 유럽의 대학들university은 국가에서 필요로 하는 인력을 양성하는 기관에 가까웠고 순수한 연구는 주로 학술원academy이나 학회society에서 이루어졌다. 통치자의 성향이나 시기와 지역에 따라 정도의 차이가 있었고 베를린대학에서 약간의 연구가 수행되거나 상트페테르부르크학술원에서 강의가 제공되는 등 예외적인 경우도 있었지만, 원래 대학과 학술원은 그 기능이 본질적으로 다른 기관이었다. 리만 가설이 처음 탄생한 베를린학술원은 영국의 왕립학회를 모델로 하여 설립된 순수 연구 기관이었다.)

베를린에서 리만의 생활은 수학 연구 이외에 알려진 것이 전혀 없다. 이 시기에 리만의 사생활에 관하여 데데킨트가 딱 한마디 언급한 것이 있는데 너무 사소한 내용이라 별 도움이 되지 않는다. 1848년 3월, 파리의 2월 혁명에 자극을 받은 베를린의 군중이 거리로 뛰쳐나와 "갈가리 쪼개진 게르만 국가들을 하나로 통일하여 독일제국을 건설하자"라고 구호를 외치며 대대적인 시위를 벌였다. 시위 진압을 위해 출동한 군대는 사방에 바리케이드를 치고 흥분한 군중들을 해산시켰고, 그 와중에 약간의 유혈 사태가 발생하였다. 당시 프로이센의 황제였던 빌헬름 4세는 세상 물정에 어둡고 다소 몽상적인 기질을 가진 군주로서, 전 유럽에 전개되었던 낭만주의 운동에 심취하여 자신의 백성들을 감정적인 관점에서 바라보았으며, 온정주의에 입각한 국가를 최고의 이상향으로 생각하고 있었다. 그는 흩어진 군중이 궁전으로 쳐들어올 수도 있다는 것을 알면서도 군대를 막사로 돌려보냈고, 결국 대학생들로 급조된 궁전 수비대가 왕을 보호해야 하는 처지에 이르게 되었다. 리만은 여기에 차출되어 아침 9시부터 다음날 오후 1시까지 28시간 동안 보초 근무를 섰다(저자의 말대로, 별 도움이 안 되는 내용이다: 옮긴이).

1849년에 괴팅겐으로 돌아온 리만은 박사 학위논문에 착수하여 2년 후인 1851년에 복소함수 이론에 관한 논문으로 스물다섯 살에 박사 학위를 받았고, 그로부터 3년 후 괴팅겐대학의 강사를 거쳐 1857년에는 같은 학교의 부교수로 부임하였다(대다수의 강좌는 수강생들이 지불한 강의료로 유지되었으므로, 강좌가 살아남으려면 가능한 한 많은 학생들을 끌어 모아야 했다. 당시에는 이 직위를 개인강사Privatdozent라 불렀다).

1857년은 리만에게 있어서 '탈출의 해'라 불릴 만했다. 1851년에 썼던 그의 박사 학위논문은 오늘날 19세기 고전 수학의 전형으로 인정받고 있지만 당시에는 가우스의 극찬에도 불구하고 별다른 관심을 끌지 못했다. 리만이 1850년대 초반에 썼던 다른 논문들도 거의 사장되어 있다가 그가 죽은 후에 비로소 출판되었다. 당시에 그의 이름이 알려진 것은 논문 때문이 아니라 주로 강의를 통해서였는데, 시대를 앞선 난해한 그의 강의는 올바른 평가를 받지 못했다. 그러던 중 1857년에 발표한 논문 〈아벨 함수론Theory of Abelian Functions〉이 학자들의 관심을 끌면서 리만은 학계에서 주목 받는 수학자로 첫발을 딛게 된다.♦9 이 한 편의 논문으로 리만의 이름은 순식간에 전 유럽으로 알려졌고, 1859년에는 괴팅겐대학의 정교수로 승진하여 고정된 수입을 보장받을 수 있었다. 이런 식으로 생활이 어느 정도 안정된 후, 리만은 1862년에 큰누이의 친구인 엘리제 코흐Elise Koch와 결혼하였다.

서른세 번째 생일을 한 달쯤 앞둔 1859년 8월 11일, 리만은 단 두 편의 논문만으로(박사 학위논문과 아벨 함수론에 관한 논문) 베를린학술원의 회원이 되었다. 지금도 그렇지만, 당시에도 젊은 수학자가 베를린학술원의 회원으로 선출된다는 것은 대단히 명예로운 일이었다. 학술원 측은 오래된 관례에 따라 리만에게 새로운 논문을 제출할 것을 요구했고, 리만은 '주어진 수보다 작은 소수의 개수에 관한 연구On the Number of Prime Numbers Less Than a Given Quantity'라는 제목의 논문을 작성하여 가입 기념 논문으로 제출하였다 (이 논문의 독일어 원제는 'Über die Anzahl der Primzahlen unter einer gegebenen Grösse'이다).

그리고 이 한 편의 논문은 수학의 역사를 바꾸어 놓았다.

3

소수 정리

Ⅰ. 우리도 리만이 제기했던 문제에 도전해 보자. 하나의 수가 주어졌을 때, 그 수보다 작은 소수는 과연 몇 개나 있을까? 결과는 나중에 알아보기로 하고, 지금부터 약 5분에 걸쳐 소수의 개념을 정리해 보자.

우선, 양의 정수 하나를 골라 보자. 28 정도가 좋을 것 같다. 28을 어떤 수로 나누어야 나머지 없이 깔끔하게 나눠떨어질 수 있을까? 답은 1, 2, 4, 7, 14, 28이다. 이들은 모두 28의 약수이므로, 28의 양의 약수는 6개이다.

그런데 1은 모든 수의 약수이고 모든 수는 자기 자신으로 나누어도 나머지 없이 나눠떨어지므로 위의 경우에 1과 28은 별 의미가 없다. 수학적으로 표현하자면 이들은 '자명한trivial' 약수에 해당된다. 우리의 흥미를 끄는 것은 2, 4, 7, 14이며, 이들을 '고유proper' 약수라 한다.

따라서 28의 고유 약수는 4개이다. 그러나 바로 그 다음 수인 29는 고유 약수가 하나도 없다. 29는 1과 29로 나눌 때만 나머지가 생기지 않기 때문이다. 다들 알다시피, 이런 수를 '소수prime number'라 한다. 즉, 소수란 고유 약수가 존재하지 않는 수를 의미한다.

시각적인 이해를 위해, 1부터 1,000 사이에 존재하는 모든 소수들을 좌판 위에 늘어놓고 여유 있게 감상해 보자.

2	3	5	7	11	13	17	19	23	29	31	37	41	43
47	53	59	61	67	71	73	79	83	89	97	101	103	107
109	113	127	131	137	139	149	151	157	163	167	173	179	181
191	193	197	199	211	223	227	229	233	239	241	251	257	263
269	271	277	281	283	293	307	311	313	317	331	337	347	349
353	359	367	373	379	383	389	397	401	409	419	421	431	433
439	443	449	457	461	463	467	479	487	491	499	503	509	521
523	541	547	557	563	569	571	577	587	593	599	601	607	613
617	619	631	641	643	647	653	659	661	673	677	683	691	701
709	719	727	733	739	743	751	757	761	769	773	787	797	809
811	821	823	827	829	839	853	857	859	863	877	881	883	887
907	911	919	929	937	941	947	953	967	971	977	983	991	997

보다시피, 1부터 1,000 사이에는 총 168개의 소수가 있다. 이 목록을 보면서 "어? 1은 왜 빠졌지?" 하고 의문을 갖는 독자들도 있을 것이다. 앞에서 내린 정의를 따른다면 1도 분명한 소수임에 틀림없다. 1에 애착이 가는 독자들은 목록의 제일 앞에 1을 추가해도 상관없다. 그러나 소수 목록에 1을 포함시키면 여러 가지로 성가신 일이 많아지기 때문에 현대 수학자들은 상호 합의하에 1을 생략하고 있다(소수 목록에 1을 포함시킨 최후의 수학자는 아마

도 1899년도의 앙리 르베그Henri Lebesgue일 것이다). 사실, 2도 그다지 반가운 수는 아니다. 그래서 소수와 관련된 많은 정리들은 'p를 임의의 홀수 소수라 하면…'과 같은 식으로 시작하면서 2를 따돌리고 있다. 그러나 1과는 달리 2는 소수 목록에서 나름대로 분명한 역할을 하고 있으므로 아무 때나 생략할 수는 없다.

소수 목록을 자세히 들여다보면, 숫자가 커질수록 소수가 뜸하게 나타난다는 것을 알 수 있다. 1~100 사이의 소수는 25개나 되지만 401~500 사이에는 17개, 901~1,000 사이에서는 14개로 줄어든다. 이러한 경향은 숫자가 커질수록 두드러지게 나타나서, 999,901~1,000,000 사이에는 소수가 8개밖에 없다. 내친김에 숫자를 더 키워서 999,999,999,901~1,000,000,000,000로 가면 소수는 단 4개뿐이다(999,999,999,937과 999,999,999,959와 999,999,999,961 그리고 999,999,999,989).

Ⅱ. 그렇다면 다음과 같은 질문이 자연스럽게 떠오른다. 숫자가 엄청나게 커지면 소수의 씨가 아예 말라 버릴 것인가? 1조×1조 또는 1조×1조×1조×1조 등으로 숫자를 키워 가면서 소수 목록을 작성하다 보면, 더 이상의 소수가 등장하지 않는 시점이 과연 찾아올 것인가? 만일 이것이 사실이라면 정수의 집합 속에는 '가장 큰 소수'가 존재한다는 뜻이다.

이 질문의 답은 기원전 300년경에 유클리드에 의해 이미 제시되었다. 결론부터 말하자면 가장 큰 소수는 존재하지 않는다. 제아무리 큰 소수가 있다 해도, 그보다 큰 소수가 반드시 존재한다. 즉, 소수의 목록은 아무런 한계 없이 무한히 계속된다는 것이다. 증명 방법은 다음과 같다. N을 임의의 소수라 하자. 그러면 $(1 \times 2 \times 3 \times \cdots \times N) + 1$이라는 수는 1부터 N 사이의 어떤 수로도 나누어떨어지지 않는다. 그러므로 이 수는 약수가 없거나(N보다 큰 소수이거나), 아니면 약수가 있다 하더라도 가장 작은 약수가 N보다 커야 한다. 그런데 어떤 수의 '가장 작은 약수'는 항상 소수이어야 하므로(만일 그렇지 않다면 다시 소인수분해가 되어 가장 작은 약수라는 가정이 틀려진다), 결국 N보다 큰 소수가 존재한다는 결론이 내려지는 것이다. 예를 들어 $N = 5$인 경우, 새로 만든 수는 $(1 \times 2 \times 3 \times 4 \times 5) + 1 = 121$이고, 121의 가장 작은 소수는 11이다. 5가 아니라 어떤 소수로 시작한다 해도 그보다 큰 소수를 항상 만들어 낼 수 있다(7장으로 가면 소수의 개수가 무한이라는 것을 다른 방법으로 증명하게 될 것이다).

소수가 무한히 많다는 사실은 무려 2,300년 전에 이와 같은 논리로 이미 증명되어 있었다. 그리고 수학자들은 곧바로 다른 질문을 떠올렸다. 수가 커져 가면서 소수의 개수가 줄어드는 현상을 수학 법칙으로 정량화시킬 수 있을까? 임의의 수 간격에 존재하는 소수의 개수를 어떤 하나의 공식으로 예측할 수는 없을까? 1부터 100 사이에는 25개의 소수가 있다. 만일 소수가 일정한 간격으로 존재한다면 1부터 1,000 사이에는 250개의 소수가 있을 것이다. 그러나 실제로는 앞에서 나열한 바와 같이 168개밖에 없다. 왜 하필이면 168개인가? 158개나 178개면 왜 안 되는가? 주어진 수보다 작은 소수의 개수를 말해 주는 공식은 과연 존재할 것인가?

리만이 베를린학술원에 제출했던 논문의 주제가 바로 이것이었다. 주어진 수보다 작은 소수는 몇 개인가?

III. 주어진 수보다 작은 소수의 개수를 몇 가지 경우에 대하여 나열해 보자. 다행히도 나는 제법 큰 수에 대하여 그 답을 이미 알고 있다. 그중 몇 개만 소개하자면 표 3-1과 같다.

N	N보다 작은 소수는 몇 개인가?
1,000	168
1,000,000	78,498
1,000,000,000	50,847,534
1,000,000,000,000	37,607,912,018
1,000,000,000,000,000	29,844,570,422,669
1,000,000,000,000,000,000	24,739,954,287,740,860

표 3-1

열심히 개수를 나열하긴 했지만 별로 보람은 없는 것 같다. 여러분은 이 표를 보면서 무엇을 느꼈는가? 그렇다. 소수의 개수는 숫자가 커질수록 증가한다. 그리고 또? 소수의 개수가 증가하는 속도는 숫자 자체의 증가 속도보다 훨씬 느리다. 만일 소수가 모든 수 사이에 균일하게 분포되어 있다면, 1,000까지의 소수가 168개이므로 마지막 줄에는 168,000,000,000,000,000개가 있어야 한다. 그러나 표의 마지막 줄에 제시되어 있는 실제 소수의 개수는 이 값의 약 $\frac{1}{7}$ 밖에 안 된다.

여기에 약간의 수학적 트릭을 가하면 문제를 좀 더 분명하게 부각시킬 수 있다. 이를 위해, 먼저 함수function라는 용어의 정의와 개념부터 정리하고 넘어가기로 하자.

Ⅳ. 표 3-1에 두 줄로 나열된 값들은 일종의 함수관계에 있다. 함수는 수학

에서 가장 중요한 개념 중 하나이다. 좀 더 정확하게 말하자면 수$_{number}$와 집합$_{set}$에 이어 세 번째로 중요한 개념이라 할 수 있다. 일련의 숫자들(표의 오른쪽 세로줄)이 어떤 분명한 규칙에 따라 다른 일련의 숫자들(표의 왼쪽 세로줄)과 대응될 때, 이들은 '함수관계에 있다'고 말한다. 표 3-1은 '왼쪽에 있는 수보다 작은 소수의 개수'를 오른쪽 수에 대응시킨 함수이다.

또 다른 식으로 표현하자면, 함수란 하나의 수를 다른 수로 변환(사상(寫像)$_{mapping}$이라 부르기도 한다)시키는 방법을 의미한다. 예를 들어, 표 3-1의 대응 관계는 1,000이라는 숫자를 어떤 분명한 규칙에 따라 168로 변환시키는 함수에 해당된다.(편집자 주: 함수의 정의―집합 A의 각 원소에 집합 B의 원소가 하나씩 대응할 때 집합 A에서 집합 B로의 함수라 한다.)

바로 이 시점에서 수학 용어의 위력이 발휘된다. "왼쪽 세로줄에 있는 숫자"나 "오른쪽 세로줄에 있는 숫자"라고 매번 거론해야 한다면 얼마나 번거롭고 성가시겠는가? 그러나 이들을 각각 '변수$_{argument}$'와 '함수값$_{function\ value}$'으로 표현하면 엄청난 양의 노동을 줄일 수 있다. 즉, 함수란 주어진 변수에 어떤 변환 규칙이나 변환 과정을 가하여 함수값에 대응시키는 것을 의미한다.

여기서 한 가지 짚고 넘어갈 것이 있다. 변수와 함수값을 대응시키는 규칙은 모든 수에 적용되지 않을 수도 있다. 예를 들어, '1에서 변수를 뺀 후 역수를 취한다'는 대응 규칙을 변수 x에 적용시키면 $\frac{1}{1-x}$이라는 함수가 얻어지는데, $x = 1$인 경우에는 1을 0으로 나누는 연산이 되어 함수값이 정의되지 않는다. 앞에서 지적했던 것처럼, 임의의 수를 0으로 나누는 것은 수학적으로 금지되어 있기 때문이다. 이에 관한 자세한 이야기는 9-Ⅲ장에서 다룰 예정이다("그래도 궁금해. 금기 사항을 어기고 1을 0으로 나누면 어떻게 되는 거지?"라고 묻는 것은 아무런 의미가 없다. 제아무리 수학에 도사라 해도 주어진 수를 0으로 나눌 수는 없다. 그것은 게임의 규칙을 어기는 행위이다. 그럼에도 불구하고 끝까지 고집을 부리면서 0으로 나눈다면 수학이라는 게임은 그 순간에 정지되며, 모든 선수들은 반칙이 일어나기 직전의 상황으로 되돌아가야 한다).

또 다른 예를 들어 보자. 누군가가 '주어진 변수가 갖는 약수의 개수'라는 대응 규칙으로 함수를 만들었다고 하자. 28의 약수는 (자명한 약수인 1과 28을 포함시켰을 때) 6개이고 29의 약수는 2개이다. 그러므로 이 함수는 28을 6으로, 29(또는 임의의 소수)를 2로 변환시키는 성질을 갖고 있다. 이것은 대응 규칙이 분명하고 여러모로 유용한 함수로서, 흔히 $d(N)$으로 표기한다. 그러나 이 함수는 N이 정수일 때만 의미를 가질 수 있다. 좀 더 정확하게 말하자면 양의 정수 N에 한하여 정의되는 함수이다. $12\frac{7}{8}$의 약수가 몇 개인지 말할 수 있겠는가? 원주율 π의 약수는 몇 개인가? 물론 말도 안 되는 소리다. 그러므로 이 함수는 분수나 무리수를 변수로 가질 수 없다.

여기서 정의역domain이라는 용어가 탄생한다. 함수의 정의역은 그 함수가 가질 수 있는 변수의 영역을 의미한다. 그러므로 앞에서 예로 들었던 $\frac{1}{1-x}$이라는 함수의 정의역은 1을 제외한 모든 수이며, 함수 $d(N)$은 모든 양의 정수를 정의역으로 가질 수 있다. 또 음수는 제곱근을 가질 수 없으므로 $\sqrt{x}$의 정의역은 0을 포함한 모든 양수이다(그러나 이야기를 좀 더 진행시키다 보면 방금 한 말은 번복될 수도 있다).

개중에는 모든 수를 정의역으로 갖는 함수도 있다. 예를 들어, x^2으로 표현되는 함수는 변수 x가 어떤 값을 가져도 그에 해당되는 함수값이 항상 존재한다. 제아무리 유별난 수라해도 제곱은 항상 할 수 있기 때문이다. 변수를 거듭제곱한 항들로 이루어진 다항식(예를 들면 $3x^5 + 11x^3 - 35x^2 - 7x + 4$)도 모든 수를 정의역으로 갖는다. 이러한 성질은 21-Ⅲ장에서 매우 중요한 역할을 하게 될 것이다. 그러나 대부분의 함수들은 정의역에 어떤 제한 조건이 가해져 있다. 0으로 나누는 연산을 피하기 위해 일부 변수가 제외될 수도 있고, 아니면 대응 규칙 자체가 일부 수에만 적용되는 경우도 있다.

표 3-1은 정의역이 극히 제한된 함수의 한 예에 불과하다. 30,000보다 작은 소수는 몇 개인가? 또는 7,000,000보다 작은 소수는 몇 개인가? 31,556,926보다 작은 소수는 또 몇 개인가? 그렇다. 우리는 표 3-1에 새로운 데이터를 얼마든지 추가할 수 있다. 그러나 1부터 1,000,000,000,000,000,000 사이의 수를 모두 채워 넣자니 책의 분량이 쓸데없이 길어질 것 같아서 대표적인 수 몇 개만 제시해 놓은 것이다. 그러므로 표 3-1은 함수의 한 '부분'으로 이해되어야 한다.

모든 함수의 대응 관계를 일목요연하게 보여 주는 방법은 없다. 일부 함수들은 변수와 함수값 사이의 관계를 그래프로 이해할 수도 있지만, 지금의 경우에는 그래프를 그려 봐도 별 도움이 되지 않는다. 표 3-1을 그래프로 직접 그려 보면 이 말의 뜻을 이해할 수 있을 것이다. 이 책의 9-Ⅳ 장에는 제타 함수 $\zeta(s)$의 그래프가 여러 개 그려져 있는데, 그것만으로 제타 함수의 성질을 이해하기는 어려울 것이다. 특별한 함수의 경우에는 수학자들조차도 함수의 특성과 장시간 동안 씨름을 하고서야 기초적인 감을 겨우 잡을 수 있는 정도이다. 복잡한 함수는 표와 그래프를 아무리 들여다봐도 별다른 감흥이 일어나지 않는다.

Ⅴ. 함수의 종류는 얼마나 될까? 물론 무수히 많다. 대응 규칙은 본인이 원하는 대로 얼마든지 만들어 낼 수 있다. 이들 중에서 비교적 중요하다고 인정되는 함수들은 고유의 이름을 갖고 있고, '정말로' 중요한 함수들은 특별

한 기호까지 부여되어 있다. 표 3-1에서 맛보기로 제시됐던 함수의 이름은 '소수 계량 함수Prime Counting Function'이며 기호로는 $\pi(N)$으로 표기한다.

"어? 소수의 개수를 나타내는 함수라면서 왜 이름이 π지?" 옳은 지적이다. π는 원의 둘레와 지름 사이의 비율을 나타내는 상수로서, 그 값은 약

$$3.14159265358979323846264\cdots$$

이다. 그러나 소수 계량 함수와 원주율 사이에는 아무런 관계도 없다. 수학자들은 특별한 함수가 발견될 때마다 그리스 알파벳을 이름으로 붙였는데 [이런 유행을 퍼뜨린 사람은 란다우Edmund Landau였다(14-Ⅳ장 참조)], 24개밖에 안 되는 문자를 모두 써먹은 다음에는 어쩔 수 없이 이미 사용되고 있는 문자를 재활용할 수밖에 없었다. 독자들에게 혼동을 불러일으킨 점은 깊이 사과하는 바이지만, 사실 이것은 내 잘못이 아니다. 그리고 함수의 표기법은 범세계적으로 통일되어 있기 때문에 이제 와서 바꾸기도 어렵다. 어쩔 수 없이 독자들은 기존의 표기법에 익숙해져야 할 것이다.

(복잡한 컴퓨터 프로그램을 만들어 본 사람들은 '동일 함수의 중복 사용'에 의한 에러를 종종 경험했을 것이다. 원주율과 소수 계량 함수의 이름이 π로 같은 것도 분명한 중복 사용이며, 이로 인해 독자들의 논리적인 머릿속에서 에러가 발생하는 것은 당연한 일이다. 약간의 짜증이 나겠지만 사실 이름은 수학의 본질이 아니므로 수학자들의 노고를 생각해서 이해해 주기 바란다.)

$\pi(N)$은 N보다 작은 소수의 개수를 나타내는 함수이다(엄밀하게 말하자면 'N을 포함하면서 N보다 작은 소수의 개수'이다. 앞으로는 표현상의 편의를 위해 그냥 'N보다 작은…'이라고 표현하기로 한다). 이제 원래의 질문으로

되돌아가 보자. 소수를 일일이 헤아리는 중노동 없이 π(N)을 쉽게 알아낼 수 있는 공식은 과연 존재할 것인가?

표 3-1에 약간의 수정을 가해 보자. 오른쪽 세로줄에 표기되어 있는 소수의 개수 대신, 왼쪽 세로줄에 있는 수를 해당 소수의 개수로 나눠서 그 값을 오른쪽에 써넣는다. 다시 말해서, '변수를 함수값으로 나눈 값'을 오른쪽에 써넣자는 것이다. 지금 나는 동네 슈퍼마켓에서 6달러를 주고 산 계산기를 갖고 있는데, 워낙 싸구려라서 소수점 이하 4자리밖에 표기하지 못한다. 이 계산기를 두드려 보니 1,000을 168로 나누면 5.9524이고 1,000,000을 78,498로 나눈 결과는 12.7392라고 주장하고 있다. 나머지 계산 결과를 정리하면 표 3-2가 얻어진다.

N	$N/\pi(N)$
1,000	5.9524
1,000,000	12.7392
1,000,000,000	19.6666
1,000,000,000,000	26.5901
1,000,000,000,000,000	33.5069
1,000,000,000,000,000,000	40.4204

표 3-2

여기 나타난 값들을 주의 깊게 바라보면 $\frac{N}{\pi(N)}$ 이 매 단계마다 약 7씩 증가하고 있음을 알 수 있다. 좀 더 정확하게 말하자면 증가폭이 6.7~7.0 사이를 오락가락하고 있다. 독자들은 "그래서 뭐가 어쨌는데?"라고 반문할지도 모르지만, 수학자들은 이 사실을 처음 알았을 때 머릿속에 전구가 번쩍 켜지면서 어떤 특별한 단어 하나가 섬광처럼 떠올랐다. 과연 무슨 단어였을까?

Ⅵ. 수학에서 엄청 중요하게 취급되는 함수들 중 지수 함수exponential function라는 것이 있다. 이 이름은 독자들도 들어 본 적이 있을 것이다. '지수 함수적'이라는 말은 수학계뿐만 아니라 일상생활 속에서도 흔히 듣는 용어가 되었다. 우리 모두는 자신의 투자 금액이 지수 함수적으로(날이 갈수록 더욱 빠르게) 불어나기를 갈망하고 있지 않은가?

표 3-1과 같이, 두 개의 세로줄을 따라 나열된 변수와 함수값의 예로부터 지수 함수의 대략적인 정의를 내려 보면 다음과 같다. 일정한 간격으로 증가하는 변수를 잡아서 어떤 대응 규칙을 부여했을 때, 각 변수에 대응되는 함수값들이 일정한 간격(덧셈)으로 증가하지 않고 일정한 곱셈의 형식으로 증가한다면 이 함수는 지수 함수이다. 여기서 '일정하다'는 말은 매 단계마다 똑같은 수가 더해지거나 곱해졌다는 것을 의미한다.

한 가지 예를 들어 보자. 주어진 변수 N에 대하여 5를 N번 곱한 결과를 함수값에 대응시키면 다음과 같은 표가 얻어진다.

N	5^N
1	5
2	25
3	125
4	625

보다시피, 변수가 1씩 증가할 때마다 함수값은 걷잡을 수 없을 정도로 빠

르게 증가한다. 이것이 바로 지수 함수의 특징이다. 변수가 1씩 균일하게 증가할 때 함수값은 곱하기로 증가하기 때문이다.

위에서 변수를 1씩 증가시킨 것은 순전히 편의를 위한 선택이었을 뿐이다. 지금 예로 든 함수의 경우, 변수가 1만큼 증가하면 이에 대응되는 함수값은 바로 전 값의 5배로 증가하게 된다. 물론, 모든 지수 함수가 반드시 5배씩 증가할 필요는 없다. 5배뿐만 아니라 2배, 22배, 761배, 심지어는 정수가 아닌 1.05배 또는 0.5배로 정의해도 그 함수는 여전히 지수 함수이다(1.05배로 정의하면 변수가 1씩 증가할 때마다 함수값은 5%씩 증가하게 된다).

이 시점에서, 수학자들이 좋아하는 또 하나의 용어인 '표준형canonical form'이라는 용어가 등장한다. 어떤 현상(지금의 경우에는 지수 함수)이 여러 가지 다양한 형태로 나타날 때, 이 모든 것을 하나의 함축적인 형태로 표현할 수 있다면 개념적인 이해에 많은 도움이 될 것이다. 다행히도 대부분의 현상들(또는 수학적 객체들)은 이런 식의 표현이 가능하며, 이렇게 나타낸 것을 표준형이라 한다. 지수 함수의 경우에도 물론 표준형이라는 것이 있다. 수학자들은 여러 가지 지수 함수들을 일일이 거론하는 것보다 표준형 하나로 깔끔하게 표현하는 것을 좋아한다. 그렇다면 지수 함수의 표준형은 어떻게 생겼을까? 1^N? 2^N? 3^N? 아니면 5^N? 지수 N이 의미를 가지려면 1^N은 좀 곤란하다. 1은 아무리 여러 번 곱해 봐야 달라지는 것이 없기 때문이다. 그러므로 가장 간단한 지수 함수인 2^N을 표준형으로 삼는 것이 타당할 것 같다. 그러나 현실은 그렇지가 않다. 수학자들이 사용하는 표준형 지수 함수의 밑수(지수가 얹혀 있는 기본수)는 2가 아니라 2.718281828459045235360287…이다. 흔히 e라는 기호로 표기되는 이 수는 원주율 π처럼 수학 세계를 종횡무진 누비면서 무소불위의 위력을 발휘하고 있다.◆[10] 게다가 e는 소수점 이하의 숫자가 일정한 패턴 없이 무한히 반복되는 무리수이기 때문에 분수로 나타낼 수도 없다.♦¹¹ e라는 표기를 처음 사용한 사람은 오일러L. Euler였는데, 이 위대한 천재에 대해서는 다음 장에서 자세히 알아보기로 한다.

이토록 심란하게 생긴 수가 지수 함수의 표준형으로 선택된 이유는 무엇인가? e보다는 2가 훨씬 더 간단명료하지 않은가? 그렇다. 단순함의 미학이라는 관점에서 볼 때 무리수인 e는 2의 적수가 되지 못한다. 미적분학을 전혀 언급하지 않고 e의 중요성을 납득시킨다는 것은 사실상 불가능한 일이다. 그러나 나는 이미 이 책의 서두에서 미적분학의 개념을 도입하지 않고 독자들에게 리만 가설을 설명하겠다고 큰소리를 쳤었다. 그러므로 이 난처한 상황에서 내가 할 수 있는 일이란 "e는 수학에서 무지막지하게 중요한 상수입니다. 하지만 왜 그렇게 중요한지는 캐묻지 말아 주세요. 제가 독자들과 했던 약속을 지킬 수 있도록 제발 도와주시기 바랍니다. 캐묻지 말고 그냥 믿는 게 저를 도와주시는 겁니다!"라고 애원하는 것뿐이다. 지수 함수의 세계에서 e^N의 권위에 대적할 만한 함수는 어디에도 없다.

N	e^N
1	2.718281828459
2	7.389056098930
3	20.085536923187
4	54.598150033144

(소수점 이하 13자리에서 반올림한 결과임) 물론 e^N의 경우에도 지수 함수의 일반적인 성질은 그대로 유지된다. 왼쪽 세로줄에 나열된 변수가 1씩 증가할 때마다 오른쪽 세로줄의 함수값은 바로 전 값의 e배만큼 증가한다.

Ⅶ. 그렇다면 정반대의 경우는 어떨까? 즉, 변수가 곱하기로 증가할 때마다 함수값이 더하기로 증가하는 함수는 어떤 모양으로 표현될 수 있을까?

여기서 우리는 '역함수inverse function'라는 새로운 영역으로 접어들게 된다. 수학자들은 거꾸로 뒤집는 것을 아주 좋아한다. y가 x의 여덟 배일 때, x를 y로 표현하면 어떻게 될까? 물론 답은 $\frac{y}{8}$이다. 이와 같이, 나눗셈은 곱셈의 역연산에 해당된다. 숫자를 제곱하는 연산은 누구나 알고 있을 것이다. 그렇다면 제곱의 역은 무엇일까? 이 질문을 좀 더 보기 좋게 바꾸면 다음과 같다. $y = x^2 (x \geq 0)$일 때 x를 y로 표현하면 어떻게 되는가? 그렇다. 답은 $x = \sqrt{y}$이다. 미적분학을 배운 사람들은 미분differentiation의 개념을 알고 있을 것이다. 함수 f를 미분하여 얻어진 g라는 함수는 임의의 변수값에 대하여 f가 변하는 정도를 말해 준다. 그렇다면 미분의 역과정은 무엇일까? 바로 적분integration이다! 나중에 리만이 1859년에 썼던 논문을 자세하게 다룰 예정인데, 그때 이 '역과정'의 개념이 중요한 주제로 등장하게 될 것이다.

함수의 대응 관계를 표로 나타내는 지금까지의 방법을 그대로 따른다면, 함수관계를 뒤집은 역함수는 왼쪽 줄과 오른쪽 줄을 뒤바꾼 표로 나타낼 수 있다. 예를 들어, 중학교 시절에 배웠던 간단한 2차 함수를 생각해 보자. 어떤 수의 제곱은 자기 자신을 두 번 곱한 값으로 정의된다.

N	N^2
-3	9
-2	4
-1	1
0	0
1	1
2	4
3	9

(그냥 노파심에서 하는 말인데, 음수와 음수를 곱하면 양수가 된다는 사실을 깜빡 잊은 독자들이 혹시 있다면 이 기회에 다시 상기해 주기 바란다. −3에 −3을 곱한 결과는 −9가 아니라 9이다.◆12) 여기서 좌우의 세로줄을 맞바꾸면 다음과 같은 역함수가 얻어진다.

N	$\sqrt{N}$
9	−3
4	−2
1	−1
0	0
1	1
4	2
9	3

잠깐! 뭔가가 좀 이상하다. 변수 9에 대응되는 함수값이 두 개나 있다. −3과 3, 어느 쪽이 정답인가? 일단 중복을 피하기 위해, 위의 표를 다음과 같이 다시 써 보자.

N	$\sqrt{N}$
0	0
1	1? 아니지, −1도 되나?
4	2? 그런데 −2도 될걸?
9	3? 여기에 −3도 추가?

아무리 수학에 무관심한 독자라 해도 이렇게 산만한 표에 만족할 수는 없을 것이다. 깔끔하던 표가 왜 이렇게 너저분해졌을까? 물론 약간의 서술형 문장이 추가된 탓도 있겠지만, 무엇보다도 중요한 이유는 하나의 변수에 두 개(또는 그 이상)의 함수값이 대응되어 있기 때문이다. 하지만 그렇다고 크게 문제될 것은 없다. 수학 이론 중에는 이런 다가함수many-valued function(多價函數, 하나의 변수에 둘 이상의 값이 대응되는 함수)에 관한 이론도 이미 개발되어 있다. 실제로 리만은 다가함수 이론의 대가였다. 그러나 지금은 다가함수를 논할 적절한 시기가 아니므로 구체적인 설명은 13-V장까지 미루기로 한다. 지금 내가 할 수 있는 말은 '하나의 변수에 하나의 함수값이 대응되어야 함수로 간주될 수 있다'는 것이다(어떤 특정한 변수에 대응되는 함수값이 아예 존재하지 않는 경우도 있다. 변수가 정의역을 벗어나면 이런 일은 얼마든지 발생할 수 있다. 물론 이런 경우에도 함수로 간주된다). 이 약속을 따른다면 1의 제곱근은 1이며, 4의 제곱근은 2, 9의 제곱근은 3이다. 그렇다면 −3의 제곱이 9라는 것을 인정하지 않는다는 뜻인가? 아니다. 누가 뭐라 해도 −3의 제곱은 9가 분명하다. 단지 '제곱근'이라는 용어에 음수를 포함시키지 않겠다는 것뿐이다. 제곱근에 대한 나의 정의는 다음과 같다. "N의 제곱근은 자기 자신을 제곱했을 때 N이 되는 양수(0 포함)이다."

VIII. 다행히도 지수 함수는 이런 골치 아픈 문제를 유발시키지 않는다. 그러므로 우리는 지수 함수의 대응 관계를 마음 놓고 뒤집을 수 있다. 그러면 거듭제곱을 따라 변해 가는 변수(5, 25, 125, 625, …)에 대하여 덧셈을 따라 변하는 함수값(1, 2, 3, 4, …)이 대응된다. 물론, 지수 함수의 밑수가 달라지면 역함수도 달라진다. 그런데 지수 함수의 경우와 마찬가지로, 수학자들은 지수 함수의 역함수 중 특별한 한 가지만을 주로 사용하고 있다. 즉, 변수가 e의 거듭제곱으로 변할 때($e, e^2, e^3, e^4, \cdots$) 함수값이 1씩 달라지는(1, 2, 3, 4, $\cdots$) 역함수를 표준형으로 간주하고 있는 것이다. 이 함수가 바로 '로그 함수 log function'이다. 수학자들에게 표 3-2를 보여 주면 대부분이 머릿속에서 로그 함수를 떠올릴 것이다. $y = e^x$이면 $x = \log y$이다(여기서 e^x의 x에 $\log y$를 대입하면 $y = e^{\log y}$가 된다. 이 점에 대해서는 나중에 다시 언급할 것이다).

이 책의 주제인 리만 가설과 관련하여, 앞으로 로그 함수는 시도 때도 없이 거론될 것이다. 로그 함수의 수학적 특성에 관해서는 5장과 7장에서 집중적으로 다루어질 예정이며, 19장에서 황금 열쇠 Golden Key를 설명할 때에도 로그 함수는 핵심적인 역할을 하게 된다. 앞으로 당분간은 "로그 함수는 지수 함수의 역함수로서 엄청나게 중요한 함수이다"라는 말을 액면 그대로 믿어 주기 바란다. 다시 한번 외워 보자. $y = e^x$이면 $x = \log y$이다!

이 시점에서 로그 함수의 예를 잠시나마 구경이라도 해 보고 가는 편이 좋을 것 같다. 변수가 e의 거듭제곱으로 변하는 표준형 말고, 1,000의 거듭제곱으로 변하는 로그 함수를 생각해 보자. 이 함수의 변수와 그에 대응되는 함수값은 표 3-3의 첫 번째 세로줄과 두 번째 세로줄에 제시되어 있다. 그리고 독자들의 이해를 돕기 위해 두 개의 세로줄을 더 추가하였는데, 그중 세 번째 세로줄은 표 3-2에서 그대로 따온 것이고 마지막 줄은 $\log N$과 $\frac{N}{\pi(N)}$의 차이를 백분율(%)로 나타낸 것이다.

표 3-3을 자세히 들여다보면 대충 다음과 같은 사실을 알 수 있다. $\frac{N}{\pi(N)}$은 $\log N$과 매우 비슷한 값을 갖는다. 그리고 N이 커질수록 이들 사이의 차이는 더욱 작아진다.

N	$\log N$	$N/\pi(N)$	차이(%)
1,000	6.9078	5.9524	16.0503
1,000,000	13.8155	12.7392	8.4490
1,000,000,000	20.7233	19.6666	5.3727
1,000,000,000,000	27.6310	26.5901	3.9145
1,000,000,000,000,000	34.5388	33.5069	3.0795
1,000,000,000,000,000,000	41.4465	40.4204	2.5385

표 3-3

이것은 수학적으로 아주 간명하게 표현될 수 있다. $\frac{N}{\pi(N)} \sim \log N$이라고 쓰면 그만이다(읽을 때는 "엔 나누기 파이 엔은 로그 엔에 점근한다tend asymptotically"라고 읽으면 된다. 기호 '~'는 '틸더tilde'라고 읽는 게 정석이지만, 대부분의 수학자들은 '튀들twiddle'로 읽는 것을 더 좋아한다◆13).

좌우변을 약간 이동시켜서 이 관계를 다시 정리하면 다음과 같다.

소수 정리

$$\pi(N) \sim \frac{N}{\log N}$$

물론 이 내용은 아직 엄밀한 증명을 거치지 않았다. 단지 '그런 것 같다'는 추측만으로 적어 놓은 것뿐이다. 그러나 여기에는 너무나도 중요한 정보가 담겨 있기 때문에 특별히 '소수 정리'라는 이름까지 붙어 있다. 정수론학자들은 소수 정리를 흔히 'PNT'라고 줄여서 부르곤 하는데, 이 책에서도 정수론학자들의 취향을 따르기로 한다. (그러나 역자는 소수 정리와 PNT를 혼용해서 쓰기로 하겠다. PNT는 'Prime Number Theorem'보다 훨씬 간결하지만 '소수 정리'와는 별 차이가 없기 때문이다: 옮긴이).

IX. 마지막으로, 소수 정리로부터 유도되는 두 가지 결과에 대하여 알아보자. 이 결과를 유도하기 전에, 먼저 큰 수에 대한 감각을 어느 정도 익혀두는 것이 좋다. 무엇보다 중요한 것은, N이 아주 큰 수일 때 1부터 N 사이의 자연수들 중 거의 대부분이 N과 비슷하다는 것이다. 예를 들어, 1부터 1조(13자리) 사이의 숫자들 중 자릿수가 12인 것이 무려 90%에 달하는데, 이들 모두가 1조와 거의 비슷한 크기를 갖고 있다(1천억과 1조는 많이 다르지만, 1,000과 같이 작은 수와 비교할 때에는 거의 같은 거나 마찬가지다).

1과 N 사이에 $\frac{N}{\log N}$개의 소수가 존재한다면 이 구간에서 소수의 평균 밀도는 $\frac{1}{\log N}$이다. 그런데 방금 전에 언급한 바와 같이 이 구간에 있는 대부분의 숫자들은 그 크기가 N과 비슷하기 때문에, 숫자 N 근처에서 소수의 밀도가 거의 $\frac{1}{\log N}$에 가깝다는 결론을 내릴 수 있다. 이 장의 첫 번째 절에서 100, 500, 1,000, 100만, 1조일 때 마지막 100개의 숫자 안에 들어 있는 소수의 개수를 언급한 적이 있는데, 그 결과는 각각 25, 17, 14, 8, 4개였다. 여기에 위의 결론을 적용해 보면 $\frac{100}{\log N}$ (N = 100, 500, 1,000, 100만, 1조) = (반올림한 값으로) 22, 16, 14, 7, 4가 되어, 우리의 예상과 거의 일치함을 알 수 있다. 그러므로 아주 큰 수 N 근처에서 소수를 발견할 확률은 거의 $\frac{1}{\log N}$과 같다.

이와 비슷한 논리를 이용하면 N번째 소수의 크기를 대충 계산할 수도 있다. K가 아주 큰 수일 때, 1부터 K 사이의 수를 생각해 보자. 이 구간에 소수가 C개 들어 있다면, 평균적으로 첫 번째 소수는 $K \div C$에서 나타나고 두 번째 소수는 $2K \div C$, 그리고 세 번째 소수는 $3K \div C$ 등에서 나타나게 될 것이다. 또한, N번째 소수의 위치는 대략 $NK \div C$이며, 마지막인 C번째 소수는 $CK \div C = K$에서 나타날 것이다. 만일 소수 정리가 참이라면 C는 $\frac{K}{\log K}$와 같으므로, N번째 소수는 $NK \div \frac{K}{\log K} = N \log K$ 근처에 있어야 한다. 그런데 이 구간에 있는 대부분의 수들은 K와 거의 같으므로 K와 N은 굳이 구별할 필요가 없다. 따라서 N번째 소수는 대략 $N \log N$이라는 결론이 내려진다. 물론 지금까지의 논리는 대략적인 것이긴 하지만 그다지 크게 틀린 결과는 아니며, 자연수 N이 클수록 더욱 정확하게 들어맞는다. 이 결과에 의하면 1조 번째 소수는 27,631,021,115,929일 것으로 예측되는데, 실제로 1조 번째 소수는 30,019,171,804,121로서 이들 사이에는 약 8%의 오차가 있다. 1,000번째와 100만 번째, 그리고 10억 번째 소수를 이런 식으로 예측했을 때 나타나는 오차는 각각 13%, 10%, 9%이다.

소수 정리의 결과

정수 N이 소수일 확률은 약 $\frac{1}{\log N}$이다.
N번째 소수는 약 $N \log N$이다.

이 두 개의 명제는 소수 정리로부터 유도되는 결과일 뿐만 아니라, 서로 상대방을 유도할 수도 있다. 이들 중 하나를 수학적으로 증명하면 소수 정리는 자동으로 증명된다. 그러므로 위의 결과는 소수 정리와 동일한 정도의 중요성을 가지며, 소수 정리를 표현하는 또 다른 방법으로 사용될 수 있다. 7-Ⅷ장으로 가면 소수 정리를 표현하는 더욱 중요한 방법을 알게 될 것이다.

Ⅹ. 이 장에서 주로 다뤘던 '소수의 분포'에 관한 문제는 매우 방대하고도 다양한 속성을 갖고 있다. 그리고 앞으로 알게 되겠지만 이 문제의 핵심에는 리만 가설이 자리 잡고 있다.

소수의 분포 문제는 두 가지 특별한 성질을 갖고 있다. 하나는 수가 커질수록 소수가 뜸하게 나타나는 현상이고(이것은 PNT를 통해 근사적으로 표현할 수 있다), 다른 하나는 임의성randomness이다.

이 장의 첫머리에 나열해 놓은 소수 목록(1~1,000 사이)으로 되돌아가서 생각해 보자. 821과 829 사이의 간격은 고작 8이고(829 − 821 = 8), 그 사이에 존재하는 소수는 4개(821, 823, 827, 829)이므로 소수의 평균 간격은 3보다 작다(네 개의 소수 사이에는 3개의 간격이 존재한다). 그러나 773~809 사이에는 36개의 수가 있으므로 평균 간격이 무려 12나 된다. 이렇게 소수가 한 지역에 뭉쳐 있다가(힐베르트는 이를 가리켜 '소수의 응축condensation'이라 불렀다) 퍼지는 패턴은 수직선(數直線)의 모든 지점에서 끝없이 반복된다.

N보다 작은 소수의 개수를 나타내는 소수 계량 함수 $\pi(N)$은 리만이 1859년에 발표했던 논문의 주제이자 이 책의 주제이기도 하다. 소수의 분포에 나타나는 또 하나의 특징, 즉 뭉쳐 있다가 퍼지는 임의성은 함수 $\pi(N)$의 특성과 밀접하게 관련되어 있다. 일반적으로 소수의 패턴과 빈도수를 분석할 때에는 항상 이 점을 마음속에 깊이 새겨 두어야 한다.

4
거인의 어깨 위에 서서

Ⅰ. 소수 정리를 최초로 떠올린 사람은 수학 역사상 가장 위대한 수학자로 일컬어지는 가우스Carl Friedrich Gauss(1777~1855)였다. 그는 살아 있는 동안 수학의 왕자Princeps Mathematicorum라 불렸으며, 죽은 뒤에는 하노버의 왕인 조지 5세로부터 수학의 왕자라는 별칭이 선명하게 새겨진 명예훈장을 헌정 받았다.◆14

가우스는 좀 지나치다 싶을 정도로 겸손하고 조용한 사람이었다. 그의 조부는 가난한 소작농이었고 부친은 남의 집 정원을 가꿔 주는 정원사였다. 이렇게 가정 형편이 어려웠으므로, 가우스는 교육 환경이 열악한 시골 오지의 학교를 다닐 수밖에 없었다. 그러던 어느 날, 수업을 진행하던 담당 선생이 30분가량 쉬기 위해 학생들에게 1부터 100까지 더하라는 문제를 내 주었다. 그런데 문제가 주어지자마자 열 살 난 소년 가우스가 손을 번쩍 치켜들며 "Ligget se!"라고 소리쳤다. 그것은 그 지방의 평민들이 주로 쓰던 사투리로,

"답 나왔어요!"라는 뜻이었다. 어려운 문제를 내 주고 편히 쉬려던 선생은 너무 어이가 없어서 가우스에게 계산 방법을 물어 보았다. 그랬더니 소년 가우스는 아주 침착한 어투로 다음과 같이 설명했다. "1부터 100까지 숫자를 머릿속에 나열한 다음(1, 2, 3, …, 100), 그 아래에 같은 수들을 거꾸로 나열해서(100, 99, 98, …, 1) 하나씩 더하면 하나같이 101이라는 답이 나오거든요. 그러면 다 더한 결과는 $101 \times 100 = 10,100$인데, 선생님은 1부터 100까지 한 번만 더하라고 하셨기 때문에 이 답을 2로 나눴어요. 그러니까 답은 5,050이지요." 설명을 들으면 누구나 이해할 수 있는 내용이지만, 열 살짜리 꼬마의 머릿속에서 이런 기발한 생각이 떠올랐다는 것은 실로 놀라운 일이 아닐 수 없다. 서른 살이 넘은 어른이라 해도 고등학교 때 배운 수학을 기억하지 못한다면 쉽게 답을 낼 수 없을 것이다.

그 학교의 교장은 가우스의 천재성을 간파하고 교육적인 지원을 아끼지 않았다. 그리고 둘로 갈라져 있던 하노버의 국경 사이에 위치한 브룬스빅에 가우스가 살았던 것도 행운으로 작용했다(2-Ⅱ 지도 참조). 그 당시 브룬스빅은 카를 빌헬름 페르디난트 공작이 다스리고 있었다. 앞에서 나는 이 사람과 관계된 사건을 잠시 언급한 적이 있다. 평생을 철저한 군인 정신으로 살았던 페르디난트 공작은 프러시아군 총사령관으로서 프러시아-오스트리아 연합군을 이끌고 1792년에 프랑스를 침공했다가 발미 전투에서 역사적인 패배를 당한 적이 있다.

페르디난트는 훌륭한 신사로 유명했다. 만일 수학자들을 위한 천국이 있다면, 페르디난트가 생각날 때마다 들러 갈 수 있는 고급 아파트가 그곳에 분명히 있을 것이다. 그는 이미 유명해진 청년 가우스를 궁전으로 초대했다. 난생 처음으로 왕족과 귀족들에게 둘러싸인 가우스는 촌스러운 매너로 사람들을 웃겼지만, 페르디난트는 농사꾼의 외모를 가진 젊은이의 순수함과 천재성에 완전히 매료되었다. 그 후로 페르디난트는 가우스에게 재정을 비롯한 온갖 지원을 아끼지 않았고, 그 덕분에 가우스는 평생 동안 학문 연구에 몰두하여 수학과 물리학, 천문학 등의 분야에 위대한 업적을 남길 수 있었다.◆15

가우스를 향한 페르디난트 공작의 아낌없는 지원은 매우 비극적인 사건을 겪으면서 중단되었다. 1806년에 나폴레옹이 얼마 동안 하노버를 내주는 조건으로 프러시아를 매수하여 러시아-오스트리아 연합군을 아우스터리츠 전투에서 무찔렀다(이때의 승전을 기념하기 위해 세운 것이 파리의 개선문이다). 그리고 라인 동맹을 결성하여 지금의 독일에 해당하는 서부 지역을 프랑스의 통치하에 흡수한 후, 프러시아와의 약속을 어기고 하노버를 영국에 넘겨주려는 계획을 세웠다. 프러시아와 색스니가 여기에 반기를 들었는데, 그들의 동맹국이라고는 아우스터리츠 전투에서 만신창이가 된 러시아뿐이었다.

프러시아는 색스니가 프랑스의 위성국가로 전락하는 것을 막기 위해 그곳에 군대를 파견하고 브룬스빅에 있는 페르디난트 공작을 호출하여(당시 그의 나이 71세였다) 군대의 지휘를 맡겼다. 이에 격분한 나폴레옹은 당장 전쟁을 선포하고 색스니를 거쳐 베를린을 향해 진격하기 시작했다. 프러시아는 이를 저지하기 위해 군대를 한곳으로 집중시켰지만 프랑스군의 이동 속도가 워낙 빨라서 작전은 실패로 돌아가고, 결국 예나(Jena)에서 나폴레옹의 군대에게 참패당했다. 당시 페르디난트 공작의 부대는 예나에서 북으로 1마일쯤 떨어진 아우에르슈태트(Auerstädt)에 주둔하고 있었는데, 나폴레옹의 측면 부대와 일전을 벌인 끝에 역시 크게 패하고 말았다.

전쟁에 지고 큰 부상까지 당한 페르디난트는 나폴레옹에게 밀사를 보내 고향으로 돌아가서 죽게 해 달라고 간청했다. 그러나 기사도와 담을 쌓은 그 현대식 제왕은 밀사의 면전에서 공작을 한껏 비웃으며 그의 부탁을 들어주지 않았다. 결국 공작의 패잔병들은 두 눈을 실명한 채 죽어 가는 자신의 사령관을 마차에 싣고 엘베Elbe 강 너머 중립 지역으로 필사의 탈출을 감행하였다. 나폴레옹의 부관이었던 루이 드 브리엔Louis de Bourienne은 자신의 회고록에서 이 사건에 대해 다음과 같이 언급하고 있다.

> 브룬스빅의 공작, 페르디난트는 아우에르슈태트 전투에서 치명상을 입고 10월 29일 알토나Altona(엘베 강 건너편, 함부르크의 서쪽)에 도착하였다. 초라한 몰골로 시내에 들어서는 그의 모습은 사람의 운이라는 것이 얼마나 쉽게 변할 수 있는지를 보여 주는 전형적인 사례였다. 역전의 노장이자 한 나라의 군주로서 온갖 호사를 누리며 편안한 여생을 즐기던 그였지만, 전쟁에 패한 지금은 치명상을 입은 몸으로 열 명 남짓한 병사들이 끄는 수레에 실려 알토나로 들어오고 있었다. 그에게는 하인도, 부관도 없었고 오직 마을의 아이들만이 깔깔거리며 그의 뒤를 따라가고 있었다. 페르디난트 공작은, 패전의 비보를 듣고 11월 1일에 도착한 그의 아내 외에는 아무도 만나지 않았다. 결국 그는 11월 10일에 아내의 품에서 사망하였다.

페르디난트를 호송하는 초라한 일행은 여행 도중 브룬스빅을 잠시 거쳐 갔는데, 그때 가우스는 성문 반대편에 있는 자신의 방에서 창문을 통해 수레에 실려 가는 공작을 보았다고 전해진다. 그 이후로 브룬스빅은 나폴레옹의 꼭두각시인 베스트팔리아 왕국으로 통합되었고 페르디난트의 후계자인 프리드리히 빌헬름Friedrich Wilhelm은 고국에서 추방되어 영국 왕실에 몸을 의탁해야 했다. 후에 1815년 워털루 해전에서 나폴레옹이 넬슨 제독에게 대패하면서 브룬스빅은 다시 공국(공작이 다스리는 국가)으로 되돌아오지만, 빌헬름은 워털루 전쟁 바로 며칠 전에 전초전이 치뤄진 카트르 브라Quatre Bra에서 나폴레옹과 싸우다가 전사하였다.

(나폴레옹이 이 책을 읽는다면 글의 내용이 조금 편파적이라고 생각할지도 모르겠다. 그래서 나폴레옹과 관련된 일화를 하나 더 소개하고 넘어가기로 한다. 그가 서부 독일을 침공했을 때 가우스는 괴팅겐대학에서 교편을 잡고 있었는데, 나폴레옹은 병사들에게 괴팅겐을 공격하지 말라고 특별 지시를 내렸다. 그 이유는 '역사상 가장 위대한 수학자가 그곳에 살고 있기 때문'이라고 했다.)

Ⅱ. 든든한 후원자를 잃은 가우스가 다른 일자리를 찾고 있을 때, 때마침 괴팅겐대학 측에서 천문관측소장 자리를 제안했다. 가우스는 그 제안을 받아들이고 1807년에 괴팅겐으로 되돌아왔다.◆16 그 무렵 괴팅겐대학은 최고의 시설을 자랑하는 독일의 지방 명문 대학으로 확고한 입지를 굳히고 있었다. 가우스는 1795~1798년 동안 그곳에서 연구를 한 적이 있었는데, 그를 가장 매료시킨 것은 두말할 것도 없이 엄청난 양의 장서를 자랑하는 도서관이었다(그는 대부분의 시간을 도서관에서 보냈다). 다시 천문관측소장의 직위로 괴팅겐에 돌아온 가우스는 일흔여덟 번째 생일을 몇 주 앞두고 1855년 사망할 때까지 그곳에서 연구 생활을 계속하게 된다. 인생의 마지막 27년 사이에 그가 천문대 밖으로 나간 것은 단 한 번, 베를린학회에 참석했을 때뿐이었다.

소수 정리PNT와 가우스의 인연을 설명하려면, 우선 그의 유별난 수학적 성향부터 짚고 넘어갈 필요가 있다. 그는 자신이 작성했던 방대한 양의 논문들을 거의 출판하지 않았다. 그가 썼던 편지들과 남아 있는 미발표 논문들, 그리고 이미 발표된 논문의 내용을 보면 그는 자신의 연구 결과들 중 극히 일부만을 세상에 공개한 것이 틀림없다. 가우스의 일기장에 대충 휘갈겨진 채 세상 빛을 보지 못한 정리와 증명들이 대체 얼마나 되는지, 지금으로선 알 길이 없다.

가우스의 이러한 성향에는 대충 두 가지의 요인이 작용한 것 같다. 첫째로, 그는 야망이나 출세욕과는 담을 쌓은 사람이었다. 그는 어린 시절부터 무언가를 소유하거나 소유하려고 애를 쓴 적이 단 한 번도 없었으며, 학계에 입문한 후에도 조용하고 겸손한 자세를 시종일관 유지하였다. 한마디로, 가우스는 입신출세에 아무런 관심이 없었기에 자신의 증명이 검증되어야 할 필요성을 전혀 느끼지 않았던 것이다. 또 다른 요인으로는 그의 완벽주의적 성향을 들 수 있다. 가우스는 자신의 증명이 잘 다듬어져서 완벽한 논리를 갖추기 전에는 결코 세상에 공개하지 않았다. 그가 사용하던 개인 인장은 열매가 아주 조금 달려 있는 나무 모양이었는데, 그것은 '양은 적지만 잘 무르익은Pauca sed matura' 결과를 의미하는 것이었다.

대부분의 수학 논문이 읽기 어려운 것은 바로 이런 이유 때문이다. 현대 심리학자 어빙 고프먼Erving Goffman은 자신의 저서인 『일상생활에서의 자아표현The Presentation of Self in Everyday Life』에서 '행위'에 관한 이론을 제시하였는데, 그 이론에 의하면 대부분의 사람들은 뒤죽박죽으로 얽혀 있는 자신의 내면세계에서 무언가 내세울 만한 결과물을 얻어 냈을 때, 그것을 완전하게 정돈된 형태로 공개하는 경향이 있다고 한다. 식당에 가면 이런 사례를 쉽게 접할 수 있다. 식당에서 사용하는 접시들은 사람들의 손에 매일같이 시달리면서 속으로는 금이 가기도 하고 심지어는 깨졌다가 강제로 붙여지기도 하지만, 손님을 맞이할 때는 흠집 하나 없는 깨끗한 형태로 탈바꿈하여 깔끔하게 차려입은 종업원의 손에 실려 나가게 된다. 사람의 지성이 투입된 결과물도 이와 비슷한 속성을 갖고 있다. 여기서 잠시 고프먼의 주장을 들어 보자.

한 개인이 자신이 만들어 낸 결과물을 타인에게 공개할 때, 그는 깔끔하게 정돈된 마지막 모습을 보여 주려는 경향이 있다. 따라서 타인들은 완전하게 포장된 완성품을 보면서 판단을 내릴 수밖에 없다. 그 결과물을 내기 위해 노력을 별로 기울이지 않았건, 지루할 정도로 오랜시간 동안 외로운 노동으로 많은 노력을 기울였건 간에, 어느 경우나 이런 사실들은 감추어진다.

학술지에 게재된 논문들은 '그러므로 당연히 …이다' 또는 '따라서 …임을 쉽게 알 수 있다' 등 감질 나는 표현을 상습적으로 사용한다. 읽는 사람의 눈에는 하나도 당연하지 않은데, 대체 뭐가 당연하다는 말인가? 이런 경우에 논문을 읽는 사람들은 저자가 생략한 과정을 재현하기 위해 몇 시간, 또는 며칠 동안 사투를 벌여야 한다. 영국의 유명한 수학자인 하디G.H. Hardy의 일화를 들어 보자. 어느 날, 하디는 강의 도중 무심결에 "그러므로 이것은 당연히…"라고 말했다가 문득 강의를 멈추었다. 강의실에는 잠시 동안 무거운 정적이 흘렀고, 학생들은 후속 설명을 초조하게 기다리고 있었다. 그런데 하디는 더 이상 말을 잇지 않고 강의실을 빠져나갔다가 20분쯤 지난 후에 다시 나타났다. 그러고는 회심의 미소를 지으며 강의를 계속했다. "당연히 그렇지요! 이것은 당연히…"

가우스는 야망도 없었지만 그에 못지않게 감각도 둔한 사람이었다. 그는 세미나를 할 때 자신이 증명했던(그러나 발표되지 않은) 증명들을 마구 인용하여 동료 수학자들을 사정없이 괴롭혔다. 참다못한 동료 교수들이 가우스의 증명을 찾아내어 발표를 대신 해 줄 정도였다니, 당시의 상황을 짐작할 만하다. 그러나 이것은 결코 자만심의 발로가 아니었다. 누가 뭐라 해도 가우스는 자만심과 담을 쌓은 사람이었다. 존슨 박사의 표현에 의하면, 그것은 '완전한 무감각증'에서 기인한 가우스 특유의 습관이었다. 예를 들어, 1809년에 발표된 그의 논문에는 1794년도에 자신이 발견했던 최소제곱법method of least square(실험 데이터를 가장 적절하게 해석하는 방법)이 처음으로 언급되어 있다. 그 대단한 이론을 무려 15년 동안 함구하고 있었던 것이다! 최소제곱법은 가우스보다 나이가 많은 프랑스의 수학자 르장드르Adrien-Marie Legendre가 1806년에 독자적으로 개발하였는데, 후에 가우스가 자신보다 먼저 알아냈다는 사실을 전해 듣고는 화가 머리끝까지 치밀어서 가우스를 맹렬하게 비난했다고 전해진다. 가우스가 르장드르보다 먼저 알아냈다는 사실에는 이견의 여지가 없다. 그가 남긴 연구 노트가 그 사실을 증명하고 있기 때문이다. 그러나 학계에서 정상적으로 인정을 받으려면 당연히 학술지에 발표했어야 한다. 가우스는 학자로서의 경력보다 이론의 완벽함을 훨씬 중요하게 생각했기에, 자신이 만족할 정도로 다듬어지기 전에는 결코 세상에 공개하지 않았던 것이다.

Ⅲ. 1849년 12월에 가우스는 요한 프란츠 엥케Johann Franz Encke라는 천문학자와 편지를 주고받았다(후에 엥케라는 이름은 그가 발견한 혜성에 붙여지기도 했다). 그 무렵 엥케는 소수의 빈도에 관하여 몇 가지 의견을 제시했고, 가우스는 그의 의견에 즉각적인 관심을 보였다. 가우스가 썼던 편지의 내용은 다음과 같다.

    소수의 빈도수에 관한 당신의 의견은 단순한 참고 자료를 넘어서 매우 흥미로운 내용이었습니다. 저도 1792년(1793년인가? 확실치는 않습니다만)에 비슷한 생각을 떠올린 적이 있었지요. 당신의 의견을 접하고 당장 몇 개의 구간에서 자연수 1,000개에 들어 있는 소수의 개수를 헤아려 보았습니다. 그 결과를 정리하여 별지에 첨부하였으니 참고하시기 바랍니다. 이 계산을 하면서 소수의 빈도수가 평균적으로 로그 함수에 반비례한다는 것을 다시 한번 확인할 수 있었습니다…. 저는 틈 날 때마다 15분씩 투자하여 수의 이곳저곳을 1,000개씩 끊어서 소수의 개수를 헤아려 보았습니다만(모든 수를 빠짐없이 세는 것은 제 인내의 한계를 벗어난 일입니다), 100만에 채 이르지 못한 채 포기하고 말았습니다.

1792년이면 가우스가 열다섯 살 때이다! 그는 별 생각 없이 사실을 말했겠지만, 이 편지를 읽던 엥케는 엄청나게 기가 죽었을 것 같다. 가우스는 단번에 앉은자리에서 1,000개의 숫자 속에 숨어 있는 소수들을 찾아냈다는 뜻이다. 그것도 10만 단위의 숫자들을 주 대상으로 삼았다니(100만에 채 이르지 못하고 포기했으므로), 그의 계산이 얼마나 빨랐는지 짐작할 수 있다.

이 계산이 얼마나 끔찍한 중노동인지를 피부로 느껴 보기 위해, 나는 700,001부터 701,000 사이에 있는 소수들을 가우스가 사용했던 방법으로 찾아보았다. 그가 사용한 도구는 연필과 종이, 그리고 커다란 수를 소인수 분해하는 데 필요한 소수 목록(2부터 829까지)뿐이다.◆17 처음에는 의욕적으로 시작했는데, 한 시간이 지났을 무렵에 나는 $700,001 \div 47$을 계산하고 있었다. 간단히 말해서, 나는 첫 번째 수인 700,001이 소수인지 아닌지도 알아내지 못한 것이다. 700,001의 소수 여부가 확인되려면 47로 나눠 본 후에도 무려 130번의 나눗셈을 더 해 봐야 한다. 의욕이 넘치는 독자들은 한번쯤 계산해 보기 바란다. 가우스에게 이것은 15분짜리 계산 분량이었다(주어진 수 하나의 소수 여부를 판단하는 것이 아니라, 1,000개의 숫자들 사이에 숨어 있는 모든 소수를 찾아내는 작업이 15분짜리 연습 문제였다는 뜻이다).

가우스의 편지글에서 고딕체로 표기한 문장은 소수 정리에서 유도되는 두 개의 결과(3-IX장 참조) 중 첫 번째 결과와 일치하고 있다. 그러므로 가우스가 1790년대 초반에 이 문제를 연구했다는 것은 의심의 여지가 없다. 방금 제시한 편지가 그 사실을 증명하고 있지 않은가. 다만 그는 자신의 연구 결과를 세상에 알리지 않았을 뿐이다.

IV. 공교롭게도, 소수 정리에 관한 논문을 최초로 발표한 사람은 최소제곱법 사건으로 가우스에게 엄청 열 받았던 르장드르였다. 그는 1798년(가우스가 소수 정리를 처음 떠올린 지 5년이 지난 후)에 『정수론에 관한 소고Essay on the Number Theory』라는 제목으로 한 권의 책을 출판하였는데, 거기서 르장드르는 소수의 개수와 관련하여 다음과 같은 추측을 제기하였다.

$$\pi(x) \sim \frac{x}{A\log x + B}$$

여기서 A와 B는 정해지지 않은 수(미정계수)이다. 나중에 이 책의 수정본을 내면서 르장드르는 위의 식을 다음과 같이 수정하였다(그 이유는 르장드르 자신도 증명하지 못했다).

$$\pi(x) \sim \frac{x}{\log x - A}$$

여기서 x가 아주 큰 수일 때 A는 1.08366에 가까워진다. 가우스는 1849년에 엥케에게 보낸 편지에서 르장드르의 추측을 언급한 적이 있는데, 거기서 그는 1.08366이라는 숫자를 폐기하고 자신만의 논리를 이용하여 매우 명확한 결론을 내렸다.

만일 르장드르가 이 편지를 읽었다면 또 한번 격분을 금치 못했을 것이다. 그러나 다행히도 르장드르는 이 편지가 쓰이기 몇 년 전에 사망하였다.◆[18]

V. 지금 우리는 1800년도 이전에 알려진 소수 이론을 살펴보는 중이다. 그러므로 앞으로 자세히 다루게 될 황금 열쇠Golden Key의 발견자인 18세기의 수학자 레온하르트 오일러Leonhard Euler(1707~1783)에 대해서도 지금 언급해 두는 것이 좋을 것 같다. 오일러는 가우스와 함께 역사상 최고의 수학자로 일컬어지는 사람이다. 벨E.T. Bell은 그의 저서인 『수학자들Men of Mathematics』에서 오일러를 '스위스가 낳은 가장 위대한 수학자'로 평가하였다. 내가 아는 한, 오일러는 자신의 이름을 딴 상수를 두 개나 갖고 있는 유일한 수학자이다. 앞서 언급했던 2.71828…이라는 상수가 e라는 이름을 갖게 된 것은 그 주인이 영문자 e로 시작하는 이름을 갖고 있었기 때문이다. 또 하나의 상수는 오일러-마스케로니 상수Euler-Mascheroni number인데, 이 상수의 기원을 설명하려면 꽤 많은 지면을 할애해야 하므로 그 값이 0.57721…이라는 것만 알아 두고 그냥 넘어가기로 하자.◆19 오일러의 생애를 이해하려면 러시아의 역사에 대하여 약간의 사전 지식이 필요하다.

러시아가 세계사의 주역으로 떠오른 것은 표트르 대제Peter the Great(러시아식 표기로는 Pyotr이다)의 눈부신 업적 덕분이었다. 그는 1682년에 겨우 열 살의 나이로 황제에 즉위하여 1725년까지 43년 동안 러시아를 다스렸는데, 즉위 후 처음 7년간은 장님이자 절름발이에 언어 장애까지 있는 이복형제 이반Ivan과 함께 국정을 이끌었고 실질적인 권력은 이반의 누이인 소피아Sophia의 손에 들어가 있었다. 표트르는 17세가 되던 1689년에 러시아의 권력을 장악하였으나 그 후 5년간은 정치에 무관심한 채 취미 생활에 몰입하였다. 사실, 역사에 등장하는 수많은 군주들의 취미 생활이라는 것은 안 봐도 뻔한 내용들이 대부분이지만, 다행히도 표트르는 날카로운 지성에 강한 호기심을 가진 군주였고 그의 취미는 무엇이든지 더 나은 상태로 개선하는 것이었다. 특히 그는 외국인들에게 아주 우호적이었는데, 스코틀랜드의 용병들과 네덜란드의 상인들, 그리고 독일과 스위스에서 온 공학자들이 살고 있는 모스크바 근처의 외국인 마을에 들러 밤새도록 폭죽을 터뜨리며 유럽식으로 요란한 연회를 베풀곤 했다. 또한 1692~1693년에는 모스크바의 인근에 있는 플레스체프Pleschev 호수에서 손수 전함을 건조하는 열성을 보이기도 했다. 이런 식으로 취미 생활에 몰입하다가 1694년에 모친이 사망하면서 표트르는 진정한 군주로 거듭나게 된다.

1695~1696년에 이 비범한 군주는(외모상으로도 대단히 비범했다. 그는 키가 6피트 7인치나 되었고 때때로 아주 극심한 안면 경련증에 시달렸다고 한다) 흑해로 나가는 출구인, 오스만 투르크령의 아조프Azov항을 함락시켰고, 1697~1698년에는 평민 복장을 한 채 프랑스와 영국, 네덜란드 등지를 여행함으로써 주변 사람들을 놀라게 했다. 지어낸 이야기일 가능성이 높지만, 표트르가 영국을 여행할 때 있었던 유명한 일화가 있다. 런던 근교의 대지주인 존 에벌린의 저택에 묵고 있던 어느 날, 표트르는 사냥용 산탄총을 손에 들고 거실로 황급히 들어오면서 이렇게 외쳤다. "내가 방금 농부Peasant를 쏴써요!" 그 말을 들은 집주인은 웃으면서 그를 진정시켰다. "하하… 농부가 아니라 꿩Pheasant을 쏘신 거겠지요." 그러나 표트르는 머리를 저으며 대답했다. "아냐요, 농부여써요. 하도 무례하게 굴기에 쏴 버려써요!" 러시아로 돌아온 그는 국가의 체제에 대대적인 개혁을 단행하게 되는데, 거기에는 '수염을 기르지 말 것'과 '왕실 경호군의 해체' 등의 내용이 포함되어 있었다. 1700년부터는 스웨덴의 찰스 황제와 20년에 걸친 전쟁을 시작하여, 1703년에 라도가Ladoga 호수에서 발트 해 연안에 이르는 스웨덴의 국경을 돌파하는 데 성공하였다. 그리고 네바 강 어귀의 저습한 지대에 '상트페테르부르크St. Petersburg'라는 도시를 건설하여 러시아의 새로운 수도로 삼았다.

표트르는 정부와 귀족, 교역, 교육, 심지어는 국민들이 입는 전통 의상에 이르기까지 거의 모든 분야를 가히 혁명적으로 바꾸어 놓았다. 물론 단 한 사람의 의지만으로 역사 깊은 방대한 국가를 모두 바꿀 수는 없었지만, 표트르 대제에 의해 러시아가 새롭게 탄생했다는 것만은 부인할 수 없는 사실이다.

그리고 그 개혁의 결과 중 하나로서, 러시아는 수학과 수학자들에게 지극히 우호적인 나라가 되었다.◆20

Ⅵ. 1724년 1월, 표트르는 상트페테르부르크에 학술원을 설립한다는 포고령을 내렸다. 그 학술원은 학자들이 모여서 연구를 수행하고 국가를 위해 발명품을 개발하는 등, 기존의 대학과 차별되는 단체였다. 그러나 당시의 러시아는 교육 수준이 그리 높지 못했으므로, 상트페테르부르크학술원은 순수 연구 이외에 대학과 김나지움(중등학교)의 역할을 같이 수행해야 했다. 학술원에는 관측소와 실험실, 세미나 룸, 출판부, 인쇄소, 도서관 등이 거의 완벽하게 구비되어 있었다. 표트르는 자신이 한 말을 공언으로 끝내는 사람이 결코 아니었다.

학술원을 세운다는 계획은 좋았지만 표트르는 곧 심각한 문제에 직면하였다. 러시아 국민의 교육 수준이 너무 낮아서 학술원의 연구위원으로 초빙할 만한 학자가 절대 부족했던 것이다. 실제로 당시의 러시아는 초등학교와 중등학교조차도 턱없이 부족하여 대학에 진학하는 학생이 거의 전무한 상태였다. 이런 악조건하에서 포고령을 밀어붙이는 유일한 방법은 외국의 학자들을 수입하는 것뿐이었다. 사실, 이것은 과거 유럽에서도 종종 써먹던 방법이었다. 이보다 60년 전에 설립된 파리학술원의 초대 원장은 호이겐스Christiaan Huygens라는 네덜란드 물리학자였다. 그러나 상트페테르부르크는 유럽의 중심과 문화적, 지리적으로 너무나 거리가 멀었고 그 당시 서유럽 사람들은 러시아를 거의 야만국으로 취급하고 있었기 때문에, 고명한 유럽의 학자들을 스카웃하려면 파격적인 조건을 제시해야 했다. 마침내 왕실의 파격적인 지원에 힘입어 상트페테르부르크학술원은 성공적으로 설립되었고 젊고 유망한 독일인 여덟 명을 데려옴으로써 부족한 대학생도 채울 수 있었다. 이리하여 상트페테르부르크학술원은 1725년 8월에 역사적인 개원을 맞이하게 되었으나, 산파 역할을 했던 표트르 대제는 그 광경을 보지 못하고 6개월 전에 세상을 뜨고 말았다.

상트페테르부르크학술원에 처음으로 초청된 학자들 중에는 친형제 간인 니콜라스 베르누이Nicholas Bernoulli와 다니엘 베르누이Daniel Bernoulli가 끼어 있었다. 각각 30세, 25세였던 이 형제는 I-Ⅲ장에서 조화수열을 다룰 때 잠시 언급된 적이 있는 스위스 바젤의 유명한 신사, 요한 베르누이의 아들이었다 (베르누이가(家)는 수학의 천재 집안으로 유명하다. 요한의 세 번째 아들은 부친의 뒤를 이어 바젤대학의 수학과장이 되었으며, 과학 인명사전에는 '18세기 후반에 가장 뛰어난 수학 천재'로 기록되어 있다).

그러나 불행하게도 니콜라스 베르누이는 상트페테르부르크에서 1년을 채 넘기지 못하고 결핵으로 사망하였다. 학술원 측에서는 그의 죽음을 깊이 애도하는 한편, 하루 속히 후임자를 찾아야 했고 다니엘 베르누이는 바젤에서 자신과 친분이 두터웠던 오일러를 강력하게 추천했다. 수학에 완전히 매료되어 있던 오일러는 이 반가운 소식을 접하자마자 한 치의 망설임도 없이 상트페테르부르크로 달려왔다. 때는 1727년 5월 17일, 오일러가 약관 20세를 갓 넘겼을 무렵이었다.

그날은 표트르의 미망인이자 러시아 제국의 왕비였던 캐서린Catherine이 죽은 지 열흘이 되는 날이었다. 캐서린 왕비는 표트르가 왕권을 장악하는 데 커다란 공헌을 했을 뿐만 아니라, 학술원 설립 사업에도 전폭적인 지원을 아끼지 않았다. 왕과 왕비를 모두 잃은 러시아는 향후 15년 동안 혼돈을 겪다가 표트르 대제의 딸인 엘리자베스Elizabeth가 러시아의 황제에 오르게 된다. 그러나 엘리자베스는 왕실의 권력을 장악하지 못하여 파벌의 난립을 초래했고 때때로 외국인들에게 지나친 적대감을 보이기도 했다. 정계의 각 파벌 세력들이 나름대로의 정보망을 구축하고 첩자까지 동원하여 치열한 정보전을 벌이면서, 러시아의 수도 상트페테르부르크의 고상했던 분위기는 하루가 다르게 악화일로를 걸었다. 게다가 잔인하고 흉포한 여왕 안나Anna가 재위했던 1730~1740년 동안 러시아는 공포정치의 극단으로 치달았고, 여왕의 시해를 기도하는 사건이 수시로 터지면서 이에 연루된 수많은 사람들이 극형에 처해졌다.

이토록 복잡다단한 난세 속에서 오일러는 온갖 음모와 술수에 말려들지 않기 위해 13년의 세월 동안 오로지 연구에만 몰두했다. 수학사 저술가인 벨 E.T. Bell은 그의 저서에서 '오일러의 사리분명한 분별력이 초인적인 성실함을 낳았다'고 적고 있다. 이 기간 동안 오일러가 이룬 업적의 양으로 미루어 볼 때 벨의 설명은 설득력이 있는 것 같다. 오일러가 생전에 이룬 업적은 너무도 방대하여 지금도 완전히 정리되지 않고 있다. 현재 29권의 수학책과 31권의 역학 및 천문학 관련 서적, 그리고 13권의 물리학 서적과 여덟 권에 달하는 편지글 등이 정리되어 있으며, 이 작업은 아직도 진행 중이다.

다니엘 베르누이는 오일러가 상트페테르부르크에 처음 왔을 때 숙소를 같이 사용할 만큼 절친한 사이였으나 처형이 난무하고 학문이 도외시되는 당시 러시아의 음울한 분위기를 견디다 못해 1733년에 바젤로 돌아갔다. 그리고 그의 뒤를 이어 학술원의 수학과장이 된 오일러는 지위가 올라가면서 수입도 그만큼 넉넉해졌으므로, 스위스 출신의 캐서린 젤Catherine Gsell과 미뤘던 결혼을 할 수 있었다(그녀의 아버지는 상트페테르부르크에 거주하는 화가였다).

　오일러가 바젤 문제Basel problem를 푼 것도 바로 이 무렵인 1735년이었다. 이 문제는 다음 장에서 다룰 예정이다. 그로부터 2년 후, 오일러는 무한수열을 연구하던 중에 "황금 열쇠"라 불리는 놀라운 결과를 유도하게 된다. 앞에서도 간간이 언급한 적이 있는 이 문제는 7장에서 자세히 다루어질 것이다. 사실, 이 책의 주인공을 한 사람만 꼽아야 한다면 리만은 오일러에게 자리를 내줘야 한다. 그러나 오일러의 역할은 이 책의 후반부에 가서야 본격적으로 부각될 것이다.

Ⅶ. 러시아에 비밀 요원들과 반역자들로 넘쳐나던 1741년, 프로이센은 프레데릭 대왕Frederick the Great이 권좌에 오르면서 제국으로 발돋움을 시작하였다(그 전까지는 공작이 다스리는 공국이었다). 프레데릭은 과학 선진국의 위상을 세우기 위해 침체된 베를린과학원을 부흥시켰고, 이미 전 유럽에 명성을 떨치고 있던 오일러를 새롭게 단장한 학술원의 수학과장으로 초빙하였다. 제안을 받아들인 오일러는 상트페테르부르크를 떠나 근 한 달 동안 육로와 수로를 번갈아 가며 장거리 여행을 한 끝에 1741년 7월 25일 베를린에 도착하였다. 프레데릭의 모친이자 조지 2세의 누이인 소피아 도로테아Sophia Dorothea는 젊은 오일러에게 호감을 가졌으나(당시 오일러는 34세였다), 많은 대화를 나누지는 못했다. 어느 날, 그녀가 오일러에게 "왜 말을 안 하세요? 저하고 말하기 싫어요?"라고 따졌더니 이런 대답이 돌아왔다고 한다. "부인, 저는 입만 열면 곧바로 목을 매다는 살벌한 나라에서 살다 온 사람입니다."

　사실, 프레데릭이 오일러를 베를린으로 불러들인 것은 그의 말을 듣기 위해서였다. 프레더릭은 자신의 궁전에 각 분야의 인재들을 불러 모아 서로 토론하는 것을 좋아했다. 물론 오일러는 그 자리에 가장 잘 어울리는 최고의 천재였다. 그러나 불행히도 그의 천재성은 수학이라는 분야에 한정되어 있었고 철학이나 문학, 종교, 국제 문제 등은 오일러의 귀에 하찮은 가십거리로 들릴 뿐이었다. 게다가 프레더릭은 천재들과 어울리는 것을 좋아하는 척하면서 내심으로는 아첨꾼들을 더 좋아하는 에고이스트였다. 오일러와 볼테르같은 소수의 천재를 제외하면 당시의 사교장은 한마디로 '별 볼일 없는' 모임이었을 것으로 생각된다. 1745~1747년에 걸쳐 프레더릭은 베를린으로부터 20마일쯤 떨어져 있는 포츠담에 여름용 궁전인 상수시 Sans Souci(프랑스어로 '근심 없는'의 뜻: 옮긴이)를 축조하였다(이때 오일러는 궁전에 사용할 펌프를 설계하였다). 그러던 어느 날, 상수시를 찾은 한 방문객이 왕자에게 물었다. "당신은 여기서 무슨 일을 하십니까?" 왕자가 대답했다. "s'ennuyer라는 동사의 어미 변화를 연구하는 중입니다." s'ennuyer는 프랑스어로 '지루하다'는 뜻이다. 프레더릭의 왕궁에서는 그 무렵 전 유럽에 걸쳐 상류사회 언어로 통용되던 프랑스어만을 사용했다.◆21

오일러는 그곳에 25년 동안 눌러앉아 있으면서 7년전쟁의 참상을 고스란히 겪어야 했다. 그동안 베를린은 침략군에게 두 번 점령되었고 백성의 십분의 일이 질병과 기아, 또는 적군의 칼에 죽어 갔다. 그 무렵 러시아에는 캐서린 여제가 등극하여 왕권을 확고하게 다져나가고 있었다.(유별나게도 러시아는 가장 어려웠던 시기라 할 수 있는 18세기의 67년간을 여제가 다스렸다. 그리고 그중 대부분은 매우 성공적인 역사로 기록되어 있다.) 그녀는 독일계 공주 출신이었으므로 상트페테르부르크로 가기 전에 프레더릭의 궁전에서 오일러와 약간의 친분을 쌓을 수 있었다. 이것이 인연이 되어 오일러는 귀족들의 권모술수가 난무하는 상수시 궁을 떠나 상트페테르부르크로 되돌아왔고, 그곳에서 대대적인 환영을 받으며 다시 수학에 전념할 수 있게 되었다. 그 후 17년간 그곳에 머물면서 수학을 향한 열정을 불태우던 천재 오일러는 상트페테르부르크에서 손자를 품에 안은 채 76세를 일기로 조용히 생을 마감하였다.

VIII. 오일러는 내가 개인적으로 가장 좋아하는 수학자이기 때문에, 나는 지금 그의 일대기를 소개하면서 상당한 자제력을 발휘하는 중이다. 내가 그를 좋아하는 데에는 몇 가지 이유가 있는데, 그중 하나는 그가 남긴 수학이 매우 심오하면서도 별로 난해하지 않기 때문이다. 오일러는 자신의 생각을 항상 간결하고 분명하게 표현하였으며, 일단 발표된 내용에는 논쟁의 여지가 없었다. 그리고 가우스처럼 완벽을 기하느라 시간을 끌지도 않았다. 오일러의 논문은 대부분 라틴어로 쓰여져 있지만 문체가 매우 실용적이기 때문에 별 어려움 없이 읽을 수 있다.◆22

오일러가 라틴어를 약식으로 사용했다는 것은 그 무렵의 학자들이 라틴어를 고집하지 않았음을 의미한다. 라틴어를 사용한 최후의 수학자는 아마도 가우스였을 것이다. 사실, 라틴어의 후퇴는 서구 고전 문명과의 결별을 의미한다고 볼 수 있다. 나폴레옹 전쟁은 유럽의 모든 것을 변화시켰고 유럽은 그 변화를 수용하지 않을 수 없었다. 이 시기의 사회상에 대해서는 역사학자 폴 존슨Paul Johnson이 저술한 『현대의 탄생Birth of Modern』에 자세히 서술되어 있다.

오일러가 가진 또 하나의 매력은 천재들 특유의 괴팍함이나 유별난 성향이 그에게 전혀 없다는 점이다. 그는 매우 신중하고 행동이 바른 사람이었다. 그의 생애를 들여다보면 차분함 속에서 스며 나오는 내면의 힘을 느낄 수 있다. 그는 30세가 채 되지 않은 젊은 나이에 한쪽 시력을 잃었고[프레더릭은 오일러를 '경애하는 키클로프$_{Cyclops}$(외눈박이 거인)'라고 불렀다] 60대 초반에 나머지 눈마저 시력을 잃어 장님이 되었다. 그러나 수학을 향한 오일러의 열정은 한순간도 식은 적이 없었다. 아내 캐서린은 오일러가 69세 때 사망했고, 그 후 오일러는 죽은 아내의 배다른 동생인 젤$_{Gsell}$(첫 부인과 이름이 같음)과 재혼하였다. 그에게는 13명의 자녀가 있었는데 그중 여덟은 어려서 죽고 남은 자녀들도 건강이 좋지 않아서 결국 셋만이 살아남아 오일러의 임종을 지킬 수 있었다.

오일러는 아이들을 무척 좋아했던 것으로 유명하다. 칭얼대는 아이를 무릎에 앉혀 놓고 역사적인 수학 정리를 증명하는 것은 그의 일상사나 다름없었다(나 자신도 두 명의 아이들이 어지럽게 돌아다니는 집에서 오일러가 얼마나 대단한 사람이었는지를 실감하며 이 글을 쓰고 있다). 그는 계산의 천재였지만 수학 이외의 분야에서는 그 재능을 거의 발휘하지 않았다. 특히 사람들에 대해서는 계산적인 처세술과 완전히 담을 쌓고 지냈으므로 오일러의 인간관계는 둘 중 한 사람이 죽는 날까지 계속되었다. 그는 누구에게나 솔직하게 대했고, 조용한 삶을 누릴 수만 있다면 언제든지 자신의 뜻을 굽힐 줄 아는 사람이었다.◆23 그의 첫 번째 베스트셀러 교양 과학서인 『독일 공주에게 보내는 편지$_{Letters\ to\ a\ German\ princess}$』에는 하늘이 푸른색으로 보이는 이유와 뜨는 달이 실제보다 크게 보이는 이유를 비롯하여 일반 독자들이 궁금해할 만한 여러 가지 현상들이 간단명료하게 설명되어 있다.◆24

오일러가 고수했던 이 모든 처신의 배경에는 종교적인 신념이 깊게 자리 잡고 있었다(그는 독실한 캘빈교도였다). 그의 부친은 리만의 부친처럼 동네 교회의 목사였고, 오일러는 리만과 마찬가지로 수학이 아니었다면 성직자가 될 사람이었다. 그는 매일 저녁 때마다 가족을 한자리에 모아 놓고 성경을 읽었으며, 낭독이 끝나면 자녀들에게 진지한 설교를 들려주곤 했다. 그 당시 궁전을 출입하던 귀족들은 종교를 소재로 한 대화나 논쟁을 시간 낭비로 여겼기 때문에, 프레더릭은 신심이 돈독하고 금욕적인 태도를 고수하면서 검소한 생활과 겸손한 말투로 일관하는 오일러를 별로 좋아하지 않았다. 오일러의 삶에 관한 이야기는 이 정도로 해 두고, 지금부터 그가 이루었던 첫 번째 위업인 바젤 문제Basel problem로 관심을 돌려 보자.

5
리만의 제타 함수

Ⅰ. 바젤 문제

다음 무한수열의 합(급수)을 닫힌 형식closed form으로 구하라.

$$1+\frac{1}{2^2}+\frac{1}{3^2}+\frac{1}{4^2}+\frac{1}{5^2}+\frac{1}{6^2}+\frac{1}{7^2}+\cdots$$

여기서 바젤 문제Basel Problem[25]라는 이름은 스위스의 바젤 시Basel city에서 따온 것이다. 그곳에 있는 바젤대학에는 베르누이가의 두 형제인 야콥 베르누이Jakob Bernoulli(1687~1705년 재직)와 요한 베르누이Johann Bernoulli(1705~1748년 재직)가 수학과 교수로 재직했었다. 이 책의 1-Ⅲ장에서 언급한 바와 같이, 이들은 조화급수가 발산한다는 것을 증명한 사람들이다. 야콥 베르누이는 동생인 요한의 증명과 자신의 증명을 책으로 출판하면서 위의 문제를 함께 제기하였다. 그리고 그 뒷부분에는 '이 문제를 해결한 사람은 나에게 답을 알려 달라는 문구까지 첨부했다('닫힌 형식'의 의미는 잠시 후에 설명할 예정이다).

바젤 문제에 등장하는 급수(앞으로 이 수열을 '바젤 급수'라 부르기로 한다)는 조화급수와 매우 유사한 형태를 취하고 있다. 조화급수의 각 항을 제곱하면 곧바로 바젤 급수가 된다. 여기서 잠시 제곱의 의미를 되새겨 보자. 1보다 작은 수를 제곱하면 원래보다 작은 수가 얻어진다. $\frac{1}{2}$의 제곱은 $\frac{1}{4}$이고, $\frac{1}{4}$은 분명히 $\frac{1}{2}$보다 작다. 원래의 수가 작을수록 제곱했을 때 작아지는 정도는 더욱 두드러지게 나타난다. $\frac{1}{2}$을 제곱한 $\frac{1}{4}$은 $\frac{1}{2}$의 반이지만, $\frac{1}{10}$을 제곱하여 얻은 $\frac{1}{100}$은 $\frac{1}{10}$의 $\frac{1}{10}$밖에 되지 않는다.

그러므로 바젤 급수의 모든 항들은 조화급수의 대응항보다 작고(첫 번째 항은 제외), 그 차이는 뒤로 갈수록 커진다. 조화급수는 '간신히' 발산하는 급수이므로, 이보다 작은 항들로 이루어진 바젤 급수가 수렴하리라는 것은 그다지 허황된 추측이 아닐 것이다. 직접 계산을 해 보면 이러한 심증을 더욱 굳힐 수 있다. 바젤 급수의 10번째 항까지 더한 결과는 1.5497677…이고 100번째 항까지 더하면 1.6349839…이며, 1,000번째 항까지 더하면 1.6439345…, 10,000번째 항까지 더한 결과는 1.6448340…이다. 이 정도면 바젤 급수가 1.644에서 1.645 사이의 어떤 값에 수렴한다는 데 내기를 걸 만도 하다. 그러나 이것은 전혀 수학적인 증명이 아니다. 수렴 여부를 확인하려면 정확한 수렴값을 알아야 한다. 바젤 급수는 과연 어떤 값에 수렴할 것인가?

이런 상황에서 수학자들은 근사적인 값에 결코 만족하지 않는다. 특히 급수의 수렴 속도가 지금처럼 아주 느릴 때에는 더욱 의심을 가질 수밖에 없다(10,000번째 항까지 더한 값은 실제 알려진 수렴값보다 0.006% 정도 작다. 앞으로 알게 되겠지만, 바젤 급수는 1.6449340668…에 수렴한다). 수렴값을 분수로 표기하면 $\frac{9108}{5537}$인가? 아니면 $\frac{560837199}{340948133}$인가? 아니면 $\sqrt{\frac{46}{17}}$과 같은 무리수인가? $\frac{11983}{995}$의 15제곱근이나 7766의 18제곱근은 어떨까? 일반 독자들은 소수점 이하 5~6자리까지 알려지면 답을 구한 거나 다름없다고 생각할지도 모른다. 그러나 천만의 말씀이다. 에누리 없이 정확한 답을 쥐어 주지 않는 한, 수학자들은 결코 만족하지 못할 것이다. 물론 이것은 수학자들의 강박관념 때문이 아니다. 정확한 답을 얻어 내는 과정에서 그 저변에 깔려 있는 수학을 더욱 심도 있게 이해할 수 있다는 것을 그들은 경험을 통해 알고 있기 때문이다. 여기서 잠시 '닫힌 형식closed form'이라는 수학 용어의 의미를 알아보자. 무한소수를 십진표기법으로 나타낸 것은 숫자를 아무리 길게 나열한다 해도 '열린 형식open form'에 불과하다. 그러므로 1.6449340668…은 열린 형식이다. 이 숫자를 자세히 보라. 생긴 것 자체가 열려 있지 않은가? 오른쪽 끝에 달려 있는 '…'는 이 숫자가 아직 끝나지 않았으며 정확한 답을 알기 위해 앞으로 얼마나 많은 자릿수가 추가되어야 하는지 알 수 없다는 뜻이다. 여러분이 원한다면 바젤 급수의 항을 좀 더 추가해서 숫자를 좀 더 길게 만들 수도 있지만, 그래 봐야 여전히 열린 형식의 범주를 벗어나지 못한다.

완전제곱수의 역수로 만들어진 수열의 합을 닫힌 형식으로 구하는 것, 이것이 바로 바젤 문제이다. 이 문제는 처음 제기된 지 46년 만인 1735년에 상트페테르부르크의 젊은 오일러에 의해 극적으로 해결되었다. 그런데 오일러가 알아낸 바젤 급수의 수렴값은 다소 엉뚱하게도 $\frac{\pi^2}{6}$이었다. 다들 알다시피 π는 3.14159265…로서, 원의 둘레와 지름 사이의 비율을 나타내는 상수이다. 대체 바젤 급수와 원 사이에 무슨 관계가 있기에 이런 답이 나온 것일까? 현대의 수학자들은 원주율 π를 굳이 원에 결부시키지 않고 거의 모든 분야에 활용하고 있으므로 그다지 놀라운 결과라 할 수 없지만, 당시에는 한마디로 충격, 그 자체였다.

바젤 급수는 리만 가설과 매우 밀접하게 관련되어 있는 제타 함수를 탄생시켰다. 무궁무진한 제타 함수의 세계로 들어가기 전에, 우선 지수와 제곱근, 그리고 로그$_{\log}$에 관한 기초 지식을 잠시 정리하고 넘어가기로 하자.

Ⅱ. 거듭제곱을 계산하다 보면 지수라는 것이 얼마나 편리한 표기법인지 피부로 느낄 수 있다. $12 \times 12 \times 12$ 는 12^3이고 $12 \times 12 \times 12 \times 12 \times 12$는 12^5이다. 그러면 $12^3 \times 12^5$는 얼마인가? 이것을 펼쳐 놓으면 $(12 \times 12 \times 12) \times (12 \times 12 \times 12 \times 12 \times 12)$와 같고, 지수로 표기하면 12^8인데, 이것은 12^{3+5}로 이해할 수 있다. 즉, 밑수가 같은 거듭제곱수들끼리의 곱셈은 지수의 덧셈으로 축약될 수 있다.

$$\text{지수법칙 1:} \quad x^m \times x^n = x^{m+n}$$

(앞으로 이 장에서 언급될 모든 x는 양수로 간주한다. x가 0이면 거듭제곱이 무의미해지고 x가 음수인 경우에는 약간의 주의가 필요하다. 이 점에 대해서는 나중에 따로 언급할 것이다.)

12^5을 12^3으로 나누면 어떻게 될까? 역시 적나라하게 펼쳐 놓으면 $\frac{12 \times 12 \times 12 \times 12 \times 12}{12 \times 12 \times 12}$이며, 분자와 분모를 $12 \times 12 \times 12$로 나누면 $12 \times 12 = 12^2$이라는 답이 얻어진다. 그런데 이것은 12^{5-3}으로 표기할 수 있으므로 밑수가 같은 거듭제곱수들끼리의 나눗셈은 지수의 뺄셈으로 표현된다는 것을 알 수 있다.

지수법칙 2: $x^m \div x^n = x^{m-n}$

이제, 12^5을 세제곱해 보자. 이것은 $(12 \times 12 \times 12 \times 12 \times 12) \times (12 \times 12 \times 12 \times 12 \times 12) \times (12 \times 12 \times 12 \times 12 \times 12)$이며, 지수로 표기하면 12^{15}이 된다. 이로부터 우리는 지수에 관한 세 번째 법칙을 얻을 수 있다.

지수법칙 3: $(x^m)^n = x^{m \times n}$

가장 기본적인 지수법칙은 위에 열거한 세 가지로 요약된다. 앞으로 이 법칙을 인용할 일이 생기면 아무런 부가 설명 없이 그냥 지수법칙 1, 지수법칙 2 등으로 표기할 것이다. 사실, 위에 열거한 지수법칙은 지수 m, n이 양의 정수인 경우로 한정되어 있으므로, 모든 경우를 커버하려면 여기에 몇 가지 법칙이 더 추가되어야 한다. 지수가 음수이거나 0이면 어떻게 될까?

우선 지수가 0인 경우부터 살펴보자. a^0이 수학적 의미를 가지려면, 일단은 위에 열거한 지수법칙과 부합되어야 한다. 0이라고 해서 특별 대우를 받아야 할 이유가 없기 때문이다. 지수법칙 2에 $m = n$을 대입해 보자. 그러면 좌변은 $a^m \div a^m$이 되는데, 0이 아닌 임의의 수를 자기 자신으로 나누면 예외 없이 1이 되어야 하므로 우변 $a^{m-m} = a^0 = 1$임을 알 수 있다.

지수법칙 4: $x^0 = 1$ (x는 모든 양수)

지수법칙 2를 이용하면 지수가 음수인 경우도 수학적으로 해석할 수 있다. 예를 들어, $12^3 \div 12^5$을 계산해 보자. 이것을 풀어쓰면 $(12 \times 12 \times 12) \div (12 \times 12 \times 12 \times 12 \times 12)$인데, 분자와 분모를 $12 \times 12 \times 12$로 나누면 $\frac{1}{12^2}$이

된다. 따라서 음의 지수는 다음과 같이 정의할 수 있다.

지수법칙 5: $x^{-n} = \dfrac{1}{x^n}$ (특히, $x^{-1} = \dfrac{1}{x}$)

지수법칙 3으로부터 지수가 분수인 경우를 이해해 보자. $x^{\frac{1}{3}}$은 무슨 뜻일까? 일단 여기에 세제곱을 하면 지수법칙 3에 의해 $(x^{\frac{1}{3}})^3 = x$가 된다. 그러므로 $x^{\frac{1}{3}}$은 x의 세제곱근을 의미한다(x의 세제곱근이란, 세 번 제곱했을 때 x가 되는 수를 뜻한다). 따라서 지수법칙 3을 이용하면 지수가 임의의 분수 형태로 되어 있는 경우를 이해할 수 있다. $x^{\frac{2}{3}}$은 x의 세제곱근의 제곱, 또는 x^2의 세제곱근에 해당된다. 이것을 한마디로 요약하면 다음과 같다.

지수법칙 6: $x^{\frac{m}{n}}$은 x^m의 n제곱근이다.

$12 = 3 \times 4$이므로 $12^5 = (3 \times 4) \times (3 \times 4) \times (3 \times 4) \times (3 \times 4) \times (3 \times 4)$이고, 약간의 재배열을 거치면 $12^5 = (3 \times 3 \times 3 \times 3 \times 3) \times (4 \times 4 \times 4 \times 4 \times 4) = 3^5 \times 4^5$임을 알 수 있다. 그러므로 다음과 같은 법칙이 성립한다.

지수법칙 7: $(x \times y)^n = x^n \times y^n$

지수가 무리수면 어떻게 될까? $12^{\sqrt{2}}$ 나 12^π, 12^e 등은 어떻게 해석해야 할까? 이 질문에 답을 구하려면 잠시 해석학의 세계로 나들이를 가야 한다. 1-Ⅶ장에서 $\sqrt{2}$로 수렴했던 수열 $\dfrac{1}{1}, \dfrac{3}{2}, \dfrac{7}{5}, \dfrac{17}{12}, \dfrac{41}{29}, \dfrac{99}{70}, \dfrac{239}{169}, \dfrac{577}{408}, \dfrac{1393}{985}, \dfrac{3363}{2378},$ …을 떠올려 보자. 이 수열을 계속 진행해 가면 마지막 항은 점점 $\sqrt{2}$에 가까워진다. 이제, 지수법칙 6을 이용하여 이 수열 중 하나의 항을 골라 12의

지수로 올려 보자. 그러면 12^1은 당연히 12이고 $12^{\frac{3}{2}}$은 $\sqrt{12}$의 세제곱인 41.569219381…이며, $12^{\frac{7}{5}}$은 12의 5제곱근의 7제곱, 즉 32.423040924…가 된다. 이런 식으로 지수를 해석해 나가면 $12^{\frac{17}{12}} = 33.794038815\cdots$, $12^{\frac{41}{29}} =$ 33.553590738…, $12^{\frac{99}{70}} = 33.594688567\cdots$ 등을 얻을 수 있다. 원래의 수열이 특정한 값으로 수렴했으므로, 방금 만들어 낸 새로운 수열도 특정한 값에 수렴할 것이다. 실제로 이 수열은 33.588665890…에 수렴한다. 그런데 원래 수열의 수렴값이 $\sqrt{2}$였으므로 $12^{\sqrt{2}} = 33.588665890\cdots$이라는 확신을 가질 수 있다.

그러므로 주어진 양수 x에 어떤 지수가 붙어도(양수, 음수, 분수, 무리수) 기존의 지수법칙은 항상 성립한다. 다양한 a값에 대하여 x^a을 그래프로 그

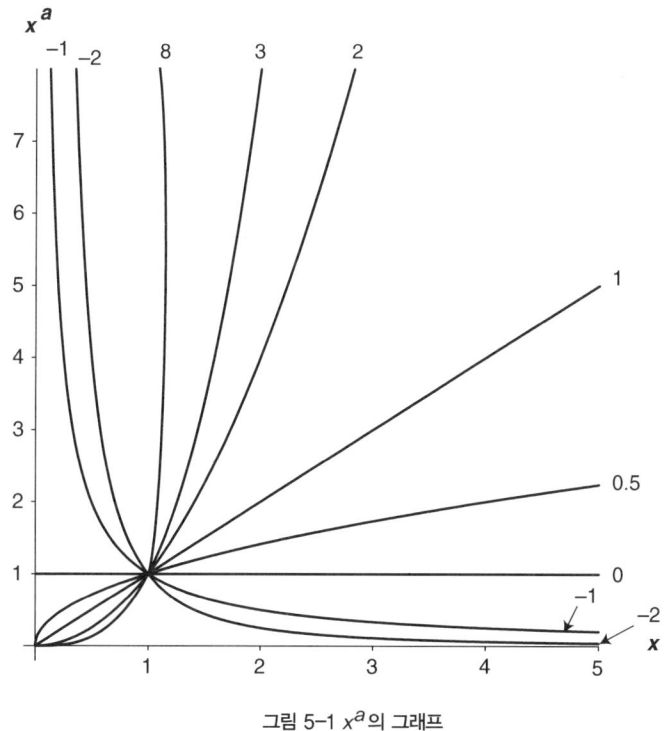

그림 5-1 x^a의 그래프

려 보면 그림 5-1과 같다(a는 −2부터 8 사이의 몇 개 값만 선택되었다). 특히 $a = 0$인 경우, 그래프는 높이 1인 지점을 지나는 수평선이 되는데, 이는 x가 아무리 변해도 x^a은 변하지 않는다는 것을 의미한다(수학자들은 이런 함수를 상수 함수 constant function 라 부른다). 즉, 모든 x에 대하여 함수 x^a의 값이 항상 1이라는 뜻이다. 또한 x^2과 x^3, x^8 등의 함수들은 x가 커짐에 따라 매우 빠르게 증가하는 반면, $x^{0.5}$은 증가 속도가 현저하게 느린 것을 볼 수 있다. 리만 가설을 이해하려면 지수 함수의 이러한 특성을 머릿속에 잘 기억해 두어야 한다.

Ⅲ. 숫자를 지수로 올리는 과정은 곱셈의 원리와 비슷하다. 원래 곱셈은 반복되는 덧셈을 축약하기 위해 도입된 연산이었다. 예를 들어, 12 + 12 + 12 + 12 + 12를 곱셈으로 표기하면 12 × 5로 축약된다. 그리고 여기서 한 걸음 더 나아가 $12 \times 5\frac{1}{2}$은 12를 다섯 번 더한 후에 12의 반을 또 더한다는 의미로 이해할 수 있다. 지수의 경우도 이와 비슷하다. 12^5은 12를 다섯 번 곱한 값, 즉 12 × 12 × 12 × 12 × 12를 의미하며 $12^{5\frac{1}{2}}$은 12 × 12 × 12 × 12 × 12에 12의 제곱근을 추가로 곱한다는 뜻이다.

다시 한번 강조하지만, 수학자들은 뭐든지 뒤집는 것을 아주 좋아한다. 여기, P라는 수학적 양이 Q로 표현되어 있다고 하자. 그렇다면 이것을 뒤집어서 Q를 P로 표현할 수 있을까? 이 작업을 수행하다 보면 곱셈과 지수의 차이점이 확연하게 드러난다. 일단, 곱셈을 뒤집는 것은 아주 쉽다. $x = a \times b$이면 $a = x \div b$ 또는 $b = x \div a$이다. 즉, 곱셈의 역과정에 해당되는 연산은 나누기이다.

곱셈과 지수의 차이점은 다음의 성질로부터 나타난다. 어떠한 경우에도

$a \times b$는 $b \times a$와 같지만, a^b과 b^a은 일반적으로 같지 않다($a \neq b$이면서 이 두 값이 같은 경우는 모든 수를 통틀어서 $2^4 = 4^2$뿐이다). 예를 들어, 10^2은 100이지만 2^{10}은 1,024이다. 그러므로 $x = a^b$을 뒤집은 표현은 두 가지가 있다. 그중 하나는 a를 x와 b로 나타낸 것이고, 나머지 하나는 b를 x와 a로 나타낸 것이다. 첫 번째 표현은 비교적 쉽게 구할 수 있다. 양변에 똑같이 $\frac{1}{b}$ 제곱을 취하면, 지수법칙 3에 의해 $a = x^{\frac{1}{b}}$이 얻어지며, a는 다시 지수법칙 6에 의해 x의 b제곱근임을 알 수 있다. b를 x와 a로 표현하면 어떻게 될까? 지수법칙을 아무리 조합해 봐도 별 뾰족한 수가 떠오르지 않을 것이다.

바로 이 시점에서 로그 함수가 등장한다. 로그의 정의에 의하면 b는 a를 밑수로 하는 x의 로그값과 같다. 즉 $b = \log_a x$이다. 다시 말해서 $\log_a x$는 a를 거듭제곱하여 x로 만들어 주는 지수의 값을 나타낸다. 그러므로 로그는 밑수 a의 값에 따라 $\log_2 x$, $\log_{10} x$, … 등 무수히 많은 로그족log family으로 세분될 수 있다(중년의 독자들은 고등학교 시절에 지수를 계산하는 수단으로 로그를 종종 사용한 기억이 있을 것이다. 요즘 학생들은 계산기로 모든 계산을 해결하고 있다). 그림 5-1의 x^a 그래프처럼, 로그 함수의 그래프도 여러 가지 a값에 대하여 그릴 수 있다. 그러나 모든 로그를 다 알아야 할 필요는 없기 때문에 굳이 그래프를 그릴 필요는 없을 것 같다. 무수히 많은 로그족들 중에서 가장 중요한 것은 단연 e를 밑으로 하는 로그 함수이다. 앞에서 언급한 적이 있는 상수 e는 비록 무리수이긴 하지만($e = 2.71828182845\cdots$) 수학에서 가장 중요하게 취급되는 상수 중 하나이다. 앞으로 이 책에서는 e를 밑으로 하는 로그만을 다루게 될 것이다. 따라서 $\log_e x$를 말로 표현할 때 'e를 밑으로 하는 로그 x'라고 길게 쓸 필요 없이 그냥 간단하게 '로그 x'라고 표현해도 별 혼동은 없을 줄 안다. 그리고 내친김에 $\log_e x$의 e를 생략하여 $\log x$로 표기하기로 미리 약속을 해 두자. 자, 그렇다면 $\log x$는 얼마인가? 위에서 말한 정의에 의하면 $x = e^b$을 만족시키는 b가 바로 $\log x$이다.

$b = \log x$일 때 $x = e^b$이 만족되므로, 지수 b에 $\log x$를 대입하면 $x = e^{\log x}$이 된다. 이는 $\log x$의 정의를 수학적으로 표현한 것으로서, 앞으로 전개될 논의에서 중요한 역할을 하게 된다.

$$\text{지수법칙 8:} \quad x = e^{\log x}$$

이것은 임의의 양수 x에 대하여 항상 성립하는 법칙이다(사실, 법칙이라기보다는 '정의'라는 표현이 더 어울린다). 예를 들어 $\log 7$은 $1.945910\cdots$인데, 이는 곧 $(2.71828182845\cdots)^{1.945910\cdots} = 7$임을 뜻한다. 그리고 상수 e에 어떤 지수를 가해도 0이나 음수가 되는 경우는 없으므로, x가 0이거나 음수일 때 $\log x$의 값은 존재하지 않는다. 따라서 함수 $\log x$의 정의역은 $x > 0$인 모든 수이다.

로그 함수는 수학의 모든 분야에 약방의 감초처럼 등장한다. 3-Ⅷ~Ⅸ장에 걸쳐 소수 정리를 소개할 때에도 로그 함수는 매우 중요한 역할을 했었다. 소수 및 제타 함수와 로그 함수 사이의 불가분의 관계는 이 책이 끝날 때까지 계속해서 반복될 것이다.

그림 5-2는 $0 < x < 55$의 영역에서 $\log x$의 변화를 보여 주고 있다.◆²⁶ 그래프에는 $x = 2, 6, 18, 54$인 지점과 그에 대응되는 $\log x$의 값이 각각 가로축과 세로축에 표시되어 있는데, 보다시피 x가 세 배씩 증가할 때마다 그에 대응되는 $\log x$는 일정한 간격으로 증가한다는 것을 알 수 있다. 이것은 3-Ⅷ장에서 이미 언급한 바 있는 로그 함수의 특징으로서, 다시 한번 머릿속에 깊이 새겨 두기 바란다.

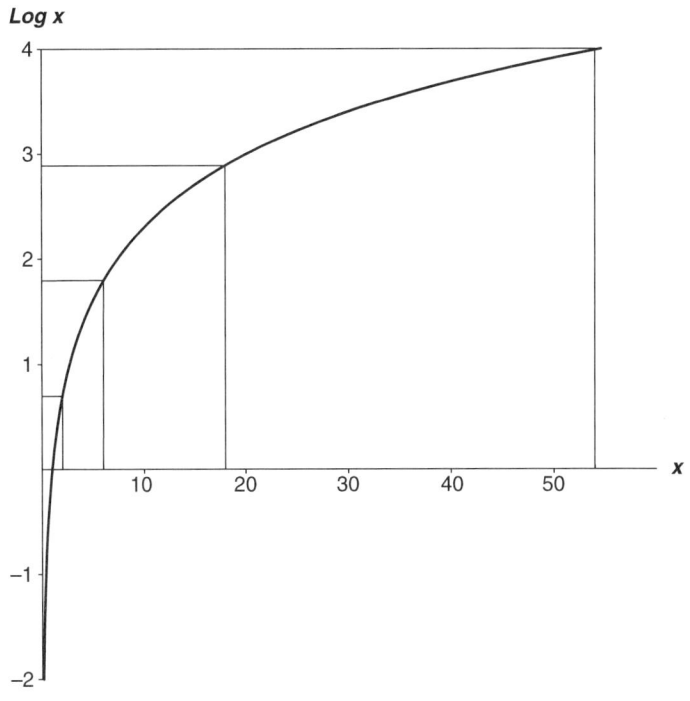

그림 5-2 로그 함수

　여기서 로그의 활용도를 조금 확장해 보자. 로그 함수가 갖고 있는 장점 중 하나는 곱셈을 덧셈으로 변환시킨다는 것이다. 그림 5-2에 표시되어 있는 점들을 다시 한번 주의 깊게 바라보자. 2에 3을 곱하면 6이 되고 6에 3을 곱하면 18, 여기에 다시 3을 곱하면 54가 된다. 그리고 여기에 대응되는 함수값들은(소수점 이하 다섯 번째 자리에서 반올림하면) 0.6931, 1.7918, 2.8904, 3.9890인데, 이들 사이의 간격은 한결같이 1.0986이다. 즉, 진수에 행해진 곱셈(×3)이 함수값의 덧셈(log3 = 1.09861228866810…)으로 나타나는 것이다.

　이것은 로그의 정의와 지수법칙에 의해 나타나는 결과이다. 지수법칙 8에 의하면 임의의 양수 a, b에 대하여 $a \times b = e^{\log a} \times e^{\log b}$가 성립한다. 여기에 지수법칙 1을 적용하면 $a \times b = e^{\log a + \log b}$로 쓸 수 있다. 그런데 $a \times b$도 하나의 숫자이므로, 지수법칙 8을 적용하면 $a \times b = e^{\log(a \times b)}$가 되고, 따라서 $e^{\log a + \log b} = e^{\log(a \times b)}$라는 결과가 얻어진다. 이로부터 우리는 또 하나의 지수법칙을 세울 수 있다.

$$\text{지수법칙 9:} \quad \log(a \times b) = \log a + \log b$$

이것은 복잡한 곱셈을 수행할 때 아주 유용한 법칙이다. 예를 들어, $a \times b$를 계산하려는데 a와 b가 다소 복잡하게 생겼다면 일단 여기에 로그를 취하고($P = Q$이면 $\log P = \log Q$이다) 지수법칙 9를 따라 덧셈으로 바꿔서 계산한 후, 로그의 정의에 따라 $a \times b$를 구하면 된다. 이 얼마나 간편한 방법인가!(그러나 이 방법으로 $a \times b$를 계산하려면 로그의 값을 일일이 나열한 로그표가 있어야 한다. 그러므로 복잡한 계산을 급하게 해야 할 때, 로그는 그다지 큰 도움이 되지 않는다: 옮긴이) 이 법칙은 19-V 장에서 다루게 될 황금 열쇠 문제에서 매우 유용하게 사용될 것이다.

$\log(a \times b) = \log a + \log b$이므로, $\log(a \times a \times a \times \cdots) = \log a + \log a + \log a + \cdots$이다. 이로부터 유도되는 마지막 지수법칙은 다음과 같다.

$$\text{지수법칙 10:} \quad \log(a^N) = N \times \log a$$

이 법칙은 N이 분수이거나 음수일 때도 성립한다(자세한 증명은 생략한다). 특히, $\frac{1}{a} = a^{-1}$이므로 $\log(\frac{1}{a}) = -\log a$이다. 따라서 $\log 3 = 1.09861228866810\cdots$을 이미 알고 있다면, 이로부터 $\log(\frac{1}{3}) = -1.09861228866810\cdots$임을 쉽게

알 수 있다. 바로 이런 이유 때문에 x가 0으로 접근할 때 $\log x$의 그래프가 음의 무한으로 곤두박질친 것이다(그림 5-2 참조).

IV. 독자들도 이제 감을 잡았겠지만, $\log x$는 서서히 증가하는 함수이다. $\log x$가 x에 따라 증가하는 패턴은 그 자체만으로도 매우 흥미롭고 중요한 문제이다. 무엇보다 중요한 것은 $\log x$가 x^n보다 느리게 증가한다는 점이다. 만일 이것이 당연하게 들린다면, 아마도 독자들은 머릿속에 x^2이나 x^3 등의 함수를 떠올렸을 것이다. 중학교 때 배웠던 바와 같이, x^2은 포물선을 따라 증가하고 x^3은 x^2보다 더 빠르게 증가한다. 물론 지수가 커질수록 증가하는 속도는 더욱 빨라진다. 그러므로 로그 함수가 아무리 발버둥을 쳐도 이들을 따라잡지 못하는 것은 당연하다. 그러나 지금 내가 말하고자 하는 요점은 이런 것이 아니다. $\log x$는 x^2, x^3, ⋯뿐만 아니라 $x^{0.1}$과 같은 함수보다도 증가 속도가 느리다는 점을 강조하려는 것이다.

그림 5-3에는 1보다 작은 a에 대하여 x^a의 그래프가 그려져 있다($a = 0.1$, 0.2, 0.3, 0.4, 0.5, 비교를 위해 $\log x$의 그래프를 점선으로 그려 넣었다). 그림에서 보다시피, a가 작아질수록 x^a은 수평 직선에 가까워진다. 그리고 a가 어떤 특정값보다 작아지면($a < \frac{1}{e} = 0.3678794\cdots$) $\log x$와 x^a의 그래프는 x가 비교적 작을 때 서로 교차하게 된다(교차점의 x값은 $e^e = 15.1542\cdots$를 넘지 않는다).

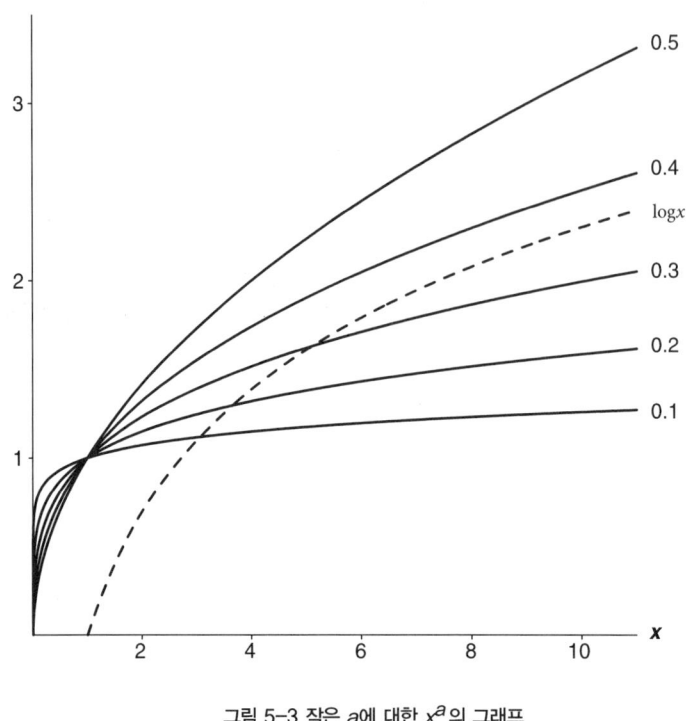

그림 5-3 작은 a에 대한 x^a의 그래프

a를 아무리 작게 잡아도 x가 충분히 커지면 결국 $\log x$는 x^a보다 작아진다. a가 $\frac{1}{e}$보다 크면 모든 x에 대하여 $x^a > \log x$가 성립하고, a가 $\frac{1}{e}$보다 작으면 처음에(x가 비교적 작을 때) $\log x$가 x^a을 추월했다가 x가 충분히 커지면 다시 $x^a > \log x$의 관계가 회복되며, 그 이후로 대소 관계는 영원히 변하지 않는다.

약간의 계산으로 위에 열거한 사실들을 확인해 보자. 수적인 감을 익힐 때는 뭐니 뭐니 해도 연필을 들고 직접 계산해 보는 것이 최고다. $\log x$의 그래프는 $x = 379$를 약간 넘어선 곳에서 $x^{0.3}$의 그래프와 다시 만난다. $x^{0.2}$과 만나는 곳은 $x = 332,105$ 근처이며, $x^{0.1}$과는 $3,430,631,121,407,801$을 조금 지나서 다시 만나게 된다('다시' 만난다고 말하는 이유는 x가 비교적 작은 값일 때 이미 한 번 만났기 때문이다). x의 1조분의 1제곱, 즉 $x^{0.000000000001}$의 그래프를 그려 놓고 보면, 육안으로는 x축에서 1만큼 위로 올라간 곳에 그린 수평선과 거의 구별할 수 없을 정도가 된다. 그래서 이 그래프가 꾸준히 증가하는 $\log x$보다 결국에는 커진다는 말이 선뜻 믿어지지 않을 것이다. $x = 0$(또는 그보다 조금 오른쪽)에서 출발한 $\log x$와 $x^{0.000000000001}$의 그래프는 일단 $x = e$를 조금 지난 지점에서 한 번 만난다. 그 후로 x가 커질수록 $\log x$의 증가 속도는 엄청나게 작아져서 거의 수평선을 따라가고 $x^{0.000000000001}$은 아주 조금씩 꾸준하게 증가하여 결국 이들은 다시 한번 만나게 되는 것이다. 그렇다면 만나는 지점의 x좌표는 얼마나 될까? 계산은 어떻게든 할 수 있지만 너무 길어서 이 책에 쓸 수가 없다. 앞자리 숫자 몇 개만 대충 써 보면 44,556,503,846,304,183⋯인데, 이 수는 자릿수만도 무려 13,492,301,733,606이 된다!

이렇게 보면 $\log x$는 마치 x^0과 비슷하게 되려고 노력하는 함수처럼 보인다. 물론, x값에 관계없이 지수법칙 4에 의해 $x^0 = 1$이므로 $\log x$는 결코 x^0과 같을 수 없다. 앞에서 언급했던 것처럼 x^0의 그래프는 그냥 수평 직선이다. 그러나 x가 충분히 커지면 ε을 아무리 작게 잡아도 $\log x$는 x^ε보다 작아진다. ◆27

그런데 이 상황을 좀 더 자세히 들여다보면 그 속사정은 훨씬 더 복잡하다. 예를 들어, 다음과 같은 명제를 생각해 보자 — "x가 충분히 클 때 함수 $\log x$는 $x^{0.001}$, $x^{0.00001}$, $x^{0.0000001}$, ⋯보다 더디게 증가한다." 이제, 이 명제 전체에 100제곱을 해 보자(사실, 명제를 제곱한다는 말은 전혀 수학적인 서술이 아니다. 그러나 이런 식으로 밀고 가도 올바른 결과를 얻을 수 있다). 그러면 지수법칙 3에 의해 위의 명제는 다음과 같이 달라진다 — "x가 충분히 클 때 함수 $(\log x)^{100}$은 $x^{0.1}$, $x^{0.001}$, $x^{0.00001}$, ⋯보다 더디게 증가한다." 다시 말해서, $\log x$라는 함수는 모든 x^ε보다($\varepsilon > 0$) 증가 속도가 느리기 때문에, $\log x$를 임의의 횟수만큼 거듭제곱한 함수도 모든 x^ε보다 증가 속도가 느리다는 것이다. $(\log x)^2$, $(\log x)^3$, $(\log x)^4$, $\cdots$, $(\log x)^{100}$, $\cdots$은 임의의 ε에 대하여 x^ε보다 증가 속도가 느리다. 즉, N이 아무리 크고 ε이 아무리 작다 해도, $(\log x)^N$은 x^ε보다 느리게 증가한다!

이 결과를 눈으로 확인하기란 결코 쉽지 않다. x가 작을 때 $(\log x)^N$은 엄청 빠르게 증가하는 함수이다. 그러나 x가 충분히 커지면 $(\log x)^N$의 증가 속도는 서서히 둔화되어 어느 시점에 가면 $x^{0.3}$보다 작아지고, 여기서 더 진행하다 보면 $x^{0.2}$보다 작아지고… 결국은 x^ε의 형태로 표현되는 어떠한 함수보다도 작아진다는 것이다. $(\log x)^{100}$이 $x^{0.1}$보다 작아지려면 $x = 7.9414 \times 10^{3959}$에 가까운 수여야 하지만, 어쨌거나 작아지는 것만은 틀림없는 사실이다.

V. 지금까지 얻은 결과들 중에는 지금 당장 필요한 것도 있고, 당분간 써먹을 일이 없는 것도 있다. 어쨌거나 이 모든 결과들은 리만 가설을 이해하는 데 없어서는 안 될 중요한 요소이다. 그러므로 진도를 더 나가기 전에, 이미 언급된 몇 가지 중요한 법칙들을 손으로 직접 확인해 보기 바란다. 수동 계산이 번거롭다면 계산기를 사용해도 좋다. $\log 2 (= 0.693147\cdots)$와 $\log 3 (= 1.098612\cdots)$을 더하면 $\log 6$이 된다는 것을 그냥 믿는 것과 계산으로 확인하는 것 사이에는 커다란 차이가 있다. 한 가지 주의할 것은, 대부분의 계산기에 달려 있는 log단추가 e를 밑으로 하는 로그가 아니라 10을 밑으로 하는 '상용로그common logarithm'라는 점이다. e를 밑으로 하는 로그는 상용로그와 구별하기 위해 흔히 ln으로 표기되어 있다(여기서 n은 natural의 첫 자를 따온 것이다. e를 밑으로 하는 로그를 '자연로그natural logarithm'라고 한다).

연습이 충분히 되었는가? 그렇다면 지금부터 바젤 문제를 본격적으로 다루어 보자.

Ⅵ. 오일러는 역시 위대한 수학자였다. 그는 바젤 문제의 해답을 닫힌 형식으로 구했을 뿐만 아니라, $1+\frac{1}{2^4}+\frac{1}{3^4}+\frac{1}{4^4}+\frac{1}{5^4}+\cdots$, $1+\frac{1}{2^6}+\frac{1}{3^6}+\frac{1}{4^6}+\frac{1}{5^6}+\cdots$ 등 '짝수 거듭제곱의 역수로 만들어진 수열의 합(급수)'까지 덤으로 구해 냈다. 즉, 임의의 짝수 N에 대하여 식 5-1과 같은 일반적인 급수의 수렴값을 닫힌 형식으로 구한 것이다.

$$1+\frac{1}{2^N}+\frac{1}{3^N}+\frac{1}{4^N}+\frac{1}{5^N}+\frac{1}{6^N}+\frac{1}{7^N}+\frac{1}{8^N}+\frac{1}{9^N}+\frac{1}{10^N}+\frac{1}{11^N}+\cdots$$

식 5-1

$N=2$일 때 이 급수는 $\frac{\pi^2}{6}$으로 수렴하고, $N=4$이면 $\frac{\pi^4}{90}$으로 수렴한다. 또, $N=6$일 때에는 $\frac{\pi^6}{945}$으로 수렴한다. 오일러는 모든 짝수 N에 대하여 수렴값을 구하는 데 성공했다. 나중에 이 결과를 출판할 때, 그는 $N \leq 26$인 짝수에 한하여 자신의 증명을 소개하였는데, 마지막 결과는 $\frac{1,315,862\,\pi^{26}}{11,094,481,976,030,578,125}$이었다.

그렇다면 N이 홀수일 때는 어떻게 되는가? 천하의 오일러도 이 경우에 대해서는 조용히 함구할 수밖에 없었다. 이 문제가 처음 제기된 후로 260년이 흘렀지만(처음에는 $N=2$인 경우만 제기되었었다), 아직도 답은 알려지지 않았다. $1+\frac{1}{2^3}+\frac{1}{3^3}+\frac{1}{4^3}+\frac{1}{5^3}+\cdots$은 대체 어디로 수렴하는가? 그 누구도 N이 홀수인 경우의 답을 닫힌 형식으로 구하지 못했다. 물론 우리는 이 급수들이 수렴한다는 사실을 알고 있으며, 무작정 계산을 진행하여 원하는 만큼의 정확도 이내에서 답을 구할 수는 있다. 그러나 이렇게 얻은 답은 소위 말하는 '닫힌 형식'이 아니기 때문에, 그런 답이 나오게 된 수학적 배경을 알 수가 없다. 게다가 이 답들은 간단한 수로 떨어지지도 않는다. $1+\frac{1}{2^3}+\frac{1}{3^3}+\frac{1}{4^3}+\frac{1}{5^3}+\cdots$이 어떤 '무리수'로 수렴한다는 사실이 알려진 것은 1978년의 일이었다.◆28

18세기 중반의 수학자들은 식 5-1로 표현되는 무한급수의 수렴값을 구하기 위해 엄청난 노력을 기울였다. 천재 오일러가 문제의 절반(N = 짝수)을 닫힌 형식으로 구하긴 했지만, 나머지 절반(N = 홀수)은 가능한 한 많은 항을 더하여 대략적인 답을 구할 수밖에 없었다. 독자들도 잘 알다시피, N = 1일 때 식 5-1은 조화급수가 되어 무한으로 발산한다. 표 5-1에는 $1+\frac{1}{2^N}+\frac{1}{3^N}+\frac{1}{4^N}+\frac{1}{5^N}+\frac{1}{6^N}+\cdots$의 수렴값이 N = 1부터 N = 6에 걸쳐 나열되어 있다(소수점 이하 12자리까지만 표기하였음).

N	식 5-1의 수렴값
1	값 없음(∞로 발산)
2	1.644934066848
3	1.202056903159
4	1.082323233711
5	1.036927755143
6	1.017343061984

표 5-1

표 5-1을 가만히 들여다보고 있노라면, 3-IV장에서 말했던 '함수관계'라는 용어가 떠오를 것이다. 물론 이것은 일종의 함수관계이다. 이 책의 서문

에 적혀 있는 리만 가설을 다시 한번 음미해 보자.

리만 가설

제타 함수_{ζ function}의 자명하지 않은_{non-trivial} 모든 근들_{zeros}은 실수부가 $\frac{1}{2}$이다.

표 5-1은 바로 리만 제타 함수의 대응 관계를 나타내고 있다. 이 책에서 제타 함수의 몸체가 처음으로 등장하는 순간이다. 그 무궁무진한 세계를 향해 계속 발걸음을 옮겨 보자.

VII. 이 장의 앞부분에서 x^a의 수학적 의미를 정의할 때, a를 정수에 한정시키지 않고 모든 수(음의 정수, 분수, 심지어는 무리수!)로 확장시키느라 약간 애를 먹었다. 그 고생을 하고 이제 와서 식 5-1의 N을 양의 정수로 한정 지을 이유는 없으므로, 앞으로 정수와 분수, 무리수 등 모든 가능한 N에 대하여 식 5-1을 다뤄 보기로 하자. 물론 이 모든 급수들이 다 수렴한다는 보장은 없다. 당장 $N = 1$인 경우만 봐도, 이 급수(조화급수)는 무한으로 발산한다. 그러나 각각의 경우들을 분석하면서 급수에 관한 새로운 이해를 도모할 수는 있을 것이다. 이것만으로도 연구할 만한 가치는 충분하다고 본다.

발견자의 업적을 존중하는 뜻에서, 지금부터 N을 다른 문자로 바꿔 쓰기로 하겠다. 수학에서 변수로 가장 흔하게 사용되는 문자는 x지만, 1859년에 관련 논문을 발표할 때 리만은 x를 사용하지 않았다. 그 당시 미지수나 변수를 x로 표기하는 것은 그리 일반화된 관례가 아니었기 때문이다. 리만이 제타 함수의 변수로 사용했던 기호는 s였고, 그 이후의 수학자들은 거의 예외

없이 리만의 표기법을 따랐다. 오늘날, 제타 함수의 변수를 s로 표기하는 것은 하나의 전통으로 굳어져 있다.

리만의 제타 함수(제타$_{zeta}$라는 이름은 그리스 알파벳의 여섯 번째 문자인 ζ에서 따온 것이다)는 다음과 같이 정의된다.

$$\zeta(s) = 1 + \frac{1}{2^s} + \frac{1}{3^s} + \frac{1}{4^s} + \frac{1}{5^s} + \frac{1}{6^s} + \frac{1}{7^s} + \frac{1}{8^s} + \frac{1}{9^s} + \frac{1}{10^s} + \frac{1}{11^s} + \cdots$$

식 5-2

Ⅷ. 진도를 더 나가기 전에, 종이에 적어야 할 글자의 양을 파격적으로 줄여 주는 수학 기호를 잠시 소개하기로 한다(MS사의 워드프로그램을 떠올리는 독자는 부디 없기를 바란다!).

비슷하게 생긴 여러 개의 항들을 한꺼번에 더할 때, 수학자들은 주로 Σ라는 기호를 사용한다. 이 기호는 그리스 알파벳의 18번째 문자인 시그마 $_{sigma}$의 대문자로서, 영문으로는 S$_{sum}$에 해당된다. 표기 방법은 다음과 같다. Σ의 아래쪽에는 덧셈이 시작되는 값을 표기하고, Σ의 위쪽에는 덧셈이 끝나는 값을 표기한다(흔히 기호에 추가되는 첨자는 A_n이나 A''처럼 기호의 오른쪽 아래 또는 위에 위치하지만, Σ의 첨자는 바로 아래(또는 바로 위)에 적어 넣는 것이 전통으로 되어 있다. 지금 이 시점에서 그 이유를 따지고 드는 것은 시간 낭비라 생각된다). 그리고 Σ의 오른쪽에는 더하고자 하는 항의 대표적인 형태를 기입하는 식이다. 예를 들어,

$$\sum_{n=12}^{n=15} \sqrt{n}$$

은 $\sqrt{12} + \sqrt{13} + \sqrt{14} + \sqrt{15}$를 의미한다. 또한 Σ는 무조건 '더하기'라는 사실

을 잊지 말아야 한다. 중간에 뺄셈을 굳이 끼워 넣고 싶다면 음의 부호를 적절한 형태로 일반항(Σ의 오른쪽에 적는 항, 지금의 경우에는 $\sqrt{n}$) 속에 숨겨 놓는 수밖에 없다. 아래쪽에 있는 $n=12$는 덧셈이 $\sqrt{12}$에서 시작한다는 뜻이고, 위쪽에 있는 $n=15$는 이 덧셈이 $\sqrt{15}$에서 끝난다는 것을 의미한다. 그리고 오른쪽에 있는 $\sqrt{n}$은 더해질 항의 일반적인 형태를 결정한다.

수학자들은 엄밀하고 정확한 사람들이지만 수고를 줄일 수만 있다면 파격적인 아량을 베풀기도 한다. 예를 들어, 위에 적은 표기를 다음과 같이 축약시켜도 수학자들은 큰 불평을 하지 않는다.

$$\sum_{12}^{15} \sqrt{n}$$

이 경우에는 12부터 15까지 변해 갈 만한 문자가 n밖에 없으므로 혼동의 여지가 없다. 자, 그러면 방금 배운 Σ 기호를 이용하여 식 5-2를 다시 써 보자.

$$\zeta(s) = \sum_{n=1}^{\infty} \frac{1}{n^s}$$

지수법칙 5를 이용하면 다음과 같이 쓸 수도 있다.

$$\zeta(s) = \sum_{n=1}^{\infty} n^{-s}$$

여기 등장하는 'n'은 수학자들이 1, 2, 3, 4, … 등의 자연수를 언급할 때 흔히 사용하는 문자이다. 여기서 한 단계 더 축약하여

$$\zeta(s) = \sum_{n} n^{-s}$$

로 표기해도 수학자들은 참아 줄 것이다. 제타 함수가 $n=1$에서 ∞까지 n^{-s}의 합이라는 것은 누구나(사실은 어떤 수학자나) 아는 사실이기 때문이다. 위의 식을 굳이 소리 내어 읽어야 할 때는 다음과 같이 읽으면 된다. "제타 s

는 모든 n에 대하여 n^{-s}의 합이다." 여기서 '모든 n'이란 '모든 양의 정수 n'을 의미한다.

Ⅸ. 제타 함수를 말끔한 형태로 표현하는 데 성공했으니, 지금부터는 제타 함수의 변수인 s로 눈을 돌려 보자. 1-Ⅲ장에서 보았듯이, $s=1$이면 제타 함수는 조화급수가 되어 유한한 값을 갖지 않는다. 그 외에 $s=2, 3, 4, \cdots$일 때는 표 5-1과 같이 일정한 값으로 수렴한다. 실제로 우리는 s가 1보다 큰 임의의 수일 때 제타 함수가 항상 수렴한다는 것을 입증할 수 있다. $s=1.5$이면

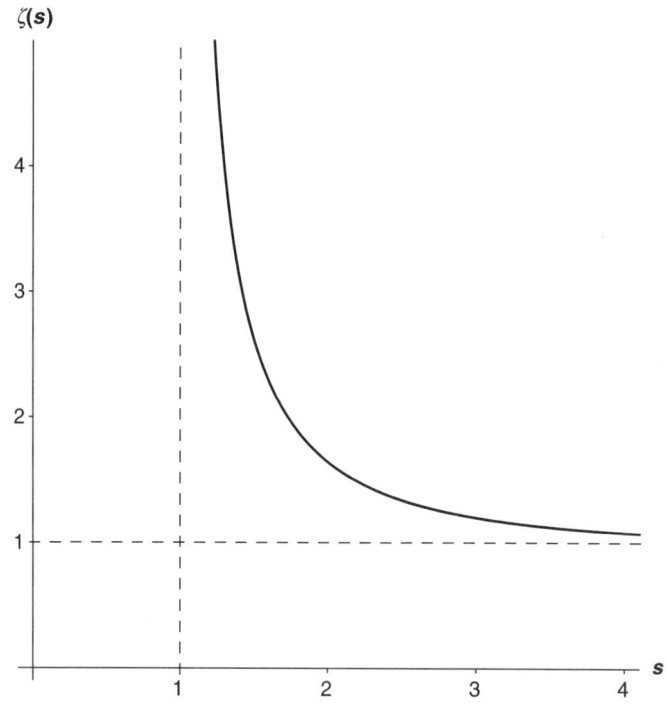

그림 5-4 제타 함수의 그래프($s>1$)

제타 함수는 2.612375…로 수렴하고, s = 1.1이면 10.584448…로 수렴한다. 그리고 s = 1.0001일 때에는 10,000.577222…로 수렴한다. 이렇게 보면 s = 1일 때 제타 함수가 발산한다는 것이 좀 이상하긴 하지만, 어쨌거나 s = 1.0001일 때 수렴한다는 것은 분명한 사실이다. 어떤 하나의 값을 기점으로 하여 결과가 크게 달라지는 것은 수학에서 빈번하게 나타나는 현상이다. 실제로, s가 1에 가까워질 때 제타 함수는 $\frac{1}{s-1}$을 따라 변한다. 그러나 s가 정확하게 1이면 분모가 0이 되어, 더 이상 유한한 값을 갖지 못하는 것이다.

그래프를 보면 이해가 빠를 것이다. 제타 함수의 그래프가 그림 5-4에 그려져 있다. 그림에서 보는 바와 같이, s가 오른쪽에서 1로 접근할수록 함수값은 급격하게 증가한다. 그리고 s가 오른쪽으로 마냥 커지면 제타 함수는 점점 1에 가까워진다.(직선 s = 1과 상수함수 $\zeta(s) = 1$은 둘 다 점선으로 표시되어 있다.)

아직은 s > 1를 가정하고 있으므로 s가 1보다 작은 영역에는 그래프가 그려져 있지 않다. 만일 이 가정을 철회한다면 어떻게 될까? s = 0일 때 제타 함수는 얼마일까? 식 5-2에 s = 0을 대입한 결과는 다음과 같다.

$$\zeta(0) = 1 + \frac{1}{2^0} + \frac{1}{3^0} + \frac{1}{4^0} + \frac{1}{5^0} + \frac{1}{6^0} + \frac{1}{7^0} + \frac{1}{8^0} + \frac{1}{9^0} + \frac{1}{10^0} + \frac{1}{11^0} + \cdots$$

지수법칙 4에 의하면, 이것은 1 + 1 + 1 + 1 + 1 + 1 + …와 같고, 1을 무한번 더한 결과는 당연히 무한이다(1을 100번 더하면 100이고, 1,000번 더하면 1,000이며 100만 번 더하면 100만이다. 따라서 1을 무한번 더하면 무한이 된다). 간단히 말해서, $\zeta(0)$은 발산한다.

s가 음수인 경우는 어떻게 될까? s = −1일 때 식 5-2를 계산해 보자. 지수법칙 5에 의하면 $2^{-1} = \frac{1}{2}$, $3^{-1} = \frac{1}{3}$, …이고 $\frac{1}{\frac{1}{2}} = 2$, $\frac{1}{\frac{1}{3}} = 3$, …이므로 식 5-2는 1 + 2 + 3 + 4 + 5 + …의 형태가 된다. 이 급수가 발산한다는 데에는 별

의문이 없을 것이다. $s = \frac{1}{2}$ 이면 어떨까? $2^{\frac{1}{2}} = \sqrt{2}$ 이므로 우리의 급수는

$$\zeta\left(\tfrac{1}{2}\right) = 1 + \frac{1}{\sqrt{2}} + \frac{1}{\sqrt{3}} + \frac{1}{\sqrt{4}} + \frac{1}{\sqrt{5}} + \frac{1}{\sqrt{6}} + \frac{1}{\sqrt{7}} + \frac{1}{\sqrt{8}} + \cdots$$

이 된다. 그런데 1보다 큰 수에 제곱근을 취하면 원래의 수보다 작아지므로 위 식의 각 항들은 조화수열 $1 + \frac{1}{2} + \frac{1}{3} + \frac{1}{4} + \frac{1}{5} + \frac{1}{6} + \frac{1}{7} + \cdots$의 각 항보다 크다 (기초 대수학: 0이 아닌 두 수 a, b에 대해 $a < b$이면 $\frac{1}{a} > \frac{1}{b}$이다. 예를 들어, 2는 4보다 작지만 $\frac{1}{2}$은 $\frac{1}{4}$보다 크다). 따라서 위의 급수는 발산한다는 것을 알 수 있다. 참고로 이 급수를 열 번째 항까지 더한 값은 5.020997899…이고 100개의 항을 더한 결과는 18.589603824…이다. 더 나아가 1,000번째 항까지의 합은 61.801008765… 이며, 10,000번째 항까지의 합은 198.544645449…이다. 증가하는 속도가 비교적 느리긴 하지만, 어쨌거나 이 급수는 발산한다.

지금까지 얻어진 결과들로 미루어 볼 때, 리만 제타 함수는 그림 5-4에 그려진 것이 전부인 것 같다. 그림에 없는 제타 함수는 모두 발산한다고 생각해도 별 무리가 없을 것 같다. 제타 함수는 s가 1보다 클 때에만 유한한 값을 갖는다. 이 사실로부터 자연스럽게 제타 함수의 정의역은 '1보다 큰 모든 수'일 것이라 생각하기 쉽다. 과연 그럴까? **천만의 말씀이다!**

6
위대한 융합

Ⅰ. 중국어에 '타이예Taiye'라는 단어가 있다. 이 말을 문자 그대로 해석하면 '가장 높은 할아버지'라는 뜻이다. 나의 처가는 중국 사람들인데, 그들은 집안에서 가장 연로한 할아버지를 타이예라 부른다. 2001년에 우리 내외가 중국을 방문했을 때, 우리의 첫 번째 의무는 타이예에게 문안을 드리는 것이었다. 처가 식구들은 타이예를 무척 자랑스럽게 생각한다. 그는 97세의 고령에도 불구하고 건강한 몸과 맑은 정신을 유지하고 있었다. 우리가 도착하자마자 처갓집 사람들은 "그분 연세가 무려 아흔일곱이나 되셨어요! 그러니 빨리 인사를 드려야 해요!" 하면서 나를 다그쳤다. 물론 나는 즉시 타이예를 찾아가 문안 인사를 드렸다. 명랑하고 쾌활한 불교도인 그는 혈색도 좋고 여전히 예리한 판단력을 갖고 있었다. 그러나 당시 그의 나이가 정말로 97세였는지는 다소 의문의 여지가 있었다.

타이예는 중국식 달력으로 기사년(己巳年, 1905년) 음력 12월 3일에 태어났다. 서양식 달력으로 환산하면 1905년 12월 28일에 해당된다. 내가 중국을 방문한 것이 2001년 7월 초였으니까, 당시 타이예의 나이는 서양식으로 대략 $95\frac{1}{2}$세가 되어야 했다. 그런데 왜 모든 사람들은 그의 나이를 97세로 알고 있었던 것일까? 중국식 나이법에 의하면 모든 사람은 일단 태어날 때 한 살을 먹은 상태로 나온다고 한다. 그리고 1906년 1월 24일에 음력 1906년이 밝았는데, 중국인들은 해가 바뀌면 무조건 한 살을 먹는다. 그래서 타이예는 이날 또 한 살을 먹었다. 결국 그는 태어난 지 불과 27일 만에 두 살이 되었다! 그리고 음력 2001년 정월(중국식 역법에 의하면 새해는 양력으로 1월 21일~2월 20일 사이에서 임의로 찾아온다)을 맞이하면서 타이예의 나이는 공히 97세로 인정받게 된 것이다.

중국의 전통적인 나이 셈법은 논리적으로 아무런 하자가 없다. 모든 사람은 특정한 날에 태어나고, 그날은 반드시 특정한 해에 속해 있다. 그러므로 출생한 해는 갓난아기가 이 세상에서 맞이하는 첫 번째 해가 된다. 그리고 28일이 지나서(또는 하루 뒤일 수도 있다) 새해를 맞이했다면, 아기의 입장에서는 두 번째 해가 되는 것이다. 어느 모로 보나 지극히 타당한 논리이다. 그런데 왜 서양에서는 이런 식으로 나이를 세지 않는 것일까? 이 문제를 곰곰 생각해 보면 시대에 따라 나이의 개념이 변해 왔다는 것을 알 수 있다. 즉, 현대인들은 나이를 '계량의 대상'으로 간주하는 반면에, 타이예가 젊었던 시절에는 나이라는 것이 '세는' 대상으로 간주되었던 것이다.

II. 숫자의 '헤아림counted'과 '계량measured'의 차이는 인간의 사고방식과 언어상의 차이로 나타난다. 헤아림에 익숙한 사람들은 이 세계를 '구별 가능하고 견고하며 무엇이든지 셀 수 있는' 대상으로 간주하는 경향이 있고, 계량에 익숙한 사람들은 이 세계를 입자와 유체 등의 기본 구조로 나눈 후에 그것을 계량화하려는 습성이 있다. 이 두 가지 성향을 동시에 가지기란 결코 쉬운 일이 아니어서, 여섯 살 난 내 아들도 수적으로 많은 것many과 양적으로 많은 것much을 종종 헷갈리곤 한다. 크리스마스 연휴가 끝난 후에 그 아이가 친구에게 이렇게 물었다. "선물 얼마나 크게much 받았니?"

이러한 세계관은 우리가 사용하는 언어에 그대로 반영되어 있다. 영어에서는 한 마리의 소one cow, 두 마리의 물고기two fishes, 세 개의 산three mountains, 네 개의 문four doors, 다섯 개의 별five stars 등 사물의 개수를 명시하는 것이 일반화되어 있다. 그러나 각 물건의 개수를 헤아리는 '단위'는 그리 많지 않다. 유리 한 조각one blade of glass, 종이 두 장two sheets of paper, 소 세 마리three heads of cattle, 쌀알 네 개four grains of rice, 휘발유 다섯 통five gallons of gasoline 등이 그 예이다. 조각blade이나 장sheet, 마리head, 낟알grain, 통(갤런)gallon과 같은 단어들은 그 자체로 의미를 갖기도 하지만, 여기서는 사물을 계량하는 단위로 사용되었다. 이와 대조적으로, 중국어는 거의 모든 사물들을 '계량 가능한' 대상으로 보는 경향이 짙다. 서양인들이 중국어를 배울 때 낯설게 느끼는 것들 중 하나는 각 명사에 적용되는 다양한 '계량 단위'를 외워야 한다는 것이다. 소 한 마리, 자동차 두 대, 집 세 채, 별 네 개, 쌀 다섯 되 등 다 나열하자면 끝도 한도 없다(중국어로 이런 단어들을 '리앙쯔(量詞, 양사)'라 한다. 한글에도 물건의 개수를 나타내는 다양한 단어들이 있지만(배추 한 '포기', 개 두 '마리' 등), 중국어에는 그 종류가 훨씬 많다. 물론, 위에 열거한 사례들은 중국어의 뉘앙스를 그대로 옮길 수가 없어서 한글에서 사용하는 단위들을 대신 나열한 것이다: 옮긴이). 중국어에서 단위에 관계없이 자유롭게 구사할 수 있는 명사는 일(日)day과 해(年)year뿐이다. 그 외의 모든 명사들은 개수를 헤아릴 때 그에 적절한 단위가 반드시 붙어야 한다.

'수적인 많음many'과 '양적인 많음much'을 혼동하면 종종 논쟁이 유발되거나 여러 가지 불편이 초래된다. 예를 들어, 1999년에서 2000년으로 넘어가던 시기에 대다수의 사람들은 21세기가 새로 시작된다며 흥분에 들떠 있었지만, 일부 사람들은 "21세기의 시작은 2000년이 아니라 2001년이다!"라고 주장하면서 축제 분위기에 찬물을 끼얹었다. '서기A.D'라는 햇수는 0년이 아닌 1년부터 시작되었고 '세기century'의 단위는 100년이므로, 그들의 주장에는 논리적으로 아무런 하자가 없다. 그런데 왜 기원전 1년의 다음 해가 '서기 0년'이 아닌 '서기 1년'이 되었을까? 그 이유는 바로 '세는 것'에 익숙했던 당시의 역법가 때문이었다. 6세기의 수도사였던 디오니소스Dionysus는 기존의 율리우스력을 약간 수정하여 지금의 역법을 만들었는데, 타이예의 경우처럼 햇수는 셀 수 있어야 한다는 고정관념을 고수하다 보니 0년이 아닌 1년부터 서기의 햇수를 매기게 된 것이다.

이러한 혼동은 종종 논쟁의 씨앗이 되곤 한다. 학생들이 사용하는 문구용 자를 예로 들어 보자. 이 자의 길이는 12인치이고 각 인치마다 눈금이 매겨져 있다. 이제 여러분이 눈금의 수를 헤아린다. 1, 2, 3, 4, … 12. 그렇다. 이 자에는 분명 12개의 눈금 간격이 있다. 그런데 때마침 조그만 개미 한 마리가 자의 왼쪽 끝에서 출발하여 오른쪽으로 부지런히 기어가다가 1인치의 중간 지점에서 잠시 숨을 고르며 휴식을 취하고 있다. 그렇다면 개미의 현 위치는 어디인가? 1인치의 중간? 맞다. 1인치의 한가운데? 그것도 맞는 답이긴 하다. 어떠한 답을 내리더라도 그 답이 "1인치의 …"로 시작하는 한, 별로 다른 점이 없을 것이다. 그런데, "개미가 기어간 거리는 얼마인가?"라는 질문에는 어떻게 대답해야 할까? 당연히 답은 0.5인치이다. 개미가 기어가는 동작은 연속적으로 진행되기 때문에, 개미는 자 위의 어떤 곳이든 위치할 수 있다. 개미의 위치를 수학자에게 물어본다면 당장 "자의 0점에서 오른쪽으로 0.5인치 이동한 곳"이라는 대답이 돌아올 것이다.

  현대인들은 과거 어느 때보다 수준 높은 수학교육을 받았으므로, 대부분이 이런 식의 사고를 할 수 있다. 2000년이 21세기의 시작이냐 아니냐를 놓고 설전을 벌인 것도 바로 이러한 사고방식의 차이에서 기인한 것이다. 1999년 12월 31일, 한껏 달아오른 축제 분위기에 찬물을 끼얹던 사람들은 이렇게 주장했다. "이제 1999년이 저물었다는 것은 서기가 시작된 지 1,999년이 흘렀다는 뜻이다. 그러므로 2,000주년이 되려면 아직 1년을 더 기다려야 한다!" 이것은 셈의 논리학에 기초한 '계량의 논리'라고 할 수 있다. 반면에, 축제를 즐기려는 사람들의 주장은 매우 간단했다. "우와—! 2000년이다!" 이 얼마나 단순, 명쾌한 셈의 논리인가! (결국 전 세계의 극성파들은 별것도 아닌 밀레니엄 기념 행사를 2년에 걸쳐 해 먹었다.) 그러나 이들도 자신의 갓난아이가 몇 살이냐는 질문을 받으면 다시 계량형 논리로 되돌아와서 0.5살 또는 6개월이라고 대답할 것이다. 햇수는 중국의 타이예식으로 세면서, 아기의 나이는 그와 대조되는 논리로 세고 있다.

  언젠가 나는 데이타data라는 단어를 놓고, 언어의 미학에 심취한 작가 버클리 2세William F. Buckley Jr.와 약간의 논쟁을 벌인 적이 있다. data는 단수인가, 아니면 복수인가? 이 단어는 '준다'는 뜻의 라틴어인 dare에서 유래되었다. 여기에 라틴어 문법을 적용하여 동명사를 만들면 datum(주어진 것)이 되고, 이것을 다시 복수형으로 변형시킨 것이 data(주어진 것들)이다. 그러나 지금 우리가 사용하는 언어는 라틴어가 아니라 영어이다. 라틴어의 복수형 명사들 중 agenda(예정안 또는 의사일정의 뜻)를 비롯한 상당수는 현대 영어에서 단수로 사용되고 있다. "The agenda **are** prepared(예정안 '들'이 마련되었다)."라고 말하는 사람은 없지 않은가. 영어는 지금 우리가 사용하고 있는 우리의 언어이므로, 다른 언어권에서 유래된 단어라 해도 우리의 취향에 맞게 얼마든지 바꿀 수 있다.

나는 영어를 모국어로 구사하는 사람으로서, data라는 단어의 의미를 나름대로 잘 알고 있다. 그것은 쌀알이나 모래, 또는 들판의 풀처럼 구별할 수 없는 무수히 많은 작은 구성 원소들이 모여서 이루어진 물질stuff이며, 영어에서 이런 물질명사들은 단수로 취급된다. "The rice is cooked(밥이 되었다)." 만일 여기서 하나의 구성 요소를 분리해 내어 그것 하나만을 칭할 때에는 'A **grain** of rice(쌀알 한 톨)'이나 'An **item** of data(자료의 한 조항)'처럼 개수를 세는 단위가 붙어야 한다. 영어를 사용하는 사람이라면 굳이 교육을 받지 않았어도 이런 표현을 거의 본능적으로 구사할 수 있다. IT업계에 종사하는 전문가들이라 해도 "One datum and two data(하나의 데이터와 두 개의 데이터들)"라고 말하지 않는다. 이런 난해한 말을 알아들을 사람은 어디에도 없다. 그럼에도 불구하고 문법학자들은 "The data are…"라는 복수형 표현을 권장하고 있다. 이런 구식 문법은 아마도 조만간에 사라질 것이다.

마지막으로 또 하나의 예를 들어 보자. 내가 영국에서 학창 시절을 보내던 무렵에, 교회에서 목사님이 한 말 때문에 잠시 혼란스러운 적이 있었다. 그 옛날, 예수는 자신이 처형당할 것을 미리 알고 그를 따르던 제자들에게 이렇게 예언했다. "나는 죽은 지 사흘 후에 다시 부활할 것이다." 그리고 예수는 정말 예언대로 사흘 만에 무덤에서 살아났다고 한다. 가만…, 사흘이라고? 예수의 십자가 처형은 수난일인 금요일에 집행되었고, 예수가 부활한 날은 일요일이었다. 이 기간을 계량식 논리로 따진다면 48시간이고, 셈법에 기초한 논리를 따른다면 사흘이 맞다(금, 토, 일). 아무래도 신약성서를 편집한 사람들이 그리스 문화권에 영향을 받았던 것 같다.

Ⅲ. 리만 가설

제타 함수 ζ function 의 자명하지 않은 non-trivial 근들 zeros 은 실수부가 $\frac{1}{2}$ 이다.

리만 가설은 셈의 논리 counting logic 와 계량식 논리 measuring logic 가 우연히 만나 위대한 융합을 이루면서 탄생한 걸작품이다. 수학 용어를 써서 표현하자면, 산술학의 어떤 아이디어가 해석학의 한 부분과 결합되면서 해석적 정수론 analytic number theory 이라는 새로운 수학 분야가 탄생했다고 말할 수 있다.

여기서 잠시 1-Ⅷ장에서 설명했던 수학의 전통적 분류를 상기해 보자.

- 산술학 Arithmetic — 정수와 분수의 성질을 연구하는 분야

- 기하학 Geometry — 도형과 공간의 특성을 연구하는 분야

- 대수학 Algebra — 수학적 대상(수, 선, 행렬, 변환 등)을 추상적인 기호로 나타내고, 이 기호들을 조합시키는 규칙을 찾는 분야

- 해석학 Analysis — 극한을 연구하는 분야

1800년경의 수학은 이런 식의 분류가 거의 일반화되어 있었고, 산술학과 해석학은 독자적인 길을 가고 있었다. 그러다가 1837년에 위대한 융합이 일어나면서 해석적 정수론이 탄생하게 된다.

사실, 현대적 시각으로 볼 때 해석적 정수론의 탄생은 그다지 별난 사건도

아니다. 요즘에는 여기에 한 술 더 떠서 대수적 정수론과 기하적 정수론까지 연구되고 있다(대수적 정수론은 20-V장에서 소개할 예정이다). 그러나 1830년대에는 상이한 두 분야가 한 지점에서 만난다는 것 자체만으로도 커다란 충격이었다. 이 수학적 무용담의 주인공을 소개하기 전에, 산술학과 해석학에 대하여 약간의 설명을 추가하고자 한다.

Ⅳ. 19세기 초반까지만 해도 해석학은 매우 흥미로운 최첨단의 수학이었으며, 세계적인 수학자들이 이 분야에 투신하여 엄청난 진보를 이루었다. 19세기 말엽에 와서는 산술학과 기하학, 대수학 분야도 장족의 발전을 이루었지만, 최대의 관심사는 역시 해석학이었다. 사실, 19세기가 시작될 무렵에는 극한limit과 같은 기초 개념이 분명하게 정립되지 않았었다. 만일 그 시대에 누군가가 오일러나 가우스에게 극한이 무엇이냐고 물어봤다면, '무한infinite과 무한소infinitesimal에 관한 모든 것'이라고 대답했을 것이다. 그리고 오일러에게 "무한이 뭡니까?"라고 다시 질문을 던진다면, 그는 헛기침을 하면서 방을 빠져나가거나, 아니면 탁자에 앉아서 '뭡니까'라는 단어를 주제로 세미나를 시작했을지도 모를 일이다.

해석학은 1670년대에 뉴턴과 라이프니츠Leibniz가 미적분학을 창시하면서 탄생한 분야이다. 해석학은 그 어렵고 난해한 극한을 다루었으므로 기존의 수학 분야와 화끈하게 차별될 수 있었다. 고등학교의 미적분학 과정을 끝까지 참아 낸 사람이라면, 곡선 위의 두 점을 끊고 지나가는 직선 그래프가 머릿속에 어렴풋이 떠오를 것이다. 그리고 이어지는 수학 선생님의 설명 — "자, 이제 두 교점을 가까이 접근시키는 '극한'을 취하면…." 대부분의 학생들이 수학과 결별을 고하는 안타까운 순간은 이렇게 찾아왔을 것이다.

물론, 미적분학이 해석학의 전부는 아니다. 조화수열이 발산한다는 것도 해석학의 정리에 속하지만, 니콜 오렘이 그것을 증명했을 때 미적분학과 조화수열은 완전히 따로 노는 주제였다. 미적분학에 속하지 않는 해석학의 주제는 이것 말고도 얼마든지 나열할 수 있다. 앙리 르베그가 1901년에 개발한 측도론measure theory과 한 무더기의 집합론도 미적분학과 무관한 해석학으로 분류된다. 그러나 엄밀하게 말하자면 이 모든 것들은 미적분학을 개선하려는 목적으로 해석학에 도입된 개념들이라 할 수 있다. 르베그의 측도 이론도 적분의 수학적 정의를 개선하는 과정에서 도입된 이론이었다.

해석학의 주제인 '무한과 무한소(오일러 버전)' 또는 '극한과 연속성(현대 수학 버전)'은 아마도 인간이 가장 이해하기 어려운 개념 중 하나일 것이다. 미적분학이라는 말만 들어도 고개를 좌우로 젓는 사람들이 많은데, 최고의 지식인임을 자부하는 사람들도 사정은 마찬가지다. 극한의 난해함은 기원전 450년경에 그리스의 철학자 제논Zeno에 의해 처음으로 제기되었다. 그는 묻는다. "운동이라는 것이 어떻게 가능한가? 화살이 시위를 떠나 과녁에 도달하려면 그 사이에 있는 무한히 많은 지점들을 거쳐 가야 한다. 그런데 화살이 공간상의 점 하나를 통과하는 데에는 분명 시간이 소요된다. 그렇지 않으면 화살은 시위를 떠나는 즉시 과녁에 도달해야 하기 때문이다. 그렇다면 화살은 유한한 시간(아주 짧은 시간)을 무한번 거친 후에야 과녁에 도달할 수 있다. 이 말은 무엇을 의미하는가? 그렇다. 화살은 앞으로 나아갈 수가 없다. 출발점과 임의의 지점 사이에는 무한개의 점이 존재하기 때문이다!"

미적분학이 대학에서 강의되기 시작했던 18세기 초반에, 수학자들은 무한소라는 개념을 거의 경멸의 눈초리로 바라보았다. 특히, 아일랜드 태생의 철학자 조지 버클리George Berkeley(1685~1753)는 더욱 회의적인 생각을 갖고 있었다. "대체 무한소가 어떻게 의미를 가질 수 있다는 말인가? 그것은 유한한 양도 아니고 무한히 작은 양도 아니면서, 그렇다고 아무것도 없는 상태를 말하는 것도 아니다. 이미 사라지고 없는 귀신 같은 양을 칭하는 말인가?"

무한소라는 개념은 우리의 머릿속에 쉽게 떠오르지 않는다. 이는 수학적인 사고 체계가 일정 수준에 이르면 매우 부자연스러울 수도 있다는 것을 보여 주고 있다. 인간의 모든 사고력과 언어를 총동원한다 해도, 무한소의 개념은 여전히 뜬구름처럼 겉돌기만 한다. 그러나 이런 이유로 해석학이 위협을 받지는 않는다. 기초적인 산술학도 이에 못지않은 심각한 문제에 시달리고 있기 때문이다. 잠시 화이트헤드Whitehead와 러셀Russell의 이야기를 들어 보자.

> 이 연구의 추상적인 단순함은 언어의 기능을 능가한다. 다들 알다시피, 언어는 복잡한 개념을 쉽게 표현하는 강력한 수단이다. '고래는 크다'라는 명제는 언어의 압축 능력을 잘 보여 주고 있다. 그러나 '1은 숫자이다'라는 해석적 명제를 일상적인 언어로 표현한다면, 그 장황설을 들어 줄 사람은 거의 없을 것이다.

(이들의 말은 결코 농담이 아니다. 『수학의 원리Principia Mathematica』라는 책에는 숫자 1이 무려 345페이지에 걸쳐 정의되어 있다.)

맞는 말이다. 고래는 '5'라는 숫자보다 복잡한 객체임이 분명하지만, 우리의 머리는 5보다 고래를 더 쉽게 인식할 수 있다. 지구상에서 고래를 본 적이 있는 모든 종족들은 그들의 언어에 고래를 뜻하는 단어를 갖고 있다. 그러나 이들 중에는 '5'를 지칭하는 단어가 없는 종족도 있다. 그들도 일상생활 속에서 다섯을 헤아려야 하는 경우가 있었을 것이고 손가락만 해도 분명히 다섯 개인데, 5를 뜻하는 단어가 아예 없는 것이다! 다시 한번 강조하지만, 수학적인 사고는 결코 자연스러운 사고방식이라 할 수 없다. 바로 이런 이유 때문에 대다수의 사람들이 수학을 어려워하는 것이다. 그러나 어떻게든 그 어려움을 극복하기만 하면 엄청난 혜택이 뒤따른다! '0'의 개념을 토착화시키기 위해 무진 애를 써 왔던 지난 2,000년의 세월을 돌이켜 보라. 0이 정상적인 숫자로 대접을 받기 시작한 것은 불과 400년 전의 일이었다. 지금 우리에게 0이 없다면 어떤 재앙이 초래될지, 생각만 해도 끔찍하다.

해석학과는 달리, 산술학은 수학 중에서도 아주 쉽게 받아들여지는 분야이다. 정수? 물건을 셀 때 아주 유용한 수단이다. 음수는? 추운 겨울날 온도를 잴 때 없어서는 안 될 수이다. 그럼 분수는? 공구를 다룰 때 아주 유용하다. 직경 $\frac{3}{8}$인치짜리 너트를 직경 $\frac{13}{32}$인치 볼트에 억지로 집어넣으려는 사람은 없다. 나에게 종이와 연필, 그리고 약간의 시간만 준다면 직경 $\frac{15}{23}$인치짜리 너트를 $\frac{29}{44}$인치 볼트에 사용할 수 있는지 금방 확인해 줄 수 있다.

그런데 산술학에는 '말로 표현하기는 쉽지만 증명은 끔찍하게 어려운' 문제들도 꽤 많이 있다. 1742년에 크리스티안 골드바흐Christian Goldbach는 2보다 큰 모든 짝수가 소수 두 개의 합으로 표현된다는 추측을 제기하였는데, 그로부터 260년이 지난 지금까지 그 누구도 이 간단한 추측의 사실 여부를 증명하지 못했다(작가 아포스톨로스 독시아디스Apostolos Doxiadis는 『골드바흐의 추측Uncle Petros and Goldbach's Conjecture』이라는 소설을 쓰기도 했다◆29). 산술학에는 이와 비슷한 추측이 1,000개 가까이 널려 있으며,◆30 그중 대부분은 아직도 증명되지 않은 채로 남아 있다.

가우스가 페르마의 마지막 정리Fermat's Last Theorem에 관심을 갖지 않은 것도 바로 이런 이유였을 것이다. 하인리히 올베르스Heinrich Olbers가 그 문제에 도전해 볼 것을 강력하게 권했을 때, 가우스는 이렇게 말했다. "페르마의 정리에는 별 관심이 없다네. 그와 비슷한 정리는 지금이라도 얼마든지 만들어 낼 수 있기 때문이지. 게다가 그런 정리들은 증명할 수도 없고, 그렇다고 폐기 처분 할 수도 없으니 골칫거리만 양산되는 꼴이 아닌가."

그러나 가우스와 같은 생각을 가진 수학자는 극히 소수에 불과하다. 문제 자체는 매우 간단하면서 수십 년(골드바흐의 추측이나 페르마의 마지막 정리의 경우는 수백 년) 동안 증명되지 않은 문제들은 거의 모든 수학자들을 강하게 유혹하고 있다. 이런 유의 문제를 풀기만 하면 페르마의 정리를 증명한 앤드루 와일즈처럼 하루아침에 세계적인 명성을 누릴 수 있고, 문제 풀이에 결국 실패한다 해도 새로운 결과와 계산법을 개발하는 의외의 소득을 올릴 수도 있다. 또한, 그들의 열정에는 '말로리Mallory 동기'라는 것도 한몫하고 있을 것이다. 《뉴욕 타임스》의 기자가 산악인 말로리에게 에베레스트에 왜 오르느냐고 물었더니, 그는 이렇게 대답했다. "산이 거기에 있기 때문이지요."

V. 계량measuring과 연속성continuity의 관계는 다음과 같다. 어떤 양을 측정할 때 우리가 기할 수 있는 정확도에는 이론적인 한계가 없으므로, 우리가 원하기만 한다면 측정값은 무한히 정확해질 수 있다. 예를 들어, 측정값이 2.3인치와 2.4인치 사이로 나왔다면 그 사이에는 2.31, 2.32, 2.33, …, 2.39인치 등의 더욱 정확한 측정값들이 존재하며, 측정 기구가 완벽하다면 소수점 이하의 자릿수는 무한히 늘려 갈 수 있다(양자물리학의 관점에서 볼 때 저자의 말에는 분명 이론의 여지가 있다. 그러나 여기서 말하는 측정이란 물리적인 측정을 의미하는 것이 아니라, 계산을 통해 숫자를 결정하는 행위를 칭하고 있으므로 독자들은 이 점을 감안하여 읽어 주기 바란다: 옮긴이). 그러므로 하나의 측정값과 또 다른 측정값 사이에는 무한히 많은 측정값들이 존재한다고 말할 수 있다. 두 값이 아무리 가깝다고 해도, 그 사이에 끼어 있는 숫자의 개수는 항상 무한

이다. 이러한 생각을 수학적으로 정립한 것이 바로 수의 연속성continuity과 극한limit으로서, 해석학을 떠받치는 주춧돌이라 할 만큼 중요한 개념으로 자리 잡고 있다.

그러나 물건의 개수를 헤아릴 때, 일곱과 여덟 사이에는 아무 것도 존재하지 않는다. 우리는 마치 징검다리를 건너듯 정수만을 골라 밟으며 건너뛰어야 한다. 측정을 통해 $7\frac{1}{2}$이라는 값을 얻을 수는 있지만, $7\frac{1}{2}$ '개'를 셀 수는 없다. ("일곱 개의 사과와 반쪽짜리 사과가 있으면 가능하지 않을까?" 하고 반문을 제기하는 사람도 있을 것이다. 물론 정 원한다면 그렇게 셀 수도 있다. 그 대신, 반쪽짜리 사과는 한 치의 오차도 없는 반쪽이어야 한다. 삼순이와 삼식이, 그리고 삼돌이가 '대충 세 사람'이 아니라 '에누리없는 세 사람'이듯이, $7\frac{1}{2}$개의 사과가 되려면 그 반쪽짜리 사과는 0.501도 안 되고, 0.497이 되어서도 안 된다. "그럼 단위를 더 세분화시켜서 세면 되지 않을까?" 물론이다. 그러나 단위를 쪼개 나간다는 것은 '헤아림'에서 '측량'으로 옮겨 간다는 것을 뜻한다. '$7\frac{1}{2}$인조 현악 사중주단 초청 연주회'가 무슨 의미를 가질 수 있겠는가?)

산술학과 해석학의 위대한 융합(셈과 측량의 융합 또는 스타카토와 레가토의 융합이라고 할 수도 있다)은 1830년대에 소수 연구팀을 이끌던 레조이네 디리클레Lejeune Dirichlet(1805~1859)에 의해 처음으로 시작되었다. 이름만 들으면 프랑스인 같지만, 사실 그는 쾰른Cologne 근처의 작은 마을에서 태어나 그곳에서 줄곧 교육을 받고 자란 독일인이었다.◆31 산술학과 해석학의 융합에 결정적인 공헌을 했던 두 사람(디리클레와 리만)이 모두 독일인이었기 때문에, 그 후로 독일 수학자들의 위상은 크게 상승되었다.

VI. 1800년대에 활동했던 위대한 수학자들의 명단을 작성한다면 아르강Argand, 볼리아이Bolyai, 볼차노Bolzano, 코시Cauchy, 푸리에, 가우스, 제르맹Germain, 라그랑주Lagrange, 라플라스Laplace, 르장드르, 몽주Monge, 푸아송Poisson, 월리스Wallace 등의 이름이 거론될 것이다. 물론 이 책의 저자가 다른 사람이었거나 내가 와인을 몇 잔 마신 상태라면 명단은 달라질 수도 있겠지만, 어떤 경우에도 독일 수학자의 이름은 쉽게 나오지 않을 것이다. 위에 열거한 이름들 중에서 독일인이라고는 가우스 한 사람뿐이다. 스코틀랜드인 한 명과 체코인 한 명, 헝가리인 한 명, 국적이 불분명한 사람이 한 명(라그랑주의 세례명은 주세페 라그란지아Giuseppe Lagrangia였다. 그래서 이탈리아인들과 프랑스인들은 라그랑주가 서로 자국 사람이라고 주장하고 있다), 그리고 나머지는 모두 프랑스인이다.

그렇다면 1900년대를 풍미했던 위대한 수학자는 누구일까? 명단을 함부로 발표했다간 주먹 싸움이 벌어질 것 같아 매우 걱정되긴 하지만, 논쟁의 소지가 가장 적은 명단을 조심스럽게 추려 보면 보렐Borel, 칸토어Cantor, 카라테오도리Carathéodory, 데데킨트Dedekind, 아다마르Hadamard, 하디Hardy, 힐베르트Hilbert, 클라인Klein, 르베그Lebesgue, 미타크-레플러Mittag-Leffler, 푸앵카레Poincaré, 볼테라Volterra 등이 될 것이다. 국적별로 세어 보면 프랑스인 4명, 이탈리아인 1명, 영국인 1명, 스웨덴인 1명, 그리고 독일인이 5명이나 된다.◆32

독일 수학자들이 이 시기에 두각을 나타낸 것은 2장과 4장에서 소개했던 역사적 배경과 밀접하게 관련되어 있다. 프로이센의 프레더릭 대왕은 1806년에 예나Jena에서 나폴레옹에게 참패한 후 크게 깨달은 바가 있어 현대화와 국력 신장을 국가의 최고 목표로 삼았다. 그리고 프랑스와 긴 전쟁을 겪으면서 민족주의적 성향이 강해진 프로이센인들은 당시 유행하던 낭만주의 운동에 영향을 받아 프레더릭의 개혁에 적극적으로 동참하였다. 프로이센은 독일어권

국가들을 하나로 통합하려는 빈회의의 노력이 수포로 돌아갔음에도 불구하고 개혁의 고삐를 늦추지 않았다. 그 결과 전 국민을 대상으로 징병 제도가 실시되었고 농노 신분이 폐지되었으며, 산업 구조와 세금 제도가 재정비되고 2-Ⅳ장에서 언급했던 빌헬름 훔볼트의 교육 개혁도 이 무렵에 단행되었다. 여기에 게르만계의 주변 국가들까지 프러시아의 개혁을 따라감으로써, 독일은 과학, 산업, 교육 등의 분야를 가장 중시하는 국가가 되었다. 물론 수학도 예외는 아니었다.

19세기의 독일 수학이 대약진을 이룰 수 있었던 또 하나의 원인은 바로 천재 수학자, 가우스의 출현이었다. 가우스는 18세기 최고 수학자 명단에 오른 유일한 독일인이지만(물론 이것은 공인된 명단은 아니다), 당대의 뛰어난 수학자 10명의 능력을 능가하는 천재 중의 천재였다. 그가 괴팅겐대학의 연구실에 칩거하면서 강의를 하는 동안(사실 그는 강의하는 것을 몹시 싫어했다) 괴팅겐을 비롯한 독일 전역의 학생들은 수학적 성취 동기에 커다란 자극을 받았다.

Ⅶ. 디리클레는 이런 환경에서 교육을 받으며 자랐다. 1805년에 프러시아 라인 주의 쾰른에서 서쪽으로 20마일 떨어진 작은 시골 마을에서 우체국장의 아들로 태어난 그는 리만보다 한 세대 위의 수학자로서 훔볼트가 단행한 교육개혁의 첫 번째 수혜자이기도 했다. 그는 어린 시절부터 탁월한 학습 능력을 발휘하여 16세가 되었을 때 대학 입학에 필요한 모든 시험을 통과하였다. 어린 나이에 이미 수학에 완전히 매료된 디리클레는 자신이 가장 좋아하던 가우스의 명저 『산술학 연구 Disquisitiones Arithmeticae』를 품에 안고 수학의 세계적 본산지인 파리로 진출하여 1822~1825년 동안 푸리에, 라플라스, 르

장드르, 푸아송 등 당대 최고의 수학자들에게 강의를 들었다.

1827년, 22살이 된 디리클레는 독일로 돌아와 실레지아 주에 있는 브레슬라우Breslau대학의 교수가 되었다(브레슬라우는 지금 폴란드에 속한 도시로서 지도에는 브로츠와프Wroclaw라는 지명으로 표기되어 있다). 그가 이 학교에서 교편을 잡는 데 결정적인 도움을 준 사람은 프러시아 개혁의 주인공 빌헬름의 동생인 알렉산더 폰 훔볼트였다.

그러나 베를린을 제외한 다른 도시의 대학들은 2-Ⅶ장에서 말한 대로 중고등학교 교사와 법률가를 양성하는 데 주력하고 있었다. 이런 분위기에 불만을 느낀 디리클레는 베를린대학으로 자리를 옮겨 1828~1855년 동안 연구와 강의를 수행하였다. 그가 가르쳤던 제자들 중에는 독일 북부의 벤드란트 지방에서 온 수줍음 많은 장학생 베른하르트 리만도 끼어 있었다(당시 리만은 괴팅겐대학에 다니던 중 더욱 수준 높은 강의를 듣기 위해 베를린대학으로 학교를 옮겼다). 리만은 디리클레로부터 많은 영향을 받았는데, 자세한 내용은 8장에서 소개하기로 하고, 지금은 리만이 디리클레를 가우스 다음가는 위대한 수학자로 여겼다는 사실만 언급해 둔다.

디리클레는 작곡가로 유명한 펠릭스 멘델스존Felix Mendelssohn의 여동생인 레베카Rebecca와 결혼하여 수학과 인연이 많은 멘델스존 집안의 족보에 한 줄을 추가하였다.◆33

영국의 수학자이자 일기를 열심히 쓰는 것으로 유명했던 토마스 허스트Thomas Hirst는 새로운 수학과 수학자를 찾아 유럽 각지를 여행하면서 1850년대의 대부분을 보냈는데, 1852~1853년에 베를린을 방문했을 때 디리클레의 친구가 되어 그의 강의를 들은 적이 있었다. 그가 남긴 일기를 보면 디리클레의 강의가 어떤 스타일이었는지 대충 짐작할 수 있다.

1852년 10월 31일

디리클레는 풍부한 교재와 뛰어난 통찰력으로 강의를 이끌었다. 물론 그는 달변가는 아니었지만 총명한 눈빛과 정곡을 찌르는 설명에 압도된 학생들은 그의 어눌한 말투를 전혀 문제 삼지 않았다. 일부러 신경을 쓰지 않으면 그가 말을 더듬는다는 것을 알아차리기가 어려울 정도였다. 그런데 그는 강의할 때 학생들을 쳐다보지 않는 이상한 버릇이 있다. 판서를 하지 않을 때는 교탁에 등을 대고 서서 안경을 이마에 올리고 양손으로 뒷머리를 감싸는 것이 그의 습관이었다. 가끔은 학생들 쪽으로 얼굴을 돌리는 경우도 있었지만 그의 눈은 거의 감겨 있거나 손으로 가려져 있었다. 그는 강의 노트도 없이 모든 계산을 즉석에서 암산으로 해결했는데, 복잡한 계산을 할 때는 마치 손바닥에 계산기라도 있는 것처럼 자신의 손바닥을 바라보곤 했다. 그래서 학생들도 디리클레의 손바닥을 공인된 계산기로 인정해 주었다. 나는 이런 종류의 독특한 강의를 무척 좋아했다.

1852년 11월 14일

…수요일 저녁에 디리클레의 집을 방문했다. 디리클레의 부인과는 초면이 아니었지만, 그녀가 그 유명한 작곡가 멘델스존의 여동생이라는 사실은 그날 처음 알았다. 그녀는 오빠가 최근에 작곡한 몇 개의 소품을 직접 연주해 주었고 나는 대단히 영광스런 마음으로 연주를 감상했다.

1853년 2월 20일

…디리클레는 독특한 버릇을 갖고 있었는데, 특히 시간 관념은 거의 최악이었다. 그는 교탁 위에 시계를 벗어 놓고 강의를 시작했다가, 3분이 지난 후에 시계를 흘끗 보고는 하던 말을 끝맺을 겨를도 없이 뛰어나간 적도 있다.

Ⅷ. 리만 가설을 주제로 하는 이 책에서 디리클레가 주요 인물로 부각되는 이유는 다음과 같다. 1837년, 디리클레는 오일러가 100년 전에 발견한 '황금 열쇠'에서 영감을 떠올려 소수에 관한 중요한 정리를 증명하였고, 이로부터 '해석적 정수론(극한을 다루는 산술학)'이라는 새로운 수학 분야가 탄생하였다. 그때 디리클레가 발표했던 기념비적인 논문의 제목은(읽기가 조금 성가시지만) 〈Beweis des Satzes, dass jede unbegrenzte arithmetische Progression, deren erstes Glied und Differenz ganze Zahlen ohne gemeinschaftlichen Factor sind, unendlich viele Primzahlen enthält('초항과 공차가 정수이면서 공통 인수를 갖지 않는 무한 등차수열은 무한히 많은 소수를 포함하고 있다'는 정리의 증명)〉이었다.

양의 정수 두 개를 임의로 골라서 그중 하나에 나머지 하나를 반복적으로 더해 나간다고 생각해 보자. 처음에 고른 두 개의 수가 공약수를 갖고 있었다면 반복적으로 더하여 얻어지는 모든 수들도 그 공약수를 약수로 갖는다. 예를 들어, 15에 6을 반복해서 더해 나가면 15, 21, 27, 33, 39, 45, …와 같은 등차수열이 되는데, 이 모든 수들은 15와 6의 공약수인 3을 약수로 갖고 있다. 그러나 처음에 고른 두 개의 수에 공약수가 없으면 이들을 반복적으로 더하여 만들어진 수열에는 소수가 섞여 있을 가능성이 높다. 예를 들어, 35에 6을 반복해서 더해 나가면 35, 41, 47, 53, 59, 65, 71, 77, 83, …이 되고 여기에는 65나 77같은 '약수가 있는 수' 이외에 많은 소수들이 포함되어 있다. 그렇다면 이 등차수열에 들어 있는 소수는 몇 개나 될까? 무한개일까? 좀 더 수학적으로 표현하자면 — 아무리 큰 정수 N을 잡아도 초항이 35이고 공차가 6인 등차수열을 충분히 길게 나열하면, 그 속에 들어 있는 소수의 개수가 N보다 커질 수 있을까?

그렇다. 커질 수 있다. 양의 정수 두 개를 임의로 취하여 그중 하나에 나머지 하나를 반복적으로 더해 나가면 무한히 많은 소수를 만들어 낼 수 있다(물론 소수가 아닌 수도 무수히 나타난다). 이 사실을 처음으로 추측한 사람은 가우스였다. 그리고 그 추측은 1837년에 발표된 디리클레의 논문에서 수학적으로 증명되었다. 디리클레의 증명은 위대한 융합의 시작을 알리는 신호탄이었다.

양의 정수 하나를 임의로 골라 보자. 예를 들어, 9를 골랐다고 해 보자. 그러면 9보다 작은 양의 정수들 중에서 9와 공약수를 갖지 않는 수는 모두 몇 개인가? 답은 1, 2, 4, 5, 7, 8의 6개이다(1은 공약수로 인정하지 않는다). 이들 중 하나를 골라서 9를 반복적으로 더해 나가면 다음과 같은 등차수열이 얻어진다.

1: 10, <u>19</u>, 28, <u>37</u>, 46, 55, 64, <u>73</u>, 82, 91, 100, <u>109</u>, 118, <u>127</u>, …

2: <u>11</u>, 20, <u>29</u>, 38, <u>47</u>, 56, 65, 74, <u>83</u>, 92, <u>101</u>, 110, 119, 128, …

4: <u>13</u>, 22, <u>31</u>, 40, 49, 58, <u>67</u>, 76, 85, 94, <u>103</u>, 112, 121, 130, …

5: 14, <u>23</u>, 32, <u>41</u>, 50, <u>59</u>, 68, 77, 86, 95, 104, <u>113</u>, 122, <u>131</u>, …

7: 16, 25, 34, <u>43</u>, 52, <u>61</u>, 70, <u>79</u>, 88, <u>97</u>, 106, 115, 124, 133, …

8: <u>17</u>, 26, 35, 44, <u>53</u>, 62, <u>71</u>, 80, <u>89</u>, 98, <u>107</u>, 116, 125, 134, …

위에 열거한 모든 수열들은 무한개의 소수를 포함하고 있을 뿐만 아니라(소수에는 밑줄이 그어져 있다), 소수의 출현 비율이 모두 같다. 다시 말해서, 이 수열을 134 근처에서 끝내지 말고 충분히 큰 수 N까지 늘어놓으면 그 속에 포함된 소수의 개수는 대략 $\frac{N}{6 \log N}$이 된다는 것이다. 물론 이것은 소수 정리가 참이라는 가정하에 성립되는 명제이다(디리클레가 이 논문을 발표한 1837년에는 소수 정리가 증명되지 않았었다). $N = 134$로 잡으면 $\frac{N}{6 \log N}$은 약 4.55983336⋯이다. 위에 열거한 여섯 개의 수열에 들어 있는 소수의 개수는 각각 5, 5, 4, 5, 4, 5개인데, 이들의 평균은 4.6666⋯으로서 $\frac{N}{6\log N}$과의 차이가 2.3%밖에 되지 않는다. 별로 크지 않은 수(N = 134)에서 이 정도의 오차라면 아주 만족스러운 결과라 할 수 있다.

디리클레는 이 사실을 증명하기 위해 가우스가 『산술학 연구』에 제시했던 '합동 산술 arithmetic of congruences'의 개념을 이용하였다. 시간계산법에 비유하면 이 개념을 쉽게 이해할 수 있다. 시계 판에 적힌 숫자를 잠시 동안 0, 1, 2, 3, ⋯, 11로 대치시켜 보자. 이 시계로 8시에 9시간을 더하면 얼마가 될까? 그렇다. 5시가 된다. 이것을 산술적으로 표기하면 8 + 9 = 5이다. 수학자들은 8 + 9 ≡ 5(mod 12)로 쓰기도 한다. 말로 표현하자면 "8 더하기 9는 모듈로 modulo 12에서 5와 합동이다"라고 할 수 있다. 여기서 모듈로 12란 '지금 우리는 0부터 11까지 숫자가 매겨져 있는 시계 판 위에서 계산을 하고 있다'는 뜻이다. 언뜻 보기에는 단순한 것 같지만, 합동 산술을 깊게 파고 들어가다 보면 매우 심오하면서도 이해하기 어려운 결과들과 수시로 마주치게 된다. 가우스는 이 분야의 대가였다(사실 그는 수학의 거의 모든 분야에서 대가였다). 『정수론 연구』에는 '≡'라는 기호가 일곱 개의 장(章)에 걸쳐 수시로 등장한다.

디리클레는 젊은 시절의 대부분을 이 문제와 함께 보냈다. 30대 초반이었던 1836년에 이 문제를 처음 접한 후부터, 합동 산술은 디리클레의 삶의 일부분이 되었다. 그러던 어느 날, 문득 오일러가 1737년에 제시했던 황금 열쇠로부터 결정적인 아이디어를 떠올렸다.

IX. 디리클레는 산술학과 해석학의 연결 고리를 찾아 주는 '황금 열쇠'를 제일 처음 집어든 수학자였다. 물론 이 열쇠는 오일러라는 천재가 이미 만들어 놓았지만, 그 속에 숨어 있는 아름다움과 무한한 능력을 제대로 이해한 사람은 디리클레가 처음이었다. 그는 황금 열쇠의 특성을 면밀하게 살핀 뒤에 그것과 유사한 은 열쇠silver key를 새로 제작하여 자신이 발견한 보물 상자의 문을 여는 데 성공했다. 그리고 별다른 진전 없이 22년이 더 흐른 뒤, 1859년에 베른하르트 리만은 선배 수학자들의 바통을 이어받아 해석적 정수론이라는 새로운 분야를 탄생시켰다.

리만은 디리클레의 제자였으므로 그의 연구 주제에 대하여 어느 정도는 알고 있었을 것이다. 실제로 1859년에 리만이 발표했던 논문의 서두에는 가우스와 디리클레의 업적이 언급되어 있다. 이 두 사람은 평소 리만이 존경해 마지않았던 수학의 영웅이었다. 해석적 정수론을 탄생시킨 사람은 리만이었지만, 그 길을 미리 닦아 놓고 리만에게 결정적인 열쇠를 제공한 사람은 누가 뭐라 해도 디리클레였다. 그러므로 해석적 정수론에 관한 한, 디리클레는 리만 못지않은 공로자로 인정되어야 할 것이다.

지금까지 황금 열쇠라는 이름은 여러 번 언급되었는데 그 내용을 설명한 적은 아직 단 한 번도 없다. 대체 황금 열쇠란 무엇인가? 비밀 경찰들의 삼엄한 감시하에 상트페테르부르크의 연구실에서 촛불을 켜 놓고 수학에 몰입했던 레온하르트 오일러는 100년 뒤에 태어날 디리클레에게 과연 무엇을 유산으로 남겨 주었던 것일까?

7
황금 열쇠와 개선된 소수 정리

Ⅰ. 참을성 있는 독자라면(또는 이 책의 서문을 읽었다면) 이 책이 두 권의 책을 섞어 놓은 형태로 편집되어 있음을 눈치 챘을 것이다. 수학적인 내용들은 주로 홀수 장에 소개되어 있다. 그중 1, 5장에서 다뤘던 무한급수는 리만의 제타 함수를 이해하기 위한 초석이었고, 3장에서 언급했던 소수에 관한 이론은 1859년에 발표된 리만의 논문과 소수 정리PNT를 연결시켜 주는 가교 역할을 할 것이다. '제타 함수와 소수', 이 두 가지 주제는 두말할 것도 없이 리만의 주된 관심사였다. 그는 황금 열쇠를 열쇠 구멍에 꽂고 돌림으로써 이들을 하나의 문제로 통합하는 해석적 정수론을 탄생시켰다. 그런데 리만은 이렇게 대단한 일을 대체 어떻게 할 수 있었을까? 황금 열쇠의 정체는 무엇인가? 이 장을 읽으면 알게 될 것이다. 그리고 황금 열쇠를 이해한 후에는 개선된 소수 정리를 이용하여 황금 열쇠를 '돌리는' 방법에 대하여 약간의 설명을 추가할 예정이다.

Ⅱ. 우리의 이야기는 '에라토스테네스의 체sieve of Eratosthenes'에서 시작된다. 황금 열쇠란, '에라토스테네스의 체를 해석학의 언어로 표현하는 방법'을 칭하는 말로서, 이 방법은 앞에서 말한 것처럼 레온하르트 오일러에 의해 발견되었다.◆34

알렉산드리아 도서관의 사서였던 키레네Cyrene(오늘날 리비아의 사하트Shahhat지역) 출신의 에라토스테네스는 기원전 230년경(유클리드 기하학이 탄생한 지 약 70년 후)에 '체로 걸러 내듯이 소수를 걸러 내는 방법'을 발견하였는데, 그 내용은 다음과 같다. 우선, 2부터 시작하여 모든 정수를 나열한다. 물론 우리는 모든 정수를 나열할 수 없으므로 일단 2부터 113까지만 적어 보자.

```
  2   3   4   5   6   7   8   9  10  11  12  13  14  15
 16  17  18  19  20  21  22  23  24  25  26  27  28  29
 30  31  32  33  34  35  36  37  38  39  40  41  42  43
 44  45  46  47  48  49  50  51  52  53  54  55  56  57
 58  59  60  61  62  63  64  65  66  67  68  69  70  71
 72  73  74  75  76  77  78  79  80  81  82  83  84  85
 86  87  88  89  90  91  92  93  94  95  96  97  98  99
100 101 102 103 104 105 106 107 108 109 110 111 112 113
```

그다음, 2는 건드리지 말고 2에서 시작하여 두 칸씩 건너뛰면서 만나는 모든 수들을 제거한다. 그 결과는 다음과 같다.

```
2   3   ·   5   ·   7   ·   9   ·  11   ·  13   ·  15
·  17   ·  19   ·  21   ·  23   ·  25   ·  27   ·  29
·  31   ·  33   ·  35   ·  37   ·  39   ·  41   ·  43
·  45   ·  47   ·  49   ·  51   ·  53   ·  55   ·  57
·  59   ·  61   ·  63   ·  65   ·  67   ·  69   ·  71
·  73   ·  75   ·  77   ·  79   ·  81   ·  83   ·  85
·  87   ·  89   ·  91   ·  93   ·  95   ·  97   ·  99
· 101   · 103   · 105   · 107   · 109   · 111   · 113
```

2 다음으로 남아 있는 첫 번째 수는 3이다. 이제 3은 그대로 놔두고 3에서 시작하여 세 칸씩 건너뛰면서 만나는 모든 수들을 제거한다. 단, 세 칸을 갔을 때 그곳에 수가 이미 지워지고 없으면 그냥 세 칸을 더 건너뛴다. 이 과정을 모두 거치면 다음과 같은 배열이 얻어진다.

```
2   3   ·   5   ·   7   ·   ·   ·  11   ·  13   ·   ·
·  17   ·  19   ·   ·   ·  23   ·  25   ·   ·   ·  29
·  31   ·   ·   ·  35   ·  37   ·   ·   ·  41   ·  43
·   ·   ·  47   ·  49   ·   ·   ·  53   ·  55   ·   ·
·  59   ·  61   ·   ·   ·  65   ·  67   ·   ·   ·  71
·  73   ·   ·   ·  77   ·  79   ·   ·   ·  83   ·  85
·   ·   ·  89   ·  91   ·   ·   ·  95   ·  97   ·   ·
· 101   · 103   ·   ·   · 107   · 109   ·   ·   · 113
```

이제 3 다음으로 남아 있는 첫 번째 수는 5이다. 이전과 마찬가지로 5는 그대로 놔두고 5에서 시작하여 다섯 칸씩 건너뛰면서 만나는 모든 수들을 제거한다. 이 경우에도 수가 이미 지워지고 없으면 그냥 다섯 칸을 더 건너뛴다. 이 단계를 거친 결과는 다음과 같다.

2	3	·	5	·	7	·	·	·	11	·	13	·	·
·	17	·	19	·	·	·	23	·	·	·	·	·	29
·	31	·	·	·	·	·	37	·	·	·	41	·	43
·	·	·	47	·	49	·	·	·	53	·	·	·	·
·	59	·	61	·	·	·	·	·	67	·	·	·	71
·	73	·	·	·	77	·	79	·	·	·	83	·	·
·	·	·	89	·	91	·	·	·	·	·	97	·	·
·	101	·	103	·	·	·	107	·	109	·	·	·	113

이제 5 다음으로 남아 있는 첫 번째 수는 7이다. 따라서 그 다음 단계는 7을 그대로 놔두고 일곱 칸씩 건너뛰면서 아직 지워지지 않은 수들을 제거하는 것이다. 그 다음에는 7 다음으로 남아 있는 첫 번째 수인 11에서 시작하여 같은 과정을 반복하고, 그 다음은 13에서 시작하여 또 같은 과정을 반복하고, … 이런 식으로 113까지 진행하면 2~113 사이에 있는 모든 소수들만 남게 된다.

이론적으로, 이 과정을 모든 정수에 대하여 무한히 반복하면 모든 소수의 명단이 얻어진다. 이것이 바로 '에라토스테네스의 체'이다. 만일 이 과정을 소수 p의 바로 앞에서 멈춘다면(즉, 간격 p로 나타나는 수들이 아직 지워지지 않았다면) 일단 p^2보다 작은 소수들은 모두 얻어진 셈이다. 방금 위에서는 7에 대한 과정을 수행하기 전에 멈추었으므로, 마지막 명단에서 $7^2 = 49$

보다 작은 수들은 모두 소수이다. 49보다 큰 수들 중에는 77처럼 소수가 아닌 수들이 아직 남아 있다.

Ⅲ. 에라토스테네스의 체는 중간 과정이 좀 번거롭긴 하지만 2,230년 전에 개발된 방법 치고는 아주 명쾌하다. 이 고전적인 방법이 어떻게 19세기 수학과 접목되어 함수 이론에 영향을 줄 수 있었을까? 지금부터 그 과정을 자세히 알아보자.

위에서 거쳤던 과정을 계속 진행해 보자. 단, 지금부터는 숫자를 일일이 헤아리지 않고 5장의 끝부분에서 도입했던 리만 제타 함수를 이용한다. 1보다 큰 임의의 수 s에 대한 제타 함수는 다음과 같다.

$$\zeta(s) = 1 + \frac{1}{2^s} + \frac{1}{3^s} + \frac{1}{4^s} + \frac{1}{5^s} + \frac{1}{6^s} + \frac{1}{7^s} + \frac{1}{8^s} + \frac{1}{9^s} + \frac{1}{10^s} + \frac{1}{11^s} + \cdots$$

에라토스테네스의 체를 만들 때 처음 시작했던 명단처럼, 제타 함수에는 모든 양의 정수들이 각 항의 분모에 자리 잡고 있다(단, 이 경우에는 1이 포함되어 있다).

이제 양변에 $\frac{1}{2^s}$을 곱해 보자. 그러면 지수법칙 7에 의해(예를 들어 $2^s \times 7^s = 14^s$)

$$\frac{1}{2^s}\zeta(s) = \frac{1}{2^s} + \frac{1}{4^s} + \frac{1}{6^s} + \frac{1}{8^s} + \frac{1}{10^s} + \frac{1}{12^s} + \frac{1}{14^s} + \frac{1}{16^s} + \frac{1}{18^s} + \cdots$$

이 된다. 그 다음, 첫 번째 식에서 두 번째 식을 빼 보자. 그러면 좌변은 $\zeta(s) - \frac{1}{2^s}\zeta(s)$이고 우변은 $1/(홀수)^s$ 항만 남으므로 다음과 같은 형태가 된다.

$$\left(1 - \frac{1}{2^s}\right)\zeta(s) = 1 + \frac{1}{3^s} + \frac{1}{5^s} + \frac{1}{7^s} + \frac{1}{9^s} + \frac{1}{11^s} + \frac{1}{13^s} + \frac{1}{15^s} + \frac{1}{17^s} + \frac{1}{19^s} + \cdots$$

에라토스테네스의 체를 재현시키기 위해, 방금 얻은 결과에 $\frac{1}{3^s}$을 곱해 보

자. 그러면 우변에서 변하지 않는 항은 $\frac{1}{3^s}$ 뿐이다.

$$\frac{1}{3^s}\left(1-\frac{1}{2^s}\right)\zeta(s)$$
$$=\frac{1}{3^s}+\frac{1}{9^s}+\frac{1}{15^s}+\frac{1}{21^s}+\frac{1}{27^s}+\frac{1}{33^s}+\frac{1}{39^s}+\frac{1}{45^s}+\frac{1}{51^s}+\cdots$$

이번에는 이 결과를 바로 전에 얻은 결과에서 빼 보자. 이때 $\left(1-\frac{1}{2^s}\right)\zeta(s)$를 하나의 수로 생각하면(물론, s에 숫자 하나를 대입하면 실제로 하나의 수가 된다) 계산이 쉬워진다. 한 식의 좌변은 $\left(1-\frac{1}{2^s}\right)\zeta(s)$이고 다른 한 식의 좌변은 이것의 $\frac{1}{3^s}$ 배이므로, 이들을 빼면 $\left(1-\frac{1}{2^s}\right)\zeta(s)$의 $\left(1-\frac{1}{3^s}\right)$배가 된다. 따라서

$$\left(1-\frac{1}{3^s}\right)\left(1-\frac{1}{2^s}\right)\zeta(s)$$
$$=1+\frac{1}{5^s}+\frac{1}{7^s}+\frac{1}{11^s}+\frac{1}{13^s}+\frac{1}{17^s}+\frac{1}{19^s}+\frac{1}{23^s}+\frac{1}{25^s}+\frac{1}{29^s}+\cdots$$

을 얻는다. 보다시피 이 결과에는 분모가 (3의 배수)^{s}인 항이 모두 제거되었고 1을 제외한 첫 번째 항은 $\frac{1}{5^s}$이다.

지금까지 해 온 과정을 되풀이한다면 이번에는 양변에 $\frac{1}{5^s}$을 곱할 차례다.

$$\frac{1}{5^s}\left(1-\frac{1}{3^s}\right)\left(1-\frac{1}{2^s}\right)\zeta(s)$$
$$=\frac{1}{5^s}+\frac{1}{25^s}+\frac{1}{35^s}+\frac{1}{55^s}+\frac{1}{65^s}+\frac{1}{85^s}+\frac{1}{95^s}+\frac{1}{115^s}+\cdots$$

다시 한 번 이 결과를 바로 전에 얻은 결과에서 빼 보자. 이번에도 $\left(1-\frac{1}{3^s}\right)\left(1-\frac{1}{2^s}\right)\zeta(s)$를 하나의 숫자로 생각하면 이것의 1배에서 $\frac{1}{5^s}$ 배를 빼는 셈이다. 그러므로 결과는 다음과 같다.

$$\left(1-\frac{1}{5^s}\right)\left(1-\frac{1}{3^s}\right)\left(1-\frac{1}{2^s}\right)\zeta(s)$$
$$=1+\frac{1}{7^s}+\frac{1}{11^s}+\frac{1}{13^s}+\frac{1}{17^s}+\frac{1}{19^s}+\frac{1}{23^s}+\frac{1}{29^s}+\frac{1}{31^s}+\cdots$$

보다시피 5의 배수에 해당되는 항들이 모두 제거되고 1을 제외한 첫 번째

항은 $\frac{1}{7^s}$이 되었다.

지금까지 거쳐 온 계산 과정과 에라토스테네스의 체 사이에 어떤 공통점이 있는지 알 수 있겠는가? 사실, 공통점보다는 다른 점이 눈에 먼저 들어올 것이다. 에라토스테네스는 2, 3, 4, …의 배수들을 제거해 나가면서 소수 명단을 만들었지만, 여기서는 그냥 제거하지 않고 매 단계마다 뺄셈이라는 연산을 거치고 있다.

이 과정을 제법 큰 소수까지(예를 들어, 997까지) 반복한 결과는 다음과 같다.

$$\left(1-\frac{1}{997^s}\right)\left(1-\frac{1}{991^s}\right)\cdots\left(1-\frac{1}{5^s}\right)\left(1-\frac{1}{3^s}\right)\left(1-\frac{1}{2^s}\right)\zeta(s)$$
$$=1+\frac{1}{1009^s}+\frac{1}{1013^s}+\frac{1}{1019^s}+\frac{1}{1021^s}+\cdots$$

s가 1보다 큰 임의의 수일 때, 이 식의 좌변은 1보다 조금 큰 값을 갖는다. 예를 들어 $s = 3$인 경우, 우변의 값은 약 1.00000006731036081534…이다. 그러므로 이 과정을 무한히 반복하면 식 7-1과 같은 결과가 얻어진다고 짐작할 수 있다.

$$\cdots\left(1-\frac{1}{13^s}\right)\left(1-\frac{1}{11^s}\right)\left(1-\frac{1}{7^s}\right)\left(1-\frac{1}{5^s}\right)\left(1-\frac{1}{3^s}\right)\left(1-\frac{1}{2^s}\right)\zeta(s)=1$$

식 7-1

여기서 s는 1보다 큰 임의의 수이고, 좌변에 곱해진 괄호들은 모든 소수에 하나씩 대응되면서 무한히 계속된다. 이제, 좌변에 나타나 있는 모든 괄호들로 양변을 나누면 제타 함수 $\zeta(s)$가 식 7-2와 같은 형태로 얻어진다.

$$\zeta(s) = \frac{1}{1-\frac{1}{2^s}} \times \frac{1}{1-\frac{1}{3^s}} \times \frac{1}{1-\frac{1}{5^s}} \times \frac{1}{1-\frac{1}{7^s}} \times \frac{1}{1-\frac{1}{11^s}} \times \frac{1}{1-\frac{1}{13^s}} \times \cdots$$

식 7-2

IV. 이것이 바로 황금 열쇠Golden Key의 정체이다. 이것이 얼마나 우아한 결과인지를 눈으로 확인하기 위해 약간의 교통정리를 해 보자. 분수의 분모에 분수가 또 들어 있는 표현은 나도 독자들 못지않게 싫어한다. 그러므로 일단 이것부터 보기 좋게 정리해 보자. 이미 알고 있는 수학 표기법을 사용하면 쉽게 해결될 것 같다.

지수법칙 5에 의하면 $\frac{1}{a^N} = a^{-N}$과 같다(특히, $a^{-1} = \frac{1}{a}$ 이다). 이 법칙을 이용하면 식 7-2는 조금 간단해진다.

$$\zeta(s) = (1-2^{-s})^{-1}(1-3^{-s})^{-1}(1-5^{-s})^{-1}(1-7^{-s})^{-1}(1-11^{-s})^{-1}\cdots$$

여기에 새로운 기호를 하나 더 도입하면 위의 식은 아주 깔끔한 형태로 정리될 수 있다. 5-Ⅷ장에서 도입했던 Σ기호를 상기해 보자. 동일한 형태로 되어 있는 여러 개의 항들을 한꺼번에 더할 때 Σ기호를 사용하면 종이에 쓰는 양을 많이 줄일 수 있었다. 그렇다면 동일한 형태로 되어 있는 여러 개의 항들을 한꺼번에 '곱할' 때에도 어떤 기호를 사용하여 필기량을 줄일 수 있을 것이다. 물론 수학자들은 이때 사용하는 기호도 이미 정의해 놓았다. 'Π'라는 기호가 바로 그것이다. 이 문자는 그리스 알파벳의 '파이pi'로서, '곱한다product'는 단어의 첫 자인 P(Π)를 따온 것이다. 자, 이제 Π를 이용하여 식 7-2를 다시 쓰면 다음과 같이 깔끔한 형태로 정리된다!

$$\zeta(s) = \prod_p \left(1 - p^{-s}\right)^{-1}$$

이 식을 소리 내어 읽는다면 "제타 s는 1에서 소수 p의 $-s$제곱을 뺀 값의 역수를 모든 소수들에 대하여 곱한 것과 같다"쯤 될 것이다. $\prod$의 밑에 적혀 있는 p는 "모든 소수 p에 대하여 다 곱하라"는 뜻이다.◆35 여기에 제타 함수의 원래 정의를 대입하면 드디어 우리의 종착역인 황금 열쇠가 그 모습을 드러낸다.

황금 열쇠

$$\sum_n n^{-s} = \prod_p \left(1 - p^{-s}\right)^{-1}$$

식 7-3

좌변의 합과 우변의 곱은 모두 무한히 행해진다. 사실, 이것은 소수의 개수가 무한히 많다는 것을 증명하는 결과이기도 하다. 만일 소수의 명단이 어디선가 끝난다면 우변의 곱도 어디선가 끝날 것이고, 따라서 s가 어떤 값이건 간에 우변은 유한한 개수의 수들이 곱해진 형태를 띠게 될 것이다. 그러나 $s = 1$일 때 좌변은 우리가 익히 알고 있는 조화급수가 되어 무한으로 발산한다. 그렇다면 이 경우에($s = 1$) 우변도 무한이 되어야 하는데, 다들 알다시피 유한한 개수의 수를 곱하여 무한의 결과가 나오는 것은 결코 있을 수 없는 일이다. 그러므로 소수의 개수는 무한하다는 결론을 내릴 수 있다.

Ⅴ. 이 시점에서 독자들은 묻고 싶을 것이다. "그래, 정말 대단한 수고를 거쳐서 제법 간단명료한 결과가 나왔군. 거기에 거창한 이름까지 붙여 놓

고… 정말 수고들 많았겠어. 그런데, 그래서 뭐가 어쨌다는 거야?"

사실, 황금 열쇠를 열쇠 구멍에 끼워 넣고 돌리기 전까지는 이 질문에 만족할 만한 답을 내놓기가 어렵다. 그러나 수학자의 입장에서 볼 때, 식 7-3은 그야말로 기적과도 같은 결과이다. 좌변은 모든 양의 정수 1, 2, 3, 4, 5, 6, … 에 대한 합인 반면, 우변은 모든 소수 2, 3, 5, 7, 11, 13, …에 대한 곱의 형태로 되어 있기 때문이다. 무언가 은밀한 곳에 소수의 비밀이 숨어 있을 것 같지 않은가?

이 책에서 황금 열쇠라 명명한 식 7-3의 원래 이름은 오일러의 곱셈 공식Euler's product formula이다.◆36 이 식은 1737년에 상트페테르부르크학술원에서 출판된 레온하르트 오일러의 논문 〈Variae observationes circa series infinitas〉를 통해 처음으로 세상에 공개되었다[제목을 영어로 번역하면 'Various Observations about Infinite Series(무한급수의 다양한 관찰)'이다. 이것만 봐도 4-Ⅷ장에서 말한 대로 그가 얼마나 평이한 라틴어를 구사했는지 알 수 있다]. 그러나 당시 그의 논문에 실린 황금 열쇠는 다음과 같이 조금 다른 형태로 표현되어 있었다.

THEOREMA 8

Si ex serie numerorum primorum sequens formetur expressio

$$\frac{2^n \cdot 3^n \cdot 5^n \cdot 7^n \cdot 11^n \cdot etc.}{(2^n-1)(3^n-1)(5^n-1)(7^n-1)(11^n-1) \ etc.}$$

erit eius valor aequalis summae huius seriei

$$1+\frac{1}{2^n}+\frac{1}{3^n}+\frac{1}{4^n}+\frac{1}{5^n}+\frac{1}{6^n}+\frac{1}{7^n}+etc.$$

위에 적힌 라틴어는 '소수로 이루어진 급수로부터 다음과 같은 표현을 만들면 … 이 값은 다음의 급수와 같다…'라는 뜻이다. 여기서도 단어의 어미를 잘 보면('-orum'은 소유격을 나타내고 '-etur'는 현재 시제의 수동태 가정법에 나타나는 어미변화이다) 오일러의 라틴어가 아주 읽기 쉽다는 것을 알 수 있다.(사실, 영어도 버거운 우리에게 저자의 이런 설명이 피부에 와 닿을 리 없다. 그저 과학 분야의 학술 용어 중 라틴어에서 유래한 단어가 많다는 것만 알고 넘어가자: 옮긴이)

나는 이 책에 등장하는 수학적 아이디어들을 요약하면서, 일반인들이 이해할 수 있는 수준에서 황금 열쇠가 증명되어 있는 적당한 책을 골라 그 내용을 노트에 적어 두었다. 그런데 책을 계속 써 내려가다 보니 좀 더 고급 정보를 전달하고 싶은 욕심이 생겼다. 그래서 맨해튼 한복판에 있는 뉴욕 공공 도서관으로 달려가 오일러의 논문을 모아 놓은 논문집을 뒤져 보았는데, 거기에는 오일러의 원조 증명이 열 줄 정도의 수식으로 간명하고 우아하게(게다가 내용도 훨씬 쉽게) 요약되어 있었다. 그래서 이전에 수집했던 증명을 포기하고 오일러의 증명으로 대치하였다. 이 장의 Ⅲ절에서 소개한 증명은 본질적으로 오일러의 증명 과정을 따른 것이다. 수학에 익숙하지 않은 독자들에게는 약간 부담이 되겠지만, 황금 열쇠에 관한 한 오일러의 증명이 가장 깔끔하다고 생각한다. 관심 있는 독자들은 오일러의 증명을 직접 찾아서 도전해 보기 바란다.

Ⅵ. 이제 황금 열쇠를 증명했으니, 그것을 구멍에 꽂고 돌리기만 하면 해석적 정수론의 세계로 들어가는 문이 열릴 것이다. 그러나 이를 위해서는 약간의 준비 과정을 거쳐야 한다. 필요한 사전 지식은 여러 가지가 있지만, 그 중에서도 가장 중요한 것은 많은 사람들이 부담스러워하는 미적분학calculus이다. 그래서 이 장의 나머지 부분은 미적분학의 모든 것을 설명하는 데 할

애할 생각이다. 그렇다고 미리 걱정할 필요는 없다. 가능한 한 쉽고 짧게 끝내도록 최선을 다할 것이다. 이 과정이 끝나면 미적분학을 이용하여 '개선된 소수 정리improved version of PNT'를 유도할 것이다(개선된 소수 정리는 리만 가설로 가는 가장 빠른 지름길에 해당된다).

예나 지금이나, 미적분학 강의는 그래프를 그리는 것으로 시작된다. 이왕이면 우리에게 이미 친숙한 그래프에서 시작해 보자. 그림 7-1에는 5-Ⅲ장에서 이미 언급한 적이 있는 로그 함수의 그래프가 그려져 있다. 이제, 독자들이 아주 작은(상상할 수 있는 가장 작은 크기의) 난쟁이가 되었다고 상상해 보라. 지금 난쟁이는 왼쪽에서 오른쪽으로 그래프의 곡선을 따라 비탈길을

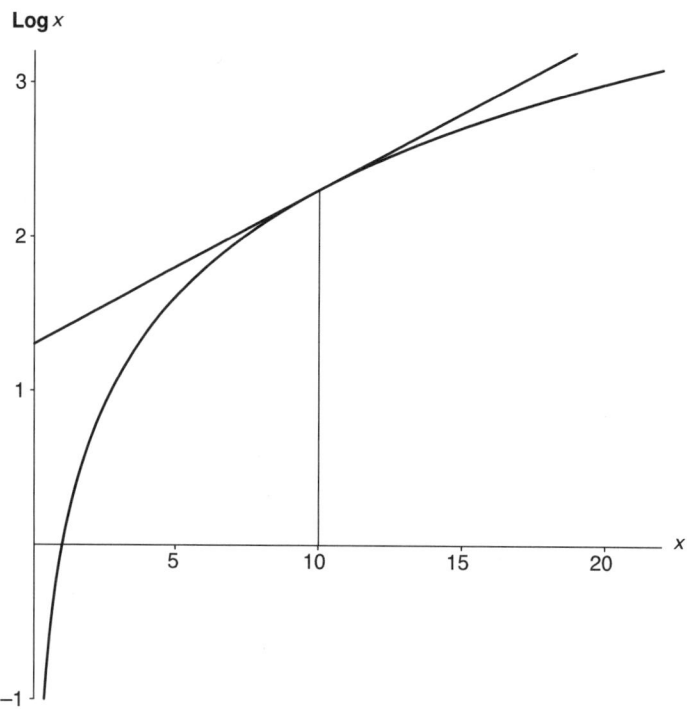

그림 7-1 log$x$의 그래프

기어 올라가는 중이다. 만일 난쟁이가 $x = 0$ 근처에서 등반을 시작했다면 곡선의 경사가 너무 커서 거의 수직벽을 타고 올라가야 한다. 그러나 이 어려운 코스를 지나기만 하면 앞쪽으로 진행할수록 곡선의 경사가 점차 작아져서, $x = 10$인 지점에 이르고 나면 그 후로는 거의 일어서서 걸어갈 수 있을 정도로 경사가 완만해진다.

그림에서 보다시피, 곡선의 기울기gradient(경사도)는 각 지점마다 다르다. 그러나 '한 지점에서의 기울기'를 따진다면 어느 지점에서나 하나의 명확한 값을 갖는다. 자동차가 가속운동을 하면 매 순간마다 차의 속도가 달라지지만, 어느 '한 순간'에 속도계를 바라보면 하나의 명확한 값을 가리키고 있는 것과 같은 원리이다. 몇 초가 지난 후에 속도계를 다시 보면 눈금이 이전과 달라졌겠지만, 그때도 역시 하나의 명확한 값을 가리키고 있을 것이다. 이와 마찬가지로, 정의역(여기서는 0보다 큰 실수) 안에서 정의된 로그 함수는 각 지점마다 고유의 기울기를 갖고 있다.

그렇다면 각 지점의 기울기는 어떻게 구할 수 있을까? 그리고 기울기의 수학적 의미는 무엇일까? 제일 먼저, 기울어져 있는 직선의 기울기부터 정의해 보자. 직선의 기울기는 '수직 방향으로 상승한 높이를 수평 방향의 이동 거리로 나눈 값'으로 정의한다. 예를 들어, 수평 방향으로 5단위의 거리만큼 이동하는 동안 수직으로 2단위만큼 상승했다면 이 경사길의 기울기는 $\frac{2}{5} = 0.4$가 된다(그림 7-2).

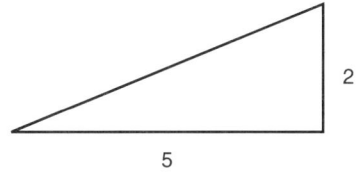

그림 7-2 기울기(gradient)

곡선 위의 한 지점에서 기울기를 구하기 위해, 일단 그 지점에서 곡선에 '접하는' 직선을 그려 보자(이런 직선을 그 지점에서의 '접선'이라고 한다: 옮긴이). 일반적으로 곡선 위의 한 점에서 그 곡선에 접하는 직선은 하나밖에 없다. 철사를 휘어서 곡선을 만들고, 짧게 자른 직선형 철사를 곡선 위에 얹어서 미끄러뜨린다고 했을 때, 각 위치에서 직선형 철사가 나타내는 기울기가 바로 그 지점에서 곡선의 기울기에 해당된다. $x=10$인 지점에서 $\log x$라는 곡선의 기울기는 $\frac{1}{10}$이며, $x=20$에서의 기울기는 $\frac{1}{20}$로 줄어든다. 이와는 반대로 $x=5$로 이동하면 $\log x$의 기울기는 $\frac{1}{5}$로 커진다. 실제로 $\log x$의 기울기는 $\frac{1}{x}$이라는 간단한 함수로 표현되는데, 이는 로그 함수의 가장 큰 특징이기도 하다.

미적분학을 배운 경험이 있는 독자라면 지금까지 한 이야기가 매우 귀에 익을 것이다. 미적분학의 출발점은 다음과 같다 — 임의의 함수 f가 주어졌을 때, 여기에 약간의 변형을 가하면 모든 지점에서 f의 기울기를 나타내는 g라는 함수를 구할 수 있다. 만일 f가 $\log x$였다면 g는 $\frac{1}{x}$이다. 이때 함수 g를 f의 '도함수derivative'라고 한다. 즉, $\log x$의 도함수는 $\frac{1}{x}$이다. 그리고 함수 f가 주어졌을 때 도함수 g를 구하는 과정을 '미분differentiation'이라고 한다.

미분은 몇 가지 간단한 법칙을 따라 수행될 수 있다. 다행히도 그 법칙은 산술의 범주를 크게 벗어나지 않는 간단한 연산으로 이루어져 있다. 우선, f의 도함수가 g이면 $7f$의 도함수는 $7g$이다(그러므로 $7\log x$의 도함수는 $\frac{7}{x}$이다). 그리고 두 개의 함수가 더해져 있는 경우, 즉 함수 $f+h$의 도함수는 (f의 도함수) + (h의 도함수)이다. 그러나 두 개의 함수가 곱해져 있는 경우에는 규칙이 조금 달라진다. $f \times h$의 도함수는 (f의 도함수) × (h의 도함수)가 아니라, (f의 도함수) × h + f × (h의 도함수)이다!

이 책에서 $\log x$ 이외에 도함수를 알아야 할 필요가 있는 함수는 x^N의 형태로 되어 있는 간단한 함수들뿐이다. 따라서 x^N의 도함수만 추가로 알고 있으면 된다. 증명 없이 결과만 말하자면, x^N의 도함수는 Nx^{N-1}이다. 표 7-1에는 다양한 N값에 대한 x^N의 도함수가 나열되어 있다.

함수	...	x^{-3}	x^{-2}	x^{-1}	x^0	x^1	x^2	x^3	...
도함수	...	$-3x^{-4}$	$-2x^{-3}$	$-x^{-2}$	0	1	$2x$	$3x^2$	...

표 7-1 x^N의 도함수

물론, $x^0 = 1$이므로 이 함수는 수평 직선이 되어 기울기가 0이다(수평 방향으로 아무리 진행해도 수직 방향 이동이 없기 때문이다). 1뿐만 아니라, 임의의 숫자를 미분한 결과는 모두 0이다. $x^1 = x$는 오른쪽 위로 45° 각도를 이루는 직선으로서, 수평 방향의 이동 거리와 수직 방향의 이동 거리가 항상 같으므로 기울기는 어디서나 1이다. 그런데 표 7-1을 자세히 보면 도함수가 x^{-1}인 함수가 빠져 있음을 알 수 있다. 왜 그럴까? 앞에서 지적한 대로, $\log x$의 도함수가 바로 x^{-1}이기 때문이다! x가 아주 커지면 $\log x$의 기울기(도함수)인 $\frac{1}{x}$은 0에 가까워지므로, $x \to \infty$일 때 $\log x$가 x^0처럼 수평하게 눕는다는 사실이 다시 한번 입증된 셈이다.

VII. 수학자들은 무언가를 뒤집는 것을 정말 좋아한다. P를 Q로 표현한 함수가 주어졌을 때, Q를 P로 나타내면 어떤 모양이 되는가? 이것은 앞에서 역함수를 도입할 때 던졌던 질문이다. $a = e^b$일 때 b를 a로 표현하면 어떻게 될까? 답은 $b = \log a$였다.

함수 f를 미분하여 g라는 함수가 얻어졌다고 해 보자. 그러면 g는 f의 도함수가 된다. 이 경우에, f는 g의 '무엇'이라고 불러야 하는가? 미분의 반대 과정은 무엇인가? $\frac{1}{x}$은 $\log x$의 도함수이므로 $\log x$는 x의… 무엇인가? 답: $\log x$는 $\frac{1}{x}$의 '적분 함수integral'이다. 도함수의 역은 적분 함수이며, 미분의 역은 '적분integration'이라고 한다(그러나 우리말에서는 적분 함수와 적분을 똑같이 '적분'이라고 부르는 경우가 많다: 옮긴이). 위에서 알아본 바와 같이 미분은 단순한 연산을 통해 얻어지므로, 적분도 그다지 복잡하지는 않을 것이다. 실제로, 표 7-1의 위-아랫줄을 뒤집어서 약간의 보정을 가해 주면 표 7-2와 같은 적분표를 얻을 수 있다.

함수	…	x^{-3}	x^{-2}	x^{-1}	x^0	x^1	x^2	x^3	…
적분 함수	…	$-\frac{1}{2}x^{-2}$	$-x^{-1}$	$\log x$	x	$\frac{1}{2}x^2$	$\frac{1}{3}x^3$	$\frac{1}{4}x^4$	…

표 7-2 x^N의 적분 함수

$N = -1$인 경우를 제외하고, 일반적으로 x^N의 적분 함수는 $\frac{x^{N+1}}{N+1}$으로 쓸 수 있다(여기서도 $\log x$가 x^0을 닮아 가려고 노력한다는 것을 알 수 있다).

함수 f의 도함수 g는 임의의 지점에서 f의 기울기를 말해 준다. 즉, 도함수 g는 임의의 지점에서 f가 얼마나 빠르게 변하는지를 알려 주는 함수이다. 그렇다면 적분 함수의 의미는 무엇인가? 적분 함수는 어디에 써먹을 수 있는가? 답: 그래프 아랫부분의 넓이를 구할 때 매우 유용하게 써먹을 수 있다.

그림 7-3에 제시된 그래프를 생각해 보자. 이것은 $x^{-4} = \frac{1}{x^4}$의 그래프로서, $x = 2$와 $x = 3$을 나타내는 두 개의 수직선 사이의 영역이 검게 칠해져 있다. 이 부분의 넓이는 어떻게 계산할 수 있을까? 방법은 간단하다. 우선 x^{-4}의 적분 함수를 구한다. 표 7-2에서 유추해 보면 $-\frac{1}{3}x^{-3} = -\frac{1}{3x^3}$임을 쉽게 알 수 있다. 다른 함수들과 마찬가지로, 이 함수도 모든 정의역 x에 대하여 명확한

값을 갖고 있다. $x = 2$와 $x = 3$, 그리고 x축과 곡선 x^{-4}으로 둘러싸인 도형의 넓이는 (적분 함수에 3을 대입한 값) − (적분 함수에 2를 대입한 값)과 같다.

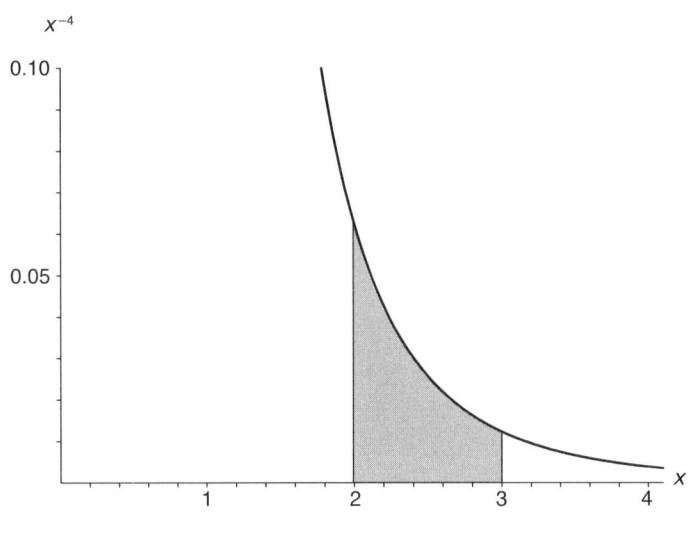

그림 7-3 적분 함수가 유용한 이유

이왕 말이 나온 김에 계산을 끝까지 해 보자. 도함수 $-\frac{1}{3x^3}$에 $x = 3$을 대입하면 $-\frac{1}{81}$이고 $x = 2$를 대입하면 $-\frac{1}{24}$이 된다. 위에서 말한 규칙에 따라 $-\frac{1}{81}$에서 $-\frac{1}{24}$을 빼면 $\left(-\frac{1}{81}\right) - \left(-\frac{1}{24}\right) = \frac{1}{24} - \frac{1}{81} = \frac{19}{648}$, 약 0.029321이 얻어진다. 도형의 폭이 1임에도 불구하고 값이 이렇게 작게 나온 이유는 도형의 실제 높이가 그림 7-3보다 훨씬 낮기 때문이다(그림 7-3의 가로축은 한 눈금이 0.2지만, 세로축의 한 눈금은 0.01이다).

수학자들은 이 도형의 넓이를 $\int_2^3 x^{-4} dx$로 표기하고, "2부터 3까지 x에 대한 x^{-4}의 적분"이라고 읽는다["x에 대한"이라는 표현은 크게 신경 쓰지 않아도 된다. 굳이 이런 표현을 쓰는 이유는 적분을 실행하는 변수가 x이기 때문이다. 피적분 함수(적분을 당하는 함수, 지금의 경우에는 x^{-4}) 이외에 다른 변수가 곱해져 있을 때에는 적분변수 x를 제외하고 그냥 적분 밖으로 끄집어내면 된다. x가 아닌 변수에는 적분이 적용되지 않기 때문이다. 이런 경우는 19장에서 다시 마주치게 될 것이다].

적분을 하는 구간(지금의 경우에는 2부터 3까지)이 무한인 경우에도 유한한 결과가 나올 수 있다. 이는 무한급수가 유한한 값을 갖는 것과 같은 이치이다. 뒤로 갈수록 더해지는 양이 충분히 작아지면 무한개의 항을 더해도 유한한 결과가 나오는 것처럼, x가 커짐에 따라 함수값이 충분히 빠르게 감소한다면 무한까지 적분을 해도 유한한 결과가 나올 수 있다. 사실, 적분과 덧셈은 근본적으로 같은 성질을 갖고 있다. 1675년에 라이프니츠가 처음으로 사용했던 $\int$ 기호는 Sum의 머릿글자인 S를 길게 늘여서 만든 것이다.

위의 적분 구간을 조금 바꿔서, $x = 3$이라는 상한을 $x = 100$까지 늘여 보자. 100의 세제곱은 1,000,000이므로 늘어난 구간에서 적분값은 다음과 같이 달라진다.

$$\left(-\frac{1}{3,000,000}\right) - \left(-\frac{1}{24}\right) = \frac{1}{24} - \frac{1}{3,000,000}$$

적분의 상한을 더욱 큰 값으로 가져가면 우변의 두 번째 항이 더욱 작아지고, $x = \infty$까지 가면 두 번째 항은 아예 0으로 사라진다. 그러므로 $\int_2^\infty x^{-4} dx = \frac{1}{24}$임을 알 수 있다. 적분 기호 안에 아무리 복잡한 함수가 들어 있다 해도, 일단 적분을 하면 변수 x는 사라지고 하나의 숫자가 얻어진다. 방금 풀었던 예제에서도 우리가 한 일이라고는 적분 함수에 구체적인 숫자를 대입하여 뺀 것뿐이다.

이것이 전부이다. 장담하건대, 이 책에 등장하는 미적분학은 지금까지 설명한 범주를 절대로 넘지 않을 것이다. 그러면 지금부터 미적분학을 이용하여 새로운 함수를 정의해 보자. 이 함수는 소수 정리와 제타 함수를 이해하는 데 없어서는 안 될, 엄청나게 중요한 함수이다.

Ⅷ. 우선, $\dfrac{1}{\log t}$ 이라는 함수를 생각해 보자. 이 함수의 그래프는 그림 7-4에 제시되어 있다. 변수가 t로 바뀐 이유는 앞으로 나올 '가변수dummy variable (적분의 결과에는 영향을 미치지 않는 변수. 예를 들어, $\int_2^\infty x^{-4} dx$를 $\int_2^\infty t^{-4} dt$나 $\int_2^\infty u^{-4} du$로 표기해도 적분값이 달라지지 않는다: 옮긴이)가 아닌 변수'에 x라는 이름을 사용할 예정이기 때문이다.

지금부터, 그림 7-4에서 검게 칠해진 영역의 넓이를 계산해 보자. 이를 위

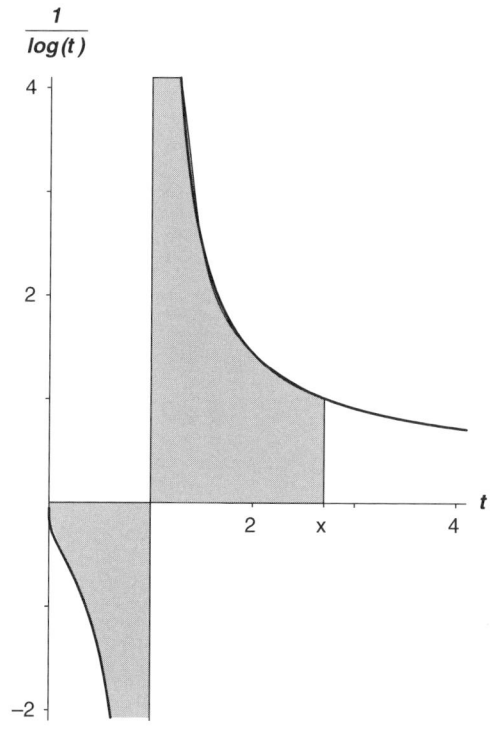

그림 7-4 함수 1/log$t$의 그래프

해선 제일 먼저 $\frac{1}{\log t}$ 의 적분 함수부터 구해야 한다. 일단 적분 함수가 구해지면 나머지 단계는 계산기를 두드리는 것으로 모두 해결된다. 자, $\frac{1}{\log t}$ 의 적분 함수는 과연 무엇인가?

안타깝게도, 우리가 흔히 사용하는 기존의 함수로는 $\frac{1}{\log t}$ 의 적분 함수를 표현할 방법이 없다. 그러나 이 적분은 리만 가설을 이해하는 데 너무나도 중요한 적분이기 때문에 어떻게든 답을 구해야 한다. 지금부터 약간의 기지를 발휘하여 $\frac{1}{\log t}$ 의 적분 함수를 찾아보자. 그런데 답을 찾아가는 과정에서 $\int_0^x \frac{1}{\log t} dt$ 가 수시로 언급될텐데, 매 때마다 이 끔찍한 표기를 반복하자니 벌써부터 머리가 아픈 것 같다. 그래서 앞으로 당분간 이것을 대신할 만한 함수를 정의하여 수고를 덜기로 하겠다.

무슨 이름이 좋을까? 앞에서 정의한 용어를 따른다면 '로그 적분 함수'라는 이름이 가장 무난할 것 같다. 기호로는 $Li(x)$로 표기하기로 하자(가끔은 $li(x)$로 쓰기도 한다). 이 함수는 '0부터 x 사이에서 $\frac{1}{\log t}$ 그래프의 아랫부분이 만드는 넓이'를 의미한다.◆37

그런데 여기에는 한 가지 조심해야 할 점이 있다. 다들 알다시피 $\log 1 = 0$ 이기 때문에, $\frac{1}{\log t}$ 은 $t = 1$일 때 값을 갖지 않는다. 그리고 $\frac{1}{\log t}$ 의 그래프는 $t = 1$을 경계로 하여 왼쪽에서는 수평축 아래에, 오른쪽에서는 수평축의 위에 자리하고 있다. 그래프가 수평축보다 아래쪽에 있을 때에도 이 함수를 적분하면 그 아래의 넓이가 될까? 아니다. 이런 경우에는 적분 결과에 −1을 곱한 것과 같다. 즉, 넓이는 넓이이되 부호가 음이라는 것이다. 이 사실을 $\frac{1}{\log t}$ 에 적용해 보자. 그림 7-4에서 보는 바와 같이 $t = 1$의 왼쪽 부분을 적분하면 검게 칠해진 왼쪽 부분의 넓이에 −1을 곱한 값이 얻어진다. 그리고 $t = 1$의 오른쪽으로 적분을 계속해 나가면 넓이가 점차 추가되어 전체 적분값은 상승한다. 그러다가 어느 임계 지점을 지나면 전체 적분값은 −에서

+로 돌아서게 된다. 다시 말해서, 로그 적분 함수 $Li(x)$는 $x<1$일 때 점차 감소하는 음수였다가 $x>1$이 되면 증가 추세로 돌아서고 여기서 x가 계속 증가하면 전체 부호가 −에서 +로 바뀌면서 계속 증가하게 된다.

$Li(x)$의 그래프는 그림 7-5와 같다. 방금 설명한 대로 x가 1보다 작을 때 $Li(x)$는 음수이며(그림 7-4의 왼쪽 부분 적분값이 음수이기 때문이다), $x=1$일 때 $-\infty$가 된다(그 이유는 설명하지 않아도 알 것이다). 그러나 x가 1보다 커지면 양의 넓이가 추가되면서 전체 적분값이 증가하는 추세로 돌아서고, $x = 1.4513692348828\cdots$에 이르면 $-\infty$였던 값이 0까지 회복된다(즉, 음수와

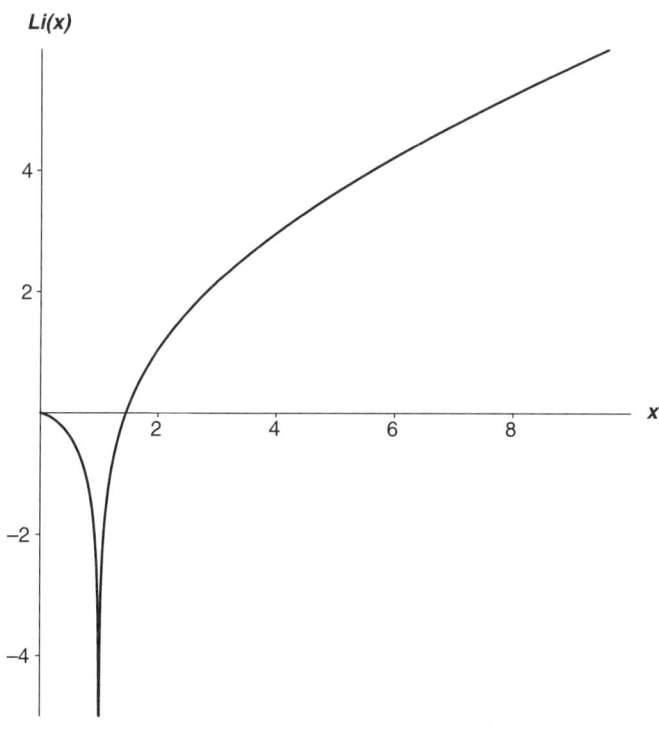

그림 7-5 함수 $Li(x)$의 그래프

양수가 서로 상쇄되어 0이 된다). 그리고 여기서 x가 계속 증가하면 $Li(x)$도 꾸준히 증가하게 된다. 임의의 지점에서 이 그래프의 기울기는 얼마일까? 이것은 $\frac{1}{\log t}$을 적분한 것이므로 기울기는 당연히 $\frac{1}{\log x}$이다. 3-Ⅳ장에서 말한 대로, $\frac{1}{\log x}$은 'x 근처에 있는 정수가 소수일 확률'임을 다시 한 번 상기하기 바란다.[*38]

정수론에서 $Li(x)$가 그토록 중요하게 취급되는 이유는 바로 이러한 특성 때문이다. N이 아주 커지면 $Li(N) \sim \frac{N}{\log N}$이다. 그런데 소수 정리[PNT]에 의하면 $\pi(N) \sim \frac{N}{\log N}$이다. 그런데 '~' 기호에도 삼단논법을 적용할 수 있을까? 물론이다. $P \sim Q$이고 $Q \sim R$이면 $P \sim R$이다. 그러므로 소수 정리가 참이라면 (1896년에 참이라는 것이 증명되었다) $\pi(N) \sim Li(N)$이라는 결론을 내릴 수 있다.

이 결론은 '참'이라는 표현으로는 좀 부족하다. 굳이 표현하자면 '훨씬 더 참'이라고 해야 할 것이다. 왜냐하면 $\pi(N)$은 $\frac{N}{\log N}$보다 $Li(N)$에 더 가깝기 때문이다.

표 7-3을 보면 $Li(N)$에 관심을 집중시켜야 하는 이유를 금방 알 수 있다. 수학자들은 소수 정리를 언급할 때 $\pi(N) \sim \frac{N}{\log N}$ 보다 $\pi(N) \sim Li(N)$이라는 표현을 더욱 빈번하게 사용한다. '~' 기호는 삼단논법을 만족시키므로 이 두 가지 서술은 거의 같은 뜻을 담고 있긴 하지만, 표 7-3에서 알 수 있듯이 $\pi(N) \sim Li(N)$이 훨씬 더 정확한 표현이다. 그림 7-6에는 $\pi(N)$과 $Li(N)$, 그리고 $\frac{N}{\log N}$의 그래프가 제시되어 있는데, N(또는 x)이 커질수록 $\pi(N)$이 $\frac{N}{\log N}$쪽보다 $Li(N)$쪽으로 가까워진다는 것을 눈으로 확인할 수 있다. 1859년에 발표된 리만의 논문에는 다음과 같이 개선된 형태의 소수 정리가 처음으로 등장하였다.

개선된 소수 정리

$$\pi(N) \sim Li(N)$$

N	$\pi(N)$	$\dfrac{N}{\log N} - \pi(N)$	$Li(N) \sim \pi(N)$
100,000,000	5,761,455	−332,774	754
1,000,000,000	50,847,534	−2,592,592	1,701
10,000,000,000	455,052,511	−20,758,030	3,104
100,000,000,000	4,118,054,813	−169,923,160	11,588
1,000,000,000,000	37,607,912,018	−1,416,706,193	38,263
10,000,000,000,000	346,065,536,839	−11,992,858,452	108,971
100,000,000,000,000	3,204,941,750,802	−102,838,308,636	314,890

표 7-3

표 7-3에서 한 가지 더 짚고 넘어갈 것이 있다. 표에 나와 있는 모든 N값에 대하여 $\dfrac{N}{\log N}$은 $\pi(N)$보다 작고 $Li(N)$은 $\pi(N)$보다 크다. 앞으로 이 사실을 상기해야 할 때를 대비하여 지금 머릿속에 잘 기억해 두기 바란다.

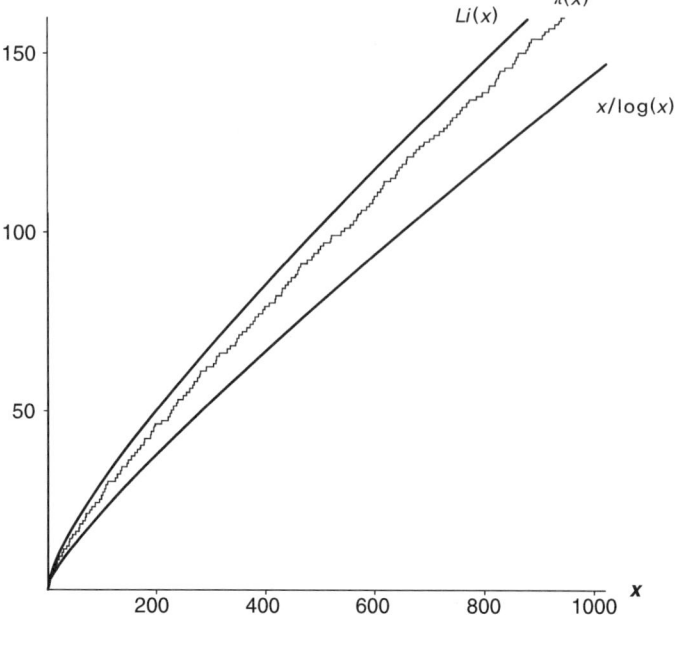

그림 7-6 소수 정리(PNT)

8

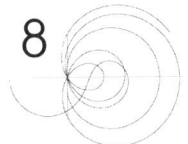

그런대로 믿을 만한 것

Ⅰ. 지금까지는 리만 가설의 주 배경인 소수 정리 Prime Number Theorem 에 대하여 주로 이야기를 해 왔다. 이 장에서는 소수 정리를 주제로 1859년에 발표된 리만의 기념비적인 논문과, 이 논문이 탄생하게 된 배경을 소개할 예정이다. 여기에는 크게 두 개의 이야기가 서로 얽혀 있는데, 그중 하나는 리만 자신에 관한 이야기이고 다른 하나는 1850년대의 괴팅겐대학에 얽힌 사연들이다. 그 외에 리만이 러시아와 뉴저지로 짧은 여행을 다녀온 것도 논문의 탄생에 적지 않은 영향을 주었다.

무엇보다도 독자들은 1830~1850년대에 유럽 지식인들의 일상적인 생활 패턴을 이해할 필요가 있다. 이 시기에 유럽은 모든 면에서 많은 변화를 겪었다. 나폴레옹 전쟁을 치르면서 유럽의 많은 국가들은 민족자결주의와 개혁의 물결에 휘말렸고 산업의 기초 구조를 송두리째 바꾼 산업혁명이 한창 진행되고 있었다. 소위 '낭만주의 운동 Romantic Movement'이라 불리는 변화와 개혁의 물결이 전 유럽에 걸쳐 속속들이 퍼져 있었던 것이다. 유럽인들이 기나긴 전쟁에서 헤어나 정신 세계에 새롭게 눈을 뜨기 시작하면서 사회 전역에 야기된 혼란은 1830년 프랑스에 7월혁명을 유발시켰고 폴란드에서는 민족주의자들이 일제히 궐기하였으며(당시 폴란드는 러시아의 영토였다◆39), 독일인들은 통일된 단일국가를 염원하고 있었다. 1840년대는 더욱 파란만장하여, 1848년에 있었던 대변혁(이 해를 '혁명의 해'라 부르기도 한다)이 리만의 삶에 큰 영향을 주었다는 것은 이미 2장에서 언급한 바 있다.

이 시기에 괴팅겐대학은 학내에서 벌어진 소요 사태의 후유증을 앓으면서 학문적으로 정체 상태에 빠져 있었다. 그나마 세계적인 천재 가우스가 있었기에 학교의 명성만 간신히 유지되는 형편이었다. 특히, 1837년에 '괴팅겐 7인조'를 파면시킨 이후로 학교의 명예는 크게 실추되었다. 그 당시 수학의 중심지는 단연 프랑스의 파리였고 베를린도 새로운 수학의 도시로 빠르게 성장하고 있었다. 파리에서는 코시와 푸리에가 극한과 연속성, 미적분학 등을 정리하여 해석학의 토대를 든든히 다져 놓았고, 베를린에서는 디리클레의 산술학을 비롯하여 야코비Jacobi의 대수학과 슈타이너Steiner의 기하학, 그리고 아이젠슈타인Eisenstein의 해석학 등이 각자 나래를 펴고 있었다. 간단히 말해서, 1840년대에 수학자가 되려면 파리나 베를린을 반드시 거쳐 가야만 했다. 1847년에 20세 청년 리만이 괴팅겐을 떠나 베를린으로 학교를 옮긴 것도 바로 이러한 시대적 조류 때문이었다. 그는 베를린에 머무는 2년 동안 황금 열쇠를 찾아낸 레조이네 디리클레에게 깊은 영향을 받게 된다. 디리클레는 수줍음 많고 가난에 찌든 듯한 젊은 리만을 매우 우호적으로 대해 주었다. 하인리히 베버의 표현에 의하면 리만은 '은혜에 감사할 줄 아는' 사람이었다고 한다.

1849년 부활절 휴가를 끝내고 괴팅겐으로 돌아온 리만은 박사 과정에 진학하여 가우스의 지도를 받았다. 사실, 그 무렵 리만의 꿈은 그냥 평범한 대학교수가 되는 것이었다. 그러나 그것도 결코 만만한 꿈은 아니었다. 괴팅겐에서 강의를 하려면 박사 학위는 물론이고 학교에서 치르는 교수 자격시험에 통과해야 했다(하빌리타치온habilitation이라 불리는 이 시험은 심사위원들이 보는 앞에서 시범 강의를 하는 식으로 진행되었는데, 심사 기준이 몹시 까다롭기로 유명했다). 리만은 5년 동안 아무런 수입도 없이 학업에만 몰두하여 28세가 되던 해에 필요한 과정을 모두 통과할 수 있었다.

　박사 과정을 이수할 때, 리만은 대학교수가 되지 못하면 김나지움의 교사라도 되겠다는 생각에서 수학과 함께 물리학과 철학 과정도 이수했다(요즘 말로 하자면 교직과목쯤 될 것이다). 그러나 생계 문제에 앞서서 리만은 수학과 철학을 좋아하기도 했다. 한편, 괴팅겐대학은 정치적 성향이 크게 줄어들어서 1837년에 파면된 괴팅겐 7인조 중 물리학과 교수였던 빌헬름 베버가 학교로 돌아왔고 가우스와 베버는 공동 연구를 진행하여 전기 전보 시스템을 개발하였다. 그리고 이 무렵에 리만은 베버가 강의하는 실험물리학을 수강하였다.◆40

Ⅱ. 아무런 수입도 없이 오직 연구에만 몰두했던 5년 동안 리만의 경제적인 어려움은 거의 극으로 치닫고 있었다. 게다가 리만의 가족들이 살고 있는 쿼본은 괴팅겐에서 거의 200km나 떨어져 있었으므로 도저히 갈 형편이 되지 못했다. 그러던 어느 날, 리만에게 가까운 친구가 생겼다. 리만보다 다섯 살 아래인 리하르트 데데킨트는 1850년에 괴팅겐대학에 입학하였고 그 역시 박사 과정 진학을 희망하고 있었다. 훗날 데데킨트는 《Collected Works》라는 논문집을 출판하면서 뒷부분에 리만의 전기를 첨부할 정도로 리만의

성실한 인품과 뛰어난 능력을 흠모하였다.

리만은 1851년 12월에 박사 학위를 받았고 데데킨트도 그 다음 해에 박사 과정을 마쳤다. 이들은 모두 가우스에게 지도를 받았는데, 당시 가우스는 70대였음에도 불구하고 수학적 총명함만은 그 빛을 잃지 않고 있었다. 데데킨트가 학위논문을 제출했을 때 가우스는 늘상 그렇듯이 획일적인 평으로 통과시켰지만, 리만의 눈문을 대했을 때는 침이 튈 정도로 칭찬을 아끼지 않았다. 말수 적기로 유명했던 가우스가 "도저히 박사 학위논문으로 볼 수 없을 정도로 내용이 충실하고 값진 논문"이라고 평을 했으니, 리만의 학위논문이 얼마나 뛰어났는지를 짐작할 수 있다.

가우스의 판단은 정확했다(수학에 관한 한, 나는 가우스의 능력을 단 한 번도 의심한 적이 없다). 리만의 박사 학위논문은 복소함수론 역사상 가장 중요한 내용을 담고 있었다. 복소함수론에 대해서는 13장에서 따로 설명할 예정이다. 지금 당장은 복소함수론이라는 것이 매우 심오하고 아름다우면서도 강력한 해석학의 한 분야라는 것만 기억해 두자. 오늘날의 대학에서 복소함수론을 공부할 때 가장 먼저 등장하는 것이 코시-리만 방정식Cauchy-Riemann equation이다. 임의의 복소함수는 일단 이 방정식을 만족해야 더 파고 들어갈 가치가 있다. 그런데 이렇게 중요한 방정식이 28세 청년 리만의 졸업논문에 처음으로 등장했다는 사실을 아는 사람은 별로 많지 않다. 뿐만 아니라 그의 논문은 함수론과 위상수학topology을 결합한 리만 곡면Riemann surface까지 다루고 있었는데, 위상수학은 오일러 시대부터 간간이 연구되긴 했지만 당시로서는 아직 체계가 잡히지 않은 매우 새로운 분야였다.◆41 한마디로 말해서, 리만의 박사 학위논문은 당대 최고의 걸작이었다.

그 후, 리만과 데데킨트는 교수가 되기 위한 두 번째 과정인 시범 강의 준비를 위해 또 한번 혼신의 노력을 기울여야 했다.

Ⅲ. 여기서 잠시 시간을 1~2년쯤 뒤로 돌려서 괴팅겐으로부터 수천 마일 떨어져 있는 상트페테르부르크로 눈길을 돌려 보자. 오일러는 말년에 시력을 완전히 상실했음에도 불구하고 엄청난 업적을 계속 쌓아 가면서 캐서린 여제의 통치하에 행복한 세월을 보내다가 1783년에 세상을 떠났다. 그로부터 13년 후인 1796년에 캐서린이 사망하고 그녀의 아들인 폴Paul이 왕위를 계승하였는데, 비정상적인 성품에 무책임한 행동으로 일관했던 그는 즉위 4년 반 만에 귀족들의 쿠데타에 밀려나 형장의 이슬로 사라지고 왕위는 그의 아들인 알렉산드르Alexander에게 계승되었다. 그 후 러시아는 나폴레옹이 이끄는 대군과 프랑스어를 사용하는 러시아의 귀족들에 의해 전쟁의 소용돌이에 휘말리게 되는데, 당시의 상황은 톨스토이의 소설 『전쟁과 평화』에 장엄한 필체로 기록되어 있다. 전쟁이 끝난 후 알렉산드르가 한동안 전제정치를 펼치다가 1825년에는 그보다 더욱 강한 절대왕정을 부르짖는 니콜라스 1세Nicholas I가 왕위를 계승하였다.

그러나 절대왕정을 신봉하는 무리들이 아무리 목소리를 높여도 푸슈킨Pushkin과 레르몬토프Lermontov, 고골리Gogol 등의 문학가들로부터 시작된 거대한 변화의 물결은 막을 수가 없었다.◆42 상트페테르부르크학술원과 분리된 상트페테르부르크대학은 사회 전반에 몰아닥친 변화에 성공적으로 적응하여 엄청난 성장을 이루었고 모스크바와 카르코프, 카잔 등지에도 새로운 대학들이 설립되었다. 특히, 카잔대학은 러시아가 낳은 위대한 수학자 니콜라이 로바체프스키Nikolai Lobachevsky가 1846년까지 총장으로 재임했다. 로바체프스키는 비유클리드 기하학의 창시자로 유명한데, 이에 관한 내용은 나중에 소개할 것이다.◆43

니콜라스 1세 즉위 25년인 1849~1850년에 러시아의 지성인들은 또 한번의 탄압을 견뎌 내야 했다. 니콜라스가 1848년에 일어난 유럽 혁명의 물결을 전면으로 거부했기 때문이다. 그 바람에 대학들은 된서리를 맞았고 해외에 유학 중인 학생들에게는 귀국 명령이 떨어졌다. 상트페테르부르크대학의 젊은 강사가 소수 정리에 관하여 두 편의 기념비적인 논문을 작성한 것은 바로 이 무렵의 일이었다.

파프누티 르보비치 체비셰프Pafnuty Lvovich Chebyshev에 대하여 제일 먼저 언급하고 싶은 것은, 이 책을 쓰면서 그의 제대로 된 이름을 찾아내느라 고생을 엄청나게 했다는 점이다. 내가 뒤졌던 문헌들 속에는 그의 이름이 Cebysev, Cebyshev, Chebichev, Chebycheff, Chebychev 등 무려 32가지의 다양한 철자로 표기되어 있었다.

그의 첫 이름인 파프누티(Pafnuty)도 참으로 희한한 이름이다. 이 이름을 이상하게 생각한 사람은 나 말고도 또 있었다. 1971년에 필립 데이비스Philip J. Davis라는 수학자는 파프누티라는 이름의 기원을 추적하던 끝에 『실The Thread』이라는 배꼽 잡는 책을 집필한 적이 있다. 이 책에 의하면 Pafnuty는 '신의 사람'이라는 뜻의 콥트어 Papnute에서 유래되었는데, 이 단어가 이집트 교회를 거쳐 유럽으로 건너가면서 4세기경에는 '두 번째로 높은 교회신부'의 호칭으로 쓰였다고 한다. 또한, 니케아(터키 북서부에 있는 이즈니크Iznik의 옛 이름: 옮긴이)의 교회에서는 지금도 '독신이 아닌 성직자'를 Bishop Paphnutius로 부른다고 한다. 데이비스는 여기에 덧붙여서 타타르 귀족의 후예인 보로프스크Borovsk의 성 파프누티St. Pafnuty는 20세에 사원에 들어가서 94세로 죽을 때까지 단 한 번도 바깥으로 나오지 않았다고 했다. 어느 성인전 작가는 이를 두고 "그는 철저한 금욕주의자였으며 놀라운 일을 해낸 예지자"라고 평가했다(내가 이 글을 쓰던 무렵에 어떤 독자는 자기가 기르는 강아지에게 파프누티라는 이름을 지어 줘도 되겠느냐고 이메일을 보내왔다. 아마 지금쯤 미국 중서부의 어느 마을에는 파프누티라는 강아지가 다람쥐를

쫓아 열심히 달리고 있을 것이다).

지금 우리가 관심을 두고 있는 수학자 파프누티도 놀라운 일을 해낸 사람이다. 그는 1837년에 디리클레가 황금 열쇠를 집어든 후로 1859년에 리만이 그 열쇠를 돌릴 때까지, 이들 사이에 결정적인 다리를 놓은 수학자였다. 그러나 이상하게도 파프누티의 논문은 소수 정리의 주 연구 흐름을 타지 못하고 변두리를 맴돌다가 무려 100년이 지난 후에야 뒤늦게 그 가치를 인정받게 되었다.

파프누티 체비셰프는 소수 정리에 관하여 두 편의 논문을 썼다. 그중 첫 번째는 1849년에 발표된 〈주어진 한계보다 작은 소수의 총 개수를 결정하는 함수에 관한 연구On the Function that Determines the Totality of Prime Numbers Less Than a Given Limit〉였는데, 그로부터 10년 후에 리만이 발표한 논문과 제목이 아주 비슷하다. 이 논문에서 체비셰프는 오일러의 황금 열쇠를 집어 들고 12년 전에 디리클레가 했던 것보다 조금 더 다양한 방법으로 갖고 놀다가 다음과 같이 흥미로운 결과를 얻어 냈다.

체비셰프의 첫 번째 결과

만일 어떤 고정된 수 C에 대하여 $\pi(N) \sim \dfrac{CN}{\log N}$ 이라면 C가 가질 수 있는 값은 1밖에 없다.

보다시피 체비셰프의 결과는 '만일'이라는 단어로 시작한다. 그는 $\pi(N)$의 정체를 정확하게 파악하지 못했기에 끝까지 가정법을 사용할 수밖에 없었고, 그 후 50년 동안 그 누구도 '만일'이라는 가정적 단어를 걷어 내지 못했다.

1850년에 발표된 체비셰프의 두 번째 논문은 우리의 호기심을 더욱 크게 자극한다. 이 논문은 황금 열쇠를 돌리는 대신 1730년에 스코틀랜드의 수학자 제임스 스털링James Stirling이 증명한 '큰 수에 대한 계승함수factorial function의 근사적 표현'에서 출발하고 있다(N의 계승은 $1 \times 2 \times 3 \times 4 \times \cdots \times N$으로 정의된다. 예를 들어 5의 계승은 $5 \times 4 \times 3 \times 2 \times 1 = 120$이며 간략하게 5!로 표기한다. 스털링의 공식에 의하면 N이 아주 큰 수일 때 $N!$은 대략 $N^N e^{-N} \sqrt{2\pi N}$ 으로 표현된다). 체비셰프는 이것을 계단 함수step function(일정 구간에서 같은 값을 갖다가 갑자기 계단처럼 증가하거나 감소하는 함수)로 표현하였다.

체비셰프는 여기에 약간의 미적분학을 적용하여 두 개의 중요한 결론을 내렸다. 첫 번째 결론은 1845년에 프랑스 수학자 조세프 베르트랑Joseph Bertrand이 내세웠던 가설[임의의 수와 그 두 배에 해당하는 수 사이(예를 들면 42와 84 사이)에는 소수가 반드시 하나 이상 존재한다는 가설]을 증명한 것이고, 두 번째로 내린 결론은 다음과 같이 요약될 수 있다.

체비셰프의 두 번째 결과

$$\pi(N) \text{과} \frac{N}{\log N} \text{ 의 차이는}$$
위-아래로 10%를 벗어나지 않는다.

이 논문은 두 가지 면에서 중요한 의미를 갖는다. 우선 첫째로, 체비셰프가 사용했던 계단 함수는 리만에게 영향을 주어 1859년에 발표한 논문에서 리만 자신도 그와 유사한 함수를 사용했다. 이에 관한 자세한 내용은 나중에 따로 설명할 예정이다. 모든 정황으로 미루어 볼 때 리만은 체비셰프의 논문을 읽었던 것으로 추측된다. 실제로 리만이 썼던 논문의 주(註)에 체비셰프라는 러시아 수학자의 이름이 등장하는데, 철자가 'Tschebyschev'로 되어 있다.

우리의 관심을 끄는 것은 체비셰프의 두 번째 논문이다. 이 논문에서 그는 복소함수론을 도입하지 않고 모든 결과를 이끌어 냈다. 수학자들은 이것을 두고 "체비셰프의 접근 방법은 기본적elementary이다"라고 표현한다. 그러나 1859년에 발표된 리만의 논문은 기본적인 방법을 사용하지 않았다. 그는 자신이 연구하던 모든 내용들을 복소함수론으로 재구성하여 풀었던 것이다. 리만이 얻어 낸 결과는 모든 수학자들을 놀라게 했으며, 훗날 소수 정리가 증명될 때에도 리만의 비-기본적인non-elementary 방법이 사용되었다.

그렇다면 기본적인 방법으로 소수 정리를 증명할 수도 있지 않을까? 소수 정리가 증명된 후 수십 년 동안 많은 수학자들의 시도가 실패로 끝나면서 '기본적인 방법으로 증명하는 것은 불가능하다'는 쪽으로 의견이 굳어져 가고 있었다. 앨버트 잉엄Albert Ingham이 1932년에 집필한 『소수의 분포The Distribution of Prime Numbers』라는 교재에는 다음과 같은 주석이 달려 있다. "실변수를 이용한 소수 정리의 증명법, 즉 복소변수로 표현되는 해석 함수analytic function를 전혀 사용하지 않고 소수 정리를 증명하는 방법은 단 한 번도 발견된 적이 없다. 그리고 지금 우리는 그 이유를 알고 있다…."

그러나 놀랍게도 1949년에 뉴저지의 프린스턴 고등과학원에서 근무하는 노르웨이 출신의 수학자 아틀레 셀버그Atle Selberg가 복소함수를 전혀 사용하지 않은 증명을 완성하였다.◆44 그리고 그와 비슷한 시기에 헝가리 출신의 괴짜 수학자인 폴 에어디시Paul Erdős도 같은 증명을 발표하였다. 그런데 셀버그가 증명을 유도하던 도중에 에어디시와 증명의 핵심 아이디어에 관하여 토론을 주고받았다는 사실이 알려지면서, 증명의 원조가 누구인지를 놓고 수학자들 사이에 한바탕 논쟁이 벌어졌다. 에어디시가 1996년에 사망한 후 그에 관한 두 권의 전기[『우리 수학자 모두는 약간 미친 겁니다』(승산), 『화성에서 온 수학자』(지호)]가 출간되었는데, 논쟁에 얽힌 자세한 사연을 알고 싶은 독자들은 한번 읽어 볼 것을 권한다. 헝가리 사람들은 이 증명을 '에어디시-셀버그의 증명'이라 부르고, 그 외의 지역에서는 그냥 '셀버그의 증명'으로 통하고 있다.

체비셰프는 연구 이외에도 훌륭한 스승이자 '연구 분야를 수시로 바꾸는' 특이한 학자였다. 그에게 수학을 배운 제자들은 지금 러시아의 여러 대학에 교수로 재직하면서 체비셰프 특유의 독특한 학습법으로 후학들의 성취 동기를 끌어올리고 있다. 체비셰프는 70대의 나이에도 20대 못지않은 열정을 발휘했다고 전해진다. 그가 말년에 발명한 일련의 계산기들은 지금도 모스크바와 파리의 박물관에 전시되어 있다. 러시아우주국은 그의 업적을 기리는 뜻으로 달 표면의 서경 135° 남위 30°에 나 있는 거대한 분화구에 '체비셰프 분화구'라는 이름을 붙여 주었다.◆45

IV. 뛰어난 정수론학자 체비셰프를 이토록 짧게 소개하고 넘어가자니 조금 서운한 느낌이 든다. 그래서 정수론학자들에게 잘 알려져 있는 '체비셰프 편이Chebyshev bias'에 관하여 약간의 설명을 추가하기로 한다.

2를 제외한 임의의 소수를 4로 나눈 나머지는 항상 1 아니면 3이다. 그런데 소수들은 이들 중 하나를 선호하는 경향이 있을까? 그렇다. 그런 경향이 있다. 3~101 사이에 있는 소수들 중 4로 나눈 나머지가 1인 소수는 12개이고 나머지가 3인 소수는 13개이다. 수의 영역을 1,009까지 확대하면 이 빈도수는 81개 : 87개가 되고, p(최대 소수) = 10,007까지 고려하면 609개 : 620개까지 차이가 벌어진다. 즉, 일정 구간 안에 존재하는 소수들 중에서 4로 나

넣을 때 나머지가 3인 소수는 나머지가 1인 소수보다 항상 많다. 이것이 바로 1853년에 발견된 체비셰프 편이Chebyshev bias이다. 이 규칙은 p = 26,861 일 때 잠시 위배되는데, 여기서 다시 p를 증가시키면 곧바로 회복된다. 체비셰프 편이가 성립되지 않는 첫 번째 구간은 616,877~617,011이며, 이 구간에는 11개의 소수가 있다. 지금까지 내가 확인한 바에 의하면, 3부터 시작해서 580만 개의 소수를 나열했을 때 '4로 나눈 나머지가 1인' 소수의 개수가 더 많아지는 경우는 1,939번 나타난다.

3으로 나눈 나머지의 분포는 더욱 흥미롭다. 3을 제외한 소수를 대상으로 하여 나머지가 1 또는 2인 소수를 세어 보면 2쪽이 더 많다는 것을 알 수 있다. 이 규칙은 p = 608,981,813,029까지 단 한 번도 위배되지 않는다. 따라서 '편이' 현상은 4로 나눈 경우보다 3으로 나눈 경우에 더 강하게 나타난다! 이 규칙이 위배되는 지점은 1978년 카터 베이스Carter Bays와 리처드 허드슨Richard Hudson에 의해 처음으로 발견되었다. 체비셰프 편이는 14장에서 다시 한번 언급될 것이다.

Ⅴ. 교수 자격시험 준비를 시작한 1852년 가을에 리만은 디리클레와 다시 만났다. 데데킨트의 회고록에는 이때 있었던 일들이 비교적 자세하게 서술되어 있다.

> 1852년 가을, 레조이네 디리클레는 괴팅겐을 방문하여 한동안 그곳에 머물렀다. 그때 퀵본에서 막 돌아온 리만은 앞으로 디리클레를 매일 만날 수 있다는 기대감에 흥분을 감추지 못했다. 디리클레가 괴팅겐에 도착한 후 처음 이틀 동안

리만은 디리클레를 줄기차게 따라다니면서 자신의 논문에 도움이 될 만한 조언을 들으려고 속사포 같은 질문을 퍼부었다. 리만은 디리클레를 가우스 다음으로 현존하는 가장 위대한 수학자라고 생각했기 때문에, 사실 그의 행동은 그다지 놀라운 것도 아니었다. 리만은 집에 계신 아버지에게 편지를 썼다. "다음 날 아침에 디리클레는 저와 두 시간 동안 대화를 나눴습니다. 그의 조언 덕분에 교수 자격시험에 제출할 논문도 많이 향상되었습니다. 그가 아니었다면 도서관을 뒤지며 며칠을 소비했을 겁니다. 그는 또 저의 논문을 꼼꼼하게 읽으면서 많은 충고를 해 주었는데, 그러는 사이에 디리클레와 저는 이전보다 훨씬 더 가까운 사이가 되었습니다. 사실 우리 두 사람은 다른 점이 많기 때문에 그다지 큰 기대를 하지 않았었는데, 제 생각이 틀렸었나 봅니다. 디리클레가 훗날에도 저를 잊지 말아 주기를 원하는 마음 간절합니다." 그로부터 며칠 후 … 디리클레와 리만은 다른 친구들과 함께 가까운 곳으로 소풍을 갔다. 그곳에서 디리클레는 다른 친구들을 많이 사귈 수 있었고 리만은 디리클레를 더 이상 독점할 수 없게 되었다. 다음 날, 디리클레와 리만은 베버의 집에서 다시 만났는데 리만은 여전히 그와 함께 있는 시간을 귀하게 여겼다. 며칠 후, 리만은 다시 한번 아버지에게 편지를 썼다. "저는 아버님께서 생각하시는 것처럼 하루 종일 집안에 박혀 있지 않습니다. 하지만 오늘은 오전 내내 논문 계산에 몰입하면서 상당히 많은 진전을 보았습니다. 하루 종일 매달려도 끝내지 못할 계산을 반나절 만에 끝냈으니까요."

편지의 마지막 구절을 보면, 리만이 스스로를 항상 제어하면서 살았다는 것을 알 수 있다. 그는 자신에게 주어진 의무가 무엇인지를 정확하게 알고 있었으며, 괴팅겐에서 보내는 시간이 자신이나 아버지 또는 신의 눈에 추호도 헛되이 보이지 않도록 항상 최선의 노력을 기울였다.

괴팅겐대학의 교수 자격 심사는 일단 심사용 논문을 심사위원들에게 제출하여 일차 평가를 받은 후, 하나의 주제를 정하여 교수들 앞에서 시범 강의를 하는 식으로 진행되었다. 이때 리만이 제출한 논문의 제목은 '삼각급수를 이용한 함수의 표현 가능성에 관한 연구On the representability of a function by trigonometric series'였는데, 여기 수록된 리만 적분Riemann integral은 지금도 고급 미적분학의 기본 개념으로 받아들여지고 있다. 리만은 이렇게 또 하나의 기념비적인 논문을 작성하여 가우스를 비롯한 교수들을 놀라게 했다. 그러나 심사 기준이 까다롭기로 유명했던 시범 강의는 리만이 넘어야 할 또 하나의 산으로 남아 있었다.

리만이 시범 강의를 위한 세 가지 주제를 엄선하여 스승인 가우스에게 제출하면 가우스가 그중 하나를 고르는 것이 심사의 규칙이었다. 그래서 리만은 수리물리학과 관련된 두 개의 주제와 기하학에 관한 주제 하나를 가우스에게 제출하였고, 가우스는 그중 '기하학 기초론에 근거한 가설들에 대한 연구On the Hypotheses that Lie at the Foundations of Geometry'를 강의 주제로 선정하였다. 리만의 시범 강의는 1854년 6월 10일에 괴팅겐의 교수들 앞에서 신중하게 진행되었다.

그 내용은 지금까지 세상에 발표된 수학 논문들 중 열 손가락 안에 드는 걸작이었다. 이를 두고 한스 프로이덴탈Hans Freudenthal은 《과학 전기 사전 Dictionary of Scientific Biography》에서 "수학 역사상 최대의 하이라이트"라며 찬사를 아끼지 않았다. 이 논문에 등장하는 아이디어는 수준이 너무 높아서 다른 수학자들이 완전히 이해할 때까지 십여 년이 걸렸고, 이 아이디어를 아인슈타인이 차용하여 일반 상대성 이론을 완성할 때까지는 무려 60년의 세월이 더 흘러야 했다. 제임스 뉴먼James R. Newman은 그의 저서인 『수학의 세계 The World of Mathematics』에서 리만의 논문을 가리켜 "수학의 신기원을 이룬 불멸의 업적"이라고 평가했다(하지만 그는 고전 수학을 한데 모아 교재로 편찬

하면서 리만의 논문을 누락시켰다). 그러나 더욱 놀라운 것은 리만의 논문에 수학 기호가 거의 등장하지 않는다는 점이다. 그의 논문에 등장하는 수학 기호는 등호(=) 다섯 개와 제곱근($\sqrt{}$) 세 개, 그리고 Σ 네 개가 전부이다. 평균적으로 볼 때 한 페이지당 한 개도 되지 않는다! 그리고 논문 전체를 통틀어서 수식이라고 할 만한 것은 단 한 개밖에 없다. 모든 내용은 그 무렵 지방대학의 평범한 교수들이 이해할 수 있는(또는 오해의 소지가 다분한) 수준의 평서문으로 서술되어 있다.

리만은 1827년에 발표된 가우스의 논문 〈곡면에 대한 일반적 연구A General Investigation into Curved Surfaces〉를 출발점으로 삼았다. 가우스는 논문을 발표하기 전에 몇 년 동안 바바리아 왕국의 지형도 제작 사업에 참여했었는데, 그 와중에도 지표면의 기하학적 특성을 추상화·일반화시켜서 2차원 곡면을 다루는 새로운 수학을 개발하였다(이 기간 동안 가우스는 여러 개의 거울로 햇빛을 반사시켜서 원거리 물체를 관측하는 헬리오트로프heliotrope를 발명하기도 했다). 지금도 가우스의 논문은 '미분기하학differential geometry'의 시작점으로 간주되고 있다.

리만은 시범 강의에서 발표한 주제를 더욱 일반화시켜서 임의의 차원에 적용되는 새로운 곡면 기하학을 탄생시켰다. 가우스는 측량에서 얻은 경험을 토대로 하여 우리가 일상적으로 경험하는 3차원 공간 속에 2차원 곡면이 '담겨 있는' 것으로 간주하였으나, 리만은 이 관점을 조금 변형시켜서 '내부에서 공간을 바라보는' 관점으로 기하학을 서술하였다.

이 책을 읽는 독자들은 아인슈타인의 일반 상대성 이론에 대하여 어느 정도 알고 있을 것이다. 아인슈타인은 3차원 공간과 1차원의 시간을 하나의 수학 체계로 통합하여 4차원 시공간4-dimensional space-time이라는 개념을 탄생시켰고, 이 4차원 시공간이 질량에 의해 휘어져 있다는 새로운 공간 개념을 창시하였다. 2차원 곡면을 3차원 공간에서 바라봤던 가우스의 관점을 따른다면, 4차원 시공간의 기하학은 5차원 시공간에서 서술되어야 한다. 그러나 리만의 새로운 관점이 제시된 이후로 물리학자들은 시공간을 가우스가 하던 방식으로 다루지 않는다. 요즘 각 대학의 웹사이트에서 일반 상대성 이론과 관련된 강좌를 찾아 강의계획서를 열람해 보면 다음과 같은 소제목들이 화면에 나타날 것이다.

- 계량텐서 metric tensor
- 리만 텐서 Riemann tensor
- 리치 텐서 Ricci tensor
- 아인슈타인 텐서 Einstein tensor
- 변형력-에너지 텐서 stress-energy tensor
- 아인슈타인 방정식 $G = 8\pi T$

위의 내용들을 모두 소화했다면 일반 상대성 이론의 핵심 개념을 모두 이해한 셈이다.

이 책은 산술학으로부터 탄생한 리만 가설을 주제로 하고 있지만, 그가 발견한 기하학적 사실들도 이 주제와 전혀 무관하지 않다. 리만의 인간적인 성향과 그가 이룬 모든 업적들은 두 개의 상반된 관점에서 탄생하였다. 첫째로, 그는 주변의 모든 사물을 거대한 구조의 일원으로 간주하는 거시적 관점을 갖고 있었다. 그래서 수학적 함수를 단순한 점의 집합으로 간주하지 않았으며, 그래프나 수식으로 표현된 함수는 항상 무언가가 부족하다고 생각했다(리만은 다른 사람을 비난하는 일이 거의 없었는데, 베를린의 수학자 고트홀트 아이젠슈테인 Gotthold Eisenstein에 대해서는 "틀에 박힌 계산에 만족하는 사람"이라며 부정적인 반응을 보였다). 그렇다면 리만이 생각했던 함수의 정체는 무엇이었을까? 그에게 있어 함수란 특성을 분리해 낼 수 없는 수학적 객체였다. 리만은 마치 체스의 대가가 체스 판을 바라보면서 게임의 전체적인 윤곽을 머릿속에 그리듯이 함수를 바라보았다.

그러나 리만은 이와 정반대되는 관점도 갖고 있었다. 그는 수학에 등장하는 모든 대상들을 철저하게 분석하여 더 이상 쪼갤 수 없는 근원에 이를 때까지 끈질기게 추적하는 집요함을 보였다. 라우그비츠Laugwitz의 표현에 의하면 "리만은… 모든 것을 해석적으로 생각했다." 여기서 말하는 '해석적'이란, 수와 함수, 공간 등을 무한소infinitesimal로 잘게 분해하여 극한limit과 연속continuity, 그리고 매끈함smoothness의 개념으로 이해했다는 뜻이다. 이렇게 상반되는 관점이 어떻게 한 사람의 머릿속에 공존할 수 있을까? 수와 함수를 무한소로 잘게 분해하는 것이 거시적인 이해와 무슨 관계가 있을까? 그 해답은 일반 상대성 이론에서 찾을 수 있다. 일반 상대성 이론은 시공간의 미세한 영역이 갖고 있는 특성으로부터 우주의 형태와 은하의 일생을 유추하고 있다. 현대 물리학이 우주를 이렇게 독특한 방식으로 이해하게 된 배경에는 19세기 초반의 순수·응용수학이 있었고, 그 대부분은 베른하르트 리만이라는 걸출한 천재의 작품이었다.

리만의 시범 강의는 물론 수학을 주제로 한 것이었지만, 거기에는 수학 못지않게 철학적인 내용도 가미되어 있었다. 그가 시범 강의에서 가장 중점을 둔 부분은 공간의 특성이었는데, 사실 그 무렵 대부분의 수학과 교수들은 70년 전에 발표된 임마누엘 칸트의 『순수이성비판Critique of Pure Reason』에 영향을 받아, 3차원의 공간을 이미 고정된 개념으로 받아들이고 있었다. 즉, 공간이란 원래부터 존재하는 자연의 무대로서 두 점을 잇는 최단 거리는 직선이고 삼각형의 내각의 합이 180°가 되는 등 유클리드의 기하학이 완벽하게 맞아 들어가는 '평평한' 객체였던 것이다.

1830년대에 등장한 로바체프스키의 비유클리드 기하학은 당시의 관점에서 볼 때 거의 '이단적인' 기하학이었다. 그리고 리만의 논문은 여기에 한 술 더 떠서 고전적 개념으로는 도저히 받아들일 수 없는 내용으로 가득 차 있었다. 리만이 자신의 논문을 세상에 공개하기 전에 수학 전문가들 앞에서 강의 형식으로 발표한 것은 바로 이런 이유 때문이었다(가우스도 비유클리드 기하학을 연구한 적이 있었지만, 그 역시 세상에 공개하기를 꺼렸다. 그 무렵 가우스가 친구에게 쓴 편지에 의하면 "멍청한 수학자들의 반발에 일일이 상대하기 싫어서" 발표를 보류했다고 한다. 19세기의 독일인들은 그 정도로 자신들의 철학을 진지하게 여겼다).

한스 프로이덴탈은 《과학 전기 사전》에서 리만의 철학적 성향에 대하여 다음과 같이 적고 있다.

> 리만은 수학 역사상 가장 이해력이 뛰어나고 상상력이 풍부한 수학자였다. 또한 그는 철학자라는 이름이 전혀 어색하지 않은 수학자이기도 했다. 만일 리만이 조금 더 오래 살면서 일을 계속했다면 철학자들은 그를 완전한 동료로 간주했을 것이다.

이 말의 진위 여부를 판정할 만한 능력은 나에게 없다. 그러나 프로이덴탈이 쓴 다른 구절에는 100% 동감한다 — "리만은 철학 서적에 지대한 영향을 받아서 최고로 난해한 독일어를 구사하였다. 독일어를 완전히 습득하지 않은 사람은 리만의 논문을 결코 이해할 수 없을 것이다." 나는 이 책을 쓰면서 690쪽에 달하는 리만의 논문 모음집(모두 독일어로 되어 있음)을 참고하긴 했지만, 내용이 너무 난해하여(특히 시범 강의 때 발표한 논문은 머리에 쥐

가 날 지경이었다) 영어나 다른 언어로 된 번역본에 주로 의존할 수밖에 없었다.◆46

Ⅵ. 리만이 시범 강의를 무사히 통과하고 얼마 지나지 않아 데데킨트도 같은 시험을 통과하여, 두 사람은 1854년 가을부터 겨울까지 괴팅겐대학에서 강의를 했다. 당시 리만은 28세였고 데데킨트는 23세의 새파란 청년이었다. 리만은 강의를 하면서 생전 처음으로 월급이라는 것을 받았는데, 그 시절 강사의 월급은 학교의 재정에서 지급되는 것이 아니라 수강하는 학생들이 직접 납부하도록 되어 있었으므로 그다지 많은 액수는 아니었다. 그 당시 괴팅겐대학의 수학과에는 학생 수가 그리 많지 않았기 때문에(리만의 강좌를 들은 수강생은 단 8명뿐이었다), 개설된 강좌가 수강생의 부족으로 폐강되는 일도 종종 있었다. 리만과 데데킨트는 서로 상대방의 강의를 수강했는데, 강의료를 내고 들었는지는 알려지지 않았다.

학생들은 리만의 강의를 별로 좋아하지 않았다. 데데킨트는 이 사실을 비교적 솔직하게 털어놓고 있다.

> 리만의 강의는 학생들의 수준에서 이해하기가 무척 어려웠다. 물론 그는 천재적인 기지와 상상력을 발휘하여 최고의 강의를 베풀었지만 학생들은 도저히 리만의 논리를 따라가지 못했다. 강의 도중에 누군가가 더욱 자세한 설명을 요구하면, 리만은 완행열차 같은 질문자의 이해력에 템포를 맞추지 못했다. 학생들이 '강의 속도가 너무 빠르다'고 불평을 해도 리만은 그 뜻을 이해하지 못했다. 자신이 보기에 너무나 당연한 명제들을 일일이 증명하면서 나간다는 것은 어느 모로 보나 시간 낭비라고 생각했기 때문이다…

데데킨트의 글에 의하면 리만의 강의는 햇수를 거듭하면서 점차 나아졌다고 한다. 그의 말은 사실일 것이다. 그러나 1861년에 리만의 학생들이 쓴 편지를 보면 '리만 교수님은 종종 머릿속이 꼬여서 아주 간단한 질문에도 대답하지 못했다'고 적혀 있다. 1854년 10월 5일에 리만이 집으로 보낸 편지에는 더욱 간절한 내용이 담겨 있다. "앞으로 반년쯤 지나면 강의에 익숙해질 것 같습니다. 지금 강의가 아무리 괴롭다 해도 퀵본에 있는 가족들을 생각하면 얼마든지 이겨 낼 수 있습니다." 리만은 정말 못 말릴 정도로 소심한 사람이었다.

Ⅶ. 1855년 2월 23일, 겨울 강의가 한창 진행되고 있을 때 천재 수학자 가우스가 77세의 나이로 기어이 세상을 뜨고 말았다. 평소 건강 상태가 좋은 편은 아니었지만 그의 죽음은 모두를 놀라게 했다. 가우스는 자신이 가장 좋아하던 연구실의 의자에 앉은 채 심장마비를 일으켰던 것이다.◆47

가우스의 사망 후 그의 자리는 몇 주일 전에 괴팅겐으로 돌아온 디리클레에게 넘어갔다. 리만은 평소에 디리클레를 깊이 존경했고 그가 1852년에 괴팅겐을 방문했을 때 각별한 친분을 쌓은 경험도 있었으므로 디리클레의 발령을 매우 반겼을 것이다. 천재 가우스의 두뇌는 지금도 괴팅겐대학의 생물학과에 보관되어 있다.

베를린에서 오로지 연구에만 몰두했던 디리클레도 자신이 가우스의 후임으로 지명된 것을 몹시 기뻐했다. 그러나 그의 부인인 레베카 디리클레(음악가 멘델스존의 누이)는 남편이 촌스러운 시골 학교로 옮기는 것을 별로 달갑게 생각하지 않았던 것 같다. 그녀는 사람들을 집으로 초대하여 베를린 식으로 야회를 베푸는 것을 좋아했는데(데데킨트의 표현에 의하면 한 번에

60~70명씩 모였다고 한다), 데데킨트는 이런 분위기를 어느 정도 즐길 줄 아는 사람이었지만 리만은 경우가 전혀 달랐다. 만일 그가 음악 연회에 참석했다면 시종일관 몸을 비틀면서 매우 고통스러워했을 것이다.

1855년 10월, 리만은 이와 비교도 되지 않을 정도로 심한 고통을 당하게 된다. 그가 그토록 사랑하고 존경했던 아버지가 사망하고 얼마 지나지 않아 그의 누이인 클라라도 어린 나이로 세상을 떠났기 때문이다. 그 후 리만의 남동생은 브레멘 우체국의 사무원으로 자리를 옮겼고 세 명의 여동생은 생계를 유지하기 위해 브레멘으로 따라갈 수밖에 없었다. 퀵본과 리만의 오래된 인연은 이렇게 마감되었다.

이 일로 리만이 겪었던 상심은 글로 표현하기 어려울 정도였다. 슬픔을 잊기 위해 그가 할 수 있는 일이란 연구에 몰두하는 것뿐이었다. 이렇게 2년의 세월을 보낸 끝에 함수론에 관한 논문이 탄생되었는데, 이 한 편의 논문으로 함수론에는 새로운 지평이 열렸고 리만의 이름은 전 유럽에 알려지기 시작했다. 그러나 리만에게 이 논문은 슬픔과 좌절의 결정체, 바로 그것이었다. 날로 무기력해져 가는 리만을 보다 못한 데데킨트는 하르츠 산 근처에 있는 자신의 별장에 리만을 초대하여 몇 주일간 함께 보내기도 했다.

11월에 괴팅겐으로 돌아온 리만은 조교수로 승진하여 연봉 300탈러Thaler를 받을 수 있게 되었다(당시의 물가로 미루어 볼 때 그다지 많은 액수는 아니었다). 그러나 리만의 불행은 여기서 끝나지 않았다. 그의 남동생인 빌헬름이 브레멘에서 사망하고 같은 달에 여동생 마리가 오빠의 뒤를 따라간 것이다. 리만에게 가족은 수학을 제외한 모든 것이었다. 그러나 그렇게도 사랑했던 가족은 리만의 곁을 한둘씩 떠나가고 있었다. 그는 남아 있는 두 여동생을 괴팅겐으로 불러 자신의 숙소에서 살게 했다.

1858년 여름에 디리클레는 스위스에서 강연을 하다가 심장마비를 일으켜

위독한 상태에서 괴팅겐으로 되돌아왔다. 그리고 그가 병상에 누워 있는 동안 그의 아내는 충격을 이기지 못하고 남편보다 먼저 세상을 뜨고 말았다. 결국 디리클레는 다음 해 5월에 사망하였다(디리클레의 두뇌도 가우스의 두뇌와 함께 보관되어 있다). 가우스의 자리가 또 다시 주인을 잃은 것이다.

Ⅷ. 가우스가 죽은 후 디리클레가 그 자리를 역임한 기간은 4년 2개월 12일이었다. 이 기간 동안 리만은 가장 존경했던 두 사람의 연구 동료를 잃었고 아버지와 남동생, 그리고 두 명의 여동생과도 사별을 겪어야 했으며 어린 시절부터 고향처럼 그리워했던 퀵본과의 인연도 끊어졌다.

이렇게 마음의 상처가 깊어 가는 와중에도 리만의 이름은 널리 알려지기 시작하여 1850년대 말엽에는 전 유럽의 수학자들이 그의 존재를 알게 되었다. 박사 과정을 시작한 지 10년 만에 리만은 세계적인 수학자가 된 것이다. 그가 대학에 입학할 무렵에 '가우스가 있는 곳'으로 알려져 있었던 괴팅겐 대학은 이제 수학자들 사이에 '가우스와 디리클레, 그리고 리만이 있는 곳'으로 각인되기 시작했다(데데킨트도 뛰어난 수학자였지만 1858년 가을에 박사 후 과정을 위해 취리히로 학교를 옮기는 바람에 명예로운 명단에서 제외되었다).

이런 점을 감안할 때 리만이 가우스와 디리클레의 후임으로 임명된 것은 당연한 처사였다. 1859년 7월 30일자로 리만은 정교수가 되었고 월급도 인상되어 연구 단지 안에 있는 가우스의 아파트에서 두 여동생과 함께 부족함 없이 지낼 수 있었다. 그리고 같은 해 8월 11일에는 베를린학술원 회원으로 위촉되는 영예를 누렸다. 리만이 10년 만에 베를린을 다시 방문했을 때, 그는 어느새 쿠머Kummer와 크로네커Kronecker, 바이어슈트라스Weierstrass, 보르하르트Borchardt 등과 함께 독일을 대표하는 수학자의 반열에 올라 있었다.

1859년에 리만은 베를린학술원에 가입하면서 관례를 따라 논문 한 편을 제출하였는데, 이 논문이 바로 그 유명한 〈주어진 수보다 작은 소수의 개수에 관한 연구On the Number of Prime Numbers Less Than a Given Quantity〉였다. 디리클레와 가우스의 이름을 언급하면서 시작되는 이 논문은 황금 열쇠와 제타 함수 등 이 책에서 다루고 있는 거의 모든 내용들을 다루고 있다. 독자들의 이해를 돕기 위해, 논문에 나오는 처음 몇 개의 문장을 여기 소개한다.

> 나를 정식 회원으로 받아 준 학술원 측에 감사하는 뜻으로, 소수의 빈도수에 관한 연구 결과를 여기 발표한다. 이 문제는 가우스와 디리클레에 의해 오랜 기간 동안 연구되었고 그들과 여러 차례 토론을 거치면서 그런대로 믿을 만한not altogether unworthy 결과를 얻을 수 있었다.
>
> 본 연구는 오일러의 곱셈 공식에서 출발한다. 그의 공식에 의하면 모든 소수 p와 모든 양의 정수 n에 대하여
>
> $$\prod \frac{1}{1-\frac{1}{p^s}} = \sum \frac{1}{n^s}$$
>
> 이 성립한다. 좌변과 우변에 등장하는 수식은 모두 복소 변수 s의 함수로서 두 식이 수렴한다면 $\zeta(s)$로 표기하도록 한다.

이 논문의 네 번째 쪽에 등장하는 리만 가설은 제타 함수의 어떤 특성을 예언하고 있다. 리만 가설을 제대로 이해하려면 먼저 제타 함수의 특성을 심도 있게 이해해야 한다.

9
정의역 확장하기

Ⅰ. 이제 우리는 리만 가설을 코앞에 두고 있다. 이쯤에서 리만 가설을 다시 한번 상기해 보자.

리만 가설

제타 함수의 자명하지 않은_{non-trivial} 모든 근들_{zeros}은 실수부가 $\frac{1}{2}$이다.

제타 함수는 5장과 7장에서 이미 다룬 바 있다. 1보다 큰 수 s에 대하여 제타 함수는 식 9-1과 같이 표현된다.

$$\zeta(s) = 1 + \frac{1}{2^s} + \frac{1}{3^s} + \frac{1}{4^s} + \frac{1}{5^s} + \frac{1}{6^s} + \frac{1}{7^s} + \frac{1}{8^s} + \frac{1}{9^s} + \frac{1}{10^s} + \frac{1}{11^s} + \cdots$$

식 9-1

또는 다음과 같이 축약된 형태로 표현할 수도 있다.

$$\zeta(s) = \sum_n n^{-s}$$

여기서 우변의 합은 모든 양의 정수 n에 대하여 수행한다. 이 함수는 에라토스테네스의 체와 비슷한 방법으로 만들어 낼 수 있다. 이 과정은 7장에서 소개하였는데, 그 결과는 다음과 같다.

$$\zeta(s) = \frac{1}{1-\frac{1}{2^s}} \times \frac{1}{1-\frac{1}{3^s}} \times \frac{1}{1-\frac{1}{5^s}} \times \frac{1}{1-\frac{1}{7^s}} \times \frac{1}{1-\frac{1}{11^s}} \times \frac{1}{1-\frac{1}{13^s}} \times \cdots$$

Π를 이용하여 이 결과를 다시 쓰면

$$\zeta(s) = \prod_p \left(1 - p^{-s}\right)^{-1}$$

이 된다. 여기서 곱셈은 모든 소수 p에 대하여 수행한다.

이로부터 우리는

$$\sum_n n^{-s} = \prod_p \left(1 - p^{-s}\right)^{-1}$$

의 관계를 얻을 수 있다. 이것이 바로 황금 열쇠이다.

지금까지는 별 문제가 없다. 그런데 제타 함수가 0이 되는 경우는 어떻게 다뤄야 하는가? 제타 함수가 0이 될 때 s는 어떤 값을 가질 것인가?(이 지점을 제타 함수의 '근zeros'이라 한다) 그리고, '자명하지 않은 근'이란 대체 어떤 근을 의미하는가? 지금부터 자세히 알아보자.

Ⅱ. 제타 함수는 잠시 잊고 다음과 같은 무한급수를 생각해 보자.

$$S(x) = 1 + x + x^2 + x^3 + x^4 + x^5 + x^6 + \cdots$$

이 급수는 수렴하는가? 물론이다. $x = \frac{1}{2}$ 이면 $\left(\frac{1}{2}\right)^2 = \frac{1}{4}$, $\left(\frac{1}{2}\right)^3 = \frac{1}{8}$, $\cdots$ 이므로 이 급수는 1-Ⅳ장에 있는 식 1-1과 같은 형태가 된다. 그러므로 $S\left(\frac{1}{2}\right) = 2$ 이다. 또, $\left(-\frac{1}{2}\right)^2 = \frac{1}{4}$, $\left(-\frac{1}{2}\right)^3 = -\frac{1}{8}$ $\cdots$ 이므로 1-Ⅴ장의 식 1-2에 의해 $S\left(-\frac{1}{2}\right) = \frac{2}{3}$ 이다. 이와 비슷한 계산을 거치면 $S\left(\frac{1}{3}\right) = 1\frac{1}{2}$ 이며(식 1-3 참조), 식 1-4에 의하면 $S\left(-\frac{1}{3}\right) = \frac{3}{4}$ 이다. 또한, $x = 0$ 이면 1을 제외한 모든 항들은 0이 되므로 $S(0) = 1$ 임을 쉽게 알 수 있다.

그러나 $x = 1$ 이면 $S(1) = 1 + 1 + 1 + 1 + \cdots$ 이 되어 무한으로 발산하며, $x = 2$ 이면 $S(2) = 1 + 2 + 4 + 8 + 16 + \cdots$ 이므로 $S(1)$ 보다 훨씬 빠르게 발산한다. 그런데 x가 -1일 때는 이상한 현상이 일어난다. -1의 거듭제곱은 지수가 짝수일 때 $+1$이고 홀수일 때 -1이므로 이 급수는 $1 - 1 + 1 - 1 + 1 - 1 + \cdots$ 의 형태가 되는데, 이 값은 항의 개수가 짝수일 때 0이고 항의 개수가 홀수일 때 -1이 되어, 무한으로 발산하지는 않지만 그렇다고 명확한 값으로 수렴하지도 않는다. 수학자들은 이런 급수를 발산하는 것으로 취급하고 있다. $x = -2$ 이면 상황은 더욱 골치 아파진다. $S(-2) = 1 - 2 + 4 - 8 + 16 - \cdots$ 는 무한으로 발산하긴 하지만 발산하는 방향이 $+\infty$ 와 $-\infty$ 를 오락가락하기 때문에 딱히 어디로 발산한다고 말하기가 어렵다. 그러나 이 급수는 수렴하지 않는 것이 분명하므로 발산한다고 주장해도 이의를 제기할 사람은 없을 것이다.

간단히 말해서, $S(x)$는 x가 -1과 $+1$ 사이에 있을 때 수렴하며(단, -1과 $+1$은 포함되지 않는다. 부등호를 사용하면 "$-1 < x < 1$일 때 $S(x)$는 수렴한다"라고 표현할 수 있다), 그 외의 영역에서는 명확한 값을 갖지 않는다. 표 9-1에는 $-1 < x < 1$을 만족하는 몇 개의 x에 대하여 $S(x)$의 값이 나열되어 있다.

x	$S(x)$
-1 이하	(값 없음)
-0.5	$0.6666\cdots$
$-0.3333\cdots$	0.75
0	1
$0.3333\cdots$	1.5
0.5	2
1 이상	(값 없음)

표 9-1 $S(x) = 1 + x + x^2 + x^3 + \cdots$ 의 값

$S(x)$를 x에 대한 그래프로 그려 보면 그림 9-1과 같다. 물론 이 그래프는 앞에서 확인한 대로 -1의 왼쪽과 $+1$의 오른쪽으로는 값을 갖지 않는다. 앞에서 정의했던 용어로 표현한다면 "$S(x)$의 정의역$_{\text{domain}}$은 $-1 < x < 1$이다."

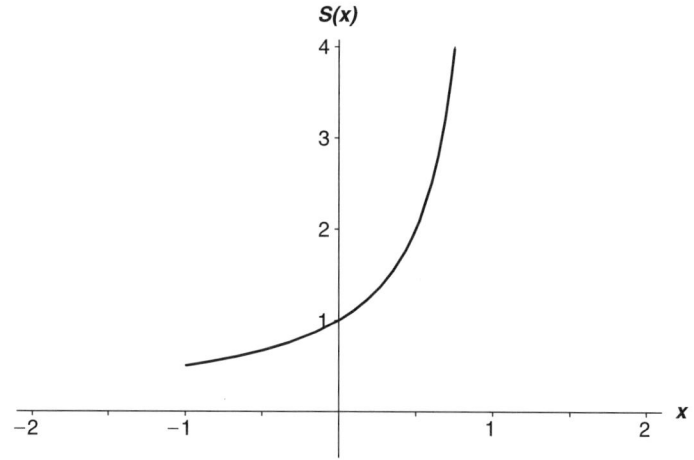

그림 9-1 함수 $S(x) = 1 + x + x^2 + x^3 + \cdots$의 그래프

Ⅲ. 그러나 지금 우리가 다루고 있는 급수

$$S(x) = 1 + x + x^2 + x^3 + x^4 + x^5 + \cdots$$

은 다음과 같이 변형시켜서 쓸 수도 있다.

$$S(x) = 1 + x(1 + x + x^2 + x^3 + x^4 + \cdots)$$

놀랍게도, 괄호 안에 들어 있는 부분은 원래의 급수 $S(x)$와 같다. 일부 독자들은 "항이 하나 모자란다"라고 주장할지도 모르지만, 어차피 항의 수는 무한개였기 때문에 하나가 빠졌다고 해서 달라질 것은 없다. 이들은 수학적으로 정확하게 같은 것이다.

그러므로 $S(x) = 1 + xS(x)$라는 관계가 성립하게 된다. 여기서 우변의 두 번째 항을 좌변으로 이항하면 $S(x) - xS(x) = 1$이 되고, 공통인수 $S(x)$로 묶어 내면 $(1-x)S(x) = 1$이 되어 $S(x) = \dfrac{1}{1-x}$ 이 얻어진다. 즉, 무한히 많은 항들을 더한 결과가 $\dfrac{1}{1-x}$ 이라는 간단한 함수와 같다는 것이다! 과연 이것이 가능한 일일까? 아래의 식 9-2는 정말 맞는 것일까?

$$\dfrac{1}{1-x} = 1 + x + x^2 + x^3 + x^4 + x^5 + x^6 + \cdots$$

식 9-2

물론 식 9-2는 정확하게 맞는다. 예를 들어, $x = \dfrac{1}{2}$이면 $\dfrac{1}{1-x} = \dfrac{1}{1-\frac{1}{2}} = 2$이고 $x = 0$이면 $\dfrac{1}{1-x} = \dfrac{1}{1-0} = 1$이 되어 앞에서 구한 $S(x)$와 일치한다. 또, $x = -\dfrac{1}{2}$ 이면 $\dfrac{1}{1-x} = \dfrac{1}{1-\left(-\frac{1}{2}\right)} = \dfrac{2}{3}$ 이고, $x = \dfrac{1}{3}$이면 $\dfrac{1}{1-x} = \dfrac{1}{1-\frac{1}{3}} = \dfrac{3}{2}$ 이며, $x = -\dfrac{1}{3}$ 이면 $\dfrac{1}{1-x} = \dfrac{1}{1-\left(-\frac{1}{3}\right)} = \dfrac{3}{4}$ 이다. 이와 같이, 표 9-1에 나와 있는 모든 x값에 대하여 $S(x)$와 $\dfrac{1}{1-x}$ 은 동일한 값을 갖는다.

그러나 엄밀히 말해서 $S(x)$와 $\dfrac{1}{1-x}$ 은 같다고 볼 수 없다. 그림 9-1과 9-2의 정의역이 다르기 때문이다! $S(x)$는 $-1 < x < 1$인 구간에 한하여 값을 가

질 수 있지만, $\frac{1}{1-x}$ 은 $x=1$을 제외한 모든 점에서 함수값을 가질 수 있다. 예를 들어, $x=2$일 때 $\frac{1}{1-x} = \frac{1}{1-2} = -1$이며 $x=10$이면 $\frac{1}{1-x} = \frac{1}{1-10} = -\frac{1}{9}$이 된다. 또, $x=-2$일 때 $\frac{1}{1-x} = \frac{1}{1-(-2)} = \frac{1}{3}$이다. 실제로 $\frac{1}{1-x}$의 그래프를 그려 보면 $-1<x<1$인 구간에서 $S(x)$와 일치하며, $x>1$이거나 $x \leq -1$인 구간에서도 나름대로 함수값을 갖는다는 것을 알 수 있다.

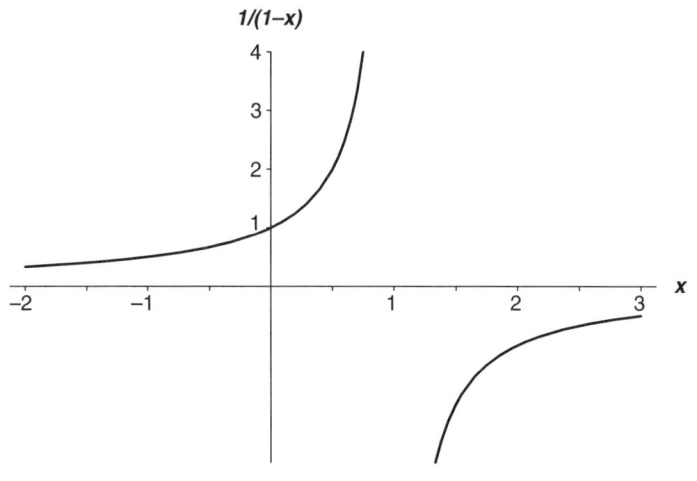

그림 9-2 함수 1/(1 − x)의 그래프

이로부터 어떤 사실을 유추할 수 있을까? '무한급수는 함수의 '일부'로 정의될 수 있다'는 것을 알 수 있다. 좀 더 수학적으로 표현하자면 "무한급수는 제한된 정의역(급수가 수렴하는 구간)에서 하나의 함수에 대응된다." 수렴하는 급수에만 관심을 갖는다면 정의역을 벗어난 구간에 신경을 쓸 필요가 없겠지만, 그렇다고 이미 정의된 함수가 이 구간(급수가 수렴하지 않는 구간)에서 사라지는 것은 아니다. 이 구간에서 함수는 보이지 않는 곳에 숨은 채 누군가가 발견해 주기를 조용히 기다리고 있다.

Ⅳ. 그렇다면 당장 질문 하나가 떠오른다. 제타 함수도 이런 성질을 갖고 있을까? 식 9-1에 제시된 무한급수는 제타 함수가 가질 수 있는 값들 중 일부에만 해당되는 것일까? 제타 함수는 그 외에 다른 값도 가질 수 있을까? 제타 함수

$$\zeta(s) = 1 + \frac{1}{2^s} + \frac{1}{3^s} + \frac{1}{4^s} + \frac{1}{5^s} + \frac{1}{6^s} + \frac{1}{7^s} + \frac{1}{8^s} + \frac{1}{9^s} + \frac{1}{10^s} + \frac{1}{11^s} + \cdots$$

의 정의역을 '$s > 1$'보다 넓게 확장할 수 있을까?

물론이다. 그렇지 않다면 내가 왜 이런 장황설을 늘어놓고 있겠는가! 또한, 제타 함수는 변수 s가 1보다 작을 때에도 명확한 값을 갖는다. 방금 전에 논했던 함수 $\frac{1}{1-x}$처럼, 제타 함수도 $s = 1$인 지점을 제외하고 '모든 곳에서' 함수값을 갖는다.

백문이 불여일견이라고 했으니, 말로 떠드는 것보다 충분히 넓은 정의역에서 제타 함수의 그래프를 눈으로 확인하는 편이 훨씬 효과적일 것이다. 그러나 애석하게도 제타 함수의 전체 모습을 한정된 지면 위에 그래프로 나타낼 방법이 없다(앞서 지적한 대로, 모든 함수를 그래프로 그릴 수 있는 것은 아니다). 제타 함수와 친해지려면 오랜 시간 동안 끈기를 갖고 철저한 분석 과정을 거쳐야 한다. 그렇다고 그래프를 아예 못 그린다는 뜻은 아니다. 정의구역을 여러 토막으로 분해하고 세로축의 스케일을 적당히 조절하면 '토막난' 제타 함수를 그래프로 나타낼 수 있다. 그림 9-3 ~ 9-10에는 다양한 변수구간에 대하여($s < 1$) 제타 함수의 그래프가 제시되어 있는데, 각각의 그래프는 다른 스케일로 그려져 있음을 유의하기 바란다. 변수 s의 값(가로축)과 제타 함수의 값(세로축)을 자세히 보면 각 그래프가 어느 위치에 해당되는지 알 수 있을 것이다. 세로축의 숫자에 붙어 있는 'm'은 '100만'을 뜻하며 'tr'은 '1조', 'mtr'은 '100만×1조', 'btr'은 '10억×1조'를 뜻한다.

s가 1보다 조금 작을 때 $\zeta(s)$는 아주 큰 음의 값을 갖는다. 한 가지 특이한 것은 $s = 1$일 때 $+\infty$였던 $\zeta(s)$가 왼쪽으로 조금만 이동하면 갑자기 $-\infty$로 뒤집힌다는 점이다. 여기서 왼쪽으로 이동하여 $s = 0$에 가까워질수록 $\zeta(s)$는 그림 9-3처럼 빠르게 증가하다가 $s = 0$을 만나면 $\zeta(s) = -\frac{1}{2}$이 된다. 그리고 $s = -2$일 때 $\zeta(s)$는 s축과 만나면서 '처음으로' 0이 된다.

여기서 계속 왼쪽으로 진행하면(지금부터는 그림 9-4를 참조할 것) $\zeta(s)$는 계속 증가하여 최대값(0.009159890⋯)에 도달했다가 다시 감소하면서 $s = -4$에서 s축과 다시 만나게 된다. 그 후 $\zeta(s)$는 계속 감소하여 일시적인 최소값(−0.003986441⋯)에 도달했다가 다시 증가하여 $s = -6$에서 다시 한 번 s축과 만난다. 이런 추세는 한동안 반복되는데, 그다음 최대값은 0.004194이고 s축과 네 번째로 만나는 지점은 $s = -8$이다. 그다음에 도달하는 최소값은 이전보다 굴곡이 조금 깊어진 −0.007850880⋯이고 $s = -10$에서 s축과 만난 후에 갑자기 빠른 속도로 증가하여 제법 큰 봉우리(최대값) (0.022730748⋯)를 이루었다가 $s = -12$에서 s축과 만난 후 아주 깊은 골짜기(최소값)(−0.093717308⋯)에 다다른다. 그 이후로는 $s = -14$에서 s축과 만난 후 지금까지와 비슷한 진동을 계속하게 된다($s = -2$ 근처에서 그림 9-3과 9-4는 전혀 다른 그래프처럼 보인다. 그러나 이것은 그래프의 스케일이 달라졌기 때문에 나타나는 현상일 뿐, 두 그래프는 동일한 함수 $\zeta(s)$를 나타내고 있다. 그림 9-3을 수평 방향으로 크게 압축시키고 수직 방향으로는 길게 잡아 늘인 후 수평 방향으로 시야를 넓히면 그림 9-4가 얻어진다: 옮긴이).

s가 음의 짝수(−2, −4, −6, −8, ⋯)일 때 $\zeta(s)$는 항상 0이며, $s = -12$ 이후로 나타나는 최대값과 최소값의 변화 폭은 엄청나게 빠른 속도로 증가한다 (그림 9-5 ~9-10 참조). 예를 들어, 그림 9-10의 $s = -49.587622654⋯$에서 마지막으로 나타나는 최소값은 무려, 약 305,507,128,402,512,980,000,000

이나 된다. 제타 함수를 왜 한정된 지면에 그릴 수 없는지, 이제 이해가 갈 것이다.

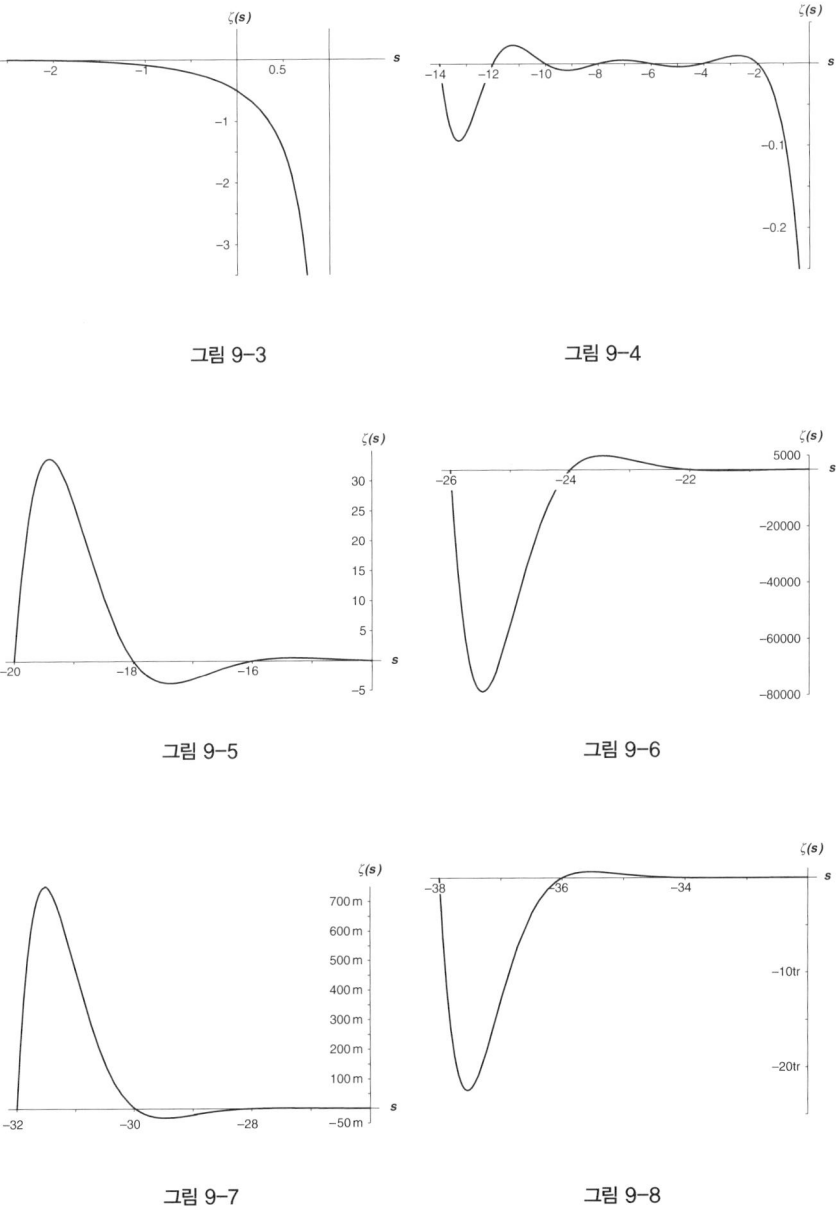

그림 9-3

그림 9-4

그림 9-5

그림 9-6

그림 9-7

그림 9-8

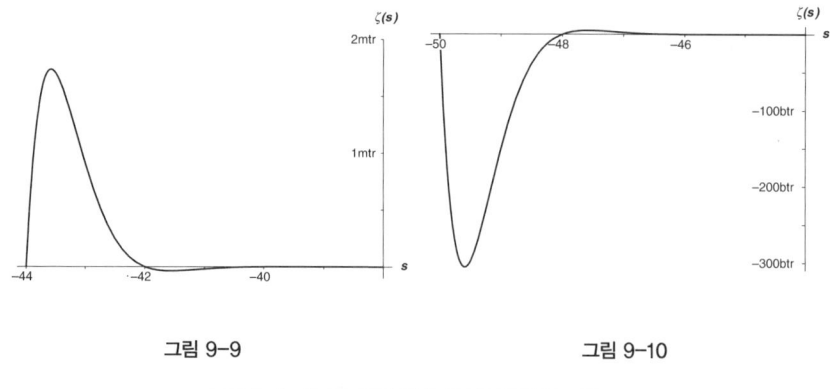

그림 9-9 그림 9-10

그림 9-3~9-10 제타 함수 $\zeta(s)$의 그래프($s<1$)

V. 지금쯤 독자들은 속으로 궁금해 하고 있을 것이다. "그래프는 그렇다 치고, s가 1보다 작을 때 $\zeta(s)$의 값을 대체 어떻게 구했을까?" 식 9-1의 무한급수가 $s=1$일 때 값을 갖지 않는다는 것은 이미 앞에서 증명했다. 그렇다면 이 구간에서 $\zeta(s)$의 값은 어디서 나온 것일까? $\zeta(-7.5)$가 무슨 수로 그림 9-4와 같이 유한한 값을 갖는다는 말인가?

계산 과정이 너무 복잡하기 때문에 그 속사정을 일일이 설명할 수는 없지만 일반적인 아이디어를 제시할 수는 있다. 우선, 식 9-1과 조금 다른 새로운 함수를 정의해 보자. 이 함수의 이름은 'η (에타)함수'로서, 수학적 정의는 다음과 같다.

$$\eta(s) = 1 - \frac{1}{2^s} + \frac{1}{3^s} - \frac{1}{4^s} + \frac{1}{5^s} - \frac{1}{6^s} + \frac{1}{7^s} - \frac{1}{8^s} + \frac{1}{9^s} - \frac{1}{10^s} + \frac{1}{11^s} - \cdots$$

군데군데 $-$ 부호가 있는 것으로 보아, 이 함수는 식 9-1보다 쉽게 수렴할 것 같다. 모든 항들이 $+$ 부호로 연결되어 있으면 대책 없이 증가할 가능성이 높지만, 더했다 뺐다를 반복하면 이전까지 계산된 양이 어느 정도 상쇄되기 때문에 조금 느리게 발산하거나 아니면 특정값으로 수렴할 것이다. 능숙한 수학자들은 $s>0$일 때 $\eta(s)$가 항상 수렴한다는 것을 쉽게 증명할 수 있다. 우리는 수학자들의 능력을 믿고, 이 사실을 그냥 받아들이기로 하자. 식 9-1은 $s>1$일 때 수렴하지만(즉, 명확한 함수값을 갖지만) $\eta(s)$는 $s>0$일 때 수렴하므로 수렴하는 범위가 더 넓다.

독자들은 또 묻고 싶을 것이다. "$\zeta(s)$의 값을 구하는 데 $\eta(s)$가 무슨 도움이 되는가?" 자, 지금부터 침착하게 진도를 나가 보자. 임의의 다항식 $A-B+C-D+E-F+G-H+\cdots$는 $(A+B+C+D+E+F+G+H+\cdots)-2(B+D+F+H+\cdots)$로 쓸 수 있으므로, $\eta(s)$는

$$\left(1+\frac{1}{2^s}+\frac{1}{3^s}+\frac{1}{4^s}+\frac{1}{5^s}+\frac{1}{6^s}+\frac{1}{7^s}+\frac{1}{8^s}+\frac{1}{9^s}+\frac{1}{10^s}+\cdots\right)$$

빼기

$$2\times\left(\frac{1}{2^s}+\frac{1}{4^s}+\frac{1}{6^s}+\frac{1}{8^s}+\frac{1}{10^s}+\cdots\right)$$

로 쓸 수 있다. 여기서, 첫 번째 괄호 안에 들어 있는 양은 $\zeta(s)$와 같다. 그리고 두 번째 괄호 안에 들어 있는 각 항들은 지수법칙 7: $(ab)^n=a^nb^n$을 이용하여 간단하게 줄일 수 있다. 어떻게? 보다시피, 분모가 모두 짝수이기 때문에 모든 항들은 $\frac{1}{10^s}=\frac{1}{2^s}\times\frac{1}{5^s}$과 같은 형태로 분리된다. 이제 공통인수 $\frac{1}{2^s}$을 괄호 밖으로 끄집어 내면 괄호 안에 무엇이 남는가? 그렇다! 남는 것은 바로 $\zeta(s)$이다! 간단히 말해서,

$$\eta(s)=\left(1-2\times\frac{1}{2^s}\right)\zeta(s)$$

가 성립한다. 이 식을 $\zeta(s)$에 대한 식으로 다시 쓰면

$$\zeta(s)=\eta(s)\div\left(1-\frac{1}{2^{s-1}}\right)$$

이 된다. 이 식이 의미하는 바는 무엇인가? 일단 $\eta(s)$의 값을 구하기만 하면, 그로부터 $\zeta(s)$를 계산할 수 있다는 뜻이다. 그런데 우리는 $0<s<1$의 구간에서 $\eta(s)$의 값을 알고 있으므로(사실은 아는 게 아니라 믿는 거지만), 급수의 형태로 쓴 $\zeta(s)$(식 9-1)가 수렴하지 않음에도 불구하고 $0<s<1$에서 $\zeta(s)$의 값을 구할 수 있다.

예를 들어, $s = \frac{1}{2}$인 경우를 생각해 보자. 이때 $\eta(\frac{1}{2})$을 100번째 항까지 더하면 $0.555023639\cdots$가 되고 10,000번째 항까지 더하면 $0.599898768\cdots$이 된다. 실제로, $\eta(\frac{1}{2})$의 정확한 값은 $0.604898643421630370\cdots$이다(이 계산은 수천억 개의 항들을 일일이 더하지 않고 간단하게 수행할 수 있다). 그리고 이로부터 우리는 $\zeta(\frac{1}{2})$을 계산할 수 있다. 계산 결과는 $-1.460354508\cdots$인데, 그림 9-3과 비교해 보면 거의 정확하게 맞아 들어가는 것을 볼 수 있다.

잠깐만! 아무래도 뭔가가 이상하다. $s = \frac{1}{2}$이면 $\eta(\frac{1}{2})$은 수렴하지만 $\zeta(\frac{1}{2})$은 발산하는 게 분명한데, 어떻게 이런 결과가 나올 수 있다는 말인가? 그렇다. 이런 일은 불가능하다. 사실을 고백하자면 생략된 중간 과정 속에 약간의 수학적 트릭이 숨어 있다. 그러나 위에서 구한 $\zeta(\frac{1}{2})$은 분명히 맞는 답이다. 독자들이 믿거나 말거나, $0<s<1$인 구간에서 임의의 s에 대한 제타 함수 $\zeta(s)$는 이와 같은 방법으로 구할 수 있다.

Ⅵ. 지금까지 얻은 결과를 종합하면, $\zeta(s)$가 값을 갖지 않는 $s = 1$을 제외한 모든 양수 s에 대하여 $\zeta(s)$의 값을 구할 수 있다. $0<s<1$일 때는 위에서 제시한 방법을 사용하면 되고 $s > 1$은 원래의 수열이 항상 수렴하는 구간이므로 문제될 것이 없다. 문제는 s가 0보다 작은 경우이다. $\zeta(s<0)$는 어떻게 계산해야 할까? 여기부터 문제는 조금씩 어려워지기 시작한다. 1749년에

오일러가 제시하고 1859년에 리만이 자신의 논문에 인용했던 식에 의하면 $\zeta(1-s)$는 $\zeta(s)$를 이용하여 표현될 수 있다. 예를 들어, $\zeta(-15)$는 $\zeta[1-(-15)] = \zeta(16)$을 이용하여 나타낼 수 있다. 다시 말해서, $\zeta(16)$을 알고 있으면 $\zeta(-15)$도 알 수 있다는 뜻이다. 바라보기만 해도 머리에 쥐가 날 정도로 복잡한 식이지만, 구색을 갖추려면 이것도 적어 놓아야 할 것 같다.◆48

$$\zeta(1-s) = 2^{1-s}\pi^{-s}\sin\left(\frac{1-s}{2}\pi\right)(s-1)!\,\zeta(s)$$

우변에 두 번 등장하는 π는 흔히 알고 있는 원주율 상수 3.14159265…이며, 'sin'은 오랜 전통에 빛나는 사인 삼각함수이다(변수의 단위는 라디안radian이다). 그리고 !은 8-Ⅲ장에서 언급했던 계승함수factorial function로서, 고등학교 수학을 배운 사람들은 $2! = 1\times 2$, $3! = 1\times 2\times 3$, $4! = 1\times 2\times 3\times 4$ 등 양의 정수에 대한 계승만을 알고 있을 것이다. 그러나 고등수학에 등장하는 계승함수는 음의 정수를 제외한 모든 수에 대하여 정의되어 있다. 단, 계승함수의 정의역을 확장시키는 방법은 제타 함수에서 사용했던 방법과 전혀 다르다. 몇 가지 값을 소개하자면 $\left(\frac{1}{2}\right)! = 0.8862269254\cdots$이고(좀 더 깔끔하게 표현하면 $\frac{1}{2}\sqrt{\pi}$이다), $\left(-\frac{1}{4}\right)! = 1.2254167024\cdots$ 등이다. 음의 정수에 대한 계승은 정의되어 있지 않지만, 이것 때문에 우리가 곤란해지는 일은 없으므로 조용히 덮어 두기로 한다. 정의역 $-4 < x < 4$에서 계승함수 $x!$의 그래프는 그림 9-11과 같다(이 그래프도 가로축과 세로축의 스케일이 다르다: 옮긴이).

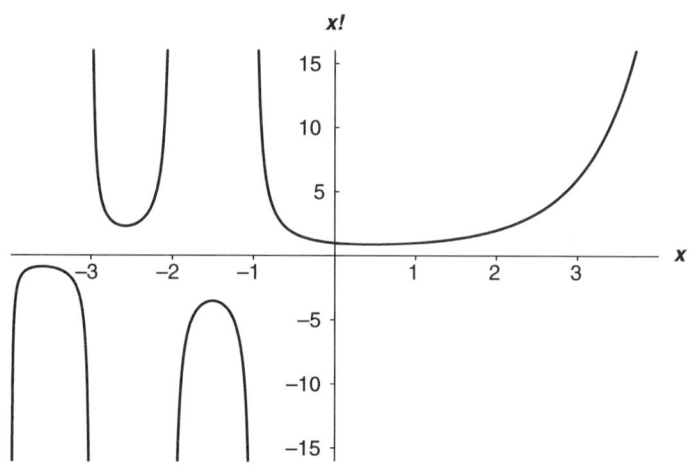

그림 9-11 계승함수 x!의 그래프(정의역은 음의 정수를 제외한 모든 실수)

"세상에… $\left(\frac{1}{2}\right)!$이 $\frac{1}{2}\sqrt{\pi}$라니! 그리고 $\left(-\frac{1}{4}\right)!$이 어떻게 양수가 될 수 있지? 이 친구가 대체 뭔 소릴 하고 있는 거야?" 이런 의문이 떠오르는 독자들은 그냥 수학자들을 믿고 넘어가 주기 바란다. 누가 뭐라 해도 $\zeta(s)$는 $s = 1$을 제외한 모든 지점에서 명확한 값을 갖는다. 마지막에 등장한 무지막지한 공식이 눈에 밟힌다 해도, 이것만 알아 두면 된다: s가 어떤 값이건 간에, $\zeta(s)$를 알고 있으면 $\zeta(1-s)$도 알 수 있다. 즉, $\zeta(16)$의 값을 알고 있으면 이로부터 $\zeta(-15)$를 계산할 수 있다는 뜻이다. $\zeta(4)$를 알면 $\zeta(-3)$을 알 수 있고, $\zeta(1.2)$를 알면 $\zeta(-0.2)$를 알 수 있으며 $\zeta(0.6)$을 알면 $\zeta(0.4)$를 알 수 있다. 또, $\zeta(0.50001)$을 알면 $\zeta(0.49999)$를 알 수 있고… 등이다. 그런데, $s = \frac{1}{2}$일 때에는 조금 특이한 상황이 벌어진다. s가 $\frac{1}{2}$이면 $1 - s$도 $\frac{1}{2}$이므로 $\zeta(s)$와 $\zeta(1-s)$가 같아지는 것이다. 물론 그렇다고 해서 $\zeta(s)$가 $s = \frac{1}{2}$을 중심으로 대칭이라는 뜻은 아니다. 이것은 그림 5-4와 그림 9-3~9-10을 보면 분명하게 알 수 있다. 단, $s = \frac{1}{2}$이면 $\zeta(s)$와 $\zeta(1-s)$를 연결하는 식에서 우변에 붙어 있는 복잡한 계수들이 기적처럼 상쇄되어 $\zeta(1-\frac{1}{2}) = \zeta(\frac{1}{2})$을 만족하게 된다.

다시 그림 9-3~9-10으로 돌아가 보자. 그림에서 보다시피, s가 음의 짝수일 때 $\zeta(s)$는 0이다. 일반적으로, 어떤 함수를 0으로 만드는 변수값을 그 함수의 0점, 또는 해zeros라고 한다. 그러므로 다음의 명제는 참이다.

$-2, -4, -6, \cdots$ 등 모든 음의 짝수는 제타 함수의 해zeros이다

리만 가설을 보면 "제타 함수의 자명하지 않은 모든 근"이라는 말이 나온다. 그렇다면 이제 우리는 리만 가설에 드디어 도달한 것일까? 애석하게도 아직은 아니다. 모든 음의 짝수들이 제타 함수의 근임에는 틀림없지만, 이들은 자명하지 않은 근non-trivial zeros이 아니라 자명한 근trivial zeros이기 때문이다. 자명하지 않은 근을 찾으려면 제타 함수를 좀 더 깊이 파고 들어가야 한다.

Ⅶ. 7장에서 설명한 적분을 식 9-2에 적용해 보자. $-1 < x < 1$인 임의의 x에 대하여 다음의 관계가 성립한다.

$$\frac{1}{1-x} = 1 + x + x^2 + x^3 + x^4 + x^5 + x^6 + \cdots$$

식 9-2 (재등장)

지금 우리에게 주어진 과제는 식 9-2의 양변을 동일한 변수 x로 적분하는 것이다. $\frac{1}{x}$을 적분하면 $\log x$가 되므로 $\frac{1}{1-x}$을 적분하면 $-\log(1-x)$가 된다 (느닷없이 '−' 부호가 왜 등장했을까? 책이 너무 산만해질 것 같아서 증명

은 생략한다. 정 이해가 가지 않는다면 일단 믿고 넘어가 주기 바란다). 우변의 적분은 아주 쉽다. 각 항의 적분 함수는 표 7-2에 나와 있으므로 그냥 옮겨 적기만 하면 된다. 적분 결과는 다음과 같다(이 계산을 처음 한 사람은 뉴턴Sir Isaac Newton이었다).

$$-\log(1-x) = x + \frac{x^2}{2} + \frac{x^3}{3} + \frac{x^4}{4} + \frac{x^5}{5} + \frac{x^6}{6} + \frac{x^7}{7} + \cdots$$

log 앞에 붙어 있는 마이너스 부호를 떼어 내기 위해 양변에 −1을 곱해 보자.

$$\log(1-x) = -x - \frac{x^2}{2} - \frac{x^3}{3} - \frac{x^4}{4} - \frac{x^5}{5} - \frac{x^6}{6} - \frac{x^7}{7} - \cdots$$

식 9-3

이 결과를 앞으로 응용하는 데 별 상관은 없는 이야기지만, 식 9-3은 $x = -1$일 때도 성립한다(식 9-2는 $x = -1$일 때 성립하지 않는다!). 식 9-3의 양변에 $x = -1$을 대입한 결과는 다음과 같다.

$$\log 2 = 1 - \frac{1}{2} + \frac{1}{3} - \frac{1}{4} + \frac{1}{5} - \frac{1}{6} + \frac{1}{7} - \cdots$$

식 9-4

식 9-4는 부호만 제외하고 조화급수와 같은 형태이다. 조화급수… 소수… 제타 함수… 이들 모두는 로그 함수와 밀접하게 관련되어 있다.

눈에 잘 띄지는 않지만 식 9-4의 우변에 있는 급수는 조금 이상한 성질을 갖고 있다. 이 급수는 수학의 수수께끼 문제로 자주 등장하는데, 그 내용을 보면 수수께끼라는 이름이 전혀 어색하지 않을 정도로 기이하다. 일단 이 급수는 log 2 = 0.6931471805599453…으로 수렴한다. 그러나 더하는(또는 빼는) 순서를 식 9-4대로 지켜야만 log 2로 수렴한다. 순서를 바꿔서 계산하면 log 2가 아닌 다른 값으로 수렴하거나 아예 발산할 수도 있다!◆49

예를 들어, 급수의 순서를 $1 - \frac{1}{2} - \frac{1}{4} + \frac{1}{3} - \frac{1}{6} - \frac{1}{8} + \frac{1}{5} - \frac{1}{10} - \cdots$로 바꿔 보자. 이것은 $\left(1 - \frac{1}{2}\right) - \frac{1}{4} + \left(\frac{1}{3} - \frac{1}{6}\right) - \frac{1}{8} + \left(\frac{1}{5} - \frac{1}{10}\right) - \cdots$ 와 같고 괄호 안을 계산하면 $\frac{1}{2} - \frac{1}{4} + \frac{1}{6} - \frac{1}{8} + \frac{1}{10} - \cdots$ 이며, $\frac{1}{2}$로 묶어 내면 $\frac{1}{2}\left(1 - \frac{1}{2} + \frac{1}{3} - \frac{1}{4} + \frac{1}{5} - \cdots\right)$이 되는데, 마지막 괄호 안에 들어 있는 급수는 순서대로 배열된 원래의 급수와 같다. 즉, 순서를 조금 바꿔서 더했더니 원래 값의 반으로 줄어든 것이다!

우리를 놀라게 하는 급수는 식 9-4 외에도 얼마든지 있다. 일반적으로, 수렴하는 급수는 위와 같은 특성을 갖는 급수와 그렇지 않은 급수, 두 가지로 분류될 수 있다. 더하는 순서에 따라 값이 달라지는 급수를 '조건부 수렴급수conditionally convergent series'라 하고, 더하는 순서에 상관없이 항상 같은 값으로 수렴하는 급수를 '절대 수렴급수absolutely convergent series'라 한다. 해석학에 등장하는 급수는 대부분 절대 수렴급수이다. 그러나 지금 우리에게는 식 9-4와 같은 조건부 수렴급수도 매우 중요하다. 이 급수는 21장에서 다시 만나게 될 것이다.

증명 그리고 전환점

Ⅰ. 1859년에 발표된 논문 〈주어진 수보다 작은 소수의 개수에 관한 연구 On the Number of Prime Numbers Less Than a Given Quantity〉는 리만이 작성한 논문 중에서 정수론을 다룬 유일한 논문이며, 기하학적 내용이 전혀 들어 있지 않은 유일한 논문이기도 하다.

이 논문에는 획기적인 내용이 담겨 있긴 했지만 엄밀히 말해서 만족스러운 논문은 아니었다. 하긴, 논문 속에 엄청난 '가설'이 담겨 있으니 애초부터 만족과는 거리가 먼 논문이었다(물론 이 가설은 아직도 가설로 남아 있다). 리만은 자신의 논문에서 그 유명한 가설을 제시한 후에 다음과 같은 코멘트를 달아 놓았다.

물론 이것은 엄밀한 증명을 거쳐야 한다. 나는 여러 가지 방법으로 증명을 시도해 보았지만 만족할 만한 결과를 얻지 못했다. 지금 당장은 그다지 중요한 문제가 아니므로 자세한 증명은 잠시 미루기로 한다.

리만 가설은 그 논문의 주제가 아니었기 때문에 증명을 하지 않은 채로 넘어갔다. 그런데 그 논문에서 불완전한 부분은 이것뿐만이 아니었다. 다른 곳에서 제시한 몇 가지 주장들과 심지어는 논문의 주된 결론까지도 완전하게 증명되지 않은 채로 제시되어 있었다! (이 논문에서 내려진 결론은 나중에 언급될 것이다.)

베른하르트 리만은 다분히 직관적인 수학자였는데, 이 점에 대해서는 약간의 설명이 필요하다. 수학자들은 대체로 두 가지 성향을 갖고 있다. 논리적 성향과 직관적 성향이 바로 그것이다. 훌륭한 수학자들은 두 가지 성향을 다 갖고 있지만, 흔히 둘 중 한쪽이 두드러지게 나타나곤 한다. 극단적으로 논리적인 수학자로는 19세기 후반에 활동했던 독일의 카를 바이어슈트라스 Karl Weierstrass(1815~1897)를 들 수 있다. 그가 펼치는 모든 논리는 이전 단계에서 확보된 증명을 토대로 진행되기 때문에, 그의 논문을 읽고 있노라면 마치 암벽등반을 하는 듯한 기분이 든다. 푸앵카레의 주장에 의하면 바이어슈트라스가 쓴 책에는 다이어그램이 단 한 번도 등장하지 않는다고 한다. 실제로는 단 한 번의 예외가 있긴 했지만, 엄밀한 논리와 철저한 증명, 그리고 직관에 호소하지 않는 그의 단호함은 논리적인 수학자의 표상이었다.

이런 점에서 볼 때, 리만은 정반대의 성향을 가진 수학자였다. 바이어슈트라스가 철저한 논리로 모든 단계를 거쳐 가는 암벽등반가였다면, 리만은 확신에 찬 믿음으로 자신의 몸을 허공에 내던지는 곡예사에 가까웠다. 구경하는 사람들은 곡예사의 아찔한 묘기에 가슴을 졸이지만, 이 못 말리는 수학의 곡예사는 허공의 정점에 도달할 때마다 자신의 몸을 받아 줄 도구를 기적같이 찾아내곤 했다. 리만은 뛰어난 상상력을 동원하여 중간 과정보다 결과를 먼저 볼 수 있었고, 우아하면서도 유용한 결과가 일단 그의 시야에 들어오면 그쪽으로 주저 없이 파고들었다. 그는 철학과 물리학에도 조예가 깊었기에, 신체 감각이 흐르는 과정과 감각이 하나의 개념으로 재구성되는 과정, 축전기에 흐르는 전류, 액체와 기체의 운동 등은 그가 알고 있는 수학 세계의 저변에서 수시로 그 모습을 드러내곤 했다.

그러므로 리만이 1859년에 발표했던 논문이 위대한 업적으로 칭송받는 것은 논리의 명쾌함 때문이 아니라 그만이 갖고 있는 수학적 독창성과 논문에서 내려진 결론(사실은 가설)의 막강한 영향력 때문이었다. 이 논문은 리만의 동료들에게 향후 수십 년간 연구 과제를 제공해 주었다.

해럴드 에드워즈Harold Edwards는 제타 함수에 관한 책을 쓰면서 리만의 논문(1859년)에 대하여 다음과 같이 언급하였다.◆50

> 리만의 논문이 출판된 후로, 이 분야는 근 30년 동안 거의 아무런 진전도 보지 못했다. 수학자들이 리만의 논문을 이해하는 데 그 정도의 시간이 걸린 셈이다. 그 후로 다시 10년이 흐르는 동안 아다마르와 망골트, 그리고 발레 푸생은 리만이 제시했던 아이디어의 핵심을 이루는 $\pi(x)$에 관한 식과 소수 정리를 증명하는 데 성공했다. 물론, 증명의 키포인트는 리만의 아이디어에서 출발하였다.

Ⅱ. 리만의 논문 〈주어진 수보다 작은 소수의 개수에 관한 연구On the Number of Prime Numbers Less Than a Given Quantity〉의 목적은 소수 정리PNT를 증명하는 것이었다. 물론, 리만 가설이 참이라면 소수 정리는 자동적으로 증명된다. 그러나 리만 가설은 소수 정리보다 훨씬 강력하고 풍부한 정보를 담고 있다(훗날 소수 정리는 리만 가설보다 조금 '느슨한' 가설을 내세운 상태에

서 증명되었다). 리만의 논문이 중요하게 취급되는 이유는 해석적 정수론에 대한 깊은 통찰과 함께 증명에 필요한 도구를 제공했기 때문이다.

소수 정리는 1896년에 증명되었다. 리만의 논문(1859년)이 발표된 후 소수 정리가 증명될 때까지, 수학사에 기록된 사건들을 순차적으로 나열해 보면 다음과 같다.

- 이 기간 동안 소수에 대한 관심이 높아지면서 많은 사실들이 알려졌다. 빈학술원의 쿨릭Kulik은 1867년에 소수 목록을 100,330,200까지 작성하였고 에른스트 마이셀Ernst Meissel은 소수 계량 함수 $\pi(x)$를 찾아내는 방법을 개발하였다. 그 후 마이셀은 1871년에 $\pi(100,000,000)$의 올바른 값을 구하는 데 성공했고 1885년에는 $\pi(1,000,000,000)$을 계산하였는데, 여기에 소수 56개가 누락되었다는 사실은 그로부터 무려 70년이 지난 뒤에야 밝혀졌다.

- 1874년에 프란츠 메르텐스Franz Mertens는 리만과 체비셰프가 제안했던 방법을 이용하여 소수의 역수로 이루어진 급수의 성질을 알아냈다. $\frac{1}{2}+\frac{1}{3}+\frac{1}{5}+\frac{1}{7}+\frac{1}{11}+\frac{1}{13}+\frac{1}{17}+\cdots+\frac{1}{p}+\cdots$로 표현되는 이 수열은 조화수열보다 느리게 발산하며, p가 충분히 클 때 근사적으로 $\log(\log p)$와 같다.

- 1881년, 미국 존스홉킨스대학의 실베스터J.J. Sylvester는 체비셰프의 극한 Chebyshev limit(8-Ⅲ장 '체비셰프의 두 번째 결과' 참조)을 기존의 10%에서 4%로 향상시켰다.

- 1884년, 덴마크의 수학자 요르겐 그람Jørgen Gram은 〈주어진 수보다 작은

소수의 개수 조사Investigations of the Number of Primes Less Than a Given Number〉라는 제목의 논문을 발표하여 덴마크수학회상을 수상하였다(리만의 논문과 비교할 때 별로 새로운 내용은 없었지만, 이 논문은 향후 그람이 수행했던 연구의 초석이 되었다. 자세한 내용은 나중에 다시 언급될 것이다).

- 1885년에 네덜란드의 수학자 토마스 스틸체스Thomas Stieltjes는 자신이 리만 가설을 증명했다고 주장했다(이 내용은 잠시 후에 언급될 것이다).

- 1890년, 프랑스 과학아카데미는 '주어진 수보다 작은 소수의 개수를 알아내는 방법'이라는 논문 제목을 게시하고 수상작을 공모했다(접수 마감일은 1892년 6월이었다). 아카데미 측은 리만의 논문(1859년)에서 증명이 누락된 부분을 채워 넣기만 해도 상을 수여하겠다고 발표했다. 그 후, 프랑스의 젊은 수학자 자크 아다마르Jacques Hadamard는 어떤 함수의 해에 관한 논문을 과학아카데미에 제출했고, 리만은 아다마르의 논문을 참고하여 소수 계량 함수 $\pi(x)$의 공식을 구할 수 있었다 — 바로 '소수의 분포'와 '제타 함수의 해'가 만나는 순간이었다(수학적인 내용은 나중에 따로 설명할 예정이다). 그러나 리만은 이때에도 증명을 제시하지 않았다. 아다마르가 생각했던 아이디어는 자신의 박사 학위논문에서 인용한 것으로, 그는 그해에 박사 학위와 함께 프랑스 과학아카데미상을 수상하는 영예를 안았다.

- 1895년, 독일의 수학자 망골트Hans von Mangoldt는 리만의 논문(1859년)에서 내려진 주 결론, 즉 $\pi(x)$와 제타 함수 사이의 관계를 더욱 간단한 형태

로 재서술하는 데 성공했다. 망골트가 얻은 주된 결론은 '리만 가설보다 조건이 훨씬 '느슨한' 가설이 증명되기만 하면 소수 정리PNT도 덩달아 증명된다'는 것이었다.

- 1896년, 서로 독립적으로 연구를 수행하던 두 명의 수학자, 프랑스의 자크 아다마르와 벨기에의 발레 푸생Charles de la Poussin은 위에서 말한 '느슨한' 가설을 거의 동시에 증명하였고, 이로써 소수 정리도 자연스럽게 증명되었다.

그 당시 항간에는 "소수 정리를 증명하는 사람은 영생을 얻는다"라는 소문이 나돌고 있었는데, 결과적으로 볼 때 아주 허무맹랑한 소문은 아니었던 것 같다. 발레 푸생은 95년 7개월의 고령으로 사망했고 아다마르는 98번째 생일을 두 달 앞두고 세상을 떠났기 때문이다.◆51 이 두 사람은 한창 연구에 몰입하고 있던 시기에 자신의 경쟁자가 있다는 사실을 까맣게 모르고 있었다. 이들의 증명이 같은 해에 출판되자 수학자들은 '과연 누가 먼저 증명했는가?'를 놓고 치열한 신경전을 벌였다. 그러나 에베레스트 등반의 경우처럼 최고수학자의 영예는 두 사람 모두에게 돌아갔다.

발레 푸생의 논문이 아다마르의 논문보다 조금 먼저 출판된 것은 사실이다. 아다마르의 논문 〈Sur la distribution des zéros de la fonction $\zeta(s)$ et ses conséquences arithmétiques, 제타 함수$\zeta(s)$의 근들의 분포와 그 산술적 결과에 대하여〉는 프랑스수학회의 편람에 게재되었는데, 논문의 후주에 "발레 푸생의 증명 결과를 참조하긴 했지만 내가 제안한 증명법이 더 간단하다"라고 명기되어 있다.

아다마르의 주장을 부인하는 사람은 아무도 없었다. 어느 모로 보나 아다마르의 증명이 훨씬 더 간단했기 때문이다. 당시의 정황으로 미루어 볼 때, 아다마르는 발레 푸생의 증명을 미리 알고 있었을 뿐만 아니라 직접 검증까지 완료했던 것으로 짐작된다. 그러나 이들은 서로 연락을 주고받은 적이 전혀 없었고 두 사람 다 점잖은 신사로 정평이 나 있었으므로 동일한 내용의 논문이 거의 동시에 발표된 것은 '우연한 사건'으로 인정되었으며, 이를 두고 뒤에서 논쟁을 벌이는 사람도 없었다. "프랑스의 자크 아다마르와 벨기에의 발레 푸생은 독자적인 방법으로 1896년에 소수 정리를 증명하였다." 이것은 지금도 세계적으로 공인되고 있는 엄연한 사실이다.

Ⅲ. 소수 정리가 증명됨으로써 소수 탐구의 역사는 일대 전환점을 맞이하게 된다. 이 책도 그 역사적인 사건을 기점으로 하여 1부와 2부로 나누어져 있다(이 장은 1부의 마지막 장이 될 것이다). 무엇보다 중요한 것은 1896년에 발표된 두 사람의 증명이 어떤 가설을 토대로 이루어졌다는 점이다. 아다마르나 발레 푸생이 리만 가설을 증명하면 소수 정리는 자동으로 증명되는 상황이었다. 물론 그들은 리만 가설을 증명하지 못했다. 그러나 굳이 그럴 필요가 없었다. '리만 가설보다 훨씬 느슨한 조건의 가설이 성립되기만 하면 소수 정리는 증명된다'는 놀라운 사실이 알려졌기 때문이다(이 '느슨한' 가설에는 딱히 붙여진 이름이 없다).

> 제타 함수 ζ function의 자명하지 않은 non-trivial
> 모든 근들 zeros의 실수부는 1보다 작다.

이 가설이 증명되면, 1859년에 리만이 내렸던 주된 결론을 1895년에 망골트가 재구성한 논리에 의해 소수 정리가 증명된다. 그리고 1896년에 아다마르와 발레 푸생은 거의 동시에 이 가설을 증명함으로써 수학사에 불멸의 이름을 남겼다.

소수 정리가 증명된 후, 그동안 '증명으로 가는 징검다리' 정도로 여겼던 리만 가설에 수학자들의 관심이 집중되기 시작했다. 리만 가설이 참임이 증명되기만 하면 그로부터 수많은 사실들이 굴비처럼 꿰어서 줄줄이 증명된다는 것을 수학자들이 알아차린 것이다. 바로 '해석적 정수론'이라는 새로운 분야가 수학계의 화두로 등장하는 순간이었다. 소수 정리가 19세기 정수론의 백경(白鯨)이었다면, 20세기의 정수론의 백경은 단연 리만 가설이었다. 리만 가설은 정수론학자들뿐만 아니라 모든 수학자들의 관심을 끌었고 심지어는 물리학자와 철학자들까지도 깊은 관심을 보였다(그 이유는 앞으로 차차 알게 될 것이다).

그동안 소수의 역사는 거의 100년을 주기로 커다란 변화를 겪어 왔다. 18세기 말(1792년)에 가우스에 의해 처음으로 제기된 소수 정리는 19세기 말(1896년)에 아다마르와 발레 푸생에 의해 증명되었고, 소수 정리가 '정리된' 후 초유의 관심사로 부상한 리만 가설은 20세기 내내 수학자들을 괴롭혀 왔다. 결국 '가설'이라는 딱지를 떼어 내지 못한 채 21세기를 맞이하긴 했지만, 이번에도 중대한 변화가 있긴 있었다. 수많은 학자들과 열성적인 지식인들이 앞 다투어 리만 가설을 세상에 알리기 시작한 것이다!

여기서 잠시 자크 아다마르가 살았던 시기의 사회, 역사, 그리고 수학적 배경을 알아보기로 하자. 아다마르의 삶과 그가 이룬 업적을 볼 때, 지금까지의 설명 정도로 넘어가는 것은 도저히 예의가 아닌 것 같다. 그는 정수론의 역사를 바꾼 위대한 수학자일 뿐만 아니라, 동정심을 자아내는 매우 인간적인 사람이었다.

Ⅳ. 19세기의 프랑스는 정치적으로 매우 불안정한 상태에 있었다. 나폴레옹의 백일천하를 포함하여 1800년부터 1899년까지 프랑스가 걸어온 역사를 대충 나열해 보면 다음과 같다(햇수에는 약간의 오차가 있을 수 있다).

제1공화정(4년 반)
제1제정(10년)
왕정으로 복귀(1년)
제정으로 복귀(3개월)
다시 왕정으로 돌아감(33년)
제2공화정(5년)
제2제정(18년)
제3공화정(29년)

… 게다가 중간에 있었던 33년간의 왕정은 혁명으로 중단되어 도중에 왕조가 바뀌기도 했다.

1870년에 프러시아와의 전쟁에서 크게 패한 프랑스 국민들은 커다란 충격과 좌절에 빠졌다. 그 후 1870~1871년 겨울 동안 파리로 집중된 프러시아의 공격을 견디다 못한 프랑스는 두 개의 지방과 막대한 전쟁 보상금을 헌납한다는 조건으로 프러시아와 평화협정을 맺었고, 불평등한 협정에서 비롯된 불만은 격렬한 시민전쟁으로 표출되었다. 이러한 일련의 난리를 겪으면서 프랑스의 정치는 다시 공화정으로 돌아갔다.

이 무렵에 가장 상처를 받은 집단은 프랑스의 군대였다. 그들은 1870년의 패배에 치욕과 굴욕감을 느끼면서, 기필코 프러시아에 복수하고 빼앗긴 땅을 되찾으리라는 희망을 버리지 않았다. 그리하여 프랑스의 군대는 고전적인 애국심을 최고의 덕목으로 강조하게 되었고, 젊은 귀족과 성직자들, 그리고 중산층의 자제들이 프랑스군의 장교로 대거 입대하였다. 이들은 '왕관과 제단Throne and Altar'으로 대변되는 프랑스적 보수주의의 첨병으로서, 그 무렵 프랑스인들 사이에서 주류를 이루던 삶의 패턴과 다소 격리된 생활을 하고 있었다. 당시 프랑스 사회는 열린 마음으로 모든 것을 수용하는 자세가 주류를 이루고 있었으며, 그와 함께 상업과 산업이 발달하고 과학이 대접받는 분위기가 형성되어 있었다. 명랑·쾌활함과 함께 지성을 추구하던 이 시기를 흔히 "벨르 에포크Belle Epoque(19세기 말~20세기 초에 걸쳐 프랑스가 평화를 누렸던 시대: 옮긴이)"라고 한다.

자크 아다마르는 1865년 12월에 프랑스인 아버지와 유태인 어머니 사이에서 태어나 파리의 근교에서 어린 시절을 보내다가 시민전쟁 중에 집이 불에 타는 불행을 겪었다. 그의 아버지는 고등학교 교사였고 어머니는 피아노를 가르치는 가정교사였는데, 〈마법사의 제자〉라는 교향시로 유명한 뒤카Paul Dukas도 그녀에게 피아노를 배웠다고 한다(디즈니 영화 팬들은 이 곡을 잘 알고 있을 것이다). 장성한 아다마르는 1892년에 결혼과 함께 박사 과정을 마쳤고 그다음 해인 1893년에 아내와 함께 보르도로 이주하여 대학 강사가 되었다. 1894년 10월에 첫아들 삐에르가 태어난 후, 아다마르의 가족은 음악 연주를 즐기는 사업가나 학자, 또는 교수로 대변되는 전형적인 중산층(부르주아)이 되어 가고 있었다.

지금도 그렇지만, 당시의 프랑스는 교육을 비롯한 모든 것이 중앙으로 집중된 나라였으므로 수도인 파리에서 강사 자리를 얻는 것은 결코 쉬운 일이 아니었다. 파리에서 강의를 하려면 지방대학에서 일정 기간 동안 강의 견습생처럼 경력을 쌓아야 했다. 그러던 중, 1897년에 파리에서 강의를 할 수 있는 기회가 아다마르에게 찾아왔다. 그는 당장 보르도의 교수직을 그만두고 파리로 이주하여 파리대학의 강사가 되었다. 보르도의 정교수가(그는 2년 만에 정교수로 승진했다) 강사로 다시 시작하게 되었으니 언뜻 보기엔 손해를 본 것 같지만 당시의 분위기로 볼 때 그것은 분명한 '승진'이었다.

1892~1897년 동안 아다마르는 괄목할 만한 연구 성과를 거두면서 수학자로서의 경력을 착실하게 쌓아 나갔다(특히 그는 연구 분야가 다양한 수학자로 정평이 나 있었다). 요즘 수학과의 대학원생들은 복소함수론에 나오는 '삼원 정리Three Circles Theorem'에서 아다마르라는 이름을 접할 수 있는데, 1896년에 증명된 이 정리는 《수학 백과사전》에도 수록되어 있다.◆52

아다마르는 수학의 모든 분야에 정통했던 '최후의' 수학자로 통한다. 그 후로는 수학의 각 분야들이 지나칠 정도로 전문화되어 아다마르 같은 수학자는 더 이상 등장할 수 없게 되었다. 그러나 힐베르트와 푸앵카레, 클라인까지 만능 수학자로 인정하는 사람도 있다. 수학 역사를 통틀어서 '만능 수학자'라는 이름이 가장 잘 어울리는 수학자는 누구일까? 어려운 질문이지만 굳이 한 사람을 꼽는다면 아마도 가우스일 것 같다.

V. 아다마르가 소수 정리를 증명한 것은 보르도의 지방대학에서 강의하던 무렵이었다. 여기서 잠시 시간을 거슬러 올라가 몇 가지 사실을 확인한 후에, 아다마르의 증명이 탄생하게 된 배경을 알아보기로 하자.

그 당시 프랑스 수학의 대부는 1897년까지 파리 소르본대학 수학과의 해석학 교수로 재직했던 샤를 에르미트Charles Hermite(1822~1901)였다. 에르미트가 남긴 업적들 중 하나는 이 책에서도 중요한 역할을 한다(17-V장 참조).

에르미트는 네덜란드의 젊은 수학자 토마스 스틸체스와 1882년부터 편지를 주고받으며 수학에 관한 토론을 벌여 왔다.◆53 스틸체스는 파리 과학아카데미가 1885년에 발행한 《Comptes Rendus(학술원 보고서)》◆54에서 자신이 정리 15-1(책에 매겨진 정리 번호)을 증명했다고 주장한 적이 있다. 만일 그의 주장이 사실이라면 리만 가설이 드디어 증명될 판이었다(물론 스틸체스의 증명이 틀렸다고 해서 리만 가설이 틀렸음을 입증하는 것은 아니었다. 15-V장 참조). 그러나 그는 《Comptes Rendus》에 자신의 증명을 수록하지 않았다. 그 무렵 스틸체스는 에르미트에게 보낸 편지에서도 같은 주장을 하면서 "증명은 매우 어렵고 장황합니다. 다음에 이 문제를 다룰 기회가 다시 오면 더욱 간단한 형태로 줄여 볼 생각입니다"라고 덧붙였다. 스틸체스의 주장은 과연 사실이었을까? 그는 정직하고 신중한 성격의 소유자였으며 존경받는 수학자이기도 했다(그의 이름을 딴 적분 공식도 있다). 여러 가지 정황으로 미루어 볼 때, 그가 증명을 완수했다는 데에는 의심의 여지가 없다. 스틸체스도 자신의 증명이 옳다고 굳게 믿었을 것이다.

그러는 동안 리만의 1859년도 논문은 철저하게 분석되어 좀 더 이해하기 쉬운 형태로 재구성되었다. 1892년에 아다마르는 전술한 대로 파리 과학아카데미에 논문을 응모하여 대상을 받았고, 1895년에 독일의 수학자(당시 독일은 카이저 빌헬름 1세가 통치하고 있었다) 한스 폰 망골트Hans von Mangoldt는 소수 정리를 증명할 수 있는 결정적인 단서를 제공하였다. 소수 계량 함수 $\pi(x)$가 제타 함수의 해와 관련되어 있다는 리만의 난해한 주장을 훨씬 간단한 형태로 수정한 것이다!

망골트가 한창 연구에 몰두하고 있을 무렵에도 '리만 가설은 지나치게 조건이 까다롭다. 조건을 조금 느슨하게 풀어도 소수 정리는 증명될 수 있다'는 의견이 수학자들 사이에서 조심스럽게 제기되고 있었다. 그리고 망골트는 이 희망사항과도 같은 소문을 정설로 바꿔 준 은인이자 해결사였다. 물론, 리만 가설이 참으로 판명되면 소수 정리는 자동으로 증명된다. 그러나 소수 정리를 증명하기 위해 리만 가설에 매달릴 필요는 없다는 것이 망골트의 결론이었다. 리만 가설보다 조건이 느슨한 다른 가설(앞에서 잠시 소개한 적이 있다)을 증명해도 소수 정리는 증명될 수 있었다. 그리고 이와 함께 떠오른 또 하나의 사실이 있었으니, 망골트가 제시한 길을 따라 소수 정리가 증명된다 해도 리만 가설은 여전히 가설로 남는다는 것이었다.

자, 이런 상황에서 수학자들이 취해야 할 최선의 선택은 무엇이었을까? 스틸체스는 리만 가설을 증명했다고 주장하면서 구체적인 내용을 공개하지 않았고, 망골트는 리만 가설을 옆으로 제쳐 두고 좀 더 만만한 가설을 이용하여 소수 정리로 가는 길을 열어 주었다. 그렇다면 당장 눈앞에 분명하게 보이는 망골트의 길을 따라가야 하는가? 아니면 쉬운 길의 유혹을 뿌리치고 스틸체스가 해냈다는 증명을 추적하거나, 아예 처음으로 되돌아가서 리만 가설과 씨름을 벌이는 것이 현명한 선택인가? 사실, 1890년대 중반의 수학자들은 스틸체스의 주장에 약간의 의심을 품고 있었다. 물론, 스틸체스가 거짓말을 했다는 뜻은 아니다. 그의 성품으로 미루어 볼 때 그런 엄청난 거짓말을 할 사람은 아니었다. 대다수의 수학자들은 스틸체스가 증명을 한 것은 사실이지만 증명 도중에 어떤 오류를 범했을 거라고 생각했다. 1993년에 영국의 수학자 앤드루 와일즈Andrew Wiles가 페르마의 마지막 정리를 증명했다고 처음으로 주장했을 때에도 이와 비슷한 일이 있었고(결국 와일즈는 부족한 부분을 보완하여 증명을 완성하였다: 옮긴이), 필리버트 쇼그트Philibert Schogt가 2000년에 발표한 소설 『천재와 광기The Wild Numbers』에는 이 상황이 더욱 극적으로 묘사되어 있다. 아무튼, 스틸체스의 주장이 사실이라면 그는 리만 가설과 소수 정리를 모두 증명한 당대의 영웅임에 틀림없다. 그런데 그의 증명은 대체 어디로 증발했는가?

벨기에 루뱅대학의 발레 푸생과 보르도대학의 아다마르는 망골트가 제시했던 길을 선택하여 마침내 소수 정리를 증명하였다. 그러나 이들 두 사람은 내심 편치 못했다. 왜냐하면 자신의 논문이 학술지에 발표된다 해도 어느 날 스틸체스의 증명이 깔끔하게 완성되어 세상에 공개되면 발레 푸생과 아다마르의 논문은 그날로 빛을 잃을 것이 불을 보듯 뻔했기 때문이었다. 그래서 아다마르는 논문의 끝에 다음과 같은 주석을 달아 놓았다. "스틸체스는 $\zeta(s)$의 모든 허수해가 리만의 예측대로 $\frac{1}{2}+ti$ 임을 증명했다고 한다(여기서 t는 실수이다). 그러나 그의 증명은 아직 발표되지 않았다. 나의 증명은 $\zeta(s)$가 실수부가 1인 해를 갖지 않는다는 것이다."

결국 스틸체스는 증명을 공개하지 않은 채 1894년 12월 31일 툴루즈에서 사망하였다. 아다마르가 논문을 쓴 기간은 1895~1896년이었으므로 그는 스틸체스가 이미 죽었다는 사실을 알고 있었을 것이다. 그러나 스틸체스의 증명이 어떻게든 다른 사람의 수중에 들어가 세상에 공개될 수도 있었기에 아다마르로서는 신중을 기할 수밖에 없었다. 불행인지 다행인지는 알 수 없지만, 아무튼 그가 걱정하는 일은 일어나지 않았다. 비교적 최근까지, 일부 수학자들은 스틸체스가 리만 가설을 증명했다고 믿었다. 그러나 1985년에 오들리즈코Andrew Odlyzko와 릴레Herman te Riele는 그의 정리 15-1을 의심하게 만드는 어떤 결과를 증명하였다. 스틸체스의 사라진 증명은 현대에 와서 그 관심을 거의 잃어 가고 있는 실정이다.

Ⅵ. 앞에서 언급한 대로, 프랑스는 1870~1871년 전쟁을 굴욕적으로 마감하면서 보수·민족주의적 성향이 강한 프랑스 군대의 신흥 장교 계급과 개방적 성향의 사회 주류층이 서로 대립하는 양상을 보이고 있었다. 그리고 이러한 대립 상황은 19세기 말에 터진 드레퓌스 사건Dreyfus Affair을 계기로 엄청

난 결과를 초래하였다.

경위야 어찌되었건, 역사적 사건을 단 몇 줄의 글로 판정할 수는 없다. 그러므로 일단은 드레퓌스 사건의 전모를 되짚어 보는 것이 우리의 최선일 것이다. 이 사건은 10여 년 동안 프랑스 공화정의 최대 이슈로 부각되었으며, 심지어는 지금까지도 이 사건을 놓고 논쟁을 벌이고 있을 정도로 민감한 사안이었다. 그동안 드레퓌스 사건을 소재로 한 소설과 영화가 여러 차례 발표되었고 프랑스에서는 TV용 미니 시리즈로 제작되기도 했다. 사건의 전모를 간단하게 정리하자면 다음과 같다. 부유한 유태인 가정 출신으로 프랑스 군대의 참모 본부에서 근무하던 알프레드 드레퓌스Alfred Dreyfus 대위가 독일 대사관에 군사 정보를 제공한 혐의로 1894년 말에 체포되었다. 프랑스 군부는 그를 군법회의에 회부하여 비밀리에 재판을 진행하였는데, 결국 계급 박탈과 함께 악마의 섬Devil's Island(남미 프랑스령 기아나의 북쪽에 있는 섬. 옛 프랑스의 유배지: 옮긴이)의 감옥에서 종신형을 살라는 판결이 내려졌다. 그러나 평소 군인정신이 투철하고 집안도 부유했던 드레퓌스는 "군사 정보를 팔아먹을 이유도 없고 그것을 입증할 만한 증거도 없다"면서 자신의 결백을 강력하게 주장했다.

1896년 3월, 프랑스군 정보부 소속의 조르주 삐까르Georges Picquart 대령은 드레퓌스가 유죄를 인정하면서 스스로 작성했다는 진술서가 에스테라지Esterhazy 소령의 필체로 적혀 있다는 놀라운 사실을 발견했다. 평소에 실수가 잦고 씀씀이가 헤펐던 에스테라지는 그 무렵에도 도박에서 진 빚을 갚지 못해 심한 압박을 받고 있었다. 삐까르는 즉시 이 사실을 상관에게 보고했다. 그리고 무슨 영문인지 삐까르는 북아프리카에 주둔하고 있는 프랑스 부대로 전출되었다. 그다음 해인 1897년에 이 사실을 알게 된 드레퓌스의 형 마티외Mathieu는 동생의 결백을 주장하면서 에스테라지를 고발하였다. 그러나 프랑스 군부는 형식적인 심문과 재판을 거쳐 1898년 1월에 에스테라지를 무죄로 판결하여 석방시켰고 사건의 내막을 전해 들은 프랑스의 작가 에밀 졸라Émile Zola는 제3공화정의 대통령인 펠릭스 포르Félix Faure에게 보내는, 그 유명한 〈나는 고발한다J'accuse〉라는 제목의 공개 서신을 통해 드레퓌스 사건에 연루된 모든 관계자들의 음모와 부정을 신랄하게 비판했다(결국 졸라는 명예 훼손으로 기소되었다).

에밀 졸라의 고발성 기사가 나간 이후로 드레퓌스 사건은 새로운 국면으로 접어들었다. 어느새 이 사건은 드레퓌스 한 개인의 석방 문제라는 차원을 넘어서 정치적 쟁점으로 비화되기에 이른 것이다. 그 결과 프랑스는 정의·진실·인권 옹호를 주장하는 드레퓌스 재심 파와 군의 명예와 국가 질서를 내세우는 반드레퓌스 파로 분열되어 격렬한 논쟁을 벌였고 1906년 7월에 드레퓌스의 무죄가 공식적으로 선포되면서 재심 파의 승리로 일단락되었다. 그동안 법정에서는 치열한 심리 과정을 거치면서 극적인 반전이 여러 차례 일어났으며, 공모에 가담했던 누군가가 자결을 하는 등 크고 작은 사건들이 끊이지 않았다(그중에서도 펠릭스 포르 대통령의 사망은 재판에 가장 큰 영향을 미쳤다. 그는 엘리제 궁의 침실에서 갑자기 고통스러운 발작을 일으키며 옆에 있던 부인의 머리카락을 필사적으로 잡고 늘어졌다고 한다. 침실 담당 하인이 영부인의 비명 소리를 듣고 달려가 간신히 포르의 손을 떼어 놓았을 때 그는 이미 죽어 있었다).

소수 정리를 증명한 자크 아다마르는 알프레드 드레퓌스의 부인인 루시 아다마르와 사촌지간이었으므로 드레퓌스 사건에 직접적인 영향을 받았다. 게다가 드레퓌스 사건의 배경에는 유태인을 차별한다는 민족적 감정이 깔려 있었기 때문에, 유태인이었던 아다마르도 여기서 자유로울 수 없었다. 드레퓌스 사건이 일어나기 전에 프랑스의 중산층을 이루고 있던 유태인들은 자신이 프랑스인들과 다른 점이 없다고 생각했었다. 그들은 애국심 강한 프랑스의 국민으로서 그저 우연히 유태인 가정에서 태어났을 뿐이었다. 그러나 군대를 비롯한 프랑스 국민들 사이에는 유태인을 배척하는 기류가 공공연히 형성되어, 반유태적 감정을 조장하는 목적으로 1886년에 출판된 『La France Juive』가 엄청나게 팔려 나가고, 반유태주의를 표방하는 신문 《La Libre Palore》도 널리 읽히고 있었다. 이런 분위기에서 터진 드레퓌스 사건은 반유태적 감정을 수면 위로 표출시키는 계기가 되었고 프랑스의 유태인들은 프랑스를 계속 조국으로 삼고 살아가야 할지 심각한 갈등에 빠졌다.

드레퓌스 사건이 일어나기 전까지만 해도 아다마르는 정치에 무관심하고 세상 물정에 어두웠으며 대부분의 수학 천재들이 그렇듯이 조금 멍한 구석이 있는 수학 교수일 뿐이었다. 사실, 많은 수학자들이 판에 박은 듯한 공통점을 갖고 있는 데에는 그럴 만한 이유가 있다. 수학자들은 이 세상에 존재하지 않는 추상적인 대상과 씨름하면서 대부분의 시간을 보내기 때문에 세속적인 관심을 키울 겨를이 없다. 물론 개중에는 세상 물정에 밝고 세속적인 수학자도 있었다. 대표적인 예로, 르네 데카르트 René Descartes는 다소 기회주의적 기질이 있는 군인이었고 카를 바이어슈트라스는 대학 내 음주는 물론 싸움을 일삼다가 학위를 받지 못한 채 학교를 떠나야 했으며, 20세기 위대한 수학자 중 한 사람인 존 폰 노이만은 스포츠카와 예쁜 여자라면 자다가도 벌떡 일어났다.

자크 아다마르는 이런 유의 수학자들과 거리가 먼 사람이었다. 유명인들에게 항상 따라붙는 근거 없는 소문들은 차치하고, 아다마르는 넥타이조차 혼자 맬 줄 모르는 사람이었다. 딸이 전하는 말에 의하면 아다마르는 4 이상의 수를 잘 헤아리지 못했다고 한다. 숫자가 4보다 커지면 "그 다음 수는 n이지. 그걸로 됐어!"라며 고개를 돌릴 정도였다. 이랬던 그가 드레퓌스 사건에 깊이 연루된 것을 보면, 당시의 상황이 사람의 감정을 얼마나 강하게 자극했는지 짐작할 수 있다. 아다마르는 드레퓌스의 열성적인 지지자가 되었고 에밀 졸라의 재판이 한창 진행되던 1898년에는 인권연맹에 가입하여 군부를 향한 저항의 목소리를 높였다. 뿐만 아니라 1899년에 태어난 세 번째 아들에게는 마티외 조르주(Mathieu-Georges)라는 이름을 지어 주었는데, 'Mathieu'는 열성적 인권운동가인 드레퓌스의 형의 이름에서 따왔고 'Georges'는 신변의 위험을 무릅쓰고 끝까지 진실을 주장하여 드레퓌스 사건을 세상에 알린 조르주 삐까르 대령을 상징하는 이름이었다(그러나 정작 삐까르 본인은 자신이 그런 인물로 일컬어지는 것을 별로 달가워하지 않았다).

그 후로 아다마르는 남은 여생을 공인으로 살았다. 그는 오래 살기도 했지만 말년까지 왕성한 활동을 펼치면서 주변 사람들을 놀라게 했다. 그러나 그의 긴 삶은 결코 행복하다고 할 수 없었다. 20세기에 발발한 세계대전으로 아다마르는 세 아들을 모두 잃었다. 장남과 차남은 3개월 간격으로 베르됭 전투에서 사망했고 막내이자 셋째 아들인 마티외 조르주Mathieu-Georges는 북아프리카에서 프랑스 연합군으로 복무하다가 1944년에 전사하였다. 1차 세계대전이 끝난 후 깊은 슬픔과 절망에 빠진 아다마르는 파시즘과 국제연맹 League of Nations(1차 세계대전 뒤에 창설된 최초의 국제평화기구로 국제연합의 전신: 옮긴이)으로 관심을 돌려서 인민전선 정부(1936~1938)의 수립에 열성적으로 참가했고 공산주의 사상과 소비에트 연방에도 깊은 관심을 보였다.◆55 독일이 프랑스를 침공한 1940년부터 4년 동안 아다마르는 미국의 컬럼비아대학에서 수학을 강의했다. 또 이 기간 동안 여러 곳을 여행하면서 다양한 사람들을 만날 수 있었다. 박물학에도 조예가 깊었던 그는 포자식물과 균류를 수집하여 보관하였는데, 그 규모는 거의 박물관 수준이었던 것으로 전해진다.

예루살렘에 헤브루대학을 설립할 때에는 직접 나서서 모금 활동을 벌이기도 했다(이 대학은 1925년에 설립되었다). 『수학적 발명의 심리학The Psychology of Invention in the Mathematical Field』(1945년)을 비롯한 그의 저서들은 지금도 많은 사람들에게 읽히고 있다. 그는 아마추어 오케스트라를 결성하여 가끔씩 집안에서 연주를 하곤 했는데 그의 오랜 친구였던 아인슈타인은 그 모임에서 바이올린 주자로 활약했다. 아다마르는 첫 부인과 68년 동안 해로하다가 94세에 사별하였다. 그 후로 2년 동안 홀로 서기 위해 안간힘을 썼으나, 사랑하던 손자를 등반 사고로 잃은 후로는 삶의 의욕을 상실하여 결국 98번째 생일을 두 달쯤 앞둔 1963년 어느 날 조용히 생을 마감하였다.

Ⅶ. 나의 개인적인 취향에 이끌려 자크 아다마르의 일대기에 집중하다 보니 리만의 1859년 논문을 정리하고 소수 정리를 증명하는 데 기여했던 다른 위대한 수학자들을 소홀히 대하는 결례를 범한 것 같다.◆56 19세기 말의 수학계는 더 이상 한 사람의 천재에 의해 획기적인 진보를 이루던 시대가 아니었다. 그 무렵의 수학은 각 분야별로 세분화·전문화되어 집단 연구 체제를 이루지 않고서는 세계적인 수준을 유지하기가 어려워진 것이다. 제아무리 뛰어난 수학자라 해도 연구팀의 일원이 되어 지식과 정보를 공유하지 않는 한 두각을 나타낼 수 없게 되었다.

국제수학자대회International Congresses of Mathematicians가 결성된 것도 이 무렵이었다. 1회 대회는 1897년 8월에 취리히에서 개최되었다(이때 아다마르는 둘째 아들의 출산을 눈앞에 두고 있었기 때문에 대회에 참가하지 못했다. 그 대신 그의 친구인 에밀 피카르Émile Picard를 통해 논문 한 편을 제출하였다. 그런데 우연히도 같은 날 취리히에서 40마일 떨어진 바젤에서는 유태인의 결속을 다지는 제1회 시온주의 대회Zionist Congress가 열리고 있었다. 시온주의는 드레퓌스 사건을 계기로 전 유럽에 급속히 전파되었다).

제2회 국제수학자대회는 1900년에 파리에서 개최되었는데, 이 자리에서 대회를 4년에 한 번씩 개최하자는 안건이 통과되었다. 그러나 올림픽대회가 그랬듯이 국제수학자대회도 전쟁의 영향을 받아 1916년과 1940년, 1944년, 1948년 대회는 개최되지 못했다. 그리고 이 대회는 1950년에 매사추세츠 주 케임브리지의 하버드대학에서 새로운 각오로 다시 시작되었다. 이 대회에는 아다마르도 초대되었는데, 그가 소련을 지지한 경력이 있다는 이유로 미국 대사관으로부터 비자 발급을 거절당했다. 결국 그의 친구들이 여러 장의 탄원서를 올리고 트루먼 대통령이 중재를 해 줌으로써 아다마르는 간신히 대회에 참석할 수 있었다. 2002년 24회 대회는 유럽과 러시아, 북아메리카의 수학자들이 참가한 가운데 베이징에서 개최되었다.

Ⅷ. 1900년 8월 6일에서 12일까지 파리에서 개최된 20세기의 첫 대회는 그야말로 역사에 길이 남을 만한 일대 사건이었다. 이 대회의 영웅은 단연 다비드 힐베르트David Hilbert였는데, 그는 가우스와 디리클레, 리만의 명성을 이어가는 괴팅겐대학의 교수였다. 힐베르트는 당시 38세의 나이로 항상 '세계 최고의 수학자'라는 칭호를 달고 다녔다.

대회가 진행되던 8월의 어느 날 아침, 소르본대학 강당의 연단에 올라선 힐베르트는 아다마르를 비롯한 200여 명의 청중들에게 수학 문제를 제기하였다. 그의 목적은 다가오는 20세기에 전 세계의 수학자들이 반드시 해결해야 할 과제들을 일목요연하게 정리하는 것이었다. 이때 제시된 문제들은 모두 23개였는데, 그중 8번째 문제가 바로 리만 가설이었다.

힐베르트가 문제를 제기한 후로 20세기의 수학은 확실한 목적을 향해 나아갈 수 있었다.

2 리만 가설

$$\sum_n n^{-s} = \prod_p \left(1-p^{-s}\right)^{-1}$$

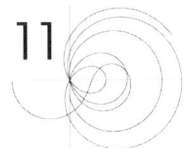

11
중국을 지배한 아홉 명의 줄루족 여왕

Ⅰ. 제타 함수가 갖는 몇 개의 근zeros들은 9-Ⅵ장에서 이미 확인한 바 있다. 거기서 우리는 모든 음의 짝수들이 제타 함수의 근임을 확인하였다. 즉, $\zeta(-2) = 0, \zeta(-4) = 0, \zeta(-6) = 0, \cdots$ 등이다. 이 결과는 우리를 리만 가설로 한 걸음 더 가까이 인도해 주고 있다. 다시 한번 리만 가설을 음미해 보자.

리만 가설

제타 함수ζ function의 자명하지 않은non-trivial 모든 근들zeros은 실수부가 $\frac{1}{2}$ 이다.

그러나 안타깝게도 음의 짝수들은 제타 함수의 자명한trivial 근이다. 그렇다면… 자명하지 않은 근들은 대체 어디에 숨어 있는 것일까? 이 질문의 답을 구하기 위해, 지금부터 복소수complex number와 허수imaginary number의 세계로 여행을 떠나 보자.

지금 이 순간, 독자들은 조금 당혹스러울 것이다. 일단 '허수'라는 말에 손사래를 치는 독자들도 많을 것이고, 그 정도까지는 아니라 해도 많은 독자들은 허수 자체가 실재로 존재하지 않는 가공의 수라고 생각할 것이기 때문이다. 수학에 익숙하지 않은 사람들은 허수를 '공상 과학 소설 속에서 살다가 어느 날 수학자들이 방심한 틈을 타서 수학으로 몰래 숨어 들어온 골칫거리' 정도로 생각할 것 같다. 그러나 사실은 전혀 그렇지 않다. 복소수(허수는 복소수의 특별한 형태이다)는 매우 실용적인 이유로 수학에 도입되었다. 도저히 풀 수 없는 수학 문제도 복소수를 도입하면 쉽게 풀리는 경우가 종종 있기 때문이다. 이제 허수는 상상의 수가 아니라 다른 수들과 마찬가지로 엄연히 존재하는 수로 취급되고 있다.

사실, 어렵기로 따진다면 $\sqrt{2}$나 π같은 무리수가 허수보다 훨씬 더 난해하다. 무리수와 씨름을 벌이다 보면 '-1의 제곱근'은 말 잘 듣는 강아지처럼 보일 정도이다. 철학자와 수학자들이 무리수 때문에 고생한 사연을 일일이 나열한다면 $\sqrt{-1}$은 그 앞에서 명함도 내밀지 못할 것이다. 사실, 무리수의 개념은 과거에도 그러했고 현재에도 소위 연속체 가설continuum hypothesis(12-Ⅱ장의 힐베르트 연설 참조)의 형태로 수리 철학자들에게 $\sqrt{-1}$ 이상으로 어려움을 주고 있다. 근대에 와서도 일부 수학자들은 무리수를 인정하지 않았는데, 19세기 후반의 크로네커와 20세기 초의 브라우어Brouwer, 바일Weyl 등이 그 대표적인 인물이다. 이 문제에 관한 자세한 내용은 이 장의 Ⅴ절을 참고하기 바란다.

Ⅱ. 복소수를 제대로 이해하려면 전반적인 수에 대하여 현대의 수학자들이 갖고 있는 개념을 먼저 이해해야 한다. 그래서 지금부터 복소수를 포함한 모든 수들이 어떤 체계로 정의되어 있는지를 알아보기로 한다. 물론, 지금 당장 복소수를 늘어놓으면서 독자들을 괴롭힐 생각은 없다. 복소수에 관해서는 나중에 따로 설명할 예정이다. 이 부분은 그저 구색을 갖추기 위한 도입부 정도로 생각해 주기 바란다.

자, 현대 수학자들은 수를 어떻게 분류하고 있을까? 간단히 말해서, 외곽선 서체로 쓴 알파벳 $\mathbb{N}, \mathbb{Z}, \mathbb{Q}, \mathbb{R}, \mathbb{C}$로 분류하고 있다. 이것들을 순서대로 쉽게 외울 수 있는 방법이 없을까… 한참 동안 생각을 해 봤는데, 별로 신통한 아이디어가 떠오르지 않는다. 내 수준에서 기껏 떠오른 것은 'Nine Zulu Queens Ruled China(중국을 지배한 아홉 명의 줄루족 여왕)'이었다.

"에이… 중국에 무슨 여왕이 아홉 명이나 있었다고 그래? 그리고 웬 줄루족? 암기도 좋지만 그렇다고 거짓말까지 해야 하나?"라고 생각하는 독자들을 위해 두 번째 답을 준비했다. 수학자들은 모든 수를 다섯 단계로 이루어진 러시아 인형(큰 인형 속에 작은 인형이 반복적으로 들어 있는 러시아 특유의 인형: 옮긴이)으로 분류하고 있다.

- 제일 안쪽에 들어 있는 가장 작은 인형: 1, 2, 3, 4, …로 표현되는 자연수natural number.
- 두 번째 인형: 정수integer — 자연수에 0과 음의 정수(예를 들면 −12 같은 수)까지 포함시킨 수.
- 세 번째 인형: 유리수rational number — 정수에 양, 음의 분수까지 포함시킨 수(예를 들면 $\frac{3}{2}, -\frac{1}{917635}, -\frac{1000000000001}{6}$ 같은 수들).
- 네 번째 인형: 실수real number — 유리수에 $\sqrt{2}, \pi, e$와 같은 무리수를 포함

시킨 수(3-Ⅵ장의 후주 11번 참조. 고대 그리스의 수학자들은 정수도 아니고 분수도 아닌 수를 발견하고는 몹시 혼란스러워했다. 그 말썽 많은 수를 통칭 무리수라 한다).
- 마지막, 제일 바깥에 있는 가장 큰 인형: 복소수complex number.

이 순서에 관하여 몇 가지 짚고 넘어갈 것이 있다. 우선 첫째로, 각각의 수들은 나름대로의 표기법을 갖고 있다. 그 내용을 정리하자면 다음과 같다.

- 자연수는 '257'과 같은 형태로 표기한다.
- 정수는 '−34'처럼 숫자 앞에 부호가 붙을 수도 있다.
- 유리수는 흔히 분수로 표기되는데, 분수는 크게 두 종류로 분류될 수 있다. 부호에 관계없이 분자가 분모보다 작은 분수를 진분수proper fraction라 하고, 분자가 분모보다 큰 분수는 가분수improper fraction라고 한다. 따라서 $\frac{14}{37}$는 진분수이다. 가분수는 $\frac{13}{9}$은 $1\frac{4}{9}$로도 표기하며, 후자를 대분수mixed fraction라 한다.
- 중요하게 취급되는 실수들은 π나 e처럼 고유의 이름을 갖고 있다. 그 외의 실수들은 $\sqrt[5]{7+\sqrt{2}}$나 $\frac{\pi^2}{6}$과 같은 '닫힌 형식closed form'으로 표기한다. 이런 식으로 표기할 수 없거나 구체적인 값을 제시하고 싶을 때에는 −549.5393169816448223⋯과 같은 십진표기법을 사용하는데, 숫자의 끝에 붙어 있는 세 개의 점 '⋯'은 대충 다음과 같은 뜻을 담고 있다. "지금 쓴 것이 전부가 아닙니다. 마음만 먹으면 그 뒤로 얼마든지 더 쓸 수 있습니다!" 길게 나열하는 것이 불편하다면 '소수점 이하 다섯째 자리(−549.53932)'나 '유효숫자 다섯 개(−549.54)' 등으로 축약할 수도 있다.
- 복소수는 −13.052 + 2.477i와 같은 형태로 표기한다. 자세한 설명은 잠

시 뒤에 할 것이다.

그 다음으로 짚고 넘어갈 것은 인형들 사이의 포함 관계이다. 즉, 하나의 인형 안에 거주하는 수들은 바로 바깥에 있는 인형의 세계에서도 거주할 수 있는 명예시민권을 갖고 있으며, 필요하다면 바깥에 거주하는 숫자들과 동일한 형태로 표현될 수도 있다.

- 257과 같은 자연수는 정수 세계의 시민권자이기도 하다. 그래서 정수임을 강조할 때는 앞에 부호를 붙여서 +257로 표기한다. 그러므로 정수 앞에 +부호가 붙어 있는 수들은 모두 자연수이다.
- −27과 같은 정수는 유리수 세계의 시민권을 갖고 있으므로 유리수임을 강조할 때는 $-\frac{27}{1}$과 같이 표기한다. 따라서 분모가 1인 유리수는 정수이다.
- $\frac{1}{3}$과 같은 유리수는 실수 세계의 시민권자이므로 0.33333333…과 같이 십진표기법으로 나타낼 수 있다. 한 가지 재미있는 것은 유리수를 십진표기법으로 썼을 때 소수점 아래의 숫자들이 일정한 패턴으로 반복된다는 점이다(물론, $\frac{7}{8}$ = 0.875처럼 반복 없이 짧게 끝날 수도 있다). 예를 들어, 유리수 $\frac{65463}{27100}$을 십진수로 표기하면 다음과 같다.

$$2.4156088560885608856088\cdots$$

모든 유리수는 이런 식으로 반복되는 특성을 갖고 있다. 그러나 무리수는 소수점 이하의 숫자들은 결코 반복되지 않는다. 그렇다고 해서, 무리수를 십진법으로 표기했을 때 아무런 규칙도 없어야 한다는 뜻은 아니다. 예를 들어,

$$0.12345678910111213141516171819202\cdots$$

는 분명히 어떤 규칙을 갖고 있다. 나는 이 숫자의 100번째 자리와 100만 번째 자리, 그리고 심지어는 1조 번째 자리까지도 알아낼 수 있다. (못 믿겠다고? 답은 5, 1, 1이다!) 그러나 이 수는 순환하지 않는 무한소수이므로 유리수가 아니라 무리수이다.

- 모든 실수는 복소수의 형태로 나타낼 수 있다. $\sqrt{2}$를 복소수로 나타내면 $\sqrt{2}+0i$ 이다. 자세한 설명은 나중에!

(위에 적은 다섯 단계는 얼마든지 줄일 수 있다. 예를 들어, 자연수 257을 실수로 나타내면 257.0000000000⋯이다.)

각각의 러시아 인형에 해당하는 수의 집합들은 외곽선 서체의 알파벳으로 표기한다. N은 자연수 가족을 나타내고 Z는 정수, Q는 유리수, R은 실수 가족을 상징하는 기호이다. 그리고 모든 가족들은 그 다음 단계의 가족에 포함되며, 단계가 올라갈수록 수학의 연산 능력도 그만큼 상승된다. 즉, 이전까지는 풀 수 없었던 문제도 단계를 올리면 쉽게 풀 수 있다는 것이다. 예를 들어, N만으로 뺄셈을 하면 답을 얻을 수 없는 경우가 발생하지만(7 − 12 = ?) 수의 범위를 Z로 확장하면 어디서 어떤 수를 빼건 항상 답을 구할 수 있다. 마찬가지로, Z에 속하는 숫자들만으로 나눗셈을 하면 답을 구할 수 없는 경우가 발생하는데(−7 ÷ −12 = ?), 이것도 수의 범위를 Q로 확장하면 쉽게 해결된다(단, 0으로 나누는 경우만은 대책이 없다). 그리고 R은 해석학, 즉 수학적 극한으로 가는 길을 우리에게 열어 주고 있다. R에 속한 수들로 이루어진 무한급수의 수렴값은 역시 R에 속해 있기 때문이다. Q만으로는 극한 문제를 다룰 수 없다.

[여기서 잠시 1장에 등장했던 급수들을 떠올려 보자. 거기 나오는 모든 급수들은 유리수의 합으로 이루어져 있었다. 이들의 수렴값은 2, $\frac{2}{3}$, $1\frac{1}{2}$ 등 유

리수인 경우도 있었지만 $\sqrt{2}$ 나 π, e와 같은 무리수로 나오는 경우도 있었다. 즉, $\mathbb{Q}$에 속하는 수들로 이루어진 무한급수의 수렴값은 $\mathbb{Q}$에 속하지 않을 수도 있다. 이 상황을 수학 용어로 표현하자면 "$\mathbb{Q}$는 '완비적(完備的)complete'이지 않다." 그러나 $\mathbb{R}$과 $\mathbb{C}$는 완비적이다. $\mathbb{Q}$를 확장하여 완비체로 만드는 과정은 20-V장에서 p 애딕(p-$adic$) 수를 정의할 때 중요한 역할을 하게 될 것이다.]

$\mathbb{N}$, $\mathbb{Z}$, $\mathbb{Q}$, $\mathbb{R}$, $\mathbb{C}$의 분류법 이외에 어떤 특정한 성질의 수들을 총칭하는 다른 분류도 있다. 예를 들어, 소수prime number가 대표적인 경우인데, 소수의 집합은 자연수 $\mathbb{N}$의 부분집합이다. 아주 가끔씩은 소수의 집합을 $\mathbb{P}$로 표기하기도 한다. 이밖에 $\mathbb{C}$의 중요한 부분집합으로 '대수적 수algebraic number'라는 것이 있는데, $2x^7 - 11x^6 - 4x^5 + 19x^3 - 35x^2 + 8x - 3 = 0$과 같이 $\mathbb{Z}$에 속하는 계수들로 이루어진 다항식의 근(이 다항식을 0으로 만드는 x값)이 여기에 속한다. 실수 중에서 모든 유리수는 대수적 수이다(예를 들어, $\frac{39541}{24565}$은 $24565x - 39541 = 0$의 근이므로 대수적 수이다. '근zeros'이라는 용어보다 방정식의 '해solution'라는 용어에 더 익숙하다면 "$\frac{39541}{24565}$은 방정식 $24565x - 39541 = 0$의 해이다"라고 표현해도 무방하다). 무리수는 대수적 수일 수도 있고 그렇지 않을 수도 있다. 대수적 수가 아닌 무리수를 '초월수(超越數)transcendental number'라 한다. 에르미트는 1873년에 e가 초월수임을 증명하였고, 원주율 π가 초월수라는 사실은 1882년에 린데만Ferdinand von Lindemann에 의해 밝혀졌다.

Ⅲ. 수에 대한 감을 좀 더 확고히 다져 보자는 취지에서, 다음과 같이 수의 역사를 가상으로 만들어 보았다. '만들어진 이야기'라는 사실을 염두에 두고 읽어 보기 바란다.

존 더비셔John Derbyshire(이 책의 작가)가 만들어 낸 수의 역사

인간은 원래 수를 헤아리는 능력을 타고난 존재였다. 그래서 그들은 선사시대부터 자연수 N을 알고 있었다. 그러나 N에는 어떤 금지 조항이 있었다. '작은 수에서 큰 수를 뺄 수 없다'는 조항이 바로 그것이었다. 그런데 과학 기술이 발전하면서 이 금지 조항은 커다란 장애가 되었다. 어제 기온이 5도였고 오늘은 어제보다 기온이 12도 떨어졌다면, 오늘의 기온을 몇 도라고 해야 하는가? N에 속하는 숫자들만으로는 표현할 방법이 없었다. 과학자들은 해결책을 연구하던 끝에 음수라는 개념을 개발하였고, 비슷한 시기에 누군가가 0의 사용을 제안함으로써 모든 문제는 해결된 듯이 보였다.

음의 정수와 양의 정수, 그리고 0으로 이루어진 새로운 숫자 체계에는 Z(정수)라는 이름이 붙여졌다. 그런데 얼마 가지 않아 Z에도 한계가 있음이 밝혀졌다. 어떤 수를 그 수의 약수가 아닌 수로 나눴더니 당장 문제가 발생한 것이다. 12라는 수는 3으로 나눌 수 있고(12 ÷ 3 = 4) 심지어는 −3으로 나눌 수도 있었지만 [12 ÷ (−3) = −4], 12를 7로 나눈 값은 Z 안에 있는 수로 나타낼 수가 없었다. 이것은 측정 기술이 발달하면서 더욱 큰 문제점으로 부각되었다. 애써 측정한 결과를 정확하게 나타내려면 더욱 작은 단위의 숫자가 필요했기 때문이다. 미터(m)보다 작은 단위를 도입하면 이 문제를 해결할 수 있을까? 1미터를 100등분한 센티미터(cm)라는 단위가 있긴 있었다. 그러나 측정 장비가 정밀해지면서 이보다 더 작은 단위가 필요하게 되었고, 사람들은 1cm를 10등분한 밀리미터(mm)를 새로 도입하였지만 이런 식의 미봉책으로는 문제를 근본적으로 해결할 수가 없었다. 이때 개발된 새로운 숫자가 바로 분수였다.

기존의 수에 분수를 첨가한 새로운 수체계는 유리수 Q로 표기되었다. 그러나 안타깝게도 Q마저 금방 바닥을 드러내고 말았다. Q만으로는 무한급수의 수렴값을 표현할 수 없었던 것이다! 1-Ⅶ장에는 이런 사례가 세 가지나 소개되어 있다. 과학이 극도로 발달하여 미적분의 개념이 적용되면서 Q는 수시로 과학의 발목을 잡았다. 왜냐하면 모든 미적분은 극한이라는 개념에 기초를 두고 있기 때문이었다. 미적분학이 완전한 체계를 갖추기 위해서는 새로운 수가 반드시 필요했다.

이때 도입된 수가 바로 무리수였다. 기존의 유리수(정수와 분수)에 무리수를 첨가한 새로운 수체계는 실수 R로 표기되었다. 그런데 얼마 가지 않아 R도 우리를 실망시켰다. 실수만으로는 음수의 제곱근을 구할 수가 없었던 것이다. 16세기 말엽에 이르면서 음수의 제곱근이 필요해진 수학자들은 결국 허수라는 새로운 수를 또다시 개발하여 기존의 수체계에 포함시켰다. 허수란 음수의 제곱근을 뜻한다.

실수에 허수를 첨가하여 범위가 더욱 넓어진 수체계에는 복소수 C라는 이름이 붙여졌다. 그리고 복소수를 이용하면 불가능이 없었기에 수의 역사는 여기서 막을 내리게 되었다.

물론 위의 내용은 가상의 역사일 뿐이다. 실제의 수는 이렇게 순차적으로 개발되지 않았다. 발견된 순서대로 나열한다면 N, Q, R, Z, C가 되어야 한다. 자연수가 선사시대부터 있었던 것은 사실이다. 그 후 이집트인들은 기원전 3,000년경에 분수를 개발했고, 무리수는 기원전 600년경에 피타고라스(또는 그의 제자)에 의해 '우연히' 발견되었다. 그리고 음수는 16세기 르네상스 시대에 와서 셈을 하는 과정에서 등장하였다(0은 음수가 발견되기 전부터 사용되고 있었다). 복소수가 도입된 것은 17세기의 일이다. 대부분의 인간사가 그렇듯이, 수의 진화도 별다른 규칙 없이 거의 임의로 이루어졌다. 수의 진화가 복소수의 발견과 함께 끝났다는 것도 성급한 판단이다. 체스 게임 한 판이 끝났다고 해서 체스라는 게임 종목 자체가 사라지는 것은 아니기 때문이다.

위에 적은 가상의 역사는 러시아 인형들의 포함 관계를 이해하는 데 약간의 도움이 될 것이다. 이 관계를 이해하고 나면 수학자들이 허수를 마치 실재하는 수처럼 취급하는 이유도 알 수 있을 것이다. 허수는 기존의 수로 풀 수 없는 문제를 해결하기 위해 제일 바깥쪽에 추가된 러시아 인형의 하나일 뿐이다.

Ⅳ. 수학자들은 매번 $\sqrt{-1}$ 이라고 쓰는 번거로움을 덜기 위해 i라는 기호를 창안해 냈다. i는 -1의 제곱근으로서, $i^2 = -1$이다. 이 식의 양변에 i를 곱하면 $i^3 = -i$가 되고, i를 한 번 더 곱하면 $i^4 = 1$을 얻는다.

$\sqrt{-2}$, $\sqrt{-3}$, $\sqrt{-4}$ 는 어떻게 표현해야 할까? 이들을 나타내기 위해 새로운 기호를 추가로 도입해야 할까? 아니다. 정수의 곱셈법칙에 의하면 $-3 = -1 \times 3$이므로, 이 성질을 이용하면 새로운 허수를 도입하지 않고 오직 i만을 이용하여 모든 음수의 제곱근을 나타낼 수 있다. 어떻게? $\sqrt{x}$ 는 $x^{\frac{1}{2}}$이고 지수법칙 7에 의하면 $\sqrt{a \times b} = \sqrt{a} \times \sqrt{b}$ 이므로(예를 들면 $\sqrt{9 \times 4} = \sqrt{9} \times \sqrt{4}$이다. 이것은 $6 = 2 \times 3$을 나타내는 또 하나의 방법이다), $\sqrt{-3} = \sqrt{-1} \times \sqrt{3}$ 으로 쓸 수 있다. 그런데 여기 등장한 $\sqrt{3} = 1.732050807568877 \cdots$은 지극히 평범한 실수이므로 소수점 이하 세 번째 자리까지 취하면 $\sqrt{-3} = 1.732i$ 가 된다(닫힌 형식으로 쓰면 $i\sqrt{3}$이다). 다른 음수의 제곱근도 이와 비슷한 과정을 거쳐 $i \times$ (상수)의 형태로 나타낼 수 있다. 즉, i 하나만 있으면 모든 허수를 표기할 수 있다는 뜻이다.

i는 독립심이 매우 강하여 다른 수와 섞이는 것을 허락하지 않는다. 3에다 4를 더하면 3성(三性)3-ness과 4성(四性)4-ness이 사라지면서 7이라는 결과로 나타나지만, 3에 i를 더하면 아무것도 사라지지 않고 그냥 $3 + i$가 된다. 곱

셈의 경우도 마찬가지다. 2에다 5를 곱하면 2성과 5성은 흔적도 없이 사라지고 10이라는 새로운 수가 등장하지만, 5에 i를 곱하면… $5i$가 된다. 이와 같이, 허수 단위 i는 실수와 더해지거나 곱해졌을 때 자신의 정체성을 잃지 않는다. 또는 실수들이 허수를 자신의 동족으로 여기지 않기 때문에 서로 섞이는 것을 거부한다고 생각할 수도 있다.

허수 단위 i를 도입하여 실수와 함께 연산을 수행하다 보면 그 결과가 $2+5i$, $-1-i$, $47.242-101.958i$, $\sqrt{2}+\pi i$ 등 한결같이 $a+bi$의 형태로 나타난다는 것을 알 수 있는데(여기서 a와 b는 실수이다), 이렇게 표현되는 수를 복소수라고 한다. 모든 복소수는 실수부real part와 허수부imaginary part를 갖고 있다. $a+bi$의 실수부는 a이고 허수부는 b이다.

안쪽에 있는 러시아 인형, 즉 N, Z, Q, R에 속하는 모든 수들은 복소수의 일종으로 간주할 수 있다. 예를 들어, 자연수 257을 복소수 형태로 쓰면 $257+0i$이고 실수 $\sqrt{7}$은 $\sqrt{7}+0i$가 된다. 다시 말해서, 실수는 허수부가 0인 복소수인 셈이다.

그렇다면 실수부가 0인 복소수를 칭하는 용어도 있을까? 물론이다. 이런 수를 '허수imaginary number'라고 한다. $2i$, $-1497i$, πi, $0.0000000577i$ 등은 모두 허수이다. 실수의 경우와 마찬가지로 허수도 복소수의 형태로 나타낼 수 있다. $2i$를 복소수로 나타내면 $0+2i$이다. 허수를 제곱하면 음의 실수가 얻어지며, 음의 허수를 제곱해도 역시 음의 실수가 된다. 예를 들어 $2i$의 제곱은 -4이고 $-2i$의 제곱도 역시 -4이다.

두 복소수의 덧셈은 아주 쉽게 이루어진다. 실수부는 실수부끼리 더해 주고, 허수부는 허수부끼리 더해 주면 그만이다. 즉, $-2+7i$에 $5+12i$를 더하면 $3+19i$가 된다. 뺄셈도 실수부, 허수부끼리 각각 빼 주면 된다. 그러므로 $-2+7i$에서 $5+12i$를 뺀 결과는 $-7-5i$이다. 복소수끼리의 곱셈은 괄호의 분배법칙과 $i^2 = -1$을 이용하여 쉽게 계산할 수 있다. $(-2 + 7i) \times (5 + 12i)$는 $-10 - 24i + 35i + 84i^2$이며, 간단하게 정리하면 $-94 + 11i$가 된다. 일반적으로, $(a + bi) \times (c + di) = (ac - bd) + (bc + ad)i$이다.

나눗셈도 곱셈과 비슷하게 수행할 수 있다. $2 \div i$는 얼마인가? 답: 일단 분수의 형태인 $\frac{2}{i}$로 쓴 다음 '분자와 분모에 0이 아닌 같은 수를 곱해도 분수의 값은 변하지 않는다'는 분수의 성질을 이용하여(다들 알다시피, $\frac{3}{4}$, $\frac{6}{8}$, $\frac{15}{20}$, $\frac{12000}{16000}$은 모두 같은 수이다) $\frac{2}{i}$의 분자와 분모에 $-i$를 곱하면 된다. 그러면 분자는 $-2i$가 되고 분모는 $i \times (-i) = -i^2 = -(-1) = 1$이 되어 $\frac{2}{i} = \frac{-2i}{1} = -2i$라는 답이 얻어진다.

분모가 실수라면 문제될 것이 전혀 없다. 무언가를 실수로 나누는 것은 전혀 새로운 연산이 아니므로 느긋하게 앉아서 평소에 하듯이 나눠 주면 된다. 그런데 $\frac{-7-4i}{-2+5i}$는 어떻게 계산해야 할까? 기본적인 방법은 $\frac{2}{i}$의 경우와 같다. 즉, 수단과 방법을 가리지 말고 분모를 실수로 만들어 주면 된다. 분자와 분모에 $-2-5i$를 곱해 주면 분자는 $(-7-4i) \times (-2-5i) = -6 + 43i$가 되고 분모는 $(-2+5i) \times (-2-5i) = 29$, 즉 실수이므로 답은 $-\frac{6}{29} + \frac{43}{29}i$이다. $\frac{a+bi}{c+di}$의 분자와 분모에 $(c - di)$를 곱하면 분모를 항상 실수로 만들 수 있다. 일반적인 계산 결과는 다음과 같다.

$$(a+bi) \div (c+di) = \frac{ac+bd}{c^2+d^2} + \frac{bc-ad}{c^2+d^2}i$$

i의 제곱근은 얼마일까? $\sqrt{i}$에 해당되는 다른 수를 또 다시 정의해야 할까? 세제곱근, 네제곱근, …도 모두 새롭게 정의해야 할까? 답: 전혀 그럴 필요없다. $(1 + i) \times (1 + i) = 2i$이므로 $2i$의 제곱근은 $1 + i$이다. 따라서 i의 제곱근은 이 값의 $\frac{1}{\sqrt{2}}$배인 $\frac{1}{\sqrt{2}} + \frac{i}{\sqrt{2}}$이다. 실제로 $(\frac{1}{\sqrt{2}} + \frac{i}{\sqrt{2}})^2$을 계산해 보면 i가 된다는 것을 쉽게 증명할 수 있다. 다른 거듭제곱근도 이와 비슷한 과정

을 거쳐서 i로 나타낼 수 있다.

복소수는 정말로 놀라운 수이다. 복소수에 아무리 복잡한 연산을 가해도 결코 복소수의 범위를 벗어나는 법이 없다. 심지어는 복소수에 복소수의 거듭제곱을 취해도 계산이 가능하다. 예를 들어, $(-7 - 4i)^{-2+5i}$은 약 $-7611.976356 + 206.350419i$이다. 그 이유는 나중에 설명하기로 한다.

Ⅴ. 그러나 복소수는 하나의 선 위에 대응되지 않는다. 모든 실수는 직선상의 모든 점들에 일대일로 대응되지만 복소수는 그렇지 않다.

실수 $\mathbb{R}$은 아주 쉽게 가시화시킬 수 있다(물론 여기에는 $\mathbb{Q}, \mathbb{Z}, \mathbb{N}$이 포함되어 있다). 직선을 하나 그려서 그 위의 모든 점에 실수를 하나씩 대응시키면 그림 11-1과 같은 '수직선(數直線)real line'이 얻어진다.

그림 11-1 수직선(數直線, real line)

모든 실수는 수직선 위의 어딘가에 위치하고 있다. 예를 들어, $\sqrt{2}$는 1과 2의 중간 지점에서 약간 왼쪽으로 이동한 곳에 있고 $-\pi$는 -3보다 조금 왼쪽에 위치하고 있으며 1,000,000은 0에서 오른쪽으로 6km 떨어진 지점에 있다(눈금 사이의 간격은 임의로 정할 수 있다. 그림 11-1의 눈금은 6mm 간격으로 그려져 있다: 옮긴이). 그림 11-1은 종이 넓이의 한계 때문에 수직선의 일부만 나타낸 것이고, 실제 수직선은 좌우로 무한히 뻗어 있다.

수직선은 언뜻 보기에 별로 특별할 것도 없는 점의 집합인 것 같지만, 사실 여기에는 매우 신기한 성질이 숨어 있다. 예를 들어, 유리수는 수직선상의 어디에나 골고루 존재한다. 다시 말해서, 두 개의 유리수를 임의로 골랐을 때 그 사이에는 제3의 유리수가 반드시 존재한다는 뜻이다. 이것은 또 임의로 선택한 두 개의 유리수 사이에 무한개의 유리수가 존재한다는 뜻이기도 하다(유리수 a와 b 사이에 제3의 유리수 c가 있다고 하자. 그러면 a와 c 사이에는 또 다른 유리수 d가 있고 c와 b 사이에는 유리수 e가 있다. 이런 식의 분할은 영원히 계속될 수 있다). 그런데 무리수는 어디에 숨어 있는가? 유리수들 사이에 끼어 있다는 것은 알겠는데, 그 위치가 분명하게 보이질 않는다. 유리수와 마찬가지로 무리수의 개수도 무한이므로, 수직선의 모든 곳에 골고루 존재할 것이다. 하지만 그 위치가 당장 눈앞에 그려지지는 않는다.

1-Ⅶ장에 등장했던 수열 $\frac{1}{1}, \frac{3}{2}, \frac{7}{5}, \frac{17}{12}, \frac{41}{29}, \frac{99}{70}, \frac{239}{169}, \frac{577}{408}, \frac{1393}{985}, \frac{3363}{2378}, \cdots$ 을 떠올려 보자. 이 수열은 $\sqrt{2}$로 수렴하는데, 꾸준하게 증가하거나 감소하면 서로 접근하는 것이 아니라 $\sqrt{2}$를 중심으로 오락가락하면서 수렴한다. 실제로 $\frac{1393}{985}$은 $\sqrt{2}$보다 0.00000036440355만큼 작고, $\frac{3363}{2378}$은 $\sqrt{2}$보다 0.00000006252177만큼 크다. 이 정도면 아주 작은 차이지만, 위의 수열은 이 작은 간격 안에서 앞으로 무한번의 진동을 더 해야 $\sqrt{2}$로 수렴할 수 있다. 즉, 이렇게 작은 간격 안에도 무한히 많은 분수들이 존재한다는 뜻이다. $\sqrt{2}$ 뿐만 아니라 다른 모든 무리수들도 마찬가지다.

무리수가 무한히 많고 수직선 위의 어디에나 조밀하게 존재한다는 것도 놀랍지만, 더욱 놀라운 사실은 무리수의 총 개수가 유리수보다 많다는 것이다! 이 사실은 1874년 게오르그 칸토어Georg Cantor에 의해 증명되었다. 유리수의 개수는 무한이고 무리수의 개수도 무한이긴 마찬가지다. 그러나 두 번째 무한이 첫 번째 무한보다 훨씬 크다. 이렇듯 복잡하게 얽혀 있는 수들이 어떻게 수직선 위에 가지런히 배열되어 있는 것일까? 수직선상의 모든 지점에 유리수들이 분포되어 있는데, 어떻게 그 사이 사이에 무리수들이 끼어 들어갈 수 있는 것일까?

이것은 매우 중요한 문제이긴 하지만 이 책의 주제와는 다소 거리가 있으므로 더 이상의 설명을 생략하겠다. 솔직히 말해서, 독자들에게 이 문제에 지나치게 몰입하지 말 것을 권하고 싶다. 한번 몰입하기 시작하면 거의 정신분열에 가까운 혼란에 빠질 가능성이 크기 때문이다(이 문제를 해결한 칸토어 자신도 정신병원에서 삶을 마감하였다). 그저 '모든 실수들은 수직선 위의 어딘가에 존재한다'는 주장을 사실로 받아들이고 넘어가는 편이 정신 건강에 좋을 것이다.

자, 그 다음 질문으로 넘어가 보자. 복소수는 수직선의 어느 곳에 자리 잡고 있는가? 지금 수직선은 유리수와 무리수로 초만원을 이루고 있다. 그러나 a라는 실수 하나가 주어지면 모든 가능한 실수 b에 대하여 $a + bi$라는 형태의 복소수가 무한히 존재한다. 이 수들은 대체 어디 숨어 있는 것일까?

해답은 위의 문장 속에 이미 제시되어 있다. 하나의 실수 a에 대하여 무한히 많은 b가 대응될 수 있으므로(즉, 실수부가 a인 복소수는 무수히 많으므로) a지점에서 수직선과 수직(垂直)으로 교차하는 직선을 그어서 여기에 b를 일일이 대응시키면 된다. 그런데 실수부 a는 어떤 값도 가질 수 있으므로 결국 수직선의 모든 지점에서 수직선을 그려야 하고, 그 결과는 하나의 평면으로 나타난다. 즉, 실수는 수직선 하나로 표현할 수 있지만 복소수는 평면 위에 표현되어야 하는 것이다. 이렇게 만들어진 평면을 '복소평면complex plane'이라 한다. 모든 복소수는 복소평면 위의 한 점으로 표현될 수 있다.

일반적으로, 복소평면에서 실수를 나타내는 선은 가로 방향으로 그리는 것이 상례이다(그림 11-2 참조). $i, 2i, 3i, \cdots$ 등 복소수의 허수부를 나타내는 선은 가로 방향에 수직으로 그린다. 두 직선의 교차점(원점)에서 출발하여 오른쪽으로(음수인 경우는 왼쪽으로) a만큼 진행한 후 그곳에서 다시 위쪽으로(음수인 경우는 아래쪽으로) b만큼 올라간 곳에 점을 찍으면, 그 점은 $a + bi$라는 복소수에 대응된다. 그림 11-2에서 실수를 나타내는 수평선은 '실수축real axis'이라 하고 허수를 나타내는 수직선(垂直線)은 '허수축imaginary axis'이라 하며, 이들이 만나는 교차점을 원점origin이라 한다. 또, 실수축 위에 있는 모든 점들은 허수부가 0인 복소수를 나타내며, 허수축 위에 있는 모든 점들은 실수부가 0인 복소수를 나타낸다. 그리고 원점에서는 실수부와 허수부가 모두 0이므로 $0 + 0i = 0$에 대응된다.

이쯤에서 새로운 용어 세 개를 도입해 보자. 임의의 복소수 z가 복소평면 위에 하나의 점으로 표시되어 있을 때, 원점에서 그 점까지의 거리를 그 복소수의 '절대값modulus'이라 하고, 기호로는 $|z|$로 표기한다. 피타고라스의 정리에 의하면 $a + bi$의 절대값은 $\sqrt{a^2+b^2}$이며, 항상 0이상의 값을 갖는다. 그 다음으로, '진폭amplitude'은 양의 실수축에서 원점과 복소수를 잇는 직선까지 측정한 각도로서, 단위는 라디안radian을 사용한다(1라디안radian은 57.29577951308232…°이며, 180°는 π라디안이다). 기호로는 $Am(z)$로 표기하며, 편의상 $-\pi < Am(z) \leq \pi$로 정의한다.[57] 따라서 양의 실수는 편각이 0이고 음의 실수는 편각이 $-\pi$이다. 또한, 양의 허수는 편각이 $\frac{\pi}{2}$이고 음의 허수의 편각은 $-\frac{\pi}{2}$이다.

마지막으로, 주어진 복소수 z와 실수부는 같으면서 허수부의 부호가 반대인 복소수를 'z의 켤레복소수complex conjugate'라 하고, 기호로는 $\bar{z}$로 표기한다(읽을 때는 "z 바"라고 읽는다). 한 복소수 $(a + bi)$와 그 켤레복소수 $(a - bi)$를 서로 곱하면 $(a + bi) \times (a - bi) = a^2 + b^2$이 되는데, 이 값은 항상 실수이며 $a + bi$의 절대값의 제곱과 같다. 사실, 복소수의 나눗셈도 이 원리를 이용한 것이다. 좀 더 수학적으로 표현하자면 $z \times \bar{z} = |z|^2$이며, 나눗셈은

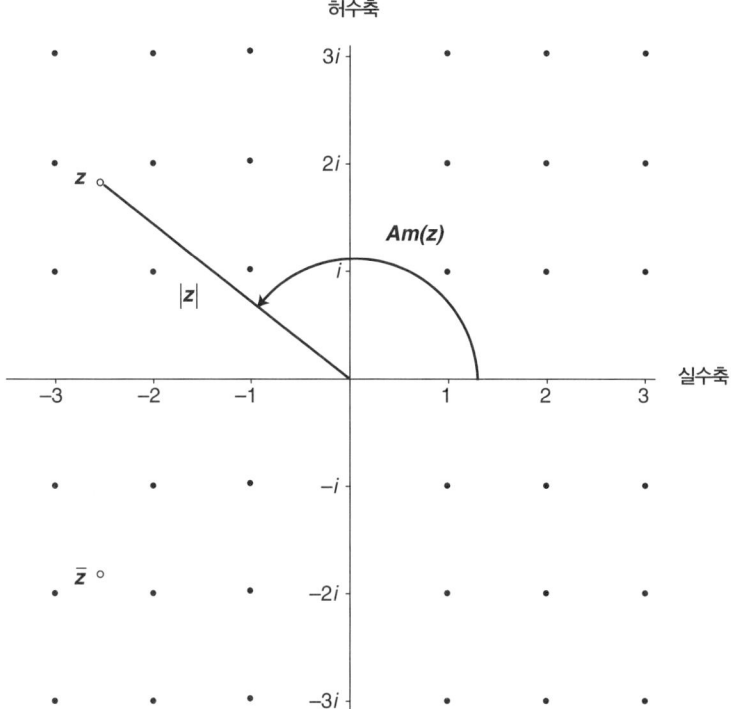

그림 11-2 복소평면(complex plane) 위에 $z = -2.5 + 1.8i$가 점으로 표시되어 있다. $|z|$는 복소수 z의 절댓값이고 Am(z)는 z의 진폭을, $\bar{z}$는 z의 켤레복소수를 나타낸다.

$\dfrac{z}{w} = \dfrac{(z \times \overline{w})}{|w|^2}$ 로 쓸 수 있다.

그림 11-2에 표시되어 있는 복소수 $-2.5 + 1.8i$의 절댓값은 $\sqrt{9.49}$ = 약 3.080584이고 진폭은 2.517569라디안이며(각도 단위로는 144.246113°이다), 켤레복소수는 $-2.5 - 1.8i$이다.

Ⅵ. 복소평면에서 약간의 준비운동을 해 보자. 우리가 사용할 운동기구는

식 9-2의 급수이다.

$$\frac{1}{1-x} = 1 + x + x^2 + x^3 + x^4 + x^5 + x^6 + \cdots \quad (-1 < x < 1)$$

여기 등장하는 연산은 덧셈과 곱셈, 그리고 나눗셈뿐이므로 x를 복소수로 확장하지 못할 이유가 없다. 이 식은 x가 복소수일 때도 성립하는가? 그렇다. 성립한다. 단, 이를 위해서는 어떤 조건이 만족되어야 한다. 예를 들어, $x = \frac{1}{2}i$면 위의 급수는 수렴한다.

$$\frac{1}{1-\frac{1}{2}i} = 1 + \frac{1}{2}i + \frac{1}{4}i^2 + \frac{1}{8}i^3 + \frac{1}{16}i^4 + \frac{1}{32}i^5 + \frac{1}{64}i^6 + \cdots$$

앞에서 했던 대로 분모를 실수로 만들어 주면 좌변은 $0.8 + 0.4i$가 되고, 우변의 각 항들을 $i^2 = -1$을 이용하여 간단하게 만들면

$$0.8 + 0.4i = 1 + \frac{1}{2}i - \frac{1}{4} - \frac{1}{8}i + \frac{1}{16} + \frac{1}{32}i - \frac{1}{64} - \cdots$$

이 얻어진다. 우변의 합은 복소평면에서 구할 수 있는데, 기본적인 아이디어는 그림 11-3과 같다. 실수축 위의 1에서 출발하여 위쪽으로 $\frac{1}{2}i$만큼 이동한 후 왼쪽으로 $\frac{1}{4}$만큼 이동하고, 다시 아래쪽으로 $\frac{1}{8}i$만큼 이동한 후… 이런 식으로 우변의 각 항을 따라 순차적으로 이동을 반복하면 사각형의 나선을 그리면서 우변의 합은 $0.8 + 0.4i$에 접근하게 된다.

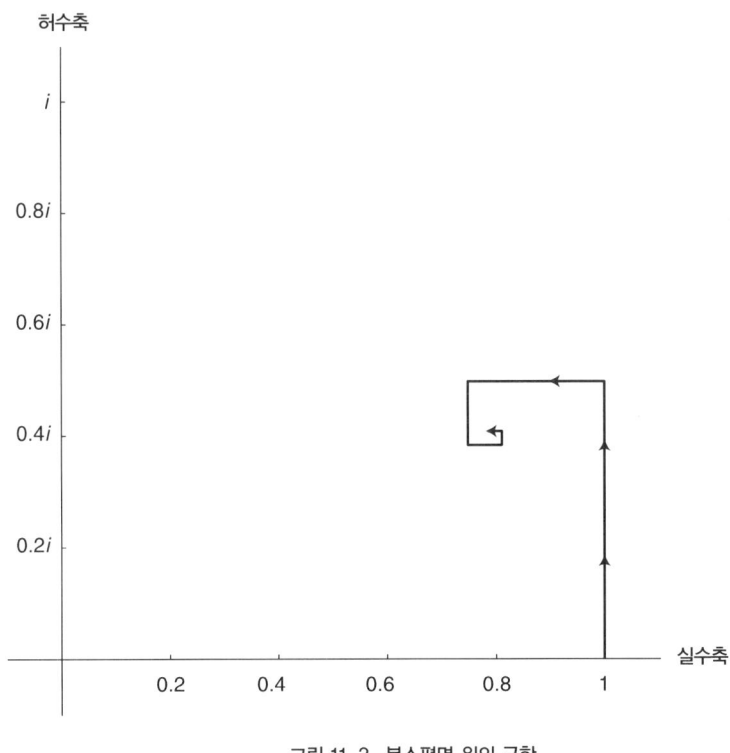

그림 11-3 복소평면 위의 극한

    1차원 수직선으로부터 2차원 복소평면으로 옮겨 오면서 상황은 조금 복잡해졌지만, 우리의 상상력을 발휘할 수 있는 공간은 훨씬 넓어졌다. 2차원 평면에서는 수학적인 결과를 그림 11-3과 같이 가시화시킬 수 있으므로, 시각적인 이해까지 도모할 수 있다는 장점이 있다. 13장으로 가면 리만의 제타함수와 리만 가설을 눈으로 확인할 수 있다. 그때가 되면 독자들은 수학 이론을 그림으로 이해하는 것이 얼마나 유용한지를 실감하게 될 것이다.

12
힐베르트의 여덟 번째 문제

Ⅰ. 1900년 8월 8일 수요일, 제2회 국제수학자대회가 열리고 있는 소르본 대학의 대형 강당에서 38세의 힐베르트가 연단에 올라섰다. 프로시아의 수도인 쾨니히스베르크Königsberg에서 법관의 아들로 태어난 힐베르트는 26세 때 대수적 불변량에 관한 고르단Gordan의 문제를 해결함으로써 이미 세계적인 수학자의 반열에 올라 있었다.

당시 수학자들은 힐베르트가 고르단의 문제를 해결했다는 소식을 듣고 칭찬을 아끼지 않았으나, 어떤 면에서 볼 때 그것은 반쪽의 성공이었다. 고르단의 문제는 어떤 특별한 종류의 수학적 대상에 관한 문제였는데, 힐베르트는 그런 대상이 존재한다는 사실만 증명했을 뿐, 실제적인 사례를 제시하지도 않았고 그것을 만들어 내는 방법에 관해서도 아무런 언급을 하지 않았다. 수학자들은 이런 증명을 가리켜 '존재 증명existence proof'이라고 한다. 힐베르트는 다음과 비슷한 논리로 존재 증명을 완결하였다 — "이 강좌는 적어도 한 명 이상의 학생이 수강하고 있다. 그중 한 학생의 이름을 X라 하자. X는 이 강좌를 수강하는 다른 어떤 학생들보다 머리숱이 많다. 그렇다면 X는 누구인가? 물론 알 수 없다. 그러나 X가 존재한다는 사실만은 분명하다." 존재 증명은 현대 수학에 빈번하게 등장하고 있으며, 요즘은 이 문제로 논쟁을 벌이는 일도 거의 없다. 그러나 1888년의 독일 수학계는 사정이 전혀 달랐다. 베를린학술원의 존경받는 회원이었던 레오폴트 크로네커Leopold Kronecker는 1887년에 〈수의 개념에 대하여On the Concept of Number〉라는 선언문을 통해 '정수에서 출발하여 유한한 단계의 과정을 거쳐 증명될 수 있는 것'을 제외한 모든 것들을 수학에서 영구히 추방시키자는 주장을 펼쳤다. 애초에 문제를 제기했던 고르단 자신도 힐베르트의 증명을 보고 "그의 논리는 수학이 아니라 신학에 가깝다"라고 했다.

그러나 당시 대다수의 수학자들은 힐베르트의 증명을 인정했고, 이에 고무된 힐베르트는 대수학과 기하학에 관한 연구를 계속하여 π와 e가 초월수transcendental number라는 사실을 새로운 방법으로 증명하였다(1882년에 린데만Lindemann은 π가 초월수라는 것을 처음으로 증명하였다. 크로네커는 린데만의 우아한 증명에 찬사를 보내는 한편, "그는 결국 증명한 것이 아무것도 없다. 왜냐하면 초월수는 존재하지 않기 때문이다!"라는 상반된 주장을 함으로써 사람들을 헷갈리게 했다◆58). 1895년에 괴팅겐대학의 교수가 된 힐베르트는 1930년에 은퇴할 때까지 그곳에서 연구를 계속하였다.

현대 수학자들은 '힐베르트'와 '괴팅겐'이라는 이름을 '이순신과 한산도'나 '김좌진과 청산리'처럼 하나의 세트로 묶어서 기억하고 있다. 힐베르트와 괴팅겐대학은 20세기 초반에 들어서면서 세계적인 유명세를 타기 시작했다. 1913년에 괴팅겐대학에 입학한 스위스의 물리학자 파울 셰러Paul Scherrer는 훗날 괴팅겐을 가리켜 "세계 최고의 지성을 기르는 곳"으로 회상하였다.

1900~1950년 동안 세계적으로 학계를 주도했던 상당수의 수학자와 물리학자들은 괴팅겐의 교수였거나 괴팅겐대학의 교수에게 배운 사람들이었다.

힐베르트의 개인적인 성품에 관해서는 여러 가지 이야기가 분분하다. 그는 춤을 잘 추는 사교적인 사람이었고 학생들에게는 강의를 잘 하는 교수였으며, 바깥세상에서는 여성 편력이 심한 바람둥이로 유명했다. 그는 대학의 경직된 분위기와 구시대적인 전통, 그리고 사회적 금기 사항 같은 것을 병적으로 싫어하는 자유주의자였다. 괴팅겐대학 어느 교수의 부인은 시내의 레스토랑에서 힐베르트가 젊은 강사와 함께 당구를 치는 모습을 보고 혀를 내둘렀다고 한다(지금의 시각으로 보면 별일도 아니지만, 당시는 이 정도만 해도 매우 파격적인 행동으로 간주되었던 것 같다: 옮긴이). 1차 세계대전이 진행되고 있을 때 에미 뇌터Emmy Noether라는 여류 수학자가 여자라는 이유로 괴팅겐대학의 강사 임용에서 탈락한 적이 있었는데, 이때 힐베르트는 "신임 강사를 채용하는 데 성(性)이 문제가 된다니, 이 무슨 해괴한 규칙인가? 교수 회의실이 무슨 목욕탕이라도 된다는 말인가?"라고 반문하며 자신의 이름으로 강좌를 개설하여 뇌터에게 강의를 일임하였다.

그러나 이렇게 개방적인 사고방식을 가졌던 힐베르트도 두뇌 회전이 느린 사람에게는 전혀 관용을 베풀지 않았다. 그는 세상 사람들의 대부분을 바보로 취급했는데, 이러한 편견은 뛰어난 학자로서 입지를 굳히는 데 어느 정도 도움이 되었다. 그런데 아이러니컬하게도 힐베르트의 하나뿐인 아들 프란츠Franz는 정신적으로 심각한 결함을 갖고 있었다. 그는 학습 능력이 현저하게 뒤떨어지는 지진아였을 뿐만 아니라, 항상 누군가의 도움을 필요로 하는 심각한 과대망상증 환자였다. 결국 힐베르트는 자신의 아들을 정신병원에 수용하면서 "지금부터 나는 아들이 없었던 것으로 생각하겠다"고 선언하였다.

개인적으로는 다소 오만하고 편견에 빠진 독선가로 보일 수도 있지만, 어쨌거나 힐베르트는 학생들과 연구 동료들에게 가장 존경받는 수학자였다. 그에 관한 일화들은 대부분 긍정적인 내용을 담고 있는데, 그중 세 개를 골라 여기 소개하기로 한다. 첫 번째 일화는 리만 가설과 관련된 내용으로, 콘스탄스 리드Constance Reid의 영문판 힐베르트 전기에 수록되어 있다.

어느 날, 힐베르트의 제자 중 한 학생이 리만 가설을 증명했다며 논문을 제출하였다. 힐베르트는 그 논문을 꼼꼼하게 읽으면서 논리의 심오함에 감탄을 자아냈으나 안타깝게도 논문의 중간에 치명적인 오류가 발견되었고, 그 오류는 아주 미묘한 구석이 있어서 힐베르트 자신도 수정할 수가 없었다. 그리고 1년 후에 그 학생은 병으로 세상을 떠났다. 힐베르트는 학생의 부모를 찾아가 장례식에서 자신이 조문사를 읽을 수 있도록 허락해 달라고 부탁했다. 장례식 당일, 깊은 슬픔에 빠져 있는 고인의 친지들과 동료 학생들이 지켜보는 가운데 힐베르트는 조문사를 읽어 내려가기 시작했다. "그토록 뛰어난 인재가 자신의 연구를 완성하지 못하고 젊디젊은 나이에 우리의 곁을 떠나간 것은 정말로 비극이 아닐 수 없습니다. 고인은 생전에 리만 가설을 증명하는 논문을 작성했습니다. 거기에는 약간의 오류가 있었으나, 약간의 수정을 거친다면 증명이 완성될 가능성은 여전히 남아 있습니다." 어느새 장지에는 비가 내리기 시작했고, 조문객들은 더욱 숙연해졌다. 힐베르트는 갑자기 격앙된 목소리로 다음 구절을 읽어 내려갔다. "자, 그럼 지금부터 복소함수에 대해 생각해 봅시다…."

두 번째 일화는 마틴 데이비스Martin Davis의 저서인 『수학자, 컴퓨터를 만들다 — 라이프니츠에서 튜링까지The Universal Computer』에서 발췌한 것이다.

힐베르트는 날마다 찢어진 바지를 입고 다니면서 보는 사람들을 민망하게 만들었다. 보다 못한 사람들은 누군가가 힐베르트에게 이 사실을 알려 줘야 한다고 생각했고, 여러 차례 논의를 거친 끝에 힐베르트의 직속 조교인 리차드 쿠랑 Richard Courant이 '전령'으로 선발되었다. 힐베르트는 평소에 사람들과 산책을 하면서 수학적인 대화를 나누는 습관이 있었으므로 쿠랑은 그에게 같이 산책할 것을 권했다. 쿠랑의 작전은 가시덤불이 울창한 곳으로 힐베르트를 유인하여 그의 바지가 방금 가시에 찢겼다고 알려 주는 것이었다. 때마침 적절한 타이밍이 도래하여 쿠랑이 준비한 대사를 읊었더니 힐베르트는 여유 있는 표정을 지으며 말했다. "아닐세, 이건 몇 주일 전에 찢어진 거야. 근데 눈치 챈 사람이 아무도 없더라구."

세 번째 일화는 출처가 불분명한데, 제법 신뢰가 가는 이야기다.

힐베르트의 제자 중 한 학생이 어느 날부터 수업을 들어오지 않았다. 다른 학생들에게 물었더니, 그 학생은 시인이 되기 위해 학교를 떠났다고 했다. 그러자 힐베르트가 말했다. "별로 놀라운 일도 아니군. 사실 그 친구는 수학자가 되기엔 상상력이 너무 부족했었지."

힐베르트는 유태인이 아니었으나, 그의 중간 이름이 하도 유별나서 히틀러가 통치하던 시기에 종종 오해를 사곤 했다. 그의 부계 쪽 조상은 기독교의 경건 파Pietism(17세기 독일의 루터교회에서 일어난 종교운동: 옮긴이) 교도였는데, 그들은 구약성서의 격언을 따서 이름 짓는 것을 좋아했다. 그 결과, 할아버지가 지어 준 그의 이름은 '다비드 푸르체고트 레베레흐트 힐베르트 David Fürchtegott Leberecht Hilbert(신을 두려워하며 바르게 사는 힐베르트)'였다.

Ⅱ. 콘스탄스 리드는 1900년 국제수학자대회에 참가했던 힐베르트의 모습을 다음과 같이 묘사하였다.

> 그날 아침, 마흔 살이 채 안 돼 보이는 중간 키의 한 남자가 연단으로 올라왔다. 그는 대머리였고 아직 남아 있는 머리카락은 붉은색이었으며, 안경은 굵직한 코 위에 차분하게 얹혀 있었다. 콧수염은 아무렇게나 자라 있었지만 커다란 입과 잘생긴 턱은 관대한 인상을 풍겼다. 그는 소년처럼 맑은 푸른 눈동자를 갖고 있었는데, 연설을 하는 동안 그의 눈은 안경 너머로 강한 빛을 발하고 있었다.

1900년 8월 8일 아침, 힐베르트는 그런 모습으로 소르본대학의 답답한 강당에서 강연을 시작했다. 대회에 참가한 인원은 250명이었으나, 객석에는 군데군데 자리가 비어 있었다.

'수학 문제들Mathematical Problems'이라는 제목으로 베풀어진 이 강연은 미국의 어린이들이 초등학교에 입학하자마자 배우는 링컨의 연설문처럼, 20세기 수학자들이 학계에 입문하면서 반드시 숙지해야 할 기념비적인 내용을 담고 있었다. "미래를 가리고 있는 베일이 벗겨질 때 기쁘지 않을 사람이 어디 있겠는가? 다가올 세기에 이루어질 과학의 발전상을 대략적으로나마 미리 볼 수 있는 기회가 주어진다면, 그것을 마다할 사람이 어디 있겠는가?"◆59 힐베르트는 이렇게 연설의 서두를 장식하면서 당시 학자들의 관심을 끌던 수학의 난제들을 23개로 정리하여 발표하였다.

그때 발표된 23개의 문제들을 여기 모두 소개하고 싶지만, 책의 분량이 너무 방대해질 것 같아 그냥 넘어가기로 했다.◆60 그동안 힐베르트의 문제들을 다룬 다양한 수준의 책들이 여러 권 출판되었으므로 궁금한 독자들은 탐구욕을 발휘해 보기 바란다.◆61 힐베르트의 목록에 첫 번째로 등장했던 연속체 가설Continuum Hypothesis은 앞에서도 잠시 언급된 적이 있는데, 이것은 실수의 특성과 관련된 매우 복잡하고 까다로운 가설로서 직관적인 관점의 수학을 추구했던 크로네커 같은 수학자는 연속체 가설 자체를 정면으로 부정하기도 했다. 연속체 가설에 관한 책도 시중에 많이 나와 있는데, 큰 도서관이나 인터넷을 뒤지다 보면 더욱 자세하고 흥미로운 정보를 얻을 수 있을 것이다.◆62

힐베르트가 제시했던 23개 문제들 중에서 이 책의 주제와 직접적으로 관련된 문제는 여덟 번째로 등장하는 리만 가설이다. 메리 윈스턴Mary Winston의 번역으로 《미국수학회 회보Bulletin of the American Mathematical Society》에 게재된 힐베르트의 원문은 다음과 같다.

8. 소수 문제(Problems of Prime Numbers)

최근 들어 소수의 분포 문제는 아다마르와 발레 푸생, 망골트 등의 연구에 힘입어 괄목할 만한 진전을 보았다. 그러나 이 문제가 완전하게 해결되려면 리만의 논문 <Über die Anzahl der Primzahlen unter einer gegebenen Grösse>에 제시된 중요한 가설, 즉 다음과 같이 정의된 제타 함수

$$\zeta(s) = 1 + \frac{1}{2^s} + \frac{1}{3^s} + \frac{1}{4^s} + \cdots$$

가 갖는 근zeros의 실수부가 모두 $\frac{1}{2}$이라는 가설이 증명되어야 한다. 단, 음의 정수로 알려진 실수근들은 여기서 제외된다. 이 사실이 증명된다면, 그 다음 문제는 주어진 수보다 작은 소수의 개수를 나타내는 리만의 무한급수를 계산하는 것이다. 특히, x보다 작은 소수의 개수 $\pi(x)$와 로그 적분 함수 $Li(x)$의 차이가 $x^{\frac{1}{2}}$보다 느린 속도로 발산하는지를 확인하는 것이 중요하다. 또한, $\zeta(s)$의 허수근에 따

라 달라지는 리만의 공식으로 소수의 밀도가 예견될 수 있는지를 알아내야 한다.

지금까지 이 책의 내용을 이해하면서 읽어 온 독자들은 위에 언급된 내용 중 적어도 일부분은 이해할 수 있을 것이다. 나중에 이 책을 덮을 때에는 모든 내용을 이해하게 될 것이다(그렇게 되기를 간절히 바란다). 여기서 우리가 주목할 부분은 20세기에 풀어야 할 23개의 과제들 중에 리만 가설이 한 자리를 차지하고 있었다는 점이다. 이는 1900년에 가장 위대한 수학자로 인정받고 있었던 힐베르트의 생각이었다.◆63

Ⅲ. 20세기에 접어들면서 리만 가설이 주목을 받게 된 이유는 10-Ⅲ장에서 간략하게 설명한 바 있다. 리만 가설이 수학계의 뜨거운 감자로 부상하게 된 가장 큰 이유는 그 무렵에 소수 정리가 증명되었기 때문이다. 1896년 이후로 수학자들은 $\pi(N) \sim Li(N)$을 믿어 의심치 않게 되었으나, 이들을 연결하는 '$\sim$'기호는 여전히 의문으로 남아 있었다. N이 커질수록 $\pi(N)$은 $Li(N)$에 접근한다. 그러나 여기 담겨 있는 수학적 의미는 무엇인가? $\pi(N)$을 이보다 더 정확하게 표현하는 방법은 정녕 없는 것인가? 만일 그렇다면 $\pi(N)$과 $Li(N)$의 차이(오차)는 무엇을 의미하는가?

소수 정리가 참이라는 사실이 확실하게 보장되면서, 수학자들의 관심은 리만 가설로 집중되기 시작했다. 베른하르트 리만의 1859년 논문에는 이 가설이 증명되어 있지 않았지만, "아마도 참일 것이다"라는 강한 심증과 함께 제타 함수의 자명하지 않은 근을 이용하여 오차항이 어떤 특별한 형태로 제시되어 있었다. 따라서 수학자들의 최대 과제는 제타 함수의 자명하지 않은 근을 가능한 한 빨리 알아내는 것이었다.

이와 관련된 수학적인 내용들은 앞으로 책을 읽어 나가면서 차차 분명해질 것이다. 사실, **제타 함수의 자명하지 않은 근들은 모두 복소수이다.** 독자들은 이 말을 듣고 별로 놀라지 않으리라 생각한다. 제타 함수의 자명하지 않은 근들은 1900년도에 다음과 같이 알려져 있었다.

- $\zeta(s)$의 자명하지 않은 근들은 무한히 많으며, 이들의 실수부는 0과 1사이의 값을 갖는다(단, 0과 1은 포함하지 않는다). 복소평면을 도입하여 그림으로 표현하면 그림 12-1과 같이 나타낼 수 있는데, 수학자들은 이를 두고 "자명하지 않은 모든 근은 임계띠critical strip 안에 위치한다"라고 표

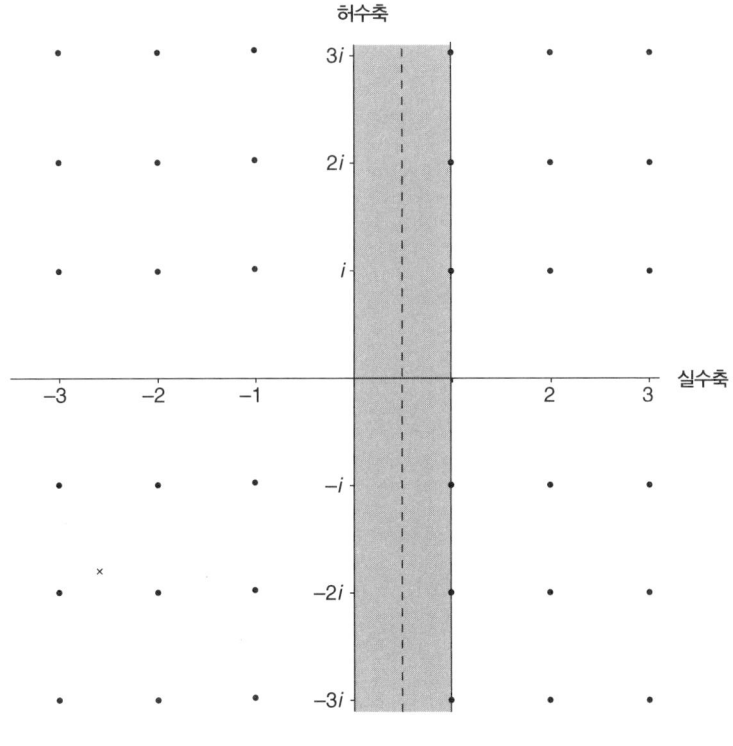

그림 12-1

현한다. 리만 가설은 이보다 더욱 강한 조건을 부과하여 $\zeta(s)$의 자명하지 않은 근들이 실수부가 $\frac{1}{2}$인 수직선상에 놓여 있음을 주장하고 있다. 이 선을 '임계선critical line'이라고 한다. 임계띠와 임계선은 리만 가설을 논할 때 흔히 사용되는 용어로서, 앞으로는 이 용어들을 별도의 설명 없이 사용하기로 한다.

리만 가설(기하학적 표현)

제타 함수의 자명하지 않은 모든 근들은
복소평면의 임계선 위에 놓여 있다.

- 제타 함수의 복소수근(자명하지 않은 근)은 켤레쌍으로 존재한다. 즉, $a + bi$가 근이면 $a - bi$도 근이다. 다시 말해서, z가 제타 함수의 자명하지 않은 근이라면 z의 켤레복소수인 $\bar{z}$도 제타 함수의 자명하지 않은 근이라는 뜻이다($\bar{z}$는 11-V장에서 정의했었다). 이것을 기하학적으로 표현하면 다음과 같다 ― "복소평면의 위쪽 반(실수축의 위쪽에 해당되는 영역)의 어딘가에 제타 함수의 근이 존재한다면, 실수축을 중심으로 거울대칭을 이루는 아래쪽에도 제타 함수의 근이 존재한다(물론 그 반대의 경우도 성립한다)."
- 근의 실수부는 임계선에 대하여 대칭을 이룬다. 즉, 근의 실수부는 리만 가설대로 $\frac{1}{2}$이거나, 아니면 $\frac{1}{2}+\alpha$와 $\frac{1}{2}-\alpha$처럼 임계선에 대하여 대칭을 이루는 쌍으로 나타난다(물론 이들의 허수부는 같다). 단, α는 $0<\alpha<\frac{1}{2}$을 만족한다. 예를 들어 근의 실수부가 0.43이라면, 이 근과 허수부는 같으면서 실수부가 0.57인 점도 제타 함수의 근이다. 이것은 9-VI장의 식

으로부터 유도되는 결과이다. 이 식은 $\zeta(s)$가 0일 때 $\zeta(1-s)$도 0이 된다는 것을 말해 주고 있다. 물론 9-Ⅵ장에서 s는 정수로 한정되어 있었지만, 정수가 아니어도 이 논리는 성립한다. 그러므로 $\left(\frac{1}{2}+\alpha\right)+it$가 제타 함수의 근이면 $\left(\frac{1}{2}-\alpha\right)-it$도 제타 함수의 근이며, 앞선 논리에 의해 $\left(\frac{1}{2}-\alpha\right)+it$도 제타 함수의 근이 된다.

힐베르트가 강연을 하던 시기에는 이것 이외에 약간의 사실이 추가로 알려져 있었다. 0부터 임의의 큰 수 T 사이의 허수부를 갖는 근의 개수에 대하여, 리만이 어떤 근사식을 제안한 것이다(16-Ⅳ장 참조). 이 근사식도 1905년에 망골트가 증명하기 전까지는 가설로 남아 있었는데, 리만의 논문에 엄청난 정보가 담겨 있다는 사실을 직감적으로 느낀 수학자들은 리만이 주장하는 어떠한 가설도 가볍게 넘길 수 없었다. 리만 가설은 1890년대에 프랑스의 학회지 《L'Intermediaire de Mathematiciens》에도 여러 번 게재되었지만 어느 누구도 '가설'이라는 딱지를 떼어 내지 못했다. 결국, 19세기의 수학자들은 리만이 1859년에 제기했던 가설을 20세기의 수학자들에게 그대로 넘겨주는 수밖에 없었다.

Ⅳ. 20세기는 누구에게나 참으로 바쁜 시기였다. 인류의 문명은 모든 분야에서 장족의 발전을 거듭하여, 달력상으로는 100년이었지만 발전상으로 볼 때는 150년 이상이었다. 그러나 수학 분야만은 발전 속도가 과거와 크게 다르지 않아서 20세기로 넘겨진 난제들은 여전히 그 위력을 떨치며 수학자들을 괴롭혔다. 전 세계의 수학자들은 소규모로 모여서 흘러간 영웅과 그들이 남긴 무용담을 회상하며 지역적인 결속을 다져 나갔다. 나는 이 책에 필요한

정보를 수집하면서 그동안 많은 수학자들과 대화를 나누었는데, 그 과정에서 내가 받았던 느낌은 20세기 초에 알려졌던 수학자들과 지금의 수학자들 사이에 시간적 차이가 별로 없다는 것이었다.

독자들의 이해를 돕기 위해 한 가지 예를 들어 보겠다. 일주일 전에 나는 휴 몽고메리Hugh Montgomery를 만나서 1970~1980년대에 활동했던 수학자들에 관한 대화를 나누었다(대화의 내용은 나중에 공개할 예정이다). 휴는 1960년대에 케임브리지의 트리니티대학에서 대학원 과정을 마친 수학자이다. 그에게 '개인적으로 친분이 있는 수학자가 누구냐'고 물었더니, 1914년에 리만 가설을 이해하는 데 중요한 기여를 했던 존 리틀우드John Edensor Littlewood(1885~1977)를 꼽았다. "그는 나에게 코담배를 권했었지." 휴는 리틀우드를 회상하며 그가 남긴 연구 노트를 보여 주었다. 시기적으로 따진다면 리틀우드는 생전에 데데킨트를 만났을 수도 있다. 데데킨트는 1916년까지 살았고 말년까지 연구를 계속했으므로 이론적으로는 얼마든지 가능한 이야기다. 그리고 데데킨트는 리만의 친구였을 뿐만 아니라, 가우스의 제자이기도 했다! (실제로 그들이 만났었는지는 확인하지 못했다. 내가 보기에 그럴 가능성은 별로 없는 것 같다. 조지 폴리아George Pólya의 증언에 의하면 데데킨트는 브런즈윅의 폴리테크닉Polytechnic을 마지막으로 1894년에 학계에서 은퇴하여 극히 제한된 사람들만 만나면서 말년을 조용하게 보냈다고 한다.)◆64

이렇게 몇 다리만 거치면 금방 한 세기 전으로 도달하기 때문에, 20세기 수학을 연대기별로 구분하여 접근할 필요는 없을 것 같다. 20세기 수학의 발달사를 보면 이런 생각을 할 수밖에 없다. 리만 가설만 해도, 20세기에 들어오면서 엄청나게 다양한 각도로 연구되었기 때문에 하나의 일관된 스토리로 묶어서 설명하기가 쉽지 않다. 이 점을 이해하려면 20세기 수학의 변천 과정에 관하여 약간의 사전 지식이 필요하다.

V. 1900년은 힐베르트의 유명한 '소르본 연설' 이외에도 20세기의 수학이 시작되었다는 점에서 의미를 가질 수도 있다. 그러나 단순히 연도의 100단위가 달라졌다고 해서 수학이 크게 달라질 이유는 없다. 과연 1899년 자정에(또는 6장에서 말했던 것처럼 1900년도 자정에) 수학자들이 한데 모여서 "드디어 20세기가 밝았어! 지금부터 수학의 추상화를 위해 열심히 노력하자구! 자, 다들 준비됐나? 그럼 시이~작!" 하고 외쳤을까? 동로마제국이 오스만 투르크족에게 멸망한 다음 날인 1453년 5월 30일에 전 유럽인들이 아침 일찍 일어나 "드디어 중세가 끝났어! 오늘부터는 책도 많이 찍어 내고 교황의 권위에 대들어 보기도 하고, 신대륙을 찾아 여행도 많이 해야지!"라고 생각했을까? 역사는 하루아침에 이루어지지도 않지만 하루아침에 달라지지도 않는다. 이런 점에서 볼 때 '20세기 수학'이라는 단어도 왠지 19세기와 갑자기 단절된 듯한 느낌을 주기 때문에 그다지 적절한 용어는 아니라고 본다.

그러나 최근 수십 년간의 수학은 가우스와 디리클레, 리만, 에르미트, 아다마르 등이 추구했던 수학과 뚜렷한 차이점을 갖고 있다. 그 차이점은 대수적algebraic이라는 데서 가장 두드러지게 나타난다. 알랭 콘느Alain Connes가 집필한 수학 교재 『비가환적 기하학Noncommutative Geometry』(1990년)에 등장하는 첫 번째 명제를 예로 들어 보자.

거의 모든 곳에서 상등을 법modulo으로 하는
유계 임의 연산자 클래스 $(q_i)_{i \in X}$ 에 다음과 같은 대수적 법칙을 부여하면
폰 노이만의 대수 $W(V, F)$를 이루며…

대수… 대수적…이라는 단어가 자주 등장하고 있지만, 이 책은 분명히 기하학에 관한 책이다! (여담으로, 이 책에 등장하는 마지막 정리의 11번째 단어는 '리마니안Riemannian'이다.)

지난 수십 년 동안 수학계가 겪어 온 일을 대충 정리하자면 다음과 같다. 수학의 역사를 되돌아볼 때, 수학의 발전은 주로 수와 관련하여 이루어져 왔다. 특히, 19세기의 수학은 정수와 유리수, 실수, 복소수 등 수와 관련된 내용들이 주류를 이루고 있었다. 물론, 이런 와중에도 함수, 공간, 행렬과 같은 새로운 개념과 이들을 다루는 수학적 도구들이 함께 개발되긴 했지만, 지금도 수학의 중심에는 여전히 수number가 자리 잡고 있다. 함수란 하나의 수집합을 다른 수집합으로 대응시키는 수단으로서, 제곱함수는 3, 4, 5를 9, 16, 25로 대응시키고, 리만의 제타 함수는 0, $1+i$, $2+2i$를 $-\frac{1}{2}$, $0.58216-0.92685i$, $0.86735-0.27513i$로 각각 대응시킨다. 수학적 공간은 점들의 집합이며 모든 점들은 좌표로 결정되고 모든 좌표는 수로 표현된다. 또한, 행렬은 단순한 수의 배열에 불과하다(행렬은 17-Ⅳ장에서 다룰 예정이다).

20세기로 들어오면서 수의 특성이 집약되어 있는 수학적 객체가 수학 연구의 주된 대상으로 부각되었고, 수와 수집합을 다루기 위해 개발된 도구들도 그 객체들을 다루는 데 사용되기 시작했다. 일정한 틀 속에 갇혀 있던 수학이 경계의 틀을 깨고 추상화의 세계를 향해 자유롭게 날아오르기 시작한 것이다.

고전적 해석학은 무한급수나 무한히 많은 점들(점은 좌표로 표현되므로 결국 점도 수의 일종으로 간주할 수 있다)의 극한을 다루는 수학이었다. 그러나 20세기의 해석학은 무한차원의 공간에서 하나의 점에 대응되는 함수를 정의하고, 이 함수들로 이루어진 급수를 연구하는 '함수해석학functional analysis'에 중점을 두고 있다.

20세기에는 수학을 연구하는 방법이나 명제를 증명하는 방법 자체가 연구 대상으로 부각되기도 했다. 20세기에 발견된 중요한 정리들 중에는 수학 체계의 완전성(쿠르트 괴델Kurt Gödel, 1931년)이나 수학적 명제의 결정 가능성(알론조 처치Alonzo Church, 1936년)을 문제 삼은 내용도 있었다.

이 문제들은 21세기가 시작된 지금도 대학 이전의 교육과정(중등학교 과정)에 포함되지 않고 있다. 고등학교 수학시간에 괴델의 불완전성 정리가 교육되는 광경은 한참 후에나 볼 수 있을 것이다(이런 날은 아예 오지 않을 수도 있다). 다들 알다시피 수학은 누가적(累加的)인 학문이다. 새로운 발견이 이루어지면 기존의 지식에 더해지기만 할 뿐, 무언가가 빼지거나 폐기되는 일은 없다. 하나의 수학적 진실이 알려지면 그것은 영원히 그 자리를 지키면서 후대의 학생들에게 전수된다. 시간이 흐르면서 최신 흐름에 뒤떨어진 내용으로 남거나 더욱 일반적인 체계가 개발되면서 그 속에 흡수될 수는 있겠지만, 한번 진실로 판명된 내용이 거짓으로 번복되는 경우는 결코(아니면 거의) 일어나지 않는다[수학을 공부하는 학생들은 "더욱 일반적이다"라는 말과 "더욱 중요하다"라는 말을 비슷하게 이해하는 경향이 있는데, 사실 이들은 전혀 다른 표현이다. 사영기하학projective geometry에 나오는 데자르그Desargue의 정리는 2차원보다 3차원 공간에서 더욱 쉽게 증명된다. 또한, 콕스터H.S.M. Coxeter의 저서 『Regular Polytopes』의 7장에 나오는 정리는 3차원보다 4차원에서 증명하는 것이 훨씬 쉽다!◆65

요즘 대학에 갓 입학한 똑똑한 학생들의 수학적 수준은 가우스가 20세 때 알고 있던 수준과 크게 다르지 않다. 심지어는 가우스보다 많이 알고 있는 학생도 있을 것이다. 나는 이 책을 그 수준에서 집필하기로 작정했기 때문에, 여기 등장하는 수학은 다분히 19세기적 성향을 띠고 있다. 수학적 내용을 배제한 짝수 장에서는 현대 수학에 관한 설명이 종종 나오겠지만, 수학적 내용이 중심을 이루는 홀수 장에서는 1900년 이전의 수학만으로 모든 것을 설명할 예정이다.

Ⅵ. 20세기에 리만 가설이 걸어 온 역사는 간단히 말해서 "소수에 목을 맨 수학자들의 역사"라고 할 수 있다. 소수에 미친 사람들의 이야기는 앞으로 몇 개의 장에 걸쳐서 자세히 소개할 예정이므로, 지금 여기서는 하나의 사례만 언급하고 넘어가기로 한다.

힐베르트는 다가올 20세기에 수학자들이 집중해서 풀어야 할 23개의 문제를 나열하면서 리만 가설을 여덟 번째 문제로 꼽았다. 그 시기는 1900년, 그러니까 수학계에 소수 열풍이 불어 닥치기 전이었다. 그로부터 몇 년 후, 힐베르트의 연구 동료였던 조지 폴리아는 힐베르트와 관련된 일화 하나를 사람들에게 공개했다.

독일인들은 13세기 독일의 통치자였던 프레더릭 바바로사Frederick Barbarossa (십자군전쟁에서 사망함)가 키프호이저Kyffhäuser 산의 어딘가에 아직도 살아 있으며, 독일인들이 그를 필요로 할 때 홀연히 나타날 것으로 믿고 있다. 힐베르트에게 '만일 당신이 바바로사처럼 수백 년 동안 잠들어 있다가 다시 깨어난다면 무슨 일을 하고 싶으냐'고 물었더니 그는 이렇게 대답했다. "글쎄… 리만 가설이 증명됐는지, 그걸 제일 먼저 물어볼 것 같은데?"

그 무렵, 수학자들의 애를 태우던 문제는 리만 가설 말고도 또 있었다. 페르마의 마지막 정리Fermat's Last Theorem(n이 3 이상의 정수일 때 $x^n + y^n = z^n$을 만족하는 정수해 x, y, z가 존재하지 않는다는 정리. 1994년에 증명됨)와

4색 문제Four Color Theorem(여러 개의 구획으로 나뉘어진 2차원 도형을 '이웃한 구획이 같은 색이 되지 않도록' 모두 칠하고자 할 때 도형과 구획의 상태에 상관없이 4종류의 색만 있으면 항상 가능하다는 정리. 1976년에 증명됨), 그리고 골드바흐의 추측Goldbach's Conjecture(2보다 큰 모든 짝수는 두 개의 소수의 합으로 나타낼 수 있다는 추측. 아직 증명되지 않음. 물론 이 추측이 성립되지 않는 사례도 발견되지 않았음)을 비롯하여 오랜 세월 동안 풀리지 않은 수학 문제와 추측, 수수께끼 등이 사방에 널려 있었다. 그리고 얼마 지나지 않아 리만 가설은 이 난제들 중에서도 가장 어려운 문제로 등극하게 되었다(페르마의 정리나 골드바흐의 추측 등은 문제 자체가 매우 간단하여 아마추어 수학자나 어린 학생들도 얼마든지 도전할 수 있었다. 그러나 리만 가설은 내용 자체가 엄청나게 난해하기 때문에 전문 수학자가 아니고서는 감히 도전할 엄두를 내지 못한다. 그래서 리만 가설은 지난 세월 동안 페르마의 정리만큼 대중적인 인기를 누리지 못했다. 물론 이 책을 읽는 우리들은 리만 가설을 이해하고 있으므로 책을 다 읽은 후에는 사정이 달라질 수도 있다!: 옮긴이).

리만 가설에 도전장을 던진 수학자들은 각자의 성향에 따라 각기 다른 방향에서 문제를 공략했다. 그러므로 20세기에 던져진 리만 가설은 한쪽 방향으로 흘러가는 것이 애초부터 불가능했다. 누군가가 아이디어를 제시하면 다른 사람이 그 논리를 진행시키고, 잠시 후에는 또 다른 사람이 다른 방향의 아이디어를 제시하여 기존의 논리와 얽히거나 상호 보완되어 제3의 방향으로 나가는 등 수많은 우여곡절을 겪었으며, 일각에서는 제타 함수의 근을 추적하는 과정에서 함수의 근을 계산하는 다양한 방법이 개발되기도 했다. 일례로서, 1921년에 에밀 아르틴Emil Artin은 대수학적인 방법으로 리만 가설을 연구하면서 체론Field Theory이라는 새로운 분야를 창시하였다. 20세기 후반에는 드디어 물리학까지 개입되어 리만 가설을 입자물리학에 적용시키려는 시도도 있었다(자세한 설명은 뒤로 미룬다). 그러나 이런 분위기 속에서도 해석적 정수론학자들은 복소함수론으로 리만 가설을 공략하는 전통적인 방법을 고수해 왔다.

소수에 관한 연구도 리만 가설과는 상관없이 독립적으로 진행되어 왔다. 그러나 학자들은 소수의 분포에 대하여 새로운 사실이 알려지면 리만 가설이 성립하는(또는 성립하지 않는) 이유도 알려질 것이라는 희망을 버리지 않고 있다. 이 분야에서 가장 괄목할 만한 업적은 1930년대에 등장한 '소수 분포의 확률적 모델probabilistic model for the distribution of primes'과 1949년에 셀버그가 소수 정리를 증명한 사건을 꼽을 수 있다(이 내용은 8-III장에서 언급되었다).

앞으로 리만 가설과 관련된 현대사를 가능한 한 수학의 모든 분야에 걸쳐서 설명할 예정이다. 그러나 가끔씩은 연대에 따른 순서를 지키기 위해 일부 내용들이 누락될 수도 있다. 일단은 일반인들이 가장 이해하기 쉬운 계산 분야부터 살펴보기로 하자. 제타 함수의 근은 어떤 값을 갖는가? 이들은 어떻게 계산될 수 있는가? 이들이 갖는 통계적인 특성은 무엇인가?

VII. 제타 함수의 근에 관하여 처음으로 구체적인 정보를 알아낸 사람은 10장에서 잠시 언급한 적이 있는 덴마크의 수학자 요르겐 그람Jørgen Gram이었다. 보험회사의 간부였던 그는 이 분야에 업적을 남긴 다른 수학자들과는 달리 대학에 적을 두지 않은 아마추어 수학자로서, 수년 동안 제타 함수의 자명하지 않은 근을 찾기 위해 방대한 양의 계산을 해치웠다(물론 그람이 한창 계산을 수행하던 시기에는 컴퓨터가 발명되지 않았었다). 그는 1903년에 근을 계산하는 효율적인 방법을 개발하여 처음 나타나는 15개의 근(실수축에 가장 가까운 15개의 근, 그림 12-2 참조)의 구체적인 값을 학계에 공개하였다. 그람이 제시했던 근들은 소수점 이하 6번째 자리에서 약간의 오차가 있긴 했지만 당시로서는 매우 정확한 값이었다. 이들 중 처음 몇 개의 값을 나열하면 다음과 같다.

$$\frac{1}{2}+14.134725i \;,\;\; \frac{1}{2}+21.022040i \;,\;\; \frac{1}{2}+25.010856i \;,\;\; \cdots$$

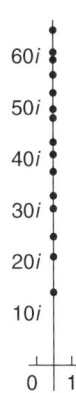

그림 12-2 그람(Gram)의 근(zeros)

보다시피, 모든 근들은 실수부가 $\frac{1}{2}$이다.◆66 [그리고 모든 근들의 켤레복소수($\frac{1}{2}-14.134725i$ 등)도 제타 함수의 근이다. 앞으로는 이 사실을 매번 언급하지 않을 작정이니 마음속에 잘 새겨 두기 바란다.] 그러므로 처음 몇 개의 근만 놓고 보면 리만 가설이 참인 것 같다. 그러나 문제는 그리 간단하지 않다. 그람이 제시한 근은 달랑 15개였지만 1859년에 발표된 리만 가설은 무한개의 근에 모두 적용되는 가설이었다. 나머지 근들도 실수부가 모두 $\frac{1}{2}$일까? 리만은 그렇다고 생각했다. 증명의 실마리를 아무도 찾지 못했다는 난처한 사실만 제외한다면, 그것은 정말로 위대한 가설이었다.

그람의 근이 공개되자 수학계는 술렁이기 시작했다. 전설적인 가우스의 시대부터 줄곧 수학자들을 괴롭혀 왔던 소수의 분포 문제가 $\frac{1}{2}+14.134725i$, $\frac{1}{2}+21.022040i$, $\frac{1}{2}+25.010856i$, … 등의 숫자에 의해 살짝 베일을 벗는 것처럼 보였던 것이다. 그러나 어떻게? 실수부는 리만의 예언대로 $\frac{1}{2}$이었지만 허수부에서는 아무런 규칙도 찾을 수 없었다.

방금 전에 나는 '수학계가 술렁이기 시작했다'는 표현을 사용했는데, 여기서 말하는 수학계란 전 세계의 수학계가 아니라 유럽을 비롯한 일부 지역의 수학계를 지칭하는 것이다. 다른 대륙의 수학자들은 리만의 가설이나 소수의 분포 문제에 그다지 열광적인 관심을 보이지 않았었다. 14장에서는 에드워드 왕이 다스리던 영국으로 넘어가서 리만 가설에 얽힌 영국의 근대사를 살펴볼 것이다. 그러나 발걸음을 옮기기 전에, 복소평면에서 제타 함수가 어떤 모습을 하고 있는지 눈으로 확인해 보자. '백문이 불여일견'이라는 격언은 바로 이런 경우를 두고 하는 말일 것이다.

◆ 수학의 거장과 그들을 후원했던 위대한 왕들 ◆

레온하르트 오일러(Leonhard Euler)

표트르 러시아 대제(Peter the Great Russia)

카를 프리드리히 가우스(Carl Friedrich Gauss)

카를 빌헬름 페르디난트 브런즈윅 공작
(Carl Wilhelm Ferdinand, Duke of Brunswick)

◆ 베른하르트 리만과 그의 조언자 그리고 친구 ◆

1850년대의 리만

베른하르트 리만(1863년)

레조이네 디리클레(Lejeune Dirichlet)

리하르트 데데킨트(Richard Dedekind)

◆ 소수 정리 ◆

발레 푸생(Charles de la Vallée Poussin)

자크 아다마르(Jarques Hadamard)

파프누티 르보비치 체비셰프
(Pafnuty Lvovich Chebyshev)

아틀레 셀버그(Atle Selberg)

◆ 20세기의 선구자 ◆

다비드 힐베르트(David Hilbert)

에드문트 란다우(Edmund Landau)

하디(G.H. Hardy)

리틀우드(J.E. Littlewood)

◆ 계산의 대가 ◆

요르겐 그람(Jørgen Pedersen Gram)

칼 지겔(Carl Siegel)

앨런 튜링(Alan Turing)

앤드루 오들리즈코(Andrew Odlyzko)

◆ 대수학자(Algebraists) ◆

에밀 아르틴(Emil Artin)

앙드레 베유(André Weil)

피에르 들리뉴(Pierre Deligne)

알랭 콘느(Alain Connes)

◆ 물리학자 ◆

조지 폴리아(George Pólya)

프리먼 다이슨(Freeman Dyson)

휴 몽고메리(Hugh Montgomery)

마이클 베리 경(Sir Michael Berry)

◆ 린델뢰프 가설과 크레이머 모형 ◆

에른스트 린델뢰프(Ernst Lindelöf)   아랄드 크라메르(Harald Cramér)

◆ 셈과 계량(Counting and Measuring) ◆

저자와 타이예의 가족들. 타이예의 나이는 산술적으로 97세이며 해석적으로는 95.522…세이다.

13
변수 개미와 함수 개미

Ⅰ. $i^2 = -1$을 만족하는 비정상적인 허수 단위를 도입한 것만 제외하면, 복소수는 실수와 그 연산 법칙들을 그대로 확장·적용한 것에 불과하다. 그리고 함수란, 어떤 영역(정의역)에 있는 수들을 다른 영역으로 변환시키는 수단이다. 그렇다면 복소수를 변수로 갖는 함수도 만들어 낼 수 있지 않을까? 논리적으로 안 될 이유가 없다.

예를 들어, 복소평면에서의 제곱함수는 복소수의 곱셈법칙을 그대로 적용하여 만들 수 있다. $-4 + 7i$의 제곱은 $(-4 + 7i) \times (-4 + 7i) = 16 - 28i - 28i + 49i^2 = -33 - 56i$이므로 이 계산에 따라 함수값을 정해 주면 된다. 표 13-1 에는 몇 가지 변수값에 대한 제곱함수의 값이 제시되어 있다.[67]

z	z^2
$-4 + 7i$	$-33 - 56i$
$1 + i$	$2i$
i	-1
$0.174 - 1.083i$	$-1.143 - 0.377i$

표 13-1 제곱함수

이 시점에서 이런 말을 하면 독자들은 납득이 가지 않을 수도 있겠지만, 복소수를 변수로 갖는 함수, 즉 복소함수complex function는 고등수학에서도 가장 우아하고 강력한 계산 수단으로 각광을 받고 있다. 고등학교 수학 과정에서 배우는 모든 함수의 정의역을 복소수로 확장시키면 그에 해당되는 복소함수가 자연스럽게 정의된다. 표 13-2에는 지수 함수 e^x의 변수를 복소수 z로 확장하여 만든 복소 지수 함수 e^z의 값이 제시되어 있다.

z	e^z
$-1 + 2.141593i$	$-0.198766 + 0.30956i$
$3.141593i$	-1
$1 + 4.141593i$	$-1.46869 - 2.28736i$
$2 + 5.141593i$	$3.07493 - 6.71885i$
$3 + 6.141593i$	$19.885 - 2.83447i$

표 13-2 복소 지수 함수

표 13-2를 자세히 보면 왼쪽에 나열된 변수값은 매 단계마다 $1 + i$씩 '더해지고' 있는 데 반해, 오른쪽의 함수값은 매 단계마다 $1.46869 + 2.28736i$만

큼 곱해지고 있음을 알 수 있다. 매 단계마다 변수값을 1씩 증가시킨다면 함수값은 당연히 e배씩 증가할 것이다. 표 13-2의 두 번째 줄에는 수학 역사상 가장 아름다운 등식이 자리 잡고 있다.

$$e^{\pi i} = -1$$

이 등식을 유도했던 가우스는 "이 식을 보자마자 '그럼, 당연하지!'라는 생각이 떠오르지 않으면 당신은 일류 수학자가 아니다"라고 했다. 수학에 자신 있는 독자들은 다소 자존심이 상하겠지만 최고의 천재가 하는 말이니 난들 어쩌겠는가.

e를 비롯한 다른 실수 위에 복소수를 지수로 얹어 놓는다는 것이 대체 어떻게 가능하다는 말인가? e^π만 해도 머리가 혼란스러운데, $e^{\pi i}$라니, 도대체 이 무슨 뚱딴지 같은 소리인가? 너무 심란해할 것 없다. 모든 지수는 무한급수로 이해할 수 있으므로 이번에도 그 방법을 이용해 보자. z가 실수이건, 복소수이건 간에 e^z은 식 13-1과 같이 정의된다.

$$e^z = 1 + z + \frac{z^2}{1 \times 2} + \frac{z^3}{1 \times 2 \times 3} + \frac{z^4}{1 \times 2 \times 3 \times 4} + \cdots$$

식 13-1

이 무한급수는 z의 값에 상관없이 항상 수렴한다(이건 아무리 봐도 기적이다! 적어도 내가 보기엔 그렇다). 항이 거듭되다 보면 분모의 증가 속도가 너무 엄청나서, 분자에 있는 z의 거듭제곱이 거의 유명무실해지기 때문이다. 그리고 더욱 놀라운 사실은 z가 자연수일 때 식 13-1의 무한급수가 e의 정수 거듭제곱(e, e^2, e^3, e^4, $\cdots$)과 에누리 없이 일치한다는 것이다. 급수의 생긴 모양으로 봐선 그럴 이유가 전혀 없을 것 같지만 이것은 분명한 사실이다. 예를 들어, $z = 4$일 때 식 13-1의 좌변은 $e^4 = e \times e \times e \times e$이며, 우변의 급수는 정확하게 이 값으로 수렴한다.

이제, 식 13-1의 z에 πi를 대입하여 수렴 여부를 확인해 보자. $z = \pi i$이면 $z^2 = -\pi^2$이고 $z^3 = -\pi^3 i$, $z^4 = \pi^4$, $z^5 = \pi^5 i$, ⋯ 등이다. 이 값을 우변의 무한급수에 각각 대입하여 계산한 결과는 다음과 같다(편의를 위해 소수점 이하 6번째 자리까지만 고려하자).

$$e^{\pi i} = 1 + 3.141592i - \frac{9.869604}{2} - \frac{31.006277i}{6} + \frac{97.409091}{24} + \frac{306.019685i}{120} - \cdots$$

이런 식으로 처음 10개 항까지 더하면 $-1.001829104 + 0.006925270i$가 얻어지며, 20개 항까지 더한 결과는 $-0.9999999999243491 - 0.000000000528919i$이다. 이제 우리의 급수가 어디로 수렴하는지 짐작할 수 있겠는가? 그렇다. 실수부는 -1로, 허수부는 0으로 수렴하여 결국 $e^{\pi i} = -1$이라는 산뜻한 결과가 얻어진다!

그렇다면 로그 함수도 복소수 영역으로 확장할 수 있을까? 물론이다. 로그 함수는 지수 함수의 역함수이므로 정의를 그대로 따르기만 하면 된다. 즉, $e^z = w$일 때 $z = \log w$이다. 그러나 제곱근 함수와 마찬가지로 로그 함수의 경우에도 하나의 변수에 여러 개의 함수값이 대응되기 때문에, 이 대목에서 세심한 주의를 기울여야 한다. 이런 일이 왜 생기는 것일까? 복소평면에서 정의된 지수 함수는 변수의 값이 달라도 함수값이 같아지는 경우가 있기 때문이다. 예를 들어, -1의 세제곱은 -1이므로 $e^{\pi i} = -1$의 양변을 세제곱하면 지수법칙에 따라 $e^{3\pi i} = -1$이 된다. 즉, e의 지수가 πi일 때와 $3\pi i$일 때, 함수값은 둘 다 -1이다. 이것은 제곱 함수에서 -2의 제곱과 2의 제곱이 둘 다

4로 나오는 것과 비슷한 현상이다. 그렇다면 $\log(-1)$은 얼마라고 해야 하는가? πi? 아니면 $3\pi i$?

답은 πi이다. 어라? 그러면 $e^{3\pi i}$는 -1이 아니라는 말인가? 그렇지는 않다. 누가 뭐라 해도 $e^{3\pi i} = -1$은 분명한 진실이다. 단, 로그 함수값의 허수부를 $-\pi$와 π 사이로 한정시키면($-\pi$는 포함되지 않고 π는 포함된다) 여러 개의 답을 하나로 줄일 수 있다. 이렇게 하면 0이 아닌 모든 복소수의 로그는 하나의 값으로 정해지고, 그 결과 $\log(-1) = \pi i$가 된다. 11-V장에서 도입했던 기호를 이용하면 $\log z = \log|z| + iAm(z)$라고 쓸 수 있다. $Am(z)$는 복소수 z의 진폭amplitute으로서, 단위는 라디안이다(그러나 대부분의 책에서는 진폭이 아닌 '편각argument'이라는 용어를 사용한다: 옮긴이). 표 13-3에는 몇 개의 변수값에 대한 로그 함수의 값이 소수점 이하 6자리까지 나열되어 있다.

z	$\log z$
$-0.5i$	$-0.693147 - 1.570796i$
$0.5 - 0.5i$	$-0.346574 - 0.785398i$
1	0
$1 + i$	$0.346574 + 0.785398i$
$2i$	$0.693147 + 1.570796i$
$-2 + 2i$	$1.039721 + 2.356194i$
-4	$1.386295 + 3.141592i$
$-4 - 4i$	$1.732868 - 2.356194i$

표 13-3 로그 함수

이 표에서 변수 z는 다음 단계로 넘어갈 때마다 $1 + i$가 '곱해진다'. 그리고 여기 대응되는 함수값은 매 단계마다 0.346574 + 0.785398i 씩 일률적으로 '증가한다'. 이것이 바로 로그 함수의 특징이다. 단, z가 -4에서 $-4-4i$로 바뀔 때 $Am(z)$는 π에서 $\frac{5}{4}\pi$로 바뀐다. $Am(z)$의 값이 π보다 클 경우 2π를 빼준 값을 사용한다. $Am(z) = \frac{5}{4}\pi$일 때 $\frac{5}{4}\pi$ 대신 $\frac{5}{4}\pi - 2\pi = -\frac{3}{4}\pi$를 사용한다(11-V장에서 말한 바와 같이, 수학자들은 각도를 표현할 때 주로 라디안 단위를 사용한다). 지금까지 설명한 규칙을 잘 지킨다면 복소 로그 함수는 아무런 문제 없이 깔끔하게 정의될 수 있다.

Ⅱ. 복소 지수 함수와 복소 로그 함수가 모두 정의되었으므로, 복소수에 복소수 지수가 얹혀진 수도 얼마든지 정의할 수 있다. 5-Ⅱ장의 지수법칙 8에 의하면 임의의 실수 a는 $e^{\log a}$와 같고, 여기에 지수법칙 3까지 동원하면 $a^x = e^{x \log a}$이다. 그렇다면 두 개의 복소수 z와 w가 주어졌을 때 $z^w = e^{w \log z}$라고 주장할 수 있을까?

물론이다. 예를 들어, $(-4+7i)^{2-3i}$을 계산해 보자. 제일 먼저 알아야 할 것은 $\log(-4+7i)$인데, 복소 로그 함수의 정의에 의하면 이 값은 $2.08719 + 2.08994i$이다. 그리고 여기에 $2-3i$를 곱하면 $10.4442 - 2.08169i$가 얻어진다. 따라서 우리의 계산 결과는 $e^{(10.4442 - 2.08169i)} = -16793.46 - 29959.40i$이다. 즉,

$$(-4+7i)^{2-3i} = -16793.46 - 29959.40i$$

임을 알 수 있다. 좌변의 생긴 모습만 보면 황당하기 그지없지만 주어진 절차를 따라가기만 하면 계산은 그야말로 식은 죽 먹기다. 또 하나의 예를 들

어 보자. $e^{\pi i} = -1$의 양변에 제곱근을 취한 후 좌변과 우변을 바꿔치기 하면 $i = e^{\frac{\pi i}{2}}$가 된다. 여기서 양변을 다시 i제곱시키면 $i^i = e^{-\frac{\pi}{2}}$가 되는데, 우변은 더 이상 복소수가 아닌 실수(0.2078795763⋯)이다.

이와 같이, 임의의 복소수에 복소수 지수를 얹은 연산은 항상 가능하다. 따라서 실수에 복소수 지수를 얹었다면 계산은 더욱 쉬워진다. 주어진 복소수 z에 대하여 2^z, 3^z, 4^z, ⋯ 등의 계산은 이제 식은 죽 먹기가 아니라 '입 안에 든 죽 삼키기' 정도로 쉽다. 그렇다면 리만의 제타 함수

$$\zeta(s) = 1 + \frac{1}{2^s} + \frac{1}{3^s} + \frac{1}{4^s} + \frac{1}{5^s} + \frac{1}{6^s} + \frac{1}{7^s} + \frac{1}{8^s} + \cdots$$

도 복소수의 영역으로 확장시킬 수 있을까? 물론 할 수 있다. 복소수의 세계에서 불가능이란 없다! (그러나 제아무리 전지전능하다 해도 복소수를 0으로 나눌 수는 없다!: 옮긴이)

Ⅲ. 제타 함수는 무한급수의 형태이므로 급수의 수렴 여부가 항상 중요한 문제로 부각되는데, 알려진 바에 의하면 s의 실수부가 1보다 클 때 $\zeta(s)$는 항상 수렴한다. 또는 수학자들의 용어를 사용하여 "$Re(s) > 1$인 반평면half-plane에서 수렴한다"라고 표현할 수도 있다. 여기서 $Re(s)$는 '복소수 s의 실수부'를 의미한다.

$\zeta(s)$의 변수 s가 실수일 때 약간의 수학적 기술을 사용하면 급수가 수렴하지 않는 곳까지 정의역을 확장할 수 있었다. 여기서 이 기술을 한 차례 더 사용하면 $s = 1$인 지점을 제외한 모든 복소평면에서 제타 함수를 정의할 수 있다. $s = 1$이면 제타 함수는 1장에서 카드로 탑을 쌓을 때 등장했던 조화급수가 되어 무한으로 발산하고, 그 외의 모든 지점에서는 명확한 값을 갖는

다. 물론, 제타 함수가 0이 되는 지점도 있다. 9-Ⅳ장에서 확인한 바에 의하면 s가 −2, −4, −6, −8, … 등 음의 짝수일 때 $\zeta(s) = 0$을 만족시킨다. 그러나 이런 지점들은 제타 함수의 자명한trivial 근이기 때문에 별다른 설명 없이 그림으로만 확인하고 그냥 넘어갔었다. 자, 이제 새로운 질문을 던져 보자. s가 복소변수일 때에도 $\zeta(s) = 0$을 만족하는 s가 존재할 것인가? 만일 존재한다면, 이들이 바로 우리가 찾던 '자명하지 않은non-trivial' 근이 될 것인가? 기분상 왠지 그럴 것 같다. 그러나 만사는 불여튼튼이라 했으니, 속단을 내리기 전에 몇 가지 사실을 확인하고 넘어가기로 하자.

Ⅳ. 지금부터 40년 전에, 뛰어난 두뇌와 기이한 언행으로 유명했던 테오도르 이스터만Theodor Estermann이 『복소수와 복소함수Complex Numbers and Functions』라는 책을 집필한 적이 있다.◆68 이 책의 서문에는 '기하학적 직관에 의존하는 것을 가능한 한 자제하였다'고 적혀 있는데, 실제로 본문을 모두 뒤져 봐도 그림이라고 할 만한 것은 단 두 개밖에 나오지 않는다. 이와 비슷한 수학관을 가진 수학자들이 몇 명 있긴 하지만, 다행히도 대다수의 수학자들은 이스터만과 다른 수학관을 갖고 있어서 복소함수를 설명할 때 그림에 의존하는 경우가 많다. 독자들도 복소함수를 대할 때 머릿속으로 생각만 하는 것보다 그림을 곁들여 이해하는 편이 훨씬 쉽다고 생각할 것이다.

복소함수를 그림으로 표현한다… 취지는 좋은데, 막상 그리려고 하니 눈앞이 막막하다. 그래서 일단은 가장 만만한 제곱함수를 대상으로 방법을 모색해 보고, 결과가 만족스러우면 복잡한 복소함수에 적용시키는 식으로 진도를 나가 보자.

한 가지 분명한 사실은, 지금 우리에게 실변수 함수의 그래프가 전혀 도움이 되지 않는다는 것이다. 변수가 실수인 함수의 그래프는 정말로 그리기가 쉽다. 일단 실변수를 나타내는 수평선을 하나 긋고(실수는 하나의 직선에 모두 들어 있다), 함수의 값을 나타내는 또 하나의 직선을 수직 방향으로 긋는다. 그리고 두 개의 직선이 교차하는 원점에서 출발하여 수평선(x축)을 따라 변수 x의 값만큼 오른쪽으로(x가 음수이면 왼쪽으로) 이동한 후, 그곳에서 다시 함수값 y만큼 위로(y가 음수면 아래로) 이동하여 그 위치에 점을 찍는다. 가능한 한 많은 x값에 대하여 이 과정을 반복하면 매 단계마다 찍은 점들이 하나의 매끈한 선으로 이어지면서 그래프가 서서히 모습을 드러낸다. 함수 $y = x^2$의 그래프는 그림 13-1과 같다.

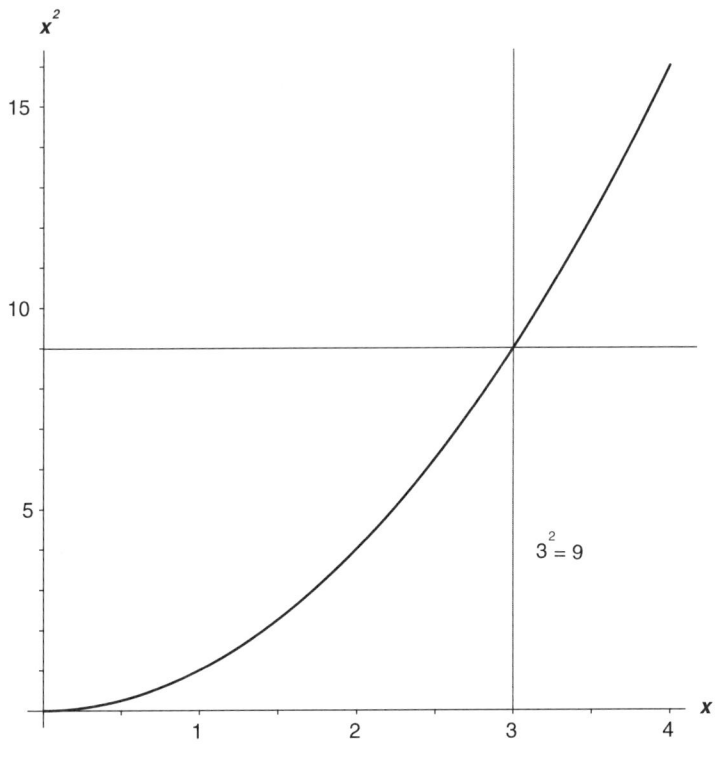

그림 13-1 함수 x^2의 그래프

그러나 변수가 복소수로 확장되면 이런 식으로 그래프를 그릴 수 없다. 실변수 x는 하나의 직선 위에 표현될 수 있지만, 복소변수 z의 위치를 표현하려면 2차원 평면이 필요하다. 그리고 함수값 역시 복소수이므로 이를 표현하는 2차원 평면이 하나 더 있어야 한다. 즉, 복소함수의 그래프는 4차원 공간에 그려야 한다는 뜻이다[여러분이 믿거나 말거나, 4차원 공간에서 두 개의 면은 하나의 '점'에서 만날 수도 있다. 이 현상을 비유적으로 설명하자면 다음과 같다 — 2차원 우주에 사는 생명체들은 '평행하지 않은 두 개의 직선은 반드시 한 점에서 만난다'고 하늘같이 믿고 있겠지만, 3차원 공간에서 평행하지 않은 직선은 아예 만나지 않을 수도 있다(이때, 두 직선은 '꼬인 위치'에 있다고 말한다). 그러므로 4차원 공간에서 두 개의 평면이 '꼬인 위치'에 있을 때, 이들이 만나면서 형성되는 교점의 차원은 우리의 예상보다 작아질 수도 있다].

그래프가 그려질 종이면은 물론이고, 우리가 사는 세상조차도 4차원 공간을 담을 수는 없으므로 이런 식으로는 복소함수를 그리는 것이 불가능하다. 그러나 약간의 기지를 발휘하면 방법이 전혀 없는 것도 아니다. 여기서 잠시 함수의 기본적인 성질을 생각해 보자. 간단히 말해서, 함수란 하나의 수(변수)를 다른 수(함수값)로 변환시키는 일련의 방법을 말한다. 복소함수의 경우, 변수는 복소평면 위의 한 점에 해당되고 함수값도 복소평면 위의 다른 어떤 점에 대응될 것이다. 그러므로 복소함수는 정의역 안에 있는 한 무더기의 복소수들을 다른 영역으로 투사시키는 역할을 한다. 정의역 안에서 임의의 한 점을 선택하여 함수의 정의에 따라 변환을 가하면 어느 점으로 투사되는지 알 수 있다.

예를 들어, 그림 13-2의 점 a, b, c, d를 생각해 보자. 이 점들은 각각 $-0.2 + 1.2i$, $0.8 + 1.2i$, $0.8 + 2.2i$, $-0.2 + 2.2i$를 가리키고 있다. 여기에 제

곱 함수를 적용하면 이 점들은 어디로 이동할 것인가? $-0.2 + 1.2i$의 제곱은 $-1.4 - 0.48i$이며, 이것은 곧 a의 함수값에 해당된다. 같은 방법으로 b, c, d를 제곱하면 함수 z^2에 의해 변환된 네 개의 점들이 얻어질 것이다. 이 점들을 각각 A, B, C, D라 하자. 여기서 한 걸음 더 나아가 사각형 $abcd$ 안에 있는 모든 점들을 같은 방법으로 변환시키면 변환된 모든 점들은 그림 13-2의 왼쪽에 있는 일그러진 도형 $ABCD$ 안에 놓이게 된다.

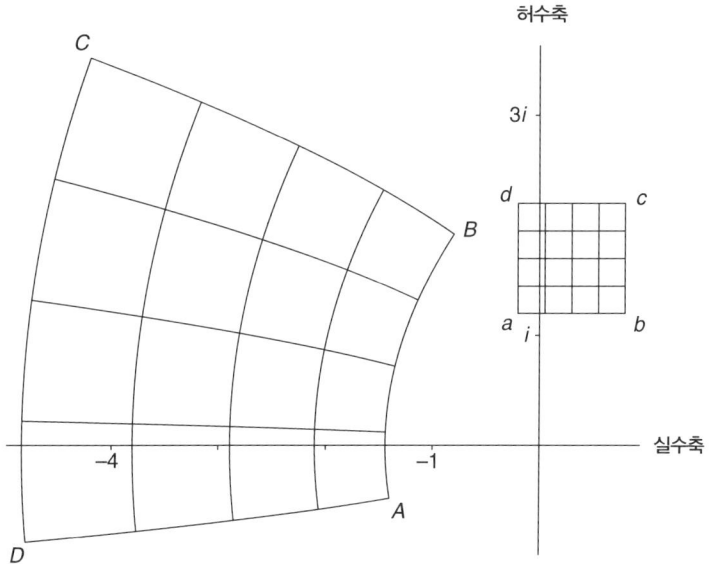

그림 13-2 사각형 $abcd$ 안에 있는 모든 점들을 정의역으로 삼아 제곱 함수 z^2을 적용하면 모든 함수값은 새로운 도형 $ABCD$의 내부에 투사된다.

Ⅴ. 복소평면을 무한히 잡아 늘일 수 있는 고무판으로 간주하면 복소함수를 그림으로 표현할 수 있다. 즉, 정상적인 고무판 위에 정의역을 설정한 후,

주어진 함수에 맞게 고무판을 잡아 늘이면 함수에 의한 변환이 어떤 식으로 일어나는지를 눈으로 확인할 수 있다. 방금 언급한 제곱함수는 그림 13-2의 정의역 abcd를 (원점을 중심으로) 반시계 방향으로 돌린 후 바깥쪽으로 잡아 늘이는 변형에 해당된다. 예를 들어, abcd 내부의 허수축상에 있는 한 점 $2i$에 '제곱'이라는 변환을 가하면 -4가 되는데, 이 점은 새로운 도형 ABCD의 내부에 있는 실수축상에 위치하고 있으며, 원점으로부터의 거리는 변형 전보다 2배 늘어났다. -4를 한 번 더 제곱하면 원점을 중심으로 휙 돌아가면서 원점과의 거리는 더욱 멀어져서 실수축 위의 16이라는 지점으로 이동하게 된다. 또, 실수축에 대하여 $2i$와 대칭을 이루는 $-2i$에 같은 변환을 가하면 이 점 역시 -4로 이동한다. 실제로, 임의의 복소수에 제곱을 가하면 복소수의 진폭(편각)은 항상 두 배로 커진다(-4는 $2i$의 제곱일 뿐만 아니라 $-2i$의 제곱이기도 하다).

누구보다도 상상력이 풍부했던 베른하르트 리만은 복소함수를 이런 식으로 가시화시켰다. 제곱함수의 경우, 일단 정상적인 복소평면을 머릿속에 그린 후에 음의 실수축(원점에서 시작하여 왼쪽으로 뻗어 나가는 직선)을 따라 복소평면을 가위로 자른다. 이 상태에서 평면의 위쪽 반을 손으로 잡고 원점을 회전축 삼아 반시계 방향으로 잡아 늘이면서 360° 돌린다(지금 우리의 복소평면은 신축성이 무한인 고무판임을 상기하라). 그런데 지시대로 잡아 늘이다 보면 180° 돌아갔을 때 문제가 발생한다. 복소평면의 끝이 자기 자신과 다시 만나는 것이다! 그러나 우리의 복소평면은 방해물을 마음대로 통과하는 신기한 재질로 되어 있으므로 걱정할 것 없다. 이런 식으로 360° 회전이 완료되면 잡아 늘인 복소평면의 끝은 방금 전에 가위로 잘랐던 경계선과 다시 만나면서 그림 13-3과 같은 형태가 된다. 이것이 바로 제곱 함수를 통해 변형된 복소평면의 모습이다.

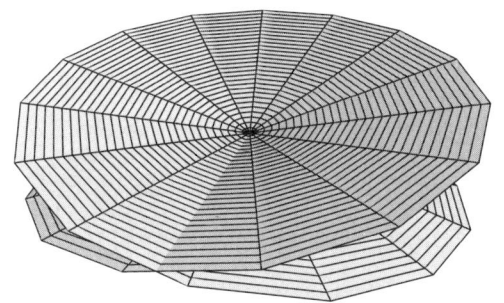

그림 13-3 제곱 함수 z^2에 해당되는 리만 곡면(Riemann surface)

　이것은 함수 z^2을 눈으로 확인하기 위해 그냥 재미 삼아 한번 해 본 단순한 변형이 아니다. 풍부한 상상력의 소유자였던 리만은 이로부터 '리만 곡면 이론theory of Riemann surface'이라는 새로운 이론 체계를 만들어 냈고, 그로부터 복소함수에 대한 깊은 이해를 도모함과 동시에 강력한 계산법을 개발할 수 있었다. 뿐만 아니라, 리만 곡면 이론은 함수론과 대수학, 그리고 위상기하학을 하나로 통합함으로써 20세기 수학이 비상할 수 있는 초석을 제공하였다. 풍부하고 대담한 상상력과 치밀한 논리의 산물인 리만 곡면 이론은 인간의 정신이 창조해 낸 가장 위대한 산물이라고 해도 결코 과언이 아닐 것이다.

Ⅵ. "복소함수를 좀 더 쉽게 이해하는 방법은 없을까?" 이런 생각을 하는 독자들을 위해 한 가지 방법을 개발했다. 여기, 우리의 새로운 친구인 변수 개미를 소개한다(그림 13-4).

그림 13-4 변수 개미

변수 개미는 몸집이 너무 작아서 눈으로 볼 수는 없다. 그러나 고성능 현미경으로 확대해서 보면 정말로 개미가 맞다[좀 더 정확하게 말하면 *Camponotus japonicus*(개미의 학명: 옮긴이)라 불리는 일개미다]. 이 개미는 안테나를 비롯한 다양한 장비를 갖추고 있으며, 특히 제일 앞쪽 손에 GPS(위성 위치 확인 시스템)용 단말기를 항상 들고 다니면서 자신의 현재 위치를 수시로 확인하고 있다. 단말기의 액정 모니터에는 세 가지 정보가 나타나는데, 화면의 제일 위쪽에는 함수의 이름이 뜨고(z^2, $\log z$ 등) 화면의 중간 부분에는 '변수', 즉 현재 자신이 서 있는 위치가 복소수로 나타나며 그 아래에는 지정된 함수로 변수를 변환시켰을 때 얻어지는 함수값이 표기되도록 설계되어 있다. 그러므로 개미는 언제 어디서건 자신의 정확한 위치를 알 수 있을 뿐만 아니라 자신의 위치가 함수를 통해 어디로 변환되는지도 정확하게 알 수 있다.

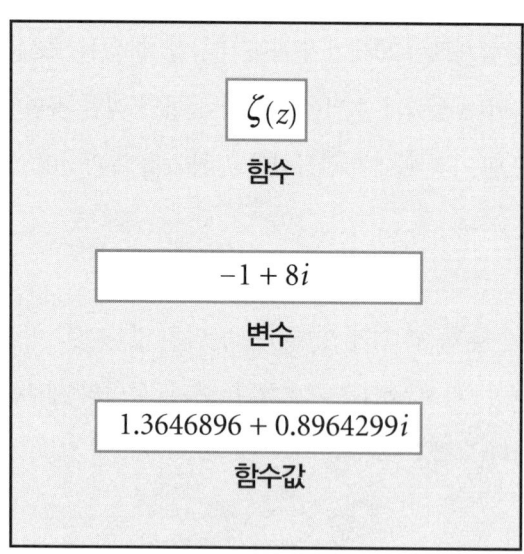

그림 13-5 변수 개미가 휴대하고 있는 GPS 단말기의 화면 상태

이제, 함수의 종류를 제타 함수로 세팅해 놓고 변수 개미가 복소평면 위를 마음대로 돌아다니도록 방치한다. 땅 속을 더듬으며 두더지를 잡는 것처럼 조금 비효율적인 방법이긴 하지만, 어쨌거나 부지런한 변수 개미는 제타 함수의 근을 찾아 줄 것이다. 변수 개미가 제타 함수의 근 위를 지나갈 때마다 GPS 단말기의 함수값에는 '0 + 0i'라는 값이 선명하게 찍힐 것이고 그 위에 게시되는 변수에는 제타 함수의 근이 나타날 것이다. 똑똑한 변수 개미는 이런 점을 지날 때마다 허리에 차고 있는 사인펜으로 그 위치를 표시해 두도록 이미 훈련이 되어 있다. 그러므로 우리는 탐사 현장을 지킬 필요없이 휴게실에서 느긋하게 차를 마시고 돌아와도 변수 개미가 찾은 제타 함수의 근을 확인할 수 있다.

변수 개미에게 주어진 임무는 이것 말고도 또 있다. 변수 개미는 함수값이 실수나 순허수가 되었을 때, 그에 해당되는 변수에도 펜으로 표시를 하도록 비밀리에 맹훈련을 받았다. 따라서 함수값이 2, −2, 2i, −2i, ⋯ 등인 지점은 펜으로 표시하고 함수값이 3 − 7i인 지점은 그냥 지나칠 것이다. 다시 말해서, 제타 함수를 통해 실수축이나 허수축으로 투사되는 모든 점들(변수들)에 표시를 한다는 뜻이다. 그리고 함수 평면에서(사실 평평한 면은 아니지만) 실수축과 허수축이 만나는 지점은 0이므로 이 점에 대응되는 변수값이 바로 제타 함수의 근이다. 우리는 이런 식으로 변수 개미의 도움을 받아 제타 함수를 그림으로 나타낼 수 있다.

변수 개미가 임무를 충실히 수행하면서 이리저리 돌아다니다 보면 그가 표시한 점들은 다양한 궤적을 그리게 된다. 약간의 탐사를 통해 얻어진 궤적은 그림 13-6과 같다. 그림에 표시된 세 개의 직선은 실수축과 허수축, 그리고 임계선을 나타내며, 나머지 곡선들은 제타 함수를 실수나 순허수로 만드는 변수값의 궤적을 나타내고 있다. 그리고 각각의 곡선이 끝나는 지점에는 그 점에 대응되는 함수값이 표기되어 있다.

제타 함수는 고무판 복소평면을 어떻게 변형시키는가? 그 모습을 머릿속

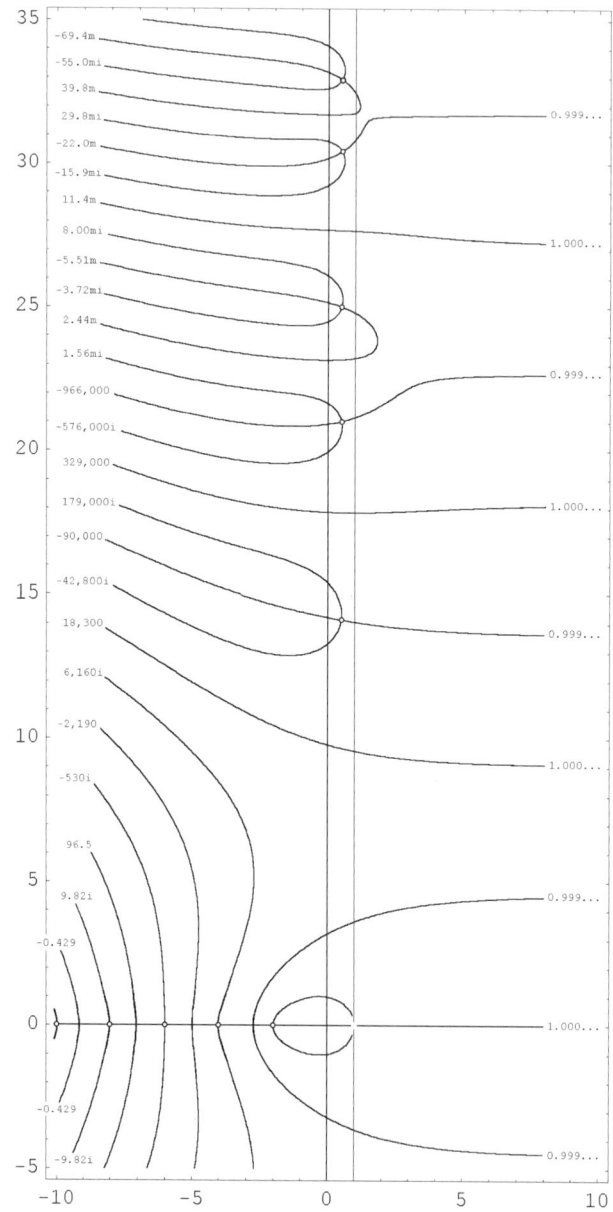

그림 13-6 제타 함수의 값이 실수이거나 순허수일 때, 그에 해당되는 변수값의 분포

에 그리려면 뛰어난 상상력을 발휘해야 한다. 제곱 함수는 그림 13-3처럼 자기 자신을 끊고 지나가는 2중 평면의 형태로 나타나지만, 제타 함수는 이보다 훨씬 더 복잡하여 자기 자신을 무한번 끊고 지나가는 무한층의 평면을 이룬다. 물론 이렇게 복잡한 도형을 머릿속에 쉽게 그릴 수 있는 사람은 없다. 이것을 머릿속에서 가시화시키려면 전문 수학자들도 수년 동안 제타 함수와 씨름하면서 직관적인 감을 길러야 한다. 그러므로 지금 당장 제타 함수가 머릿속에 그려지지 않는다고 낙담할 필요는 없다. 앞에서 말한 대로, 우리는 좀 더 쉬운 방법으로 문제에 접근할 것이다.

지금부터 변수 개미가 가는 길을 따라가 보자. 출발점은 어디라도 상관없지만, 일단은 −2라고 가정하자. 다들 알다시피, 이 지점은 제타 함수의 자명한 근들 중 하나이므로 해당 함수값은 당연히 0이다. 여기서 출발한 개미가 실수축을 따라 서쪽으로 이동하면 함수값은 증가하기 시작한다.

잠시 후, 개미가 −2.717262829에 이르면 함수값은 0.009159890…에 도달한다. 여기서 계속 왼쪽으로 이동하면 제타 함수는 서서히 감소하여 다시 0이 된다. 이 책의 9장을 읽은 독자들은 이런 변화가 왜 일어나는지 알 수 있을 것이다. 두 번째로 0이 되는 지점은 −4이다.

이 길은 9장에서 이미 탐사를 해 본 길이기 때문에 별로 새로운 것이 없다. 그러니 다시 시작점인 −2로 되돌아가서 다른 길을 탐사해 보자. 일단은 처음처럼 왼쪽으로 출발하여 음의 실수축을 따라가다가 제타 함수가 최대값에 도달했을 때 오른쪽으로 방향을 틀어서 그림 13-6의 오른쪽 하단에 있는 큰 포물선 모양의 길을 따라가 보자. 그러면 함수값은 계속 증가하여 0.01, …, 0.1에 이르고 허수축을 끊고 지나간 후에는 곧 0.5에 도달한다. 이제 개미의 진행 방향은 포물선의 위쪽 경로를 따라 거의 동쪽을 향하게 되고, 앞으로 진행할수록 함수값은 계속해서 증가한다. 그러다가 그림에 그려진 영역을 벗어날 때쯤 되면 제타 함수의 값은 0.9990286까지 도달하고, (그림에는 나와 있지 않지만) 포물선을 계속 따라가면 제타 함수의 증가 속도가 눈에 띄게 느려져서 함수값이 1이 되려면 무한히 먼 길을 더 가야 한다.

임무에 충실한 우리의 변수 개미는 어느새 무한히 먼 지점까지 가 버렸다. 그가 없으면 제타 함수값을 일일이 계산해야 하므로 어떻게든 다시 돌아오게 해야 한다. 그런데 갔던 길을 그대로 되돌아오면 새로 얻는 정보가 없으므로 실수축을 따라서 돌아오라고 명령을 내렸다(그 방법에 대해서는 너무 심각하게 따지지 말자. 무한히 먼 지점에는 순간 이동 장치가 있어서 언제든지 유한한 거리로 되돌아올 수 있다. 작동 원리는 이 책의 주제와 상관없으므로 설명을 생략한다!). 개미가 실수축을 따라서 출발점으로 되돌아오는 동안 함수값은 점차 증가하여 그림 13-6의 영역으로 진입할 때쯤 되면 1.0009945751…이 된다. 여기서 왼쪽으로 더 진행하면 1.644934066848…을 거쳐(상기하자, 바젤 문제!) 2에 도달하고, 개미가 1에 접근할수록 함수값은 무한으로 급증한다.

개미가 실수축 위의 1을 밟는 순간, 곧바로 요란한 경고음이 울리고 GPS 단말기에는 붉은색 빛이 번쩍거리면서 함수값에 '∞'이라는 기호가 찍혔다. 그런데 단말기를 자세히 들여다보니 뭔가 좀 이상하다. ∞기호 바로 오른쪽에 'i'라는 문자가 매우 빠르게 깜빡이고 있지 않은가. 이와 동시에 ∞기호의 왼쪽에는 마이너스부호(−)가 역시 빠른 속도로 깜빡거리고 있는데, 'i'와 '−'는 동시에 나타나지 않고 번갈아 가며 깜빡이고 있다. 아무래도 이 기계가 서로 다른 네 개의 값 ∞, $-\infty$, ∞i, $-\infty i$를 동시에 보여 주려고 애를 쓰고 있는 것 같다. 정말 이상하다. 고장이라도 난 것일까?

이 지점에서 변수 개미가 갈 수 있는 길은 4가지가 있다(위, 아래, 좌, 우). 그래서 단말기가 4개의 값을 번갈아 가며 나타낸 것이다. 오던 방향(왼쪽 방향)으로 계속 진행한다면 아마도 개미는 깜짝 놀랄 것이다. 함수값이 갑자기 음의 무한으로 곤두박질을 치기 때문이다. 이때 당황하지 말고 계속 걸어가면 함수값이 빠른 속도로 회복되어 −1조, −100만, −1000, −100을 거쳐 변수가 0일 때 −0.5까지 증가하고[$\zeta(0) = -0.5$], −2에 도달하면 드디어 함수값이 0으로 되돌아온다.

반면에, 경보음이 울리던 지점(실수축 1)에서 곧바로 우회전하여 원점을 둘러싼 계란형 궤적을 따라간다면 함수값은 음의 순허수가 되면서 점차 증가한다. 즉, $-1,000,000i$, $-1,000i$를 거쳐 $-10i$, $-5i$, $-2i$, $-i$로 계속 증가하다가 허수축과 만나기 직전에 $-0.5i$가 되고 −2를 밟는 순간에 함수값은 0에 도달한다.

표 13-4는 변수 개미가 실수축 1에서 출발하여 계란형 궤적의 윗부분을 따라 실수축 −2에 도달하는 동안 단말기에 나타나는 제타 함수값의 변화를 보여 주고 있다. 각 단계의 변수 진폭은 0°, 30°, 60°, 90°, 120°, 150°, 180°이며 소수점 이하 다섯 번째 자리에서 반올림하였다.

z	$\zeta(z)$
1	$-\infty i$
$0.8505 + 0.4910i$	$-1.8273i$
$0.4799 + 0.8312i$	$-0.7998i$
$0.9935i$	$-0.4187i$
$-0.5737 + 0.9937i$	$-0.2025i$
$-1.3206 + 0.7625i$	$-0.0629i$
-2	0

표 13-4 변수 개미가 그림 13-6의 계란형 궤적을 따라갈 때 나타나는 제타 함수의 변화

만일 변수 개미가 실수축 1에서 좌회전하여 계란형 궤적의 아랫부분을 따라갔다면 제타 함수는 $1.8273i$, $0.7998i$, … 등 양의 순허수를 거쳐 0으로 도달했을 것이다(그림 13-6에 나와 있는 모든 곡선들은 변수 개미가 제멋대로 걸어간 궤적이 아니라 제타 함수가 실수나 순허수가 되는 변수의 궤적을 그려 놓은 것이다. 즉, 그림에 나타난 곡선상에서 제타 함수는 항상 실수 아니면 순허수의 값을 갖는다는 뜻이다. 그런데 변수 개미는 그 길을 어떻게 알고 찾아가는 것일까? 아마도 GPS 단말기의 위력인 것 같다: 옮긴이).

Ⅶ. 변수 개미는 제타 함수의 다른 근에서 출발할 수도 있다. 그래서 그림 13-6에 제타 함수의 다른 근들을 작은 동그라미로 표시해 두었다. 그리고 변수 개미에게 현재 가고 있는 길의 방향을 알려 주기 위해 각각의 궤적이 그림 13-6의 영역을 벗어나는 지점마다 그 지점에 대응되는 함수값을 표기해 두었다(숫자 뒤에 붙어 있는 'm'은 '곱하기 백만'을 뜻한다. 'i'는 그냥 허수 단위이다). 각 궤적이 그림 13-6의 왼쪽 끝을 벗어나는 지점(변수의 실수부가 -10이 되는 지점)에서 함수값을 눈여겨보라. 이 지점에서 첫 번째 곡선에 속하는 변수는 제타 함수를 통해 음의 실수에 대응되고(-0.429) 두 번째 곡선은 양의 순허수에 대응된다($9.82i$). 그리고 세 번째 곡선은 양의 실수에 대응되며(96.5), 네 번째 곡선은 음의 순허수에 대응된다($-530i$). 이러한 양상은 위로 올라가면서 똑같이 반복된다.

그러나 각각의 곡선이 오른쪽 끝을 벗어나는 지점(변수의 실수부가 $+10$이 되는 지점)에서 제타 함수는 한결같이 양의 실수값을 갖는다. 사실, 곡선이 임계띠critical strip의 오른쪽으로 벗어나면 제타 함수는 아주 단조로운 함수가 되어, 이 영역에 있는 모든 변수들은 함수 평면의 1 근방을 향해 집중적으로 사상mapping(함수를 통해 변수가 함수값으로 변환되는 것)된다. 임계띠의 왼쪽 동네에서는 위치가 조금만 달라져도 함수값이 크게 변하는데, 이 영역도 우리의 관심사는 아니다. 제타 함수와 관련하여 우리의 관심을 끄는 곳은 바로 임계띠의 내부 영역이다(이 문제와 관련된 다른 사례를 알고 싶은 독자들은 이 책의 끝에 수록된 부록을 참고하기 바란다).

사실, 이 책의 핵심은 그림 13-6에 모두 담겨 있다고 해도 과언이 아니다. 이 그림은 제타 함수의 모든 특성과 근을 한눈에 보여 주고 있다. 가능하다면 약간의 시간을 할애하여 그림 13-6을 뚫어지게 바라보면서 변수 개미가 지나간 길을 계산으로 확인해 보기 바란다. 고등수학에 등장하는 함수들은 정말로 '이름값'을 한다. 이런 함수들은 자신의 비밀을 쉽게 드러내지 않을 뿐더러, 개중에는 평생 동안 씨름을 해야 간신히 감이 잡히는 괴물 같은 함수도 있다. 리만의 제타 함수도 바로 그런 괴물에 속한다. 그렇다고 독자들에게 제타 함수의 전문가가 되라는 뜻은 결코 아니다. 나는 이 책을 집필하면서 평이한 수준의 관련 서적을 찾아보았으나 역시 제타 함수를 다룬 책들은 난해하기 이를 데 없었다. 그래서 평소 안면이 있는 수학자들이나 대학 도서관을 이리저리 찾아다니며 관련 자료를 수집하는 수밖에 없었다. 내가 주로 참고했던 책은 티치마시E.C. Titchmarsh의 『리만 제타 함수 이론The Theory of the Riemann Zeta-function』(412쪽)과 패터슨S.J. Patterson의 『리만 제타 함수 이론 입문An Introduction to the Theory of the Riemann Zeta-function』(156쪽), 그리고 해럴드 에드워즈Harold Edwards의 『리만 제타 함수Riemann's Zeta-function』(316쪽, 나는 이 책을 세 권이나 갖고 있다. 사연을 말하자면 좀 길다) 등이다. 그 외에 여러 잡지와 정기간행물에 실렸던 관련 기사들도 많은 도움이 되었다. 이 밖에도 제타 함수의 신기한 성질을 철저하게 파헤친 책은 도처에 널려 있지만, 일반 독자들이 도저히 읽을 수 없을 정도로 난해한 것이 흠이다.

그림 13-6은 리만 가설을 눈으로 확인시켜 주고 있다. 자세히 보라. 제타 함수의 자명하지 않은 근들이 임계선을 따라 가지런히 배열되어 있지 않은가! 그림에는 임계선이 그려져 있지 않지만, 제타 함수의 자명하지 않은 근들은 마치 고속도로의 중앙선처럼 한결같이 임계띠의 중간 부위에 위치하고 있다.

Ⅷ. 다시 그림 13-6으로 돌아가서 몇 가지 사실을 짚고 넘어가자. 우선 첫째로, 그림 13-6과 같은 패턴은 변수의 허수부가 아무리 커져도 거의 동일한 형태로 반복된다(그림에는 35i까지 제시되어 있다).

이 사실을 확인하기 위해 그림 13-7로 눈을 돌려 보자. 이 그림에는 $\frac{1}{2}+100i$ 근처에 있는 제타 함수의 근들이 작은 동그라미로 표현되어 있다. 그런데 이 근들은 그림 13-6에 나와 있는 (자명하지 않은) 근들보다 더욱 촘촘하게 배열되어 있다. 그림 13-7에 나와 있는 근들 사이의 평균 간격은 2.096673119…로서, 그림 13-6의 평균 간격 4.7000841…보다 두 배 이상 좁다. 따라서 허수부 100i 근방에서 나타나는 근의 '밀도'는 20i 근방에서보다 두 배 이상 높다고 말할 수 있다.

임계띠의 높이가 원점으로부터 T인 지점에서 근의 평균 간격은 약 $\sim \frac{2\pi}{\log(T/2\pi)}$ 이다. '∼' 기호가 말해 주듯이, 이 공식은 그리 정확하지 않다. 실제로 $T = 20$이면 이 값은 5.4265725…이고 $T = 100$이면 2.270516724…가 되어, 위에서 계산한 평균 간격과 제법 큰 차이가 난다. 그러나 위의 근사식은 T가 커질수록 정확하게 맞아 들어간다. 앤드루 오들리즈코는 $\frac{1}{2}+1,370,919,909,931,995,308,897i$ 근방에 있는 10,000개의 근을 구하여 발표한 적이 있다. 이 경우에 $\frac{2\pi}{\log(T/2\pi)}$ 를 계산해 보면 0.13416467…로서, 오들리즈코의 목록으로부터 직접 구한 평균 간격 0.13417894…와 거의 정확하게 일치하고 있다.

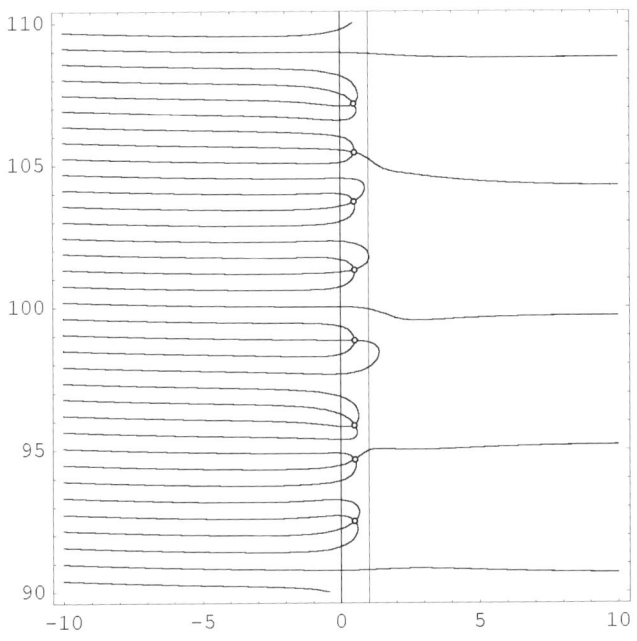

그림 13-7 변수 평면의 위쪽 부분

그 다음으로, 이 책의 후반부에서 중요한 실마리가 될 사실 하나를 짚고 넘어가자. 결론부터 말하자면 그림 13-6을 실수축 아래쪽으로 확장하여 해당 궤적을 모두 그려 보면 실수축을 중심으로 정확하게 대칭을 이룬다는 것이다. 이 영역에서 제타 함수의 실수부는 실수축을 중심으로 반대편에 있는 '대칭짝'의 실수부와 같고, 제타 함수의 허수부도 자신의 대칭짝과 같지만 부호는 반대이다. 이것을 수학적으로 표현하면 조금 간단해진다. $\zeta(a+bi) = u+vi$이면 $\zeta(a-bi) = u-vi$이다. 복소수 기호를 사용하면 $\zeta(\overline{z}) = \overline{\zeta(z)}$로 표현할 수 있다. 이로부터 유도되는 중요한 사실 하나, $a+bi$가 제타 함수의 근이면 $a - bi$도 제타 함수의 근이다!

Ⅸ. 마지막으로, 리만 가설을 그림으로 이해해 보자. 제타 함수의 자명하지 않은 근의 실수부가 모두 $\frac{1}{2}$이라는 것이 리만 가설이므로, 이는 곧 제타 함수의 근이 임계선상에만 존재한다는 뜻이다.

여기, 다소 생소해 보이는 그림 하나를 소개한다(그림 13-8). 변수 평면과 함수 평면을 혼동하면 이 그림을 이해할 수 없으니 주의하기 바란다. 그림 13-6과 13-7은 변수 평면에서 그린 그림이었다. 일반적으로, 복소함수는 변수 평면에 있는 점의 집합(정의역)을 다른 점의 집합(함수값)으로 변환시킨다. 그런데 변수나 함수값이나, 복소수라는 점에서는 다를 것이 없으므로 변수를 복소평면에 표시했던 것처럼 함수값도 복소평면에 표시할 수 있다. 지금부터, 함수값으로 이루어진 복소평면을 '함수 평면value plane'이라 부르기로 하자. 다시 말해서, 변수 평면에 있는 점들이 주어진 복소함수를 통하여 함수 평면으로 투사된다는 뜻이다. 예를 들어, 제타 함수는 변수 평면에 있는 $\frac{1}{2} + 14.134725i$라는 점을 함수 평면의 0으로 투사시킨다. 그림 13-2는 하나의 평면에 변수 평면과 (투명한) 함수 평면을 겹쳐서 그려 넣은 것이다.

그림 13-6과 13-7은 변수 평면에서 특별한 함수값(실수, 또는 순허수)으로 투사되는 변수의 위치를 표시해 놓은 그림이다. 그리고 변수 개미는 그의 이름이 말해 주듯이 변수 평면에 사는 개미이다. 변수 개미의 임무는 탐사할 함수를 제타 함수로 세팅해 놓고 현재 자신의 위치가 어떤 함수값에 대응되는지를 GPS 단말기로 확인하면서 변수 평면 위를 돌아다니는 것이었다. 그리고 사실은 시간을 절약하기 위해 아무 데나 발길 가는 대로 가지 말고 함수값이 실수나 순허수가 되는 길만 따라가도록 훈련을 시켰다(물론 가는 길

마다 사인펜으로 표시도 했다).

함수를 그림으로 표시하는 또 하나의 방법은 함수 평면에 특정 변수(예를 들면 실수나 순허수)가 투사되는 궤적을 그리는 것이다.◆69 즉, 그림 13-6과 13-7처럼 특별한 함수값으로 대응되는 변수의 위치를 변수 평면에 나타내는 대신에, 특별한 변수값들이 함수 평면의 어느 위치에 투사되는지를 그림으로 표현할 수도 있다.

깜빡 잊고 소개를 안 했는데, 사실 변수 개미에게는 함수 평면에 사는 쌍둥이 형제가 있다. 그의 이름은 독자들이 짐작하는 대로 '함수 개미'이다. 지금 이들은 무전기로 연락을 주고받으면서 상대방의 위치에 대응되는 자신의 위치를 정확하게 찾아가고 있다. 예를 들어 변수 평면상에서 변수 개미의 위치가 $\frac{1}{2}+14.134725i$였다면, 그 순간에 함수 개미는 함수 평면의 0지점(원점)에 자리를 잡고 있다.

이제, 변수 개미의 임무를 조금 바꿔 보자. 이전에는 그림 13-6에 그려져 있는 곡선을 따라갔었지만(이때 함수 개미는 실수축과 허수축을 따라 직선 왕복운동만 했었다), 지금부터는 실수축상의 $\frac{1}{2}$을 출발점으로 하여 위쪽으로 직선운동을 하도록 지령을 내렸다. 즉, 변수 평면의 임계선을 따라 북쪽으로 직선운동을 하는 것이 변수 개미의 새로운 임무이다. 이 경우에 함수 개미는 함수 평면에서 어떤 궤적을 그릴 것인가? 답은 그림 13-8에 제시되어 있다. 함수 개미의 출발점은 $\zeta(\frac{1}{2})$인데, 이 값은 9-V장에서 계산한 대로 $-1.4603545088095\cdots$이다. 이곳에서 출발한 함수 개미는 원점 아래쪽으로 반원형 궤적을 그리면서(정확한 반원은 아니다) 반시계 방향으로 이동하다가 실수축을 끊고 올라온 후로는 1을 중심으로 시계 방향의 원형 궤적을 그린 후 원점에 도달한다(이때 변수 개미의 위치가 바로 제타 함수의 첫 번째 근으로서, 정확한 값은 $\frac{1}{2}+14.134725i$이다). 원점을 통과한 함수 개미는 조금 작아진 원형 궤적을 그린 후 다시 원점으로 돌아온다. 변수 평면에 있는 쌍둥이 형제가 제타 함수의 근을 지날 때마다 함수 개미는 이런 식으로 원점을 통과하게 된다. 임계선을 따라 계속 직진하던 변수 개미는 $\frac{1}{2} + 35i$에 이르렀을 때 이동을 멈췄다. 더 진행하면 그림 13-6의 영역을 벗어나기 때문이다. 그동안 함수 개미는 원점을 다섯 번 통과했는데, 이는 그림 13-6에 작은 동그라미로 표시되어 있는 다섯 개의 근에 해당된다. 그리고 함수 개미가 쓸고 지나간 궤적의 대부분은 실수부가 양수인 지역에 집중되어 있음을 알 수 있다.

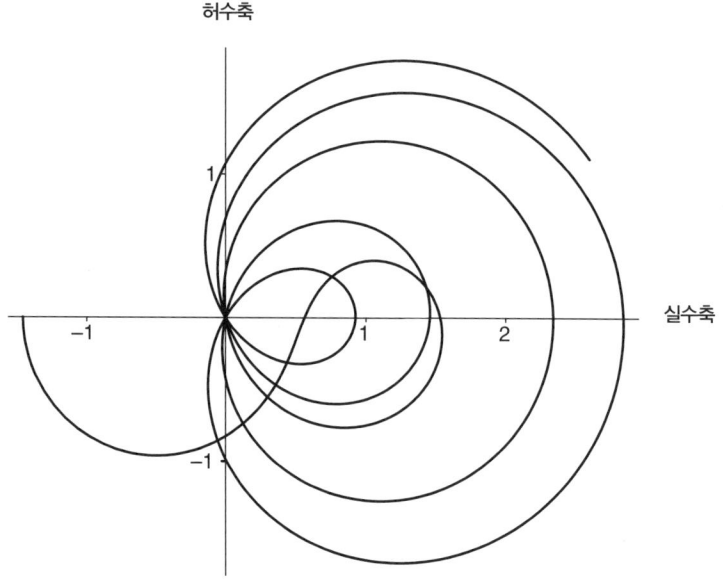

그림 13-8 변수 평면의 임계선이 제타 함수를 통해 함수 평면으로 투사되었을 때 나타나는 궤적

그림 13-8은 함수 평면에 그려진 궤적임을 다시 한번 상기하기 바란다. 그림 13-6과 13-7은 함수 평면의 실수와 순허수가 변수 평면으로 투사된 그림이지만, 그림 13-8은 그와 정반대로 변수 평면의 임계선이 함수 평면으로 투

사된 그림이다. 그림 13-2에서 작은 사각형 영역이 제곱 함수를 통해 휘어진 사각형으로 투사된 것도 이와 비슷한 과정으로 이해할 수 있다. 수학적으로 표기하자면 그림 13-8은 'ζ(임계선)'이라고 할 수 있다. 즉, 변수 평면에서 임계선에 해당되는 변수값만 골라서 그에 대응되는 제타 함수의 값을 함수 평면에 그래프로 나타낸 것이다. 그리고 그림 13-6과 13-7은 $\zeta(z)$가 실수이거나 순허수인 z를 변수 평면에 나타낸 그래프이므로 'ζ^{-1}(실수축과 순허수축)'이라고 할 수 있다. 여기서 ζ에 붙어 있는 '-1'은 $a^{-1} = \frac{1}{a}$ 과 같은 지수의 의미가 아니라 'ζ의 역함수inverse function'라는 뜻이다. 이것은 동일한 기호를 전혀 다른 뜻으로 사용하는 또 하나의 사례이다(앞에서도 이런 경우가 있었다. π는 원주율을 의미하기도 하고 소수 계량 함수의 이름으로 사용하기도 한다).

일반적으로, 함수의 성질(근의 위치 등)을 연구할 때는 함수 평면보다 변수 평면에서 분석하는 것이 더 효율적이다. 함수 평면은 함수가 아주 유별난 특성을 갖고 있을 때 가끔 고려되는 정도이다.◆70

리만 가설은 제타 함수의 자명하지 않은 모든 근들이 임계선을 따라 놓여 있다고 주장하고 있다. 즉, 모든 근의 실수부가 $\frac{1}{2}$이라는 뜻이다. 이 장에서 제시된 그림들(13-6, 13-7, 13-8)에서는 리만 가설에 위배되는 사례가 단 한 번도 나타나지 않았다. 물론, 그렇다고 해서 증명된 것은 아무것도 없다. 제타 함수의 근은 무한히 많고, 그 많은 근들을 모두 그릴 수는 없기 때문이다. 1조 번째 근이나 1조×1조 번째 근, 또는 1조×1조×1조×1조×1조 번째 근이 임계선상에 놓여 있다고 어떻게 장담할 수 있겠는가? 각개격파식의 접근으로는 결코 무한을 상대할 수 없다. 이런 상황에서 우리의 최선은 무엇일까? 7장에서 얻은 황금 열쇠가 해답을 알려 줄 것이다.

14
몰입

Ⅰ. 물론, 20세기 초의 최첨단 수학이 뿌리를 내린 곳은 괴팅겐대학만이 아니었다. 60여 년 전에 휴 몽고메리에게 코담배를 권했던 리틀우드는 대영제국의 수학자였다. 1907년, 케임브리지의 트리니티대학에서 대학원 연구과정postgraduate research을 밟고 있던 젊은 리틀우드는 한 가지 문제에 몰입하고 있었다.

어느 날, 반스Barnes◆71는 나에게 '리만 가설을 증명하라'는 새로운 문제를 던져 주었다. 그러나 1907년에 나는 ζ(s)와 소수에 관한 기초 지식이 절대 부족한 상태였다. 린델뢰프Lindelöf의 책에서 ζ(s)를 본 적은 있었지만◆72 소수에 관한 언급이 전혀 없었기 때문에 제타 함수와 소수가 어떤 관계에 있는지도 모르고 있었다. 리만 가설도 유명한 수수께끼라는 사실 정도는 알고 있었으나 그냥 정수함수와 관련된 문제 정도로 인식하고 있었다. 1907년에는 긴 휴가를 보내고 있었으므로 책을 접할 기회가 별로 없었다[아다마르의 논문을 알고 있는 사람은 소수에 불과했고 벨기에의 학술지에 실린 발레 푸생의 논문을 읽어 본 사람은 그보다 더 적었다. 아무튼, 그 복잡한 문제는 수학계의 주된 관심사가 아니었다. 리만의 그 유명한 논문(1859년)에는 증명되지 않은 가설과 소수 계량 함수 $\pi(x)$가 등장하지만 소수 정리에 대해서는 아무런 언급이 없었다. 훗날 하디Hardy는 소수 정리가 증명되었다는 이야기를 한 적이 있는데, 그는 증명을 해낸 사람이 리만이라고 생각했다. 이 모든 혼란은 1909년에 란다우의 책을 접하면서 곧 정리되었다].

위의 글은 1953년에 처음으로 출판된 『리틀우드의 잡록Littlewood's Miscellany』에서 인용한 것이다. 이 책에는 리틀우드의 자전적 글에 농담과 수학 퍼즐, 인물 스케치 등이 곁들어 있다. 리틀우드와 함께 이 장에서 소개될 수학자는 영국을 대표하는 하디Godfrey Harold Hardy(1877~1947)와 독일의 란다우Edmund Landau(1877~1938)이다. 이 세 사람은 힐베르트보다 반 세대 후에 활동한 수학자로서, 리만 가설을 본격적으로 공략한 선구자들이었다.

Ⅱ. 19세기 영국의 수학은 다소 기이하고 불균형적인 형태로 발전하였다. 영국의 수학자들은 추상성을 최대한으로 배제시킨 실용적인 수학을 크게 발전시켰는데, 그중 대부분은 물리학과 밀접하게 관련되어 있었다. 나는 런던에서 고등수학을 공부하면서 이 사실을 깊이 깨달을 수 있었다. 당시 내가 수강했던 해석학과 복소함수론에 등장하는 이름은 코시, 아다마르, 야코비, 체비셰프, 리만, 에르미트, 바나흐Banach, 힐베르트, … 등 거의 대부분이 영국해협을 건너 유럽 대륙에서 온 이름들이었다. 그런데 수리물리학 교재에 등장하는 이름은 그린 정리Green's Theorem(1828년), 스톡스 정리Stokes's

Theorem(1842년), 레이놀즈수Reynolds Number(1883년), 맥스웰 방정식Maxwell's Equation(1855년), 해밀토니안Hamiltonian(1834년), … 등 갑자기 빅토리아여왕 시대로 옮겨 온 듯한 착각이 들 정도였다.

그러나, 가장 추상적인 수학이 뿌리를 내린 곳도 다름 아닌 영국이었다. 아서 케일리Arthur Cayley와 실베스터J.J. Sylvester는 각각 행렬matrix과 대수적 불변량algebraic invariants이라는 개념을 창안하였고 조지 불George Boole은 '사고의 법칙the laws of thought'이라 불리는 수학적 논리의 기초를 탄탄하게 다져 놓았다(불의 논리학은 가장 추상적인 수학 영역에 속한다. 불은 자신의 의도가 '논리학을 응용수학의 한 분야로 귀속시키는 것'이라고 했지만, 일반인들이 보기에 수학적 논리는 그 자체만으로도 너무나 추상적이다). 힐베르트가 소르본대학의 강당에서 그 유명한 연설을 하고 일주일이 지난 후에 같은 장소에서 국제철학자대회가 개최되었는데, 이때 영국의 젊은 논리학자이자 트리니티 학파의 대표격이었던 버트런드 러셀Bertrand Russell은 〈시공간의 질서와 절대 위치의 개념The Idea of Order and Absolute Position in Space and Time〉이라는 논문을 발표하여 전 세계의 철학자들에게 강한 인상을 남겼고, 그로부터 10년 후에는 화이트헤드Alfred North Whitehead와 함께 고전 수학의 논리학을 집대성한 『수학의 원리Principia Mathematica』를 집필하여 이 분야의 선두 주자가 되었다.

그러나 19세기에 가장 눈부신 발전을 보였던 해석학 분야에서 영국은 거의 두각을 나타내지 못했다. 특히 19세기 말에는 주된 분야에서조차 유럽 대륙에 밀리는 양상을 보였다. 1900년에 열렸던 국제수학자대회에 참가했던 인원수가 이 사실을 증명하고 있다. 그 대회에 참가했던 영국인은 7명이었는데, 이는 프랑스(90명), 독일(25명), 미국(17명), 이탈리아(15명), 벨기에(13명), 러시아(9명), 오스트리아와 스위스(각 8명)에 이어 겨우 9위에 해당하는 인원이었다. 한마디로 말해서, 1900년의 영국 수학계는 총체적인 침체 상태에 빠져 있었다.

그러나 이런 열악한 환경 속에서 나름대로 명성을 이어가는 그룹도 있었다. 특히, 리틀우드가 몸담고 있었던 케임브리지의 트리니티대학은 전통적인 수학의 명문이었다. 트리니티는 뉴턴Sir Isaac Newton이 1661~1693년까지 교수로 재직했던 학교로서 19세기의 동문 명단에는 당대를 풍미했던 수학과 물리학의 천재들이 즐비하다. 컴퓨터의 아버지라 불리는 찰스 배비지Charles Babbage와 에어리 함수로 유명한 조지 에어리George Airy, 논리학자 드모르간Augustus de Morgan, 대수학자인 아서 케일리, 그리고 고전 전자기학을 완성한 제임스 클러크 맥스웰James Clerk Maxwell 등이 모두 트리니티 출신이었다. 버트런드 러셀은 1893년에 트리니티에서 박사 학위를 받은 후 1895년에 이 학교의 연구원으로 위촉되었고◆73 하디가 교수로 부임하던 무렵에도 그곳에서 강의를 하고 있었다. 20세기의 트리니티는 고학력 첩자와◆74 블룸즈베리Bloomsbury(런던 중심의 한 지구. 1907~1930년까지 이곳에 거주한 학자와 문학가, 예술가 등의 상류 그룹을 통칭하는 말: 옮긴이)를 양산하면서◆75 외부의 전통과 섞이기 시작했지만, 케임브리지를 포함한 영국의 수학계는 하디라는 걸출한 천재 덕분에 기나긴 침체에서 벗어날 수 있었다.

1897년, 트리니티대학의 학생이었던 하디는 프랑스의 수학자 카미유 조르당Camille Jordan이 저술한 유명한 교재 『해석학 강의Cours d'Analyse』를 접하게 된다. 조르당은 '단순폐곡선simple closed curve은 내부와 외부를 갖고 있다'는 지극히 당연해 보이는 '조르당 정리'로 유명하다. 일반 독자들은 이해하기 어렵겠지만, 이 정리는 증명이 끔찍하게 어려워서 이스터만은 조르당의 증명을 '엄청나게 지적인 시도'로 평가했다. 『해석학 강의』가 하디에게 준 영향은 채프먼Chapman의 호머Homer가 키츠Keats에게 준 영향에 종종 비유된다(아무튼, 엄청나게 큰 영향을 미쳤다는 뜻이다: 옮긴이). 1900년 여름에 트리니티의 교수로 부임한 하디는 해석학에 관한 논문을 쓰면서 몇 년의 세월을 보내게 된다.

하디가 해석학에 몰입하면서 초기에 거둔 수확으로는 그가 저술한 대학생용 교재 『순수 수학 강좌A Course of Pure Mathematics』를 들 수 있다. 이 책은 1908년에 처음 출판된 후로 지금까지 단 한 번도 절판된 적이 없었다. 나를 포함한 대부분의 20세기 영국 대학생들은 하디의 책으로 해석학을 공부했는데, 동료들 사이에서 이 책은 짤막하게 '하디'라는 이름으로 통했다. 책의 제목은 순수 수학을 표방하고 있지만, 사실 이 책에는 해석학과 관련된 내용밖에 없다. 책의 어디를 뒤져 봐도 대수학, 정수론, 기하학, 위상수학 등에 관한 내용은 한 번도 등장하지 않는다. 그러나 이 점을 문제 삼는 사람은 아무도 없다. 고전 해석학(19세기)의 교재로서는 거의 완벽한 내용을 담고 있기 때문이다. 나 역시 하디의 책으로 공부하면서 그의 수학적 사고 방식에 엄청난 영향을 받았는데, 그 흔적은 독자들이 읽고 있는 이 책의 곳곳에서 쉽게 찾아볼 수 있을 것이다.

Ⅲ. 하디는 19세기의 영국에서나 존재할 수 있는 희한한 괴짜였다. 그는 노년에 수학자로 살아온 자신의 삶을 정리한 자서전 『어느 수학자의 변명A Mathematician's Apology』(1940년)을 출간하였는데, 이 책은 여타의 자서전과는 달리 다소 애조를 띤 슬픈 내용을 담고 있다. 일생을 논리적 사고로 일관해 온 수학자가 왜 이런 분위기의 자서전을 쓰게 되었을까? 스노C.P. Snow가 쓴 이 책의 서문을 보면 그 이유를 알 수 있다. "하디는 성장을 멈춘 피터팬 같았다. 그는 노년이 되어서도 똑똑한 청년의 모습을 그대로 유지하고 있었다.

물론 외모뿐만 아니라 마음과 정신 상태도 완전한 청년이었다. 그리고 젊음을 유지하는 다른 노인들처럼, 노년의 하디는 종종 감상적인 생각에 빠지곤 했다." 리틀우드는 하디에 대하여 이런 말을 한 적이 있다. "하디는 서른 살이 되었을 때에도 소년 같은 얼굴을 하고 있었다." 하디는 크리켓을 광적으로 좋아했고 정규 테니스보다 훨씬 어려운 코트 테니스(jeu de paume라고도 한다)를 즐겼다고 한다.

1919~1931년까지 옥스퍼드의 교수로 재직한 것과 그 사이에 프린스턴의 교환교수(1928~1929년)를 지냈던 것을 빼고, 하디는 평생을 케임브리지의 트리니티에서 살았다. 그는 준수하고 매력적인 외모를 갖고 있었지만 평생 결혼을 하지 않았고 알려진 바로는 어떤 여인하고도 친밀한 관계를 맺은 적이 없다고 한다. 사실, 그 당시의 옥스퍼드와 케임브리지는 남자들의 전유물이었고 학교 전체에는 여성을 배척하는 분위기가 만연해 있었다. 심지어 트리니티의 연구원들은 결혼이 금지되기까지 했는데, 이 전근대적인 규율은 1882년에 폐지되었다. 최근 들어 일부 사람들에 의해 하디가 동성애자였다는 추측이 조심스럽게 제기되고 있는데, 더욱 정확한 정황을 알고 싶은 독자들은 로버트 카니겔Robert Kanigel이 쓴 라마누잔Srinivasa Ramanujan(하디의 제자)의 전기 『수학이 나를 불렀다The Man Who Knew Infinity』를 읽어 보기 바란다. 결론은 '겉으로는 그런 모습을 드러내지 않았지만 깊은 내면으로는 동성애적 기질을 가졌을 수도 있다'는 것이다.

하디는 힐베르트보다 많은 일화를 남겼다. 그중에서 리만 가설과 관련된 두 개의 일화를 여기 소개한다. 첫 번째 이야기는 영국의 과학 잡지 《네이처Nature》에 실렸던 그의 사망 관련 기사에서 인용한 것이다.

하디의 가장 큰 관심사는 수학이었지만 그는 운동(특히 구기 종목)도 잘했고 전문가 못지않은 관전평으로 주변 사람을 종종 놀라게 했다. 그는 1920년대에 한 친구에게 '새해의 여섯 가지 소망'이라는 제목으로 엽서를 보낸 적이 있는데, 그 내용을 읽어 보면 하디가 무엇을 좋아했고 어떤 것을 싫어했는지 대충 짐작할 수 있다.

(1) 리만 가설을 증명한다.
(2) 크리켓 경기에서 211타석 연속 출루 기록을 세운다.
(3) '신이 존재하지 않는 이유'를 논리적으로 설명하여 모든 사람을 납득시킨다.
(4) 세계 최초로 에베레스트 산을 등정한다.
(5) 영국과 독일인이 인정하는 소련의 1대 대통령이 된다.
(6) 무솔리니를 암살한다.

세 번째 일화는 하디의 기이한 성격을 잘 보여 주고 있다. 하디는 자신이 무신론자임을 자처했지만 경우에 따라서는 신의 처사에 자신의 운명을 맡기기도 했다. 1930년대에 하디는 코펜하겐대학의 수학과 교수인 하랄드 보어 Harald Bohr(물리학자 닐스 보어 Niels Bohr의 동생)를 자주 방문하였는데, 조지 폴리아는 그때 있었던 일을 다음과 같이 전하고 있다.

하디는 여름 방학이 끝날 때까지 덴마크에 머물렀고 개강이 코앞에 다가오자 어쩔 수 없이 귀국을 서둘러야 했다. 그런데 문제는 그가 타고 갈 배가 너무 작다는 것이었다. 북해의 풍랑은 거칠기로 유명해서 그렇게 작은 배가 침몰할 확률은 결코 0이 아니었다. 하디는 과감하게 배에 오른 뒤 보어에게 엽서 한 장을 보냈다. "리만 가설을 증명했음. G.H. 하디로부터" 만일 항해 중에 배가 침몰한다면 세상 사람들은 하디가 리만 가설을 증명했다고 믿게 된다. 그러나 신은 무신론자인 하디에게 그런 영예를 허락하지 않을 것이므로 하디가 탄 배는 침몰하지 않을 것이다. 결국 그의 엽서는 배의 침몰을 막기 위한 일종의 예방 조치였던 셈이다.

하디는 앞에서 말했던 교재 이외에도 두 건의 기념비적인 공동 연구로 수학사에 이름을 남겼다. 그중 하나는 인도에서 온 제자 라마누잔과 수행한 연구로서, 그 내용은 로버트 카니겔의 저서 『수학이 나를 불렀다』의 서문에 비교적 자세히 서술되어 있다. 그러나 하디와 라마누잔의 공동 연구에서 리만 가설은 그다지 중요하게 취급되지 않았으므로 이 책에서 길게 설명할 필요는 없을 것 같다.

또 하나는 리틀우드와 함께 수행했던 연구이다. 1910년에 리틀우드가 트리니티대학의 교수로 부임하여 그다음 해인 1911년부터 시작된 하디와의 공동 연구는 1946년까지 무려 35년 동안 계속되었다. 하디가 옥스퍼드와 프린스턴에 가 있을 때 이들의 연구는 편지를 통해 계속되었고, 1차 세계대전 중에 리틀우드가 영국 포병대에서 탄두의 궤적을 계산하고 있을 때에도 공동 연구는 중단되지 않았다. 재미있는 것은, 이들이 트리니티에 같이 있을 때에도 편지로 의견을 교환했다는 점이다.

하디와 리틀우드는 위대한 수학자였고 훌륭한 교수였으며 둘 다 평생을 독신으로 살았다. 그러나 이 세 가지 사항을 제외하고, 이들은 거의 모든 면에서 공통점이라고는 찾아볼 수 없을 정도로 판이한 사람들이었다. 특히 하디는 사진 찍는 것을 몹시 싫어했고(그가 남긴 사진은 5~6장을 넘지 않는다)◆76 호텔에 묵을 때는 객실에 달려 있는 모든 거울을 천으로 덮어놓을 정도로 괴팍한 성격의 소유자였다. 하디에 비하면 리틀우드는 지극히 현실적인 사람이었다. 하디는 호리호리하고 예민했던 반면, 리틀우드는 단단한 체격에 운동신경이 탁월하여 수영과 카누, 암벽등반, 크리켓 등 다방면에서 발군의 실력을 발휘했다. 그는 39세의 늦은 나이에 스키를 배우기 시작하여 거의 달인의 경지에 이르렀는데, 당시 점잖은 영국 신사로서는 아주 드문 일이었다. 또한 그는 음악과 춤을 좋아하는 낭만파이기도 했다.

리틀우드는 결혼을 하지 않고 1912~1977년까지 줄곧 트리니티의 교수 사택에서 살았다. 그러나 알려진 바에 의하면 그에게는 적어도 두 명의 자손이 있었다고 한다. 리틀우드의 동료였던 벨라 볼로바스Béla Bollobás의 증언에 따르면 리틀우드는 젊은 시절에 방학 때마다 콘월 주에 있는 어느 의사의 집을 방문하였는데, 의사의 딸인 앤Ann이라는 여자아이는 리틀우드를 '존 삼촌uncle John'이라 불렀고 리틀우드는 앤을 '내 조카my niece'로 불렀다고 한다. 그러나 그는 볼로바스와 친해진 후에 "사실 앤은 나의 딸이다"라는 고백을 해 왔고, 그 후로는 주변 사람들의 권유에 따라 앤을 딸이라고 불렀다. 어느 날, 리틀우드는 교수들이 모인 자리에서 이 사실을 고백했는데, 황당하게도 그 자리에 있던 교수들 중 놀란 기색을 보이는 사람이 아무도 없었다고 한다. 뿐만 아니라, 1977년에 리틀우드가 사망하고 나서 한 중년의 신사가 트리니티에 찾아와 자신이 리틀우드의 아들이라며 그의 업적에 대해 이것저것 묻고 다닌 적도 있었다.

Ⅳ. 1910~1920년대에 발표된 수많은 논문에는 '하디와 리틀우드'라는 이름이 달려 있었다. 그 무렵 수학계에는 "하디가 자신의 실수를 책임지지 않으려고 리틀우드라는 가상의 공동 연구자를 내세우고 있다"는 농담 비슷한 소문이 나돌고 있었다. 심지어 어느 독일 수학자는 리틀우드가 가상의 인물임을 확인하기 위해 몸소 영국해협을 건너오기도 했다.

그 극성맞은 수학자는 하디보다 '7일' 젊은 에드문트 란다우였다. 그는 유서 깊은 부잣집 가문에서 태어나 비상업적인 분야에 탁월한 업적을 남겼는데, 집안의 전통을 중요하게 생각하던 당시로서는 결코 흔한 사례가 아니었다. 란다우의 모친 요한나Johanna née Jacoby는 부유한 은행가 집안의 딸이었고 부친은 베를린 의과대학의 부인과 교수로 유태인을 지지하는 독일인이었다. 란다우의 집은 베를린에서 가장 부촌인 브란덴부르크 문 근처의 파리저 플라츠 6번가에 있었다. 란다우는 1909년에 괴팅겐대학의 교수가 되었는데, 동료 교수들이 "집이 어디냐"라고 물어 오면 "아주 찾기 쉬워요. 시내에서 가장 으리으리한 집에 삽니다"라고 대답했다. 그는 부친의 뜻을 따라(그리고 자크 아다마르의 권유에 따라) 예루살렘의 헤브루대학 건립에 많은 공헌을 하였고 1925년 4월에 개교한 후에는 수학과의 첫 강의를 담당하기도 했다.

지금도 세간에는 란다우와 하디, 또는 란다우와 힐베르트를 비교 평가하는 여러 가지 일화가 구전되고 있는데, 그중 가장 유명한 것은 괴팅겐대학의 교수였던 에미 뇌터Emmy Noether와 관련된 일화이다. 여류 수학자였던 뇌터는 마치 남자 같은 외모 때문에 종종 구설수에 오르곤 했던 모양이다. 하루는 누군가가 란다우에게 "이봐, 뇌터가 정말로 세계적인 수학자라고 생각하나?"라고 물었더니 란다우는 이렇게 대답했다. "그럼! 뇌터가 위대한 수학자라는 건 내가 보증할 수 있지. 하지만 그녀가 정말로 여자인지는 장담할 수 없겠는데?" 또한 란다우는 지칠 줄 모르는 연구로 사람들을 놀라게 했다. 그는 아침 7시에 연구실의 책상 앞에 앉아 밤 12시까지 그 자세를 유지했으며, 이 지리한 일과는 연중무휴로 계속되었다.

란다우는 열정이 넘치는 교수이자 탁월한 업적을 남긴 수학자였다. 그는 평생 동안 250편이 넘는 논문과 7권의 책을 발표했는데, 그중 우리의 주제와 가장 밀접한 것은 가장 먼저 출판된 책 『소수 분포 이론 편람Handbuch der

Lehre von der Verteilung der Primzahlen』이다. 1909년에 출판된 이 책은 리틀우드가 "란다우의 책을 접하면서 모든 혼란스러움이 정리되었다"라고 말했던, 바로 그 책이다. 정수론학자들은 이 책을 그냥 간단하게 'Handbuch'라고 부른다.◆77 500쪽짜리 두 권으로 되어 있는 이 책에는 그 당시에 알려져 있던 소수의 분포에 관한 거의 모든 내용이 망라되어 있으며, 해석적 정수론이 중점적으로 다루어져 있다. 리만 가설은 33쪽에 등장한다. 사실, 란다우 이전에도 해석적 정수론에 관한 책이 있긴 했지만(1894년에 파울 바흐만Paul Bachmann이 저술하였음), 방대한 내용과 깔끔한 논리 등 모든 면에서 란다우의 책이 우수했으므로 출간되자마자 해석적 정수론의 교과서로 통용되었다.

내가 알기로, 란다우의 『Handbuch』는 영어로 번역된 적이 없다. 이 책의 18장에서 주인공으로 등장하는 정수론학자 휴 몽고메리는 사전을 옆에 갖다 놓고 란다우의 책을 읽으며 독일어를 익혔다고 한다. 몽고메리의 설명은 다음과 같다. 처음 50쪽은 역사적 배경을 주로 다루고 있는데 각 절마다 유클리드, 르장드르, 디리클레 등 정수론에 큰 업적을 남긴 수학자들이 언급되고 있다. 그리고 마지막 네 개의 절에는 아다마르, 폰 망골트, 발레 푸생, 베르파서Verfasser 등의 이름이 등장한다. 몽고메리는 특히 베르파서라는 수학자의 업적에 큰 감명을 받았다면서 '이렇게 훌륭한 수학자의 이름을 왜 지금껏 한 번도 들어 본 적이 없는지 알다가도 모르겠다'며 고개를 저었다. 그러나 Verfasser는 '페어파서'로 수학자의 이름이 아니라 독일어로 '저자(author)'를 뜻하는 보통명사였다(독일어의 모든 명사는 대문자로 시작한다).

Ⅴ. "이 모든 혼란은 1909년에 란다우의 책을 접하면서 곧 정리되었다…" 하디와 리틀우드는 란다우의 책을 손에 넣자마자 단숨에 읽어 내려갔다. 란

Lehre von der Verteilung der Primzahlen』이다. 1909년에 출판된 이 책은 리틀우드 가 "란다우의 책을 접하면서 모든 혼란스러움이 정리되었다"라고 말했던, 바로 그 책이다. 정수론학자들은 이 책을 그냥 간단하게 'Handbuch'라고 부른다.◆77 500쪽짜리 두 권으로 되어 있는 이 책에는 그 당시에 알려져 있던 소수의 분포에 관한 거의 모든 내용이 망라되어 있으며, 해석적 정수론이 중점적으로 다루어져 있다. 리만 가설은 33쪽에 등장한다. 사실, 란다우 이전에도 해석적 정수론에 관한 책이 있긴 했지만(1894년에 파울 바흐만 Paul Bachmann이 저술하였음), 방대한 내용과 깔끔한 논리 등 모든 면에서 란다우의 책이 우수했으므로 출간되자마자 해석적 정수론의 교과서로 통용되었다.

 내가 알기로, 란다우의 『Handbuch』는 영어로 번역된 적이 없다. 이 책의 18장에서 주인공으로 등장하는 정수론학자 휴 몽고메리는 사전을 옆에 갖다 놓고 란다우의 책을 읽으며 독일어를 익혔다고 한다. 몽고메리의 설명은 다음과 같다. 처음 50쪽은 역사적 배경을 주로 다루고 있는데 각 절마다 유클리드, 르장드르, 디리클레 등 정수론에 큰 업적을 남긴 수학자들이 언급되고 있다. 그리고 마지막 네 개의 절에는 아다마르, 폰 망골트, 발레 푸생, 베르파서 Verfasser 등의 이름이 등장한다. 몽고메리는 특히 베르파서라는 수학자의 업적에 큰 감명을 받았다면서 '이렇게 훌륭한 수학자의 이름을 왜 지금껏 한 번도 들어 본 적이 없는지 알다가도 모르겠다'며 고개를 저었다. 그러나 Verfasser는 '페어파서'로 수학자의 이름이 아니라 독일어로 '저자 (author)'를 뜻하는 보통명사였다(독일어의 모든 명사는 대문자로 시작한다).

V. "이 모든 혼란은 1909년에 란다우의 책을 접하면서 곧 정리되었다…" 하디와 리틀우드는 란다우의 책을 손에 넣자마자 단숨에 읽어 내려갔다. 란

물론 하디의 결과는 커다란 진보였지만 그것으로 리만 가설이 증명된 것은 아니었다. 제타 함수의 자명하지 않은 근은 무한개인데, 하디가 말하는 '무한히 많은 근들'이란 '모든 근'을 의미하는 것이 아니라 그중 일부를 칭하는 것이었다. 그러므로 다음과 같은 가능성은 여전히 남아 있었다.

- 나머지 '무한히 많은' 근들은 실수부가 $\frac{1}{2}$이 아니다.
- 유한한 개수의 근들은 실수부가 $\frac{1}{2}$이 아니다.
- 실수부가 $\frac{1}{2}$이 아닌 근은 없다. 즉, 리만 가설은 참이다!

이와 비슷한 사례로, 다음과 같은 명제를 생각해 보자. 2보다 큰 짝수, 즉 4, 6, 8, 10, 12, … 중에서

- 3의 배수는 무한히 많고 그렇지 않은 수도 무한히 많다.
- 11보다 큰 수는 무한히 많고 11보다 작은 수는 4개뿐이다.
- 소수 두 개의 합으로 나타낼 수 있는 수는 무한히 많고 그렇지 않은 수는 존재하지 않는다 — 골드바흐의 추측(아직 증명되지 않았음).

리틀우드의 논문도 같은 해에 〈Sur la distribution des nombres premiers(소수의 분포에 관하여)〉라는 제목으로 파리과학아카데미 논문집에 발표되었는데, 하디의 논문과 분야는 조금 달랐지만 역시 놀라운 결과를 담고 있었다. 그 내용을 이해하려면 약간의 사전 지식이 필요하다.

Ⅵ. 나는 앞에서 20세기 초반의 수학자들이 리만 가설에 대해 갖고 있었던

전반적인 사고의 동향을 언급한 적이 있다. 1895년에 소수 정리$_{PNT}$가 증명되었고 $\pi(x) \sim Li(x)$의 관계도 수학적으로 하자가 없음이 밝혀졌다. 즉, $\pi(x)$와 $Li(x)$의 차이는 x가 커질수록 무시할 수 있을 정도로 작아진다는 것이다. 그렇다면 이들 사이의 차이('오차항$_{error\ term}$'이라고 한다)는 수학적으로 어떤 성질을 갖는가? 리만의 1859년 논문에는 오차항의 구체적인 형태가 제시되어 있었고, 그 오차항이 수학자들의 관심을 끌면서 리만 가설도 함께 부각되기 시작했다. 리만이 제시했던 오차항의 수학적 표현 속에는 제타 함수의 자명하지 않은 근이 포함되어 있었으므로(구체적인 내용은 이 책에 곧 등장할 예정이다), 오차항의 수학적인 의미가 제타 함수의 근과 어떻게든 밀접하게 관련되어 있다는 사실만은 분명해 보였다.

이 점을 좀 더 구체적으로 이해하기 위해, 오차항의 값을 눈으로 직접 확인해 보자. 표 14-1에서 '절대오차$_{absolute\ error}$'는 $Li(x) - \pi(x)$를 뜻하고 '상대오차$_{relative\ error}$'는 절대오차를 $\pi(x)$로 나눈 값, 즉 '원래의 몸통과 비교한 오차의 크기'를 의미한다.

		오차항	
x	$\pi(x)$	절대오차	상대오차
1,000	168	10	0.059523809524
1,000,000	78,498	130	0.001656093149
1,000,000,000	50,847,534	1,701	0.000033452950
1,000,000,000,000	37,607,912,018	38,263	0.000001017419
1,000,000,000,000,000	29,844,570,422,669	1,052,619	0.000000035270
1,000,000,000,000,000,000	24,739,954,287,740,860	21,949,555	0.000000000887

표 14-1

보다시피 x가 커질수록 오차항도 커지지만, $\pi(x)$와 비교한 상대적인 오차는 거의 0으로 접근하고 있다. 이미 증명된 (개선된) 소수 정리가 다시 한번 확인되는 순간이다.

수학적 사고에 길들여진 사람이라면 당연히 이런 질문이 떠오를 것이다. 이 숫자들은 어떤 규칙을 따라 변해 가는가? 서서히 증가하는 절대오차와 0으로 접근하는 상대오차를 명확한 수식으로 나타낼 수는 없는가? 이 질문을 좀 더 수학적으로 바꾸면 다음과 같다. "표 14-1에서 두 번째와 네 번째 세로줄을 뺐을 때, 혹은 두 번째와 세 번째 세로줄을 뺐을 때 남은 두 줄의 값들을 변수와 함수값의 관계로 연결시켜 주는 함수는 과연 무엇인가?"

바로 이 시점에서 제타 함수의 자명하지 않은 근이 개입된다. 제타 함수의 근과 오차항 사이의 밀접한 관계는 나중에 구체적으로 설명할 예정이다.

소수 정리는 상대오차에 관하여 언급하고 있지만, 이 문제를 다루는 수학자들은 상대오차보다 절대오차에 관심을 두는 경우가 많다. 물론, 두 가지 오차는 $\pi(x)$로 나눴다는 사실만 빼고 완전히 동일한 개념이므로 어느 것을 다루건 결과에는 아무런 지장이 없다. 하나의 오차에 대하여 어떤 결론이 내려지면 다른 오차에 대한 결론은 자연스럽게 유도된다. 우리의 관심은 오직 하나뿐이다. "$Li(x) - \pi(x)$를 구체적인 함수의 형태로 나타낼 수 있는가?"

Ⅶ. 그림 7-6과 표 14-1에 의하면 '$Li(x) - \pi(x)$는 양수이며, x가 증가함에 따라 같이 증가한다'고 꽤 자신 있게 주장할 수 있을 것 같다. 가우스도 이 계산을 손으로 직접 수행한 후에 $Li(x) - \pi(x)$가 단조증가하는 양수임을 확신하게 되었다. 소수 문제를 공략하던 초기의 수학자들은 이 사실을 믿어 의심치 않았고, 아무리 회의적인 수학자라 해도 $\pi(x)$가 $Li(x)$보다 항상 작다는

사실만은 인정하지 않을 수 없었다(이 점에 대한 리만의 의견은 다소 불분명했다). 그러나 리틀우드는 1914년에 발표된 논문을 통해 그 오래된 믿음이 잘못되었음을 증명하여 전 세계의 수학자들을 놀라게 했다. $\pi(x)$는 $Li(x)$보다 커질 수도 있었던 것이다!

리틀우드가 1914년에 얻은 결론

$Li(x) - \pi(x)$는 양수에서 음수로 또는 음수에서 양수로 전환될 수 있으며, 이 전환은 무한히 반복된다.

표 14-1을 보면 x가 꽤 큰 값(10^{18})일 때에도 $\pi(x)$는 $Li(x)$보다 작다. 그렇다면 리틀우드가 예견했던 사건[$\pi(x)$가 $Li(x)$와 같아지거나 더 커지는 사건]은 x가 얼마일 때 처음으로 나타나는가? (이 지점을 '리틀우드의 위배점 Littlewood's violation'이라 한다.)

이런 상황에서 수학자들은 답이 얼마이건 간에 그보다 큰 수 N을 상정하여 '상한upper bound'으로 정의한다. 즉, 문제의 답은 N보다 작은 영역에 반드시 존재한다는 뜻이다. 물론, 지레짐작으로 잡은 N은 실제의 값보다 훨씬 클 수도 있다.

리틀우드의 예견이 직접적인 계산으로 처음 증명될 때 이런 일이 발생하였다. 1933년에 리틀우드의 학생이었던 사무엘 스큐어스Samuel Skewes는 리만 가설이 참이라고 가정했을 리틀우드의 첫 번째 위배점이 $e^{e^{e^{79}}}$ 이내에 있음을 증명하였다. 이 수는 자릿수만도 무려 $10^{10 \times 10억 \times 1조 \times 1조}$개나 된다(제일 앞에 있는 유효숫자 뒤에 0이 $10^{10 \times 10억 \times 1조 \times 1조}$개 붙는다는 뜻이다! 참고로, 우주 안에 존재하는 원자의 총 개수는 자릿수가 약 80개이다). 흔히 '스큐어스의 수'라 불리는 이 괴물 같은 수는 그 당시까지 수학과 관련하여 제기된 수들 중에서 가장 큰 수로 인정되었다.◆78

1955년에 스큐어스는 리만 가설을 참이라 가정하지 않은 채로 위의 결과를 개선하여 상한이 10^{1000}자릿수임을 증명하였다. 그 후 1966년에 셔먼 레먼Sherman Lehman은 상한을 더욱 줄여서 드디어 종이에 쓸 수 있게 되었는데, 그 값은 1.165×10^{1165}로서 자릿수는 1,166이었다. 그리고 레먼은 이와 함께 상한을 구하는 데 필수적인 중요한 정리를 증명하였다. 그 후 1987년에 릴레Herman te Riele는 레먼의 정리를 이용하여 상한을 6.658×10^{370}까지 줄이는 데 성공하였다.

지금 이 책을 쓰고 있는 시점에서 가장 최신 버전의 하한은 2000년도에 카터 베이스Carter Bays와 리처드 허드슨Richard Hudson이 레먼의 정리를 이용하여 계산한 값이다.◆79 이들은 1.39822×10^{316} 근처에서 리틀우드의 위배점이 나타난다는 사실을 증명하였고, 이 지점을 리틀우드의 첫 번째 위배점으로 간주할 만한 약간의 이유를 덧붙였다(베이스와 허드슨은 10^{176} 근처에 하한이 존재할 가능성을 제기하였고 1.617×10^{9608} 근처에 또 다른 위배점이 존재한다는 것도 증명하였다).

VIII. $Li(x) - \pi(x)$는 양에서 음으로, 또는 음에서 양으로 오락가락하지만 이런 현상은 어떤 한정된 영역 안에서만 일어날 수 있다. 만일 그렇지 않다면 소수 정리는 참이 될 수 없었을 것이다. 이 한정된 영역에 관한 이론은 소수 정리가 증명될 때부터 조금씩 알려지기 시작했다. 실제로 발레 푸생은 소수 정리를 증명하면서 한정된 영역과 관련된 약간의 계산을 덧붙였었다. 그로부터 5년 후인 1901년에 스웨덴의 수학자인 헬게 폰 코흐Helge von Koch◆80는 다음과 같은 정리를 증명하였다.

폰 코흐가 1901년에 얻은 결론

리만 가설이 참이라면 다음의 관계가 성립한다.

$$\pi(x) = Li(x) + O(\sqrt{x}\log x)$$

이 식을 소리 내어 읽는다면 "파이x는 로그 적분 함수 x에 대문자 오$_{\text{big oh}}$ 루트x 로그x를 더한 것과 같다"쯤 될 것이다(다시 한번 강조하지만, 한글에는 수식을 읽는 정해진 법칙이 없다: 옮긴이). 그러면 지금부터 O의 의미를 찾아 여행을 떠나 보자.

15
큰 O와 뫼비우스 뮤 함수

Ⅰ. 이 장에서는 두 개의 주제, '큰 O big oh'와 '뫼비우스의 뮤 함수 Möbius mu function'를 다룰 예정이다. 이들은 리만 가설과 밀접한 관계에 있지만 서로는 별 관계가 없다. 그럼, 큰 O부터 이야기를 풀어 나가 보자.

Ⅱ. 헝가리가 낳은 위대한 수학자 폴 투란 Paul Turán이 1976년에 암으로 임종을 맞이했을 때, 그의 아내는 안타까운 심정으로 남편의 마지막 가는 길을 지켜보고 있었다. 그녀의 증언에 의하면 그때 투란이 희미한 목소리로 남긴 마지막 말은 "1의 큰 오는…Big oh of one…"이었다고 한다. 이 말을 전해 들은 수학자들은 그의 유언을 나름대로 해석하고 감탄을 자아냈다. "죽는 순간까지 정수론을 떠올리다니, 그는 정말로 진정한 수학자였어!"

'큰 O'라는 용어는 전 세계의 수학계에 엄청난 영향을 준 란다우의 책

(1909년 출판, 이 책은 앞에서도 언급된 적이 있다)에 처음으로 등장했다. 그러나 이 용어를 처음 도입한 사람은 란다우가 아니었다. 그는 『Handbuch』의 883쪽에서 "큰 O는 1894년도에 출판된 파울 바흐만Paul Bachmann의 책에서 인용하였다"고 솔직하게 털어놓고 있다. 그러므로 '란다우의 큰 O'라고 부르는 것은 이치에 맞지 않는다. 그럼에도 불구하고 지금도 대부분의 수학자들은 이 용어를 만들어 낸 사람이 란다우라고 믿고 있다. 큰 O는 오늘날 해석적 정수론에 없어서는 안 될 중요한 개념으로 자리 잡았고 다른 수학 분야에서도 유용하게 사용되고 있다.

큰 O는 변수가 무한(또는 다른 극한값)으로 갈 때 함수가 가질 수 있는 극한값의 한계를 설정하는 하나의 방법이다.

큰 O의 정의

변수가 충분히 큰 값일 때 함수 A의 크기가 함수 B에 어떤 상수를 곱한 값을 넘지 않으면 'A는 B의 큰 O'이다[또는 'A는 $O(B)$이다'].

가장 간단한 함수를 예로 들어 보자. 여기, 변수의 값에 상관없이 항상 일정한 함수값 1을 갖는 상수함수가 있다. 이 함수의 그래프는 수평축(x축)에서 1만큼 위로 올라간 곳에 수평축과 평행한 선으로 나타낼 수 있다. 이 경우에 "함수 $f(x)$는 상수함수 1의 큰 O다[$f(x)$는 $O(1)$이다]"라는 말은 무엇을 의미하는가? 방금 위에서 내린 정의에 의하면 변수 x가 한없이 커질 때 $f(x)$는 1의 어떤 상수 배를 절대로 초과하지 않는다는 뜻이다. 달리 표현하자면, $f(x)$의 그래프는 변수 x가 아무리 커져도 어떤 수평선을 절대로 넘어가지 않는다는 뜻이기도 하다. 일단 이 사실이 알려지면 우리는 $f(x)$에 관하여 꽤 많은 정보를 알고 있는 셈이다. 그러나 모든 함수들이 이 조건을 만족하는 것은 아니다. 예를 들어 x^2이나 $x^n(n>0)$, e^x, $\log x$와 같은 함수들은 x가 무한으로 갈 때 함수값도 무한으로 발산하기 때문에, $O(1)$이 될 수 없다.

이것이 전부인가? 아니다. 큰 O는 그 이상의 뜻을 담고 있다. 정의에는 "A의 크기가…"라고 되어 있는데, 이 말은 곧 'A의 함수값' 자체가 아니라 '함수값의 절대값', 즉 부호를 제외한 크기만을 고려한다는 뜻이다(100의 크기는 100이지만, -100의 크기는 -100이 아니라 100이다). 큰 O는 함수의 부호와 아무런 상관이 없다. 따라서 함수 $f(x)$가 $O(1)$이라는 것은 $f(x)$가 x축을 중심으로 대칭을 이루는 두 개의 수평선 사이에 영원히 갇혀 있다는 것을 의미한다.

방금 전에 지적한 대로, 함수 중에는 $O(1)$이 아닌 함수도 많다. 위에서 몇 가지 예를 들었지만, 가장 간단한 예는 x라는 함수(변수와 함수값이 항상 똑같은 함수)이다. 함수 $f(x) = x$의 그래프는 x축과 45°의 각도를 이루면서 오른쪽 위를 향해 끝없이 증가하는 직선으로 표현되는데, 이렇게 대책 없이 증가하는 직선을 두 개의 수평선 사이에 가둘 수는 없다. 수평선 사이의 간격을 아무리 넓게 잡는다 해도, x가 충분히 커지면 결국 그래프는 수평선을 뚫고 나올 것이다. 그런데, 이 사실은 그래프의 기울기를 바꿔도 여전히 성립한다. 즉, $0.1x$(그림 15-1 참조)나 $0.01x$, $0.001x$, $0.0001x$ 등의 함수들도 x가 충분히 커지면 한계로 정해 놓은 수평선을 뚫고 나오기 때문에 $O(1)$이 아니다.

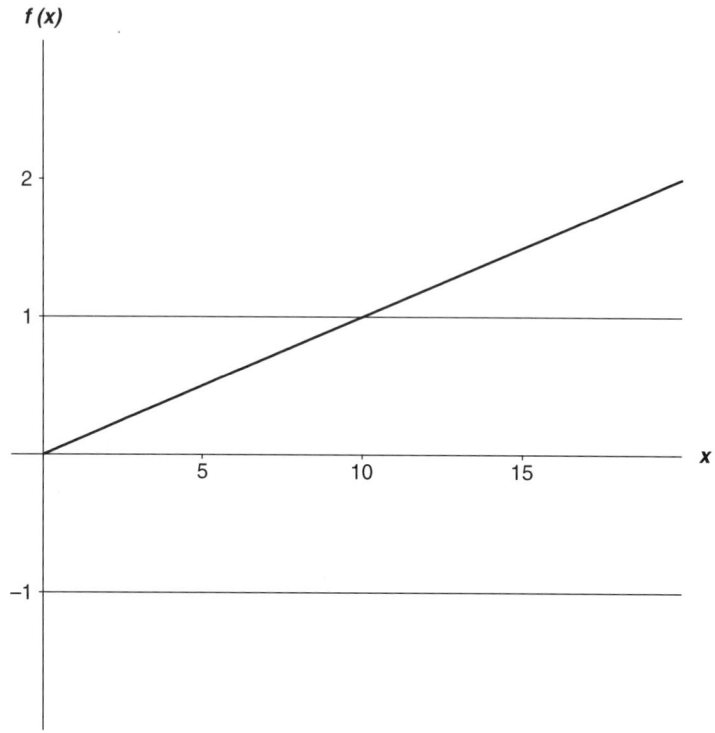

그림 15-1 함수 0.1x는 $O(1)$이 아니다[x축과 f(x)축의 눈금은 다른 간격으로 그려져 있다].

여기서 우리는 큰 O(앞으로는 그냥 O라고 표기하기로 한다)의 또 다른 성질을 알 수 있다. O는 함수의 부호와 무관할 뿐만 아니라, 함수 전체에 곱해진 상수하고도 무관하다. 만일 A가 $O(B)$라면 $10A$, $100A$, $1,000,000A$, …도 $O(B)$이며 $0.1A$, $0.01A$, $0.000001A$, …도 여전히 $O(B)$이다. O는 함수의 증가(또는 감소) 속도 자체를 말해 주는 도구가 아니라(이것을 알려면 미분을 해야 한다), 함수의 증가(또는 감소)율이 어떤 형태로 나타나는지를 말해 주는 도구이다. 함수 1은 어느 곳에서도 증가(또는 감소)하지 않는 '평평한' 함수이다. 그러므로 $O(1)$을 만족하는 함수는 이보다 빠르게 증가하지 않는다. 사실, 임의의 함수의 변화는 어떤 형태로든 나타날 수 있다. 개중에는 0으로 사라지는 함수도 있고 경계선 안에서 진동하는 함수도 있으며 경계선으로 수렴하는 함수도 있을 수 있다. 또는 위로 증가하면서(아래로 감소하면서) 경계선을 뚫고 나간 후에 두 번 다시 경계선 안으로 들어오지 않는 함수도 있다.

위에서 지적한 대로 $0.1x$, $0.01x$, $0.001x$, $0.0001x$와 같은 함수들은 $O(1)$이 아니다. 그러나 이들은 $O(x)$에 속한다. 이들뿐 아니라 ax와 $-ax$ 사이(파이 조각처럼 생긴 영역, 그림 15-2 참조)에 갇혀 있는 모든 함수들은 $O(x)$이다. 그림 15-2는 $O(x)$가 아닌 함수의 예를 보여 주고 있다. 그림에 나타난 곡선은 x^2의 그래프인데, 파이 조각의 폭을 아무리 크게 잡아도(a가 아무리 커도) x가 충분히 커지면 x^2은 위쪽 경계선을 뚫고 나가게 된다.

이제 코흐가 1901년에 얻었던 결과로 되돌아가 보자. 만일 리만 가설이 사

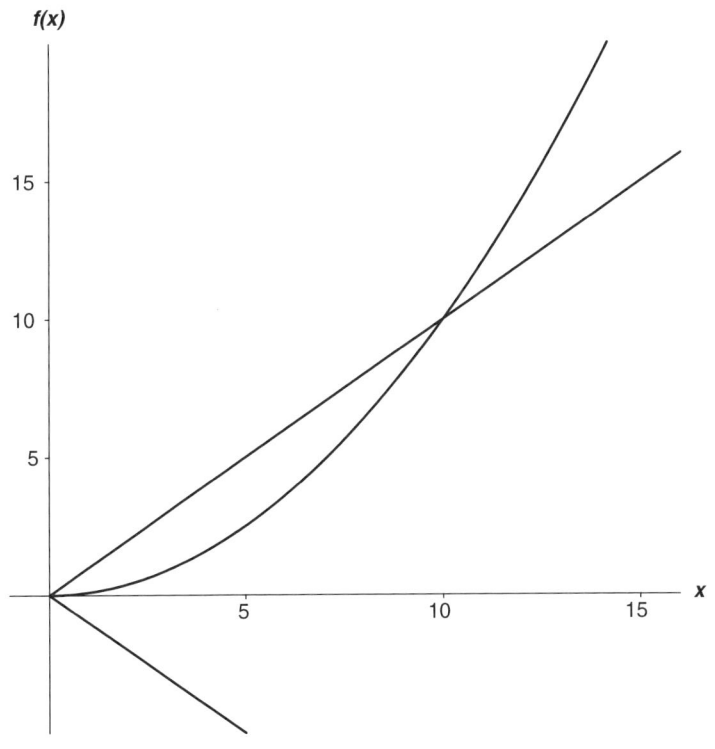

그림 15-2 $0.1x^2$은 $O(x)$가 아니다.

실이라면 $\pi(x)$와 $Li(x)$의 절대오차[O는 부호와 상관없으므로 $\pi(x) - Li(x)$나 $Li(x) - \pi(x)$, 어떤 값이건 상관없다]는 x가 한없이 커질 때 어떤 곡선으로 둘러싸인 영역을 절대로 벗어나지 않는다는 것이 코흐가 내린 결론이었다. 이때 경계를 이루는 곡선은 $C\sqrt{x}\log x$, 그리고 이 함수와 x축에 대하여 대칭을 이루는 $-C\sqrt{x}\log x$이다(C는 임의로 정할 수 있는 상수이다). 즉, $\pi(x)$와 $Li(x)$의 절대오차는 이 두 개의 곡선 사이를 벗어나지 않는 한 어떠한 형태도 가질 수 있다(x가 유한할 때는 잠시 바깥으로 나갔다가 다시 들어와도 상관없다). 경계를 뚫고 나갔다가 두 번 다시 돌아오지 않는 '불상사'만 발생하지 않으면 된다. 간단히 말해서, $\pi(x)$와 $Li(x)$의 절대오차는 $O(\sqrt{x}\log x)$이다.

그림 15-3에는 $O(\sqrt{x}\log x)$인 함수의 한 예가 제시되어 있다. 위로 향하는 포물선 모양의 매끈한 곡선은 위쪽 경계선에 해당되는 $\sqrt{x}\log x$의 그래프이고(물론 정확한 포물선은 아니다), x축에 대하여 대칭을 이루는 아래쪽 곡선은 아래쪽 경계선인 $-\sqrt{x}\log x$의 그래프이다. 그리고 가운데 있는 마구잡이 곡선은 $O(\sqrt{x}\log x)$인 함수 하나를 임의로 가정하여 되는대로 그려 넣은 것이다. 가로축과 세로축의 눈금에 적혀 있는 'm'은 백만(10^6)을 뜻하는데, 이렇게 큰 눈금을 고려하는 이유는 O의 정의 자체가 'x가 충분히 클 때'를 가정하고 있기 때문이다. 더비셔 함수(중앙에 그려진 마구잡이 곡선: 옮긴이)는 $x = 200$m 근처에서 잠시 경계 곡선의 바깥으로 나갔다가 다시 들어오지만, 그 이후에는 이런 불상사가 재발하지 않으므로 상관없다. O는 '어떤 지점 이후로는 두 번 다시 경계선을 뚫고 나가지 않는' 함수를 의미한다. 그림을 무한까지 그리지는 못했지만 더비셔 함수는 x가 충분히 클 때 절대로 경계선을 뚫고 나가는 일이 없다. 이 함수는 내가 만들었으므로 내 말을 믿어도 좋다. O는 x가 작을 때(유한할 때) 나타나는 '함수의 이탈'에는 매우 관대하다. 함수의 이탈이 마지막으로 일어난 지점 x가 유한하기만 하면 아무 문제없다.

이런 관대함은 정수론에서 흔히 찾아볼 수 있는 현상이다(예: 모든 소수는 홀수이다. 단, 첫 번째 소수는 제외한다!).

또 한 가지 — O는 함수 전체에 곱해진 상수와 무관하기 때문에 수직 방향의 스케일을 임의로 잡아 늘여도(또는 줄여도) 결과는 달라지지 않는다. 그림 15-3을 세로 방향으로 아무리 잡아 늘여도 더비셔 함수는 결코 경계선을 벗어나지 않을 것이다!

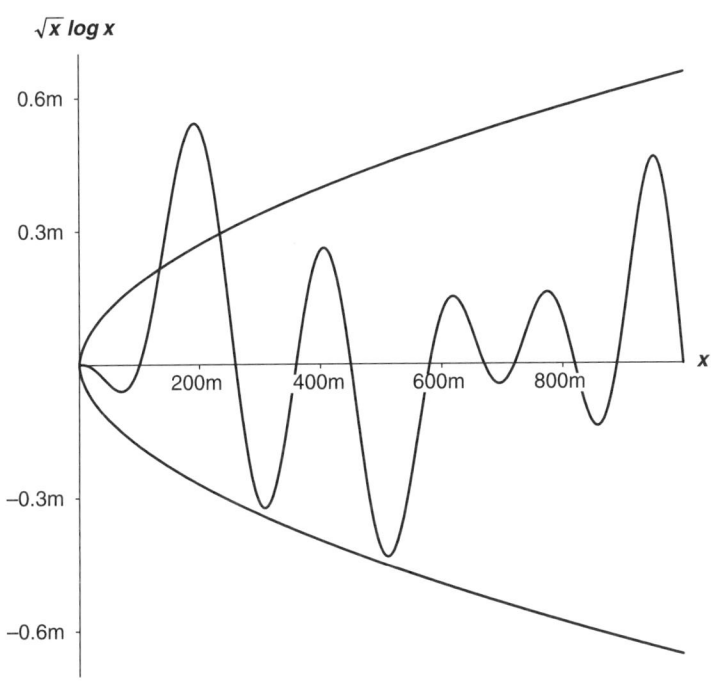

그림 15-3 더비셔 함수는 $O(\sqrt{x} \log x)$ 이다.

Ⅲ. '리만 가설이 참이라면 $\pi(x) = Li(x) + O(\sqrt{x} \log x)$이다'로 표현되는 폰 코흐의 정리는◆81 '리만 가설이 참이라면…'으로 시작하는 수많은 정리의 원조

라 할 수 있다. 만일 리만 가설이 거짓으로 판명된다면 정수론의 상당 부분은 수정이 불가피해진다.

아무래도 이런 정리는 위험 부담이 너무 큰 것 같다. 오차항 $Li(x)-\pi(x)$와 O를 연결해 주면서 가설의 진위 여부에 상관없이 항상 성립하는 관계식은 없을까? '오차항의 범위를 최소한으로 좁혀 주는 O를 찾아라!' 이것은 정수론학자들에게 떨어진 특명이자 그들의 머리를 회전시키는 일종의 스포츠였다. 지금까지 알려진 바에 의하면 오차항을 가둘 수 있는 가장 작은 영역은 $O(\sqrt{x}\log x)$인데, 이것은 리만 가설이 참이라는 전제를 깔고 있기 때문에 가설이 증명되지 않는 한 100% 확신할 수가 없다. 그러나 리만 가설과 상관없는 O는 한결같이 $O(\sqrt{x}\log x)$보다 범위가 넓고 생긴 모습도 아주 끔찍하다. 지금까지 제시된 다양한 답들 중에서 가장 범위가 좁은 O는 다음과 같다.

$$O\left(xe^{-C\left[(\log x)^{3/5}/(\log\log x)^{1/5}\right]}\right)$$

여기서 C는 상수이다. 다른 O들은 생긴 모습이 더욱 끔찍하기 때문에, 독자들의 편안한 독서를 위해 그냥 묻어 두기로 한다.

12-II장에서 언급된 힐베르트의 여덟 번째 문제와 코흐의 결과를 비교해 보자. 거기서 힐베르트는 $\pi(x)$와 $Li(x)$의 차이가 보다 느리게 발산한다는 리만의 주장을 인용하였다(다들 알다시피, $x^{\frac{1}{2}}$은 $\sqrt{x}$이다). 또한, 우리는 5-IV장에서 $\log x$가 x의 어떤 지수보다도 느리게 증가한가는 사실을 확인한 바 있다. 이 두 가지를 결합하면 다음과 같은 결론이 내려진다. "아무리 작은 ε을 잡아도 $\log x = O(x^{\varepsilon})$은 항상 성립한다." 이로부터 $O(\sqrt{x}\log x)$ 안에 있는 $\log x$를 x^{ε}으로 대치시키면 $O(x^{\frac{1}{2}+\varepsilon})$이 된다[누구 맘대로 내용물을 대치시킬 수 있는가? 이것은 엄밀한 증명을 거쳐야 한다. 그러나 직관적으로 생각해 보면 당연하다. $O(\sqrt{x}\log x)$는 x가 충분히 클 때 $\log x$로 만들어진 경계선을

넘지 않는다는 뜻이고, $\log x$는 x^ε을 넘지 않으므로 삼단논법에 의해 $O(\sqrt{x}\log x)$는 $O(\sqrt{x}\cdot x^\varepsilon)$으로 대치될 수 있다]. 이 결과를 이용하면 코흐의 결과는 이전보다 조금 간단한 형태인 $\pi(x) = Li(x) + O(x^{\frac{1}{2}+\varepsilon})$으로 표현될 수 있다. 여기서 ε(엡실론)은 매우 작은 양수이며, ε을 아무리 작게 잡아도 이 관계식은 항상 성립한다.

그러나, $\log x$를 x^ε으로 대치시키는 과정에서 코흐의 결과가 이전보다 조금 느슨해졌다. $O(x^{\frac{1}{2}+\varepsilon})$은 $O(\sqrt{x}\log x)$보다 더 넓은 경계선을 갖고 있기 때문이다. '오차항 = $O(\sqrt{x}\log x)$'이면 '오차항 = $O(x^{\frac{1}{2}+\varepsilon})$'도 만족되지만 '오차항 = $O(x^{\frac{1}{2}+\varepsilon})$'일 때 '오차항 = $O(\sqrt{x}\log x)$'는 만족되지 않을 수도 있다. 또, 5-Ⅳ장에서 확인한 바와 같이 $(\log x)^N$도 x^ε보다 느리게 증가하므로, 만일 코흐의 결과가 $O(\sqrt{x}(\log x)^{100})$과 같은 형태로 나왔다고 해도 여전히 $O(x^{\frac{1}{2}+\varepsilon})$으로 대치될 수 있다!

코흐의 결과를 $O(x^{\frac{1}{2}+\varepsilon})$으로 대치시켜 놓고 보니, 무언가를 강하게 암시하고 있는 것 같다. 로그 함수를 거의 x^0(상수)으로 간주한다면 "$\pi(x)$와 $Li(x)$의 차이는 $x^{\frac{1}{2}}$보다 느리게 발산한다"라는 리만의 주장은 설득력이 있다(사실, 정확한 지수는 $x^{\frac{1}{2}+\varepsilon}$이 아니라 $x^{\frac{1}{2}}$이다). 그 당시 정수론의 수준으로 미루어 볼 때, 리만이 예견한 $x^{\frac{1}{2}}$은 시대를 엄청나게 앞서 나간 깊은 통찰의 결과가 아닐 수 없다.◆82

몇 해 전에 겪었던 일화 하나를 소개하면서 O에 대한 설명을 마칠까 한다. 모든 분야의 전문가들이 그렇듯이, 수학자들도 외부인을 크게 환영하지 않는 것 같다. 그래서 가끔씩은 외부인의 질문에 엉뚱한 대답을 하여 혼란을 야기시키기도 한다.

2002년 여름, 쿠랑학회 Courant conference에 참가했을 때, 나는 피터 사르낙 Peter Sarnak과 약간의 대화를 나누었다. 피터는 프린스턴대학 수학과 교수로 있는 저명한 정수론학자이다. 그 무렵에 나는 이 책을 집필하고 있었으므로 기회를 놓치지 않고 피터에게 물었다. "수학에 익숙하지 않은 일반 독자들에게 O를 쉽게 설명해야 하는데, 뭐 좋은 방법이 없을까요?" 피터가 대답했다. "아, 그래요? 그럼 저의 동료인 닉(니콜라스 카츠Nicholas Katz의 애칭. 그 역시 프린스턴대학의 교수이자 대수기하학의 대가로 알려져 있다)을 한번 만나 보시죠. 그런데 그 친구는 O를 아주 싫어하니까 큰 기대는 하지 않으시는 게 좋을 겁니다." 나는 그의 충고대로 큰 기대를 접고 그저 한 줄 분량 정도의 충고를 기대하며 카츠를 만나 보기로 했다. 그날 저녁, 나는 사르낙과 카츠를 모두 잘 알고 있는 앤드루 와일즈와 우연히 마주쳤다. 그에게 카츠가 O를 싫어한다는 게 사실이냐고 물었더니 그의 대답인즉, "말도 안 돼요. 사르낙이 당신을 놀린 겁니다. 카츠는 그걸로 먹고 사는 수학자라구요!" 아니나 다를까, 그 다음날 카츠는 강연을 하면서 시도 때도 없이 큰 O를 사용하고 있었다. 유머 치고는 좀 심술궂은 유머가 아닌가!

IV. O에 대한 설명은 이 정도로 충분한 것 같다. 그 다음 차례는 '뫼비우스Möbius 함수'이다. 뫼비우스 함수는 다양한 방법으로 도입될 수 있는데, 여기서는 황금 열쇠를 통한 접근법을 사용하기로 한다.

황금 열쇠를 상징하는 식 7-1은 양변을 역수로 바꿔도 여전히 성립한다. $A = B$이면 $\frac{1}{A} = \frac{1}{B}$도 성립하기 때문이다. 양변을 뒤집은 결과는 다음과 같다.

$$\frac{1}{\zeta(s)} = \left(1-\frac{1}{2^s}\right)\left(1-\frac{1}{3^s}\right)\left(1-\frac{1}{5^s}\right)\left(1-\frac{1}{7^s}\right)\left(1-\frac{1}{11^s}\right)\left(1-\frac{1}{13^s}\right)\cdots$$

식 15-1

지금부터 우변의 괄호들을 모두 곱해 보자. "무한히 많은 항들을 무슨 수로 곱하나…" 하고 걱정할 필요는 없다. 항이 무한개인 건 사실이지만, 세심한 주의를 기울이면서 약간의 테크닉을 발휘하면 별 어려움 없이 계산할 수 있다. 자, 머뭇거리지 말고 과감하게 시작해 보자!

여러 개의 항들을 담고 있는 괄호끼리의 곱셈은 기초적인 대수에 속한다. $(a+b)(p+q)$를 계산할 때, 우리는 먼저 a와 $(p+q)$를 곱하여 $ap+aq$를 얻고 b와 $(p+q)$를 곱하여 $bp+bq$를 얻는다. 그런데 첫 번째 괄호는 원래 a와 b의 합이었으므로 최종 결과는 이 모두를 더한 $ap+aq+bp+bq$이다. 세 개의 괄호가 곱해진 $(a+b)(p+q)(u+v)$도 이와 같은 방법으로 계산하면 $apu + aqu + bpu + bqu + apv + aqv + bpv + bqv$임을 쉽게 알 수 있다. 네 개의 괄호가 곱해진 $(a+b)(p+q)(u+v)(x+y)$의 계산 결과는 식 15-2와 같다.

$$apux + aqux + bpux + bqux + apvx + aqvx + bpvx + bqvx +$$
$$apuy + aquy + bpuy + bquy + apvy + aqvy + bpvy + bqvy$$

식 15-2

보다시피, 괄호 네 개를 곱했더니 16개의 항으로 분리되었다. 그런데 지금 우리는 무한개의 괄호를 곱해야 한다! 왠지 사지에 맥이 풀리면서 의욕이 점점 사라지는 것 같다. 그러나 항이 많다고 해서 계산이 불가능한 것은 아니다. 복잡한 것과 어려운 것은 분명히 다른 속성이며, 지금 우리에게 주어진 문제는 그저 복잡한 문제일 뿐이다. 잠시 동안 여러분이 수학자가 되었다고 스스로 최면을 건 상태에서 '수학자의 눈으로' 문제를 바라보면 된다. 자, 식 15-2를 자세히 보라. 어떤 규칙이 보이지 않는가? 예를 들어, 14번째 항인 $aqvy$를 도마 위에 올려 보자. 이 항은 네 개의 문자가 곱해진 형태인데,

각각의 문자는 자신이 속해 있던 괄호를 대표하고 있다. 즉, a는 첫 번째 괄호에서 왔고 q는 두 번째 괄호, v는 세 번째 괄호, y는 네 번째 괄호에서 곱해진 문자이다. $aqvy$뿐만 아니라, 모든 항들이 이런 식으로 곱해져 있다. 그렇다면 각각의 괄호에서 하나의 문자를 선택하여 서로 곱하는 경우의 수는 몇 가지나 될까? 하나의 괄호당 두 가지의 선택이 가능하므로 $2 \times 2 \times 2 \times 2 = 16$, 즉 식 15-2에 등장하는 항의 개수와 일치한다! 이 정도면 독자들도 어느 정도 감을 잡았을 것이다. 괄호끼리 곱할 때에는 각각의 괄호에서 문자(또는 숫자)를 하나씩 선발하여 모두 곱하고, 이렇게 곱한 결과를 모든 가능한 선택에 대하여 더해 주면 된다.

 이 사실을 알았다면 무한개의 괄호를 곱할 때 사지에 맥이 풀릴 이유가 없다. 무한히 많은 괄호의 곱은 무한히 많은 항의 덧셈, 즉 급수로 변환되고 급수의 계산은 이미 우리도 익숙하기 때문이다. 급수의 각 항은 각각의 괄호 안에서 항을 하나씩 취하여 이들을 모두 곱한 형태로 되어 있고, 이 모든 항들을 더하면 최종 결과가 얻어진다. 그런데 막상 괄호를 풀어 헤쳐서 재구성한 급수를 써 놓고 보면 그다지 만만하게 보이진 않는다. 왜냐하면, 급수를 이루는 항 자체도 무한개지만 각각의 항도 무한개의 곱으로 이루어져 있기 때문이다. 그러나 식 15-1에는 모든 괄호마다 1이 들어 있으므로, 1을 무한개 취하고 1이 아닌 항을 유한개 취하여 곱함으로써 급수의 각 항들을 만들어 낼 수 있다. 그리고, 1이 아닌 항들은 모두 $-\frac{1}{2}$에서 0 사이의 값을 갖고 있으므로 이들을 무한번 곱하면 $\left(\frac{1}{2}\right)^{\infty}$ 보다 작아져서(물론 크기만 고려한 것이다) 결국 0으로 수렴하게 된다! 이 정도면 대충 준비는 끝난 셈이다.

 무한급수의 첫 번째 항: 모든 괄호에서 1을 취하여 곱한다. 그 결과는 $1 \times 1 \times 1 \times 1 \times 1 \times 1 \times \cdots = 1$이다.

 두 번째 항: 첫 번째 괄호를 제외한 모든 괄호에서 1을 취하고, 첫 번째 괄

호에서는 $-\frac{1}{2^s}$을 취하여 모두 곱한다. 계산 결과는 $-\frac{1}{2^s} \times 1 \times 1 \times 1 \times 1 \times 1 \times \cdots = -\frac{1}{2^s}$이다.

세 번째 항: 두 번째 괄호를 제외한 모든 괄호에서 1을 취하고, 두 번째 괄호에서는 $-\frac{1}{3^s}$을 취하여 모두 곱한다. 계산 결과는 $1 \times \left(-\frac{1}{3^s}\right) \times 1 \times 1 \times 1 \times 1 \times \cdots = -\frac{1}{3^s}$이다.

네 번째 항: ⋯ 더 이상 쓰지 않아도 어떤 결과가 나올지 짐작할 수 있을 것이다. n번째 괄호를 제외한 모든 괄호에서 1을 취하고 n번째 괄호에서 $-\frac{1}{p^s}$을 취하면(p는 n번째 소수이다) n번째 항의 계산 결과는 $-\frac{1}{p^s}$이다. 그러므로 식 15-1은 다음과 같은 급수로 변환될 수 있다.

$$1 - \frac{1}{2^s} - \frac{1}{3^s} - \frac{1}{5^s} - \frac{1}{7^s} - \frac{1}{11^s} - \frac{1}{13^s} - \cdots$$

식 15-3

물론, 이것으로 계산이 끝난 것은 아니다. 지금까지 계산한 것은 '1이 아닌 항이 단 하나 섞여 있는' 경우뿐이다. 1이 아닌 항이 두 개씩 섞여 있는 경우는 어떻게 계산해야 할까? 방법은 전과 동일하다. 예를 들어, 첫 번째 괄호에서 $-\frac{1}{2^s}$을, 두 번째 괄호에서 $-\frac{1}{3^s}$을 취하고 나머지 괄호에서 모두 1을 취했다면 그 결과는 $\left(-\frac{1}{2^s}\right) \times \left(-\frac{1}{3^s}\right) \times 1 \times 1 \times 1 \times 1 \times 1 \times \cdots = \frac{1}{6^s}$이 된다. 또, 세 번째 괄호에서 $-\frac{1}{5^s}$을, 여섯 번째 괄호에서 $-\frac{1}{13^s}$을 취하고 나머지 괄호에서 모두 1을 취했다면 그 결과는 $\frac{1}{65^s}$이 될 것이다. 이런 식으로 한 쌍의 괄호에서 1이 아닌 항을 취하고 나머지 모든 괄호에서 1을 취하여 곱하면 "1이 아닌 항이 두 개씩 섞여 있는" 모든 항들을 구할 수 있는데, 소수와 관련된 한 쌍의 항은 모두 음수이므로 계산 결과는 모두 양수이다. 물론, 이 모든 결과는 식 15-3에 추가로 더해져야 한다.

[지금 진행되고 있는 계산에는 두 개의 대수학 법칙: (음수)×(음수) = (양수)와 지수법칙 7: $(x \times y)^n = x^n \times y^n$이 적용되고 있다.]

모든 가능한 쌍에 대하여 이 계산을 수행한 후 식 15-3에 더한 결과는 다음과 같다.

$$1 - \frac{1}{2^s} - \frac{1}{3^s} - \frac{1}{5^s} - \frac{1}{7^s} - \frac{1}{11^s} - \frac{1}{13^s} - \cdots$$
$$+ \frac{1}{6^s} + \frac{1}{10^s} + \frac{1}{14^s} + \frac{1}{15^s} + \frac{1}{21^s} + \frac{1}{22^s} + \frac{1}{26^s} + \frac{1}{33^s} + \cdots$$

두 번째 줄의 분모에 있는 모든 수들은 서로 다른 두 개의 소수가 곱해지면서 나타난 것이다.

그 다음 단계는 1이 아닌 항이 세 개 섞여 있는 경우, 즉 $1 \times (-\frac{1}{3^s}) \times 1 \times 1 \times (-\frac{1}{11^s}) \times (-\frac{1}{13^s}) \times 1 \times 1 \times 1 \times \cdots$과 같은 항을 모든 가능한 경우에 대하여 계산하는 것이다. 계산 방법은 이전과 동일하므로 생략하고, 결과만 나열하면 다음과 같다.

$$1 - \frac{1}{2^s} - \frac{1}{3^s} - \frac{1}{5^s} - \frac{1}{7^s} - \frac{1}{11^s} - \frac{1}{13^s} - \cdots$$
$$+ \frac{1}{6^s} + \frac{1}{10^s} + \frac{1}{14^s} + \frac{1}{15^s} + \frac{1}{21^s} + \frac{1}{22^s} + \frac{1}{26^s} + \frac{1}{33^s} + \cdots$$
$$- \frac{1}{30^s} - \frac{1}{42^s} - \frac{1}{66^s} - \frac{1}{70^s} - \frac{1}{78^s} - \frac{1}{102^s} - \frac{1}{105^s} - \cdots$$

물론, 세 번째 줄의 분모는 서로 다른 소수 세 개의 곱으로 이루어져 있다.

이 과정을 무한히 반복하여 최종적으로 얻어진 답을 크기순으로 정리하면 식 15-4와 같은 형태가 된다.

$$\frac{1}{\zeta(s)} = 1 - \frac{1}{2^s} - \frac{1}{3^s} - \frac{1}{5^s} + \frac{1}{6^s} - \frac{1}{7^s} + \frac{1}{10^s} - \frac{1}{11^s} - \frac{1}{13^s} + \frac{1}{14^s} + \frac{1}{15^s} - \cdots$$

식 15-4

우변에 등장하는 자연수의 공통점은 무엇인가? 모든 자연수? 아니다. 4, 8, 9, 12, … 등이 빠져 있다. 그럼 소수? 그것도 아니다. 6, 10, 14, 15, … 등은 분명히 약수를 갖고 있다. 만일 누군가에게 식 15-4를 다짜고짜 내밀면서 규칙을 찾아보라고 하면 몹시 괴로워할 것이다. 그러나 우리는 중간 과정을 알고 있기에 규칙도 쉽게 찾을 수 있다. 식 15-4의 우변에 나타난 모든 수들은 (1을 포함한) 소수끼리 곱하는 과정에서 탄생하였다. 그중 일부는 하나의 소수에 1을 곱했으므로 소수 자체이고, 일부는 두 개의 소수를 곱한 것이며 또 일부는 소수 세 개가 곱해진 결과이고… 등이다. 부호는 어떻게 결정되었는가? 식 15-1의 우변에 있는 모든 소수에는 마이너스 부호가 붙어 있으므로, 소수가 '홀수 번' 곱해진 수는 부호가 음(−)이고 '짝수 번' 곱해진 수는 부호가 양(+)이다. 또, 식 15-4에 나타나지 않은 4, 8, 9, 12, 16, 18, 20, 24, 25, 27, 28, …과 같은 수들은 소수의 제곱을 약수로 갖는 수들이다. 앞의 계산 과정에서 동일한 소수가 두 번 이상 곱해지는 경우는 없었기 때문이다!

드디어 우리는 뫼비우스 함수의 세계로 발을 들여놓았다. 독일의 수학자이자 천문학자였던 뫼비우스August Ferdinand Möbius(1790~1868)[83]의 이름을 딴 이 함수는 흔히 영문 알파벳 m에 해당되는 그리스 알파벳 μ로 표기되며, 읽을 때는 '뮤'라고 읽는다.[84] 뫼비우스 함수 $\mu(n)$의 정확한 정의는 다음과 같다.

- 함수 μ의 정의역은 모든 자연수(1, 2, 3, 4, 5, …)이다.
- $\mu(1) = 1$
- n이 완전제곱수를 약수로 가질 때 $\mu(n) = 0$이다.
- n이 소수이거나 서로 다른 소수가 '홀수 개' 곱해져서 이루어진 수일 때 $\mu(n) = -1$이다.

- n이 서로 다른 소수가 '짝수 개' 곱해져서 이루어진 수일 때 $\mu(n) = 1$이다.

언뜻 보기에는 참 희한한 방법으로 정의된 함수인 것 같지만, μ는 정수론에서 엄청나게 중요한 함수이며 이 책의 뒷부분에서 핵심적인 역할을 한다. μ함수의 위력은 지금 당장이라도 확인할 수 있다. 방금 전까지 제타 함수의 역수를 여러 단계에 걸쳐 계산하여 식 15-4를 얻었는데, μ함수를 이용하여 이 결과를 다시 쓰면 식 15-5와 같이 깔끔한 형태로 요약된다.

$$\frac{1}{\zeta(s)} = \sum_n \frac{\mu(n)}{n^s}$$

식 15-5

V. $\mu(n)$은 리만 가설의 역사에서 매우 중요한 역할을 했지만, $\mu(n)$의 합으로 정의된 $M(k)$도 그에 못지않게 중요한 자리를 차지하고 있다. $\mu(1) + \mu(2) + \mu(3) + \cdots + \mu(k) = M(k)$로 정의된 이 함수의 이름은 '메르텐스 함수 Mertens's function'이며, 처음 10개의 값은 1, 0, −1, −1, −2, −1, −2, −2, −2, −1이다[$\mu(k)$가 아니라 $M(k)$의 값임을 명심하기 바란다]. $M(k)$는 0을 중심으로 진동하는 매우 불규칙적인 함수로서, 수학자들이 말하는 '마구걷기random walk'와 비슷하다. $k = 1,000, 2,000, 3,000, \cdots, 10,000$일 때 $M(k)$의 값은 2, 5, −6, −9, 2, 0, −25, −1, 1, −23이며 $k = $ 100만, 200만, 300만, $\cdots$, 1,000만일 때 $M(k)$의 값은 212, −247, 107, 192, −709, 257, −184, −189, −340, 1,037이다. 부호를 무시하면 k가 커질수록 $M(k)$도 커진다는

사실은 분명하지만, 그 외에는 별다른 규칙이 없는 것 같다.

식 15-5에는 $\mu(n)$이 합의 형태로 나와 있으므로(물론 각 항마다 n^s으로 나누어져 있지만) μ함수와 M함수는 제타 함수와 밀접하게 연관되어 있으며, 따라서 리만 가설과 불가분의 관계에 있다는 것을 짐작할 수 있다. 실제로, 정리 15-1이 증명되기만 하면 리만 가설은 자동으로 증명된다!

$$M(k) = O\left(k^{\frac{1}{2}}\right)$$

정리 15-1

그러나 정리 15-1이 성립하지 않는다고 해서 리만 가설도 거짓으로 판명되는 것은 아니다. 이런 경우에 수학자들은 "정리 15-1은 리만 가설보다 강력하다"라고 말한다.◆85 이보다 조금 느슨한 정리 15-2는 리만 가설과 동격으로 간주할 수 있다.

$$M(k) = O\left(k^{\frac{1}{2}+\varepsilon}\right)$$

정리 15-2

만일 정리 15-2가 참이라면 리만 가설은 참이다. 또, 정리 15-2가 거짓이라면 리만 가설도 거짓이 된다. 즉, 리만 가설과 정리 15-2는 수학적으로 완전히 동등하다. 더 자세한 내용은 20-VI장에서 다룰 것이다.

16
임계선을 타고 올라가다

Ⅰ. 1930년, 68세의 다비드 힐베르트는 괴팅겐대학의 교칙에 따라 정년 퇴임을 맞이하였다. 괴팅겐의 동료 교수들을 비롯한 수많은 사람들은 목소리를 한데 모아 그의 명예로운 퇴임을 축하해 주었고, 힐베르트의 고향인 쾨니히스베르크Königsberg에서는 그의 공적을 기리는 뜻에서 시(市)를 상징하는 열쇠를 증정하기로 했다. 그해 8월, 쾨니히스베르크에서 개최되는 학회의 개막행사로 치러진 열쇠 증정식 석상에서 힐베르트는 또 하나의 명연설을 남기게 된다.

'논리학과 자연의 이해Logic and the Understanding of Nature'라는 제목으로 진행된 수상 기념 강연에서 힐베르트는 수학적 진실을 창조하고 증명하는 인간의 정신적 능력과 물리적 우주의 상호 관계에 대한 자신의 의견을 피력하였다(이 주제는 철학자들의 오랜 관심사로서 역시 쾨니히스베르크 출신인 임마누엘 칸트Immanuel Kant의 주된 관심사이기도 했다). 강연의 내용은 현대

수학적 개념으로 재서술된 리만 가설과도 깊게 연관되어 있었으나, 힐베르트가 수상 연설을 했던 1930년에는 이 사실이 알려지지 않았었다. 리만 가설과 힐베르트의 두 번째 연설 사이의 관계는 20장에서 설명할 예정이다.

힐베르트는 수상 연설을 끝낸 후 당시로서는 매우 이례적이라 할 수 있는 라디오 연설에도 출연하였으며, 그의 연설은 78RPM짜리 레코드판으로 발행되었다(그 무렵 독일 바이마르공화국에서 '수학자'와 '저명인사'라는 두 단어는 전혀 어색한 조합이 아니었다). 지금도 인터넷을 잘 뒤져 보면 힐베르트의 유명한 연설문을 '저자 직강'으로 들을 수 있다. 특히, 쾨니히스베르크 연설문의 마지막을 장식한 문장은 당대 최고의 명언으로 회자되어 괴팅겐에 있는 힐베르트의 묘비에도 새겨져 있다.

힐베르트는 자연과 수학의 진리를 찾아내는 인간의 능력에 한계가 없다고 굳게 믿었다. 힐베르트가 젊었던 시절에는 프랑스의 철학자 에밀 뒤보아레몽Emil du Bois-Reymond의 염세적 이론이 인기를 얻고 있었는데, 자연의 속성과 인간의 의식이 원래부터 불가지(不可知)적 대상이라고 주장했던 뒤보아레몽은 'ignoramus et ignorabimus(우리는 무지하며 앞으로도 무지한 채로 남을 것이다)'라는 신조어를 만들어 자신의 사상을 전파시켰다. 그러나 그의 비관적인 철학을 좋아하지 않았던 힐베르트는 온 세상을 향해(적어도 과학자와 수학자들을 향해) 다음과 같은 명언을 남겼다.

우리에게 주어진 과업을 완수하려면 '모든 수학 문제는 해결 가능하다'는 신념을 가져야 한다. 지금 이 순간에도 우리의 마음은 외치고 있다. 여기 문제가 있으니 해답을 찾아라! 우리는 순수한 사고를 통해 해답을 찾을 수 있다. 우리는 결코 무지하지 않으며 자연과학도 무지함과는 거리가 멀다. 그러므로 '무지함'이라는 단어는 새로운 단어로 대치되어야 한다. "우리는 알아야만 한다. 우리는 결국 알게 될 것이다."

연설문의 마지막 문장(독일어로 Wir müssen wissen, wir werden wissen)은 과학 역사상 가장 유명한 연설로 기억되고 있다. 은퇴를 눈앞에 둔 노(老)과학자의 연설 치고는 참으로 진취적이고 낙관적인 명언이 아닐 수 없다(그 무렵 힐베르트는 수년 동안 악성빈혈에 시달리고 있었는데, 제대로 된 치료법은 그 후에 개발되었다). 힐베르트의 연설은 그로부터 10년 후에 출간된 하디의 비관적이고 유아론(唯我論)적 자서전 『어느 수학자의 변명』과 극명한 대조를 이루고 있다(하디는 힐베르트보다 다섯 살 아래였다).

Ⅱ. 1930년에 힐베르트가 괴팅겐대학을 정년 퇴임한 후 독일 전체에는 암울한 그림자가 드리우기 시작했다. 그 무렵 괴팅겐대학의 수학과는 지난 80년간 세계 최고의 수준을 유지하면서 전 세계 수학의 중심지로 군림해 왔지만, 1934년에는 대학 전체가 공황 상태에 빠지게 되었다.

이 모든 비극은 1933년 초부터 시작되었다. 그해 1월에 독일 수상으로 임명된 아돌프 히틀러Adolf Hitler는 2월 27일 발발한 국회의사당 방화 사건을 계기로 공산당을 억압하고 반대파에 대한 대대적인 탄압을 강행하였으며, 5월 총선거에서 44%의 득표율로 나치당을 승리로 이끈 뒤 의회에서 전권위임법을 성립시켜 일당 독재 체제를 확립하였다. 바야흐로 독일 전체가 나치와 히틀러의 지배하에 들어온 것이다.

정권을 장악한 나치당은 1933년 4월 7일자로 모든 유태인들을 공직에서 해직시킨다는 포고령을 내렸고, 당시 독일의 대통령이었던 힌덴부르크는 1차 대전에 참전했던 유태인과 1914년 8월 이전부터 공직에 종사해 온 유태인은 포고령에서 제외한다는 조항을 추가하였다.

독일의 모든 대학교수는 공무원의 신분이었으므로 포고령을 따를 수밖에 없었다. 그 당시 괴팅겐대학의 수학과에는 다섯 명의 교수가 재직하고 있었는데, 그중 세 사람(에드문트 란다우, 리차드 쿠랑, 펠릭스 베른슈타인Felix Bernstein)이 유태인이었다. 그리고 나머지 두 사람 중 힐베르트의 자리를 물려받은 헤르만 바일은 유태인 아내를 두고 있었으므로 인종적으로 문제가 없는 사람은 구스타프 헤르글로츠Gustav Herglotz뿐이었다. 사실, 란다우와 쿠랑은 힌덴부르크의 예외 조항에 해당되는 유태인이었다. 린다우는 1909년에 교수로 부임하였고 쿠랑은 1차 대전 때 서부전선에 투입된 참전 용사 출신이었다.◆86

괴팅겐은 히틀러의 지지율이 아주 높은 도시였다. 1930년 5월 총선거에서 괴팅겐의 나치 지지율은 다른 도시의 두 배에 가까웠고 대학생들도 1926년부터 나치를 열렬히 지지하고 있었다(란다우의 연구실이 있는 건물의 외벽은 1931년에 학생들에 의해 교수대 그림으로 도배되었다). 나치의 홍위병 역할을 하던 일간지 《괴팅어 타게블라트Göttinger Tageblatt》◆87는 4월 26일자 신문에 '괴팅겐대학의 교수 여섯 명이 불분명한 이유로 교수직을 사퇴했다'는 기사를 내보냈다. 그러나 정작 당사자들은 사전에 통보를 받은 적이 전혀 없었다. 나치는 매사를 이런 식으로 처리했다. 편지나 전령을 통해 결정 사항을 미리 알려 주는 것은 나치의 스타일이 아니었던 것이다.

그해 4월부터 11월에 걸쳐, 괴팅겐대학의 수학과는 전 세계 수학의 중심이라는 별칭이 무색해질 정도로 완전히 초토화되었다. 유태계 교수들이 모두 학교를 떠난 것은 물론이고, 좌익 성향을 띤 교수들도 철저한 감시를 받으며 불안에 떨어야 했다. 대부분의 수학자들은 미국으로 도피하였고 독일의 수학은 최대의 위기를 맞이했다. 괴팅겐대학의 수학연구소에서 해임되거나 스스로 떠난 교수들만 무려 18명에 달했다.

그들 중에서 나치의 탄압에 끝까지 저항한 사람은 에드문트 란다우였다(그는 괴팅겐대학 수학과 교수들 중 유태인 예배 모임에 참가했던 유일한 사람이었다). 그는 소신을 굽히지 않고 1933년 11월에 해석학 강의를 맡았지만 란다우가 유태인이라는 사실을 간파한 학생회의 간부들은 그의 강의를 계획적으로 방해하였고 심지어는 제복을 입은 군인들이 강의실 앞에 늘어서서 학생들의 입장을 막기도 했다. 란다우는 당시 학생회 회장이었던 스무 살 청년 오스발트 타이히뮐러Oswald Teichmüller에게 수업을 거부하는 이유를 편지로 써 줄 것을 요구했고, 그때 타이히뮐러가 쓴 편지는 지금까지 남아 있다.

타이히뮐러는 매우 경우 바른 학생으로, 훗날 훌륭한 수학자가 되었다.◆88 그가 란다우에게 보냈던 편지를 보면 당시의 수업 거부가 다분히 이데올로기적인 동기에서 비롯되었음을 알 수 있다. 그 젊은이는 나치의 인종 정책에 완전히 세뇌되어 유태인이 독일인을 가르치는 것은 있을 수 없는 일이라고 하늘같이 믿었던 것이다. 요즘 사람들은 '나치' 하면 으레 범죄자, 살인자, 혹은 기회주의자 등을 떠올리지만 열성적인 나치 당원의 명단에는 세계적인 지성인들도 많이 포함되어 있었다.◆89

마음속에 깊은 상처를 안고 고향 베를린으로 돌아온 란다우는 바다를 건너 강연 여행을 떠날 기회가 여러 번 있었음에도 불구하고 끝까지 자신의 고향을 지키다가 1938년에 베를린에서 사망하였다.

힐베르트는 전쟁이 한창 진행 중이던 1943년 2월 14일에 향년 81세의 나이로 괴팅겐에서 사망하였다. 그의 장례식에 참가한 사람은 불과 십여 명 정도였고 그중에서 힐베르트의 업적을 깊이 이해하는 문상객은 단 두 사람, 힐베르트의 오랜 친구이자 저명한 물리학자인 아르놀트 조머펠트Arnold

Sommerfeld와 괴팅겐대학의 독일인 교수였던 구스타프 헤르글로츠뿐이었다. 힐베르트의 고향인 쾨니히스베르크는 전쟁을 겪으면서 완전히 초토화되었다(현재의 지명은 칼리닌그라드Kaliningrad이다). 오늘날 괴팅겐대학은 독일의 평범한 지방대학으로 남아 있는데, 수학과는 그런대로 명성을 유지하고 있다.

Ⅲ. 독일에 암울한 그림자가 드리우기 직전인 1930년대 초반에 리만 가설과 관련된 리만-지겔 공식Riemann-Siegel formula이 발견되었다.

베를린에서 우편 배달부의 아들로 태어난 칼 루트비히 지겔Carl Ludwig Siegel은 장성하여 프랑크푸르트대학의 강사가 되었다. 그는 리만의 1859년 논문을 철저히 분석하여 거의 모든 내용을 이해하고 있었는데, 사실 리만의 논문은 4-Ⅱ장에서 언급한 어빙 고프먼의 이론처럼 '엄청난 노력이 투여된 중간 과정을 모두 생략한 채 결과만 깔끔하게 요약해 놓은' 논문이었으므로 전문 수학자라 해도 그 내용을 모두 이해하는 것은 결코 쉬운 일이 아니었다. 지겔은 시간이 날 때마다 괴팅겐대학을 방문하여 리만이 남긴 논문과 연구 노트를 탐독하면서 '논문에 생략된 중간 과정'을 추적하였다.

사실, 리만의 흔적을 추적한 최초의 수학자는 지겔이 아니었다. 리만의 논문을 소장하고 있던 하인리히 베버Heinrich Weber는 리만의 논문 모음집 2판을 출간한 후 1895년에 모든 논문을 괴팅겐대학 도서관에 기증하였고, 지겔이 괴팅겐을 방문한 것은 그로부터 근 30년이 지난 후였다(리만의 논문은 지금도 괴팅겐 도서관에 남아 있다. 22-Ⅰ장 참조). 그러나 지겔이 괴팅겐의 도서관에서 발견한 것은 조각조각 흩어져 있는 단편적인 기록들뿐이었고 그나마 리만 특유의 간결한 낙서가 대부분이어서 그 내용을 이해하기 위해 엄청난 노력을 기울여야 했다.

1932년의 어느 날, 리만이 남긴 낙서들과 씨름을 벌이던 지겔의 눈에 대단한 공식이 스쳐 지나갔다. 지겔은 그 식을 주제로 하여 〈해석적 정수론과 관련된 리만의 유산Of Riemann's *Nachlass* as It Relates to Analytic Number Theory〉이라는 제목의 논문을 발표하였다.◆90 지겔이 발견했던 내용을 설명하기 전에, 제타 함수의 근을 찾기 위한 수학자들의 피땀 어린 노력사를 다시 한번 돌아보기로 하자.

Ⅳ. 12장에서 말했듯이, 1903년에 요르겐 그람은 제타 함수에서 처음으로 나타나는 자명하지 않은 근 15개를 손으로 직접 계산하였다. 그람의 계산을 시작으로 제타 함수의 근을 찾는 작업은 요즈음에도 꾸준하게 계속되고 있으며, 1996년에 시애틀수학회에서 앤드루 오들리즈코가 정리한 역사는 표 16-1과 같다.

연구자	발표 연도	실수부가 1/2인 근의 개수
J. Gram	1903	15
R.J. Blacklund	1914	79
J.I. Hutchinson	1925	138
E.C. Titchmarsh et al.	1935~1936	1,041
A.M. Turing	1953	1,054
D.H. Lehmer	1956	25,000
N.A. Meller	1958	35,337
R.S. Lehman	1966	250,000

J.B. Rosser et al.	1969	3,500,000
R.P. Brent et al.	1979	81,000,001
H. te Riele, J. van de Lune et al.	1986	1,500,000,001

표 16-1 제타 함수의 근의 변천사

반 데 루네Van de Lune는 2000년 말에 50억 개의 근을 찾아냈고 2001년 10월에는 100억 개를 채웠다. 이와는 독립적으로 세바스찬 베데니프스키 Sebastian Wedeniwski는 2001년 8월부터 독일 IBM사의 PC 550대를 연결하여 계산을 수행하고 있는데, 2002년 8월까지 발견된 근(실수부가 $\frac{1}{2}$인 근)의 개수는 1천억 개에 이르며, 후속 계산은 지금도 수행 중이라고 한다.

이 계산에는 개념상으로 혼동을 일으킬 만한 몇 가지 요인이 숨어 있다. 모든 상황을 정확하게 파악하기 위해 이 점을 분명히 짚고 넘어가기로 한다.

우선 첫째로, (a)임계선의 '높이'와 (b)근의 '개수'를 혼동하지 말아야 한다. 여기서 말하는 높이란 복소수의 허수부를 의미한다. 예를 들어, 복소수 3 + 7i의 높이는 7이다. 수학자들은 제타 함수의 근을 논할 때 복소수의 높이를 t 또는 T로 표기한다(제타 함수의 근은 실수축을 중심으로 위-아래 대칭형으로 분포되어 있기 때문에, T가 양수인 근만 고려해도 충분하다). 높이 T보다 작은 제타 함수의 근의 개수 $N(T)$는 다음과 같다.

$$N(T) = \frac{T}{2\pi}\log\left(\frac{T}{2\pi}\right) - \frac{T}{2\pi} + O(\log T)$$

이것은 매우 정확한 공식으로서(처음 두 개의 항을 알아낸 사람은 리만이었다), T가 비교적 작은 경우에도 잘 들어맞는다. 큰 O항을 무시한다면[◆91] T = 100, 1,000, 10,000일 때 근의 개수는 각각 28.127개, 647.741개, 10,142.090개이며 실제의 개수는 각각 29개, 649개, 10,142개이다. 베데니프스키가 구한 1천억 번째 근까지 도달하려면 $T = 29{,}538{,}618{,}432.236 \cdots$까지 올라가야 한다.

둘째로, 제타 함수의 근을 구할 때 실제로 계산되는 양은 무엇일까? 이 점에 관해서도 오해의 소지가 많다. 베데니프스키가 1천억 개의 근을 구했다고 해서, 이 모든 근의 정확한 값을 계산했다는 뜻은 아니다. 제타 함수의 근을 계산하는 주된 목적은 리만 가설을 확인하는 것이므로 근의 정확한 값을 구할 필요는 없다. 임계띠의 높이 T_1과 T_2 사이($T_1 <$ 허수부 $< T_2$이고 $0 <$ 실수부 < 1인 사각형의 내부, 그림 16-1 참조)에 존재하는 근의 개수를 계산하는 이론은 이미 알려져 있다. 또한, 임계선의 높이 T_1과 T_2 사이에 존재하는

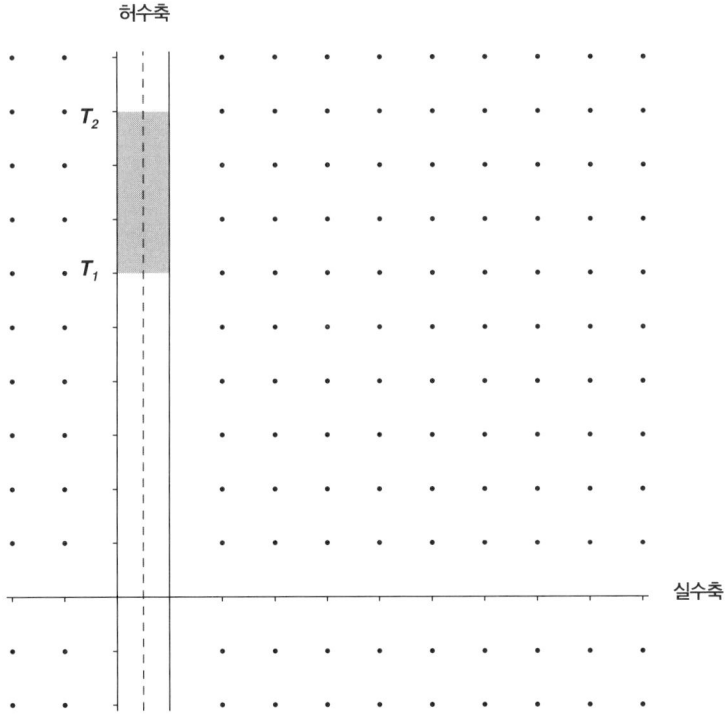

그림 16-1 임계띠의 높이 T_1과 T_2 사이

근의 개수도 이론적으로 계산할 수 있다.◆92 만일 두 이론의 계산 결과가 일치한다면 그 구간에서($T_1 \sim T_2$) 리만 가설이 증명되는 셈이다. 이 계산은 근의 대략적인 위치만 알아도 수행할 수 있다. 표 16-1에 있는 대부분의 근은 이런 목적으로 대충 계산된 것이다.

그렇다면 정확한 값이 알려진 근은 몇 개나 될까? 표 16-1의 큰 숫자들과는 달리, 정확하게 계산된 근은 그리 많지 않다. 그나마 개중 대부분은 리만 가설을 증명하는 와중에 부수적으로 얻어진 것이다. 내가 갖고 있는 정보에 의하면 정확한 근의 목록을 처음으로 작성한 사람은 브라이언 하셀그로브Brian Haselgrove였다. 1960년, 하셀그로브와 그의 동료들은 영국의 케임브리지와 맨체스터대학에서 제2세대 컴퓨터를 이용하여 제타 함수의 근 1,600개를 소수점 이하 6번째 자리까지 계산하여 목록으로 출판하였다.

앤드루 오들리즈코의 증언에 의하면 그가 제타 함수의 근을 처음으로 계산하던 1970년대에는 하셀그로브의 데이터가 유일한 참고 자료였다고 한다. 1966년에 레먼Lehman이 대략적인 값을 계산할 때(표 16-1) 그중 일부의 정확한 값을 계산했다는 소문이 있지만 확인된 바는 없다. 현재 앤드루는 소수점 이하 9번째 자리까지 계산된 제타 함수의 근 200만 개의 목록을 갖고 있는데(인쇄는 하지 않고 컴퓨터 파일로 저장되어 있다), 이 책을 쓰던 시점에서는 가장 방대한 목록으로 알려져 있었다.

지금까지 말한 모든 근들은 '처음 나타나는 N개의 근'에 속한다. 오들리즈코는 검색 영역을 위쪽으로 크게 이동시켜서 지금까지 알려진 근들 중에서 허수부가 제일 큰 근인 $\frac{1}{2}$ + 1,370,919,909,931,995,309,568.33539i를 찾아내는 데 성공했다(소수점 이하 5번째 자리까지 찾아냄). 그는 또한 100개의 근을 소수점 이하 1,000번째 자리까지 계산하였는데◆93, 그가 얻은 첫 번째 근의 허수부는 대충 다음과 같다.

14.1347251417346937904572519835624702707842571156992４
3175685567460149963429809256764949010393171561012７
7920297154879743676614269146988225458250536323944７
1377804133812372059705496219558658602005555667258３
6010773700205410982661507542780517442591306254488…

Ⅴ. 표 16-1의 배경에는 여러 가지 일화가 숨어 있다. 다섯 번째로 등장하는 A.M. 튜링은 그 유명한 '튜링 시험Turing Test(컴퓨터 프로그램의 성능을 검증하는 방법)'과 '튜링 기계Turing machine(수학적 논리 문제를 푸는 데 사용하는 가상 속의 기계)'를 고안한 바로 그 튜링Alan Turing으로서, 그의 업적을 기리는 뜻으로 미국 컴퓨터학회ACM, Association for Computing Machinery가 제정한 튜링상Turing Prize은 컴퓨터 공학 분야를 대상으로 1966년부터 지금까지 수여되고 있으며, 수학 분야의 필즈상Fields Medal◆94과 다른 분야의 노벨상과 함께 가장 명예로운 상으로 널리 인식되고 있다.

튜링은 리만 가설에 깊이 매료된 수학자 중 한 사람이었다. 그는 1937년(26세)에 리만 가설이 거짓이라는 심증을 굳히고, 임계선에서 벗어난 근을 찾아내는 계산기를 머릿속에서 설계한 후 그가 강의를 하고 있던 케임브리지 왕립학회에 연구비를 신청하였다(이때 그는 원래의 설계도에서 큰 톱니바퀴 몇 개를 생략하여 예상 비용을 줄였다).

'제타 함수 기계'로 불리는 튜링의 야심찬 연구는 2차 세계대전이 발발하던 1939년에 갑자기 중단되었다. 당시 영국 정부는 브레츨리 파크에 정부암호학교Government Code and Cypher School를 만들어 학자들을 모아 놓고 독일군의 암호를 비밀리에 해독하고 있었는데, 그 명단에 튜링도 포함되었기 때문이다. 전쟁이 끝난 후 튜링의 연구는 약간의 진전을 보이다가 1954년 6월에 스스로 목숨을 끊음으로써 영원히 미완성으로 남게 되었다.

튜링의 갑작스러운 자살은 후대의 작가들에게 많은 이야깃거리를 제공하였다(그는 주사기로 사과에 청산칼리를 주입시킨 후 거의 반쯤 베어 먹고 죽었다). 앤드루 호지스Andrew Hodges는 튜링의 전기 『앨런 튜링: 에니그마Alan Turing: The Enigma』(1983년)를 출간하여 많은 인기를 끌었고 휴 화이트모어Hugh Whitemore는 『암호 해독Breaking the Code』(1986년)이라는 흥미진진한 연극 대본을 쓰기도 하였다.

튜링의 일생도 대단히 파란만장했으나, 지면의 한계상 그 사연을 모두 소개하기는 어려울 것 같다. 궁금한 독자들은 앤드루 호지스가 쓴 전기를 읽어보기 바란다. 이 책에는 다음과 같은 구절이 적혀 있다.

> 1952년 3월 15일, 튜링은 맨체스터 컴퓨터로 계산한 결과가 그리 만족스럽지 않았음에도 불구하고 학술지에 논문을 제출했다. 아마도 감옥에 가게 되는 경우를 고려하여 연구 결과를 하루라도 빨리 발표하고 싶었던 것 같다.

1952년 3월 31일에 튜링은 동성애적 행위에 의한 12개의 죄목으로 재판에 회부되었다. 지금의 시각으로는 전혀 법정에 설 사안이 아니지만, 그 당시 영국에서 동성애는 법적으로 금지되어 있었다. 결국 그는 유죄 판결을 받았으나 의사의 진단을 받는다는 조건하에 보호 감찰로 판결은 마무리되었다. 호지스의 표현에 의하면 "1952년의 영국인들은 '성(性) 표현의 권리'라는 개념이 전혀 없었다."

물론, 튜링 이외의 사람들도 많은 사연을 갖고 있다. 표 16-1의 네 번째 줄에 등장하는 에드워드 티치마시Edward Titchmarsh는 영국 해군의 지원을 받아 컴퓨터로 바닷물의 조수 현상을 수치적으로 계산하면서 틈틈이 짬을 내어 제타 함수의 근을 1,041개까지 계산하였으며,◆95 후에는 제타 함수에 관한 고전적인 교재를 집필하기도 했다.◆96 물론, 구식 기계에 의존했던 그의 연구는 2차 세계대전이 끝난 후 신형 컴퓨터가 등장하면서 중단되었다.

다른 일화도 많이 있지만… 본론에서 너무 멀어지는 것 같아 이 정도로 끝낸다.◆97 나의 본문은 우리의 본론인 리만-지겔 공식으로 돌아가서 이야기를 마무리 짓는 것이다.

Ⅵ. 표 16-1에 나오는 처음 세 줄의 주인공인 그람, 바크룬트Backlund, 허친슨J.I. Hutchinson은 오로지 종이와 연필, 그리고 몇 가지 계산용 도표만을 사용하여 모든 계산을 해냈다. 수학자들은 잘 알고 있겠지만, 제타 함수의 근을 구하는 것은 결코 만만한 계산이 아니다. 탁월한 계산 능력과 엄청난 인내심 없이는 감히 상상도 못할 방대한 작업이다. 기본적인 계산 방법은 1740년경에 오일러와 맥로린Colin Maclaurin(스코틀랜드의 수학자)이 독립적으로 개발한 '오일러-맥로린 합Euler-Maclaurin summation'으로서, 엄청나게 길고 복잡한 합을 적분으로 나타낸 근사식이다. 계산이 지나칠 정도로 복잡하긴 하지만 제타 함수의 근을 계산할 때는 이것만큼 유용한 식이 없기 때문에 지금도 대부분의 수학자들은 오일러-맥로린 합을 이용하여 근을 찾고 있다. 그람은 수년에 걸쳐 다른 방법을 찾아보았으나 별로 신통한 결과를 얻어 내지 못했다.

지겔이 괴팅겐대학의 도서관에서 발견한 리만의 '유작'에는 제타 함수의 근을 구하는 새로운 방법이 제시되어 있었다. 게다가 리만은 자신이 개발한 방법을 적용하여 처음 세 개의 근을 계산해 놓았다! 그러나 1859년에 발표했던 리만의 논문에는 근에 대한 구체적인 언급이 전혀 없었다. 이 놀라운 결과는 빛을 보지 못한 채 연구 노트의 한 귀퉁이에 조용히 숨어 있었던 것이다.

해럴드 에드워즈의 말에 의하면 "리만은 $\zeta\left(\frac{1}{2}+it\right)$를 놀라울 정도로 정확하게 계산하는 방법을 개발 중이었다"고 한다.[◆98] 그러나 제타 함수의 근을 정확하게 구하는 것은 리만의 연구에서 그다지 중요한 일이 아니었기 때문에 마무리를 짓지 않은 것으로 보인다. 리만이 계산한 첫 번째 근의 허수부는 14.1386이었으며, 두 번째와 세 번째 근도 1~2%의 오차를 벗어나지 않았다.

지겔은 자신이 찾아낸 리만의 공식을 깔끔한 형태로 다듬어서 '리만-지겔의 공식'이라는 이름으로 세상에 발표하였고, 그 덕분에 제타 함수의 근을 구하는 작업은 이전보다 훨씬 수월해져서 1980년대까지 그 위력을 발휘하였다. 앤드루 오들리즈코는 1987년에 발표한 논문 〈제타 함수 근의 간격 분포에 관한 연구On the Distribution of Spacings Between Zeros of the Zeta Function〉에서 리만-지겔의 공식을 사용하였는데, 이 내용은 18-V장에서 다시 언급될 것이다. 이 결과에 고무된 오들리즈코는 아르놀트 쇤하게Arnold Schönhage와 함께 약간 개선된 알고리듬을 개발하였으나 주된 내용은 리만-지겔의 공식을 그대로 인용한 것에 불과했다.

칼 지겔은 유태인이 아니었으므로 나치의 지배하에서 커다란 불이익을 당한 적은 없었다. 그러나 지겔은 나치의 정책을 몹시 싫어하여 1940년에 프린스턴 고등과학원으로 자리를 옮겼다가 1951년에 다시 독일로 돌아와 괴팅겐대학의 교수가 되었다. 자신에게 모든 영예를 안겨 준 곳에서 후학을 양성하게 되었으니, 그에게는 매우 뜻 깊고 보람 있는 일이었을 것이다.

17
약간의 대수학

Ⅰ. 사실, 이 책의 주제인 베른하르트 리만의 가설과 제타 함수를 제대로 이해하려면 지금까지 소개된 것보다 훨씬 많은 대수학이 필요하다. 이 모든 내용은 정수론의 일부이므로, 역사적 배경을 다룬 짝수 장에서도 정수론과 관련된 일화가 주로 언급되어 왔다. 그러나 앞서 지적한 대로 현대 수학은 대수적 성향이 강하기 때문에, 리만 가설을 공략하는 현대적 방법을 이해하려면 대수학의 기본 지식을 어느 정도 갖추고 있어야 한다. 현대식 공략법은 크게 두 가지가 있는데, 이 장에서는 여기에 필요한 기초 대수학에 대하여 알아보기로 한다.

7장과 15장처럼, 이 장도 두 부분으로 나눌 수 있다. Ⅱ절과 Ⅲ절에서는 기초적인 체론field theory을 소개하고, 그 후로는 연산자 이론operator theory을 다룰 예정이다. 체론은 리만 가설을 증명하는 데 중요한 실마리를 제공하는 이론으로 알려져 있으며, 지금도 많은 수학자들은 리만 가설을 고전적인 방법으로 증명하는 데 체론이 가장 효율적이라고 믿고 있다.◆99 연산자 이론이 중요하게 취급되는 이유는 다음 장에서 설명할 것이다.

Ⅱ. 수학자들에게 '체field'는 매우 특별한 의미를 갖고 있다. $a \times (b + c) = ab + ac$와 같은 일상적인 산술 법칙에 따라 더하고, 빼고, 곱하고, 나눌 수 있는 원소들의 집합을 체라 한다. 즉, 모든 연산의 결과는 처음 시작했던 체에 속해 있어야 한다.

자연수의 집합 N은 체가 아니다. N의 원소인 7에서 12를 뺀 결과가 N에 속하지 않기 때문이다. 또한, -12를 7로 나눈 결과는 정수가 아니므로 정수의 집합 Z도 체가 아니다.

그러나 Q, R, C는 체이다. 두 개의 유리수를 더하고, 빼고, 곱하고, 나누어도 그 결과는 항상 유리수로 나타나며, 실수와 복소수도 이 조건을 만족하기 때문이다. 물론, 체 Q, R, C는 무한개의 원소를 갖고 있다.

무한개의 원소를 갖는 다른 체도 얼마든지 만들어 낼 수 있다. 예를 들어, a와 b가 유리수일 때 $a + b\sqrt{2}$로 표현되는 모든 수들을 생각해 보자. 유리수 b는 0일 수도 있고 0이 아닐 수도 있다. $b \neq 0$인 경우, $\sqrt{2}$는 유리수가 아니므로 $a + b\sqrt{2}$도 유리수가 아니다. 따라서 $a + b\sqrt{2}$는 모든 유리수($b = 0$인 경우)와 특별한 형태의 무리수를 포함하는 체를 형성한다. $a + b\sqrt{2}$에 $c + d\sqrt{2}$를 더하면 $(a + c) + (b + d)\sqrt{2}$가 되고, 이들을 빼면 $(a - c) + (b - d)\sqrt{2}$가 된다. 또, 이들을 곱하면 $(ac + 2bd) + (ad + bc)\sqrt{2}$이고 나누면 $(ac-2bd)/(c^2 - 2d^2) + [(bc - ad)/(c^2 - 2d^2)]\sqrt{2}$ 이다(복소수의 나눗셈에서 분모를 '실수화'시켰던 것처럼, 분모를 '유리화'시킨 결과이다). 보다시피 모든 연산의 결과가 (유리수) + (유리수) $\times \sqrt{2}$의 형태를 유지하고 있으므로 $a + b\sqrt{2}$는 체를 형성한다. 또한, a와 b는 유리수의 범위 내에서 어떠한 값도 가질 수 있으므로 체의 원소는 무한히 많다.

체의 원소는 무한개가 아닐 수도 있다. 가장 간단한 예로, 단 두 개의 원소 1과 0으로 이루어진 체를 생각해 보자. 이 체에서 덧셈은 $0 + 0 = 0$, $0 + 1 = 1$, $1 + 0 = 1$, $1 + 1 = 0$으로 정의되며, 뺄셈은 $0 - 0 = 0$, $0 - 1 = 1$, $1 - 0 = 1$, $1 - 1 = 0$으로 정의된다(덧셈과 뺄셈은 결과가 같다. 이 체field에서 음의 부호는 양의 부호로 대치될 수 있다!). 또한, 곱셈은 $0 \times 0 = 0$, $0 \times 1 = 0$, $1 \times 0 = 0$, $1 \times 1 = 1$이고 나눗셈은 $0 \div 1 = 0$, $1 \div 1 = 1$로 정의된다(어떠한 경우에도 0으로 나누는 것은 허용되지 않는다). 연산을 이런 식으로 정의하면 단 두 개의 원소 (1, 0)만으로도 체를 구성할 수 있다. 수학자들은 이렇게 만들어진 체를 F_2라고 부르는데, F_2는 어느 모로 보나 '자명한trivial' 체가 아니다.

하나의 소수 p가 주어지면, 이로부터 원소의 개수가 유한한 체('유한체'라고도 한다)를 만들 수 있다. 뿐만 아니라, p의 거듭제곱에 대응되는 유한한 체도 무수히 만들어 낼 수 있다. 즉, 하나의 소수 p에 대하여 원소의 개수가 p개인 체와 p^2개, p^3개인 체 … 등이 줄줄이 존재한다는 뜻이다. 그리고 이렇게 만들어진 체들은 원소의 개수가 유한한 모든 가능한 체를 '싹쓸이'한다. $F_2, F_4, F_8, \cdots, F_3, F_9, F_{27}, \cdots, F_5, F_{25}, F_{125}, \cdots, \cdots$와 같이 체의 목록을 작성하면, 이 목록은 '원소의 개수가 유한한 모든 가능한 체'의 목록과 일치한다.

수학 초심자들은 유한한 체와 6-Ⅷ장에서 잠시 언급했던 시계산술법을 동일하게 간주하는 경향이 있는데, 이는 잘못된 생각이다. 이 두 가지는 유한한 체의 원소의 개수가 소수인 경우에만 같아진다(즉, 체의 원소의 개수가 p^2 이상의 거듭제곱이면 체와 시계산술법은 같지 않다). 다른 유한한 체의 산술법은 조금 더 미묘한 구석이 있다. 예를 들어 0, 1, 2, 3으로 이루어진 시계산술법의 덧셈과 뺄셈은 그림 17-1과 같다.

+	0	1	2	3
0	0	1	2	3
1	1	2	3	0
2	2	3	0	1
3	3	0	1	2

×	0	1	2	3
0	0	0	0	0
1	0	1	2	3
2	0	2	0	2
3	0	3	2	1

그림 17-1 네 개의 수(0, 1, 2, 3)로 이루어진 시계산술법의 덧셈과 뺄셈(일상적인 방법으로 연산을 실행한 후, 4로 나눈 나머지만을 답으로 취한다.)

이 연산 체계는 여러모로 유용한 점이 많지만 체는 아니다. 1이나 3을 2로 나눈 결과가 원래의 집합{0, 1, 2, 3}에 속하지 않기 때문이다(1을 2로 나눌 수 있다는 것은 주어진 범위 내에서 $1 = 2 \times x$의 해가 존재한다는 뜻이다. 그러나 0, 1, 2, 3만으로는 해를 표현할 수 없다). 수학 용어로는 이런 체계를 '환(環)ring'이라고 하는데, 연산 법칙이 시계 바늘의 회전과 비슷하다고 해서 이런 이름이 붙여졌다(지금의 경우는 시계의 숫자 판에 0, 1, 2, 3만 적혀 있다고 생각하면 된다). 하나의 환에 속한 숫자들끼리는 서로 곱하거나 뺄 수 있고 나눗셈은 반드시 가능하지 않아도 상관없다.

수학자들은 그림 17-1에 예시된 환을 흔히 $\mathbb{Z}/4\mathbb{Z}$로 표기한다. 그러나 나는 개인적으로 이 표기법을 선호하지 않기 때문에, 저자의 직권으로 'CLOCK$_4$'라는 새로운 표기법을 도입하기로 한다. 임의의 자연수 N에 대응되는 환은 CLOCK$_N$으로 표기할 것이다.

그러나 체 F_N은 임의의 자연수 N에 대하여 마음대로 만들 수 없다. F_N의 N은 반드시 소수이거나 소수의 거듭제곱이어야 한다. p가 소수일 때, F_p와 CLOCK$_p$의 덧셈 및 곱셈 연산표는 완전히 똑같지만 F_p^2, F_p^3, …과 CLOCK$_p^2$, CLOCK$_p^3$, …의 연산표는 다르다. F_4의 덧셈 및 곱셈 연산표는

그림 17-2와 같다(뺄셈과 나눗셈에 대한 연산표는 이 표로부터 유추할 수 있다). F_4의 연산표는 CLOCK$_4$의 연산표와 다르다는 점을 기억하기 바란다.

+	0	1	2	3
0	0	1	2	3
1	1	0	3	2
2	2	3	0	1
3	3	2	1	0

×	0	1	2	3
0	0	0	0	0
1	0	1	2	3
2	0	2	3	1
3	0	3	1	2

그림 17-2 유한한 체(유한체) F_4의 덧셈 및 곱셈 연산표

모든 체는 유·무한 여부에 상관없이 '표수characteristic'라는 특성을 갖고 있다. 체의 원소인 1을 반복해서 더해 나가다가 그 결과가 처음으로 0이 되었다면, 그때까지 더한 횟수가 바로 체의 표수이다. 다시 말해서, $1 + 1 + 1 + 1 + \cdots$ (N번 반복) $= 0$이면 그 체의 표수는 N이다. 이 정의에 의하면 F_2의 표수는 2이며, 그림 17-2의 덧셈 규칙을 잘 분석해 보면 F_4의 표수도 2임을 알 수 있다. 1을 아무리 반복해서 더해도 0이 되지 않는 $\mathbb{Q}, \mathbb{R}, \mathbb{C}$는 표수를 0으로 정의한다(정의에 입각해서 생각해 보면 표수가 ∞가 되어야 옳지만, 0으로 정의하는 것이 여러모로 편리하다). 약간의 계산을 거치면 모든 체의 표수가 0 또는 소수임을 쉽게 증명할 수 있다.

이 모든 연산은 대수의 일종이므로 체의 원소들이 반드시 숫자일 필요는 없다. 대수는 모든 종류의 수학적 대상에 적용될 수 있기 때문이다. 임의의 차수를 갖는 다항식 $ax^n + bx^{n-1} + cx^{n-2} + \cdots$ ($a, b, c, \cdots$는 정수)으로부터 만들어진 유리함수rational function(두 다항식의 비율로 표현되는 함수)를 생각해 보자. 이 함수들은 체를 형성하며, 덧셈은 다음과 같이 이루어진다.

$$\frac{x}{2x^2+5x-3} + \frac{20x^2-19x+3}{x^4+3x^3} = \frac{x^4+40x^3-58x^2+25x-3}{2x^5+5x^4-3x^3}$$

(이 계산은 고등학교 대수 과정에서 자주 등장한다.)

이 체field의 원소로 등장하는 다항식의 계수는 정수일 필요가 없다. 다항식의 계수를 잘 조절하면 이로부터 F_2와 같은 유한한 체를 만들어 낼 수 있으며, 체의 원소들끼리 이루어지는 덧셈을 예로 들면 다음과 같다.

$$\frac{x+1}{x} + \frac{x^3+x^2+x+1}{x^2+x+1} = \frac{x^4+x^2+x+1}{x^3+x^2+x}$$

(체 F_2에서 1 + 1 = 0이었던 것처럼, 이 체에서는 $x + x = 0$, $x^2 + x^2 = 0$, ⋯ 등이 성립한다) 이 체는 'F_2에 대한 유리함수의 체the field of rational functions over F_2'라 한다. 일반적으로, 유리함수로 이루어진 체는 무한개의 원소를 갖고 있으며 계수에 제한을 가하면 유한한 체가 만들어진다. 그러므로 유한한 체로부터 무한한 체(무한체)를 만들어 낼 수 있다. 이 경우에도 1 + 1 = 0이므로 무한한 체의 표수는 유한한 값을 가질 수 있다.

위에 제시한 두 종류의 덧셈에서 x의 의미를 묻는 것은 별 의미가 없다. x는 우리가 정한 연산이 적용되는 대상일 뿐이다. 대수학의 관점에서 보면 이것이 전부이다. 사실, x의 의미를 묻는 질문에는 'x는 어떤 수를 나타낸다'는 답이 가장 정확할 것이다. 그러나 대수학자들은 수 자체보다 수가 속해 있는 집단의 특성을 더욱 중요하게 생각한다. "x는 어떤 집합·체에 속해 있으며 그 집합·체는 어떤 연산을 만족하는가?" 대수학자의 주된 관심은 이런 것들이다. 해석학을 연구하는 사람은 $a+b\sqrt{2}$라는 수에 별 관심이 없다. 이것은 그저 무한히 많은 실수들 중 하나일 뿐이다. 그래도 뭔가 이름을 지어 달라고 조르면 그는 이렇게 대답할 것이다. "좋습니다. 정 그렇다면 '대수적 수'라고 해 둡시다(11-Ⅱ장 참조)." 그러나 대수학자에게 $a+b\sqrt{2}$는 매우 흥미로운 수이다. 이들이 모이면 체가 형성되기 때문이다. 사실, 근본적인 단계에서 보면 해석학자와 대수학자는 같은 대상을 연구하는 사람들이다. 단지 이들은 동일한 대상의 서로 다른 측면을 바라보고 있을 뿐이다.◆100

Ⅲ. 대수학의 위력과 아름다움은 20-Ⅴ장에서 다시 한번 접할 기회가 있을 것이다. 1921년에 오스트리아의 수학자 에밀 아르틴Emil Artin은 라이프치히 대학의 박사 과정 학위논문에서 체 이론을 사용하여 리만 가설을 향한 새로운 접근을 시도하였다. 거기 등장하는 수학을 모두 소개할 수는 없지만 대략적인 아이디어는 다음과 같다.

앞 절(17-Ⅱ장)에서 우리는 소수의 N제곱 p^N에 대하여 유한한 체가 존재한다는 사실을 확인했다. 그리고 유한한 체로부터 다른 여러 개의 체를(심지어는 무한한 체까지도) 만들어 낼 수 있다는 사실도 확인한 바 있다. 그런데, 알려진 바에 의하면 하나의 유한한 체를 재료 삼아 그로부터 확장된 체를 구축하는 과정에서 제타 함수가 개입되도록 만들 수 있다. 여기서 말하는 제타 함수란, 복소수체complex number field의 원소를 변수로 가지면서 리만의 제타 함수와 비슷한 성질을 갖는 함수를 말한다. 이 제타 함수는 리만의 제타 함수처럼 나름대로의 황금 열쇠(오일러의 곱셈 공식◆36)를 갖고 있으며, 리만 가설도 그 나름대로 비슷하게 적용될 수 있다.

1933년, 독일 마르부르크Marburg대학의 교수였던 헬무트 하세Helmut Hasse는 특정 부류의 체에 대하여 리만 가설이 참임을 증명하였다. 그리고 1942년에 앙드레 베유André Weil◆101는 하세의 증명이 더욱 광범위한 대상에 적용될 수 있다는 '베유의 추측Weil Conjecture'을 제기하여 수학자들의 관심을 끌었다. 그 후 1973년에 벨기에의 수학자 피에르 들리뉴Pierre Deligne는 베유의 추측을 증명하여 영예의 필즈상을 수상하였다.

이렇게 난해한 대상에 대하여 리만 가설이 성립한다고 해서, 우리가 알고 있는 고전적인 리만 가설도 성립한다는 보장이 있을까? 그 연결 고리는 아직 발견되지 않았지만 많은 수학자들은 그 가능성을 믿으면서 지금도 연구를 계속하고 있다.

지금까지의 연구 성과는? 내가 알기로 별다른 성과는 없다. 이 절의 두 번째 문장에서 언급했던 것처럼 유사 제타 함수는 어떤 특정한 종류의 체와 연관되어 나타나는데, 리만 가설과 관련된 원래의 제타 함수(이 책의 주제!)에 이 논리를 적용시키면 여기에는 유리수체 Q가 대응된다. 지난 수십 년간 많은 수학자들이 이 문제를 연구해 왔으나, 유리수체 Q는 아르틴과 베유, 들리뉴 등이 다루었던 특정 부류의 체들보다 훨씬 미묘한 성질을 갖고 있어서 다루기가 쉽지 않다. 반면에, 인위적으로 만들어 낸 체의 원소들을 수학적으로 다루기 위해 개발된 연산법은 막강한 위력을 갖고 있다 — 앤드루 와일즈는 페르마의 마지막 정리를 증명할 때 이 테크닉을 사용하였다!

Ⅳ. 리만 가설은 물리학까지 진출하여 막강한 영향력을 행사하였다(구체적인 연결 고리는 이 장의 Ⅵ절에서 설명할 예정이다). 리만 가설이 새로운 영역으로 진출하는 데 결정적인 공헌을 한 주인공은 다름 아닌 '연산자 이론operator theory'이었다. 지금부터 두 개의 절(17-Ⅳ ~ Ⅴ)에 걸쳐서 행렬matrix과 관련된 연산자 이론을 소개하기로 한다.

행렬은 현대 수학과 물리학에 없어서는 안 될 중요한 개념으로서, 현대 수학에 발을 들여놓으려면 무엇보다도 먼저 행렬 연산법에 익숙해져야 한다. 이 책에서는 지면 관계상 자세한 설명을 생략하고 가장 기초적인 개념만 짚고 넘어가기로 하자. 특히, 역행렬을 갖지 않는 비정칙 행렬singular matrix은 고려하지 않을 예정이므로, 독자들의 깊은 양해를 미리 구하는 바이다.

간단히 말해서, $\begin{pmatrix} 5 & 1 \\ 2 & 6 \end{pmatrix}$과 같은 숫자의 배열을 행렬이라 한다. 물론, 행렬을 이루는 각 숫자들이 반드시 정수일 필요는 없다. 여기에는 유리수, 실수, 복소수 등 어떤 수도 등장할 수 있다. 위의 행렬은 2×2 행렬의 한 사례이며, 일반적으로는 3×3, 4×4, 120×120, $\cdots$ 등 어떤 크기가 되어도 상관없다. 심지어는 $\infty \times \infty$인 행렬도 가능하다(이 경우에는 연산 규칙이 조금 달라진다). 행렬에서 가장 중요한 부분은 왼쪽 위에서 시작하여 오른쪽 아래로 내려가는 대각선을 따라 나열된 숫자들인데, 이를 '대각 원소diagonal elements'라 한다. 위의 행렬에서 대각 원소는 5와 6이다.

크기가 같은 두 개의 행렬은 서로 더하고, 빼고, 곱하고, 나눌 수 있다. 그런데 이 연산은 숫자의 연산과 달리 약간의 주의를 요한다. 예를 들어, 크기가 같은 두 행렬을 A, B라고 했을 때 일반적으로 $A \times B = B \times A$는 성립하지 않는다. 행렬의 연산법은 대부분의 대수학 교과서에 잘 나와 있으므로 자세한 설명은 생략하거니와, 숫자에 적용되는 일반적인 연산보다 조금 복잡하다는 정도만 지적해 두고자 한다.

행렬이 갖고 있는 여러 가지 성질 중에서 우리에게 중요한 것은 다음과 같다. 임의의 $N \times N$ 행렬이 주어졌을 때, 우리는 이로부터 N차 다항식(x의 거듭제곱의 합으로 표현되는 식. 가장 큰 지수가 N일 때 'N차 다항식'이라 한다)을 추출해 낼 수 있다. 그 방법을 이 책에서 설명하기는 좀 무리지만, 독자들은 그냥 내 말을 믿어 주기 바란다. 모든 $N \times N$ 행렬은 자신의 특성이 담겨 있는 N차 다항식을 갖고 있다. 이 다항식을 그 행렬의 특성 다항식characteristic polynomial이라 한다.

2×2 행렬의 특성 다항식은 (예를 들자면) $x^2 - 11x + 28$과 같은 형태이다. 이 다항식은 x가 얼마일 때 0이 되는가? 2차 방정식의 그 유명한 '근의 공

식'을 사용하면(또는 중·고등학교 선생님들이 흔히 하는 말로 "방정식을 풀어 보면") 4 또는 7이라는 답이 구해진다. 의심이 가는 독자들은 원래의 방정식에 $x = 4$를 대입하거나($16 - 44 + 28 = 0$), $x = 7$을 대입하여($49 - 77 + 28 = 0$) 정말로 맞는 근인지 확인할 수 있다.

지금까지 말한 내용은 일반적으로 적용되는 사실이다. 임의의 $N \times N$ 행렬은 N차 특성 다항식을 갖고 있으며, 이 다항식은 N개의 근을 갖고 있다.◆102

행렬에서 추출한 특성 다항식의 근은 엄청나게 중요하여 '고유값 eigenvalue'이라는 이름까지 붙어 있다. 즉, 행렬 $\begin{pmatrix} 5 & 1 \\ 2 & 6 \end{pmatrix}$의 고유값은 4와 7이다. 또 하나 특이한 사항은 고유값의 합과 행렬의 대각 원소의 합이 항상 같다는 것이다($4 + 7 = 5 + 6$). 대각 원소의 합은 흔히 '대각합 trace'이라 한다.

특성 다항식, 고유값, 대각합, … 이런 것들이 중요하게 취급되는 이유는 무엇일까? 독자들도 알다시피, 중요한 것은 행렬 자체가 아니라 행렬이 나타내고 있는 대상이다. 행렬의 연산은 일단 익숙해지기만 하면 다른 연산들과 마찬가지로 단순 노동에 불과하다. 그러나 일상적인 숫자들이 근본적이고 구체적인 '양'을 나타내듯이, 행렬도 나름대로 중요한 의미를 갖고 있다. 한 가지 예를 들어 보자. 우리 집에서 헌팅턴까지 도보로 약 12분이 걸린다. 거리로는 약 0.8마일 정도이다. 그런데 내일부터 미국 정부가 mks단위를 사용하기로 결정했다면 헌팅턴까지의 거리는 1.3km로 표기될 것이다. 그러나 단순히 숫자가 달라졌다고 해서 우리 집과 헌팅턴 사이의 거리가 달라지는 것은 아니다. 달라진 것은 거리를 나타내는 숫자일 뿐이다. 내일도 헌팅턴까지 걸어가는 데에는 여전히 12분이 소요될 것이다(시간 단위까지 바꾼다면 어찌될 것인가? 그래도 헌팅턴에 도착할 때까지 내가 옮긴 발걸음 수는 변치 않을 것이다).

또 다른 예를 들어 보자. 벽에 걸려 있는 달력은 태양과 달의 움직임을 숫자로 환산하여 표현한 일종의 '태양시간표'라 할 수 있다. 우리가 사용하는 양력은 주로 태양의 움직임에 근거하여 만들어졌기 때문에, 12개의 달month은 실제의 달moon의 움직임과 일치하지 않는다. 그런데 내 방에 걸려 있는 달력은 중국의 어느 식당에서 받아 온 물건이라 양력과 음력이 같이 기재되어 있다. 물론 양력과 음력은 거의 대부분 일치하지 않는다. 그러나 양력 2000년 1월 1일과 음력 1999년 11월 25일은 천문학적으로 같은 날이며, 이 날 우주에서는 똑같은 사건이 진행되었을 것이다.

행렬의 경우도 마찬가지다. 행렬이 수학과 물리학에서 중요하게 취급되는 이유는 근본적인 양들을 정량화시켜서 행렬로 표현할 수 있기 때문이다. 그 근본적인 양이란 무엇인가? 그것은 다름 아닌 '연산자operator'이다! 연산자는 20세기 수학과 물리학에서 가장 중요하게 취급되어 온 개념이다(자세한 이야기는 20장에서 다루기로 한다). "행렬은 연산자의 역할을 숫자로 구현하는 도구"라고 생각하면 크게 틀리지 않을 것이다.

행렬의 특성 다항식과 고유값, 그리고 대각합이 중요하게 취급되는 것은 바로 이런 이유 때문이다. 이들은 행렬 자체의 특성이라기보다 그 저변에 깔려 있는 연산자의 특성에 더 가깝다. 하나의 연산자는 여러 개의 행렬로 표현될 수 있지만, 이 행렬의 고유값은 모두 같다. 앞에서 도입한 행렬 $\begin{pmatrix} 5 & 1 \\ 2 & 6 \end{pmatrix}$ 은 어떤 특정한 연산자를 나타내고 있는데, 이 연산자는 $\begin{pmatrix} 3 & 2 \\ -2 & 8 \end{pmatrix}$ 이나 $\begin{pmatrix} -1 & 8 \\ -5 & 12 \end{pmatrix}$, 또는 $\begin{pmatrix} 1,000,000 & 666,662 \\ -1,499,994 & -999,989 \end{pmatrix}$ 로 표현될 수도 있다. 이 모든 행렬의 특성 다항식은 $x^2 - 11x + 28$ 이고 고유값은 모두 4, 7이며 대각합도 11로 모두 같다(동일한 연산자를 나타내는 행렬은 무한히 많다). 즉, 이들 모두는 동일한 연산자를 나타내고 있다는 뜻이다.

지금까지 말한 모든 내용은 행렬의 크기에 관계없이 항상 성립한다. 4×4 행렬을 예로 들어 보자.

$$\begin{pmatrix} 2 & 1 & 5 & 1 \\ 1 & 3 & 7 & 0 \\ 0 & 0 & 2 & 1 \\ 2 & 4 & 1 & 4 \end{pmatrix}$$

이 행렬의 특성 다항식은 $x^4 - 11x^3 + 40x^2 - 97x + 83$이며(이 행렬의 대각합도 앞의 경우와 마찬가지로 11인데, 이것은 단순한 우연의 일치일 뿐이다), 네 개의 근은(소수점 이하 6번째 자리에서 반올림하면) 1.38087, 7.03608, 1.29152−2.62195i, 1.29152+2.62195i이다. 물론 이들은 주어진 행렬의 고유값에 해당된다. 보다시피 행렬의 요소들은 모두 실수임에도 불구하고 고유값은 허수로 나올 수도 있다(두 허근은 서로 켤레복소수의 관계에 있다. 이는 실수를 계수로 갖는 실계수 다항식의 특징이다). 네 개의 고유값을 모두 더하면 허수 부분이 서로 상쇄되어 없어지면서 우리의 예상대로 11이 얻어진다.

V. 행렬이라는 개념이 수학에 도입되고 수십 년이 지난 후, 수학자들은 행렬을 여러 가지 형태로 분류하여 각 종류마다 이름을 붙여 놓았다. 그중 가로줄과 세로줄의 개수가 같은 $N \times N$ 행렬은 'N차 일반 선형군general linear group for N'에 속하며, 기호로는 GL_N으로 표기한다(사실, N차 일반 선형군은 N차 정칙nonsingular 행렬로 이루어진 군을 말한다: 옮긴이).

이 중에서 특히 우리의 관심을 끄는 것은 에르미트 행렬Hermitian matrix이다. 이 이름은 10-V장에서 잠시 언급된 적이 있는 프랑스의 위대한 수학자 샤를 에르미트Charles Hermite의 이름에서 따온 것이다. 에르미트 행렬을 이루는 숫자들은 모두 복소수이며 다음과 같은 규칙을 따른다. m번째 가로줄과

n번째 세로줄이 만나는 곳에 위치한 수가 $a + bi$라면, n번째 가로줄과 m번째 세로줄이 만나는 곳에 있는 수는 $a - bi$이다. 다시 말해서, 행렬에 들어 있는 임의의 복소수를 대각선을 중심으로 대칭 이동시키면, 그 지점에는 자신의 켤레복소수가 자리 잡고 있다는 뜻이다. 독자들의 이해를 돕기 위해 4×4 에르미트 행렬의 한 예를 여기 소개한다.

$$\begin{pmatrix} -2 & 8-3i & 4+7i & -3+2i \\ 8+3i & 4 & 1-i & -1-5i \\ 4-7i & 1+i & -5 & -6i \\ -3-2i & -1+5i & 6i & 1 \end{pmatrix}$$

보다시피, 세 번째 가로줄과 첫 번째 세로줄이 만나는 지점에 있는 $4 - 7i$는 첫 번째 가로줄과 세 번째 세로줄이 만나는 지점에 있는 $4 + 7i$와 켤레복소수의 관계에 있다. 행렬을 이루는 모든 복소수들이 이런 성질을 만족할 때, 그 행렬은 에르미트 행렬이 된다. 그리고 에르미트 행렬의 정의에 의하면 대각 원소들은 실수가 되는 수밖에 없다. 왜 그럴까? 대각선을 중심으로 대각 원소를 대칭 이동시키면 자기 자신이 되는데, 자기 자신과 켤레복소수를 이루는 복소수는 실수밖에 없기 때문이다($a + bi = a - bi$가 되려면 $b = 0$이어야 한다).

에르미트 행렬과 관련하여 매우 중요한 정리가 하나 있다. '에르미트 행렬의 고유값은 모두 실수이다'라는 정리가 바로 그것이다. 가만히 생각해 보면, 이것은 매우 놀라운 결과이다. 앞에서 예로 들었던 4×4 행렬의 경우, 모든 원소들은 실수였지만 4개의 고유값 중 2개는 복소수였다. 그런데 에르미트 행렬은 모든 원소들이 복소수임에도 불구하고 모든 고유값들이 실수라는 것이다. 믿기 어렵겠지만 이것은 분명한 사실이다. 위에 제시한 에르미트 행렬의 고유값은 (약) 4.8573, 12.9535, −16.553, −3.2578로 모두 실수이며, 이들을 모두 더한 결과는 행렬의 대각합trace −2와 같다.

이 정리로부터 알 수 있는 또 하나의 사실 — 에르미트 행렬의 특성 다항식의 계수들은 모두 실수이다. 이것은 에르미트 행렬의 고유값이 모두 실수라는 사실로부터 자연스럽게 증명될 수 있다. 고유값은 특성 다항식의 근이므로, 고유값을 $a, b, c, \cdots$로 표기하면 특성 다항식은 $(x-a)(x-b)(x-c)\cdots$로 인수분해된다. 이 괄호를 전개하면 일상적인 다항식이 얻어지는데, 각 항의 계수는 $a, b, c, \cdots$의 다양한 곱에 의해 결정되므로 역시 실수의 범주를 벗어나지 않는다. 즉, 특성 다항식의 모든 계수가 실수라는 결론이 얻어지는 것이다. 위에 예시된 4×4 에르미트 행렬의 특성 다항식을 고유값으로부터 유추해 보면 $(x-4.8573)(x-12.9535)(x+16.553)(x+3.2578)$이고, 괄호를 전개하면 $x^4 + 2x^3 - 236x^2 + 286x + 3393$이다.

Ⅵ. 이 모든 사실들은 힐베르트가 적분 방정식을 연구하던 100년 전에도 잘 알려져 있었다(힐베르트의 연구에도 연산자가 핵심적인 역할을 했다). 다른 수학자들도 앞 다투어 연산자의 특성을 연구하면서 20세기 초를 맞이하였다. 그 당시 연산자 연구는 하나의 유행이었던 것이다. 리만 가설은 그다지 큰 관심을 끌지 못했으나 1900년에 힐베르트가 수학사에 남을 연설을 하고 1909년에 란다우가 그 유명한 책 『Handbuch』를 출간하면서 다시 수학자들의 주 연구 대상으로 부각되기 시작했다.

이 무렵에 힐베르트와 조지 폴리아George Pólya는 연산자에 관한 연구를 독립적으로 수행하여 거의 동일한 결론에 이르렀다. 물론 당시에는 연산자 연구가 대유행이었으므로 두 사람의 천재가 같은 결론을 내렸다는 것은 그다지 놀라운 일도 아니었다. 이들의 사고는 아마도 다음과 같은 단계로 진행되었을 것이다.

> 여기 수학적 객체인 에르미트 행렬이 있다. 에르미트 행렬의 원소는 모두 복소수이고 고유값은 놀랍게도 모두 실수이다. 그리고 여기 또 하나의 객체인 리만 제타 함수가 있다. 제타 함수의 변수도 역시 복소수이며, 자명하지 않은 근은 특별한 성질을 갖고 있다(자명한 근은 우리의 논의에서 제외한다). 즉, 모든 근들은 임계띠의 내부에 존재한다는 것이다(임계띠는 실수부 = $\frac{1}{2}$인 임계선에 대하여 대칭을 이룬다). 임의의 근을 $\frac{1}{2} + zi$로 표기했을 때, 리만 가설은 모든 z가 실수임을 주장하고 있다.

1910년대의 수학자들은 '행렬' 대신 '연산자'라는 용어를 즐겨 사용했다. 행렬이라는 용어는 1856년에 아서 케일리Arthur Cayley가 처음 사용한 후로 한동안 사용되지 않다가 1925년에 양자역학quantum mechanics의 탄생과 함께 부활하였다. 어쨌거나, 독자들은 에르미트 행렬과 제타 함수의 유사성을 어느 정도 간파했을 것이다. 이들은 모두 복소수로 이루어져 있으면서 각자 고유한 특성에 따라 예기치 않은 실수값(고유값, 근의 허수부 z)을 우리에게 제공하고 있다. 힐베르트와 폴리아가 최종적으로 내린 추측은 다음과 같다.

힐베르트-폴리아의 추측

> 제타 함수의 자명하지 않은 근의 허수부는
> 어떤 에르미트 행렬의 고유값과 일치한다.

이 추측의 기원은 확실치 않다. 힐베르트와 폴리아가 1910~1920년 사이에 강연장이나 사적인 장소에서 추측을 공개했을 수도 있지만, 내가 알기로 두 사람 모두 이런 내용으로 논문을 발표한 적은 없다. 피터 사르낙의 증언에 의하면 힐베르트-폴리아의 추측Hilbert-Pólya Conjecture이 기록된 문서는 폴리아가 오들리즈코에게 보낸 편지가 유일하다(그림 17-3 참조). 이 편지에 의하면 폴리아는 에드문트 란다우로부터 다음과 같은 질문을 받았다고 한다. "리만 가설이 참이라는 물리적 증거를 댈 수 있습니까?" 내가 아는 한, 힐베르트도 자신의 추측에 수학적, 또는 물리학적 근거를 제시한 적은 없었다.

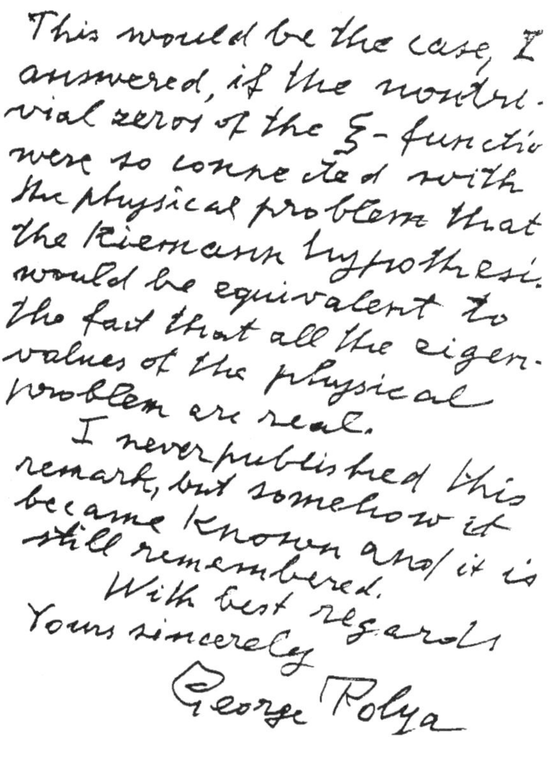

> This would be the case, I answered, if the nondrivial zeros of the ξ-function were so connected with the physical problem that the Riemann hypothesis would be equivalent to the fact that all the eigenvalues of the physical problem are real.
> I never published this remark, but somehow it became known and it is still remembered.
> With best regards
> Yours sincerely
> George Pólya

그림 17-3　조지 폴리아(George Pólya)가 앤드루 오들리즈코(Andrew Odlyzko)에게 보낸 편지의 일부

그러나 힐베르트는 근거도 없이 무언가를 주장할 사람이 결코 아니었다. 그는 20세기 초 가장 위대한 수학자였으며 대학의 학생들을 비롯하여 온 국민들로부터 존경받는 진정한 만물박사였다. 그 무렵 독일 대학의 저명한 교수들은 'Herr Professor(교수님)'라는 칭호를 달고 다녔고 그의 부인들도 'Frau Professor(교수 사모님)'으로 불렸으나, 힐베르트는 이 정도의 칭호로 불릴 사람이 아니었다. 당시 독일 정부는 국가적으로 공인된 위인에게 'Geheimrat'라는 칭호를 부여했으므로(영국의 기사 작위와 비슷하다), 힐베르트에게 걸맞은 칭호는 'Herr Geheimrat'였다(그러나 힐베르트는 형식적인 칭호에 별 관심을 두지 않았다).

모든 사람의 존경을 한 몸에 받고 있는 당대의 위인과 대화를 나눌 기회가 우리에게 주어졌다면, 그에게 들은 말은 쉽게 잊혀지지 않을 것이다. 그리고 틈날 때마다 주변 사람들에게 그의 대단한 '어록'을 들려주면서 위인과의 사적인 만남을 자랑하고 싶어질 것이다. 내가 보기에 힐베르트와 폴리아의 추측은 이런 과정을 거쳐 세상에 공개되었던 것 같다(힐베르트-폴리아의 추측을 간단하게 줄여서 '폴리아의 추측'이라고 부르는 사람이 간혹 있는데, 폴리아가 주장한 또 다른 추측에도 이와 동일한 이름이 붙어 있으므로 혼동을 피하려면 번거롭더라도 두 사람의 이름을 모두 언급해야 한다).

18
정수론과 양자역학의 만남

Ⅰ. 17장에서 우리는 힐베르트-폴리아의 추측과 관련된 약간의 수학 및 역사적 배경을 알아보았다. 이 추측은 시대를 지나치게 앞서 나갔던 탓에, 근 50년간 별다른 논쟁 없이 방치되어 있었다.

그러나 그 50년 동안 물리학은 역사상 그 유래를 찾아볼 수 없을 정도로 엄청난 변화를 겪었다. 1917년, 그러니까 힐베르트-폴리아의 추측이 탄생하던 무렵에 어니스트 러더퍼드Ernest Rutherford는 원자를 분해하는 실험(산란 실험)을 통해 원자의 구조를 밝혀냈고, 그로부터 15년 후 코크로프트Cockroft 와 월턴Walton은 인공적인 방법으로 원자를 분해하는 데 성공했다. 이들의 연구를 이어받은 엔리코 페르미는 1942년에 원자핵의 연쇄 반응을 제어하는 데 성공하였으며 그 결과 1945년 7월 16일, 일본에 원자 폭탄이 투하되어 2차 세계대전에 종지부를 찍을 수 있었다.

고등학교 물리시간에 교사들은 "원자를 분해한다"라는 말을 자주 사용하는데, 이는 엄밀히 말해서 잘못된 표현이다. 원자를 분해하는 것은 아주 쉽다. 우리는 성냥을 그을 때마다 원자를 분해하고 있다. 그러나 여기서 말하는 '원자의 분해'란 원자의 외형적인 구조를 바꾼다는 의미가 아니라, 원자의 중심부에 똘똘 뭉쳐 있는 원자핵atomic nucleus을 분해한다는 뜻이다. 제어 가능성의 여부에 상관없이 핵반응을 일으키려면 원자적 규모의 작은 입자를 빠른 속도로 가속시켜서 원자핵에 충돌시켜야 한다. 일단 이 작업이 성공적으로 이루어지면 그 후부터는 모든 일이 자동적으로 진행된다. 충격을 받은 원자핵이 쪼개지면서 핵자들이 빠른 속도로 튀어나와 그 옆에 있는 다른 원자핵을 또 때리고, 이 충격으로 원자핵이 쪼개지면서 또 다른 핵자들이 튀어나와서 그 옆에 있는 원자핵을 또 때리고… 이렇게 연쇄적으로 반응이 계속되는 것이다. 이런 현상을 원자핵의 '연쇄 반응chain reaction'이라 한다.

무거운 원자의 핵은 매우 희한한 성질을 갖고 있다. 원자핵을 굳이 가시화시킨다면 부글부글 끓으면서 떨고 있는 물방울에 비유할 수 있다. 이 안에는 양성자proton와 중성자neutron가(이들을 합쳐서 핵자nucleus라고 한다) 서로 결합되어 있는데, 그 결합력이 너무 강하여 한 입자의 시작과 끝이 어디인지 분간하기가 어려울 정도이다. 우라늄처럼 무거운 원자핵의 바깥쪽 경계 부분은 매우 불안정한 상태에서 요동치고 있다. 원자핵의 안정성은 그 속에 포함되어 있는 양성자와 중성자의 개수에 따라 달라지며, 불안정한 상태일수록 분해하기가 쉬워진다.

20세기 중반에 핵물리학의 중요성이 부각되면서 원자핵의 구조에 대한 연구가 활발하게 진행되었고, 특히 원자핵에 작은 입자를 충돌시켰을 때 발생하는 후속 사건에 관심이 집중되었다. 원자핵은 여러 가지 에너지 상태에 놓일 수 있는데, 어떤 상태는 에너지가 크고 또 어떤 상태는 외부의 충격에 거의 반응을 하지 않을 정도로 에너지가 작다. 원자핵을 향해 작은 입자를 발사했을 때, 원자핵이 이 입자와 충돌하여 쪼개지지 않고 그냥 입자를 삼켜버렸다면 원자핵은 더욱 높은 에너지 상태로 전이된다. 어떠한 경우에도 에너지는 사라지지 않기 때문이다. 그러다가 잠시 후, 높은 에너지 상태에 싫증이 나면 아까 삼켰던 입자(또는 이와 동등한 다른 입자)를 내뱉으며 원래의 낮은 에너지 상태로 되돌아온다.

그렇다면 원자핵이 가질 수 있는 에너지 준위energy level는 몇 가지나 되는가? 또한, 핵자는 언제 에너지 a에서 b로 전이되는가? 각각의 에너지 준위는 얼마나 떨어져 있으며, 그 사이에 간격이 존재하는 이유는 무엇인가? 이런 질문들이 제기되면서, 어떤 특정한 시간에 특정한 위치와 속도를 갖는 여러 입자들의 집합체, 즉 역학계dynamical system에 대한 연구가 본격적으로 진행되기 시작했다. 1950년대에 이르러 무거운 원자핵을 포함한 양자적 영역에 숨어 있는 비밀들이 서서히 모습을 드러내기 시작했다. 그러나 이들의 행동양식은 너무도 복잡하여 수학적으로 딱 맞아떨어지는 표현을 찾는 것이 거의 불가능했다. 에너지 준위의 개수도 너무 많았고 원자핵이 가질 수 있는 배열의 수도 거의 무한에 육박하고 있었던 것이다. 고전역학에 기초를 둔 다체 문제many-body problem는 이렇게 악몽과도 같은 장벽에 가로막혀 앞날을 기약할 수 없게 되었다(태양을 비롯한 여러 개의 행성들이 서로 중력을 행사하고 있는 태양계도 다체 문제의 하나로 간주할 수 있다).

이 정도로 복잡한 시스템을 수학적으로 서술하는 것은 불가능했으므로 물리학자들은 통계적인 방법에 의존하는 수밖에 없었다. 앞으로 일어날 사건을 정확하게 예측할 수 없다면 통계적인 분석을 통해 '발생 확률이 가장 큰' 사건을 알아낼 수는 있을 것이다. 통계적인 접근 방법은 양자역학이 탄생하기 훨씬 전인 1850년대에 고전역학에서 이미 개발되어 있었다. 물론 양자역학에서는 모든 상황이 사뭇 달랐지만, 원자핵의 상태를 고전적인 통계역학으로 설명할 때 최소한 길을 잃고 헤매는 일은 발생하지 않았다. 양자역학에 필요한 통계적 방법은 1950년대 말~1960년대 초에 집중적으로 개발되었는데, 이 무렵에 핵심적인 역할을 했던 핵물리학자는 유진 위그너Eugene Wigner와 프리먼 다이슨Freeman Dyson이었으며 가장 핵심적인 개념은 '임의 행렬random matrix'이었다.

Ⅱ. 임의 행렬이란 이름 그대로 '임의로 추출된 숫자로 만들어진 행렬'을 뜻하지만, 사실 엄밀히 말해서 100% 임의는 아니다. 독자들의 이해를 돕기 위해 4×4 임의 행렬의 예를 여기 소개한다. 행렬에 등장하는 모든 숫자들은 소수점 이하 네 번째 자리까지 반올림한 것이다.

$$\begin{pmatrix} 1.9558 & 0.0104 - 0.4043i & 1.8694 - 1.2410i & 0.8443 - 0.4180i \\ 0.0104 + 0.4043i & 1.8675 & 0.7520 + 1.1290i & 0.2270 + 0.1323i \\ 1.8694 + 1.2410i & 0.7520 - 1.1290i & 0.0781 & -1.6122 + 0.8667i \\ 0.8443 + 0.4180i & 0.2270 - 0.1323i & -1.6122 - 0.8667i & -2.0378 \end{pmatrix}$$

눈썰미가 있는 독자들은 눈치 챘겠지만, 이 행렬은 앞에서 정의했던 에르미트 행렬이다. 즉, 대각 원소를 중심으로 대칭 관계에 있는 숫자들은 서로 켤레복소수의 관계에 있다. 17-Ⅴ장에서 확인했던 몇 가지 사실을 다시 한번 정리해 보자.

- 임의의 $N \times N$ 행렬은 N차식으로 표현되는 특성 다항식characteristic polynomial을 갖는다.
- 특성 다항식의 근을 그 행렬의 고윳값eigenvalue이라 한다.
- 고윳값의 합은 그 행렬의 대각합trace(대각 원소들의 합)과 같다.

- 에르미트 행렬의 고유값은 실수이다. 따라서 에르미트 행렬의 대각합도 실수이며 특성 다항식의 계수도 실수이다.

위에 예시한 행렬의 특성 다항식은 다음과 같다.
$$x^4 - 1.8636x^3 - 15.3446x^2 + 26.0868x - 2.0484$$
이 다항식의 근, 즉 고유값은 -3.8729, 0.0826, 1.5675, 4.0864이며 대각합은 1.8636이다.

이제, 임의 행렬의 각 원소로 관심을 돌려 보자. 대각선에는 실수들이 나열되어 있고(대각 원소에는 약간의 변형이 가해져 있는데, 그 내용은 잠시 뒤에 나올 것이다) 그 외에는 '어느 정도' 임의로 추출된 복소수들이 나열되어 있다. 대각선 바깥의 복소수들은 가우스-정규 분포Gaussian-normal distribution(통계학에서 흔히 등장하는 종bell 모양의 분포 곡선)에서 임의로 추출한 것이다.

눈금이 촘촘하게 그려져 있는 그래프 용지 위에 종 모양의 곡선을 그려 보자(그림 18-1). 곡선 아래쪽에 있는 수백 개(또는 백여 개)의 작은 사각형들 중에서 하나를 임의로 골랐을 때, 이 사각형과 곡선의 중심선 사이의 수평거리를 '가우스-정규 난수Gaussian-normal random number'라 한다. 곡선 아래에 있는 사각형의 개수는 양쪽 끝으로 갈수록 적어지므로, 눈을 감고 임의로 고른 사각형은 $+2$의 오른쪽이나 -2의 왼쪽에 있을 확률보다 $+1$과 -1 사이에 있을 확률이 훨씬 크다. 위에 제시한 행렬의 각 원소들은 이런 방법으로 선택된 숫자들이다(그래서 대부분의 원소들이 -1과 $+1$ 사이의 값을 갖고 있다. 단, 대각 원소들은 기술적인 이유로 임의로 추출한 수에 $\sqrt{2}$를 곱했기 때문에 우리의 예상보다 조금 큰 값을 나타내고 있다).

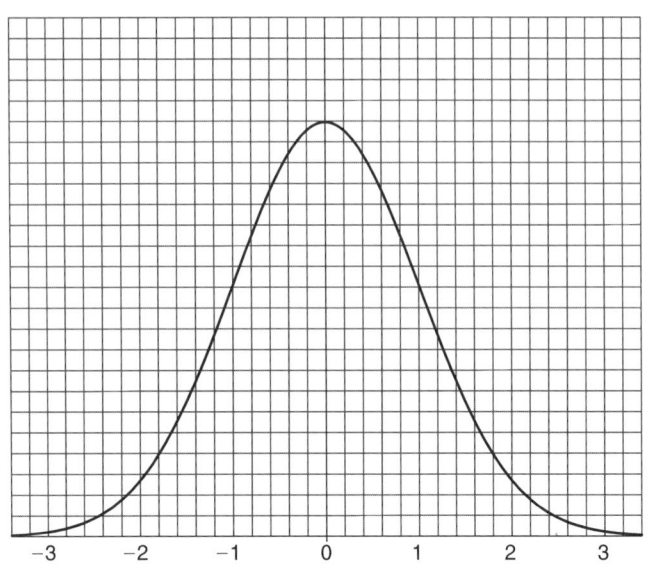

그림 18-1 가우스-정규 분포 곡선(Gaussian-normal distribution)

이와 같은 형태의 가우스-임의 에르미트 행렬은 양자역학적 계를 이해하는 데 핵심적인 역할을 한다(실제로 사용되는 행렬의 가로 및 세로줄은 4×4보다 훨씬 많다). 특히, 행렬의 고유값은 실험을 통해 측정된 에너지 준위와 매우 정확하게 일치하는 것으로 판명되었다. 그래서 1960년대에는 임의 에르미트 행렬의 고유값에 대한 연구가 집중적으로 이루어졌으며, 연구 결과 에너지 준위 사이의 간격이 아주 흥미롭게 분포되어 있다는 사실을 알게 되었다. 각각의 에너지 준위들은 마치 비사교적인 사람들처럼 가능한 한 서로 멀어지려는 성질을 갖고 있었던 것이다! 흔히 '반발repulsion'이라 불리는 이 현상은 에너지 준위가 무작위적으로 분포되어 있다는 기존의 생각을 완전히 뒤엎으면서 미시 세계에 존재하는 새로운 규칙을 강하게 암시해 주었다.

지금까지 설명한 내용을 시각적으로 이해하기 위해, 수학용 프로그램 매스매티카 4Mathematica 4를 이용하여 269×269짜리 에르미트 행렬을 위의 규칙에 따라 생성시킨 후 고유값을 계산해 보았다(그림 18-2 참조). 굳이 269를 선택한 이유는 잠시 후에 알게 될 것이다. 지금까지 나를 한 번도 실망시킨 적이 없는 매스매티카는 이 계산을 순식간에 해치움으로써 나를 또 한번 감동시켰다. 계산 결과, 269개의 고유값들은 −46.207887부터 46.3253478 사이에 분포되어 있었다. 이들의 분포 상태를 어떻게 그림으로 표현할 수 있을까? 여러모로 궁리한 끝에 다음과 같은 아이디어를 떠올렸다. 고유값을 −50과 +50 사이에 작은 점으로 표시하는 것이다. 그런데 이들을 한 줄로 나열하자니 폭이 너무 길어질 것 같아 10단위로 잘라서 층을 쌓기로 했다. 즉, −50에서 −40 사이의 고유값들을 제일 아랫줄에 표시하고 −40에서 −30 사이에 있는 고유값들은 그 윗줄에, −30에서 −20 사이는 또 그 윗줄에, … 표

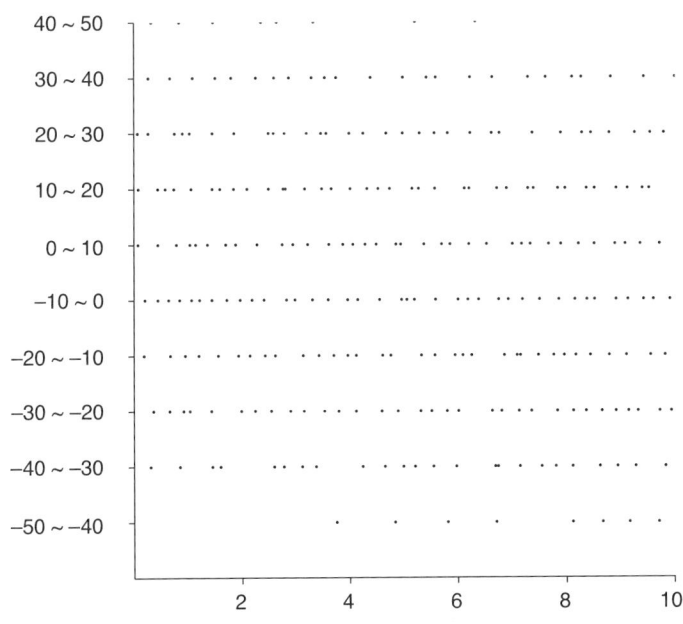

그림 18-2 269×269 임의 에르미트 행렬의 고유값 분포도

시했더니 그림 18-2와 같은 결과가 얻어졌다(가로줄은 고유값의 1의 자리를 나타내고 세로줄은 10의 자리를 나타낸다).

막상 분포도를 그려 놓고 보니, 당장 눈에 띄는 규칙은 없는 것 같다. 어찌 보면 아무런 규칙도 없는 임의 분포처럼 보인다. 그러나 속단은 금물이다! 시험 삼아, 0부터 10 사이에 있는 임의의 수를 무작위로 269번 취하여 위와 같은 방법으로 분포도를 그려 보자. 그 결과는 그림 18-3에 나와 있다. 그림 18-2와 18-3을 비교해 보면 임의 행렬의 고유값은 전 영역에 걸쳐 임의적으로 분포되어 있지 않다는 것을 알 수 있다. 즉, 그림 18-3은 각 점들이 서로 가까이 뭉쳐 있는 반면에, 그림 18-2에 표시된 점들은 서로 간의 거리를 가

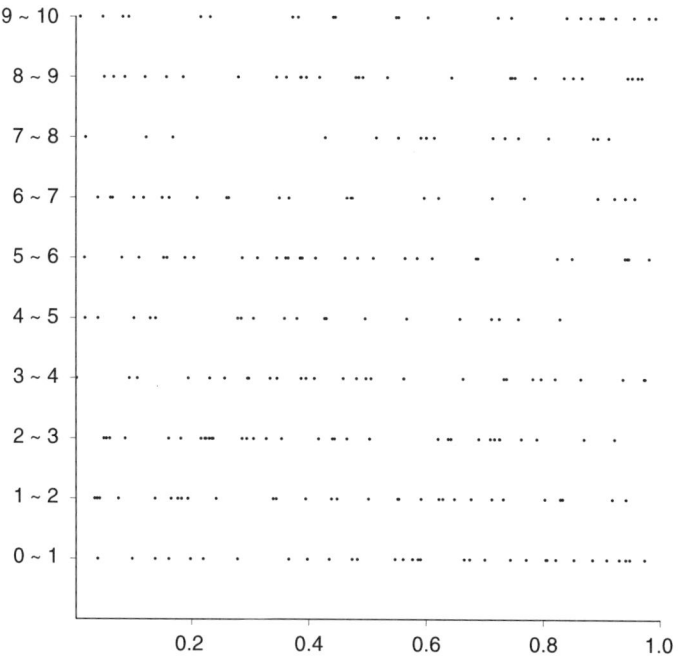

그림 18-3 난수의 간격 분포(0부터 10 사이에 있는 임의의 수를 무작위로 269번 취한 결과)

능한 한 멀리 유지하려는 경향을 뚜렷하게 보여 주고 있다(따라서 각 점들 사이의 간격도 그림 18-3보다 멀다). 그림 18-2의 분포에서 명쾌한 규칙을 찾을 수는 없지만, 정규 분포 곡선에서 무작위 추출로 만들어진 에르미트 행렬의 고윳값들이 서로 먼 거리를 유지하려는 경향이 있다는 사실만은 분명한 것 같다. 이와는 달리, 임의로 추출된 점들은 인근에 있는 다른 점들과 뭉치는 것을 전혀 싫어하지 않는다.

이 시점에서 전문 용어 세 개를 도입해 보자. 방금 소개한 가우스-임의 에르미트 행렬◆103의 집합을 '가우시안 유니터리 앙상블(GUE)Gaussian Unitary Ensemble'이라 한다. 그리고 길게 나열된 숫자들 사이의 불규칙한 간격 정보를 담고 있는 함수를 '짝상관 함수pair correlation function'라고 하며, 이 함수의 특징은 '형태 인자form factor' 안에 함축적으로 담겨 있다.

이제, 리만 가설에 대하여 아주 이상하고 신비로운 의문을 제기하여 수천 건의 관련 논문을 탄생시켰던 유명한 '만남'을 언급할 차례이다.

Ⅲ. 1972년 봄, 정수론을 공부하던 박사 과정 학생과 한 물리학자가 프린스턴 고등과학원Princeton's Institute for Advanced Study에서 우연히 마주쳤다. 젊은 학생은 하디가 교수로 재직했던 케임브리지 트리니티대학 수학과에서 박사 과정에 재학 중인 휴 몽고메리였고 물리학자는 프린스턴 고등과학원의 교수인 프리먼 다이슨이었다. 앞에서도 잠시 언급된 적이 있는 다이슨은 저명한 물리학자이자 훗날 생명의 근원과 인류의 미래에 관한 책을 저술하여 베스트셀러 작가의 반열에 오른 사람이다.

그 당시 휴 몽고메리는 제타 함수의 자명하지 않은 근들 사이의 간격 분포에 대하여 연구하고 있었는데, 이것은 리만 가설을 증명하는 것과 별 상관이 없는 독립적인 주제였다. 몽고메리는 제타 함수의 근이 $a+b\sqrt{2}$ 와 같은 체field(17-Ⅱ장 참조)를 이룬다고 생각했다.◆104 여기서 잠시 그의 이야기를 들어 보자.

이 연구를 끝냈을 때, 나는 박사 과정 학생이었다. 연구 결과를 정리하여 논문을 쓰긴 했지만 아직 학위 심사를 받을 시기는 아니었다. 그리고 당시에는 내가 얻은 결과가 무엇을 의미하는지, 제대로 이해할 수도 없었다. 무언가를 강하게 암시하고 있다는 사실만은 틀림없는데, 그 핵심을 골라 내지 못한 채 참으로 답답한 세월을 보내고 있었다.

그해(1972년) 봄에 나는 해럴드 다이아몬드Harold Diamond◆105가 주최한 세인트루이스 정수론 학회에 참가하여 연구 결과를 발표한 후, 새로운 일자리가 마련된 앤아버Ann Arbor로 달려가 그곳에 새집을 장만했다. 얼마 후 영국으로 돌아오는 길에 나의 연구 결과에 관한 셀버그의 의견을 듣기 위해 잠시 프린스턴에 들렀다. 사실, 나는 셀버그가 "아주 훌륭한 결과로군요. 하지만 이건 몇 년 전에 제가 증명했습니다"라고 할까봐 몹시 불안했다. 그러나 정작 그를 만나 보니 관심은 있는 듯했지만 내게 별다른 언급을 하지 않았다.

그날 오후에 나는 풀드홀Fuld Hall에서 초울라Chowla◆106와 차를 마셨는데, 그때 홀의 맞은편에 서 있는 프리먼 다이슨의 모습이 눈에 들어왔다. 그 전해에 프린스턴 학회에서 다이슨을 본 적이 있었으므로 얼굴을 금방 알아볼 수는 있었지만, 그와 대화를 나눈 적은 없었다. 초울라가 내게 물었다. "다이슨을 만나 본 적이 있나요?" "아뇨." "그럼 제가 소개해 드리지요." 나는 굳이 다이슨과 대화를 나눌 이유가 없었기에 괜찮다고 했다. 그런데 초울라는 끝까지 우기면서 나를 다이슨에게 끌고 갔다. 다이슨은 매우 정중하게 인사를 하면서 나의 연구 과제가 무엇이냐고 물었다. 그래서 나는 제타 함수의 자명하지 않은 근의 분포 상태를 연구하고 있으며, 최근 들어 이들의 분포 함수가 $1-\left(\dfrac{\sin \pi u}{\pi u}\right)^2$의 적분으로 표현
된다는 추측을 제기 중이라고 했다. 그랬더니 다이슨이 놀란 표정으로 소리쳤다.
"우와! 그건 임의 에르미트 행렬의 고유값을 나타내는 짝상관 함수의 형태 인자
라구요!"

 나는 그때까지 짝상관 함수라는 용어를 들어 본 적이 없었지만, 무언가 연관성이 있는 것만은 틀림없다고 생각했다. 다음 날, 나는 셀버그로부터 메모지 한 장을 건네 받았다. 다이슨이 내게 남겼다는 그 메모지에는 메타Mehta의 책에서 내가 봐야 할 페이지들이 일목요연하게 적혀 있었다.◆107 그날까지 다이슨과 나는 단 한 차례의 대화와 한 장의 메모지를 주고받았을 뿐이었지만, 그 짧은 시간 동안 주고받은 정보는 실로 엄청난 양이었다. 이 우연한 만남 덕분에 나는 적절한 용어와 참고 문헌을 제시하면서 논문을 완성할 수 있었고, 후반부에 적절한 해석도 곁들일 수 있었다. 그로부터 몇 년 후, 다이슨은 〈잃어버린 기회Missed Opportunities〉라는 제목의 논문을 발표하였다. 나는 그의 심정을 십분 이해하고도 남는다. 내가 그 중요한 순간에 다이슨을 만나서 결정적인 아이디어를 떠올린 것은 정말로 행운이었다.

 다이슨이 그토록 흥분했던 이유는 독자들도 짐작할 것이다. 몽고메리가 리만 제타 함수의 자명하지 않은 근의 분포 상태를 연구하면서 얻어 낸 수학적 표현이 임의 에르미트 행렬의 형태 인자와 정확하게 같다는 것은 결코 우연의 일치가 아니었다. 다이슨은 지난 수년 동안 양자역학과 관련하여 이 분야를 꾸준히 연구해 온 물리학자였다(몽고메리는 다이슨의 억울한 심정을 누구보다 잘 이해하고 있었다. 다이슨은 흔히 물리학자로 소개되고 있지만 사실 그는 학부 시절에 수학을 전공했고 특히 정수론에 많은 관심을 갖고 있었다. 이런 경력이 없었다면 1972년에 몽고메리가 했던 말을 이해하지 못했

을 것이다.◆108

그 당시의 상황을 좀 더 실감나게 이해하기 위해, 제타 함수의 자명하지 않은 근을 높이 500i까지 나열해 보자. 임계선을 따라 $\frac{1}{2}$부터 $\frac{1}{2}$+500i 사이에 있는 근들을 그림 18-2와 같은 방식으로 나열하면 그림 18-4와 같은 분포도가 얻어진다. 이 영역 안에 존재하는 제타 함수의 근은 모두 269개이며(그래서 앞의 경우에도 269개를 예로 든 것이다), 실수부가 모두 $\frac{1}{2}$이다. 그러므로 적어도 이 영역 안에서는 리만 가설이 성립하는 셈이다. 그림 18-4는 허수부의 구간을 50 단위로 쪼개서 10개의 층으로 쌓아 놓은 것이다. 이 그림을 그림 18-2, 18-3과 비교해 보면 그림 18-2에 훨씬 가깝다는 것을 금방 알 수 있을 것이다.

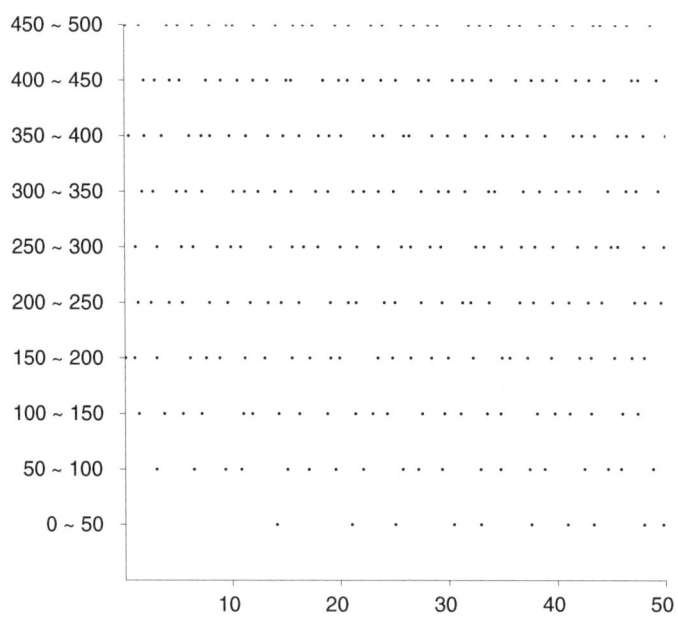

그림 18-4 제타 함수의 자명하지 않은 근 $\frac{1}{2}$+ it 중에서 구간 0≤ t ≤500에 들어 있는 근 269개의 분포도

그림 18-2와 18-4를 자세히 들여다보면 약간의 차이를 발견할 수 있다. 그림 18-4에 표시되어 있는 제타 함수의 근들은 13-Ⅷ장에서 지적한 것처럼 허수부가 클수록 촘촘하게 배열되어 있지만, 그림 18-2의 고유값들은 처음과 끝부분의 간격이 다소 넓고 중간 부분이 촘촘한 배열을 보이고 있다. 이러한 차이는 근을 더욱 많이 취하고 행렬의 크기를 늘림으로써 무마될 수 있다. 그러나 이들이 부분적인 차이를 보이는 경우에도 다음과 같은 공통점을 갖는다는 것만은 분명한 사실이다.

- 제타 함수의 근과 임의 에르미트 행렬의 고유값은 임의로 추출한 숫자의 배열과 다른 분포를 보인다.
- 이들은 서로 비슷한 형태로 분포되어 있다.
- 이들은 인접한 다른 값들과 서로 반발repulsion하는 경향이 있다.

Ⅳ. 제타 함수의 근들 사이의 간격에 관한 휴 몽고메리의 논문은 1973년에 미국수학회American Mathematical Society의 학술지에 발표되었다. 논문의 첫머리는 "이 논문 전체에 걸쳐 리만 가설RH이 참임을 가정한다…"라는 문장으로 시작하는데, 그 무렵에는 리만 가설이 참이라는 가정하에 발표된 수학 정리가 꽤 많았으므로 그다지 무리한 가정은 아니었다.◆109 물론 지금은 이런 정리가 산더미처럼 쌓여 있다. 그래서 누군가가 리만 가설이 거짓임을 증명한다면 수학계에는 일대 재앙이 닥치게 된다. 그러나 반증의 사례가 몇 개 되지 않는다면 상당수의 정리들은 생명을 유지할 수 있다.

몽고메리의 1973년 논문은 두 가지 결론을 담고 있다. 첫째는 제타 함수의 근들 사이의 간격이 갖고 있는 통계적 성질에 관한 결론인데, 이 정리는 리만 가설이 참임을 가정하고 있다. 두 번째 결론은 일종의 추측으로서, 근의 간격을 나타내는 짝상관 함수가 $1-\left(\frac{\sin \pi u}{\pi u}\right)^2$의 적분으로 표현된다는 내용을 담고 있다. 여기서 우리가 기억할 것은 두 번째 결론이 정리가 아닌 추측이라는 점이다. 몽고메리는 리만 가설이 참이라는 가정하에서도 이 추측을 증명하지 못했으며, 이 책을 쓰고 있는 현시점까지 추측으로 남아 있다.

제타 함수의 근과 관련하여 지난 30년 동안 발표된 내용들은 거의 대부분이 추측의 형태를 띠고 있다. 이 분야에서 증명이 완료된 정리는 가물에 콩 나듯 희귀한 별종에 속한다. 그 (부분적인) 이유는 최근에 리만 가설을 연구하는 사람들이 주로 물리학자와 응용수학자에 치중되어 있기 때문이다. 마이클 베리 경Sir Michael Berry ◆110은 노벨 물리학상 수상자인 리처드 파인만 Richard Feynman의 말을 인용하여 "증명된 것보다 훨씬 많이 알려져 있다"라고 풍자하곤 했다. 또 다른 이유는 (당연한 말이지만) 리만 가설을 증명하는 것이 너무나 어렵기 때문이다. 리만 가설을 다룬 논문과 서적, 수학 정리 등은 사방에 넘쳐 나지만 제타 함수의 근에 관해서는 별로 알려진 것이 없다(세바스찬 베데니프스키가 1천억 개의 근을 알아냈다고는 하지만 제타 함수의 자명하지 않은 근은 무한개이다!). 지난 몇 년 동안 이 분야에 관심이 집중되었음에도 불구하고 수학적으로 완벽하게 증명된 내용은 거의 없는 실정이다.

V. 뉴저지의 프린스턴 고등과학원은 머리 힐Murray Hill에 있는 AT&T사의 벨연구소에서 32마일쯤 떨어져 있다. 이곳에서 1978년에 몽고메리가 '몽고메리 짝상관 추측Montgomery pair correlation conjecture'이라는 제목으로 강연을 할 때, 객석에는 AT&T의 젊은 연구원 앤드루 오들리즈코가 앉아 있었다. 그 무렵 벨연구소에는 크레이-1Cray-1이라는 슈퍼컴퓨터가 새로 비치되었고

연구원들은 새로운 컴퓨터에 적응하기 위해 수시로 프로그램을 돌리고 있었다.

오들리즈코는 몽고메리의 강연을 들은 후 다음과 같은 생각을 떠올렸다. "몽고메리의 추측은 제타-근(제타 함수의 자명하지 않은 근) 사이의 간격을 이러저러한 통계 법칙으로 예측하고 있다. 그런데 그가 말하는 통계 법칙은 가우시안 유니터리 앙상블GUE을 형성하는 일련의 양자역학적 계에도 적용된다. 이 물리계의 통계적 성질은 지난 몇 년 동안 집중적으로 연구되었다. 그러므로 제타-근의 통계적 성질이 알려지면 정수론과 양자역학 사이의 심원한 관계를 밝힐 수 있을 것이다."

오들리즈코는 매일 5시간씩 벨연구소의 크레이 컴퓨터를 돌려서◆111 제타 함수의 자명하지 않은 처음의 근 100,000개를 리만-지겔 공식으로 소수점 이하 8번째 자리까지 계산하였다. 또한, 임계선의 아주 높은 곳에 나타나는 근의 통계적 특성을 확인하기 위해 1,000,000,000,001번째부터 시작하여 100,000개의 근을 따로 계산하였다. 이렇게 얻은 제타-근과 GUE 연산자의 고유값 사이에서 통계적인 공통점을 찾는 것이 오들리즈코의 작전이었다. 그가 얻은 결과는 1987년에 '제타 함수의 근 사이의 간격 분포에 관한 연구 On the Distribution of Spacings Between Zeros of the Zeta Function'라는 제목의 논문으로 발표되어 이 분야의 새로운 지평을 열었다.

이 논문에서 오들리즈코는 "지금까지 얻어진 데이터들은 GUE와 잘 일치하고 있다"라고 조심스럽게 언급하면서 완전한 결론을 내리지 않았다. 그가 비교 대상으로 삼았던 제타-근들 중 일부는 GUE 모델보다 간격이 좁게 나타났기 때문이다. 그러나 오들리즈코의 논문은 부분적인 결함에도 불구하고 전 세계 수학자와 물리학자들의 관심을 집중시키는 데 전혀 부족함이 없었다. 그 후 다양한 후속 연구가 진행되면서 부분적인 차이는 모두 극복되었고 몽고메리의 짝상관 추측은 '몽고메리-오들리즈코 법칙Montgomery-Odlyzko Law'으로 불리게 되었다.◆112

몽고메리-오들리즈코 법칙

리만 제타 함수의 자명하지 않은 근들 사이의 간격 분포는
(적절하게 규격화시켰을 때) GUE 연산자의 고유값 분포와
통계적으로 동일한 성질을 갖는다.

Ⅵ. 지금부터 오들리즈코가 얻은 결론을 수치적으로 이해해 보자. 오들리즈코가 크레이 컴퓨터로 계산한 제타 함수의 근은 웹사이트에 공개되어 있으므로 이 데이터를 PC로 가져와서 그가 했던 계산을 반복하면 된다. 단, 처음 등장하는 몇 개의 근들은 평균적인 성질에서 많이 벗어나 있으므로 허수부가 큰 근을 대상으로 삼는 것이 바람직하다. 나는 90,001번째 근과 100,000번째 근 사이에 있는 10,000개의 근을 대상으로 하여(물론 이들 모두는 실수부 $z=\frac{1}{2}$인 임계선상에 놓여 있다) 오들리즈코의 계산을 직접 해 보았다. 10,000개 정도면 통계적 성질을 유추하는 데 큰 무리는 없을 것이다. 90,001번째 근은 $\frac{1}{2}+68194.3528i$이고, 100,000번째 근은 $\frac{1}{2}+74920.8275i$이다(소수점 이하 5번째 자리에서 반올림하였다). 그러므로 내가 한 일이란 68194.3528~74920.8275 사이에 있는 10,000개의 실수들을 대상으로 이들의 통계적 성질을 분석한 것이다.

13-Ⅷ장에서 말한 바와 같이, 제타 함수의 근은 허수부가 커질수록(즉, 임계선의 위로 올라갈수록) 배열이 촘촘해진다. 그러므로 이들을 GUE 연산자

의 고유값과 비교하려면 영역의 위쪽 부분을 적당한 스케일로 잡아 늘여야 한다. 방법은 아주 간단하다. 제타-근의 허수부를 t라 했을 때, t가 아닌 $t\log t$를 분석 대상으로 삼으면 된다. t가 클수록 $\log t$도 커지므로 위쪽에 있는 근들은 간격이 넓어지는 효과를 얻을 수 있고, $\log t$는 t가 클수록 증가 속도가 둔화되기 때문에 대책 없이 넓어지는 것을 방지해 준다. 간단히 말해서, $t\log t$는 제타-근의 간격을 거의 균일하게 만들어 주는 최선책이라 할 수 있다. 이것이 바로 몽고메리-오들리즈코 법칙에서 말하는 '규격화normalized'의 의미이다. 이제 우리가 다뤄야 할 숫자들은 759011.1279~840925.3931 사이에 있다.

지금 우리의 관심사는 제타-근 자체가 아니라 제타-근들 사이의 '간격'이므로, 모든 수에서 759011.1279를 일률적으로 빼도 결과는 달라지지 않는다. 따라서 우리의 데이터는 0~81914.2653 사이로 축약될 수 있다. 마지막으로, 숫자의 단위를 조금 바꿔 보자. 모든 수들을 8.19142653으로 나누면 간격의 단위만 조금 달라질 뿐, 결과는 역시 달라지지 않는다(자의 눈금 단위가 달라졌다고 생각하면 된다). 이렇게 하면 우리의 데이터는 0, 1.2473, 2.5840, ⋯, 9997.3850, 9999.1528, 10,000으로 깔끔하게 정리된다.

이제 우리의 과제는 0~10,000 사이에 있는 10,000개의 숫자들이 어떤 간격으로 분포되어 있는지를 알아내는 것이다. 여기에는 9,999개의 간격이 존재하므로 전체적인 평균 간격은 10,000 ÷ 9,999, 즉 1보다 조금 크다.

여기서 통계와 관련된 질문을 던져 보자. 실제의 간격들은 전체 평균 간격과 얼마나 다르게 분포되어 있는가? 1보다 작은 간격은 총 몇 개인가?[◆113] 답은 5,349개이다. 그렇다면 3보다 큰 간격은 몇 개인가? 하나도 없다. 이 경우의 총 분산total variance은 6,321개, 또는 489개의 데이터들이 완전 임의로 흩어져 있을 때와 동일하다.[◆114] 이것은 그림 18-2와 18-3에서 얻은 결과를 다시 한번 확인해 주고 있다. 즉, 제타 함수의 근은 가능한 한 평균 거리(1보다 조금 먼 거리)를 유지하려는 경향을 보이면서 거의 동일한 간격으로 분포되어 있다(좁은 간격과 넓은 간격은 상대적으로 드물게 나타난다).

10,000개의 제타-근을 가공하여 얻은 우리의 데이터를 0~0.1, 0.1~0.2, … 등 0.1 간격으로 누적시켜서 전체 넓이가 9,999가 되도록 히스토그램을 그려 보면 그림 18-5가 얻어진다. GUE 이론으로 구한 고유값의 분포는 굵은 선으로 표시되어 있는데, 10,000개의 제타-근으로 얻은 결과와 제법 잘 일치하고 있다. 근의 개수를 늘리고 허수부도 키우면 더욱 정확하게 일치할 것이다. 앤드루 오들리즈코는 훨씬 많은 근을 고려했으므로 그림 18-5보다 훨씬 좋은 결과를 얻을 수 있었다.◆115

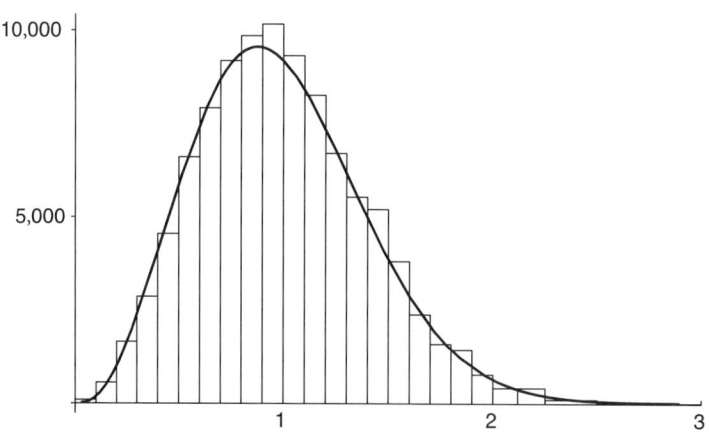

그림 18-5 90,001번째~100,000번째 제타-근을 대상으로 한 몽고메리-오들리즈코 법칙

Ⅶ. 지금까지의 결과로 볼 때, 제타 함수의 자명하지 않은 근과 임의 에르미트 행렬이 밀접하게 관련되어 있다는 사실만은 분명한 것 같다. 1972년에 프린스턴 고등과학원의 풀드홀에서 몽고메리와 다이슨의 우연한 만남으

로 시작된 이 추측은 그 후 수학자와 물리학자들에게 엄청난 화두를 던져주었다.

리만 제타 함수의 자명하지 않은 근은 소수의 분포를 연구하면서 부각된 문제인 반면, 임의 에르미트 행렬의 고유값은 양자역학이 적용되는 미시세계의 특성과 관련된 문제이다. 소수의 분포와 미시 세계의 입자 사이에 대체 무슨 공통점이 있기에, 이런 놀라운 결과가 얻어진 것일까?

19
황금 열쇠 돌리기

Ⅰ. 이제, 리만이 1859년에 발표했던 논문의 핵심을 자세히 살펴볼 차례다. 그런데 리만의 논문에 수시로 등장하는 고등수학을 일반 독자들에게 설명하는 것은 아무래도 무리인 것 같다. 그래서 어려운 내용은 그냥 기정 사실로 간주하고, '수학자들은 이러이러한 단서로부터 저러저러한 결과를 유도할 수 있다'는 식의 두루뭉술한 설명으로 대신할 것이다. 경우에 따라서는 간략한 설명조차 생략될 수도 있다. 어쨌거나, 어렵고 복잡한 수학을 피해 가면서 전체적인 윤곽을 잡는 데는 어려움이 없도록 최선을 다할 것이다.

독자들이 이 장을 읽고 리만이 펼쳤던 논리의 대략적인 틀을 이해한다면 나의 목표는 100% 달성된 것이다. 7-Ⅵ, Ⅶ장에서 다뤘던 약간의 미적분학을 떠올린다면 그다지 어려운 일도 아니다. 수학과 친하지 않은 독자들도 용기를 갖고 도전적인 자세로 이 장을 읽어 주기 바란다. 논리를 차분히 따라가면서 이 장을 다 읽고 나면 리만 가설이 갖고 있는 힘과 아름다움, 그리고 소수의 분포에 얽혀 있는 비밀을 상당 부분 이해할 수 있을 것이다.

Ⅱ. 우선, 3-Ⅳ장에서 언급했던 내용 중 일부를 수정하고자 한다. 거기서 나는 소수 계량 함수 $\pi(N)$의 정의역이 정수로 한정되어 있기 때문에 그래프를 그리는 것이 별 의미가 없다고 말했었다. 그러나 함수의 정의를 조금 바꾸면 정의역은 얼마든지 확장될 수 있다.

소수 계량 함수 $\pi(N)$의 정의를 조금만 바꿔 보자. 원래 $\pi(N)$은 '(N을 포함하면서) N보다 작은 소수의 개수'를 나타내는 함수였다. 이제, $\pi(x)$를 "(x를 포함하면서) 실수 x보다 작은 소수의 개수'로 새롭게 정의해 보자. 사실, 이 정도면 그다지 큰 변화는 아니다. 예를 들어, $\pi(37.51904283) = 12(2, 3, 5, 7, 11, 13, 17, 19, 23, 29, 31, 37)$인데, 이는 $\pi(37)$과 같다. 그러나 변수가 정수로 한정된 함수에는 미적분을 적용할 수 없기 때문에, 정의역을 실수 범위로 확장하기 위해 위와 같이 소수 계량 함수의 정의를 바꾼 것이다.

또 한 가지 수정을 가해 보자. 변수를 양의 실수로 확장하여 $\pi(x)$의 그래프를 그려 보면 매끈하게 증가하는 곡선이 아니라 어느 순간에 갑자기 증가하는 계단형 그래프가 얻어진다. 예를 들어, x가 10부터 12까지 변한다고 생각해 보자. 10보다 작은 소수는 모두 4개(2, 3, 5, 7)이므로 $x = 10$일 때 $\pi(x)$의 함수값은 4이며, $x = 10.1, 10.2, 10.3, \cdots$으로 변해 가도 함수값은 변하지 않는다. 그러나 $x = 11$에 도달하는 순간, 함수값은 갑자기 5로 건너뛰고 $x = 11.1, 11.2, 11.3, \cdots$인 구간에서는 함수값 5가 그대로 유지된다. 수학자들은 이런 함수를 '계단 함수 step function'라고 부르는데, 함수값이 갑자기 건너뛰는 부분에서 약간 수정을 가하여 사용하는 경우가 있다. 즉, $\pi(x)$가 $x = p$에서 계단처럼 증가할 때, 이 지점에서의 함수값을 $\pi(x)$가 아닌 '계단 꼭대기의 중간값'으로 정의하는 것이다. 이렇게 하면 $\pi(10.9)$와 $\pi(10.99)$, $\pi(10.999999)$는 4이고 $\pi(11.1)$, $\pi(11.01)$, $\pi(11.000001)$은 5이지만 $\pi(11)$은 4와 5의 중간값인 4.5가 된다. "$\pi(x)$는 소수의 개수를 나타내는 함수인데, 소수가 4.5개라는 것이 대체 무슨 뜻인가?"하며 고민하는 독자들도 많을 줄 안다. 이런 이상한 함수를 정의하여 독자들을 심란하게 만든 점, 깊이 사과하는 바이다. 그러나 우리의 이야기를 계속 진행하려면 $\pi(x)$를 이런 식으로 정의하는 수밖에 없다. 그 이유는 앞으로 차차 분명해질 것이다.

$\pi(x)$의 그래프는 그림 19-1과 같다. 초심자들에게는 계단 함수가 다소 이상하게 보이겠지만, 수학적으로는 아무런 하자가 없는 지극히 정상적인 함수이다. 계단 함수의 정의역은 양의 실수이며, 이 영역 안에서 하나의 변수

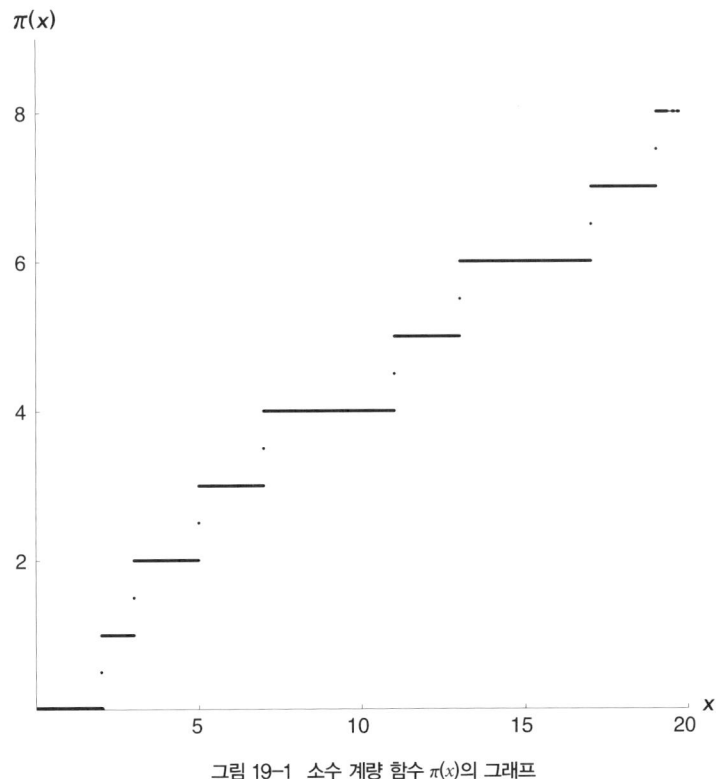

그림 19-1 소수 계량 함수 $\pi(x)$의 그래프

에는 단 하나의 함수값이 대응된다. 다시 말해서, 눈을 감고 임의의 변수 하나를 아무렇게나 찍어도 거기 대응되는 함수값이 반드시 존재한다는 뜻이다. 사실, 이 정도면 비교적 '얌전한' 함수에 속한다. 수학이라는 세계에는 이보다 훨씬 유별난 함수가 지천으로 널려 있다.

Ⅲ. 이제, $\pi(x)$보다 조금 더 유별난 또 하나의 계단 함수를 정의할 차례다. 리만은 1859년 논문에서 이 새로운 함수를 f로 정의했지만, 우리는 해럴드 에드워즈의 정의를 따라 J로 표기하기로 한다. 리만 이후의 시대에는 함수를 f로 표기하는 것이 일반적인 관행이었다. 그래서 이 무렵의 논문에는 "f를 임의의 함수라 하면…"이라는 문장이 수시로 등장한다. 그러므로 혼동을 야기시키지 않고 특별한 함수를 지칭하려면 f의 사용을 가능한 한 자제해야 했다.

함수 J는 임의의 양수 x에 대하여 식 19-1과 같은 형태로 정의된다.

$$J(x) = \pi(x) + \frac{1}{2}\pi(\sqrt{x}) + \frac{1}{3}\pi(\sqrt[3]{x}) + \frac{1}{4}\pi(\sqrt[4]{x}) + \frac{1}{5}\pi(\sqrt[5]{x}) + \cdots$$

식 19-1

$\pi(x)$는 앞에서 정의한 대로 정의역을 모든 양수 x로 확장시킨 소수 계량 함수이다.

식 19-1은 외관상으로 무한급수처럼 보이지만, 사실은 어느 항에서 갑자기 덧셈이 끝나버리는 유한급수이다. 왜 그럴까? $x = 100$인 경우를 예로 들어 보자. 다들 알다시피, 100의 제곱근은 10이고 100의 세제곱근은 4.641588…이다. 네제곱근은 3.162277…, 다섯제곱근은 2.511886…, 여섯 제곱근은 2.154434…, 일곱제곱근은 1.930697…, 여덟제곱근은 1.778279…, 아홉제곱근은 1.668100…, 열제곱근은 1.584893…이다. 물론 마음만 먹으면(그리고 옆에 계산기만 있다면) 11제곱근, 12제곱근, 100제곱근… 등 얼마든지 길게 나열할 수 있다. 그러나 지금은 그런 수고를 자처할 이유가 하나도 없다. x가 2보다 작을 때 소수 계량 함수 $\pi(x)$는 0으로 사라지기 때문이다! 그러므로 위에 나열한 목록 중 일곱제곱근 이하는 식 19-1에 나타나지 않는다. 실제로 $J(x)$에 $x = 100$을 대입해 보면

$$J(100) = \pi(100) + \frac{1}{2}\pi(10) + \frac{1}{3}\pi(4.64\cdots) + \frac{1}{4}\pi(3.16\cdots) + \frac{1}{5}\pi(2.51\cdots) + \frac{1}{6}\pi(2.15\cdots) + 0 + 0\cdots$$

이 되고, 정의에 따라 소수의 개수를 각각 대입해 주면

$$J(100) = 25 + \left(\frac{1}{2} \times 4\right) + \left(\frac{1}{3} \times 2\right) + \left(\frac{1}{4} \times 2\right) + \left(\frac{1}{5} \times 1\right) + \left(\frac{1}{6} \times 1\right)$$

$$= 28\frac{8}{15} = 28.53333\cdots$$

이라는 값이 얻어진다. 100 이외의 어떤 수를 J에 대입해도 거듭제곱근을 계속 취하다 보면 2보다 작아지는 시점이 반드시 찾아오고, 그 이하의 모든 항은 0으로 사라진다. 따라서 $J(x)$는 무한급수가 아니라 어디선가 중단되는 유한급수이다. 그동안 '무한개의 항'에 줄곧 시달려 온 우리에게는 정말 반가운 소식이 아닐 수 없다!

함수 J는 π와 마찬가지로 계단 함수이다. 그림 19-2는 구간 $0 < x < 10$에서 $J(x)$의 그래프를 보여 주고 있다. 그림에서 보다시피, 함수 J는 어느 순간에 갑자기 위로 점프하여 한동안 그 값을 유지하다가 다시 위로 점프하는 계단형 증가 추세를 보이고 있다. 이 함수가 증가하는 패턴을 수학적으로 예측할 수 있을까?

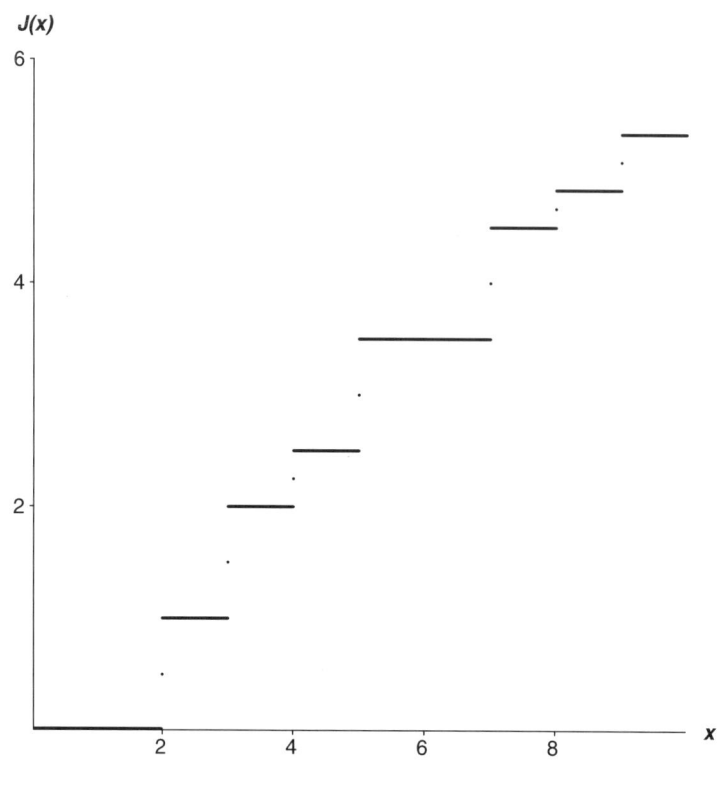

그림 19-2 함수 J(x)의 그래프

식 19-1을 자세히 들여다보면 몇 가지 규칙을 찾을 수 있다. 첫째, x가 임의의 소수일 때 $\pi(x)$는 1씩 증가하므로 $J(x)$도 1씩 증가한다. 둘째, x가 소수의 완전제곱이면(예를 들어, $x = 3^2 = 9$이면) $\pi(\sqrt{x})$가 1만큼 커지고, 그 결과 $J(x)$는 $\frac{1}{2}$씩 증가한다. 셋째, x가 소수의 세제곱수이면(예를 들어, $x = 2^3 = 8$이면) $\pi(\sqrt[3]{x})$가 1만큼 증가하면서 $J(x)$는 $\frac{1}{3}$씩 커진다. 넷째, 다섯째, … 등도 이하 동문이다.

또 한 가지, $J(x)$는 앞에서 새롭게 정의했던 $\pi(x)$의 성질을 똑같이 갖고 있다. 즉, 함수값이 갑자기 증가하는 지점에서 $J(x)$는 '계단 꼭대기의 중간

값'으로 정의된다.

그림 19-3은 구간 $0<x<100$에서 $J(x)$가 변해 가는 양상을 보여 주고 있다. 함수값이 갑자기 증가하는 여러 지점들 중에서 증가량이 가장 적은 곳은 어디일까? $2^6=64$이므로, $x=64$일 때 $J(x)$가 가장 적게 증가하며, 증가량은 $\frac{1}{6}$이다.

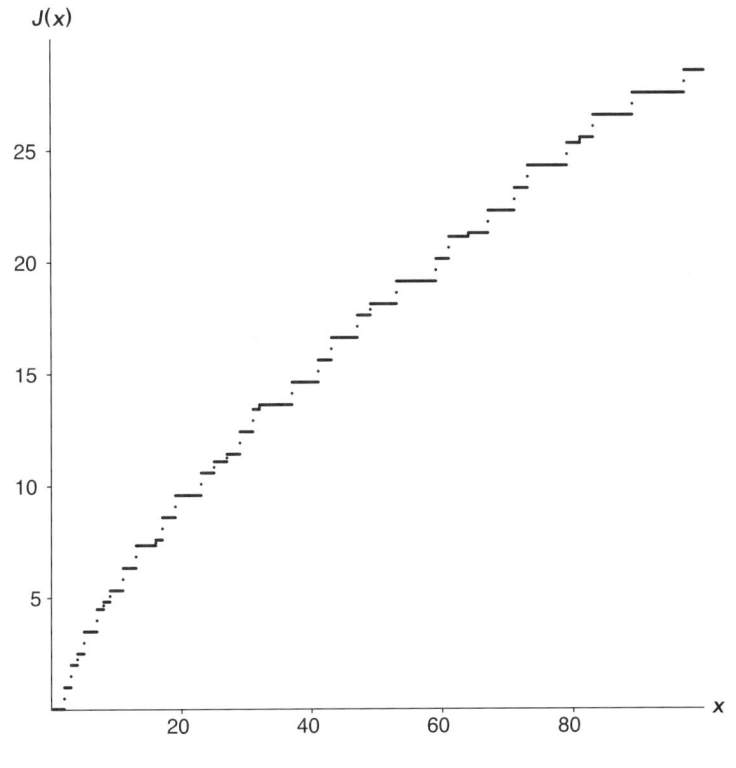

그림 19-3 구간 $0<x<100$ 에서 $J(x)$의 그래프

이렇게 난해한 함수를 대체 어디에 써먹겠다는 것일까? 당연히 궁금하겠지만, 인내를 갖고 조금만 기다려주기 바란다. 우선, 이 장의 도입부에서 미리 양해를 구했던 것처럼 한차례의 '건너뛰기'를 감행해야 한다.

Ⅳ. 다시 한번 강조하거니와, 수학자들은 '상호 관계 뒤집기'를 정말 좋아한다. "Q를 이용하여 P를 나타내는데 성공했다구? 오케이! 그럼 당장 이 관계를 뒤집어서 Q를 P로 표현해 보자구!" 수학적 표현을 뒤집는 기술은 지난 수백 년 동안 거의 모든 수학 분야에 걸쳐 개발되어 왔는데, 이 중에서 지금 당장 우리에게 필요한 것은 '뫼비우스 반전Möbius inversion'이라 불리는 뒤집기 기술이다.

뫼비우스 반전을 일반적인 관점에서 설명할 생각은 없다. 정수론에 관한 교재나 인터넷을 잘 뒤져보면 좋은 설명을 찾을 수 있을 것이다(특히, 하디와 라이트 경Sir Edward Wright이 쓴 고전적 교재 『정수론Theory of Numbers』의 16.4장에 잘 나와 있다). 우리는 중간 과정을 모두 생략하고 결론만 취하기로 한다. 뫼비우스 반전을 이용하여 식 19-1을 뒤집은 결과는 식 19-2와 같다.

$$\pi(x) = J(x) - \frac{1}{2}J(\sqrt{x}) - \frac{1}{3}J(\sqrt[3]{x}) - \frac{1}{5}J(\sqrt[5]{x}) +$$
$$\frac{1}{6}J(\sqrt[6]{x}) - \frac{1}{7}J(\sqrt[7]{x}) + \frac{1}{10}J(\sqrt[10]{x}) - \cdots$$

식 19-2

보다시피 이 식에는 몇 개의 항들(네 번째, 여덟 번째, 아홉 번째, … 등)이 누락되어 있다. 그리고 남아 있는 항들 중 일부(첫 번째, 여섯 번째, 열 번째 등)는 부호가 양이고 나머지(두 번째, 세 번째, 다섯 번째, 일곱 번째 등)는 부호가 음이다. 무언가 느낌이 오지 않는가? 그렇다. 각 항의 계수는 바로 15장에서 도입했던 뫼비우스의 μ함수와 정확하게 일치한다! 따라서 식 19-2는 다음과 같이 쓸 수 있다(이 책의 전체에 걸쳐 $\sqrt{x}$는 x를 의미한다).

$$\pi(x) = \sum_n \frac{\mu(n)}{n} J(\sqrt[n]{x})$$

이 뒤집기 기술의 이름이 왜 '뫼비우스 반전'인지, 이제 이해가 갈 것이다.

이로써 우리는 $\pi(x)$를 $J(x)$로 표현하는 데 성공하였다. 이것은 매우 중요한 진전이다. 왜냐하면 $J(x)$를 $\zeta(x)$로 표현하는 방법은 리만이 이미 유도해 놓았기 때문이다.

식 19-2는 19-1과 마찬가지로 외형상으로 무한급수처럼 보이지만 사실은 유한급수이다. $J(x)$도 $\pi(x)$처럼 x가 2보다 작으면 0으로 사라지기 때문이다 (2보다 작은 수의 거듭제곱근도 2보다 작다). 예를 들어, $\pi(100)$을 계산해 보면

$$\pi(100) = J(100) - \frac{1}{2}J(10) - \frac{1}{3}J(4.64\cdots) - \frac{1}{5}J(2.51\cdots) + \frac{1}{6}J(2.15\cdots) - 0 + 0 - \cdots$$
$$= 28\frac{8}{15} - \left(\frac{1}{2} \times 5\frac{1}{3}\right) - \left(\frac{1}{3} \times 2\frac{1}{2}\right) - \left(\frac{1}{5} \times 1\right) + \left(\frac{1}{6} \times 1\right)$$
$$= 28\frac{8}{15} - 2\frac{2}{3} - \frac{5}{6} - \frac{1}{5} + \frac{1}{6}$$

가 얻어지는데, 이 값은 100보다 작은 소수의 개수와 정확하게 일치한다. 무슨 마술 공연을 보는 것 같지 않은가?

자, 이제 황금 열쇠를 열쇠 구멍에 꽂고 힘차게 돌려 보자!

V. 리만이 1859년 논문에 도입했던 황금 열쇠는 7장에서 이미 소개한 적이 있다. 황금 열쇠란, 에라토스테네스의 체를 이용하여 리만 제타 함수를 곱셈으로 표현한 아래의 식을 칭하는 말이었다.

$$\zeta(s) = \frac{1}{1-\frac{1}{2^s}} \times \frac{1}{1-\frac{1}{3^s}} \times \frac{1}{1-\frac{1}{5^s}} \times \frac{1}{1-\frac{1}{7^s}} \times \frac{1}{1-\frac{1}{11^s}} \times \frac{1}{1-\frac{1}{13^s}} \times \cdots$$

우변에 등장하는 수들은 모두 소수임을 기억하기 바란다.

$A = B$이면 $\log A = \log B$이므로, 양변에 $\log$를 취해도 위의 등식은 여전히

성립한다. 여기에 $\log(a \times b) = \log a + \log b$(지수법칙 9)를 적용하면

$$\log \zeta(s) = \log\left(\frac{1}{1-\frac{1}{2^s}}\right) + \log\left(\frac{1}{1-\frac{1}{3^s}}\right) + \log\left(\frac{1}{1-\frac{1}{5^s}}\right) + \log\left(\frac{1}{1-\frac{1}{7^s}}\right)$$

$$+ \log\left(\frac{1}{1-\frac{1}{11^s}}\right) + \cdots$$

이 된다. 여기에 또 $\log\frac{1}{a} = -\log a$(지수법칙 10)를 적용하면 윗식의 우변은

$$-\log\left(1-\frac{1}{2^s}\right) - \log\left(1-\frac{1}{3^s}\right) - \log\left(1-\frac{1}{5^s}\right) - \log\left(1-\frac{1}{7^s}\right)$$

$$-\log\left(1-\frac{1}{11^s}\right) - \cdots$$

로 변환된다. 이 시점에서 뉴턴이 제안했던 $\log(1-x)$의 무한급수를 떠올려 보자(9-Ⅶ장 참조). 이 급수는 $-1 < x < +1$일 때 의미를 가질 수 있는데, 지금의 경우가 바로 그렇다($-1 < \frac{1}{p^s} < +1$). 그러므로 위의 식에 등장하는 모든 log는 식 19-3과 같이 무한급수로 나타낼 수 있다(식 9-3 참조).

$$\frac{1}{2^s} + \left(\frac{1}{2} \times \frac{1}{2^{2s}}\right) + \left(\frac{1}{3} \times \frac{1}{2^{3s}}\right) + \left(\frac{1}{4} \times \frac{1}{2^{4s}}\right) + \left(\frac{1}{5} \times \frac{1}{2^{5s}}\right) + \left(\frac{1}{6} \times \frac{1}{2^{6s}}\right) + \cdots$$

$$+ \frac{1}{3^s} + \left(\frac{1}{2} \times \frac{1}{3^{2s}}\right) + \left(\frac{1}{3} \times \frac{1}{3^{3s}}\right) + \left(\frac{1}{4} \times \frac{1}{3^{4s}}\right) + \left(\frac{1}{5} \times \frac{1}{3^{5s}}\right) + \left(\frac{1}{6} \times \frac{1}{3^{6s}}\right) + \cdots$$

$$+ \frac{1}{5^s} + \left(\frac{1}{2} \times \frac{1}{5^{2s}}\right) + \left(\frac{1}{3} \times \frac{1}{5^{3s}}\right) + \left(\frac{1}{4} \times \frac{1}{5^{4s}}\right) + \left(\frac{1}{5} \times \frac{1}{5^{5s}}\right) + \left(\frac{1}{6} \times \frac{1}{5^{6s}}\right) + \cdots$$

$$+ \frac{1}{7^s} + \left(\frac{1}{2} \times \frac{1}{7^{2s}}\right) + \left(\frac{1}{3} \times \frac{1}{7^{3s}}\right) + \left(\frac{1}{4} \times \frac{1}{7^{4s}}\right) + \left(\frac{1}{5} \times \frac{1}{7^{5s}}\right) + \left(\frac{1}{6} \times \frac{1}{7^{6s}}\right) + \cdots$$

$$+ \frac{1}{11^s} + \left(\frac{1}{2} \times \frac{1}{11^{2s}}\right) + \left(\frac{1}{3} \times \frac{1}{11^{3s}}\right) + \left(\frac{1}{4} \times \frac{1}{11^{4s}}\right) + \left(\frac{1}{5} \times \frac{1}{11^{5s}}\right)$$
$$+ \left(\frac{1}{6} \times \frac{1}{11^{6s}}\right) + \cdots$$
$$+ \cdots$$

식 19-3

위의 덧셈은 가로 방향으로 무한히 계속될 뿐만 아니라 세로 방향으로도 무한히 계속된다. "이 많은 항들을 무슨 수로 다 더하나…" 하면서 내심 걱정하는 독자도 있겠지만, 사실 알고 보면 그다지 어려운 계산은 아니다. 수학 공부를 하다 보면 이보다 더 난감한 경우도 얼마든지 나타날 수 있다.

황금 열쇠는 원래 무한히 많은 항들의 곱으로 표현되어 있었다. 그런데 그 식을 이리저리 변환시키다 보니 식 19-3처럼 가로, 세로로 무한히 계속되는 끔찍한 형태로 변해 버렸다. "혹시 필자가 길을 잘못 든 것은 아닐까?" 이런 의심을 갖는 독자들도 있을 것이다. 식 19-3을 아무리 들여다봐도, 더 이상 간단하게 줄이기는 어려울 것 같다. 그렇다고 여기서 주저앉을 것인가? 만일 그래야 한다면 나는 애초부터 이 책을 쓰지도 않았을 것이다. 이 난감한 상황에서 우리를 구원해 줄 해결사는 과연 누구일까? 그렇다, 그 해결사는 바로 적분이다!

Ⅵ. 식 19-3에서 임의로 항 하나를 끄집어내 보자. 내 손에 걸린 것은 $\frac{1}{2} \times \frac{1}{3^{2s}}$ 이다. 그리고, x^{-s-1}이라는 함수를 생각해 보자. 앞으로 당분간 s는 양수라고 가정한다. x^{-s-1}을 적분하면 어떤 함수가 될 것인가? 7-Ⅷ장에 제시

된 일반 법칙에 의하면 답은 $\frac{x^{-s}}{-s}$, 즉 $-\frac{1}{s} \times \frac{1}{x^s}$ 이다. 만일 적분 구간을 3^2에서 ∞까지로 잡는다면 어떤 결과가 얻어질까? 자, 침을 한번 삼키고 침착하게 따져보자. x가 아주 커지면 $-\frac{1}{s} \times \frac{1}{x^s}$ 은 아주 작아지므로, $x = ∞$이면 $-\frac{1}{s} \times \frac{1}{x^s} = 0$이다. 여기서 정적분은 적분 함수의 상한과 하한의 차이로 계산된다는 사실을 기억하자. 따라서 우리의 적분값은 $0 - \left(-\frac{1}{s}\right) \times \frac{1}{(3^2)^s} = \frac{1}{s} \times \frac{1}{(3^2)^s}$ 이며, 이 값은 방금 전에 임의로 추출한 항과 매우 비슷하다. 약간의 계산을 거치면 이들 사이에는 다음의 관계가 성립한다는 것을 알 수 있다.

$$\frac{1}{2} \times \frac{1}{3^{2s}} = \frac{1}{2} \times s \times \int_{3^2}^{\infty} x^{-s-1} dx$$

대체 이런 짓을 왜 하고 있을까? $J(x)$로 되돌아가서 보면 그 이유가 분명해진다.

$x = 3^2$은 $J(x)$가 $\frac{1}{2}$만큼 '점프'하는 지점이다. 리만과 같이 아주 뛰어난 수학자라면 $\frac{1}{2} \times \int_{3^2}^{\infty}$ …로부터 그림 19-4와 같은 영상을 떠올릴 것이다. 그림에서 검게 칠해진 부분은 $J(x)$의 한 부분을 잘라 낸 조각 띠로서, 수평 방향으로는 $3^2(= 9)$에서 ∞까지 뻗어 있고 띠의 폭(높이)은 $\frac{1}{2}$이다. 함수 $J(x)$와 x축 사이의 넓이는 이와 같이 가느다란 띠의 넓이를 층층이 더해 감으로써 구할 수 있다(넓이는 곧 적분과 연결된다는 점을 상기하자!). 여기서 주의할 점은 띠가 시작되는 지점에 따라 띠의 폭이 조금씩 달라진다는 것이다. $x = $ 소수에서 시작되는 띠의 폭은 1이다. 이 지점에서 J는 1씩 점프하기 때문이다. 또, $x = (소수)^2$에서 시작되는 띠의 폭은 $\frac{1}{2}$이고, $x = (소수)^3$에서 시작되는 띠의 폭은 $\frac{1}{3}$이며, … 등이다. 식 19-3의 각 항들이 이런 식으로 가느다란 띠에 대응되는 원리를 이해할 수 있겠는가?

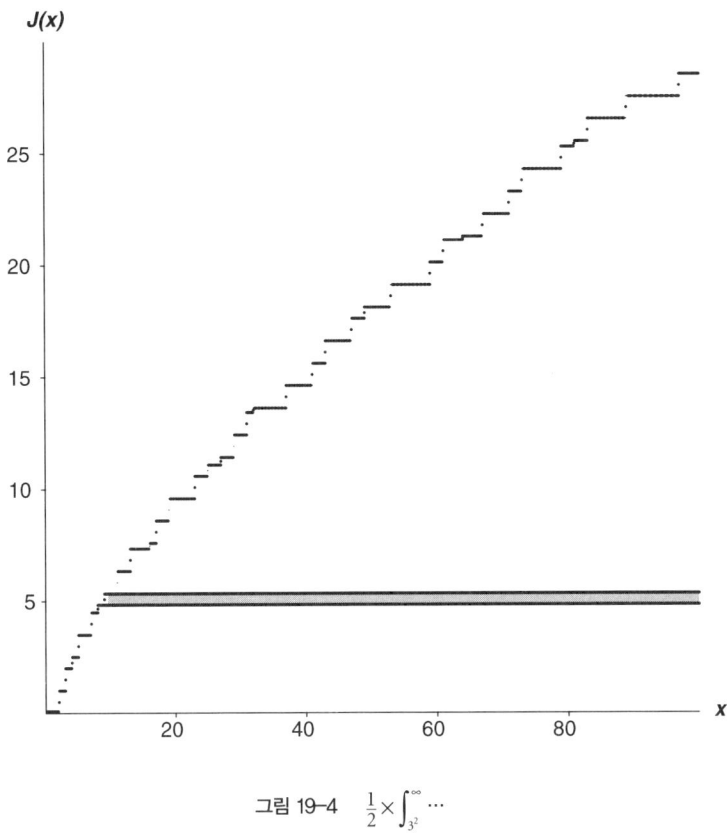

그림 19-4 $\frac{1}{2} \times \int_{3^2}^{\infty} \cdots$

물론, $J(x)$와 x축으로 둘러싸인 부분의 총넓이는 무한이다. 그림 19-4에 표시되어 있는 가느다란 띠만 해도 $\frac{1}{2} \times \infty = \infty$의 넓이를 갖고 있다. 다른 띠들도 폭은 조금씩 다르지만 길이가 무한이기 때문에 넓이도 모두 무한이다. 그러므로 이들을 모두 더한 결과는 당연히 무한이 될 수밖에 없다. 그렇다면, $J(x)$의 오른쪽 부분을 아래쪽으로 내리눌러서 넓이를 유한하게 만들 수 있을까? 그래프를 아래로 압축시켜서 각 띠의 두께(폭)를 거의 0으로 축소시키고, 그 결과 띠의 넓이가 유한해지도록 만들 수 있을까? 어느 정도로 내리눌러야 넓이가 유한해질까?

마지막으로 도입했던 적분에 그 해답이 들어 있다. 1보다 큰 수 중 임의로 하나를 골라 s라고 하고, $J(x)$에 x^{-s-1}을 곱해 보자. 구체적인 계산을 위해, $s = 1.2$라 하자. 그러면 x^{-s-1}은 $x^{-2.2}$, 또는 $\frac{1}{x^{2.2}}$ 이 된다. 이제, $x = 15$라 하면 $J(15) = 7.333333\cdots$이고 $15^{-2.2} = 0.00258582\cdots$이며, 이들을 곱한 $J(x)x^{-s-1}$은 $0.018962721\cdots$이 된다(지금, $J(x)$에 x^{-s-1}을 곱하여 $J(x)$의 그래프를 아래쪽으로 '내리누르는' 중이다: 옮긴이). 변수가 증가할수록 내리누름 효과는 더욱 크게 나타난다. 예를 들어, $x = 100$이면 $J(x)x^{-s-1}$은 $0.001135932\cdots$이다.

그림 19-5는 $s = 1.2$일 때 $J(x)x^{-s-1}$의 그래프를 보여 주고 있다. 내리누름 효과가 어느 정도로 나타나는지를 보여 주기 위해 그림 19-4에 제시되었던 검은 띠를 해당 위치에 표시하였는데, 보다시피 오른쪽으로 갈수록 점점 가

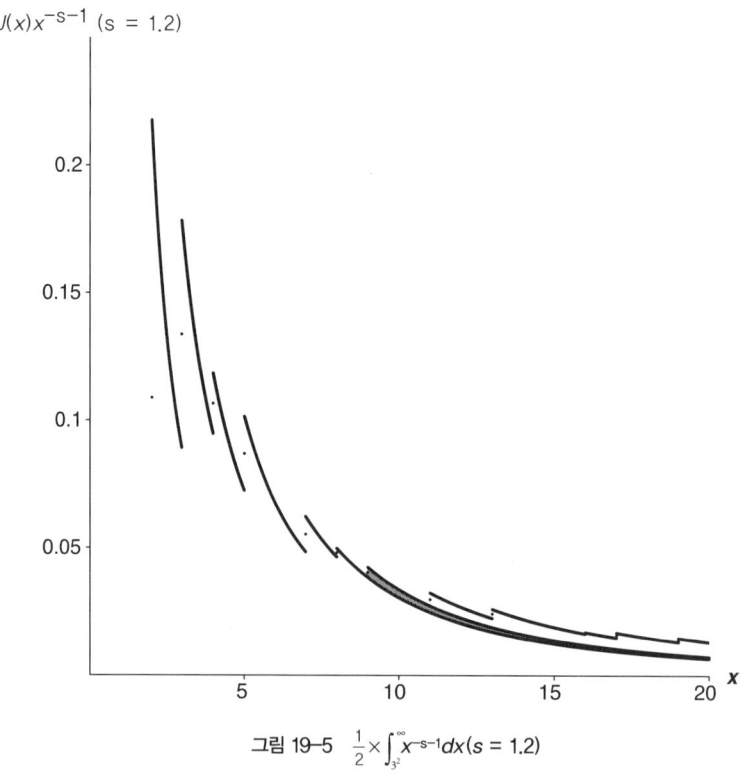

그림 19-5 $\frac{1}{2} \times \int_{3^2}^{\infty} x^{-s-1} dx (s = 1.2)$

늘어져서 띠의 길이가 무한히 길어도 총넓이는 유한해질 가능성이 있다. 만일 띠의 넓이가 유한하다면, 그리고 다른 모든 띠들도 한결같이 유한한 넓이를 갖는다면, $J(x)x^{-s-1}$과 x축으로 둘러싸인 부분의 총넓이 $\int_0^\infty J(x)\,x^{-s-1}\,dx$는 얼마나 될까? 지금부터 차근차근 계산해 보자.

가장 작은 소수인 2부터 시작해 보자. $J(x)$를 내리누르기 전에(그림 19-4), 2에서 시작하여 무한으로 뻗어 있는 직선띠의 폭은 1이다. 또, 2^2에서 시작하여 무한으로 뻗어 있는 직선띠의 폭은 $\frac{1}{2}$이고, 2^3에서 시작하는 띠의 폭은 $\frac{1}{3}$이며, … 등이다. 그리고, 여기에 대응되는 '내리눌려진' 띠들의 넓이의 합은 식 19-4와 같다.

$$\int_2^\infty 1 \times x^{-s-1} dx + \int_{2^2}^\infty \frac{1}{2} \times x^{-s-1} dx + \int_{2^3}^\infty \frac{1}{3} \times x^{-s-1} dx$$
$$+ \int_{2^4}^\infty \frac{1}{4} \times x^{-s-1} dx + \int_{2^5}^\infty \frac{1}{5} \times x^{-s-1} dx + \cdots$$

식 19-4

물론, 위의 식은 소수 2와 관련된 부분만 골라 놓은 것이다. 소수 3과 관련된 띠의 합도 이와 비슷한 무한급수로 나타낼 수 있다.

$$\int_3^\infty 1 \times x^{-s-1} dx + \int_{3^2}^\infty \frac{1}{2} \times x^{-s-1} dx + \int_{3^3}^\infty \frac{1}{3} \times x^{-s-1} dx$$
$$+ \int_{3^4}^\infty \frac{1}{4} \times x^{-s-1} dx + \int_{3^5}^\infty \frac{1}{5} \times x^{-s-1} dx + \cdots$$

식 19-5

5, 7, 11, … 등 나머지 소수들에 대한 합도 이와 비슷한 형태로 표현된다. 그러므로 전체 넓이를 구하려면 무한히 많은 적분을 무한번 더해야 한다! 정

말 갈수록 태산이다. 그러나 여기서 절망하지 말자. 새벽 동이 트기 직전의 하늘은 원래 어둡게 보이는 법이다.

피적분 함수에 전체적으로 곱해져 있는 상수는 적분 기호의 안과 밖을 마음대로 드나들 수 있다. 즉, $\int_{3^2}^{\infty} \frac{1}{2} \times x^{-s-1} dx$ 는 $\frac{1}{2} \times \int_{3^2}^{\infty} x^{-s-1} dx$ 와 같다. 그런데, 이 절의 시작 부분에서 증명한 바와 같이, 식 19-3에서 임의로 추출한 항 $\frac{1}{2} \times \frac{1}{3^{2s}}$ 은 $s \times \frac{1}{2} \times \int_{3^2}^{\infty} x^{-s-1} dx$ 와 같다. 이 관계를 잘 이용하면 식 19-3을 적분으로 나타낼 수 있지 않을까? 그렇다! 식 19-3의 두 번째 줄을 s로 나누면 식 19-5와 기적처럼 일치한다! 또한, 식 19-3의 첫 번째 줄을 s로 나누면 식 19-4와 완벽하게 같다. 뿐만 아니라, 다른 소수들(5, 7, 11, …)에 대한 적분식을 s로 나눈 결과도 식 19-3의 다른 부분과 줄줄이 일치한다!

자, 이제 드디어 동이 텄다. 식 19-4와 19-5, 그리고 다른 소수들에 대한 적분을 모두 더한 양은 원래 $J(x)x^{-s-1}$과 x축으로 둘러싸인 부분의 총넓이, 즉 $\int_0^{\infty} J(x) x^{-s-1} dx$ 이었으므로 이 적분은 식 19-3 전체를 s로 나눈 것과 같아야 한다. 그런데 식 19-3의 정체는 무엇이었던가? 그렇다. 그것은 바로 황금 열쇠를 재배열한 리만의 제타 함수였다. 그러므로 우리는 다음의 등식을 증명한 셈이다!

황금 열쇠(미적분학 버전)

$$\frac{1}{s} \log \zeta(s) = \int_0^{\infty} J(x) x^{-s-1} dx$$

식 19-6

이것은 정말로, 지극히, 너무나도 환상적인 결과이다. 나의 짧은 문장력으로는 표현할 길이 없을 정도로 너무나 아름답고 간결하다. 리만이 1859년에 발표했던 그 기념비적인 논문의 결과도 이로부터 유도된 것이었다(그 내용은 21장에서 소개할 예정이다). 사실, 따지고 보면 식 19-6은 황금 열쇠(식 7-2)를 적분 기호로 재서술한 것에 지나지 않는다. 그러나 이로 인해 황금 열쇠는 19세기 미적분학의 영역으로 진입하여 다양한 방식으로 공략될 수 있었으며, 리만의 논문에는 '기념비적'이라는 수식어가 항상 따라다니게 되었다.

여기서 또 한 차례의 '뒤집기'를 시도하면 J를 ζ로 표현할 수 있다. 이 작업이 완료되면 우리의 희망봉인 소수 계량 함수 $\pi(x)$의 구체적인 형태가 만천하에 드러나게 된다. 구체적인 과정은 나중에 설명하겠지만, 논리 자체는 매우 자명하다.

- 소수 계량 함수 $\pi(x)$는 $J(x)$로 표현될 수 있다(19-Ⅳ장 참조).
- 식 19-6을 뒤집으면 $J(x)$를 제타 함수 ζ로 나타낼 수 있다.

그러므로,

- $\pi(x)$는 ζ로 표현될 수 있다!

이것이 바로 리만의 작전이었다. 이 작전이 성공하면 소수 계량 함수 $\pi(x)$의 성질은 제타 함수를 연구함으로써 모두 알아낼 수 있게 된다. 이 얼마나 환상적인 결과인가!

$\pi(x)$는 정수론에 속하는 함수인 반면, $\zeta(s)$는 해석학과 미적분학에 속하는 함수이다. 그러므로 우리는 셈counting과 계량measuring 사이를 오갈 수 있는 다리를 놓은 셈이다. 다시 말해서, '해석적 정수론'이라는 새로운 분야가 이

로부터 탄생한 것이다. 황금 열쇠의 미적분학 버전인 식 19-6을 그래프로 표현하면 그림 19-6과 같다.

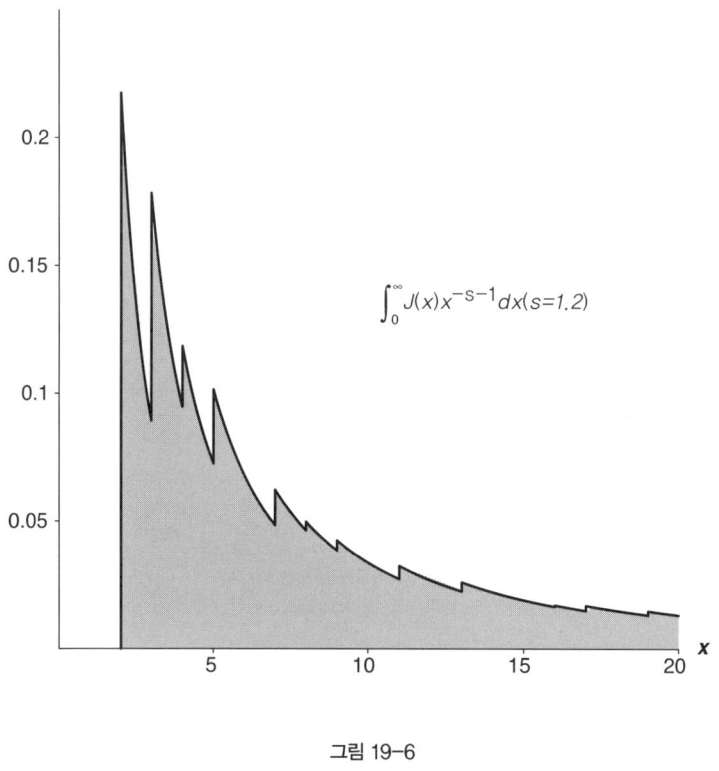

그림 19-6

그림에서 검게 칠해진 부분의 넓이 $s = 1.2$일 때와 같다. 실제 계산 결과는 1.434385276163…이며, 이 값은 $\frac{1}{s}\log\zeta(s)$와 정확하게 일치한다.

20
리만 연산자와 다른 접근 방법들

Ⅰ. 몽고메리-오들리즈코 법칙은 리만 제타 함수의 자명하지 않은 근들이 임의 에르미트 행렬의 고유값과 통계적으로 유사한 성질을 갖고 있다는 사실을 우리에게 알려 주었다. 에르미트 행렬로 표현되는 연산자는 양자물리학의 역학계를 수학적으로 서술하는 데 유용하게 사용된다. 그렇다면 제타 함수의 근을 고유값으로 갖는 '리만 연산자'라는 것도 존재할 것인가? 만일 존재한다면, 그 연산자가 서술하는 역학계는 무엇인가? 실험실에서 그 역학계를 인위적으로 만들어 낼 수도 있을까? 만일 이것도 가능하다면, 이 모든 사실들이 리만 가설을 증명하는 데 어떤 도움을 줄 것인가?

오들리즈코의 1987년 논문이 발표되기 전에도 이 문제는 활발하게 연구되고 있었다. 사실, 그 전해에 마이클 베리Michael Berry는 '리만 제타 함수: 양자적 혼돈의 모형?Riemann's Zeta Function: A Model for Quantum Chaos?'이라는 제목의 논문을 발표하였다. 그는 오들리즈코의 의견을 비롯하여 그 무렵 학계에 회자되던 여러 가지 결론들을 분석한 끝에 다음과 같은 질문을 떠올렸다. "리만 연산자가 존재한다면 그것은 어떤 역학계를 서술할 것인가?" 그가 내린 답은 혼돈계chaotic system였다. 그 내용을 이해하기 위해, 잠시 혼돈 이론으로 화제를 돌려 보자.

Ⅱ. 순수한 정수론(자연수의 특성과 그들 사이의 관계를 연구하는 이론)과 미시 세계의 물리학 사이에 밀접한 관계가 있다는 것은 그다지 놀라운 일이 아니다. 양자역학은 물질과 에너지를 무한히 작게 쪼갤 수 없다는 아이디어에서 출발했으므로 고전역학보다 훨씬 더 산술적인 물리학이라고 할 수 있다. 에너지는 양자(에너지의 최소단위)의 1, 2, 3, 4배, … 등 정수 배로 나타나며, 양자의 $1\frac{1}{2}$, $2\frac{17}{32}$, $\sqrt{2}$, π배 등으로 나타나는 경우는 없다. 물론, 양자역학의 신기한 점은 이것뿐만이 아니다. 고전적인 상식을 완전히 뛰어넘는 양자역학은 현대의 해석학이 없었다면 지금처럼 깔끔한 모습으로 탄생하지 못했을 것이다. 예를 들어, 슈뢰딩거Schrödinger의 그 유명한 파동 방정식wave equation은 전통적인 미적분학의 언어로 표현되어 있다. 또한, 양자역학은 가장 최신 버전의 물리학임에도 불구하고 여러모로 산술적인 특성을 갖고 있는데, 이는 기존의 고전역학에서는 찾아볼 수 없는 특징이다.

뉴턴의 역학과 아인슈타인의 상대성 이론으로 대변되는 고전 물리학은 수학적 관점에서 볼 때 다분히 해석적인 성질을 갖고 있다. 이들의 이론 체계가 무한 분해의 가능성과 매끄러운 연속성, 극한, 미분, 정수 등 수학의 해석적인 부분으로 이루어져 있기 때문이다. 극한의 개념이 가장 적나라하게 응용된 미적분학도 고전역학을 창시한 뉴턴의 머릿속에서 탄생하였다.

중력적 상호 작용을 주고받으면서 어떤 물체를 중심으로 타원 운동을 하고 있는 한 물체를 생각해 보자. 중심으로부터의 거리를 r이라 했을 때(물론 r은 실수이다), 회전하는 물체의 속도 v는 r의 함수로 나타낼 수 있으며, 구체적인 관계식은 다음과 같다.

$$v = \sqrt{M\left(\frac{2}{r} - \frac{1}{a}\right)}$$

여기서 M과 a는 두 물체의 질량과 중력 상수, 그리고 운동의 초기 조건으로부터 결정되는 상수이다.

물론, 실수 r과 v를 단 한 치의 오차도 없이 정확하게 알아내는 것은 불가능하다. r을 소수점 이하 10자리, 또는 20자리까지 측정할 수는 있겠지만 '완전하게' 정확한 값이 되려면 소수점 이하의 자릿수는 무한히 계속되어야 하고, 이런 측정은 실질적으로 불가능하기 때문이다. 그러므로 위의 관계식을 현실 세계에 적용할 때에는 적당한 선에서 거리 r의 근사값을 취하고 이 값을 관계식에 대입하여 속도 v를 근사적으로 계산하는 수밖에 없다. 그러나 고전 물리학에서 이 정도는 큰 장애가 되지 않는다. 우리는 케플러의 법칙을 이용하여 거의 정확한 타원 궤적을 구할 수 있으며, 위치와 속도의 관계식으로부터 제법 정확한 속도를 계산할 수 있다. 위치 r에 내재된 오차가 1%였다면 속도 v의 오차는 0.5%이다. 이 정도면 어떤 현상을 예측하고 다루는 데 전혀 부족함이 없다. 수학자들은 이런 상황을 "적분 가능하다 integrable"라고 표현한다.

그러나 이 모든 것은 주어진 문제가 지극히 단순한 경우에 한하여 적용되는 이야기다. 물리학에 등장하는 대부분의 문제들은 이보다 훨씬 더 복잡하다. 예를 들어, 세 개의 물체가 중력을 주고받는 '3체 문제three-body problem'를 생각해 보자. 이 문제를 위에 제시된 관계식처럼 닫힌 형태closed form로 풀 수 있을까? 3체 문제는 과연 적분가능한가? 19세기 말에 물리학자들은 이것이 불가능함을 깨달았다. 3체 문제를 해결하는 유일한 길은 엄청난 양의 계산을 손으로 직접 수행하여 근사적인 답을 얻어 내는 것뿐이었다.

1890년에 앙리 푸앵카레는 3체 문제의 결정판이라 할 수 있는 유명한 논문을 통해 "일반적으로 3체 문제는 닫힌 형식으로 풀 수 없으며, 경우에 따라서는 혼돈적인chaotic 답이 나올 수도 있다"고 주장했다. 즉, 3체 문제의 초기 조건(위의 예제에 등장하는 M과 a같은 상수들)을 조금만 바꿔도 엄청나게 다른 결과가 초래될 수 있다는 것이다. 푸앵카레는 자신이 얻은 혼돈적인 해가 너무도 복잡하여 그 궤적을 종이 위에 그리는 것조차 불가능하다고 했다.

푸앵카레의 논문은 현대 혼돈 이론의 원조로 알려져 있다. 그러나 혼돈 이론은 스케일이 너무 컸기 때문에 숫자로 나타내고 분석하는 것이 거의 불가능하여 푸앵카레의 논문 이후로 수십 년간 별다른 진전을 이루지 못하고 있었다. 그러다가 20세기에 들어 컴퓨터가 발명되면서 혼돈 이론은 새로운 모습으로 재탄생하게 된다. 현대적 의미의 혼돈 이론은 1960년대에 M.I.T.의 기상학자인 에드 로렌츠Ed Lorenz의 뛰어난 연구에 힘입어 지금의 모습을 갖추게 되었다.✦116 오늘날 혼돈 이론은 수학과 물리학, 컴퓨터공학 등을 포함하는 방대한 영역에서 매우 활발하게 연구되고 있다.

3체 문제를 비롯한 다양한 혼돈계chaotic system에는 난수를 도입할 필요가 없다. 혼돈계는 자체적으로 나름대로의 규칙을 갖고 있기 때문이다. 일반적으로 혼돈계는 한 번 갔던 길을 다시 통과하지 않지만, 일정한 패턴이 반복되는 성질을 갖고 있다.

Ⅲ. 현대적 혼돈 이론이 처음으로 등장했을 때, 물리학자들은 그것을 양자역학에 결부시키지 않고 순전히 고전적인 이론으로 간주했었다. 혼돈적 특

성을 보이는 3체 문제의 경우, 초기 조건을 결정하는 숫자들은 모두 실수이며 이들은 마음만 먹으면 얼마든지 작게 쪼갤 수 있다. 우리는 초기 조건을 1%만큼 바꿀 수도 있고, 필요에 따라서는 0.1%, 0.001%, … 등 얼마든지 작게 변화시킬 수 있다. 초기 조건을 바꾸는 데 아무런 한계가 없으므로, 이로부터 나타나는 결과도 얼마든지 다양해질 수 있다. 그러나 양자역학에서는 이런 식의 무한한 변화가 불가능하다. 양자적 초기 조건은 1, 2, 3, …과 같은 정수 단위로만 변화시킬 수 있기 때문이다($1\frac{1}{2}$이나 2.749의 단위로는 변화시킬 수 없다). 이런 관점에서 보면 혼돈 이론은 양자역학과 별로 친하지 않을 것 같다. 양자역학에는 불확정성이 존재함에도 불구하고 모든 입자의 운동을 서술하는 파동 방정식은 선형적인 형태를 취하고 있다. 즉, 양자적 계에 큰 교란을 가하면 결과는 크게 달라지고, 작은 교란을 가하면 결과는 조금 달라진다는 뜻이다. 앞서 언급했던 2체 문제(타원 운동)도 이와 동일한 성질을 갖고 있다.

그러나 양자적 규모의 역학계에서 혼돈 현상이 나타나는 경우도 있다. 예를 들어, 원자핵의 주변을 돌고 있는 전자는 질서 정연한 에너지 준위를 갖고 있는데, 여기에 아주 강한 자기장을 걸어 주면 에너지 준위에 불규칙한 변화가 일어나면서(이 현상은 GUE 연산자로 설명할 수 있다), 전자의 운동은 거의 혼돈에 가까워진다.

이러한 양자적 혼돈계는 잠시 동안 유지되다가 결국은 양자역학적 질서를 되찾으면서 혼돈적인 요소는 사라진다. 그리고 허용된 상태가 줄어들면서 금지되었던 상태들이 나타나기 시작한다. 계의 규모가 크고 복잡할수록 양자적 규칙을 찾을 때까지 시간이 오래 걸리고 계가 취할 수 있는 상태도 그만큼 많아지는데, 우리가 살고 있는 일상적인 세계만큼 규모가 커지면 소요 시간은 수조 년에 달하고 가능한 상태의 수는 거의 무한이 된다. 혼돈 이론이 주로 고전 물리학에서 나타나는 것은 바로 이런 이유 때문이다.

1971년에 물리학자 마틴 구츠윌러Martin Gutzwiller는 양자역학의 기본 상수인 플랑크 상수Planck's constant를 0으로 가져 가는 극한을 취함으로써 고전적(거시적) 규모의 혼돈계와 양자적(미시적) 규모의 계를 연결시키는 방법을 찾아냈다. 그 결과, 고전적인 혼돈계의 저변에 깔려 있는 주기적 궤도 운동은 '준고전적semiclassical' 물리계를 정의하는 연산자의 고유값에 대응된다는 사실을 알 수 있었다.

마이클 베리는 "리만 연산자는 (만일 존재한다면) 준고전적 혼돈계를 서술하며, 이 연산자의 고유값, 즉 제타-근의 허수부는 이 계의 에너지 준위에 해당된다. 그리고 이와 유사한 고전적 혼돈계의 주기적 궤도는… 소수(정확하게는 소수의 로그)에 대응된다!"라고 주장했다. 그는 또한 준고전적인 물리계에 시간 역행 대칭성time reversal symmetry이 존재하지 않는다고 주장했다. 즉, 어느 한순간에 모든 입자의 속도가 일제히 반대로 진행된다 해도(그 동안의 속도 변환 과정을 고스란히 반대로 거슬러간다 해도) 그 계는 초기 상태로 되돌아가지 않는다는 것이다(혼돈계는 시간 역행 대칭성을 가질 수도 있고 그렇지 않을 수도 있다. 시간 역행 대칭을 갖는 혼돈계는 GUE형 연산자가 아닌 GOEGaussian Orthogonal Ensemble형 연산자로 서술된다).

베리의 주장은 매우 미묘하고 깊은 의미를 담고 있다(그의 연구는 대부분 브리스톨대학의 조너선 키팅Jonathan Keating과 공동으로 진행되었다). 그는 제타-근의 분포 상태와 그들 간의 상호 영향을 이해하기 위해 리만-지겔 공식과 엄청난 사투를 벌였다. 이 글을 쓰고 있는 지금, 리만 연산자에 대응되는 역학계는 아직 발견되지 않았지만 일단 우리의 눈앞에 나타나기만 하면 금방 알아볼 수 있을 것이다.

IV. 파리에 있는 콜레주 드 프랑스Collége de France의 수학과 교수인 알랭 콘느Alain Connes는 조금 다른 방향에서 접근을 시도했다. 제타-근을 고유값으로 갖는 연산자를 찾아 헤매는 대신, 이런 연산자를 직접 만들어 내기로 한 것이다.

사실, 이것은 그다지 어려운 작업이 아니다. 연산자가 의미를 가지려면 연산을 적용할 만한 대상이 있어야 하는데, 지금까지 언급된 연산자들은 모두 '공간'에 적용되는 연산자이다. 연산자가 적용되는 일반적인 원리를 이해하기 위해, 무한히 큰 그래프 용지를 상상해 보자. 이제 종이 자체를 반시계 방향으로 30° 회전시키면 종이 위의 모든 점들은 다른 지점으로 이동할 것이다 (회전 중심에 있는 하나의 점만은 그 자리에 남아 있다). 이 '30° 회전'이라는 변환은 하나의 연산자에 대응된다. 이 경우에 특성 다항식은 $x^2 - \sqrt{3}\,x + 1$ 이고 고유값은 $\frac{\sqrt{3}}{2} + \frac{1}{2}i$ 와 $\frac{\sqrt{3}}{2} - \frac{1}{2}i$ 이며 대각합은 $\sqrt{3}$ 이다.

그래프 용지 위에 2차원 평면 좌표(수평 방향의 x축과 수직 방향의 y축으로 이루어진 직교 좌표)를 그려서 회전에 의한 효과를 수치적으로 따져 보자. 좌표의 원점을 회전 중심과 일치시키면 계산이 간단해진다. 임의의 점 (x, y)는 30° 회전이 가해진 후 어느 점으로 이동할 것인가? 간단한 기하학을 이용하면 $(\frac{\sqrt{3}}{2}x - \frac{1}{2}y,\ \frac{1}{2}x + \frac{\sqrt{3}}{2}y)$ 라는 답을 쉽게 구할 수 있다. 이 값은 연산자의 특성에 따라 달라지지만, 하나의 점이 30° 회전하여 다다르는 지점은 좌표계에 상관없이 항상 일정하다. 좌표계가 달라졌다고 해서 회전의 특성이 달라지는 일은 없기 때문이다.

물론, 수리물리학에서 사용하는 연산자는 이보다 훨씬 더 복잡한 공간에 적용된다. 이 공간은 단순한 평면이 아니며 우리가 살고 있는 '곧은 3차원 공간'도 아니다. 그렇다면 상대성 이론이 말하는 4차원 공간일까? 그것도 아니다. 이들이 작용되는 공간은 수학의 세계에만 존재하는 무한차원 공간이다. 이 공간에서 모든 점들은 함수에 대응되며, 연산자가 적용되면 하나의 함수는 다른 함수로 변환된다. 이것은 2차원 평면이 회전하면서 점의 위치가 바뀌는 것과 같은 원리로 이해할 수 있다.

하나의 점에 함수가 대응되는 원리를 이해하기 위해, 간단한 2차함수 $p + qx + rx^2$을 예로 들어 보자(p, q, r은 상수이다). 이런 부류의 함수들은 3차원 공간의 한 좌표 (p, q, r)로 나타낼 수 있다. 즉, 상수항을 x좌표에 대응시키고 1차항의 계수를 y좌표에, 2차항의 계수를 z좌표에 대응시키면 하나의 점에 하나의 2차식이 대응된다. 이런 방법을 확장해 나가면 3차 다항식은 4차원 공간에 표현할 수 있고 4차 다항식은 5차원 공간에 표현할 수 있으며… 등이다. 그런데 다항식 중에는 무한히 많은 항의 합으로 이루어진 식도 있으므로(예를 들어, $e^x = 1 + x + \frac{1}{2}x^2 + \frac{1}{6}x^3 + \frac{1}{24}x^4 + \cdots$이다), 이런 다항식을 공간에 대응시키려면 무한차원의 공간이 필요하다. 무한차원 공간에서 e^x은 $\left(1, 1, \frac{1}{2}, \frac{1}{6}, \frac{1}{24}, \cdots\right)$라는 좌표에 대응된다.

양자역학에서는 어느 특정한 순간에 하나(또는 여러 개)의 입자가 특정 위치에서 발견될 확률을 말해 주는 '파동함수wave function'가 등장한다. 다시 말해서, 공간상의 모든 점들은 물리계가 가질 수 있는 하나의 '상태'를 나타낸다. 그리고 양자역학에 사용되는 연산자들은 관측 가능한 물리량에 대응되는데, 대표적인 예로 '해밀토니안Hamiltonian'은 계의 에너지에 대응되는 연산자이다. 여기서, '대응된다'는 말은 해밀토니안 연산자의 고유값이 계의 에너지 준위와 일치한다는 뜻이다. 각각의 고유값에는 해당 에너지 준위의 상태를 나타내는 '고유함수eigenfunction'가 대응된다. 이 함수는 양자역학의 핵심적인 개념으로, 물리계의 가장 근본적인 특성을 담고 있다. 3차원 공간의 임의의 점 (x, y, z)를 (1, 0, 0)과 (0, 1, 0), 그리고 (0, 0, 1)의 적당한 조합으로 나타낼 수 있는 것처럼, 관측 가능한 모든 물리적 상태들은 고유함수의 적절한 조합으로 표현할 수 있다.

알랭 콘느는 리만 연산자가 적용되는 아주 이상한 공간을 만들어 냈다. 그리고 이 공간에 대수론적 정수론을 적용하여 소수를 개입시켰다. 지금부터 그의 아이디어를 간략하게 살펴보기로 하자.

V. 고전물리학은 22.45915771836…과 같이 닫힌 형태로 나타낼 수 없는 무한소수(실수)를 기반으로 형성되었다. 따라서 100% 정확한 값을 얻으려면 무한히 많은 자릿수를 계산에 고려해 주어야 한다. 물론, 현실적인 계산에서는 무한한 정확성을 추구할 수 없다. 그래서 우리는 22.459(또는 $\frac{22459}{1000}$)와 같이 대략적인 근사값을 구하는 것으로 만족해야 한다. 다시 말해서, 실험으로 얻은 결과는 유리수의 집합 $\mathbb{Q}$의 원소로 나타낼 수밖에 없다. 그러나 실험의 세계에서 이론의 세계로 넘어가려면 군데군데 이빨이 빠져 있는 $\mathbb{Q}$의 빈자리를 빠짐없이 채워 넣어야 한다(11-V장 참조). 즉, 유리수의 집합 $\mathbb{Q}$를 실수의 집합 $\mathbb{R}$이나 복소수의 집합 $\mathbb{C}$로 확장시켜야 하는 것이다.

그러나 대수적 정수론을 이용하면 다른 방법으로 $\mathbb{Q}$의 빈자리를 채워 넣을 수 있다. 1897년에 프로이센의 수학자인 쿠르트 헨젤Kurt Hensel◆117은 17-Ⅱ장에서 설명했던 대수적 체($a+b\sqrt{2}$와 같은 형태의 수 집합) 이론과 관련된 문제를 해결하기 위해 'p 애딕p-adic' 수라는 새로운 체계를 고안하였다. 하나의 소수 p에는 크기가 $p, p^2, p^3, p^4, \cdots$인 무수히 많은 '환(環)ring'이 대응되는데, 이들을 17-Ⅱ장에서 도입한 기호로 표현하면 CLOCK_p, CLOCK_{p^2}, CLOCK_{p^3}, … 등이다. 예를 들어, p 애딕 수의 체는 CLOCK_7, CLOCK_{49}, CLOCK_{343}, CLOCK_{2401}, … 등 무한히 많은 환으로 구성되어 있다. 앞에서 "유한한 체(유한체)로 무한한 체를 만들 수 있다"라는 말을 기억하는가? 지금 우리는 유한한 환을 무한개 모아서 무한한 체(무한체)를 만들었다!

p 애딕 수의 체는 기호 '$\mathbb{Q}_p$'로 표기한다. 그러므로 $\mathbb{Q}_2$, $\mathbb{Q}_3$, $\mathbb{Q}_5$, $\mathbb{Q}_7$, $\mathbb{Q}_{11}$, … 등 무수히 많은 체가 존재할 수 있으며, 개개의 체들은 완전성completeness을 갖추고 있다. $\mathbb{Q}_2$는 2애딕 체이고 $\mathbb{Q}_3$는 3애딕 체이며, … 기타 등등이다.

p애딕 체 $\mathbb{Q}_p$는 유리수의 체 $\mathbb{Q}$와 비슷한 점도 있지만 유리수보다 훨씬 다양하고 복잡하며, 어떤 면에서는 실수의 체 $\mathbb{R}$에 더 가깝다고 할 수 있다. 특히, $\mathbb{Q}_p$는 $\mathbb{R}$처럼 $\mathbb{Q}$에 완전성을 부여하는 데 사용될 수 있다.

이쯤에서 독자들은 한 가지 의문을 떠올릴 것이다. "지금까지는 그렇다 치자. 임의의 소수 p에 대하여 새로운 체 $\mathbb{Q}_p$가 존재하고, $\mathbb{Q}_p$는 $\mathbb{Q}$에 완전성을 부여하는 데 사용된다. 그런데 그 많은 체들 중에서 어떤 것을 사용하는 게 최선인가? $\mathbb{Q}_2$? $\mathbb{Q}_3$? $\mathbb{Q}_{11}$? $\mathbb{Q}_{45827}$? 알랭 콘느는 소수와 물리적 역학계를 서로 연결할 때 어떤 체를 사용했는가?"

답: 그는 모든 체를 사용했다! 대수학에는 모든 $\mathbb{Q}_p$(p = 2, 3, 5, 7, 11, …)를 포함하는 '아델adele'이라는 개념이 있다. 사실, 아델은 실수까지도 포함한다! p 애딕 수가 $CLOCK_p$, $CLOCK_{p2}$, $CLOCK_{p3}$, … 등으로부터 만들어지듯이, 아델은 $\mathbb{Q}_2$, $\mathbb{Q}_3$, $\mathbb{Q}_5$, $\mathbb{Q}_7$, …과 실수 $\mathbb{R}$로부터 만들 수 있다. 그리고 우리가 원하기만 하면 아델은 p애딕 수보다 한 단계 더 추상화된 개념으로 확장시킬 수도 있다.

지금까지 말한 내용이 머릿속에 잘 들어오지 않는다면 다음의 사실만 기억하기 바란다. 지금 우리는 "2애딕 수이면서 동시에 3애딕 수이고, 또 5애딕 수, … 등도 되면서 동시에 실수이기도 한 초수super-number의 집합을 정의하였다. 각각의 초수는 모든 소수들을 포함하고 있다."

사실, 아델은 매우 난해한 개념이어서 이에 대응되는 물리량을 찾기가 쉽지 않다. 1990년대에 수리물리학자들은 유리수로 얻어진 실험값을 아델로 해석하는 '아델적 양자역학adelic quantum mechanics'을 구축하는 데 집중하고 있었다. 수학의 심연 속에 비밀스럽게 숨어 있는 아델을 세상 밖으로 끌어내려면 '물리적인 대응 상대'를 찾는 수밖에 없었던 것이다.

알랭 콘느가 리만 연산자를 찾아 헤맨 곳도 바로 아델 공간이었다. 아델 공간은 소수를 기초로 이루어진 공간이므로, 여기 적용되는 연산자도 소수에 기초를 두고 있어야 했다. 이제 독자들은 '제타 함수의 자명하지 않은 근을 고유값으로 가지면서, 소수를 기초로 생성된 공간에 작용하는' 리만 연산자가 어떻게 만들어질 수 있는지, 대략적인 원리를 이해했을 것이다. 물론 이 공간은 실제의 물리학과 — 소립자로 이루어진 미시적 물리계와 — 직접적으로 연관되는 공간이다.

이렇게 되면 리만 가설은 어떤 연산자의 대각합 공식을 증명하는 문제로 귀결된다. 이 공식은 콘느의 아델 공간에 작용하는 연산자의 고유값과 고전역학계에 나타나는 주기적 궤도를 서로 연결시켜 주는 구츠윌러의 공식과 비슷한 것으로, 공식의 한쪽 변에 소수가 이미 연관되어 있으므로 목적을 이룰 수 있는 가능성이 크다. 계산 결과, 에너지준위는 임계선상의 제타-근과 정확하게 일치하는 것으로 드러났다. 그러나 이런 방식으로는 임계선 바깥에 제타-근이 존재하지 않는다는 것을 증명할 수 없었다!

콘느의 업적은 매우 다양하게 평가되고 있다. 그동안 나는 이 분야에서 활동하고 있는 현역 수학자들의 평가를 수집해 보았는데, 의견이 너무 분분하여 어느 한쪽으로 결론을 내리기가 쉽지 않다. 이 책이 출판된 즈음에는 콘느의 증명이 완성될 수도 있으므로, 행여 어느 한쪽을 바보로 만들지나 않을까 조심스러운 것이 사실이다. 여기, 두 수학자의 의견을 무기명으로 소개한다.

수학자 X: "콘느는 엄청나게 중요한 업적을 이루어 냈다! 그는 앞으로 리만 가설을 증명할 것이며, 머지않아 통일장이론Unified Field Theory도 완성할 것이다!"

수학자 Y: "콘느가 한 일은 다루기 힘든 문제를 다른 형태의 문제로 바꿔서 표현한 것뿐이다. 그런데 바꾼 문제 역시 다루기 힘들기는 마찬가지다."

나는 어느 한쪽의 의견을 지지할 입장이 아니다. X와 Y의 명성과 실력으로 미루어 볼 때, 둘 중 한 사람은 틀림없이….◆118

VI. 리만 가설을 증명하기 위한 다른 접근법도 여러 방면으로 시도되고 있다. 17장에서 언급한 '유한체를 이용한 대수적 접근법'은 지금도 수학자들의 관심을 끌고 있으며, 방금 전에(20-V장) 소개한 공략법도 수리물리학자들 사이에서 활발하게 연구되고 있다. 뿐만 아니라, 해석적 정수론 역시 리만 가설을 증명할 막강한 후보로 여전히 그 위세를 떨치고 있다.

개중에는 간접적인 접근법도 있다. 뫼비우스 μ함수의 합으로 정의된 M함수를 떠올려 보자. 15-V장에서 말한 바와 같이, M과 관련된 정리 15-2는 리만 가설과 동격으로 간주할 수 있다. 미네소타대학의 해석적 정수론학자인 데니스 헤이절Dennis Hejhal은 일반인들에게 리만 가설을 설명할 때 복소수라는 개념을 피해 가기 위해 이 정리를 언급하곤 한다. 그가 말하는 리만 가설은 다음과 같다(그의 설명을 그대로 옮긴 것이 아니라, 내 나름대로 풀어서 쓴 것이다).

2부터 시작하여 모든 자연수를 순서대로 나열하고, 그 아래에는 해당 수의 약수들 중 소수만을 골라서 나열한다. 이들 중 소수의 거듭제곱이 포함된 수는 제외시키고, 남은 목록에서 약수가 짝수 개면 H_{head}, 홀수 개면 T_{tail}라는 기호를 부여한다. 이런 식으로 목록을 작성하면 마치 동전을 던졌을 때 앞면과 뒷면이 나오는 상황을 기록한 것처럼 H와 T로 이루어진 무한히 긴 목록이 만들어진다.

2	3	4	5	6	7	8	9	10	11	12	...
2	3	2^2	5	2×3	7	2^3	3^2	2×5	11	$2^2\times3$	...
T	T		T	H	T			H	T		...

동전을 N번 던졌을 때 나타나는 결과는 고전적인 확률 이론으로 구할 수 있다. 평균적으로 따져 보면 앞면이 $\frac{1}{2}N$회, 뒷면이 $\frac{1}{2}N$회 나올 것 같다. 그러나 실제로 동전을 던져 보면 앞면과 뒷면이 같은 횟수로 나오는 경우는 거의 없다. 이제, 앞면이 나온 횟수에서 뒷면이 나온 횟수를 빼 보자(그 반대로 뺄 수도 있다. 어떤 경우이건, 큰 수에서 작은 수를 뺀다고 생각하면 된다). 이 초과량은 얼마나 될까? 평균적으로 $\sqrt{N} = N^{\frac{1}{2}}$이다. 이것은 야콥 베르누이가 활동하던 300년 전부터 잘 알려져 있던 사실이다. 동전을 100만 번 던졌을 때 앞면과 뒷면이 출현하는 횟수의 차이는 약 1,000회 정도이다. 실제로 동전을 던져 보면 앞뒷면의 차이가 1,000보다 조금 크거나 작아질 수도 있지만 시행 횟수를 늘려 가면 이 차이의 증가율은 $N^{\frac{1}{2}+\varepsilon}$을 초과하지 않는다. 여기서 ε은 무한히 작은 수를 의미한다. 자세히 보라. 정리 15-2와 매우 비슷하지 않은가!

리만 가설과 동격이라는 정리 15-2는 M함수가 동전 던지기의 '초과량'과 동일한 패턴으로 증가한다는 사실을 말해 주고 있다. 다시 말해서, 소수의 거듭제곱을 약수로 갖지 않는 자연수들 중에서 이들의 약수가 짝수 개 혹은 홀수 개일 확률은 동전의 앞뒷면처럼 50:50으로 나타난다는 것이다. 언뜻 듣기에도 그다지 틀린 주장 같지는 않다. 만일 누군가가 이것이 사실임을 증명한다면, 그는 리만 가설을 증명하는 셈이다.◆119

Ⅶ. 확률을 이용한 간접적인 접근법으로 '크라메르 모형Cramér model'이라는 것이 있다. 아랄드 크라메르Harald Cramér는 프랑스식 이름을 갖고 있지만 사실은 스웨덴 사람이다. 그는 Svenska Livförsäkringsbolaget라는 보험회사의 직원이었으며, 수학과 통계를 재미있게 설명하는 강사로 잘 알려져 있다.◆120 그는 1934년에 소수가 임의적으로 분포되어 있음을 증명하는 논문 〈소수와 확률에 관하여On Prime Numbers and Probability〉를 발표하였다.

3-Ⅸ장에서 증명한 바와 같이, 소수 정리PNT로부터 유도되는 결과 중 하나는 N이 아주 큰 수일 때 그 근방에서 소수가 등장하는 비율이 근사적으로 $\frac{1}{\log N}$을 따른다는 것이다. 1조의 log값은 27.6310211⋯이므로, 1조 근방에서는 숫자 28개 중 하나 꼴로 소수가 등장하는 셈이다. 크라메르의 모형은 소수의 평균적인 출현 빈도에 대한 제한 조건을 제외하고, 모든 소수들이 임의적으로 분포되어 있음을 말해 주고 있다.

크라메르의 모형을 다음과 같은 방식으로 이해해 보자.◆121 여기, 무한개의 항아리들이 한 줄로 서 있다. 각 항아리의 몸체에는 2 이상의 자연수가 하나씩 새겨져 있다(즉, 항아리들은 2, 3, 4, 5, 6, 7, 8, 9, 10, 11, ⋯의 순서로 나열되어 있다). 이제, 번호가 N인 항아리에 $\log N$개(또는 $\log N$과 가장 가까운 정수 개)의 나무로 만든 공을 집어넣어 보자. 이 규칙을 따르면 처음 몇 개의 항아리에 들어가는 나무공의 개수는 1, 1, 1, 2, 2, 2, 2, 2, 2, 2, 2, 3, 3, ⋯이 될 것이다. 또한 개개의 항아리에 들어가는 나무공들 중 하나는 검은색이고 나머지는(하나의 항아리에 나무공이 두 개 이상 들어가는 경우) 모두 흰색이다. 이렇게 하면 처음 세 개의 항아리(2, 3, 4번)에는 검은 공 하나만 들어가고 5번부터 12번까지는 검은 공 한 개와 흰 공 한 개, 그리고 13번부터 33번까지는 검은 공 한 개와 흰 공 두 개가 들어갈 것이다. 번호가 높은 항아리들도 이와 같은 규칙을 따라 검은 공과 흰 공의 개수를 계산할 수 있다.

이제, 연필 한 자루와 (무한히 큰) 종이를 들고 줄지어 선 항아리를 따라 걸어가면서 각 항아리에서 공 하나를 임의로 꺼낸다. 만일 그 공이 검은색이면 준비한 종이에 항아리의 번호를 기록하고, 흰 공이면 그냥 지나친다. 이런 식으로 모든 항아리를 거치고 나면 종이 위에는 2, 3, 4, …로 시작되는 무한히 긴 수열이 기록되어 있을 것이다. 이 수열에 '5'라는 숫자가 적혀 있을 확률은 50%이다. 왜냐하면 5번 항아리에는 검은 공과 흰 공이 하나씩 들어 있기 때문이다. 또한, 1,000,000,000,000번이 적혀 있을 확률은 $\frac{1}{28}$이다.

이 수열에서 우리가 알 수 있는 사실은 무엇인가? 물론 이 수열은 소수의 목록이 아니다. 짝수인 소수는 2가 유일하지만 우리의 목록에는 짝수가 수시로 등장한다. 자, 만일 크라메르의 모형이 맞는다면 이 목록과 소수의 목록은 통계적으로 '같아야' 한다. 즉, 소수의 명단이 어떤 통계적 성질을 갖고 있다면(특정 구간에서 나타나는 빈도수 또는 뭉쳐 있는 정도 등. 힐베르트는 이것을 '응축도 condensation'라고 표현했다), 우리가 만든 목록도 그와 똑같은 성질을 갖고 있어야 한다는 것이다.

이와 유사한 사례로 원주율 π의 자릿수를 들 수 있다. 적어도 지금까지 알려진 바에 의하면 π를 이루는 숫자들은 아무런 규칙 없이 임의로 배열되어 있다.◆122 아무리 뒤쪽으로 가도 한 번 나타난 패턴이 반복되는 일은 없다. 현재 π는 소수점 이하 10억 자리까지 계산되어 있는데, 숫자의 배열에서 규칙을 찾아낸 사람은 아무도 없다. 10진표기법으로 표현된 π의 특징이라고는 그 길고 긴 숫자가 원주율 π를 나타낸다는 것뿐이다! 크라메르의 모형에서 소수도 이와 같은 특징을 갖고 있다. 자연수 속에서 소수의 배열은 $\frac{1}{\log N}$의 빈도로 나타나는 임의의 무작위 배열과 완전히 동등하다. 이 배열의 특징이라고는 그것이 소수의 배열이라는 것뿐이다!

1985년에 헬무트 마이어Helmut Maier는 크라메르 모형의 부족한 점을 보완하여 소수의 분포를 더욱 정확하게 예견하는 개선된 모형을 제안하였으며, 그와 동시에 소수의 분포와 리만 가설을 간접적으로 미묘하게 연관시켰다. 이 분야는 리만 가설을 증명할 만한 또 하나의 강력한 후보로 입지를 굳히고 있다.◆123

Ⅷ. 마지막으로, 가장 간접적이고 비연역적인 접근 방법을 소개하면서 이 장을 마무리하고자 한다. 사실, 이 방법은 수학하고 다소 거리가 있다. 수학은 엄밀한 논리와 검증을 거친 후에야 하나의 결론을 내릴 수 있지만, 실제의 세계는 전혀 그렇지 않다. 우리의 삶을 좌우하는 것은 엄밀한 논리가 아니라 '확률'이다. 법정에서 판결을 내릴 때나(배심제의 경우) 의사와 상담할 때, 또는 보험금을 책정할 때 우리에게 필요한 정보는 확실하게 맞아떨어지는 그 무엇이 아니라 통계에 입각한 확률적 자료들이다. 물론, 경우에 따라서는 엄밀한 수학적 확률 이론이 필요할 때도 있다. 그래서 보험회사에는 보험계리사가 반드시 있어야 한다. 그러나 대부분의 경우에는 경험에 의한 확률이 우리의 판단과 삶을 좌우하고 있다.

엄밀한 논리와 증명에 파묻혀 사는 수학자들도 가끔 이런 분야에 관심을 가지는 경우가 있다. 조지 폴리아는 이에 관하여 두 권짜리 책을 저술했는데,◆124 이 책에서 그는 비연역적인 논리가 자연과학보다 수학에 더 적합하다고 주장했다. 그리고 그의 생각을 가장 적극적으로 받아들인 사람은 호주 출신의 수학자인 제임스 프랭클린James Franklin이었다. 그는 영국 자연철학 학술지The British Journal for the Philosophy of Science에 〈수학의 비연역적인 논리 Non-deductive Logic in Mathematics〉라는 제목의 논문을 발표하였는데(1987년),

이 논문에는 '리만 가설을 비롯한 기타 추측들이 성립한다는 증거Evidence for the Riemann Hypothesis and other Conjectures'라는 제목의 절이 포함되어 있었다.

프랭클린은 마치 법정에서 사건을 판결하는 것처럼 리만 가설이 참이라는 증거를 제시하였다.

- 1914년에 하디가 얻은 결론에 의하면 임계선상에는 무한히 많은 제타-근이 존재한다.
- 리만 가설이 참이면 소수 정리도 참이다. 그런데 소수 정리는 이미 참으로 판명되었다.
- 당주아의 확률 해석법Denjoy's Probabilistic Interpretation: 이 장에서 설명한 동전 던지기 문제.
- 란다우와 하랄드 보어가 1914년에 발표한 정리에 따르면 무한소 부분을 제외한 대부분의 제타-근이 임계선에 아주 가깝게 위치하고 있다. 제타-근의 개수는 무한하므로 '1조 개의 근'은 전체 개수와 비교할 때 '무한히' 작은 개수에 불과하다.
- 아르틴Artin과 베유, 그리고 들리뉴가 얻은 대수적 결과(17-Ⅲ장 참조).

이로부터 다음의 문제를 수학 법정에 기소한다.

- 리만은 1859년 논문에서 자신이 제기했던 가설이 '성립할 가능성이 매우 높다'고 주장했지만 그것을 뒷받침할 만한 어떤 증거도 제시하지 않았다. 또한, 1859년 후로 리만 가설이 거짓임을 증명하는 논리도 제기된 적이 없다.
- 1970년대에 컴퓨터로 계산한 결과, 제타 함수는 임계띠의 높은 부분(허

수부가 큰 부분)에서 매우 이상한 성질을 갖는다(프랭클린은 오들리즈코가 얻은 결과를 몰랐던 것 같다).

- 리틀우드가 1914년에 얻은 오차항 $Li(x) - \pi(x)$에 대하여 프랭클린은 다음과 같이 언급했다. "리틀우드가 얻은 결과와 리만 가설이 얼마나 밀접한 관계인지는 아직 분명치 않다. 그러나 그의 결론은 허수부가 아주 큰 곳에서 리만 가설을 붕괴시키는 반례counterexample가 존재할 수도 있다는 사실을 강하게 암시하고 있다." 이로부터 프랭클린의 논리를 풀어서 쓰면 다음과 같다. "아주 큰 숫자에 대하여 오차항의 값은 우리의 예상을 벗어나는 경우도 있다. 이것은 제타 함수의 근과 밀접하게 관련되어 있다(21장 참조)." "그러므로 아주 큰 수 T에 대하여 제타 함수의 근은 임계선에서 벗어날 수도 있다."

물론 이것은 그리 중요한 문제는 아니지만, 그렇다고 철학적 논리의 장난 정도로 치부해 버릴 문제도 아니다. 수학에서 하나의 가설이 제기되었을 때, 그것을 입증하는 사례가 발견되면 원래의 가설이 더욱 힘을 얻긴 하지만 그와 동시에 의심도 깊어지는 것이 사실이다. 일상적인 사례를 하나 들어 보자.

가설: 키가 9피트를 넘는 사람은 이 세상에 없다.

입증 사례: 키가 8피트 $11\frac{3}{4}$인치인 사람이 발견되었다.

이 발견으로 가설은 다시 한번 확인되는 셈이지만, '어딘가에 장대 같은 인간이 숨어 있을지도 모른다'는 생각을 떨쳐 버릴 수도 없지 않은가![125]

21 오차항

Ⅰ. 우리는 19장에서 계단 함수 J를 소수 계량 함수 π로 표현한 후, 뫼비우스 반전을 이용하여 π를 J로 나타내는 데 성공하였다. 이 책에서 여러 차례 등장했던 표현, '황금 열쇠 돌리기'란 바로 이 과정을 두고 하는 말이었다. 황금 열쇠를 열쇠 구멍에 끼우고 돌림으로써, 우리는 리만 제타 함수 $\zeta(s)$를 $J(x)$로 나타낼 수 있었다. 여기서 뒤집기를 한 차례 더 시도하면 J를 ζ로 나타낼 수 있을 것이다. 지금까지 얻어진 결과를 요약하면 다음과 같다.

- 소수 계량 함수 π는 계단 함수 J로 나타낼 수 있다.
- 계단 함수 J는 리만 제타 함수 ζ로 나타낼 수 있다.

그러므로 소수 계량 함수 π의 모든 성질은 어떤 형태로든 ζ 안에 함축되어 있는 셈이다. 즉, ζ를 집중적으로 공략하면 소수의 분포에 관한 모든 정보를 알아낼 수 있다는 뜻이다.

말은 이렇게 간단한데, 실제로 어떻게 공략해야 하는가? ζ라는 암호를 어떻게 풀어야 하는가? 제타 함수의 자명하지 않은 근들은 소수의 분포와 어떤 관계인가? 그리고, 함수 J를 ζ로 표현하면 어떤 형태가 될 것인가?

Ⅱ. 19장에서 이 관계를 유도하지 않고 뒤로 미룬 데에는 그럴 만한 이유가 있었다. 지금부터 그 이유를 자세히 알아보자. $J(x)$를 제타 함수 ζ로 나타낸 결과는 다음과 같다.

$$J(x) = Li(x) - \sum_{\rho} Li(x^{\rho}) - \log 2 + \int_{x}^{\infty} \frac{dt}{t(t^2-1)\log t}$$

식 21-1

수학자가 아닌 사람에게 위의 식은 끔찍한 괴물처럼 보일 것이다(게다가, 우변에 등장한다던 ζ는 대체 어디 숨어 있는가?). 사실, 식 21-1은 리만의 1859년 논문에 담겨 있는 가장 중요한 결과이다. 그러므로 이 식을 이해할 수만 있다면 1859년 논문의 핵심을 거의 다 이해한 셈이며, 후속으로 나온 여러 가지 결과들에 대해서도 명확한 관점을 가질 수 있다. 자, 그럼 지금부터 식 21-1의 각 항들을 하나씩 격파시켜 보자!

식 21-1의 우변은 네 개의 항으로 되어 있다. 그중 첫 번째 항에 등장하는 $Li(x)$는 7-Ⅷ장에서 정의한 로그 적분 함수로서, 흔히 '주항principal term'이라 부른다. 두 번째 항의 $\sum_{\rho} Li(x^{\rho})$은 리만의 표현을 빌리자면 '주기항periodic terms/periodischer Glieder'에 해당되는데, 이런 이름이 붙은 이유는 잠시 후에 알게 될 것이다. 우리는 두 번째 항을 '보조항secondary term'이라 부르기로 한다. 세 번째 항은 별로 문제될 것이 없다. 그냥 log2 = 0.69314718055994⋯를 뜻한다.

네 번째 항은 별로 쳐다보고 싶지 않게 생기긴 했지만 따지고 보면 별로 어려울 것도 없다. 이것은 일상적인 적분으로서, 함수 $\frac{1}{t(t^2-1)\log t}$의 그래프와 t축, 그리고 $t = x$의 수직축으로 둘러싸인 넓이에 해당된다. 이 함수의 그래프를 직접 그려 보면 네 번째 항의 의미가 한층 더 분명해질 것이다(그림 21-1 참조). 그런데, x가 2보다 작을 때 $J(x) = 0$이므로 이 부분은 우리의 관심사가 아니다. 따라서 식 21-1의 네 번째 항은 그림 21-1의 검게 칠해진 넓이보다 큰 값을 가질 수 없다. $x = 2$일 때 이 값은 $0.1400101011432869\cdots$이다.

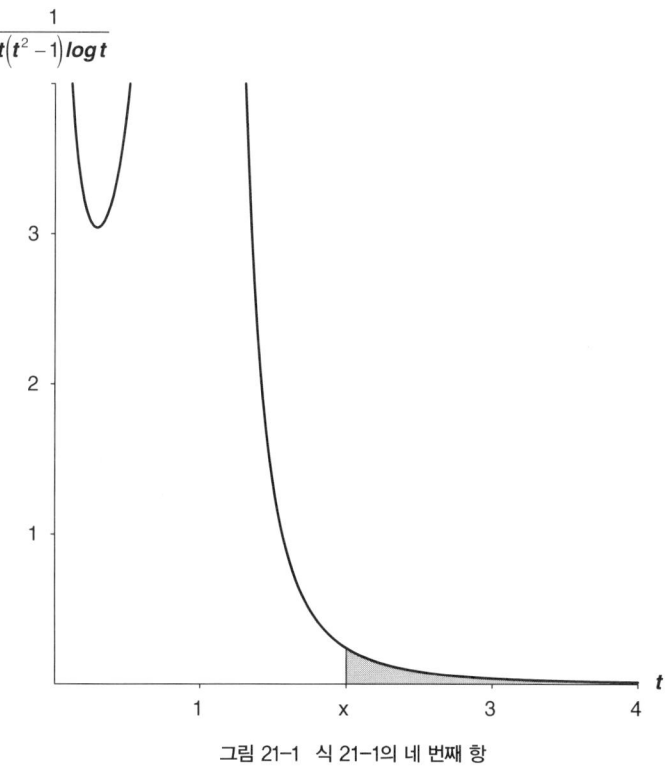

그림 21-1 식 21-1의 네 번째 항

그러므로 세 번째 항(마이너스 부호!)과 네 번째 항을 더한 값은 $-0.6931\cdots$ 에서 $-0.5531\cdots$ 사이에 놓이게 된다. 그런데 우리의 주된 관심은 $\pi(x)$가 100만, 1조, 또는 그 이상일 때이므로 이 값은 거의 없는 것으로 간주해도 무방하다. 즉, 식 21-1은 처음 두 개의 항만 고려해도 거의 정확한 결과를 얻을 수 있다.

주항(첫 번째 항)도 지금 우리에게는 별로 중요하지 않다. 로그 적분 함수 $Li(x)$는 $\frac{1}{\log t}$의 그래프와 t축, 그리고 $t = 0$과 $t = x$의 수직축으로 둘러싸인 넓이에 해당되며, 소수 정리에 의해 $\pi(N) \sim Li(N)$의 관계를 만족한다. 그러므로 $Li(x)$의 값은 이미 만들어진 표를 참조하거나 메이플Maple 또는 매스매티카 Mathematica와 같은 수학용 소프트웨어를 이용하여 쉽게 계산할 수 있다.♦126

식 21-1의 첫 번째와 세 번째, 그리고 네 번째 항들을 이렇게 정리하고 나면 우리의 관심은 보조항 $\sum_{\rho} Li(x^{\rho})$에 집중된다. 문제의 핵심은 바로 이 항이다. 우선, 보조항이 식 21-1에 들어오게 된 사연과 그 수학적 의미를 대략적으로 살펴본 후, 낱개의 항으로 분해하여 소수의 분포와 어떻게 연관되는지를 알아보기로 하자.

Ⅲ. 다들 알다시피 Σ는 여러 개의 항들을 더한다는 의미를 갖고 있다. 더해지는 양들은 Σ기호 아래쪽에 첨부되어 있는 기호 ρ로 표현되는데, ρ는 영문 알파벳의 p가 아니라 그리스 알파벳의 17번째 문자인 '로rho'로서, 지금은 '근root'을 뜻하는 기호로 사용되고 있다. 보조항을 계산하려면 모든 가능한 ρ에 대하여 $Li(x^{\rho})$을 모두 더해 주어야 한다. 그런데, 여기서 말하는 근은 무엇을 의미하는가? 바로 제타 함수의 자명하지 않은 근을 의미한다!

제타-근이 어떻게 $J(x)$와 연관되었을까? 자세한 설명은 생략하고 대략적인 개요만 짚고 넘어가자. 우리는 19장에서 황금 열쇠를 열쇠 구멍에 꽂고 돌림으로써 다음과 같은 결과를 얻을 수 있었다.

$$\frac{1}{s}\log\zeta(s) = \int_0^\infty J(x)\,x^{-s-1}dx$$

또한, 이 관계식을 뒤집어서 $J(x)$를 제타 함수 ζ로 나타낼 수도 있다는 것을 이미 언급한 바 있다. 그런데 이 과정은 너무 길고 복잡하여(게다가 복소수까지 개입되어 있다) 여기 소개할 수가 없다. 그래서 중간 과정을 모두 생략하고 다짜고짜 식 21-1로 건너뛴 것이다. 그러나 설명이 아주 불가능한 것은 아니다. 개중에는 기초적인 수학 지식만으로 이해할 수 있는 부분도 있다. $J(x)$를 제타 함수로 표현하는 과정에는 제타-근을 사용하여 제타 함수를 표현하는 과정이 들어 있는데, 아쉬우나마 이 부분만이라도 이해하고 넘어가기로 하자.

임의의 함수를 근으로 표현하는 방법은 중학교 과정에서 다들 배웠을 것이다. 17-IV장에서 예로 들었던 2차 방정식 $z^2 - 11z + 28 = 0$을 다시 떠올려 보자('뒤집기' 과정은 실수가 아닌 복소수 영역에서 진행되기 때문에 변수를 x에서 z로 바꾸었다). 이 방정식의 좌변은 z에 관한 2차 다항식(2차 함수)이므로, 임의의 z값을 대입하면 그에 해당하는 함수값이 얻어진다. 예를 들어 $z = 10$을 대입하면 $z^2 - 11z + 28$은 $100 - 110 + 28 = 18$이 된다. 또 $z = i$를 대입했을 때 다항식의 값은 $27 - 11i$이다.

그렇다면 $z^2 - 11z + 28 = 0$을 만족하는 z는 얼마인가? 17장에서 구한 답은 4와 7이었다. 의심이 가는 독자들은 4 또는 7을 방정식의 z에 대입해 보라. 0이 된다는 것을 금방 알 수 있을 것이다. 즉, 4와 7은 2차 함수 $z^2 - 11z + 28$을 0으로 만든다.

이제 근을 알았으므로, 우리는 이 함수를 $(z - 4)(z - 7)$로 인수분해할 수 있다. (4 − z)(7 − z)로 써도 상관없다(부호가 두 번 바뀌었으므로 원래의 부호로 되돌아온다). 또는 28이라는 인수를 밖으로 빼내어 $28\left(1-\frac{z}{4}\right)\left(1-\frac{z}{7}\right)$로 표현할 수도 있다. 자, 이로써 우리는 2차 함수를 근으로 표현하는 데 성공했다! 물론 이것은 2차 함수뿐만 아니라 다항식의 형태를 띤 모든 함수에 적용될 수 있다. 5차 함수 $z^5 - 27z^4 + 255z^3 - 1045z^2 + 1824z - 1008$을 근으로 표현하면 $-1008\left(1-\frac{z}{1}\right)\left(1-\frac{z}{3}\right)\left(1-\frac{z}{4}\right)\left(1-\frac{z}{7}\right)\left(1-\frac{z}{12}\right)$가 된다. 이와 같이 임의의 다항식 함수는 그 식의 근을 이용하여 곱셈으로 표현할 수 있다.

복소함수론에서 다항식의 정의역은 모든 복소수이며 변수 z가 어떠한 값을 갖는다 해도 그에 대응되는 함수값은 항상 계산할 수 있다. 임의의 변수 z에 대한 복소함수 값을 계산한다는 것은 복소수에 자연수 거듭제곱을 취하거나 상수를 곱하여 이들을 서로 더한다는 뜻이다. 이런 연산은 어떤 경우에도 할 수 있다.

모든 복소수를 정의역으로 가지면서 모든 구간에 걸쳐 '행실이 바른well behaved' 함수를 전해석함수entire function라 한다(행실 바른 함수가 갖춰야 할 조건은 수학적으로 분명하게 정의되어 있다!). 모든 다항식과 지수 함수는 전해석함수이다. 그러나 17-II장에 등장했던 유리함수는 분모 = 0이 되는 경우가 있기 때문에 전해석함수가 아니다. 또한, 로그 함수는 변수가 0일 때 함수값을 갖지 않고, 제타 함수는 변수가 1일 때 정의되지 않으므로 이들 역시 전해석함수가 아니다.

전해석함수는 근이 아예 없을 수도 있고($e^z = 0$을 만족하는 z는 존재하지 않는다) 여러 개의 근을 가질 수도 있으며($z^2 - 11z + 28 = 0$의 근은 4와 7이다), 근이 무한개인 경우도 있다(사인 함수는 z가 원주율 π의 정수배일 때 $\sin z = 0$을 만족한다).◆127 방금 전에 확인한 바와 같이 모든 다항식은 근을 사용하여 표현할 수 있다. 그렇다면 모든 전해석함수를 근으로 표현할 수 있을까?

여기, $F(z) = a + bz + cz^2 + dz^3 + \cdots$으로 표현되는 전해석함수 F가 있다. 이 함수는 무한개의 근 $\rho, \sigma, \tau, \cdots$를 갖고 있다면, $F(z) = a\left(1 - \frac{z}{\rho}\right)\left(1 - \frac{z}{\sigma}\right)\left(1 - \frac{z}{\tau}\right)\cdots$의 형태로 쓸 수 있을까?

어떤 조건하에서는 가능하다. 전해석함수를 이런 식으로 표현하면 다루기가 아주 쉬워진다. 오일러가 바젤 문제를 풀 때에도 사인 함수에 이 논리를 적용시켰었다.

전해석함수가 아닌 제타 함수도 근으로 표현할 수 있을까? 리만은 J와 ζ의 '뒤집기' 과정에서 제타 함수에 약간의 수정을 가하여 자명한 근을 제외시키고 자명하지 않은 근만을 갖는 전해석함수로 변형시킨 후, 그것을 근으로 표현하는 데 성공하였다. 바로 이 과정을 거치면서 제타-근에 대한 합 $\sum_{\rho} Li(x^{\rho})$이 등장하게 된 것이다.

식 21-1에 등장하는 보조항은 '안에서 밖으로' 공략하는 것이 최선이다. 즉, x^{ρ}의 의미를 제일 먼저 알아본 후에 Li 함수에 이 값을 대입해 보고, 최종적으로 모든 가능한 ρ에 대하여 $Li(x^{\rho})$을 더해 가는 식으로 더해 나갈 예정이다.

IV. 여기, 실수 x가 있다[지금 우리의 목적은 $\pi(x)$에 관한 공식을 얻는 것이다. 사실 $\pi(x)$의 정의역은 자연수이지만, 해석학의 계산법을 적용하기 위해 정의역을 자연수에서 실수로 확장시키기로 한다]. 이제 x에 지수 ρ를 얹어보자. ρ는 $\frac{1}{2} + ti$로 표현되는 복소수이며(t는 실수), 리만 가설이 맞는다면 제타 함수의 자명하지 않은 근에 해당된다.

실수 x의 지수가 $a + bi$형태의 복소수일 때 적용되는 법칙은 다음과 같다. 일단, x^{a+bi}의 절대값(복소평면에서 원점과의 거리)은 x^a이며, 이 값은 b에 무관하게 결정된다. 그리고 복소평면의 실수축과 이루는 각도, 즉 편각은 a와 무관하며 x와 b에 의해 결정된다.

따라서 실수 x에 $\frac{1}{2}+ti$ 라는 지수를 취했을 때 절대값은 $x^{\frac{1}{2}} = \sqrt{x}$이다. 그러나 원점에서 떨어진 거리 $\sqrt{x}$를 유지한다면 편각은 어떠한 값을 취해도 된다. 다시 말해서, 주어진 실수 x에 제타-근 ρ를 지수로 취한 값 x^ρ을 복소평면에 점으로 표시하면(리만 가설이 참이라는 가정하에), 이 점들은 중심이 원점이고 반지름이 $\sqrt{x}$인 원의 둘레 위에 놓이게 된다.

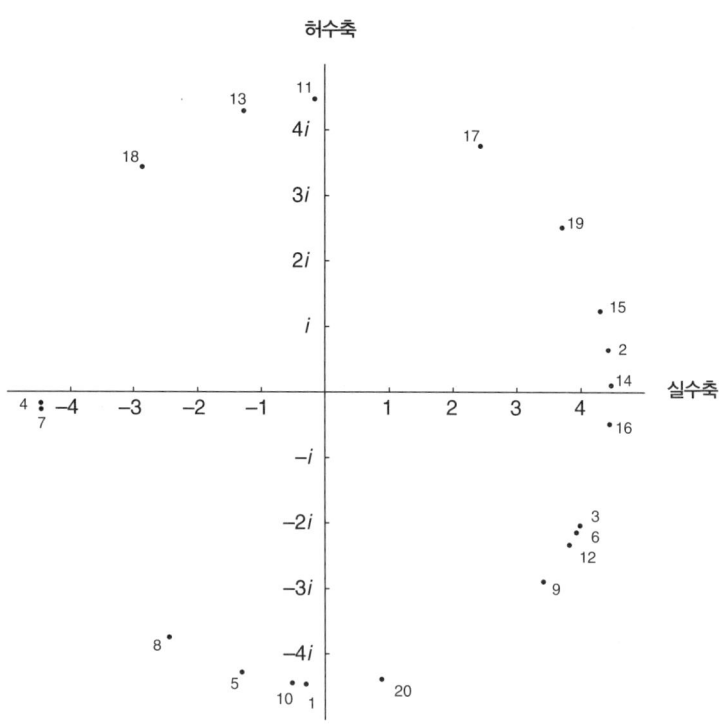

그림 21-2 제타 함수의 자명하지 않은 근 20개를 z로 잡았을 때, 함수 $w = 20^z$을 함수 평면(w-평면)에 나타낸 그림

그림 21-2에는 밑수 20에 제타-근을 지수로 취한 함수 20^z이 20개의 점으로 표시되어 있다. 보다시피 모든 점들은 반지름이 $\sqrt{20}$인 원의 둘레 위에 나열되어 있는데, 나타나는 순서에는 뚜렷한 규칙이 없다. 왜 그럴까? 함수 20^z은 변수 평면에 있는 임계선을 함수 평면에 친친 감긴 원으로 변환시키기 때문이다. 수학적으로 표현하자면 함수 평면에 나타나는 원은 $20^{임계선}$에 해당된다. 13장에서 소개했던 우리의 친구 변수 개미를 다시 불러보자. 그는 앞에서 사용했던 GPS용 단말기의 함수 부분을 20^z으로 세팅하여 허리에 차고 변수 평면의 임계띠를 따라 위쪽으로 이동하고 있다. 그리고 함수 평면에 사는 그의 쌍둥이 형제 함수 개미는 매 순간마다 변수 개미의 위치 z를 수신하면서 그에 해당하는 함수값 20^z을 찾아가고 있다. 이때, 함수 개미는 어떤 궤적을 그릴 것인가? 답은 간단하다. 그는 반지름이 $\sqrt{20}$인 원주 위를 반시계 방향으로 빙글빙글 돌아갈 것이다. 변수 개미가 임계선을 따라가면서 첫 번째 제타-근에 도달하는 동안 함수 개미는 함수 평면에서 7바퀴를 돌고 거의 $\frac{3}{4}$바퀴를 더 돌아간 후 그림 21-2의 지점 1에 도달한다.

V. 이제, 모든 x^ρ에 대하여 $Li(x^\rho)$의 값을 계산해 보자. 그런데 한 가지 문제는 x^ρ이 실수가 아닌 복소수라는 점이다. 앞에서 정의했던 Li는 실수를 변수로 갖는 함수였다(어떤 곡선 아랫부분의 넓이로 정의했었다). Li의 정의역을 복소수로 확장하는 것이 과연 가능할까? 복소평면에서 적분은 어떻게 실행되어야 하는가? 결론만 말하자면 Li는 복소평면에서 정의될 수 있으며, 적분의 개념도 복소평면으로 확장될 수 있다. 사실 복소해석학에서 적분은 가장 중요한 개념이며, 대부분의 정리들은 적분의 형태로 표현된다. 자세한 이야기는 모두 생략하고, $Li(z)$는 복소수 z에 대해서도 정의될 수 있다는 사실

만 언급하고 넘어가기로 한다.◆128

그림 21-3은 그림 21-2에 등장하는 처음 10개의 점들을 함수 Li의 변수로 취하여 다시 한번 변형시킨 결과를 보여 주고 있다. 다시 말해서, 이 그래프는 $z=\frac{1}{2}+14i$ 부터 $z=\frac{1}{2}+50i$ 사이에 있는 임계선상의 점들을 $Li(20^z)$이라는 함수를 통해 이동시킨 것이다. 그림에서 보다시피 변수 평면의 임계선은 반시계 방향으로 돌아가는 나선으로 나타나며, 임계선의 위쪽으로 이동할수록 나선은 πi에 가까워진다. z가 임계선을 따라 계속해서 위로 올라갈 때 함수 20^z은 반지름이 $\sqrt{20}$인 원의 둘레 위를 맴도는 반면, $Li(20^z)$은 매끄러운 나선을 그리며 한 점으로 수렴한다. 물론 이 경우에도 제타-근들은 나선을 따라 위치하게 된다.

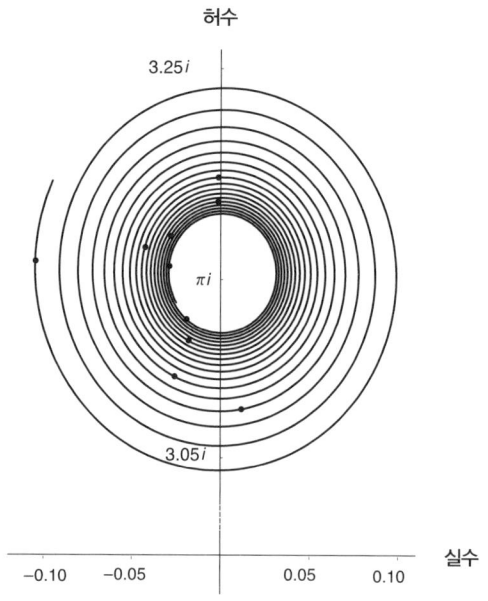

그림 21-3 임계선 위의 점 z에 대한 함수 $Li(20^z)$의 그래프
(각 점들은 제타-근에 대응된다)

Ⅵ. 이제, $Li(x^\rho)$ 앞에 붙어 있는 Σ기호를 고려할 차례다. 이 합은 '모든' 제타-근 ρ에 대하여 수행하도록 되어 있는데, 이를 위해서는 지금까지 줄곧 무시하고 지나왔던 사항을 고려해 주어야 한다. 실수축 위쪽에 있는 모든 제타-근들은 실수축 아래쪽에 자신의 파트너를 갖고 있다. 즉, $\frac{1}{2}+14.134725i$가 제타 함수의 근이면 $\frac{1}{2}-14.134725i$도 제타 함수의 근이다. 좀 더 수학적으로 표현하면 "z가 제타 함수의 근일 때 z의 켤레복소수인 $\bar{z}$도 제타 함수의 근이다."($\bar{z}$는 'z-bar'라고 읽는다. 복소수에 관한 기초 사항을 복습하고 싶다면 그림 11-1을 참조하라)

실수축 아래쪽에 있는 제타-근들은 $\sum_\rho Li(x^\rho)$의 덧셈에 결정적인 역할을 한다. 그림 21-2와 21-3은 실수축 위에 있는 '반쪽' 제타-근만을 고려한 결과이며, 정확한 그림이 되려면 아래쪽에 있는 나머지 반쪽 근들을 모두 고려해 주어야 한다. 그림 21-4의 왼쪽에는 변수 평면의 임계띠가 $\frac{1}{2}-15i$부터 $\frac{1}{2}+15i$까지 그려져 있는데, 이 사이에는 제타 함수의 첫 번째 근 $\frac{1}{2}+14.134725i$와 그 대칭짝인 $\frac{1}{2}-14.134725i$가 'ρ'와 '$\bar{\rho}$'로 표기되어 있다.

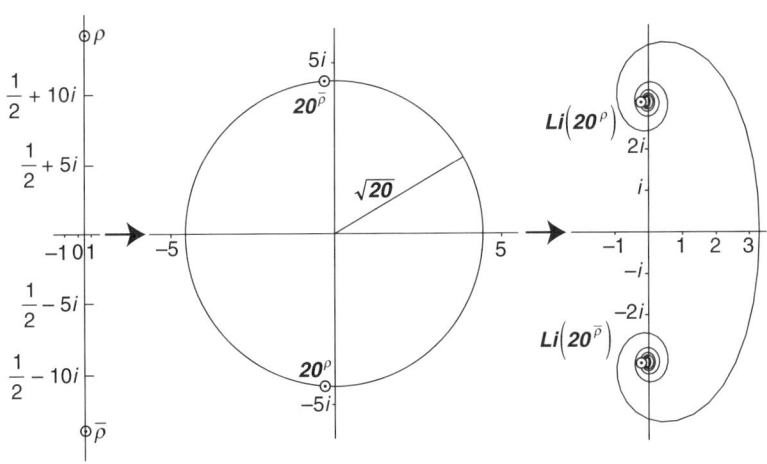

그림 21-4 첫 번째 제타-근 및 그 대칭짝을 포함하는 임계선(왼쪽)과 20^z(가운데), 그리고 $Li(20^z)$(오른쪽)의 그래프

이 영역의 z를 변수 삼아 함수 20^z의 그래프를 함수 평면에 그려 보면 그림 21-4의 가운데 그림처럼 반지름이 $\sqrt{20}$인 원이 나타난다. 여기서 제타 함수의 근에 대응되는 20^ρ와 $20^{\bar\rho}$는 원주 상에 점 ⊙으로 표시되어 있다(그림 21-2에 표기된 1번 점의 위치와 비교해 보라). 한 가지 기억해둘 점은 ρ와 $\bar\rho$가 켤레복소수인 것처럼, 20^ρ와 $20^{\bar\rho}$도 켤레복소수의 관계에 있다는 것이다(물론, 모든 복소함수가 이런 성질을 만족하는 것은 아니다). 이제 중앙에 있는 그림을 변수 평면으로 삼아 $Li(20^z)$의 그래프를 그려 보면 그림 21-4의 오른쪽과 같은 희한한 그래프가 얻어진다. 원래의 임계선은 20^z의 그래프에서 같은 자리를 계속 맴도는 원으로 나타나지만, $Li(20^z)$로 넘어가면 그림처럼 두 곳에서 꼬여 들어가는 나선 모양이 된다(그림 21-3은 두 개의 나선 중 위쪽에 형성된 나선을 확대한 그림이다). 또한, 이 경우에도 $Li(20^\rho)$과 $Li(20^{\bar\rho})$은 켤레복소수의 관계에 있다.

$\sum_\rho Li(20^\rho)$의 본격적인 계산으로 들어가기 전에, 또 한 가지 짚고 넘어갈 것이 있다. 그림 21-3과 21-4의 오른쪽에 나타난 나선은 하나의 특정한 지점을 향해 수렴하고는 있지만, 수렴하는 속도가 매우 느리다는 것을 염두에 두어야 한다. 변수 개미가 GPS 단말기의 함수를 $Li(20^z)$으로 세팅하고 임계선을 따라 기어올라가고 있을 때, 함수 개미가 πi에 접근하는 속도는 변수 개미의 높이(현재 변수 개미가 있는 지점의 허수부의 크기)에 반비례한다. 다시 말해서, 어느 순간에 변수 개미의 높이가 T였다면 함수 개미와 πi 사이의 거리는 (거의) $\frac{1}{T}$에 비례한다.

이 점을 염두에 두고 지금부터 $\sum_\rho Li(20^\rho)$을 계산해 보자. 지금 우리가 할 일은 그림 21-3에 나와 있는 모든 점들(이 점들은 각각 하나의 복소수를 의미한다)을 임계선 전체에 대하여 더하는 것이다. 물론 이 덧셈에는 실수축 아래쪽에 있는 대칭짝들도 모두 포함되어야 한다. 그런데 모든 제타-근들은 실수축을 중심으로 자신의 대칭짝을 갖고 있고, 하나의 복소수와 그 대칭짝을 더하면 허수부가 상쇄되면서 실수만 남으므로[$(a + bi) + (a - bi) = 2a$], 결국 모든 덧셈을 수행한 결과는 실수로 나타날 것이다. 원래 $J(x)$는 실수 함수였으므로 이것은 당연한 결과이다. 만일 식 21-1의 우변에 허수가 단 하나라도 포함되어 있다면 등식이 성립할 수 없기 때문이다! 그러므로 우리는 그림 21-3의 점들을 더할 때 허수부를 전혀 고려하지 않아도 된다. 이 얼마나 반가운 뉴스인가! 게다가 실수축 위·아래를 모두 더할 필요 없이 한쪽만 더한 후 2를 곱하면 된다. 임계선상에 있는 모든 점들은 실수부가 한결같이 $\frac{1}{2}$이기 때문이다! [$(a + bi) + (a - bi) = 2a$를 상기하자.]

그러나 여기에는 별로 반갑지 않은 뉴스도 있다. 그림 21-3의 나선을 따라 늘어서 있는 점들이 πi로 수렴한다는 것은 곧 이 점들의 실수부가 0으로 수렴한다는 뜻이다. 그런데 수렴하는 속도가 제타-근의 허수부(또는 임계선의 높이)에 반비례한다고 했으므로 이들의 합은 조화급수의 형태로 나타날 것이며, 1장에서 말한 대로 조화급수는 무한으로 발산한다. 반갑지 않은 뉴스란 바로 이것이다. 그렇다면 $\sum_\rho Li(20^\rho)$도 발산한다는 뜻인가?

물론 $\sum_\rho Li(20^\rho)$은 발산하지 않는다. 어떻게 그럴 수 있을까? 천만다행으로, 그림 21-3에 나타난 점들의 실수부가 +와 −를 오락가락하고 있기 때문이다. 실제로 이들의 합은 아래 제시된 '조화급수의 사촌'과 같은 형태를 띠고 있다(이 급수는 9-VII장에서 잠시 언급되었다).

$$1 - \frac{1}{2} + \frac{1}{3} - \frac{1}{4} + \frac{1}{5} - \frac{1}{6} + \frac{1}{7} - \frac{1}{8} + \cdots$$

이 급수의 마지막 항은 0으로 수렴하지만 급수 자체는 9-VII장에서 말한 바와 같이 '조건부로' 수렴한다. 즉, 개개의 항을 '올바른 순서에 따라' 더해야만 유한한 결과를 얻을 수 있다.

이 상황은 $\sum_{\rho} Li(x^{\rho})$의 계산에도 그대로 적용되어, 유한한 값을 얻으려면 더하는 순서에 세심한 주의를 기울여야 한다. 과연 어떤 순서로 더해야 할까? 가장 정상적인 순서로 더하면 된다. 즉, 실수축에서 시작하여 임계선을 따라 위로 올라가면서 제타-근이 하나씩 나타날 때마다 $Li(x^{\rho}) + Li(x^{\bar{\rho}})$를 더해 나가면 된다.

Ⅶ. 지금까지의 상황을 정리해 보자. 지금 우리에게 주어진 과제는 $\sum_{\rho} Li(x^{\rho})$을 계산하기 위해 임계선을 따라 올라가면서 제타-근이 나타날 때마다 그 대칭 짝과 함께 더해 나가는 것이다. 물론, 제타-근($\rho, \bar{\rho}$)끼리 더하는 것이 아니라 $Li(x^{\rho}) + Li(x^{\bar{\rho}})$를 계속해서 더해 나가야 한다. 이 순서를 따라갈 때 처음 나타나는 몇 개의 제타-근은 다음과 같다.

$$\frac{1}{2}+14.134725i \qquad \frac{1}{2}-14.134725i$$
$$\frac{1}{2}+21.022040i \qquad \frac{1}{2}-21.022040i$$
$$\frac{1}{2}+25.010858i \qquad \frac{1}{2}-25.010858i \quad \cdots$$

이제, 구체적인 x값에 대하여 우리의 덧셈을 실행해 보자. 이 과정을 거치면 리만이 보조항을 '주기항'이라고 불렀던 이유도 분명해진다. 지금까지 해 왔던 대로 $x = 20$을 선택하자. 즉, $J(20)$을 계산하겠다는 뜻이다. 우리는 J의 원래 정의로부터 $J(20) = 9\frac{7}{12} = 9.5833333\cdots$임을 이미 알고 있다. 자, 그럼 시작해 보자!

제일 먼저, 숫자 20에 $\frac{1}{2}+14.134725i$를 지수로 취해 보자. 그 결과는 $-0.302303 - 4.46191i$이며, 이 값은 그림 21-2의 1번 점에 해당된다. 이 값

에 로그 적분 함수 *Li*를 취하면 $-0.105384 + 3.14749i$가 되는데, 이는 그림 21-3의 왼쪽 끝에 있는 점에 대응된다. 그 다음으로, 첫 번째 제타-근의 대칭 짝인 $\frac{1}{2} - 14.134725i$에 대하여 동일한 계산을 반복해 보자. 이 수를 20의 지수로 올리면 $-0.302303 + 4.46191i$가 되고 이 점은 그림 21-4의 가운데 그림에 20^ρ로 표시되어 있다(또한 이 점은 그림 21-2의 점 1과 실수축에 대하여 대칭을 이룬다). 여기에 로그 적분 함수 *Li*를 취한 결과는 $-0.105384 - 3.14749i$이며, 이 값은 그림 21-4의 오른쪽 그림에서 실수축 아래에 있는 점 $Li(x^\rho)$과 일치한다. 지금까지 얻은 두 개의 값을 더하면 -0.210768이다. 허수부는 어디로 갔을까? 크기는 같고 부호가 반대여서 서로 상쇄되었다. 첫 번째 제타-근과 그 대칭짝에 대한 계산은 이것으로 끝이다.

그 다음, 두 번째 제타-근과 그 대칭짝($\frac{1}{2} + 21.022040i$와 $\frac{1}{2} - 21.022040i$)에 대하여 똑같은 계산을 반복하면 0.0215632가 얻어지고 세 번째 근의 계산 결과는 -0.0535991이다. 무한개의 제타-근에 대하여 이 모든 계산을 반복해야 한다!

처음 50개의 계산 결과는 아래와 같다(위→아래의 순서로 배열되어 있다).

-0.210768	0.0563226	-0.0332852	0.00801349	0.0240114
0.0215632	-0.0274298	-0.00692417	0.0279464	-0.0223427
-0.0535991	0.0481966	0.0205354	0.0159041	-0.0225924
-0.00432174	0.00127986	-0.0312052	-0.0102871	-0.000132221
-0.0868451	0.0128283	0.0280167	0.0224912	-0.0180932
-0.037716	-0.00472225	0.0188243	-0.00106082	0.0221559
-0.0046281	0.0361164	0.0228139	0.0130158	-0.017333
-0.0577894	0.0317626	-0.0301646	-0.0191586	-0.0150514
-0.0400277	0.0222196	0.0208943	-0.018169	0.0206192
-0.0595976	-0.037927	0.0275883	-0.0165671	0.0207551

그림 21-3의 가장 왼쪽에 있는 점은 허수축과의 거리가 다른 점들보다 두 배 이상 크기 때문에, 위에 열거한 값들 중 첫 번째 숫자는 다른 숫자들과 다소 동떨어져 있다. 그러나 이 하나를 제외하면 변수가 임계선 위쪽으로 올라갈수록 Li는 점점 작은 나선을 그리면서 πi에 가까워진다. 여기서 중요한 것은 Li의 부호이다. 허수부는 어차피 대칭짝과 더해져서 상쇄되기 때문에 신경 쓰지 않아도 되지만 실수부의 부호는 수시로 달라지고 있다. 전체적으로 보면 +부호와 −부호의 개수가 거의 동일하게 나타나며,◆129 이들을 모두 더한 결과는 특정값으로 서서히 수렴하게 된다. 위에 나열한 50개의 수들은 Σ기호하에 모두 더해져야 할 숫자들임을 기억하라(이들을 모두 더한 결과는 −0.343864이다. 이 값은 최종 결과의 8%정도인데, 50개를 더하여 답의 8%를 얻었다면 성과가 꽤 좋은 셈이다).

그림 21-5는 위에 나열된 50개의 숫자들을 $k = 1$부터 $k = 50$까지 대응시켜서 그래프로 나타낸 것이다. 이 그림을 보면 리만이 식 21-1의 두 번째 항을 '주기항periodic term'이라고 부른 이유가 분명해진다(물론 정확한 주기로 진동하지는 않는다. 그저 0을 중심으로 오락가락하고 있을 뿐이다).◆130

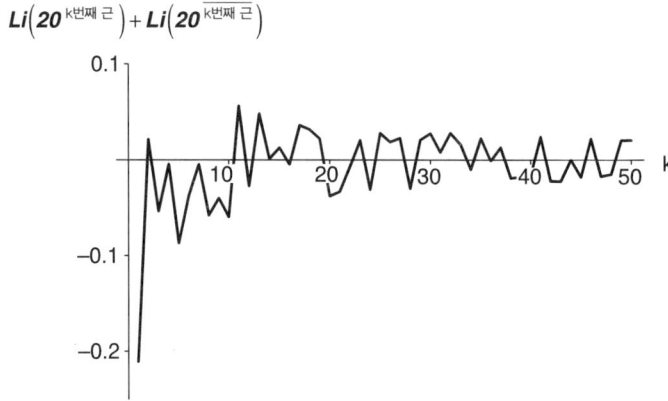

그림 21-5 처음 50쌍의 '제타-근과 그 켤레복소수'에 대하여 $Li(20^\rho) + Li(20^{\bar\rho})$를 계산한 결과

식 21-1의 보조항이 이렇게 주기적 성질을 갖는 이유는 로그 적분 함수 $Li(x^\rho)$이 그림 21-3처럼 점점 작게 말려 들어가는 나선형 궤적을 그리기 때문이다. 모든 제타-근에 대한 함수값은 이 나선상의 어딘가에 위치하게 되는데, x가 클수록 두 나선 사이의 거리는 멀어진다. 또한, 나선은 안으로 꼬여 들어갈수록 촘촘해져서 임계선의 아주 위쪽(또는 아주 아래쪽)에 있는 제타-근들은 Li의 함수 평면에서 거의 동일한 원주상에 위치하게 된다. 기초적인 삼각 함수에 대하여 약간의 지식이 있는 독자들은 원주를 따라 나열되어 있는 점들이 사인이나 코사인 등의 진동 함수로 표현된다는 사실을 알고 있을 것이다. 마이클 베리가 제안했던 '소수의 음악Music of the primes'이라는 개념은 바로 이러한 사실에 기초한 것이다.

덧셈을 계속 해 나갈수록 양수와 음수가 서로 상쇄되면서 점차 한 값으로 수렴해 가지만 수렴하는 속도는 엄청나게 느리다. 소수점 이하 세 번째 자리까지 맞는 결과를 얻으려면 7,000개의 항을 더해야 하고, 네 번째 자리까지 맞으려면 무려 86,000개의 항을 더해야 한다. 그림 21-6은 그림 21-5와 비슷한 그래프로서, 처음 1,000개의 값들을 직선으로 연결하지 않고 점으로 찍은 것이다($k = 0$ 근방에 있는 몇 개의 점들은 그래프의 위·아래쪽 스케일이 작아서 잘려나갔다). 어떤 값으로 수렴은 하고 있지만 수렴속도가 매우 느리다는 것을 눈으로 확인할 수 있을 것이다($Li(x^\rho)$은 그림 21-6에 그려진 점의 수렴값이 아니라 모든 점들을 더한 값을 의미한다: 옮긴이).

최종 결과는 $-0.370816425\cdots$이다. 자, 이제 검산을 해 보자. 식 21-1의 첫 번째 항인 $Li(20)$은 $9.90529997763\cdots$이고 세 번째 항은 $\log 2 = 0.69314718055994\cdots$이며, 두 번 다시 쳐다보기도 싫은 네 번째 적분항은 $x = 20$일 때 $0.000364111\cdots$이다. 이 모든 값을 식 21-1에 대입하면 $J(20) = 9.58333333\cdots$이 되는데, 이 값은 원래의 정의로부터 계산한 $9\frac{7}{12}$과 정확하게

일치한다!

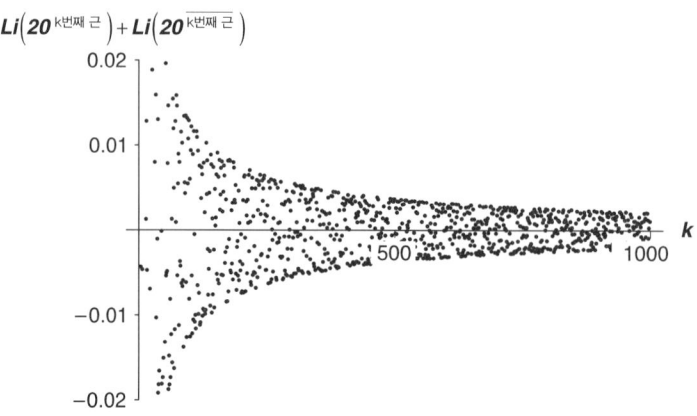

그림 21-6 그림 21-5와 동일한 그래프. 단, 데이터는 1,000개로 늘어났으며 점들 사이를 직선으로 연결하지 않았다.

Ⅷ. 마지막으로, 리만의 공식을 이용하여 1,000,000보다 작은 소수의 개수 $\pi(1,000,000)$을 계산해 보자. 이 계산은 그 자체만으로도 재미있지만, 우리의 주된 목적은 계산을 통하여 오차항의 중요한 성질을 파악하는 것이다.

소수 계량 함수 π와 함수 J의 관계는 19-Ⅳ장에서 결과만 소개하였다. 그 관계식에 의하면 다음과 같다.

$$\pi(1,000,000) = J(1,000,000) - \frac{1}{2}J(\sqrt{1,000,000}) - \frac{1}{3}J(\sqrt[3]{1,000,000}) - \cdots$$

우변의 몇 번째 항까지 취해야 할까? x가 2보다 작으면 $J(x) = 0$이므로, 괄호 안의 숫자가 2보다 작지 않을 때까지만 취하면 된다. 1,000,000의 19제곱근은 2.069138…이고 20제곱근은 1.995262…이므로 20번째 이후의 항은 고려할 필요가 없다. 19번째 항의 부호는 뫼비우스의 μ함수에 의해 결정되는데, 19는 약수를 갖지 않는 순수한 소수이므로 $\mu(19) = -1$이다. 따라서 우변의 19번째 항은 $-\frac{1}{19}J\left(\sqrt[19]{1,000,000}\right)$이다. 또한, 1~19 사이에서 μ가 0이 아닌 수는 모두 13개(1, 2, 3, 5, 6, 7, 10, 11, 13, 14, 15, 17, 19)가 있으므로 우변은 13개의 항으로 이루어져 있다[N이 4나 9처럼 완전제곱수를 약수로 가질 때 $\mu(N) = 0$임을 상기하자].

13개의 항들은 각기 4개의 항[주항, 보조항(제타-근과 관련된 항. Ⅶ절에서 계산했음), log 2항, 적분항]으로 이루어져 있다. 수작업으로 알아낸 $\pi(1,000,000)$의 값은 78,498이다.

표 21-1에는 $\pi(1,000,000)$의 계산에 나타나는 모든 항들이 순서대로 배열되어 있다[N값은 $\mu(N) \neq 0$인 경우만 제시되어 있다]. 1,000,000의 N제곱근을 y라 했을 때, 주항은 $\frac{\mu(N)}{N}Li(y)$이고 보조항은 $-\frac{\mu(N)}{N}\sum_{\rho}Li(y^{\rho})$이며 log 2항은 $-\frac{\mu(N)}{N}\log 2$, 네 번째 항은 $\frac{\mu(N)}{N}\int_{y}^{\infty}\frac{dt}{t(t^2-1)\log t}$이다.

N	주항	보조항	log 2항	적분항	합계
1	78627.54916	−29.74435	−0.69315	0.00000	78597.11166
2	−88.80483	0.11044	0.34657	0.00000	−88.34782
3	−10.04205	0.29989	0.23105	0.00000	−9.51111
5	−1.69303	0.08786	0.13863	−0.00012	−1.46667
6	1.02760	−0.02349	−0.11552	0.00031	0.88889
7	−0.69393	−0.04737	0.09902	−0.00058	−0.64286
10	0.29539	−0.02791	−0.06931	0.00183	0.20000
11	−0.23615	−0.00634	0.06301	−0.00234	−0.18182
13	−0.15890	0.03206	0.05332	−0.00340	−0.07692
14	0.13281	−0.01581	−0.04951	0.00394	0.07143
15	0.11202	−0.00362	−0.04621	0.00448	0.06667
17	−0.08133	−0.01272	0.04077	−0.00554	−0.05882
19	−0.06013	−0.02241	0.03648	−0.00657	−0.05263
합계	78527.34662	−29.37378	0.03515	−0.00799	78498.00000

표 21-1 $\pi(1,000,000)$의 계산

여기서 N번 가로줄의 합계는 $\frac{\mu(N)}{N}J(y)$의 값을 나타낸다. 예를 들어, $N = 6$인 경우를 확인해 보자. 1,000,000의 6제곱근은 10이며, $J(10)$은 $\frac{16}{3}$이다. 또한, 10은 완전제곱수를 약수로 갖지 않으면서 두 소수의 곱으로 나타낼 수 있으므로 정의에 의해 $\mu(10)$은 $+1$이다. 그러므로 6번 줄의 제일 오른쪽에 있는 합계는 $(+1) \times \left(\frac{1}{6}\right) \times \left(\frac{16}{3}\right) = \frac{8}{9}$과 같아야 한다. 과연 그럴까? 0.88889는 소수점 이하 여섯 번째 자리에서 반올림한 값이므로 우리의 계산과 정확하게 들어맞는다!

$N = 1$일 때 주항은 $Li(1,000,000)$이며, 소수 정리에 의하면 $\pi(1,000,000)$은 이 값으로 근사된다. 이들 사이의 차이, 즉 오차항은 $\pi(1,000,000) - Li(1,000,000) = 78,498 - 78627.54916 = -129.54916$이다. 이 오차는 어디서 비롯되었는가? 오차의 기여도를 각 항별로 분석해 보면 다음과 같다(표 21-1의 제일 아랫줄에 제시된 합계와 비교해 보라).

주항: -100.20254
보조항: -29.37378
log2항: 0.03515
적분항: -0.00799

보다시피, 오차에 가장 큰 기여를 한 주범은 주항이다. 그러나 이것은 어느 정도 예상했던 결과이다. 주항의 절대값은 N이 증가함에 따라 빠르고 꾸준하게 감소한다.

보조항에서 기인한 오차는 주항의 오차와 단위가 거의 같지만(10단위와 100단위), 이것은 오차의 질이 훨씬 나쁜 '악성 오차'에 가깝다. 첫 번째 보조항은 제법 큰 음수(-29.74435)로 나타나는데, 그 이유가 분명치 않다. 나머지 보조항들을 아무리 들여다봐도 별 도움은 되지 않는다. 보조항에 해당되는 세로줄의 부호를 무시한 채 죽 읽어 내려가면 바로 전의 값과 비교했을 때 감소-증가-감소-감소-증가-감소-감소-증가-감소-감소-증가-증가의 패턴을 보이고 있으며, $N = 19$일 때 보조항은 $N = 6$일 때와 거의 같은 값을 갖는다. 리만의 제타-근과 관련된 보조항은 이 계산에서 가장 수수께끼 같은 존재이다. 나머지 log2항과 적분항은 내가 장담하건대 무시해도 될 정도로 작다.

여기서 '$Li(x)$는 $\pi(x)$보다 항상 크지 않다'는 리틀우드의 증명을 떠올려 보자(14-Ⅶ장 참조). 이는 곧 오차항의 부호가 결국에는 양수가 된다는 것을 의미한다. 그런데 주항의 절대값(부호를 무시한 값)은 아주 빠른 속도로 감소하고, 주항의 값이 제법 큰 $N = 2, 3, 5$에서 $\mu = -1$이기 때문에 오차항에 대한 주항의 기여는 음수임이 분명하다. 그러므로 리틀우드의 증명대로 아주 큰 N에 대하여 $\pi(N) - Li(N) > 0$라면 이것은 주항 때문이 아니라 보조항 때문이라고 보아야 한다. 만일 이것이 사실이라면, 보조항(또는 제타-근)은 아주 뒤쪽으로 갔을 때 우리의 예상에서 크게 빗나간 특성을 갖고 있음이 분명하다.

Ⅸ. 오차항의 의미를 더욱 깊이 이해하기 위해, 그림 21-4의 이중나선(제일 오른쪽 그림)으로 되돌아가 보자. 이 그림은 $x = 20$일 때 $Li(x^{임계선})$의 그래프를 보여 주고 있다. 제타-근의 실수부가 모두 $\frac{1}{2}$이라는 리만 가설이 참이라면, 제타-근들이 박혀 있는 임계선은 $Li(20^z)$이라는 함수를 통해 함수평면에서 나선으로 변형된다. 그런데, 20 대신 아주 큰 x를 취하면 이 그래프는 어떻게 달라질 것인가?

그림 21-7의 그래프[위쪽부터 $Li(10$임계선$)$, $Li(100$임계선$)$, $Li(1,000$임계선$)$]를 보면 대략적인 변화를 알 수 있다. 세 개의 그림은 모두 동일한 임계선 영역을 정의역으로 잡아서 그린 것으로($\frac{1}{2} - 5i < z < \frac{1}{2} + 5i$), x가 증가함에 따라 다음과 같은 변화를 보이고 있다.

- x가 증가할수록 나선이 커진다. 그러나 모든 경우에 나선은 $-\pi i$와 $+\pi i$로 수렴한다.
- 정의역으로 선택한 길이 10짜리 임계선은 x가 증가할수록 길어지며, 나선의 감긴 횟수도 증가한다.
- $x = 100$과 $x = 1,000$ 사이의 어딘가에서 두 개의 나선은 서로 겹쳐지기 시작한다(정확한 값은 $x = 399.6202933538\cdots$이다).

그림 21-7의 정의역으로 삼은 임계선은 길이가 너무 짧아서 첫 번째 제타-근($\frac{1}{2}+14.134725i$)조차도 포함하지 못한다. 그런데도 x가 커지면 임계선은 마치 고무줄처럼 길어지면서 감기는 횟수도 증가한다. 그렇다면 나선이 아무리 커져도 제타-근은 $-\pi i$와 $+\pi i$로 수렴할 것인가? 답: 아니다. x가 아주 커지면 제타-근은 $Li(x$임계선$)$을 통해 원점에서 아주 먼 곳으로 투사된다. 첫 번째 제타-근 $\frac{1}{2}+14.134725i$를 ρ라 하고 $x = 1$조로 잡으면 $Li(x^\rho)$이 그리는 나선은 실수부가 거의 2,200인 지점까지 통과하게 된다.

14-Ⅶ장에서 언급한 대로, 베이스Bays와 허드슨Hudson은 최근에 '리틀우드의 위반'이 처음 일어나는 지점[처음으로 $\pi(x)$가 $Li(x)$보다 커지는 지점]을 알아냈는데, 그 값은 대략 $x = 1.39822 \times 10^{316}$이었다. 앞으로 이 수를 '베이스-허드슨 수'라 부르기로 한다. 앞에서 수행했던 π의 계산을 베이스-허드슨 수에 대하여 똑같이 수행한다면 계산량은 어느 정도나 될까?

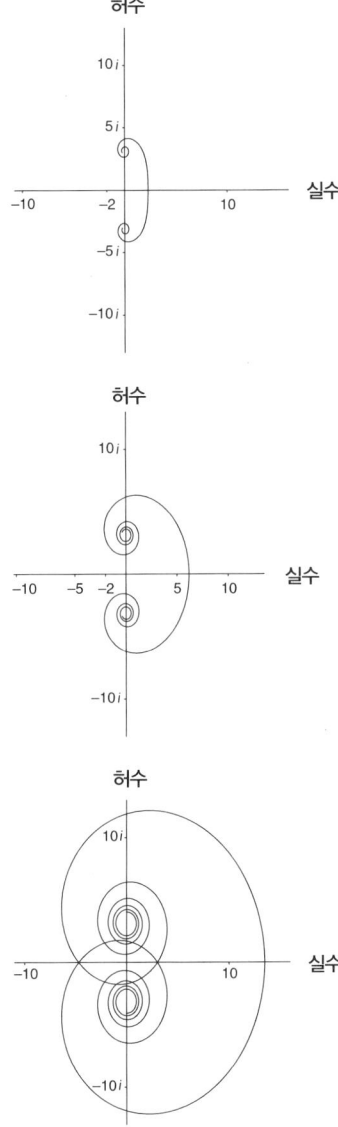

그림 21-7 $x = 10, 100, 1{,}000$일 때 $Li(x^{임계선})$의 그래프. 정의역은 임계선상에서 $\frac{1}{2} - 5i < z < \frac{1}{2} + 5i$로 선택하였다.

일단, 계산해야 할 J의 개수가 13개보다 훨씬 많아진다. 베이스-허드슨 수의 1,050제곱근은 2.0028106…이고 1,051제곱근은 1.99896202…이므로 무려 1,050개의 J를 계산해야 한다. 그러나 1 ~1,050사이에서 완전제곱수를 약수로 갖는 수가 꽤 많고, 이 경우에 뫼비우스 μ함수는 0이기 때문에 실제로 계산해야 할 항은 이 정도로 많지 않다. 1,050개의 항들 중 실제로 살아남는 항은 639개이다.◆131

그림 21-7의 이중나선이 실수축과 만나는 점은 위로부터 각각 2.3078382, 6.1655995, 13.4960622이다. 이 그림을 베이스-허드슨 수에 대하여 그렸을 때 실수축과 만나는 점의 좌표는 이보다 훨씬 크다. 아니, 훨씬 큰 정도가 아니라 상상을 초월한다. 그 수는 '325,771,513,660'으로 시작하며, 소수점이 등장하려면 무려 144자리를 더 적어야 한다. 이렇게 되면 나선은 엄청나게 커지지만, 나선의 끝이 $-\pi i$와 $+\pi i$로 수렴한다는 사실만은 변하지 않는다. 실제로 그림을 그려놓고 보면 두 개의 나선이 넓은 영역에 걸쳐 서로 겹쳐 있기 때문에 누가 누구인지 구별하는 것조차 쉽지 않을 것이다. 제타-근들이 박혀 있는 임계선(리만 가설이 참이라면!)은 이 경우에 엄청나게 늘어나서 그림 21-3의 나선은 수조($\sim 10^{12}$)번에 걸쳐 회전하고, 그 위에 놓여 있는 제타-근의 대응점들은 엄청난 크기의 실수부를 가지면서 좌우로 진동하게 된다. 이 모든 성질은 π(베이스-허드슨 수), 즉 639개의 J에 모두 함축되어 있는데, 이 경우에도 보조항은 별다른 규칙 없이 제멋대로 나타난다.

지금까지 이 장에서 행해진 모든 계산은 리만 가설이 참이라는 가정하에서 수행된 것이다. 만일 리만 가설이 거짓으로 판명된다면 이중나선으로 나타난 모든 그림들은 근사적인 표현에 불과하며, 임계선의 아주 높은 곳에서는 지금까지의 계산을 적용할 수 없게 된다(실수부가 $\frac{1}{2}$이 아닌 제타-근이 존재하기 때문이다!). 이와 같이, 오차항에 관한 이론에서는 리만 가설이 핵심적인 역할을 한다.

Ⅹ. 이것으로 $\pi(x)$에 함축되어 있는 소수의 분포와 제타 함수의 자명하지 않은 근 사이의 연결 고리가 완성되었다. 이와 함께, 제타-근은 오차항 $\pi(x) - Li(x)$를 생성하는 중요한 요인이라는 사실도 확인되었다. 이 정도면 이 책의 주된 목적은 그런대로 달성된 셈이다.

리만의 1859년 논문에는 지금까지 언급한 모든 내용들이 수록되어 있다. 물론 지금의 수학자들은 1859년 당시보다 많은 것을 알고 있지만, 리만이 제기했던 위대한 수수께끼는 아직도 해결되지 않은 채로 남아 있다. 리만 자신이 '심심풀이로 시도했다가 그만둔' 증명은 해석적 정수론이라는 새로운 분야를 탄생시키면서 근 150년이 지난 지금까지도 수학 역사상 최대의 난제로 군림하고 있는 것이다.

22
참인가, 거짓인가?

Ⅰ. 1859년부터 수학자들은 리만 가설과 씨름을 벌여 왔다. 그리고 그로부터 근 120년이 지난 후 리만 가설은 물리학자들의 관심을 끌기 시작했다. 사실, 리만은 다분히 물리적인 사고방식을 가진 수학자였다. 라우그비츠 Laugwitz의 증언에 의하면 리만이 발표한 논문들 중 절반 가량은 물리학 논문에 가까웠다. 그리고 울리케 포르하우어 Ulrike Vorhauer[132]는 "리만이 활동하던 시대에는 수학자와 물리학자의 구별이 모호했고, 그보다 조금 더 거슬러 올라가면 아예 구별이라는 것 자체가 무의미해진다"고 내게 귀뜸해 주었다. 사실, 가우스는 가장 위대한 수학자이자 가장 위대한 물리학자이기도 했다.

언젠가 조너선 키팅 Jonathan Keating[133]은 내게 다음과 같은 일화를 들려준 적이 있다.

나는 동료들과 하르츠Harz 산에서 휴가를 보내던 중 동료 한 사람을 데리고 자동차로 30분 거리에 있는 괴팅겐대학의 도서관에 가서 리만의 연구 노트를 보고 오기로 했다. 나는 특히 1859년 무렵에 작성된 리만의 연구 노트에 관심이 많았다. 그러나 응용수학자인 나의 동료는 정수론에 별로 관심이 없었고 섭동 이론 perturbation theory과 관련된 부분을 보고 싶어 했다.

도서관에 도착한 우리는 사서에게 리만의 연구 노트를 찾아 달라고 부탁했다. 나는 정수론과 관련된 노트를 신청했고 내 동료는 물론 섭동 이론을 신청했다. 그런데 잠시 후 사서는 노트 한 권을 들고 나타났다. 우리가 찾는 내용들이 그 한 권에 다 들어 있다는 것이었다. 알고 보니 리만은 정수론과 섭동 이론을 같은 시기에 연구하고 있었다.

물론 리만은 고유값을 쉽게 계산해 주는 20세기식 연산자를 알지 못했다. 그는 일련의 미분 방정식을 일일이 풀어서 나름대로의 '원시적' 연산자를 개발하였다. 그런데 리만처럼 천재적인 수학자가 섭동 이론에 나타나는 진동수 스펙트럼과 임계선을 따라 늘어선 제타-근 사이의 연관성을 간파하지 못했다는 것은 믿기 어려운 일이다. 이 유사성은 리만의 논문이 발표된 지 113년이 지난 후 프린스턴의 풀드홀에서 몽고메리와 다이슨의 우연한 대화를 통해 극적으로 발견되었다!

Ⅱ. 나는 2002년 뉴욕대학의 쿠랑연구소에서 키팅을 만나 위의 일화를 전해 들었는데, 당시 그곳에서는 미국수학연구소(AIM)American Institute of Mathematics에서 주최한 나흘짜리 강연회가 '제타 함수와 리만 가설'이라는 주제로 진행되고 있었다.

강연회에는 저명한 수학자들도 많이 참석하였다. 특히 셀버그는 84세의 고령에도 불구하고 날카로운 분석과 비평으로 참석자들을 놀라게 했다(그는 피터 사르낙의 강연을 듣던 중 어떤 수학사적 사건에 관하여 이견을 제시하였다. 나는 점심시간을 이용하여 쿠랑연구소의 도서관에서 관련 서적을 찾아보았는데, 결국 셀버그의 주장이 옳은 것으로 판명되었다). 참석자들 중에는 몽고메리와 오들리즈코 등 이 책의 후반부에 거론된 수학자들도 많이 있었으며, 페르마의 마지막 정리를 증명하여 수학계의 일약 슈퍼스타로 떠오른 앤드루 와일즈와 제타 함수에 관한 유명한 저서를 출간한 해럴드 에드워즈, 그리고 리만 가설과 관련된 Bump-Ng 정리로 유명한 다니엘 범프$_{Daniel\ Bump}$의 모습도 볼 수 있었다. ◆134

 AIM은 최근 몇 년 동안 리만 가설에 관한 세계적인 연구 동향에 대단한 영향력을 행사해 왔다. 쿠랑 강연회는 리만 가설을 주제로 AIM이 개최한 세 번째 학회였다. 첫 번째 학회는 아다마르와 발레 푸생의 소수 정리 증명 100주년을 기념하여 1996년에 시애틀의 워싱턴대학에서 개최되었고 두 번째 학회는 빈에 있는 에르빈 슈뢰딩거 연구소에서 1998년에 개최되었다. 물론 AIM의 관심분야는 리만 가설이나 정수론에 한정되어 있지 않으며, 최근에는 아인슈타인의 일반 상대성 이론에 관한 연구 프로젝트가 AIM의 후원하에 진행되고 있다. 지금도 AIM은 대수학, 해석학, 컴퓨터공학, 물리학 등 다양한 분야의 학자들을 규합하여 리만 가설을 꾸준히 공략하고 있다.

 AIM은 미국 수학계의 대부인 제럴드 알렉산더슨$_{Gerald\ Alexanderson}$(조지 폴리아의 전기를 쓴 유명한 작가이기도 하다)과 캘리포니아의 사업가인 존 프라이$_{John\ Fry}$에 의해 1994년에 설립되었다. 프라이는 전통적인 사업가 가문의 후손으로서, 그의 부모는 캘리포니아 굴지의 슈퍼마켓 연쇄점을 소유하고 있었다. 그는 어린 시절부터 수학에 매료되어 1970년대에 알렉산더슨이 교수로 재직하던 산타 클라라$_{Santa\ Clara}$대학 수학과에 진학하였으나 학부를 졸업한 후에 대학원 진학을 포기하고 형제들과 함께 '프라이 전자Fry Electronics'라는 연쇄점을 설립하여 지금까지 운영해 오고 있다. 이 회사는 캘리포니아에 근거지를 두고 전 세계로 판매망을 확장해 가는 중이다.

프라이는 학교를 졸업한 후에도 알렉산더슨과 계속 연락을 주고받으면서 그들의 공동 관심사인 희귀본 수학 책과 논문 원본을 수집해 오다가 1990년대 초에 의기투합하여 수학 도서관을 세우기로 결심했다. 그 후 이들의 계획은 곧 연구소를 설립하는 쪽으로 확대되었고 존의 학창 시절 룸메이트이자 유명한 정수론학자인 오클라호마주립대학의 브라이언 콘리Brian Conrey의 도움으로 AIM이 설립되었다.

처음 몇 년 동안 AIM은 연간 300,000달러에 달하는 프라이의 개인 찬조금으로 운영되었다. 그러나 프라이는 이런 사실을 외부에 전혀 알리지 않고 뒤에서 조용하게 연구소를 후원해 왔다. 사실, 그는 자신의 행적이 외부에 알려지는 것을 매우 싫어했다. 내가 AIM의 존재를 처음 알았을 때 프라이의 사진을 구해 보려고 인터넷을 열심히 뒤졌지만 끝내 찾을 수 없었다. 그러나 수학을 사랑하는 사람이라면 언제든지 프라이를 만날 수 있다. 나는 2002년 학회 때 프라이가 주최한 파티 석상에서 그의 얼굴을 처음 보았는데, 훤칠한 키에 소년 같은 용모를 하고 있었으며 수학 이야기만 나오면 얼굴 표정이 환하게 밝아지곤 했다. 나는 그가 학자의 길을 포기한 것에 대해 일말의 후회가 없는지 묻고 싶었지만, 초면에 무례한 질문 같아서 입을 다물었다.

나는 쿠랑학회가 열리기 며칠 전에 뉴욕에 도착하여 AIM 본부를 방문하였는데, 놀랍게도 연구실은 캘리포니아 팔로알토Palo Alto 시에서 (프라이가 운영 중인)상가 건물을 같이 쓰고 있었다. 최근 들어 AIM 측은 캘리포니아의 산호세에 학회용 건물을 짓기 위해 미국과학재단National Science Foundation에 기금을 신청하였고, AIM의 업적을 인정한 재단은 두말없이 예산 집행을 승인하였다. 2002년부터 AIM 학회는 이곳에서 개최될 예정이다.

사재를 출원하여 설립된 또 하나의 대표적인 수학 연구소로는 보스턴의 사업가인 클레이Landon T. Clay와 하버드대학 수학과 교수 아서 제프Arthur Jaffe가 1998년에 설립한 클레이수학연구소(CMI)Clay Mathematics Institute를 들 수 있다. AIM이 소수 정리 증명 100주년을 기념하는 취지에서 설립된 것처럼 CMI는 힐베르트의 1900년 연설을 기념하는 취지로 설립되었다.

CMI는 2000년 5월에 콜레주 드 프랑스Collége de France에서 이틀 동안 밀레니엄 행사를 개최하였다. 이 행사에서 주최측은 7백만 달러의 기금을 출원하여 아직 풀리지 않은 일곱 개의 문제에 해답을 제시하는 사람에게 각 백만 달러의 현상금을 내걸었는데, 리만 가설은 문제의 명단에 네 번째로 올라 있었다(명단의 순서는 문제의 길이순으로 배정되었다). 사실, 누군가가 리만 가설의 참 · 거짓 여부를 증명한다면 1백만 달러는 소위 말하는 '껌값'에 불과하다. 리만 가설은 워낙 중요하고 어려운 문제이므로 이를 증명한 사람은 최고의 영예와 함께 강의, 인터뷰, 인세 등을 통해 1백만 달러를 훨씬 초과하는 엄청난 수입을 올리게 될 것이다.◆135

Ⅲ. 리만 가설은 과연 증명될 것인가? 사람들 앞에서 이런 질문에 장황한 답을 늘어놓으면 바보가 되기 십상이다. 제아무리 유명한 수학자라 해도 여기서 예외가 될 수는 없다. 지금으로부터 75년 전, 힐베르트는 일반인을 위한 강연장에서 '아직 풀리지 않은 세 개의 수학 문제'를 난이도순으로 다음과 같이 소개한 적이 있다(힐베르트는 뒤로 갈수록 어려운 문제라고 생각했다).

- 리만 가설
- 페르마의 마지막 정리
- 힐베르트가 1900년에 발표했던 23개의 문제들 중 일곱 번째 문제. "a와 b가 대수적 수일 때 a^b은 초월수transcendental(11-Ⅱ장 참조)이다. 단, 자명한 반례는 제외한다."

이 강연 석상에서 힐베르트는 다음과 같이 예견하였다. "리만 가설은 제가 죽기 전에 증명될 것이며, 페르마의 마지막 정리는 지금 좌중에 있는 어린아이들이 늙기 전에 증명될 것입니다. 그러나 이 자리에 있는 어느 누구도 생전에 세 번째 문제가 증명되었다는 소식은 듣지 못할 것입니다." 과연 그랬을까? 힐베르트가 제시했던 일곱 번째(위의 목록에서는 세 번째) 문제는 그의 강연이 있은 후 10년 만에 알렉산더 젤폰드Alexander Gel'fond와 테오도르 슈나이더Theodor Schneider에 의해 독립적으로 증명되었다. 힐베르트의 예상이 빗나가긴 했지만 어쨌든 안 된다던 증명이 완성되었으니 기뻐할 일이었다. 페르마의 정리는 힐베르트의 예언대로 1994년에 앤드루 와일즈가 증명하였다(힐베르트의 강연장에 참석했던 어린아이들이 90대의 늙은이가 된 시점이었다). 그러나 리만 가설에 대한 힐베르트의 예언은 완전 실없는 소리가 되고 말았다. 최고의 수학자였다는 힐베르트가 이 지경이니, 난들 오죽하겠는가? 내가 지금 무슨 예언을 하건, 결국은 헛소리가 될 게 분명하다. 그래서 나는 이 문제에 관한 한 입을 굳게 다물기로 했다.

"그래도 이 책의 저자인데, 딱 한 마디만 해 보라"고 누군가가 끈질기게 권한다면 이렇게 말하고 싶다. "지금의 수학 수준으로는 리만 가설을 증명할 수 없다." 리만 가설을 공략해 온 현대 수학사를 전쟁에 비유한다면 아주 긴 시간 동안 어렵게 끌어 온 장기전이라 할 수 있다. 그동안 치열한 전투가 진행되면서 갑작스런 진전도 있었고 한숨을 자아내는 반전도 여러 차례 있었다. 또, 전투력이 고갈되면 약간의 탐색전만 유지하면서 전투가 소강 상태에 빠지기도 했다. 누군가가 국지적인 승리를 거두면 전체 병력의 사기가 충천했다가 막다른 길에 이르면 다시 무관심해지곤 했다.

비전투 요원인 나의 입장에서 볼 때, 지금은(2002년 중반) 막다른 골목에 갇혀서 일시적인 휴전 상태가 유지되고 있는 듯하다. 1973년에 들리뉴가 베유의 추측을 증명하면서 커다란 진보를 이루었고 1972~1987년 사이 몽고메리와 오들리즈코가 혁혁한 전과를 세우긴 했지만 지금은 그 약효가 모두 떨어진 상태이다.

2002년 5월, 나는 팔로알토에 있는 AIM 사무국에 체류하는 동안 1996년에 개최되었던 시애틀학회의 녹화 테이프를 본 적이 있다. 그리고 한 달쯤 후에 쿠랑학회에 참석하였으므로 두 학회에서 발표된 내용들을 직접 비교해 볼 수 있었다. 2002년에서 1996년을 빼면 6년이라는 기간이 나온다. 그런데 쿠랑학회의 강연 내용에서 시애틀학회의 내용을 빼면 남는 것이 거의 없다. 다시 말해서, 6년이라는 기간 동안 달라진 내용이 거의 없다는 뜻이다. 물론 나는 발전 속도가 느리다고 비난하려는 것이 아니다. 이 분야에서 다뤄지는 문제들은 난이도가 너무 높기 때문에 발전 속도가 느린 것은 어느 모로 보나 당연한 결과이다. 수학사를 돌이켜 볼 때 6년이라는 세월은 결코 길다고 할 수 없다(페르마의 마지막 정리는 처음 제기된 후 무려 357년 만에 증명되었다!). 2002년 쿠랑학회에서 이반 페젠코Ivan Fesenko와 같은 젊은 수학자들은 파격적인 강연 내용으로 청중들의 관심을 끌기도 했다.

그러나 리만 가설을 상대로 진행 중인 수학 전쟁이 다소 침체되어 있다는 것만은 부인할 수 없는 사실이다. 리만 가설이라는 산의 정상에 오르기 위해 많은 수학자들이 등반을 시도해 왔지만 어떤 길로 올라가건 항상 깊은 협곡에 가로막혀 그 누구도 정상을 밟지 못했다. 1996년과 2002년 학회의 강연은 대부분 다음과 같은 연설로 마무리되었다. "…이것은 매우 중요한 진보입니다. 그러나 이 다음부터 리만 가설을 향해 어떤 길로 접근해야 할지, 아직은 알려진 바가 없습니다…."

마이클 베리 경은 '갑작스러운 이해를 유발시키는 입자'라는 뜻으로 '클래리톤clariton'이라는 신조어를 만들어 냈다. 리만 가설이 사는 세계에는 이 입자가 절대적으로 부족한 상태이다.

앤드루 오들리즈코의 말을 들어 보자. "과거 한때 '소수 정리를 증명하는 사람은 영생을 얻는다'는 소문이 있었지요. 실제로 아다마르와 발레 푸생은 90년 넘게 살았으니 아주 허황된 소문은 아니었던 것 같습니다. 그런데 요즘 이 소문에서 파생된 또 다른 소문이 나돌고 있습니다. '리만 가설은 거짓일지도 모른다. 그러나 누구든 리만 가설이 거짓임을 증명하는 사람은 그 자리에서 급사할 것이며 그가 얻은 결과는 결코 세상에 알려지지 않을 것이다'라는 지독한 소문이 바로 그것입니다."

Ⅳ. 수학적인 공략법은 그렇다 치고, 수학자들은 리만 가설에 대해 어떤 '느낌'을 갖고 있을까? 리만 가설은 과연 참인가? 아니면 거짓인가? 수학적인 논리를 떠나 직관적인 감으로 판단할 수는 없을까? 나는 지금까지 나와 대화를 나눴던 모든 수학자들에게 '리만 가설이 참이라고 믿느냐'는 질문을 던졌는데, 그동안 수집된 대답의 '고유값'은 참으로 다양한 분포를 보이고 있다.

내가 만났던 대부분의 수학자들은 리만 가설이 참이라고 믿고 있었지만 (몽고메리가 대표적인 인물이다), 설득력 있는 증거를 제시하진 못했다. 사실, 수학적인 내용을 섣불리 믿는 것은 항상 위험을 내포하고 있다. 과거에도 수학자들은 모든 x에 대하여 $Li(x)$가 $\pi(x)$보다 크다고 믿었지만 1914년에 리틀우드의 증명이 완성되면서 그 믿음은 한순간에 물거품이 되고 말았다. 리만 가설을 믿는 사람들은 이렇게 말할 것이다. "당시 수학자들은 수치적인 데이터만 보고 $Li(x) > \pi(x)$를 믿었다. 그들이 보조항을 더욱 신중하게 고려했더라면 그런 실수는 하지 않았을 것이다." 지금까지 발표된 수학 정리들 중에는 "리만 가설이 참이라면…"으로 시작하는 정리가 수백 개나 된다. 만일 리만 가설이 거짓으로 판명된다면 이 모든 정리들은 곧장 쓰레기통으로 직행할 판이다. 사정이 이러하기에, 리만 가설을 믿는 수학자들은 가능한 한 낙관적인 생각을 고수하고 있다. 그러나 수학은 희망으로 이루어지지 않는다. 언제 어떤 가혹한 결과가 튀어나올지 아무도 예측할 수 없는 것이 수학이다.

앨런 튜링처럼 리만 가설이 거짓이라고 믿는 수학자들도 있다. 그들 중 한 사람인 마틴 헉슬리Martin Huxley◆136는 다음과 같은 근거를 제시하였다. "해석학에서 오랜 세월 동안 증명되지 않은 추측들은 대부분 거짓으로 판명되고, 대수학에서 오랜 세월 동안 증명되지 않은 추측들은 참으로 판명되는 경향이 있다."

개인적으로는 오들리즈코의 답이 가장 맘에 든다. 그는 내가 이 책의 집필을 시작한 후로 제일 먼저 만난 수학자였다. 당시 벨연구소의 연구원이었던 그는 지금 미네소타대학의 교수로 재직 중이다. 어느 날, 나는 뉴저지에 있는 한 레스토랑에서 오들리즈코와 식사를 같이 하기로 약속했다.

그 무렵 나는 리만 가설에 관하여 아는 것이 거의 없었으므로, 이 위대한 수학자와의 만남에 많은 기대를 걸고 있었다. 맛있는 이탈리아 음식으로 배를 채우고 두 시간 남짓 수학 이야기를 주고받다가 화젯거리가 떨어질 즈음

나는 미리 준비했던 회심의 질문을 던졌다.

   나: 앤드루, 당신은 이 세상에서 제타 함수의 근을 가장 많이 본 사람이잖아요? 그래서 묻는 건데, 그 망할 놈의 가설이 정말 참일까요?
   오들리즈코: 참일 수도 있고 거짓일 수도 있지요.
   나: 에이… 그렇게 빼지만 말고 얘기 좀 해 보세요. 뭔가 느낌이라도 있을 거 아닙니까. 가설이 맞을 확률이라도 말해 주세요. 80%? 50%?
   오들리즈코: 참일 수도 있고 거짓일 수도 있다니까요.

이런 그에게 더 이상의 답을 듣는 것은 무리였다. 하긴, 오들리즈코 자신도 불확실한 답을 했다가 훗날 바보가 되기는 싫었을 것이다. 그 후 오들리즈코를 다시 만났을 때 '리만 가설이 거짓이라고 믿을 만한 증거는 있느냐'고 물었더니 "물론 있다"라는 비교적 분명한 대답이 돌아왔다. 예를 들어, 제타 함수를 지금까지와는 다른 방식으로 재구성하면 그중 일부는 S함수라는 형태로 나타나는데[9-II장에서 언급한 $S(x)$와는 전혀 별개의 함수이다], 임계선의 높이가 10^{23}인 영역 이내에서 S는 주로 -1과 $+1$ 사이의 값을 갖는다. 가장 크게 벗어난 값이라고 해 봐야 3.2 정도이다. 그런데, S가 100 정도로 커지면 리만 가설은 성립하지 않을 수도 있다. 그러나 이것은 필요충분조건이 아니라 필요조건이다. 다시 말해서, 리만 가설이 거짓이라면 S는 100 근방의 값을 갖지만 그 역은 반드시 성립하지 않을 수도 있다는 뜻이다.

S함수의 값이 과연 100 근처까지 커질 수 있을까? 물론 그럴 가능성은 얼마든지 있다. 1946년에 셀버그는 S함수의 값에 한계가 없음을 증명하였다. 즉, 임계선을 따라 아주 높이 올라가면 S는 우리가 생각하는 어떤 수보다도 커질 수 있다는 뜻이다! S의 증가 속도가 너무 느리기 때문에 100까지 증가

하는 데 필요한 임계선의 높이는 가히 상상을 초월하겠지만, 어쨌거나 S는 100에 도달할 것이다. 임계선을 따라 얼마나 올라가야 할까? 오들리즈코는 약 $10^{10^{10,000}}$ 정도로 예상하고 있다. 그러나 지금 우리의 계산 능력으로는 이 수가 얼마나 큰지 짐작하는 것조차 불가능하다.

V. 일반인들이 전문 수학자에게 던지는 질문 중 가장 흔한 것은 "그거 어디다 쓸 건가요?"이다. 어느 날, 리만 가설이 참(또는 거짓)으로 판명되었다고 상상해 보자. 그 결과는 과연 어디에 써먹을 수 있을까? 국민 건강 증진? 어림없다. 편리한 생활? 말도 안 된다. 더욱 안전한 삶? 턱도 없는 소리다. 리만 가설은 우리의 일상생활과 아무런 관련도 없다. 그것이 증명되었다고 해서 새로운 발명품이 나오는 것도 아니고 더욱 빠른 운송 수단이나 강력한 군사 무기가 개발될 리도 없다.

나 역시 순수 수학자의 한 사람으로서 위에 열거한 항목들에 아무런 관심이 없다. 대다수의 수학자들과 이론물리학자들은 인류의 건강이나 편리한 삶 때문이 아니라 어려운 문제를 해결했을 때, 또는 새로운 사실을 발견했을 때 느껴지는 성취감을 맛보기 위해 그 고생을 하고 있다. 수학자들은 자신의 연구가 어떤 실용적인 결과를 낳았을 때(그 결과가 생명을 위협하는 발명품에 적용되면 좀 곤란하겠지만) 만족감을 느낀다. 그러나 자신의 연구가 실용적인 결과를 낳으리라고 생각하는 수학자는 거의 없다. 나는 쿠랑학회에서 오전 9시 30분부터 오후 6시까지 꼬박 나흘 동안 리만 가설에 관한 강연을 들었는데, 그중에서 실용적인 결론에 도달한 강연은 단 한 차례도 없었다.

여기서 잠시 자크 아다마르의 저서인 『수학적 발명의 심리학 The Psychology of Invention in the Mathematical Field』의 한 구절을 음미해 보자.

질문이 제기되어야 답이 나타난다… 실제 생활에 도움이 되는 결과는 우리가 그것을 찾는다고 해서 스스로 나타나지 않는다. 인류 문명의 모든 진보는 바로 이러한 원리에 의해 이루어진다… 실용적인 질문은 대부분 현존하는 이론을 통해 답이 주어진다… 중요한 수학 연구가 실용적인 결과로 이어지는 경우는 거의 없다. 모든 과학이 그렇듯이, 수학적 연구를 촉진하는 것은 무언가를 알고 이해하려는 욕구인 것이다.

하디는 자신의 저서인 『어느 수학자의 변명A Mathematician's Apology』의 마지막 페이지에서 좀 더 개인적인 의견을 피력하였다.

나는 지금까지 단 한 번도 '유용한' 일을 해 본 적이 없다. 내가 하는 일이 선이나 악에 직·간접적으로 관련되는 경우는 과거에도 없었고 앞으로도 결코 없을 것이다… 실용적인 기준에서 본다면 나의 수학 인생은 그야말로 무(無), 그 자체이다.

소수 이론prime number theory의 경우, 아다마르의 이야기는 설득력이 있지만 하디의 주장은 더 이상 적용되지 않는다. 1970년대에 이르러 암호학에 소수가 도입되면서 인류의 운명을 좌우하기 시작했기 때문이다. 이러한 기류를 타고 큰 소수의 판별법과 엄청나게 큰 수를 소수의 곱으로 분해하는 방법, 거대한 소수를 생성하는 방법 등이 본격적으로 연구되기 시작했다. 즉, 지난 20년 동안 소수는 매우 실용적인 연구 대상으로 취급되어 온 것이다. 지금도 소수는 인터넷으로 신용카드를 사용할 때 없어서는 안 될 존재이다. 그러므로 리만 가설이 증명된다면 그 파급 효과는 매우 크게 나타날 것이다. "리만 가설이 참이라면…"으로 시작하는 수많은 정리들이 새 생명을 얻는 것은 물론이고, 다양한 후속 발견·발명들이 그 뒤를 이어 홍수처럼 쏟아질 것이다.

또한, 물리학자들이 '리만 역학Riemann dynamics'을 구축하는 데 성공한다면 물리적 세계에 대한 우리의 이해 방식도 커다란 변화를 겪게 될 것이다.

그러나 이 모든 변화 뒤에 어떤 후속 결과가 나타날지는 아무도 알 수 없다. 제아무리 위대한 학자라 해도 사정은 마찬가지다. 지금으로부터 100년쯤 전에, 한 수학자는 다음과 같은 고민에 빠져 있었다.

> 나는 매일 아침마다 책상 위에 백지를 펼쳐 놓고 그 앞에 앉았다. 무언가 떠오르는 생각이 있으면 곧바로 옮겨 적기 위해서였다. 점심 식사 시간을 제외하고, 나는 하루 종일 책상 앞에 앉아서 백지를 뚫어지게 바라보았다. 그러나 저녁이 되어도 책상에는 여전히 백지가 놓여 있을 뿐이었다… 나는 1903년에서 1904년까지 지적 교착 상태에 빠져 있었다… 아무래도 나는 백지를 바라보며 여생을 보내게 될 것만 같았다.

이 글은 버트런드 러셀의 자서전에서 발췌한 것이다. 그는 순수한 논리만으로 수를 정의하려다가 지독한 난관에 봉착하였다. 예를 들어, 숫자 '3'은 실제로 무엇을 의미하는가? 독일의 논리학자 고틀롭 프레게Gottlob Frege가 답을 제시하였으나 러셀은 프레게의 답에서 오류를 찾아냈고, 그 오류를 수정하기 위해 엄청난 지적 고통을 감내해야 했다.

만일 독자들이 타임머신을 타고 러셀을 찾아가서 "당신의 고민이 어떤 실용적인 결과를 낳을 수 있을까요?"라고 묻는다면 그는 허탈한 웃음을 지어 보일 것이다. 그것은 인간이 할 수 있는 가장 순수한 사고이며, 논리를 완성하는 것 이외의 부수적인 목적은 전혀 없다. 그러나 러셀이 혹독한 고민 끝에 저술한 『수학의 원리Principia Mathematica』는 훗날 현대 수학의 가장 중요한 기초가 되었으며 2차 세계대전에서 연합군 승리의 원동력이 되었다(논리의 비약이 심하다고 생각한다면 이 말은 취소할 수 있다. 그러나 수학이 전쟁 비용을 줄여 준 것만은 분명한 사실이다). 그리고 지금 내가 글을 입력하고 있는 기계 장치(컴퓨터)도 그로부터 파생된 발명품이라 할 수 있다.◆137

그러므로 우리는 아다마르와 같은 마음 자세로 리만 가설에 접근해야 한다. 오들리즈코가 말했던 것처럼, 리만 가설은 참일 수도 있고 거짓일 수도 있다. 시간은 걸리겠지만 언젠가는 반드시 밝혀질 것이다. 그 결과가 어떻게 나타날지 구체적으로 예견할 수는 없지만 수학과 물리학에 엄청난 변화가 초래된다는 사실만은 분명하게 말할 수 있다. 사냥이 끝나면 많은 것이 변하겠지만 진정한 사냥꾼들은 사냥 자체를 즐긴다. 그리고 사냥에 직접 참여하지 않고 옆에서 구경만 하고 있는 우리들도 사냥꾼들의 넘치는 에너지와 불굴의 의지, 그리고 그들의 천재성을 바라보며 나름대로의 즐거움을 누릴 수 있다. 우리는 반드시 알아야 한다. 그리고 우리는 결국 알게 될 것이다 Wir Müssen Wissen, wir werden wissen!

에필로그

    베른하르트 리만은 40회 생일을 두 달쯤 앞둔 1866년 7월 20일에 사망하였다. 그는 1862년 가을에 감기를 심하게 앓았는데, 지병이었던 결핵이 그때부터 급격하게 진행된 것으로 보인다.◆138 이 기간 동안 리만은 괴팅겐대학 동료 교수들의 도움을 받아 따뜻하고 쾌적한 곳에서 생활할 수 있었다. 결핵이 불치병이었던 당시에는 그것이 최선의 선택이었다.

    그리하여 리만은 생의 마지막 4년을 이탈리아에서 보내다가 마지오레 호수Lago Maggiore의 서쪽에 위치한 셀라스카Selasca에서 눈을 감았고, 그의 부인인 엘리제Elise와 세 살 난 딸 이다Ida가 임종을 지켰다. 데데킨트의 논문집 《Collected Works》의 뒷부분에 부록으로 첨부된 리만의 전기에는 다음과 같이 기록되어 있다.

    6월 28일 마지오레 호에 도착한 리만은 인트라 근처,◆139 셀라스카에 있는 빌라

피소니Villa Pisoni에서 살았다. 그의 건강은 급속하게 나빠졌고 리만 자신도 다가오는 죽음을 느끼고 있었다. 그는 죽기 전날까지 무화과나무 그늘에 앉아 눈앞에 펼쳐진 아름다운 경치를 만끽하면서 논문을 써 내려갔다. 결국 그 논문은 완성을 보지 못했다. 그는 고통이나 경련 없이 매우 평온하게 죽음을 맞이했다. 마치 영혼과 육체의 분리 과정을 흥미롭게 지켜보는 사람 같았다. 그는 포도주와 빵을 갖고 들어오는 아내에게 마지막으로 작별 인사를 하고 어린 딸에게 입을 맞췄다. 아내는 낮은 목소리로 주기도문을 외웠으나 리만은 더 이상 기도를 따라할 수 없었다. 그러다가 "우리의 죄를 사하여 주옵시고…"라는 구절에 이르렀을 때 리만은 경건한 표정으로 위를 바라보았다. 그녀는 리만의 체온이 식어 가는 것을 느꼈고 리만은 몇 차례의 힘겨운 숨을 몰아쉬더니 결국 호흡을 멈추었다. 그가 이토록 경건한 자세로 죽음을 맞이할 수 있었던 것은 어린 시절부터 깊이 존경해온 그의 아버지 덕분이었다. 리만은 평생을 자신만의 독특한 방법으로 하나님을 섬겨 왔으며 죽는 순간에도 신앙심을 잃지 않았다. 그가 추구했던 신앙이란, 매일 신 앞에서 자신의 의지를 시험하는 것이었다.

리만은 셀라스카의 한 교구인 비간졸로Biganzolo 교회의 묘지에서 영원한 휴식에 들어갔다. 그의 묘비에는 다음과 같은 글귀가 새겨졌다.

여기
게오르그 프리드리히 베른하르트 리만
신의 품에 안기다.
1826년 9월 17일 브레셀렌츠에서 태어나
1866년 7월 20일 셀라스카에서 잠들다.

하나님을 사랑하여 그 부름을 받은 자에게는

모든 것이 협력하여 선을 이룰 것이다

독일어로 적혀 있는 그의 비문은 신약성서의 로마서 8장 28절을 옮겨 놓은 것이다(독일어로는 'Denen die Gott lieben müssen alle Dinge zum Besten dienen'이다). 리만의 묘지는 교회가 자산을 정리하면서 묘지의 용도를 바꾸는 바람에 지금은 사라지고 없지만 그의 묘비는 교회 근처의 벽에 지금도 보관되어 있다.

리만의 사후, 아내 엘리제와 딸은 괴팅겐으로 돌아와 리만의 누이인 이다(딸과 이름이 같다)와 함께 Weender Chaussee 17번가에서 살았는데, 그 옆집에는 괴팅겐대학의 수학과 교수인 헤르만 슈바르츠Hermann Schwarz가 살고 있었다.◆140 리만의 후임으로 임명된 사람은 현대 대수기하학의 기초를 다진 알프레드 클레브슈Alfred Clebsch였다.

1884년, 스무 살이 된 리만의 딸 이다는 칼 다비드 쉴링Carl David Schilling과 결혼하였는데, 그 역시 1880년에 슈바르츠의 지도하에 박사 학위를 취득한 괴팅겐대학 사람이었다. 결혼 후 얼마 지나지 않아 쉴링은 브레멘해양학회의 회장으로 발탁되어 그곳으로 이주했고, 1890년에는 리만의 미망인과 누이도 브레멘으로 이주하여 딸과 함께 여생을 보냈다. 리만의 딸 이다는 1929년에 사망했고 쉴링은 1932년에 아내의 뒤를 따랐다. 이들 사이에는 자손이 꽤 많았던 것으로 알려져 있는데 그들의 자세한 신상을 알고 있는 사람은 거의 없다. 아마도 리만의 후손들은 사람들 속에 섞여서 평범한 삶을 살고 있을 것이다.

수명이 짧아 연구 기간도 얼마 되지 않았고 발표한 논문도 얼마 되지 않지만 지금도 리만이라는 이름은 수학자들 사이에서 일상적인 단어처럼 회자되고 있다.

독창적인 계산법과 심오한 아이디어, 그리고 풍부한 상상력으로 가득한 그의 논문은 수학사의 새로운 지평을 연 대작으로 널리 알려져 있다.

— 『브리태니커 백과사전』(1911년 판)의 '리만(Riemann)'이라는 항목에 실린 조지 크리스털(George Chrystal)의 글

후주

제2장

1. 영국에서 초등교육을 받던 시절, 빅토리아 시대의 시구를 배운 적이 있다.

    조지 1세는 고약한 왕이었고

    조지 2세는 한술 더 떴다네.

    조지 3세가 품위 있다고 말하는 사람은 어디에도 없었지.

    조지 4세가 하늘의 부름을 받았을 때,

    신이여, 감사합니다! — 조지의 시대는 끝났다네.

    그러나 사실은 이것으로 끝나지 않았다. 20세기 들어 두 명의 조지가 다시 왕으로 등극했기 때문이다.

2. 1962년에 엘베 강이 범람하여 막대한 손실을 입은 후 벤드란트의 주민들은 강 주변에 제방을 쌓았다. 내가 이 책을 완성한 2002년에 엘베 강이 또다시 범람했는데, 40년 전에 쌓은 제방 덕분에 상류 지역보다 훨씬 피해를 줄일 수 있었다.

3. 취리히대학의 수학역사학과 교수인 에르빈 노이엔슈반더Erwin Neuenschwander는

리만의 삶과 업적을 집중적으로 연구한 '리만 전문가'로서, 리만이 남긴 모든 편지들을 정리한 사람이다. 이 책에서도 그의 연구 결과를 여러 차례 인용하였다. 이 밖에 내가 주로 참고한 책은 마이클 모나스티르스키Michael Monastyrsky의 『리만, 위상수학과 물리학Riemann, Topology and Physics』(로저 쿠크, 제임스 킹, 빅토리아 킹 공역, 1998년)과 데틀레프 라우그비츠Detlef Laugwitz의 『베른하르트 리만, 1826~1866Bernhard Riemann, 1826~1866』(아베 셰니처 역, 1999년)이다. 이 책들은 그냥 자서전이 아니라 '수학적 자서전'이라 할 수 있다. 다시 말해서, 리만의 삶보다는 수학적인 내용에 중점을 둔 자서전이라는 뜻이다. 그러나 나는 이 책들 덕분에 리만이 살았던 시대의 문화적 배경을 상당 부분 이해할 수 있었다.

4. 퀵본과 뤼네부르크 사이의 거리는 38마일(약 60km)이나 된다. 부지런히 걸어도 10시간은 족히 걸리는 거리이다.

5. 하노버가 왕국이 된 것은 1815년 이후이며, 그 전에는 '선제후選帝侯Elector'가 나라를 다스렸다. 선제후란, 로마제국의 황제를 뽑는 선거에 투표권을 행사할 수 있는 사람을 뜻한다. 로마제국은 1806년에 나폴레옹의 침공으로 멸망하였다.

6. 에르네스트 아우구스투스Ernest Augustus는 하노버의 마지막이자 유일한 왕이었다. 왕국은 1866년에 프로이센제국과 합병되었는데, 이것은 현대적 의미의 독일이 탄생하는 밑거름이 되었다.

7. 굳이 순위를 따진다면 사람마다 의견이 분분할 것이다. 그러나 가장 위대한 수학자 세 사람을 추가로 꼽으라면 대부분 뉴턴과 오일러, 그리고 아르키메데스를 꼽을 것이다.

8. 하인리히 베버Heinrich Weber와 리하르트 데데킨트는 《Collected Works》의 초판을 1876년에 출판하였다. 지금 출판가에는 1990년에 라가반 나라시만Raghavan Narasimhan에 의해 재편집된 버전이 가장 최근판으로 나와 있다. 'Collected Works'란 일종의 논문 모음집을 의미하며, 원래 독일어 제목은 'Gesammelte Werke'이다.

9. 아벨 함수Abelian function란, 특정한 적분을 변환시켰을 때 얻어지는 다가함수(多價函數)multivalued function를 말하는데 요즘 이 용어는 거의 사용되지 않고 있다. 다가함수는 이 책의 3장과 13장(복소함수론), 그리고 21장(적분의 변환)에서 다시 언급될 것이다.

제3장

10. 상수 e는 다음과 같은 과정에서 느닷없이 나타나기도 한다. (1) 0과 1사이에 있는 임의의 수를 선택한다. (2) 같은 구간에서 또 하나의 수를 선택하여 이전의 수에 더한다. (3) 동일한 과정을 반복한다. 이런 식으로 0과 1사이에서 임의로 선택된 수를 계속 더해 나간다고 했을 때, 총합이 1보다 커지려면 평균적으로 몇 번을 더해야 할까? 답: 2.71828…

11. 발견자가 피타고라스였는지, 아니면 그가 이끌던 단체의 한 추종자였는지는 확실치 않지만, 아무튼 정수나 분수가 아닌 제3의 수가 존재한다는 사실을 밝혀낸 것은 고대 수학이 이루어 낸 가장 위대한 업적이었다(기원전 600년경). 예를 들어, 2의 제곱근은 분명히 정수가 아니며, 대충 계산해 보면 1.4와 1.5 사이에 있

다는 정도는 쉽게 알 수 있다($1.4^2 = 1.96$, $1.5^2 = 2.25$). 그런데, 이 수는 분수도 아니다. 그것을 어떻게 알았을까? 지금부터 증명해 보자. n이 임의의 양의 정수일 때 '$n\sqrt{2}$ = 양의 정수'를 만족시키는 모든 n의 집합을 S라 하자. S가 공집합이 아닌 한, 이 집합의 원소들 중에는 반드시 최소의 수가 존재할 것이다(원소가 단 하나뿐이라면 그 원소가 곧 최소의 수이다). 이 수를 k로 표기하자. 이제, 새로운 수 $u = (\sqrt{2} - 1)k$를 정의해 보자. 그러면 우리는 다음의 사실들을 쉽게 증명할 수 있다. (i) u는 k보다 작다. (ii) u는 양의 정수이다. (iii) $u\sqrt{2}$도 양의 정수이다. 그러므로 (iv) u는 집합 S의 원소이다! 그러나 방금 증명한 바에 의하면 집합 S의 원소들 중에서 가장 작은 것은 k이므로, 명제 (iv)는 명백한 모순이다. 이 모순은 어디서 비롯되었는가? 그렇다, 바로 'S는 공집합이 아니다'라는 가정에서 비롯되었다. 따라서 모순이 발생하지 않으려면 집합 S는 공집합이어야 하고, 이는 곧 '$n\sqrt{2}$ = 양의 정수'를 만족시키는 양의 정수 n이 존재하지 않는다는 것을 의미한다. 그러므로 $\sqrt{2}$는 분수가 될 수 없다. (증명 끝) 정수도 아니고 분수도 아닌 수는 두 정수의 비율로 나타낼 수 없으며, 이런 수를 '무리수irrational number'라 한다.

12. **부호의 법칙**: 음수와 음수의 곱은 양수이다. 초등학교 때부터 성공적으로 세뇌된 우리들은 이 사실에 별다른 거부감을 갖고 있지 않지만, 사실 이것은 산술학이 갖고 있는 가장 놀라운 특성 중 하나이다. 음수에 음수를 곱한다는 것은 현실적으로 어떤 경우에 비유될 수 있을까? 내가 보기에는 마틴 가드너Martin Gardner의 대답이 가장 그럴듯한 것 같다 — 여기, 강당의 객석에 두 종류의 사람들(좋은 사람들과 나쁜 사람들)이 앉아 있다. 이제, '강당 안에 사람을 들여보내는 것'을 덧셈으로 정의하고, '강당에 있는 사람을 밖으로 빼내는 것'을 뺄셈으로 정의해 보자. 그리고 '양(+)'은 좋은 것(선)을 의미하고 '음(−)'은 나쁜 것(악)을

의미한다고 정의하자. 그러면 양수를 더하는 것은 좋은 사람을 강당 안에 들여 보내는 행위에 해당되며, 이 행위의 결과로 강당 안에 존재하는 선의 알짜 크기는 증가하게 된다. 반면에, 음수를 더한다는 것은 강당 안에 나쁜 사람을 들여보내는 행위에 해당되며, 그 결과로 강당 안에 존재하는 선의 알짜 크기는 감소한다. 또한, 양수를 뺀다는 것은 강당 안에 있는 좋은 사람들 중 일부를 밖으로 불러내는 행위로서, 이 경우에도 선의 알짜 크기는 감소한다. 그리고 마지막으로 음수를 뺀다는 것은 강당 안의 나쁜 사람들 중 일부를 밖으로 불러내는 행위에 해당되며, 그 결과로 강당 내부에 남아 있는 선의 알짜 크기는 증가한다. 그러므로 음수를 더하는 것은 양수를 빼는 것과 같고 음수를 빼는 것은 양수를 더하는 것과 같다. 곱하기의 경우는 어떤가? 곱하기란, 반복되는 덧셈을 줄여서 부르는 말에 불과하다. 그러면 −3 곱하기 −5는 어떻게 이해해야 할까? '나쁜 사람 다섯 명을 밖으로 불러내는 행위'를 세 번 반복했다는 뜻이다. 그러면 강당 안에 존재하는 선의 알짜 크기는 15만큼 증가한다…(여섯 살 난 우리 아들 다니엘에게 이 설명을 해 줬더니, "근데요… 나쁜 사람들한테 나오라고 말했는데 말을 안 듣고 안 나오면 어떻게 해요?"라며 반론을 제기했다. 아무래도 그 녀석은 수학자보다 윤리철학자로 키워야 할 것 같다).

13. 이 책의 초고를 읽은 한 독자는 '튀들twiddle'이라는 단어가 영국식 표현이라고 지적했다(나는 영국에서 교육을 받았다). 그렇다. 맞는 말이다. 그러나 미국의 수학자들도 이 용어를 자주 사용한다. 예를 들어, 프린스턴대학의 니콜라스 카츠Nicholas Katz 교수는 강의 내내 '∼' 기호를 '튀들'이라고 읽었다. 그는 볼티모어 출신으로, 오로지 미국 내에서만 교육을 받은 사람이다.

제4장

14. 조지는 하노버의 마지막 왕이었다. 하노버 왕국은 오스트리아와 프러시아의 전쟁에서 잘못된 선택을 하는 바람에 1866년 프러시아에 통합되었다. 이 메달은 가우스 탄생 100주년이 되는 1877년이 되어서야 주인에게 전달되었다.

15. 페르디난트 공작의 딸인 브런즈윅의 캐롤라인Caroline은 영국의 리전트 왕자와 결혼했다가 부부 사이가 파탄 지경에 이르면서 영국을 떠났다. 그 후 리전트 왕자가 영국의 왕위를 물려받아 조지 4세로 즉위하자 그녀는 여왕으로서의 권리를 주장하며 영국으로 되돌아왔다. 이 사건은 법적인 문제를 일으켰음은 물론, 그녀의 좋지 않은 행실이 사람들에게 회자되면서 조지 4세의 명성에 커다란 타격을 입혔다. 캐롤라인은 오만한 성격에 이상한 습관을 갖고 있었으며 간통 혐의도 받고 있었다. 그때 회자되던 짤막한 노래 가사를 여기 소개한다.

> 자비로운 여왕이시여, 그대에게 간청하나니
> 부디 이곳을 떠나시고 두 번 다시 죄를 짓지 마소서
> 죄를 안 짓는 것이 너무 어렵다 해도
> 그냥 떠나소서, 떠나기만 해 주소서

페르디난트 공작의 이모들 중 하나는 로마제국의 황제와 결혼하여 마리아 테레사를 낳았고, 테레사는 후에 합스부르크의 여왕이 되었다. 또 다른 이모는 피터 2세의 모친으로 알렉시스 로마노프와 결혼하였는데, 그 무렵에 오일러는 상트페테르부르크로 이주하였다(4-Ⅵ장 참조). 독일 군주들의 족보를 들추다 보면 그 복잡다단함이 끝도 한도 없다.

16. 가우스는 역사상 가장 위대한 수학자이자 가장 뛰어난 물리학자였음을 다시 한 번 강조하는 바이다. 그런데 그는 소행성의 궤적을 최초로 계산한 천재적인 천문학자이기도 했다. 이토록 다양한 분야에서 단 한 사람이 어떻게 이런 능력을 발휘할 수 있는지, 그저 경이로울 따름이다.

17. 임의의 수 N이 소수임을 증명하려면 N을 2, 3, 5, 7, ⋯ 등의 소수로 일일이 나누어 봐야 한다. 그러다가 운 좋게 나누어떨어지는 경우가 발생하면 N은 소수가 아니라는 결론과 함께 계산을 중단할 수 있다. 그러나 나누어떨어지는 수가 빨리 나타나 주지 않으면 어떻게 해야 할까? 끈기를 갖고 마지막 소수까지 일일이 나누어야 할까? 아니면 더 이상 노동을 할 필요가 없는 어떤 한계점이 존재할 것인가? 답: 존재한다. 나누는 소수의 크기가 $\sqrt{N}$ 을 넘어가면 더 이상 나누지 않아도 원래의 수 N이 소수라는 확신을 가질 수 있다. 예를 들어, $N = 47$인 경우를 생각해 보자. $\sqrt{47} = 6.85565\cdots$이므로 2, 3, 5로 나누어서 떨어지지 않으면 47은 무조건 소수이다. 왜 그런가? $7 \times 7 = 49$이므로 47을 7로 나눴을 때 얻어지는 몫은 7보다 작기 때문이다. 마찬가지로, $\sqrt{701,000} = 832.2574\cdots$이므로 소수임을 확인하기 위해 나눠야 할 가장 큰 약수는 829임을 알 수 있다. 829의 바로 다음에 등장하는 소수는 839인데, 701,000을 839로 나눈 몫은 839보다 작기 때문에, 만일 701,000이 839로 나누어떨어진다면 839까지 도달하기 전에 나누어떨어지는 소수가 이미 발견되었어야 한다.

18. 르장드르(1752~1833)는 생전에 그의 상관에게 원리 원칙을 고집하며 맞서는 바람에 재정적으로 매우 어려운 상태에서 죽음을 맞이했다. 글을 써 놓고 보니 르장드르가 마치 가우스의 뒤만 쫓다가 간 사람처럼 표현되었는데, 이 점 독자들에게 사과한다. 사실, 르장드르는 당대의 유명한 수학자로서 다년간에 걸쳐

수많은 업적을 남겼다. 특히 그의 저술인 『기하학의 원리Elements of Geometry』는 100년이 넘도록 가장 중요한 교과서로 인정받고 있다.

19. 오일러-마스케로니 상수는 존 콘웨이John Conway와 리처드 가이Richard Guy가 공동으로 저술한 『수에 관한 책The Book of Numbers』의 제9장에 자세히 설명되어 있다. 이 책에서는 별다른 설명을 하지 않았지만, 신중한 독자들은 5장에서 오일러-마스케로니 상수가 잠시 등장한다는 것을 눈치 챌 수 있을 것이다.

20. 영국에 있는 대다수 대학의 수학과에서는 독일어가 필수 과목으로 지정되어 있다. 그리고 중·고등학교에서 독일어를 이미 배운 학생들은 근처에 있는 다른 대학에서 러시아어를 '원정 수강' 해야 한다. 영국의 수학 교수와 교사들은 "수학에서 가장 중요한 언어는 독일어이고, 그 다음으로 중요한 언어는 러시아어이다"라고 하늘같이 믿고 있다. 이것 역시 표트르가 우리에게 남겨 준 유산이 아니겠는가.

21. 이 이야기는 풍자가인 리튼 스트래치Lytton Strachey가 1915년에 출판한 『책과 인품: 불어와 영어Books and Characters: French and English』에서 볼테르와 프레더릭의 친척이 나눴던 대화를 발췌하여 옮긴 것이다.

22. 오일러가 구사했던 라틴어는 아무런 격식 없이 간결하게 마무리되는 특징을 갖고 있다[물론 그가 마음만 먹었다면 정통 로마식의 고급스런 라틴어를 구사할 수도 있었을 것이다. 그는 아에네이드Aeneid(로마의 시인 버질의 서사시: 트로이의 용사 아에네아스의 모험담)를 아주 좋아했다]. 그는 자신의 논문을 읽는 독자들의 수준을 충분히 감안하여 가능한 한 장황설을 피하고 일상적인 말투를 사용

하려고 노력했다. 이 책의 7-V장에 가면 실제 사례를 접할 수 있을 것이다.

23. 베를린학술원의 원장이었던 피에르 모페르튀이Pierre Maupertuis는 라이프니츠의 업적을 도용했다는 이유로 스위스의 수학자인 사무엘 쾨니히Samuel König에게 고소를 당한 적이 있다. 그러나 모페르튀이는 자신의 연구가 독립적으로 이루어 졌음을 주장하면서 쾨니히가 거짓말을 하고 있다고 반박하였다. 풍자가 스트래치는 이 사건에 대하여 다음과 같이 적고 있다. "학술원의 회원들은 모두 조바심을 내며 몸을 사렸다. 학술원장의 결백 여부에 따라 자신의 밥줄이 날아갈 수도 있기 때문이었다. 심지어는 전 유럽에 명성을 날리던 오일러조차도 그 불명예스러운 일에 대하여 아무런 언급도 하지 않았다."

24. 이 책의 영문판은 1795년에, 미국판은 1833년에 처음으로 출판되었다. 지금은 (무슨 이유인지 모르지만) 매우 고가의 컬렉터 에디션만 판매되고 있다.

제5장

25. 이 문제는 볼로냐대학의 교수였던 피에트로 멘골리Pietro Mengoli가 1644년에 처음 제기하였으므로, 사실은 '볼로냐 문제Bologna problem'라고 불러야 이치에 맞을 것이다. 그러나 이 문제를 부각시켜서 세계적인 관심을 불러일으킨 사람이 야콥 베르누이였기 때문에 '바젤 문제Basel problem'라는 이름으로 불리게 된 것이다.

26. 이 그래프는 조화수열의 합과 형태가 비슷하다. 조화수열을 N번째 항까지 더한

결과는 N이 커질수록 $\log N$에 접근한다.

$$1 + \frac{1}{2} + \frac{1}{3} + \frac{1}{4} + \frac{1}{5} + \frac{1}{6} + \frac{1}{7} + \cdots + \frac{1}{N} \sim \log N$$

또한, 카드 한 벌을 비스듬하게 기울여서 그림 1-6처럼 만들었을 때 오른쪽 부분이 그리는 곡선도 로그함수의 그래프와 비슷하다.

27. 수학 책에 등장하는 모든 εepsilon(그리스 알파벳의 다섯 번째 문자)은 '매우 작은 양'을 의미한다.

28. 그리스계 프랑스 수학자인 로제 아페리Roger Apéry는 무려 61세의 나이에 이 증명을 해냄으로써 '30세가 넘은 수학자는 큰일을 할 수 없다'는 기존의 통념을 멋지게 무너뜨렸다. 그 후, 수학자들은 그의 업적을 기리는 뜻에서 이 값에 '아페리 상수'라는 이름을 붙여 주었다(대략적인 값은 1.2020569031595942854…이다). 이 상수는 지금도 정수론에서 유용하게 사용된다. 양의 정수 세 개를 임의로 골랐을 때, 이들이 공통인수를 갖지 않을 확률은 얼마인가? 답은 약 83%, 정확하게는 0.83190737258070746868…인데, 이 값은 바로 아페리 상수의 역수이다.

제6장

29. 이 책은 1992년에 그리스에서 처음으로 출판되었고, 그 후 미국 블룸즈베리 출판사Bloomsbury USA가 번역하여 2000년도에 영어로 출간되었다. 책 속에서 독시아디스가 지적한 대로, 이 추측을 수학적인 형태로 다듬어서 처음 발표한 사

람은 오일러였다.

30. 골드바흐의 추측과 비슷한 문제 중에 페르마의 마지막 정리Fermat's Last Theorem라는 것이 있다. "어? 그건 산술학이 아니라 정수론에 관한 문제 아닌가?"라고 생각하는 독자도 있을 것이다. 사실, 산술학과 정수론은 매우 흥미로운 관계를 맺고 있다. 정수론(또는 정수 이론)의 기원은 파스칼Pascal(17세기)의 시대까지 거슬러 올라가는데, 19세기까지 산술학과 정수론 사이에는 크게 다른 점이 없었다. 가우스는 1801년에 고전적 정수론을 주제로 한 『산술학 연구 Disquisitiones Arithmeticae』라는 저서를 발표하기도 했다. 그러다가 19세기 후반에 오면서 '산술학'은 초급학교에서 가르치는 기본 과정을 뜻하게 되었고 '정수론'은 전문 수학자들이 연구하는 수준 높은 문제들을 칭하는 용어로 굳어졌다. 그러나 1952년에 해럴드 데이븐포트Harold Davenport가 수준 높은 정수론 문제를 정리하여 『고급 산술학The Higher Arithmetic』이라는 제목으로 출간하면서 정수론과 산술학의 구별은 또다시 모호해졌고, 1970년대에 활동했던 정수론학자들은 자신의 연구 분야를 종종 '산술학'으로 칭하곤 했다. 장 피에르 세르Jean-Pierre Serre가 1973년에 집필한 『산술학 강좌A Course in Arithmetic』는 정수론과 모듈 형태modular form, p애딕 체p-adic fields, 헤케 연산자Hecke operators, 그리고 제타 함수까지 다룬 대학원용 교재였다.

31. Dirichlet라는 이름은 발음하기가 무척 까다롭다. 일단 그는 독일인이므로 'Dee-REECH-let(디-리흐-레트)'로 읽는 것이 옳다. 특히, 독일어 특유의 '흐ch' 발음을 강하게 내야 한다. 그런데 영어를 쓰는 사람들은 이 발음을 내기가 결코 쉽지 않기 때문에 프랑스식 발음을 흉내 내어 'Dee-REESH-lay(디-리쉬-레이)'로 읽거나, 독일식과 프랑스식 발음을 섞어서 'Dee-REECH-lay(디-리흐-레이)'

로 읽는다(한국어판에서는 대한수학회가 정한 표기법을 따라 '디리클레'라 부르기로 한다: 옮긴이).

32. 콘스탄틴 카라테오도리Constantin Carathéodory는 그리스계 사람이지만 독일에서 태어나 독일에서 교육을 받았다. 러시아인 어머니를 둔 칸토어는 러시아에서 출생하여 어린 시절을 보내다가 11세 때 독일로 이주하여 평생을 그곳에서 살았다. 미타크 레플러는 스웨덴의 수학자인데, 소문에 의하면 그는 노벨상에서 수학상이 누락되게 만든 장본인이라고 한다. 소문의 내용인즉, 레플러가 노벨의 아내와 눈이 맞았다는 것을 노벨이 알고 수학자에 대한 적개심을 가졌다는 것이다. 그럴듯한 이야기지만, 사실 노벨은 독신이었다.

33. 멘델스존의 사촌인 오틸리Ottilie는 독일의 위대한 수학자인 에두아르트 쿠머 Eduard Kummer와 결혼하였고 이들의 외손자인 롤란트 페르시발 스프라귀Roland Percival Sprague는 20세기 게임 이론을 창시한 수학자였다. 멘델스존 집안의 족보는 독일 왕가의 족보만큼이나 복잡하고 화려하다. 20장에 가면 멘델스존 집안에 관한 이야기가 또 등장한다.

제7장

34. 대부분의 수학자들은 에라토스테네스Eratosthenes를 '에라토스-더-니스eratoss-the-niece'라고 읽는다.

35. 무한히 많은 항을 더하는 것이 가능한 것처럼, 무한히 많은 항을 곱하는 것도 얼

마든지 가능하다. 무한급수는 어떤 특정값으로 수렴할 수도 있고 무한으로 발산할 수도 있다. 지금 우리가 다루고 있는 제타 함수는 s가 1보다 큰 경우에 한해서 1로 수렴한다. 예를 들어, $s = 3$이면 제타 함수는

$$\frac{8}{7} \times \frac{27}{26} \times \frac{125}{124} \times \frac{343}{342} \times \frac{1331}{1330} \times \frac{2197}{2196} \times \frac{4913}{4912} \times \frac{6859}{6858} \times \cdots$$

이 되어, 빠른 속도로 1에 가까워진다. 각 항들(사실은 모두 곱하기이므로 '항'이라고 할 수는 없지만)은 1보다 '아주 조금' 큰 수이므로, 이런 수를 계속 곱해 나가 봐야 결과가 크게 달라지지는 않을 것이다. 어떤 수에 0을 더했을 때 결과가 달라지지 않는 것처럼, 어떤 수에 1을 곱해도 결과는 달라지지 않는다. 무한급수(무한수열의 합)에서 더하는 수가 빠른 속도로 0에 가까워지면 뒤로 갈수록 총합에 기여하는 정도가 작아진다. 마찬가지로, 무한곱infinite product에서 곱하는 수가 빠른 속도로 1에 가까워지면 뒤로 갈수록 전체 값은 거의 변하지 않는다.

36. '황금 열쇠Golden Key'라는 이름은 이 책에서 내가 임의로 붙인 이름이며, 공식적인 이름은 '오일러의 곱셈 공식Euler's product formula'이다. 그러나 엄밀히 말하자면 황금 열쇠는 두 개의 이름으로 불려져야 한다. 덧셈으로 표현된 좌변은 '디리클레의 덧셈'이고, 곱셈으로 표현된 우변은 '오일러의 곱셈'이라고 불러야 옳다.

37. $Li(x)$는 두 가지 방법으로 정의될 수 있는데, 헷갈리게도 이 두 가지 정의가 거의 비슷한 빈도로 사용되고 있다. 이 책에 나오는 $Li(x)$는 '미국식' 정의로서, 아브라모비츠Abramowitz와 스티건Stegun의 고전, 『함수 편람Handbook of Mathematical Functions』(1964년 미국 표준국NBS 출판)에서 인용한 것이다. 여기서 $Li(x)$는 적분 구간이 0부터 x까지로 되어 있고, 리만이 사용했던 $Li(x)$와도

일치한다. 그러나 란다우Landau를 비롯한 많은 수학자들은 '유럽식' 정의를 더 좋아한다. 유럽식 정의는 $x = 1$일 때 나타나는 성가신 특성을 피해 가기 위해 적분구간을 2부터 x까지로 정해 놓았다. 미국식 $Li(x)$와 유럽식 $Li(x)$의 차이는 약 1.04516378011749278…이다. 컴퓨터용 수학 프로그램 패키지인 매스매티카Mathematica에서는 미국식 정의를 사용하고 있다.

38. $Li(N)$의 근사적인 표현으로 $\frac{1}{\log 2} + \frac{1}{\log 3} + \frac{1}{\log 4} + \cdots + \frac{1}{\log N}$을 사용할 수 있다. $N = 1,000,000$일 때 이 합은 78,627.2697299…이고 $Li(N)$은 78,627.5491594…로서, 그 차이는 0.0004%밖에 되지 않는다. 이쯤 되면 적분기호 $\int$integral이 정말로 Sum의 첫 글자인 S처럼 보이지 않는가?

제8장

39. 폴란드의 거의 대부분은 러시아의 영토였고 프러시아와 오스트리아도 폴란드의 일부를 점령하고 있었다.

40. 리만은 1년 반 동안 베버의 실험실에서 조교로 일한 적이 있다. 이때 약간의 수당을 받았을 것이므로 엄밀히 말하자면 완전 무일푼은 아니었다.

41. 흔히 "고무판 기하학rubber-sheet geometry"이라 불리는 위상수학topology은 어느 쪽으로 잡아 늘여도 위상적으로 변하지 않는 도형의 특성을 연구하는 분야이다(찢거나 자르면 위상적 특성이 변한다). 위상수학에서 구의 표면은 육면체의 표면과 동일하며, 구멍이 뚫린 도우넛의 표면(원환면)torus과는 다르게 취급된

다. topology라는 용어는 1836년에 요한 리스팅Johann Listing이 어린 시절의 은사에게 보낸 편지에서 유래되었다. 그는 리만과 비슷한 시기에 괴팅겐대학의 수리물리학 교수를 지냈으므로, 리만도 그의 연구 주제에 대하여 잘 알고 있었을 것이다. 그러나 리만은 topology 대신 'analysis situs'라는 단어를 사용하였다. 이것은 그의 스승인 가우스가 즐겨 사용하던 표현으로서, '위치 해석학analysis of position'이라는 뜻의 라틴어이다.

42. *Eugene Onegin*, 1833; *A Hero of Our Times*, 1840; *Dead Souls*, 1842.

43. 로바체프스키는 수학자이자 음악가였던 톰 리어러Tom Lehrer가 1959년에 작곡한 해학적인 노래에 주인공으로 등장한다.

44. 정수론의 대부로 일컬어지는 셀버그Selberg는 이 책을 쓰고 있는 지금(2002년)도 프린스턴 고등과학원에서 활발한 연구 활동을 하고 있다. 그에 관한 이야기는 이 책의 22장에서 다시 만나게 될 것이다. 셀버그는 1917년 6월 14일 노르웨이의 랑에순Langesund에서 출생하였다.

45. 달의 분화구는 리만과 가우스, 디리클레에게도 헌정되었다. 리만 분화구는 동경 87° 남위 39°에 있다.

46. 수학자들은 독특한 방식으로 외국어를 읽는다. 사실, 외국어로 쓰여 있는 수학 논문을 읽기 위해 외국어를 완전히 마스터할 필요는 없다. 수학적인 서술에 자주 등장하는 단어와 숙어, 그리고 관용적인 표현 몇 개만 알고 있으면 전체적인 내용을 대충 파악할 수 있기 때문이다. 대표적인 사례로는 "그러므로 다음과 같

이…It follows that…", "…임을 증명하면 된다It is sufficient to prove that…", "일반성을 잃지 않고…without loss of generality…" 등이 있다. 그 나머지는 세계 공통의 언어인 ∫, Σ 등의 기호이므로 문제될 것이 전혀 없다(가끔씩은 지방색이 농후한 기호가 등장할 수도 있다). 물론, 개중에는 아주 극소수이긴 하지만 외국어에 능통한 수학자들도 있다. 앙드레 베유André Weil(이 사람은 17-Ⅲ 장에 등장할 것이다)는 모국어인 프랑스어 이외에 영어, 독일어, 포르투갈어, 라틴어, 그리스어, 산스크리트어 등에 능통했다.

47. 가우스의 여섯 자녀들 중 둘은 미국으로 이주하여 미주리 주에서 살았다.

제9장

48. "보기만 해도 머리에 쥐가 나는…"이라고 표현하긴 했지만, 사실 따지고 보면 그다지 어려운 식도 아니다. 고등학교 때 배운 수학을 조금만 떠올리면 얼마든지 이해할 수 있다. 우변에 적혀 있는 ζ라는 기호만 제외하고, 모든 것은 고등학생도 다 알고 있는 기호로 구성되어 있다. 사인 함수와 계승 함수factorial function는 소위 말하는 '기본적인elementary' 함수이므로, 이 식은 $\zeta(1-s)$와 $\zeta(s)$를 기본적인 단계에서 연결해 주는 식이라 할 수 있다. 수학자들은 이런 식을 "함수방정식functional equation"이라고 부른다.

49. 이 사실을 처음 알아 낸 사람도 리만이었다.

제10장

50. 『리만의 제타 함수Riemann's Zeta Function』, H.M. 에드워즈 저(1974). 2001년 재판 발행, 도버Dover 출판사.

51. 리만처럼 단명한 수학자도 있긴 했지만, 고등수학은 심신 건강에 좋기로 정평이 나 있다. 나는 이 책에 인용할 자료를 수집하다가 평균 수명을 훌쩍 넘긴 수학자들이 생각보다 많다는 사실을 알고 적지 않게 놀랐었다. 게다가 그들 중 대부분은 말년까지 활발한 연구 활동을 계속해 왔다. 리틀우드J.E. Littlewood는 자신의 저서 『수학 연구의 예술The Mathematician's Art of Work』(1967)에서 이렇게 주장하고 있다. "수학은 지극히 어려운 작업이다. 따라서 수학을 연구하다 보면 몸과 마음이 강인해질 수밖에 없다. 정신적으로 도달하기 어려운 한계를 극복하고 나면 육체도 그만큼 강인해진다(그 결과가 장수로 나타난다는 것은 역사가 증명하고 있다)." 리틀우드는 92세까지 장수함으로써 자신의 주장을 몸소 증명해 보였다(그에 관한 이야기는 14장에 다시 나올 것이다). 그의 연구 동료였던 홀런드H.A. Hollond는 1972년에 다음과 같이 언급하였다. "리틀우드는 87세가 되어서도 하루종일 논문을 쓰고 다른 수학자들이 편지로 보내온 질문에 일일이 답장을 해주었다."—버킬J.C. Burkill의 『수학: 사람들, 문제, 그리고 결과Mathematics: People, Problems, Results』(브라이엄영대학교Brigham Young University 출판부, 1984)에서 발췌.

52. 입이 간지러워서 도저히 참을 수가 없다. 여기 삼원 정리Three Circles Theorem의 내용을 소개한다. "r_1과 r_2 사이에 있는 임의의 r에 대하여 f가 $0 < r_1 < |z| < r_2 < \infty$에서 해석 함수analytic function이고, 반경이 r_1, r_2, r인 원형 구간의 내부에

서 f의 최대값을 각각 M_1, M_2, M이라 하면 $M^{\log(r_2/r_1)} \leq M_1^{\log(r_2/r)} M_2^{\log(r/r_1)}$ 이다."

53. Stieltjes(1856~1894)라는 이름도 발음하기가 쉽지 않다. 영어를 사용하는 사람들은 "스틸-체스STEEL-ches"라고 읽는다.

54 '접수된 보고서들'의 뜻. 학술지의 저작 목록이나 참고 문헌 목록을 칭할 때 자주 사용되는 단어이다. 보통은 'C.R.'로 줄여서 표기한다.

55. 아다마르의 딸인 자클린Jacqueline은 공산당원이었으나 아다마르 본인은 공산당에 가입하지 않았다.

56. 소수 정리를 증명했다는 영예는 아다마르와 발레 푸생에게 똑같이 돌아가야 마땅하지만, 나는 이 책에서 아다마르에 관한 이야기만 잔뜩 늘어 놓고 발레 푸생에 대해서는 거의 아무런 설명을 하지 않았다. 이렇게 된 첫 번째 이유는 아다마르의 성품이 일반적인 수학자들과 많이 달랐기 때문이며, 두 번째 이유는 발레 푸생에 관하여 알려진 것이 거의 없기 때문이다. 그는 훌륭한 수학자였지만 다른 분야에서는 거의 아무런 흔적도 남기지 않았다. 내가 셀버그를 만났을 때(그는 내가 만났던 사람들 중 아다마르와 발레 푸생을 모두 알고 있는 유일한 사람이었다) 아다마르와 발레 푸생에 관해 물었더니 이런 대답이 돌아왔다. "아다마르? 물론 알지. 케임브리지학회(1950)에서 만난 적이 있다네. 발레 푸생? 그 사람은 만난 적이 없어. 나뿐만 아니라 내 주변에 그를 만나 본 사람은 단 한 명도 없지. 아마 그는 여행을 별로 좋아하지 않았던 모양이야."

제11장

57. 요즘은 '진폭amplitude'이라는 용어 대신 '편각argument, Arg(z)'라는 용어가 주로 사용되고 있다. 그러나 이 책에서는 두 가지 이유에서 진폭이라는 용어를 사용하였다. 첫 번째 이유는 이 용어를 즐겨 사용했던 수학자 하디G.H. Hardy를 기리기 위한 것이고, 두 번째 이유는 argument가 함수의 변수를 뜻하는 용어로 사용되는 경우도 있기 때문이다.

제12장

58. 그렇다고 해서 크로네커Kronecker가 유별난 수학자였다는 뜻은 아니다. 그의 주장은 (나는 동의하지 않지만) 수학적으로 아주 복잡하고 미묘한 점이 있었다. 크로네커가 펼쳤던 논리에 대하여 자세하게 알고 싶은 독자들은 해럴드 에드워즈Harold Edwards의 《매스매티컬 인테리전서Mathematical Intelligencer, Vol. 9, No. 1》에 쓴 기사를 참고하기 바란다. 에드워즈의 표현에 의하면 크로네커는 '논리적이되 신랄하지는 않은' 수학자였다.

59. 힐베르트의 연설은 독일어로 진행되었다. 궁금한 독자들을 위해 도입부 연설의 독일어 원문을 소개한다. "Wer von uns würde nicht gern den Schleier lüften, unter dem die Zukunft verborgen liegt, um einen Blick zu werfen auf die bevorstehenden Fortschritte unserer Wissenschaft und in die Geheimnisse ihrer Entwickelung während der künftigen Jahrhunderte?"(본문의 한글 번역은 독일어를 영어로 의역한 문장을 또다시 한글로 의역한 것이므로 어느 정도 차이

가 있을 수 있다: 옮긴이)

60. 실제로 강연 현장에서 힐베르트가 나열한 문제는 10개뿐이었다. 사전에 배포된 유인물을 통해 그의 강연 내용을 미리 알고 있었던 참석자들이 강의를 짧게 끝내 달라고 부탁했기 때문이다. 유인물에는 23개의 문제들이 모두 제시되어 있었으며, 그 후로 이 문제들은 힐베르트가 유인물에 임시로 매겨 놓은 번호로 일컬어지게 되었다. 강연에서 언급된 문제는 1, 2, 6, 7, 8, 13, 16, 19, 21, 22번이었다. 그런데 힐베르트의 23문제들 중에는 어떤 특정 분야에서 논쟁의 대상이 되고 있는 문제를 두루뭉술하게 제시한 것도 있기 때문에 문제에 매겨진 번호에 혼선이 야기되는 경우도 있다. 대표적인 예로, "산술 공리의 무모순성에 관한 연구To investigate the consistency of the axioms of arithmetic"라는 제목이 붙어 있는 2번 문제는 책마다 번호가 다르게 매겨져 있다. 앤드루 호지스Andrew Hodges는 앨런 튜링Alan Turing의 전기에서 23개가 아닌 17개의 문제를 소개했는데, 그중 리만 가설은 8번이 아닌 4번으로 되어 있다. 힐베르트의 문제들 중 잘 정의된well-defined 문제들은 지금까지 리만 가설 하나만을 제외하고 모두 해결되었다.

61. 관심 있는 독자들에게는 제레미 그레이Jeremy J. Gray의 『힐베르트의 도전The Hilbert Challenge』(옥스퍼드 출판부, 2000)을 추천한다.

62. 연속체 가설에 관한 대중적인 책으로는 존 카스티John Casti의 『수학의 최고봉Mathematical Mountaintops』(옥스퍼드 출판부, 2001)이 있다.

63. 사실, 이 무렵에 가장 위대한 수학자로 '공인된' 사람은 앙리 푸앵카레Henri Poincare였다. 1905년에 헝가리과학아카데미는 푸앵카레에게 제1회 볼리아이상

Boyali Prize을 수여했는데, 이것은 지난 25년간 수학계에 가장 큰 업적을 남긴 사람에게 주는 의미 있는 상이었다. 힐베르트는 그로부터 5년 후인 1910년에 같은 상을 수상하였다.

64. 조지 폴리아George Pólya(1887~1985). 그의 나이를 계산해 보라. 이 사람도 장수파 수학자의 한 사람이다. 그는 헝가리 출신의 수학자로서 20세기에 두각을 나타낸 헝가리 수학의 대표 주자였다. 19세기에 수학계를 주름잡았던 독일계 국가에는 (오스트리아와 스위스를 제외하고) 약 2,400만 명의 인구가 살고 있었지만, 그 당시 헝가리의 국민은 870만에 불과했다. 1900년의 인구도 1,000만이 넘지 않았을 것으로 추정된다. 그런데 이렇게 조그만 나라에서 배출된 세계적인 수학자의 명단을 보면 놀라지 않을 수가 없다. Bollobás, Erdélyi, Erdős, Fejér, Haar, Kerékjártó, 두 명의 Kőnigs, Kűrschák, Lakatos, Radó, Rényi, 두 명의 Rieszes, Szász, Szegő, Szokefalvi-Nagy, Turán, 폰 노이만von Neumann 등이 모두 헝가리 출신이다! (이 명단에는 몇 사람이 누락되었을 수도 있다.) 헝가리인들이 유독 수학에 강한 이유는 무엇일까? 폴리아의 설명에 의하면 많은 사람들이 Fejér(1880~1959)의 영향을 받았기 때문이라고 한다. 유능한 교사이자 관리였던 Fejér는 학생들의 수학적 재능을 개발하는 데 탁월한 능력을 발휘하여 수많은 수학자들을 길러 냈다. 참고로, Fejér를 포함한 대다수의 헝가리 수학자들은 유태인이었다.

65. "n차원 정다면체regular polytope의 꼭지점도형vertex figure은 모두 같다" — 직선으로 닫힌 도형을 2차원에서는 다각형polygon이라 하고 3차원에서는 다면체polyhedron라 하며, 임의의 n차원 공간에서는 polytope라 한다. polytope가 갖고 있는 ($n-1$)차원의 면cell들이 모두 동일regular하고, 꼭지점도형들도 모두 같으

면 그 polytope는 'regular하다'고 말한다(정다면체). 정육면체의 면은 정사각형이고 꼭지점도형은 이등변삼각형이다. 그건 그렇고, 이 정리를 증명한 콕스터 "Donald"Coxeter도 장수파 수학자의 한 사람으로 유명하다. 그는 1907년 2월 9일생인데, 2002년도에 내가 갖고 있던 토론토대학의 교수 명단에는 그의 이름이 젊은 교수들과 함께 올라 있었다. 그는 2001년에 브랑코 그룬바움Branko Grunbaum과 공동으로 논문을 발표하기도 했다. 최근에 한 수학자로부터 전해 들은 콕스터의 근황은 다음과 같다. "요즘 들어 도널드의 계산 속도가 조금 느려진 것 같아."

66. 이론에 의하면 근의 실수부 $\frac{1}{2}$은 한 치의 오차도 없는 값이다. 즉, 실수부는 0.4999999도 아니고 0.5000001도 아닌 0.5000000…이다. 자세한 내용은 16장에서 다뤄질 것이다.

제13장

67. 복소수 변수는 x가 아닌 z로 표기하는 것이 관례로 되어 있다. 수학자들은 흔히 정수를 n과 m으로 표기하고 실수는 x와 y, 복소수는 z와 w로 표기한다. 물론 이것은 일종의 습관일 뿐이며 본인이 원한다면 다른 기호를 사용할 수도 있다(리만의 제타 함수만 해도, 변수를 s로 표기하고 있다). 폴리아의 주장에 따르면 '숫자'를 뜻하는 독일어 단어가 'Zahl'이기 때문에 복소수를 z로 표기하고, '값'을 뜻하는 단어가 독일어로 'Wert'이기 때문에 복소수의 값을 w로 표기하는 전통이 생겼다고 한다. 이 말의 진위 여부는 확인하지 못했다.

68. 이스터만Estermann(1902~1991)은 골드바흐의 추측Goldbach's Conjecture(2보다 큰 모든 짝수는 두 개의 소수의 합으로 나타낼 수 있다는 추측)이 '거의 항상' 성립한다는 사실을 증명함으로써 수학사에 이름을 남겼다. $\sqrt{2}$가 무리수임을 증명한 후주-11도 사실은 이스터만의 작품이다. 그는 자신의 증명을 놓고 "피타고라스 이후에 처음으로 시도된 증명"이라며 자랑스러워했다[무리수를 처음 발견한 사람은 피타고라스(또는 그의 제자 중 한 사람)였지만 $\sqrt{2}$가 무리수임을 증명한 사람은 유클리드Euclid였다. 그의 증명은 13권으로 된 『기하학 원론The Elements』의 제10권에 수록되어 있다: 옮긴이].

69. 복소함수를 연구하는 수학자들은 'z-평면'이나 'w-평면'이라는 용어를 자주 사용한다. z는 복소변수를 칭하는 용어이므로 z-평면은 변수 평면을 뜻하고, w는 함수값을 나타내는 용어로서 w-평면은 함수 평면을 의미한다.

70. 변수 평면이나 함수 평면의 그래프는 워크스테이션과 개인용 컴퓨터가 널리 보급되면서 누구나 그릴 수 있게 되었다. 컴퓨터가 없던 시절에 그림 13-6, 13-7, 13-8과 같은 그래프를 그리는 것은 엄청난 노동을 요구하는 대형 프로젝트였다.

제14장

71. 한때 리틀우드를 가르쳤던 반스E.W. Barnes는 훗날 영국국교회의 주교가 되었다.

72. 복소함수론 교과서 『잉여계산법Calcul des Résidus』의 저자인 린델뢰프Ernst

Lindelöf(1870~1946)는 교육과 연구, 집필 분야에서 커다란 업적을 남긴 북유럽의 수학자이다. 헬싱키에서 태어나 러시아 차르(황제)의 통치하에(핀란드는 1917년에 러시아로부터 독립하였다) 청·장년기를 보냈던 그는 애국심 강한 핀란드인으로서(이 책에 등장하는 두 명의 핀란드인 중 한 사람이다) 새로운 국가를 건설하는 운동에 열성적으로 참여하기도 했다. 수학계에서는 제타 함수와 관련된 '린델뢰프 가설'로 유명한데, 구체적인 내용은 이 책의 부록에 소개되어 있다.

73. 트리니티대학의 연구원은 정규 월급을 받는 강사로서 연구실이 제공되고 교수 식당에서 식사를 할 수 있는 '특권'이 주어졌지만 재직 기간이 보장되는 직급은 아니었다.

74. 1930년대 중반에 소련 정보부는 다섯 명의 정예 요원, 가이 버지스Guy Burgess, 도널드 맥클린Donald Maclean, 킴 필비Kim Philby, 앤소니 블런트Anthony Blunt, 존 케언크로스John Cairncross를 선발하여 케임브리지로 유학을 보냈다. 세칭 '5인조Ring of Five'라 불리는 이들은 영국의 정계와 학계에 진출하여 1940~1950년대에 걸쳐 영국의 기밀을 소련으로 빼돌리는 스파이 임무를 수행하였다. 이들 중 맥클린은 케임브리지의 소규모 단과대학인 트리니티홀Trinity Hall을 졸업했고 나머지 네 사람은 모두 트리니티 출신이다.

75. 이들 중 리턴 스트레이치Lytton Strachey, 레너드 울프Leonard Woolf, 클라이브 벨Clive Bell, 데즈먼드 맥카시Desmond MacCarthy, 색슨 시드니 터너Saxon Sydney-Turner, 토비 스티븐Thoby Stephen, 에이드리언 스티븐Adrian Stephen은 트리니티 출신이고, 존 메이너드 케인즈John Maynard keynes, 로저 프라이Roger Fry, 포스터 E.M. Foster는 왕립학교 출신이다.

76. 제리 알렉산더슨Jerry Alexanderson의 주장에 의하면 폴리아의 사진첩에 하디의 사진이 여러 장 꽂혀 있다고 한다.

77. 그러나 내가 갖고 있는 책(1판)의 책등에는 'Primzahlen(소수)'이라고 적혀 있다.

78. 이 문제에는 '하한lower bound'도 존재한다. 하한을 N이라 하면, 이는 곧 "우리가 찾는 답은 그 값이 얼마이건 간에 적어도 N보다는 크다"라는 뜻이다. 그러나 리틀우드의 정리에 관해서는 하한을 찾는 연구가 심각하게 수행되지 않았다. 확실한 이유는 알 수 없지만 아마도 예상되는 답[처음으로 $\pi(x)$가 $Li(x)$보다 커지는 x값]이 너무 컸기 때문일 것이다. 1996년에 Deléglise와 Rivat는 하한이 10^{18}임을 보였고 그 후로 10^{20}까지 커졌으나, 카터 베이스Carter Bays와 리처드 허드슨Richard Hudson은 하한을 구하는 것 자체가 무의미하다며 위의 결과를 일축하였다.

79. 베이스와 허드슨이라는 이름은 8-Ⅳ장에서 체비셰프 편이Chebyshev bias를 설명할 때 잠깐 언급된 적이 있다. 여기서 설명하긴 어렵지만 $Li(x)$가 $\pi(x)$보다 커지려는 경향은 체비셰프 편이와 깊은 관계가 있다. 해석적 정수론을 연구하는 학자들은 이 두 가지를 동일한 문제로 취급하고 있다. 1914년에 리틀우드는 $Li(x)$가 $\pi(x)$보다 커지려는 경향이 무한번에 걸쳐 위배된다는 것을 증명했을 뿐만 아니라, 이러한 현상이 체비셰프 편이에도 똑같이 나타난다는 사실도 함께 증명하였다. 이 문제에 관한 최신 논문을 알고 싶은 독자들은 〈Chebyshev's Bias, by Michael Rubinstein and Peter Sarnak, in *Experimental Mathematics*, Vol.3, 1994(pp. 173~197)〉을 참고하기 바란다.

80. 폰 코흐von Koch는 일반인을 위한 수학 교양서인 『코흐 눈송이곡선Koch snowflake curve』의 저자로 유명하다. 이 책에는 그의 가운데 이름인 폰von이 항상 생략된 채로 나오는데, 그 이유는 나도 잘 모르겠다.

제15장

81. 폰 코흐가 바흐만의 책을 본 적이 없었는지, 아니면 O-표기법을 별로 좋아하지 않았는지는 잘 모르겠지만, 어쨌든 그는 자신이 얻은 결론을 다음과 같이 전통적인 방법으로 표현했다.

$$|f(x) - Li(x)| < K \cdot \sqrt{x} \cdot \log x$$

82. 이 분야는 지금까지 방대한 양의 연구가 이루어졌다. 리만이 예견했던 $\pi(x) = Li(x) + O(\sqrt{x})$는 사실일 가능성이 매우 높다. 그러나 심증만 가득할 뿐, 증명할 방법이 없다. 그건 그렇고, 일부 수학자들은 $O_\varepsilon(x^{\frac{1}{2}+\varepsilon})$이라는 표기를 사용하기도 하는데, 이는 O의 경계선이 ε의 값에 따라 달라진다는 것을 강조하는 표기법이다. 우리의 책에 이 표기법을 도입한다면 15-Ⅲ장에 등장하는 식들은 조금 수정되어야 한다. 여기서, $\sqrt{N}$의 자릿수는 N의 자릿수의 절반이라는 사실에 주목하자(3,695는 4자리 수인 반면, $3,695^2$ = 13,653,025는 8자리 수이다: 옮긴이). 이 사실을 이용하면 $Li^{-1}(N)$은 처음 반 자릿수까지 신뢰할 수 있는 N번째 소수임을 증명할 수 있다(자세한 증명은 생략한다. 예를 들어, $Li^{-1}(N)$ = 3,985,403,774였다면 10개의 자릿수들 중에서 처음 5개의 숫자들, 즉 39854까지는 정확하고 그 뒤에 있는 03774는 틀릴 수도 있다는 뜻이다: 옮긴이). $Li^{-1}(N)$은 13-Ⅸ장에서 사용했던 표기법 $\zeta^{-1}(s)$와 비슷한 의미(역함수)로 이해

하면 된다. 간단히 말해서, $Li^{-1}(N)$ = K이면 $Li(K) = N$이다. 예를 들어, 컴퓨터로 확인한 10억 번째 소수는 22,801,763,489인데, $Li^{-1}(1,000,000,000)$ = 22,801,627,415로서 11개의 자릿수 중 처음 다섯 번째 자릿수(거의 여섯 번째)까지 일치하는 것을 볼 수 있다.

83. 뫼비우스Möbius는 1858년에 뫼비우스 띠(그림 15-4 참조)를 발견하여 수학사뿐만 아니라 인류의 역사에 불멸의 이름을 남겼다[사실은 같은 해에 요한 리스팅Johann Listing이라는 수학자도 같은 도형을 발견하였다. 그런데 리스팅은 자신의 발견을 논문으로 발표했고 뫼비우스는 발표를 하지 않았으므로, 학계의 불문율에 따르면 이 신비한 도형은 "리스팅의 띠"라고 불려야 마땅하다. 아무래도 이 바닥에서는 정의가 통하지 않는 것 같다]. 뫼비우스 띠는 아주 간단하게 만들 수 있다. 종이를 가늘고 길게 잘라서 한쪽 끝을 180° 비튼 후 반대쪽 끝에 붙이면 된다. 이렇게 만들어진 띠에는 안과 밖이 구별되지 않는 하나의 표면만이 존재한다. 만일 개미가 띠의 표면을 따라 기어가면서 흔적을 남기고 있다면(예를 들어, 개미의 발에 잉크가 묻어 있다면) 잠시 후 띠의 모든 곳에 개미의 흔적이 남게 될 것이다.

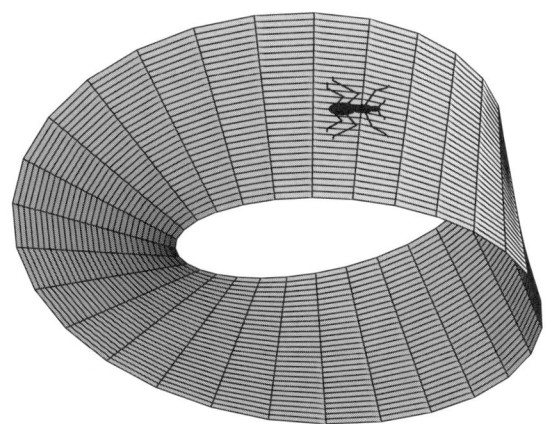

그림 15-4 뫼비우스 띠의 표면을 기어가는 개미

84. "뫼비우스의 띠도 모자라서 함수까지 자기 이름의 첫 글자로 표기하다니, 너무 잘난 체 하는 거 아냐?"라고 생각하는 독자가 혹시 있을지도 모르겠다. 그러나 이 함수에 μ라는 이름을 붙인 사람은 뫼비우스가 아니라 프란츠 메르텐스Franz Mertens였다. 물론, μ는 Mertens의 M이 아니라 Möbius의 M을 의미한다.

85. 예를 들어, 정리 15-1을 "모든 인간은 키가 10피트 미만이다"라는 명제에 대응시키고 리만 가설을 "모든 미국인의 키는 10피트 미만이다"라는 명제에 대응시켜 보자. 만일 첫 번째 명제가 참이라면 두 번째 명제도 참이어야 한다. 왜냐하면 모든 미국인들은 인간이라는 집단에 속해 있기 때문이다. 이와 같이, 강력한 결론이 성립되면 느슨한 결론은 자동으로 성립된다. 만일 어떤 인류학자가 뉴기니의 외딴 시골 마을에서 키가 11피트인 종족을 발견했다면 정리 15-1은 더 이상 성립하지 않는다. 그러나 그 사람은 미국인이 아니기 때문에 리만 가설(모든 미국인의 키가 10피트 미만이라는 가설)은 여전히 가설로 남게 된다(물론 곧 폐기 처분될 게 분명하지만…).

제16장

86. 베른슈타인(1874~1956)은 1921년에 교수가 되었으므로 히틀러의 포고령에 따라 교수직을 내놓아야 할 처지였다. 그러나 남겨진 기록에 의하면 그는 힌덴부르크의 예외 조항에 해당되어 교수직을 유지했다고 한다(어떤 조항의 혜택을 받았는지는 알려지지 않았다). 그는 히틀러의 독재를 피해 미국으로 이주했다가 1948년에 괴팅겐으로 돌아왔다.

87. 칼 지겔Carl Siegel은 해럴드 데븐포트Harold Davenport에게 이런 말을 한 적이 있다. "1954년에 괴팅겐 시가 건립 1,000주년을 맞이하면서 도시의 원로들이 1933년에 강제 해고된 교수들 중 세 사람의 명예를 회복시켜 주기로 결정했다고 합니다. 그래서 《Tageblatt》 신문사의 기자가 렐리히Franz Rellich(괴팅겐대학의 수학과장)를 찾아가서 그 세 사람에 관한 기사를 써 달라고 부탁했더니 렐리히가 이런 대답을 했다는군요. '당신네가 1933년에 쓴 그 잘난 기사를 참고하면 될 거 아닙니까!'"

88. 기하 함수 이론에 리만 가설과 관련된 '타이히뮐러 정리'라는 것이 있다. 타이히뮐러는 2차 세계대전을 치르는 동안 나치를 위해 많은 활동을 하다가 1943년 9월에 드니퍼 전투에서 실종되었다.

89. 열성적인 나치당원 수학자로는 복소함수 이론에서 유명한 추측을 제시했던 루트비히 비버바흐Ludwig Bieberbach를 들 수 있다[그의 추측은 1984년에 루이 드 브랑주Louis de Branges에 의해 증명되었다]. 1933년에 비버바흐는 베를린대학의 학위논문 심사장에 전형적인 나치복을 입고 등장하여 사람들의 시선을 끌었다.

90. Nachlass는 영어로 번역하기가 매우 까다로운 단어이다. 독일어-영어 사전에는 '유작literary remains'이라고 되어 있지만 지금의 경우에는 '이미 사망한 학자가 생전에 발표하지 않고 남겨 놓은 논문'의 뜻으로 이해되어야 할 것이다.

91. $O[f(x)] = O[Cf(x)]$임을 상기하자(C는 상수). 따라서 $O(\log T)$는 '$\log T$의 상수배를 넘지 않는다'는 뜻이다. $N(T)$에 관한 근사식이 잘 들어맞는 것은 C가 그 정도로 작다는 것을 의미한다. 실제로 C가 0.14보다 작아도 $N(T)$에 관한 근사

식은 여전히 성립한다.

92. 이 이론은 정확히 임계선상에 위치하는 근들만 골라 낸다. 여기 적용되는 논리는 한 번쯤 짚고 넘어갈 필요가 있다. 예를 들어, 이론 A에 의해 "임계띠의 T_1과 T_2 사이에 n개의 근이 존재한다(그림 16-1)"는 사실이 확인되고 이론 B에 의해 "임계선의 T_1과 T_2 사이에 m개의 근이 존재한다"는 사실이 알려졌다고 하자. 이때, $m = n$이면 T_1과 T_2 사이에서 리만 가설이 증명되는 셈이고, $m < n$이면 리만 가설은 거짓으로 판명된다! (논리적으로 $m > n$인 경우는 발생할 수 없다.) 여기서 이론 B는 임계선상에 있는 근의 개수를 헤아리는 이론이며, 근의 실수부가 0.4999999999나 0.5000000001이 될 가능성은 전혀 없다(후주-66 참조).

93. 지금까지 계산된 근의 허수부는 일정한 패턴이 없는 것으로 보아 모두 무리수일 것으로 추정된다. 만일 누군가가 정수나 유리수로 딱 떨어지는 근을 하나라도 찾아낸다면 꽤 충격적인 뉴스가 될 것이다. 허수부가 정수나 유리수인 근이 존재하지 않는다고 주장할 만한 근거는 없지만 아직 단 한 번도 발견되지 않았다.

94. 1936년부터 수여된 필즈상Fields Medal은 캐나다의 수학자 존 찰스 필즈John Charles Fields(1863~1932)의 업적을 기리는 뜻으로 제정되었다. 이 상은 젊은 수학자들의 연구 의욕을 고취시키는 것이 주목적이므로 40세가 넘은 사람은 수상 대상에서 제외되며 노벨상과는 달리 4년마다 한 번씩 수여된다. 이 책에 등장하는 수학자들 중에서 필즈상을 수상한 사람으로는 셀버그Atle Selberg(1950년)와 장 피에르 세르Jean-Pierre Serre(1954년), 피에르 들리뉴Pierre Deligne(1978년), 알랭 콘느Alain Connes(1982년) 등이 있다. 필즈상은 모든 수학자들이 동경하는 최고 권위의 상으로서, 역대 수상자들은 수학자들 사이에서 최고의 영웅으로 기억

되고 있다(참고로, 노벨상에는 수학자를 위한 상이 없다).

95. 호지스의 전기에는 104개라고 적혀 있는데, 물론 잘못된 숫자이다.

96. 책의 제목은 『리만 제타 함수 이론The Theory of Riemann Zeta-function』(1951)이며, 지금도 출판되고 있다.

97. 한 가지 일화를 더 소개한다. 요세프 바크룬트Josef Backlund(1888~1949)는 이 책에 등장하는 두 명의 핀란드인 중 한 사람으로서(나머지 한 사람은 린델뢰프였다. 후주-72 참조), 보스니아 만의 야콥스타드Jakobstad에서 노동자의 아들로 태어났다. "그의 가족은 재능 있는 사람들이었으나 정신적인 질병 때문에 형제들 중 세 사람이 자살로 삶을 마감하였다"—『핀란드 수학의 역사, 1828~1918The History of Mathematics in Finland, 1828~1918』(구스타프 엘프빙 Gustav Elfving, 헬싱키대학 출판부, 1981). 린델뢰프의 제자였던 바크룬트는 박사과정을 마친 후에 (그람의 경우처럼) 보험회사에 취직했다. 사실, 보험이라는 제도는 인간의 지식에 막대한 공헌을 해 왔다. 그람은 그가 남긴 업적에 어울리지 않게 몹시 허무하게 죽었다(자전거에 치어 사망했음).

98. 에드워드 교수의 책에는 지겔이 찾아낸 리만의 유작과 몇 장의 사진이 첨부되어 있다.

제17장

99. 패터슨S.J. Patterson의 저서인 『리만 제타 함수 이론 입문An Introduction to the Theory of the Riemann Zeta-Function』의 5.11장에는 다음과 같이 적혀 있다. "리만 가설이 참이라고 믿는 이유는 이와 비슷한 명제가 유한체와 결부된 제타 함수에도 성립하기 때문이다. 여기 나타나는 유사성은 너무도 치밀하여, 더 이상의 일치가 일어나지 않는다고 믿는 것이 오히려 이상하게 느껴질 정도이다."

100. 비유적으로 말하자면 대수학자들은 '명사적'이 아니라 '동사적'인 사람들이다. 그들은 대상의 이름이나 종류에는 별 관심 없이 그 대상으로 "무엇을 할 수 있는가?"에 온 정신이 집중되어 있다. 필즈상을 수상했던 마이클 아티야 경Sir Michael Atiyah은 2000년 6월 토론토의 강연장에서 대수학에 대한 자신의 관점을 이렇게 밝혔다. "기하학은 근본적으로 정적인 학문이다. 지금 이 자리에 앉아서 눈앞의 풍경을 아무리 바라봐도 변하는 것은 없다. 그래도 나는 여전히 바라보고 있다. 그러나 대수학은 시간과 관련되어 있다. 대수학의 모든 연산들은 순차적으로 적용되기 때문이다…" [Shenitzer, A. and M.F.Atiyah, "Mathematics in the 20th century", *American Mathematical Monthly*, Vol. 108, No. 7.]

101. 영어권의 수학자들은 헤르만 바일Hermann Weyl과 발음상의 혼동을 피하기 위해 Weil을 '베유Vay'로 발음한다. 베유Weil는 20세기에 가장 뛰어난 수학자들 중 한 사람으로, 프랑스의 레지스탕스로 유명한 시몬 베유Simone Weil의 오빠로 알려져 있다. 그는 콜레주 드 프랑스Collège de France에서 아다마르의 지도 하에 학창 시절을 보냈다.

102. 엄밀하게 따지자면 N개가 아니라 '0개부터 N개 사이'라고 해야 옳다. N개의 근들 중 일부는 겹치는 경우도 있기 때문이다. 예를 들어 다항식 $x^2 - 6x + 9 = 0$의 근은 3과 3인데, 사실 이런 경우는 근이 $x = 3$ 하나밖에 없는 것과 마찬가지다. 이때 $x = 3$을 '2중근a zero of order 2'이라 한다. 지금까지 알려진 제타 함수의 자명하지 않은 근은 모두 1중근이지만, 무한히 많은 근이 모두 1중근이라는 것은 아직 증명되지 않았다. 물론, 제타 함수의 자명하지 않은 근이 2중근이라고 해서 리만 가설이 거짓으로 판명되는 것은 아니다. 그러나 기존의 계산 이론에는 한바탕 큰 소동이 벌어질 것이다.

제18장

103. 물론 이것은 연산자operator의 일종이다. 연산자를 잘 활용하면 역학계를 나타내는 수학적 모델을 만들 수 있다. '앙상블ensemble(이 용어를 처음 도입한 사람은 아인슈타인이었다)'은 동일한 통계적 성질을 갖는 연산자의 집합을 의미한다.

104. 좀 더 정확하게 말하자면 몽고메리의 주 관심사는 '계급수 문제class number problem'였다. 자세한 내용을 알고 싶은 독자들은 키스 데블린Keith Devlin의 『수학으로 이루어진 세상Mathematics: The New Golden Age』(콜럼비아대학 출판부, 1999)을 참고하기 바란다.

105. 정수론학자인 해럴드 다이아몬드Harold Diamond는 현재 얼바나 샴페인Urbana-Champaign에 있는 일리노이대학의 수학과 교수로 재직 중이다.

106. 정수론학자인 사르바다만 초울라Sarvadaman Chowla(1907~1995)는 생의 대부분을 콜로라도대학에서 보냈다.

107. 임의 행렬 이론이 설명되어 있는 가장 좋은 교재로는 마단 랄 메타Madan Lal Mehta의 『임의 행렬과 에너지 준위의 통계 이론Random Matrices and the Statistical Theory of Energy Levels』(Academic Press, 1991)을 꼽을 수 있다.

108. 다이슨은 1940년대에 트리니티대학의 학생이었다. 그는 하디에 대한 기억을 떠올리면서 "별로 고무적이지 않은 사람"이라고 했다.

109. 이 시점에서 '정리theorem'라는 용어의 의미를 정확하게 짚고 넘어가는 것이 좋을 것 같다. 사실, 리만 가설을 가정한 상태에서 유도된 결과는 엄밀히 말해서 정리라고 할 수 없다. 그것은 또 하나의 가설이거나, 또는 '준가설sub-hypothesis'이라고 불러야 할 것이다. 수학은 가장 엄밀한 학문임에도 불구하고 수학자들은 '추측conjecture'이나 '가설hypothesis' 또는 '정리theorem'라는 용어를 마구 섞어서 사용하고 있다. 예를 들어, 리만 가설은 왜 추측이 아니고 가설인가? 그 이유는 나도 모르겠다. 나뿐만 아니라 내가 아는 모든 수학자들도 마땅한 대답을 제시하지 못했다. 영어뿐만 아니라 다른 언어에서도 이런 모호함은 여전히 존재하는 모양이다. 리만 가설Riemann Hypothesis은 독일어로 Die Riemannsche Vermutung인데, 동사 vermuten은 '추측하다surmise'라는 뜻을 갖고 있다.

110. 영국 브리스톨Bristol대학의 물리학과 교수인 마이클 베리Michael Berry는 1996년 영국 여왕의 생일에 작위를 받으면서 '경Sir'으로 승격되었다. 그래서 나는 1996년 이전의 시점에서 그를 칭할 때 '베리'라는 호칭을 쓰고, 그 이후에는

'베리 경'으로 적다. 그러나 이 규칙을 100% 지켰는지는 장담하기 어렵다(저자가 이 규칙을 잘 지켰다 해도 번역이 제대로 되었는지 의심스럽다: 옮긴이).

111. 벨연구소의 크레이-1 컴퓨터는 1980년대 말에 크레이 X-MP 모델로 대치되었다.

112. '몽고메리-오들리즈코 법칙Montgomery-Odlyzko Law'이라는 용어는 (내가 찾아본 바에 의하면) 1999년에 발표된 니콜라스 카츠Nicholas Katz와 피터 사르낙Peter Sarnak의 논문에서 처음으로 사용되었다. 사실, '법칙law'이라는 용어에는 수학적 의미보다 물리학적 의미가 훨씬 강하게 내포되어 있다. 물리학자들은 케플러의 행성 운행 법칙처럼 경험적 관측을 통해 알려진 사실을 통상 '법칙'이라고 일컫는다. 이것은 부호의 규칙과 같은 수학적 원리와는 그 성질이 근본적으로 다르다. 사르낙과 카츠는 유한한 체(유한체, 17-Ⅲ장 참조)에서 유사 제타 함수가 만족하는 법칙을 증명함으로써, 리만 가설을 향한 대수적 접근법과 물리적 접근법을 서로 연결시켜 주었다.

113. 답은 5,000개가 아니다. 만일 5,000개라고 생각했다면 중앙값median과 평균값average을 혼동하고 있는 것이다. 1, 2, 3, 8,510,294의 평균은 2,127,575지만, 중앙값은 3보다 작다.

114. 수학자들은 이런 분포를 '푸아송 분포Poisson distribution'라 부른다. 그런데, 여기서도 e라는 상수가 약방의 감초처럼 등장한다. $6{,}321 = 10{,}000\left(1 - \dfrac{1}{e}\right)$이다.

115. 그림 18-5의 곡선 방정식은 $y = (320{,}000/\pi^2)\, x^2 e^{-\frac{4x^2}{\pi}}$으로서, 좌우 대칭을 이루는 정규 분포가 아니라 한쪽으로 편향된 분포를 나타내고 있다. 곡선의 최대값

은 변수가 $\frac{1}{2}\sqrt{\pi}$ = 0.8862269…일 때 나타나는데, 이것은 유진 위그너Eugene Wigner가 원자핵을 대상으로 한 실험에서 얻은 소량의 데이터로부터 예견했던 GUE 고유값의 분포이다. 훗날, 이 곡선에 약 1%의 오차가 있음이 알려지면서 미셸 가우딘Michel Gaudin이 더욱 복잡한 식을 제안하였고, 오들리즈코는 곡선을 그리는 프로그램을 직접 제작하였다.

제20장

116. '혼돈chaos'이라는 단어 뒤에 '이론theory'이라는 접미어를 처음 붙인 사람은 물리학자 제임스 요크James Yorke(1976년)였다. 그 후 1987년에 제임스 글릭James Gleick의 『카오스: 현대 과학의 대혁명Chaos: Making a New Science』이 출간되면서 혼돈 이론이 일반인들 사이에서 회자되기 시작했다.

117. 쿠르트 헨젤Kurt Hensel(1861~1941)도 멘델스존 가문의 한 사람이다. 그의 조모인 패니Fanny는 멘델스존의 누이였고, 그의 부친 세바스찬 헨젤Sebastian Hensel은 패니의 유일한 아들이었다. 세바스찬은 16세에 모친과 사별한 후 결혼하기 전까지 디리클레와 함께 살았다(6-Ⅶ장 참조). 쿠르트 헨젤은 수학자가 된 후 생의 대부분을 독일 중부에 있는 마르부르크Marburg대학의 교수로 재직하다가 1930년에 은퇴하였다. 그는 유태인이었음에도 불구하고 나치의 박해를 심하게 받지는 않았다. 알려진 바에 의하면 '멘델스존의 집안은 몇 세대 전부터 수많은 변화를 겪으면서 세태에 적응하는 능력을 키워 온 덕에 유태인을 억압하는 정책에 큰 영향을 받지 않았다(멘델스존 가문의 한 사람인 쿠퍼베르크H. Kupferberg의 증언에 의함)'고 한다. 1942년에 헨젤의 며느리는 헨젤이 남긴 장

서들을 알사스에 있는 친(親)나치적 성향이 강한 스트라스부르크Strasbourg대학에 기증하였다(지금 이 지역은 프랑스에 속해 있다).

118. 콘느의 업적에 회의적인 생각을 갖고 있는 수학자들 중에서 자신의 의견을 공적으로 밝힌 사람이 적어도 한 명은 있었다. 피터 사르낙(본문에 언급된 수학자 X나 Y는 아님!)은 1999년에 발표된 콘느의 논문 〈비가환적인 기하학의 대각합 공식과 리만 제타 함수의 근Trace Formulae in Non-commutative Geometry and the Zeros of Riemann Zeta Function〉을 읽고 다음과 같은 평가를 내렸다. "그의 논문과 뒤에 첨부된 부록은 시사하는 바가 많다. 매우 흥미로우면서도 난해하기 그지없는 이 논문은 리만 가설 이외에 또 다른 문제를 제기하고 있다. 그러나 X공간이 $L(s, \lambda)$의 근과 관련되어 있다는 주장은 논리적으로 아직 분명치 않다." 여기서 $L(s, \lambda)$는 17-Ⅲ장에서 언급했던 '유사 제타 함수' 중 하나를 의미한다.

119. 이 증명법은 프랑스의 해석학자 아르노 당주아Arnaud Denjoy(1884~1974)의 이름을 따서 '당주아의 확률 해석법Denjoy's Probabilistic Interpretation'이라 한다. 당주아는 1922~1955년 동안 파리대학의 수학과 교수로 재직하였다.

120. 군나르 블롬Gunnar Blom은 크라메르의 논문집에서 "엄청나게 지루한 수식도 그의 마술 지팡이가 닿기만 하면 아름다운 시(詩)로 승화되었다"라고 증언하고 있다. 크라메르 역시 장수파 수학자의 한 사람으로(1893~1985), 92회 생일을 며칠 앞두고 사망하였다.

121. 이 설명법은 제럴드 테넨바움Gérald Tenenbaum과 미셸 망데 프랑스Michel

Mendès France가 공동으로 저술한 『소수와 그들의 분포The Prime Numbers and Their Distribution』 (미국 수학회 출판부, 2000)의 제3장에서 인용한 것이다.

122. π에 관한 참고 자료로는 스탠 웨이건Stan Wagon의 〈π는 정상적인 수인가?Is π Normal?〉(*Mathematical Intelligencer*, Vol.7 No.3)를 권한다.

123. 휴 몽고메리와 카난 사운다라라잔Kannan Soundararajan은 최근에 공동 저술한 논문 〈짝상관 함수를 넘어서Beyond Pair Correlation〉에서 크라메르 모형에 또 한 차례의 수정을 가했다. 이 논문은 다음의 문장으로 끝을 맺는다. "…여기에는 아직도 이해되지 않은 사실들이 남아 있다."

124. 책의 제목은 『수학과 개연추론Mathematics and Plausible Reasoning』(1954)이다.

125. 프랭클린은 비전문가를 위한 확률 이론 지침서 『추측의 과학The Science of Conjecture』(2001)을 저술하였다. 나는 이 책의 서평을 《뉴 크라이테리언The New Criterion》 2001년 6월호에서 읽었다.

제21장

126. 이 책에서 특정 소프트웨어가 자주 언급되는 것에 대해 불편한 심기를 갖는 독자들이 혹시 있을까 하여 약간의 해명을 덧붙인다. 현재 판매되고 있는 수학 관련 소프트웨어는 여러 종류가 있으며 성능에 대해서도 의견이 분분하다. 또한, 이 논쟁은 PC와 매킨토시의 경쟁 관계와도 무관하지 않다. (매스매티카

Mathematica를 개발한 스티븐 울프람Stephen Wolfram은 빌 게이츠를 지지하는 사람이다.) 사실, 나는 이들의 경쟁에 대하여 어느 한쪽으로 치우친 의견을 갖고 있지 않으며, 매스매티카를 광고하려는 의도는 더욱 없다. 단지 그것은 내가 처음으로 사용해 본 수학 소프트웨어였고, 지금까지도 매스매티카 이외에 다른 프로그램을 써 본 적이 없기 때문에 이 책에서 자주 언급되고 있는 것뿐이다. 그러나 매스매티카를 사용하여 내가 의도했던 계산에 실패한 적이 한 번도 없었던 것은 사실이다. 물론 가끔씩은 사용자의 기지를 발휘해야 하는 경우도 있지만(후주-128 참조), 이 정도의 결함조차 없는 완벽한 소프트웨어는 아직 없는 것으로 안다.

127. 본문의 주제와 직접적인 관계는 없지만 전해석 함수와 관련된 가장 유명한 정리 하나를 소개하고자 한다. 이 정리를 제안하고 증명한 사람은 에밀 피카르 Émile Picard(1856~1941)였으며, 내용은 다음과 같다. "전해석 함수가 단 하나의 함수값만을 갖는 상수 함수가 아니라면 이 함수는 '모든' 값을 갖는다. 단, 함수 e^z는 예외이다(0이라는 함수값을 갖지 않으므로!)."

128. 수학용 패키지인 매스매티카 4는 $Li(x)$를 LogIntegral[x]라는 이름으로 제공하고 있는데, x가 실수인 경우 이 함수는 7-Ⅷ장에서 정의한 로그 적분 함수와 동일하지만 복소수에 대해서는 리만이 원래 정의한 것과 조금 다르게 정의되어 있다. 그래서 나는 매스매티카에서 제공하는 LogIntegral[x]를 쓰지 않고 ExpIntegralEi[$(\frac{1}{2}+ir)$Log[x]]를 계산하여 $x^{\frac{1}{2}+ir}$의 값으로 사용하였다.

129. 한쪽 눈으로 본문의 숫자표를 보면서 다른 눈으로 그림 21-3을 바라보면 처음 몇 개의 근에 대응되는 함수값은 실수부가 음수임을 알 수 있다(두 번째 근은

제외). 그러나 뒤로 가면서 이러한 경향은 곧 사라진다.

130. 그림 21-5와 21-6에는 'k번째 근'의 켤레복소수(대칭짝)가 '-k번째 근'으로 표기되어 있는데, 이는 근을 표기하는 방법의 하나일 뿐, $\bar{\rho}=-\rho$ 를 의미하지는 않는다.

131. N이 아주 큰 수일 때 완전제곱수를 약수로 갖지 않을 확률은 약 $\frac{6}{\pi^2}=$ 0.60792710…이다. 639÷1050 = 0.6085714…이므로 이 값에서 크게 벗어나지 않는다. 그런데 오일러가 해결한 바젤 문제에 의하면(5장 참조) 이 값은 $\frac{1}{\zeta(2)}$ 과 일치한다. 이것은 ζ의 변수가 임의의 n일 때도 성립하는 것으로 알려져 있다. 즉, 임의로 선택한 양의 정수가 n제곱수를 약수로 갖지 않을 확률은 ~$\frac{1}{\zeta(n)}$ 이다. 1,000,000 이하의 자연수들 중에서 982,954를 예로 들어 보자. 이 수의 약수들 중에는 자연수의 6제곱으로 표현되는 수가 단 하나도 없으며, $\frac{1}{\zeta(6)}$ 은 0.98295259226458…이다.

제22장

132. 울름Ulm대학의 웹사이트를 찾아서 울리케와 관련된 페이지로 들어가면 이탈리아의 셀라스카에 있는 베른하르트 리만의 기념비 앞에서 찍은 그녀의 사진을 볼 수 있다.

133. 영국 브리스톨대학의 응용수학과 교수인 키팅은 리만 가설의 물리적 연관성에 대하여 마이클 베리 경Sir Michael Berry과 공동 연구를 한 적이 있다.

134. 범프-Ng 정리 Bump-Ng Theorem : 에르미트 함수를 멜린 변환 Mellin transformation 시킨 함수의 근은 실수부가 $\frac{1}{2}$이다(1986). 범프와 함께 이 정리를 증명한 E.K. -S. Ng에 대해서는 알려진 바가 없다.

135. 적어도 내 생각에는 그렇다. 그러나 이 책의 원고를 미리 읽은 어느 전문 수학자는 내 생각을 전면으로 부인했다. 사실, 대부분의 수학자들은 어떤 정리나 가설을 증명하여 떼돈을 버는 것이 거의 불가능하다고 믿고 있다.

136. 마틴 헉슬리 Martin Huxley는 웨일스 Wales 대학의 수학과 교수로 재직 중이다.

137. 여기에는 일련의 사건들이 사슬처럼 얽혀 있다. 사실, 『수학의 원리 Principia Mathematica』는 프레게의 논리처럼 오류의 가능성을 내포하고 있었다. 그 후 힐베르트는 논리와 수학을 하나의 기호로 통합하는 초수학(超數學) metamathematics을 제안하였고 쿠르트 괴델은 힐베르트의 기호를 숫자로 표현하였다. 또한, 앨런 튜링은 명령과 데이터를 임의의 숫자로 변환시켜서 계산을 수행하는 '튜링 기계 Turing machine'를 고안하였으며, 존 폰 노이만은 이 모든 아이디어를 종합하여 컴퓨터라는 혁신적인 계산 장치를 설계하였다.

에필로그

138. 1854년 6월 26일에 리만이 동생에게 쓴 편지를 보면 "날씨가 추워서 고질병이 재발했다"고 적혀 있다.

139. 현재의 명칭은 베르바니아Verbania 지방자치구이다.

140. Weender Chaussee는 그 후 Bertheaustrasse로 명칭이 바뀌었다.

부록
노래로 부르는 리만 가설

칼텍Caltech(캘리포니아 공과대학)의 명예교수인 톰 어포스톨Tom Apostol은 1955년에 리만 가설을 주제로 멋진 시를 작성하여 그해 6월에 열린 칼텍 정수론 학회에서 낭송하였다. 원래 어포스톨의 시는 모두 32줄로 되어 있었는데 1973년에 케임브리지대학의 대수위상수학자인 사운더즈 맥클레인Saunders MacLane이 끝에 여덟 줄을 추가하여 지금은 40줄짜리 시로 전해지고 있다.

이 시는 리만 가설 이외에 린델뢰프 가설Lindelöf Hypothesis도 언급하고 있다. 리만 가설의 사촌 격으로 1908년에 탄생한 린델뢰프의 가설은 이 책의 14장에서 잠시 언급된 적이 있다(후주-72 참조). 이 가설에는 15장에서 도입한 큰 Obig oh가 등장하는데, 그 개념에 대해서는 이제 독자들도 익숙하리라 믿는다. 자, 지금부터 톰의 수학 서사시를 감상해 보자!

$\zeta(s)$의 근은 어디에 있을까?

톰 어포스톨 지음

(⟨Sweet Betsy from Pike⟩의 노래 가락에 맞춰 부르면 더욱 좋음.)

$\zeta(s)$의 근은 어디에 있을까? 1
G.F.B. 리만이 아주 그럴듯한 짐작을 했어.
"그들은 모두 임계선상에 있다"면서
"근의 밀도는 이파이분의 일 로그티($\frac{1}{2\pi}\log T$)이다"라고 했지.

리만의 이 한마디가 도화선이 되어 5
혈기 왕성한 사람들이 몰려들기 시작했어.
그들은 엄밀한 수학의 법칙을 따라
모드 $t \pmod t$가 커지면 ζ에게 무슨 일이 생기는지 알아내려고 애썼지.

란다우와 보어, 그리고 크라메르
하디와 리틀우드, 티치마시도 왔었대. 10
그들은 있는 재주를 총동원하여 씨름을 벌였지.
하지만 제타-근이 거기 있어야 하는 이유를 알아내진 못했대.

1914년에 하디가 드디어 한 건 올렸어.
한 줄에 늘어서 있는 무한히 많은 수들을 찾아낸 거야.
하지만 그가 만들어 낸 정리도 15
제타-근이 다른 곳에 있을 가능성을 완전히 배제하진 못했지.

함수 파이(π) 빼기 엘아이(Li)를 P라고 해 보자구.
x가 아주 클 때 P가 어디까지 커질지는 우리도 몰라.
만일 루트x 곱하기 로그x를 계산할 수 있다면
리만의 추측은 사실로 판명되는 거야.   20

이것과 관련된 수수께끼는 또 있어.
린델뢰프 함수 뮤 시그마[$\mu(\sigma)$]하고 관련된 문제인데
임계띠 안에서 제타 함수가 어떻게 변해 가는지,
특히 제타-근을 따라 올라가면 그 비밀을 알 수 있지.

하지만 이 함수의 행동 양식을 완전하게 아는 사람은 없어.   25
곡률을 따져 봤더니 오락가락하는 파동은 아니더군.
린델뢰프는 뮤 시그마의 그래프가
시그마가 이분의 일보다 클 때 상수가 된다고 했지.

아아, $\zeta(s)$의 근은 대체 어디에 있는 걸까?
우린 정확하게 알아야 해. 짐작 따원 필요 없어.   30
소수 정리가 더욱 강력한 힘을 발휘하려면
적분 경로는 제타-근을 피해 가야 하거든.

앙드레 베유는 리만의 추측을 개선했지.
더욱 별나게 생긴 제타 함수를 사용했다는군.
그는 제타-근이 그 자리에 있어야만 한다는 것을 증명했어.   35
단, 특성이 p일 때 한해서.

이 길고 긴 고난의 길을 걸어오면서 한 가지 얻은 교훈이 있어.

특히 젊은 천재들은 잘 들어 두라구.

어떤 문제와 씨름하다가 난관에 봉착하면

모드 p를 취해 봐. 그러면 행운이 찾아올 거야. 40

Where are the zeros of zeta of *s*?

by Tom M. Apostol

(To the tune of *Sweet Betsy from Pike*)

Where are the zeros of zeta of *s*? 1
G.F.B Riemann has made a good guess:
"They're all on the critical line", stated he,
"And their density's one over two pi log *T*."

This statement of Riemann's has been like a trigger, 5
And many good men, with vim and with vigor,
Have attempted to find, with mathematical rigor,
What happens to zeta as mod *t* gets bigger.

The efforts of Landau and Bohr and Cramér,
Hardy and Littlewood and Titchmarsh are there. 10
In spite of their effort and skill and finesse,
In locating the zeros there's been no success.

In 1914 G.H. Hardy did find,
An infinite number that lie on the line.
His theorem, however, won't rule out the case,　　　15
That there might be a zero at some other place.

Let P be the function pi minus Li;
The order of P is not known for x high.
If square root of x times log x we could show,
Then Riemann's conjecture would surely be so.　　　20

Related to this is another enigma,
Concerning the Lindelöf function mu sigma,
Which measures the growth in the critical strip;
On the number of zeros it gives us a grip.

But nobody knows how this function behaves.　　　25
Convexity tells us it can have no waves.
Lindelöf said that the shape of its graph
Is constant when sigma is more than one-half.

Oh, where are the zeros of zeta of s?
We must know exactly. It won't do to guess.　　　30
In order to strengthen the prime number theorem,
The integral's contour must never go near'em.

André Weil has improved on old Riemann's fine guess

By using a fancier zeta of *s*.

He proves that the zeros are where they should be,   35

Provided the characteristic is *p*.

There's a moral to draw from this long tale of woe

That every young genius among you must know:

If you tackle a problem and seem to get stuck,

Just take it mod *p* and you'll have better luck.   40

주

노랫가락: 요즘 어포스톨의 시는 〈Sweet Betsy from Pike〉라는 노래 가락에 맞춰 부르는 것이 정석으로 되어 있다. 물론 노래는 시보다 훨씬 먼저 작곡되었다. 이 시가 처음 발표되었을 무렵에는 19세기 중반에 영국에서 유행했던 〈Villikens and his Dinah〉라는 노래에 맞춰서 낭송되곤 했다[루이스 캐롤의 『이상한 나라의 앨리스』에는 디나(Dinah)라는 이름의 고양이가 등장한다. 동화 속 앨리스의 실제 모델이었던 앨리스 리델은 이 노래를 무척 좋아했는데, 그녀가 기르던 고양이의 이름도 디나(Dinah)였다]. 영국에서 고등학교를 다니며 학교 럭비팀에 가입했던 사람들은 이 노래를 잘 알고 있을 것이다. "O Father, O Father, I've come to confess. I've left some poor girl in a hell of a mess…."

1행: 5-Ⅶ장 참조.

2행: 리만의 정식 이름은 게오르그 프리드리히 베른하르트 리만Georg Friedrich Bernhard Riemann이다(2-Ⅲ장 참조). 그러나 리만은 '베른하르트 리만'이라는 이름을 사용하였다.

3행: 임계선critical line — 12-Ⅲ장 그림 12-1 참조.

4행: 이 시구와 13-Ⅷ장에 등장하는 "임계선의 높이가 원점으로부터 T인 지점에서 제타-근 사이의 평균 간격은 약 $\sim \dfrac{2\pi}{\log\left(\dfrac{T}{2\pi}\right)}$이다"라는 문장을 비교해 보자. 이 말은 곧 임계선의 단위 길이 안에 평균적으로 $\sim \dfrac{1}{2\pi}\log\left(\dfrac{T}{2\pi}\right)$개의 근이 존재한다는 뜻이다. 이것이 바로 시구에 등장하는 '밀도density'의 의미이다. 그런데 로그의 법칙에 의하면 $\log\left(\dfrac{T}{2\pi}\right)$는 $\log T - \log 2\pi$이고, 이 값은 $\log T - 1.83787706\cdots$이다. 여기에 $\dfrac{1}{2\pi}$을 곱하면 $\dfrac{1}{2\pi}\log T - 0.29250721\cdots$이 되는데, T가 아주 큰 값이면 $\log T$도 아주 커지므로(증가하는 속도는 매우 느리지만) 상수 $0.29250721\cdots$은 무시할 수 있다. 따라서 제타-근의 밀도는 시구대로 "이파이분의 일 로그티($\dfrac{1}{2\pi}\log T$)"가 되는 것이다.

8행: '모드 t(Mod t)'란 11-Ⅴ장에서 설명한 절대값modulus을 뜻한다. 시에서 말하는 t는 실수이며 mod t는 부호를 제외한 t의 크기로서 흔히 |t|로 표기하기도 한다. 즉, |5| = |−5| = 5이다. 16-Ⅳ장에서 말한 바와 같이 t(또는 T)는 임계선의 높이를 나타낼 때 주로 사용되는 문자이다. 시의 21~28행에 걸쳐 언급된 린델뢰프 가설에서는 '제타 함수의 변수의 허

수부'를 나타내기도 한다.

9행: 하랄드 보어Harald Bohr와 에드문트 란다우Edmund Landau는 1913년에 S 함수에 관한 중요한 정리를 증명하였는데(22-Ⅳ장 참조), 그 내용은 다음과 같다. "임계선 바깥에 유한개의 제타-근이 존재한다면, t가 무한으로 갈 때 $S(t)$의 값은 위로 한계가 없다." S가 무한으로 간다는 셀버그의 증명은(22-Ⅳ장 참조) 초기 조건이 필요없으므로 이보다 더 강력한 정리라고 할 수 있다. 크라메르에 대해서는 20-Ⅶ장에 소개되어 있다. 크라메르도 S함수에 관하여 '린델뢰프 가설(시 21~28행 참조)이 참이라면 t가 무한으로 갈 때 $\frac{S(t)}{\log t}$는 0으로 수렴한다'는 정리를 증명하였다. 리틀우드와 하디는 14장, 티치마시는 16-Ⅴ장을 참조하기 바란다.

13~16행: 14-Ⅴ장 참조.

17행: 운율을 맞추려면 Li는 'ell-eye'로 읽어야 한다(영시). 21장에서 논했던 오차항 $\pi(x)-Li(x)$를 P로 정의하고 있다.

18행: "x가 아주 클 때 P가 어디까지 커질지는 우리도 모른다"는 말은 P를 큰 O로 표기하고자 할 때 O의 괄호 안에 들어가야 할 값[예: $O(\sqrt{x}\log x)$ 등]을 알지 못한다는 뜻이다. 큰 O에 대해서는 15-Ⅱ, Ⅲ장을 참조하기 바란다.

19~20행: $\pi(x)-Li(x)=O(\sqrt{x}\log x)$가 증명되면 리만 가설은 자동으로 증명

된다. 이것은 폰 코흐~von Koch~가 1901년에 발표한 정리의 역~converse~인데(14-Ⅷ장 참조), 앞에서 언급하지는 않았지만 폰 코흐의 정리는 역도 성립한다.

21~28행: 이 부분은 제타 함수 이론과 관련된 린델뢰프 가설에 관한 내용이다. 린델뢰프에 관해서는 후주-72를 참고하라. 이 가설은 복소평면에서 변수가 수직 방향으로 증가할 때 제타 함수가 변하는 양상에 대하여 언급하고 있다.

린델뢰프는 제타 함수의 변수를 s가 아닌 $\sigma+it$로 쓰면서 다음과 같은 질문을 던졌다. "임의의 실수부 σ(시그마)에 대하여 t가 무한으로 갈 때 $\zeta(\sigma+it)$의 크기는 어떻게 변하는가?" 여기서 말하는 '크기'란 11-Ⅴ장에서 정의한 '절대값~modulus~'을 의미한다. 다시 말해서, $\zeta(\sigma+it)$의 크기는 $|\zeta(\sigma+it)|$, 즉 원점과 함수값 사이의 거리에 해당된다. 그러므로 임의의 σ에 대하여 변수 t와 $|\zeta(\sigma+it)|$는 실수값을 갖는다. 그림 A-1~A-8은 σ가 주어졌을 때 허수부 t에 대한 $|\zeta(\sigma+it)|$의 그래프를 보여 주고 있다(말로 장황하게 늘어놓는 것보다 그래프를 한 번 보는 것이 훨씬 효과적이다).

특히, 그림 A-5에 나와 있는 제타 함수의 자명하지 않은 근을 주의 깊게 보기 바란다. 그림 A-4, A-5, A-6은 다른 그림들에 비해 그래프가 매우 바쁘게 변하고 있다. 즉, 제타 함수는 임계띠의 내부에서 가장 격렬한 변화를 겪는다는 뜻이다.

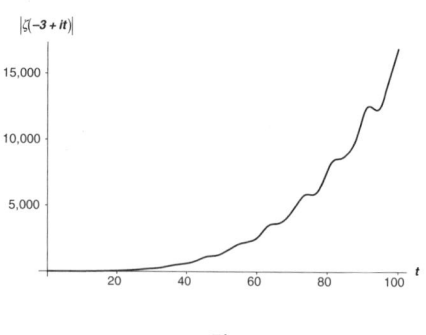

그림 A-1

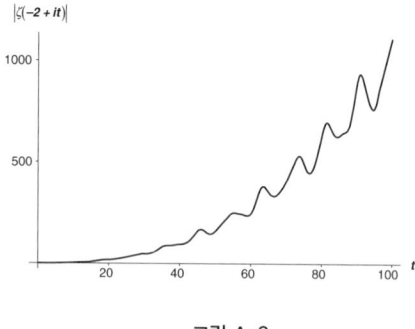

그림 A-2

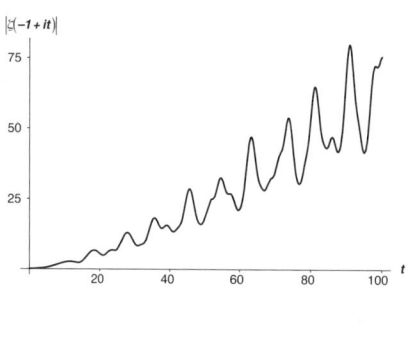

그림 A-3

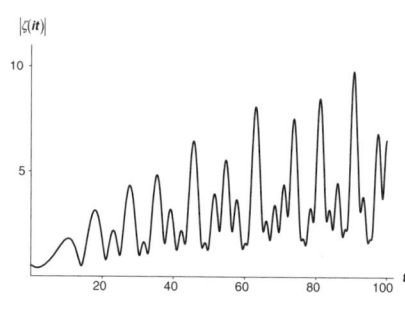

그림 A-4

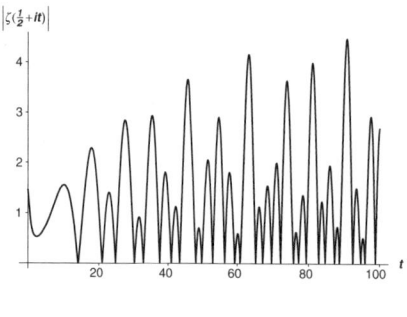

그림 A-5

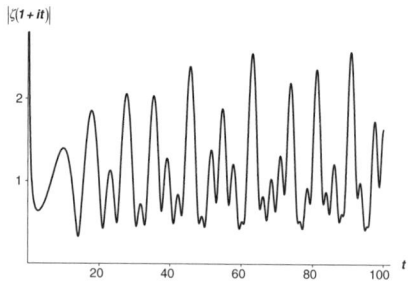

그림 A-6

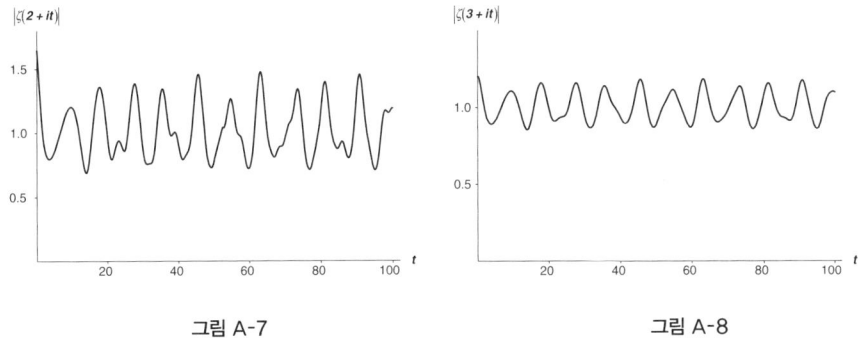

그림 A-7   그림 A-8

그림 A-1~A-8 고정된 σ에 대한 |ζ(σ + it)|의 그래프

그림 A-4에서 보면 $t = 0$일 때 $|ζ(0)| = \frac{1}{2}$인데, 그림 9-3에서 $ζ(0) = -\frac{1}{2}$이고 $|-\frac{1}{2}| = \frac{1}{2}$이므로 이들은 서로 일치한다. 또한, 그림 A-6에서 $ζ(1) = ∞$인데, $ζ(1)$은 조화급수를 나타내므로 무한으로 발산하는 것은 당연하다(1-Ⅲ장 참조). 그림 A-7의 $ζ(2) = 1.644934…$는 바젤 문제의 답과 일치하고(5-Ⅰ장 참조), 그림 A-8의 $ζ(3) = 1.202056…$은 5-Ⅵ장의 아페리 수Apéry number(후주-28 참조)이다. 그림 A-2에서 $t = 0$일 때의 함수값 $|ζ(-2)|$이 0인 이유는 -2가 제타 함수의 자명한 근trivial zero이기 때문이다(9-Ⅵ장 참조). 그림 A-1과 A-3도 $t = 0$일 때 함수값이 0인 것처럼 나타나 있지만, 사실은 그렇지 않다. 실제로 $|ζ(-3 + it)| = 0$을 만족시키는 t값은 $0.0083333…$이며, $|ζ(-1 + it)| = 0$을 만족시키는 t는 $0.0833333…$이다.

린델뢰프 가설은 이 그래프들을 포함하는 '큰 O'에 관한 가설이다. 그림 A-1~A-8로부터, 우리는 다음과 같은 짐작을 할 수 있다.

■ $σ = -1, -2, -3$일 때 $|ζ(σ+it)|$는 $O(t^2)$이나 $O(t^5)$ 등 t의 거듭제곱에 대한 O로 표현될 수 있을 것 같다. 단, $σ$가 음수 쪽으로 커질수록(실수축

에서 왼쪽으로 갈수록) t의 지수는 커지는 경향을 보인다.
- $\sigma = 2$ 또는 3일 때 그래프는 $O(1)$, 즉 $O(t^0)$에 가까워진다.
- σ가 임계띠의 내부($\sigma = 0, \frac{1}{2}, 1$)로 들어오면 이에 해당하는 O를 결정하기가 쉽지 않다.

임의의 σ에 대하여 $|\zeta(\sigma+it)| = O(t^\mu)$을 만족시키는 μ가 존재할 것인가? 육안으로 보기에도 $\sigma > 1$이면 $\mu = 0$이고 $\sigma < 0$이면 μ는 점차 증가하는 양수가 될 것 같다. 그러나 $0 < \sigma < 1$인 임계띠의 내부에서는 어떻게 될 것인가? 특히, $\sigma = \frac{1}{2}$인 임계선상에서 μ의 값은 얼마인가?

지금까지 알려진 바에 의하면(그림 A-9 참조), 임의의 σ에 대하여

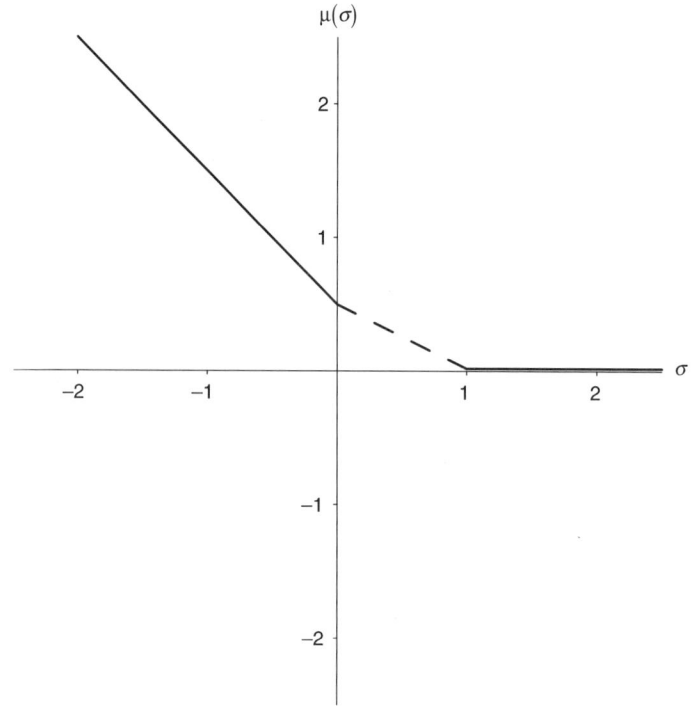

그림 A-9 린델뢰프 함수 $\mu(\sigma)$

$|\zeta(\sigma+it)| = O(t^{\mu+\varepsilon})$을 만족하는 μ가 존재한다(ε은 얼마든지 작게 잡을 수 있는 임의의 수이다). 이것은 방금 전에 제기했던 질문과 조금 다른 형태를 갖고 있지만, 같은 것으로 간주해도 크게 틀리지는 않는다(그러나 15-Ⅲ장에서 도입했던 ε처럼, 여기 등장하는 ε도 매우 중요한 역할을 한다). 보다시피, μ는 σ의 값에 따라 달라진다. 즉, μ는 σ의 함수이다. 그래서 22행에 "린델뢰프 함수 뮤 시그마[$\mu(\sigma)$]"라는 구절이 들어 있는 것이다. 물론, 15장에서 도입한 뫼비우스 μ함수와 린델뢰프 함수 $\mu(\sigma)$는 아무런 관계도 없다. 그냥 우연히 같은 기호를 사용하게 된 것뿐이다.

이 밖에도 우리는 다음의 사실을 알 수 있다.

- σ가 0보다 작거나 같을 때 $\mu(\sigma) = \frac{1}{2} - \sigma$이다.
- σ가 1보다 크거나 같으면 $\mu(\sigma)=0$이다.
- $0 < \sigma < 1$인 임계띠의 내부에서 $\mu(\sigma) < \frac{1}{2}(1-\sigma)$이다. 즉, 이 구간에서 $\mu(\sigma)$의 값은 그림 A-9의 점선 아래에 위치한다.
- 모든 σ에 대하여 $\mu(\sigma)$는 아래로 볼록하거나 평평한 감소 함수이다. 다시 말해서, $\mu(\sigma)$의 그래프상에 임의의 두 점을 잡아서 직선으로 연결했을 때, 이 사이의 그래프는 직선보다 아래에 있거나 직선과 일치한다. 이것은 임계띠의 내부를 비롯하여 σ의 값에 상관없이 항상 만족하는 성질이며, 따라서 0과 1 사이에서 $\mu(\sigma) \geq 0$이어야 한다(26행 참조).
- 리만 가설이 참이면 린델뢰프 가설도 참이다(그 이유는 앞으로 설명할 참이다). 그러나 그 역은 성립하지 않는다. 즉, 린델뢰프 가설은 리만 가설보다 '느슨한' 결과를 담고 있다.

이상이 지금까지 알려진 모든 내용이다. 린델뢰프 가설은 그림 A-10처럼

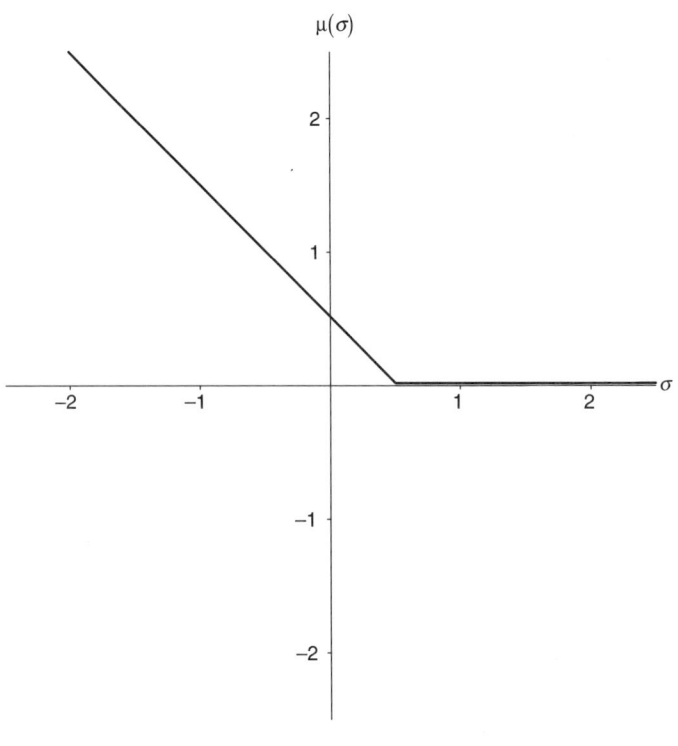

그림 A-10 린델뢰프 가설

$\mu\left(\frac{1}{2}\right) = 0$ 임을 주장하고 있다. $-\infty < \sigma \leq \frac{1}{2}$ 일 때 $\mu(\sigma) = \frac{1}{2} - \sigma$ 이고, $\sigma > \frac{1}{2}$ 일 때 $\mu(\sigma) = 0$ 을 가정하면 그림 A-10은 당연한 결과이다. 27~28행은 바로 이 점을 지적하고 있다. 물론 린델뢰프의 '가설'은 아직 증명되지 않았다. 뿐만 아니라 $0 < \mu(\sigma) < 1$ 에서 $\mu(\sigma)$ 의 값도 전혀 알려지지 않았다. 린델뢰프 가설은 리만 가설 이후에 등장한 여러 가설들 중에서 가장 '도전할 가치가 있는' 문제이며, 가설이 탄생한 1908년 이후로 지금까지 많은 연구가 이루어졌다.

24행: 린델뢰프 가설은 "임계선 바깥에 있는 제타-근의 개수에는 한계가 있다"라는 말과 동일하다. 물론, 리만 가설이 맞는다면 임계선 바깥에는 단 한 개의 근도 없다. 그럼에도 불구하고, 앞서 지적한 대로 리만 가설이 증명되면 린델뢰프 가설은 자동으로 증명된다.

31행: "소수 정리가 더욱 강력한 힘을 발휘하려면…"은 "오차항을 포함하는 가장 그럴듯한 O를 찾으려면…"과 같은 뜻이다.

32행: 7-Ⅷ장에서 정의한 대로, 일반적인 적분은 주어진 구간 $a \sim b$에서 x축을 따라가며 실행하도록 되어 있다. 그러나 복소함수론에서 적분은 반드시 x축을 따라갈 필요가 없다. 시작점과 끝점이 복소평면에서 정의되기만 하면, 복소함수의 적분은 임의의 직선이나 곡선을 따라가며 실행될 수도 있다. 이때 적분이 행해지는 곡선을 '적분 경로$_{contour}$'라 하며, 시작점과 끝점이 같더라도 적분 경로가 다르면 적분값은 다르게 나올 수도 있다. 경로 적분은 해석적 정수론에서 핵심적인 역할을 한다(복소함수론에서도 중요하게 취급되고 있다). 오차항을 제대로 계산하려면 적분 경로는 제타-근을 피해가야 한다.

33행: "André Weil…"은 17-Ⅲ장에서 언급된 대수적 접근법과 베유가 1942년에 얻었던 결과를 지칭하고 있다.

34행: '더욱 별나게 생긴 제타 함수…'란 17-Ⅲ장에서 말한 유한체(finite field)와 관련된 유사-제타 함수를 말한다.

35행: "그는… 증명했다" — 특별한 체$_{field}$에서 유사-리만 가설이 참임을 증명한 베유의 업적을 기리는 내용이다.

36행: 체의 표수characteristic는 17-Ⅱ장에서 정의했다. 유사-리만 가설은 표수가 0이 아닌 특성을 갖는(즉, 표수가 소수 p인) 체에 한하여 증명되었다.

40행: 여기서 말하는 '모드mod'란, 6-Ⅷ장에 나오는 시계산술법clock arithmetic의 모드를 뜻한다. 시계산술법과 체 사이의 관계는 17-Ⅱ장에서 설명하였다.

 인터넷을 뒤져 보면 내용이 조금씩 다른 다양한 버전의 시를 찾을 수 있는데, 개중에는 마지막 행을 "R.M.T.를 사용해 봐. 그러면 행운이 찾아올 거야"로 변형시킨 버전도 있다. R.M.T.는 '임의 행렬 이론Random Matrix Theory'을 뜻하므로, 이 버전은 아마도 물리학자의 작품일 것으로 추정된다.

역자후기

오늘날, 수학은 (적어도 한국에서는) 대부분의 사람들에게 환영받지 못하고 있다. 영재성을 판단한다는 미명하에 어린아이들을 괴롭히고, 대학진학이라는 기치 아래 청소년들에게 획일적인 사고를 강요하며, 성인들에게는 '너무 계산적이고 인간적이지 못하다'는 이유로 외면을 당하고 있다. 수학을 평생의 업으로 삼은 수학자들은 "수학만큼 순수하고 자연스럽고 우아하고 아름다운 학문이 없다"며 극찬을 아끼지 않는데, 일반인들이 느끼는 수학은 비인간적이고 부자연스럽고 딱딱하기만 하다. 그래서 수학을 주제로 일반 교양서를 집필하는 작가들은 독자들에게 부담을 주지 않고 쉽게 다가가기 위해 약간의 과장과 미화, 그리고 어려운 부분에서는 대강 추리는 정도로 넘어가는 미덕을 적절히 발휘해야 한다.

과학 책이 많이 읽히려면 일단은 쉬워야 한다. 사방에서 쏟아지는 정보를 빠짐없이 주워 담으며 바쁜 일상을 살아가는 우리에게는 어려운 책을 취미 삼아 읽을 여유가 없다. 그래서 대부분의 교양과학서들은 포장만 뜯으면 금방 먹을 수 있도록 편리하게 가공되어 있다. 물론 이것은 과학뿐만 아니라 인문과학, 철학, 경제학 등 거의 모든 분야의 전문작가들이 교양도서를 집필할 때마다 공통적으로 거치는 과정일 것이다. 그런데 순수과학으로 갈수록 전공서적과 교양과학서의 난이도 차이는 점점 더 커지는 것 같다. 경제학은 전공도서와 교양도서의 내용이 크게 다른 것 같지 않은데(적어도 사용되는 어휘는 거의 비슷하다), 물리학이나 수학분야의 전공도서는 외계인들이나 이해할 법한 암호로 가득 차 있다. 이 난해한 내용을 일상적인 언어로 풀어쓴다면 책의 분량이 족히 10배는 늘어날 것이다.

그렇다면 순수과학을 표현하는 방법에 문제가 있는 것일까? 원래는 아주 쉽고 간단한 내용이었는데, 현학적인 학자들의 손을 거치면서 그렇게 어렵고 딱딱한 내용으로 변한 것일까? "수학, 알고 보면 쉽다!"는 모 참고서의 광고카피처럼, 수학을 전달하는 방법의 효율성에 문제가 있는 것일까? 아무리 생각해도 그런 것 같지는 않다. 1,000m 높이의 산을 정복하려면 어떤 루트를 택하건 무조건 1,000m를 올라가야 한다. 중간에 잠시 쉬어가거나 경사가 완만한 길로 돌아갈 수는 있지만, 중간 높이를 생략할 수는 없다. 이와 마찬가지로, 어려운 학문을 쉽게 정복하는 지름길이란 결코 있을 수 없다. 누군가가 확실하게 쉬운 길로 안내하는 데 성공했다면, 그는 1,000m가 아니라 700m밖에 올라가지 않은 것이다. 높은 완성도를 요구하는 학교의 교과 과정에서 이런 식의 교육은 결코 바람직하지 않다. 그러나 수학 교양서라면 저자가 강행군과 휴식을 적절히 섞어서 무리 없이 정상을 정복하도록 유도할 수도 있을 것이다. 따라서 원래 말하고자 했던 내용을 충실하게 전달하면서 독자들을 지치게 만들지 않으려면 행군과 휴식을 적절히 섞는 수밖에 없다. 이런 점에서 볼 때, 수학적인 내용과 수학의 역사를 매 장마다 교대로 배치하여 완급을 조절한 저자 존 더비셔John Derbyshire는 수학의 산을 안내하는 1류 셰르파로서 부족함이 없다. 그는 전공서적과 비슷한 쪽수 안에 리만 가설의 모든 내용은 물론이고 그와 관련된 역사까지 담아내는 탁월한 능력을 발휘하고 있다.

이 책의 주제인 리만 가설은 '수학 역사상 가장 풀기 어려운 난제'로 알려져 있다. 그러나 과거에 이와 동일한 수식어를 달고 다니던 수학문제가 또 하나 있었다. 수학에 관심 있는 독자들은 잘 알고 있겠지만 '페르마의 마지막 정리 Fermat's Last Theorem'가 바로 그것이다. 페르마의 마지막 정리(엄밀히 말하면 가설)는 내용 자체가 너무 쉽고 간단명료했기에 정리가 처음 알려진 1637년 이후로 무려 360년 동안 전문 수학자는 물론이고 아마추어와 어린 학생들까지 관심을 갖고 증명을 시도해 왔다(페르마의 정리는 영국의 수학자 앤드루 와일즈 Andrew Wiles에 의해 증명되었다. 그의 증명이 공식적으로 인정된 날짜는 1997년 6월 27일이다). 한마디로, 페르마의 마지막 정리는 대중적인 인기를 한 몸에 받은 '수학문제의 슈퍼스타'였던 셈이다. 그러나 리만 가설은 사정이 전혀 다르다. 본문을 읽어 본 사람은 알겠지만, 리만 가설을 이해하려면 거기 등장하는 용어들을 먼저 이해해야 한다. 별로 길지도 않은 가설 속에 제타함수, 자명하지 않은 근, 실수부 등 생소한 단어들이 무더기로 등장하기 때문이다. 1859년에 탄생한 이 가설은 아직 증명되지 않은 최대의 난제임이 분명하지만, 전문 수학자들만이 공략할 수 있는 난해한 내용을 담고 있어 페르마의 마지막 정리처럼 유명세를 타지 못했다. 만일 리만 가설이 증명된다 해도, 페르마의 정리처럼 뉴욕 타임스의 1면 헤드라인을 장식하기는 어려울 것이다. 그렇다면, 둘 중 어느 쪽이 진짜 '최대의 난제'일까? 만일 수학자에게 이런 질문을 한다면 "아마추어용 문제와 프로용 문제를 비교하는 것 자체가 무의미하다"고 대답할 것 같다(그러나 그 단순한 페르마의 정리를 증명한 와일즈의 논문은 엄청나게 난해한 현대수학의 개념을 망라하고 있다). 난이도는 차치하고, 리만가설이 증명되었을 때 얻을 수 있는 후속이득은 어느 쪽이 더 많을까? 제법 날카로운 질문 같지만, 수학자들은 이 역시 의미 없는 질문이라고 생각할 것이다. 수학은 타 분야의 응용이나 현실적인 이득을 위해 존재하는 학문이 아니기 때문이다. 물론 현대과학을 이룩한 물리학, 화학, 천문학, 공학 등이 수학의 덕을 톡톡히 본 것은 부인할 수 없는 사실이다. 그러나 순수수학은 너무도 고고하고 지순하여 그런 것은 안중에도 없다. 마치 손에 물 한 방울 안 묻히면서 과학이라는 집의 안살림을 꾸려 나가는 부잣집 안방마님 같다. 역자는 바로 이것이 수학의 매력이라고 생각한다. 태생 자체가 워낙 고결하여 험한 세상과 직접 부대끼지 않지만, 세상에 꼭 필요한 과학을 기르고 훈육하는 역할을 수학이 하고 있기 때문이다.

역자는 이 책을 번역하면서 수학교육의 현실을 다시 한번 생각해 보았다. 우리나라의 수학은 예나 지금이나 영재를 판가름하는 척도이고 대학진학을 위해 반드시 필요한 과목이며, 국력을 좌우하는 과학 발전의 밑거름이다. 그러나 대다수의 사람들은 앞의 두 가지만 강조할 뿐, 가장 중요한 마지막 항목을 간과하고 있다. 이 항목을 무시하면 수학은 마치 레고블럭이나 장난감처럼 "어린 학생들의 지능개발과 논리적 사고력을 기르기 위해 반드시 필요하지만, 어른이 되면 필요 없어지는 아동-청소년 교육용 소도구"로 전락하게 된다. 물론, 소수의 천재가 다수를 먹여 살리는 지금의 현실을 감안할 때, 세계적인 수학자 몇 명만 양성할 수 있다면 수학교육은 대체로 성공적이라고 할 수도 있다. 그러나 이 '몇 명'이 탄생하려면 방대한 저변이 확보되어야 한다. 꽤 오래전부터 우리 청소년들이 세계적 규모의 수학, 또는 물리학 경시대회에서 상위 입상했다는 소식은 자주 접해 왔는데, 그 후에 당연히 들려

와야 할 소식은 거의 들어 본 적이 없다. 혹시 수학으로 검증 받은 실력을 다른 곳에서 발휘하고 있는 것은 아닐까? 그들에게 수학은 능력을 인정받기 위한 수단에 불과했을까? 학문 자체의 중요성이 경제 논리보다 앞서는 세상은 이미 한물 간 것인가? 아니면 커다란 주기를 그리며 언젠가 다시 찾아올 것인가? 세계 어느 나라보다 수학에 뛰어난 우리 청소년들이 순수 과학을 선도하는 그 날을 기대하며 기분 좋은 상상에 빠져 본다.

찾아보기

AT&T 벨연구소 390-391, 467, 511
e 68-69, 89, 107-108, 114, 254, 283
E.K.-S. Ng 517
GOE Gaussian Orthogonal Ensemble 420
I 242
J(x) 400-403, 405, 408-414, 433-434, 437
n차원 정다면체 regular polytope 497
p 애딕 수 423-424
S함수 468, 526
w-평면 499
z-평면 499

ㄱ

가드너, 마틴 Gardner, Martin 480
가우딘, 미셸 Gaudin, Michel 512
가우스, 카를 프리드리히 Gauss, Karl Friedrich. 50-51, 54, 55, 79-80, 82-89, 96, 130, 133, 136-137, 142-143, 170-172, 180-183, 185, 188-190, 216, 219, 228, 264-265, 267, 271, 273, 283, 323, 482-483, 487, 491-492
가우스–정규 난수
Gaussian-normal random number 381
가우스–정규 분포
Gaussian-normal distribution 381-382
가우시안 유니터리 앙상블(GUE)
Gaussian Unitary Ensemble 385, 391-392, 394, 512
가이, 리처드 Guy, Richard 484
계급수 문제 Class number problem 509
계단 함수 176, 398-399, 401, 433
계량의 논리 127
계승 함수 factorial function 203-204, 492
고골리, 니콜라이 바실리예비치
Gogol, Nikolai Vasilievich 173
고르단, 폴 앨버트 Gordan, Paul Albert 253-254
고유함수 eigenfunction 422
고프먼, 어빙 Goffman, Erving 84, 350
골드바흐, 크리스티안 Goldbach, Christian 487
골드바흐의 추측 133-134, 269, 321, 499
공간의 특성 129, 184
괴델, 쿠르트 Gödel, Kurt 267, 517
괴팅겐 7인조 50, 170-171
괴팅겐대학 49-50, 54-55, 83, 137-138, 169-171, 186-187, 228, 254-255, 309, 318, 345, 347-350, 357-358, 460, 491
괴팅겐 시 505
구츠윌러, 마틴 Gutzwiller, Martin 420, 425

국제수학자대회(ICM) International Congress of Mathematicians 227-228, 253, 258, 311
국제연맹 226
국제철학자대회 311
그람, 요르겐 Gram, Jørgen Pedersen 212-213, 270, 277, 351, 357, 507
그레이, 제레미 Gray, Jeremy J. 496
그룬바움, 브랑코 Grünbaum, Branko 498
그림 형제 Brothers Grimm 50
극한 36, 38, 129, 130, 135, 170, 184, 238, 241, 266, 416, 420
근 zeros 191-192, 239
   근 사이의 간격 391
   근의 밀도 520
   자명하지 않은 근 non-trivial zeros 192, 205, 391-392, 394, 415, 425, 434, 436, 439, 457, 527
   자명한 근 trivial zeros 205, 529
글릭, 제임스 Gleick, James 512
급수 27, 29, 31-34, 37, 193, 195-196, 207, 238, 250, 445
기하학 38-39, 129, 170, 181, 185, 254, 266, 313, 421, 508
   미분기하학 182
   비유클리드 기하학 173, 185
   유클리드 기하학 39, 146, 184
   위상기하학 293
기하학적 정수론 130

ㄴ

나폴레옹 47, 53, 81-83, 136, 173, 217, 478
나폴레옹 전쟁 43, 45, 96, 169
낭만주의 운동 54, 136, 169
노이만, 존 폰 Neumann, John von 225, 265, 497, 517
노이엔슈반더, 에르빈 Neuenschwander, Erwin 46, 477
뇌터, 에미 Noether, Emmy 255, 318
눈송이곡선 snowflake curve 502
뉴먼, 제임스 Newman, James R. 181
뉴턴, 아이작 Newton, Sir Isaac 130, 206, 312, 406, 416, 478
니콜라스 1세 173

ㄷ

다가함수 72
다이슨, 프리먼 Dyson, Freeman 279, 380, 385-387, 394, 510
다이아몬드, 해럴드 Diamond, Harold 386, 509
다체 문제 379
다항식의 근 239
닫힌 형식 closed form 101, 115, 236, 242, 418
닫힌 형태 236, 417, 423
『달과 6펜스』(몸) 53
당주아의 확률해석법 Denjoy's Pobabilistic Interpretation 513
대각합 368-370, 372, 380-381, 425
대각합 공식 513

대수 265-266
　게임이론 39
대수적 불변량 253, 311
대수적 수 364, 464
대수적 정수론 130, 423
대수적 체론 423
더비셔 함수 332-333
데데킨트, 리하르트 Dedekind, Richard 41, 48, 51-52, 54, 136, 171-172, 179, 186-188, 264, 274, 479
데븐포트, 해럴드 Davenport, Harold 487, 505
데이비스, 마틴 Davis, Martin 256
데이비스, 필립 Davis, Philip J. 174
데자르그의 정리 267
데카르트, 르네 Descartes, René 39, 225
도함수 158-160
독시아디스, 아포스톨로스 Doxiadis, Apostolos 133, 486
뒤보아레몽, 에밀 du Bois-Reymond, Emil 346
뒤카, 폴 Dukas, Paul 218
드모르간, 오거스터스 De Morgan, Augustus 312
드레퓌스, 알프레드 Dreyfus, Alfred 223-224, 226
드레퓌스, 마티외 Dreyfus, Mathieu 223
드레퓌스 사건 Dreyfus Affair 222-225, 228
들리뉴, 피에르 Deligne, Pierre 278, 365-366, 431, 465, 506
디리클레, 페터 구스타프 레조이네 Dirichlet, Peter Gustav Lejeune. 135, 137-143, 170, 175, 179-180, 187-190, 228, 265, 274, 319, 488-489, 491, 512
디오니소스 Dionysus Exiguus 126

ㄹ

라그랑주, 조제프 루이 Lagrange, Joseph-Louis 136
라마누잔, 스리니바사 Ramanujan, Srinivasa 314, 316
라이트 Wright, Sir Edward 404
라이프니츠, 고트프리트 빌헬름 폰 Leibniz, Gottfried Wilhelm von. 130, 162, 256, 485
라이프치히대학 365
라플라스, 피에르 시몽 마르키스 드 Laplace, Pierre-Simon Marquis de 136-137
란다우, 에드문트 Landau, Edmund 276, 310, 317-320, 328, 348-349, 372, 374, 431, 490, 520, 526
러더퍼드, 어니스트 Rutherford, Ernest 377
러셀, 버트런드 Russell, Bertrand 132, 311, 471
레르몬토프, 미하일 유리예비치 Lermontov, Mikhail Yurievich. 173
레먼, 셔먼 Lehman, R. Sherman 325, 354
레플러, 미타크 Leffler, Mittag 136, 488
렐리히, 프란츠 Rellich, Franz 505
로그 logarithm 98, 103, 105-106, 114, 285
로그 적분 함수 $Li(x)$ 164-165, 259, 434,

436, 447, 449, 515
로그 함수 73, 87, 107-109, 111, 156-158, 206, 284-286, 335, 438, 486
로렌츠, 에드워드 Lorenz, Edward 418
로바체프스키, 니콜라이 이바노비치 Lobachevskii, Nikolai Ivanovich. 173, 185, 491
루네, 반 데 Lune, van de 352
르네상스 241
르베그, 앙리 Lebesgue, Henri 59, 131
르장드르, 앙드리앵 마리 Legendre, Andrien-Marie 86, 88, 136-137, 319, 483
리드, 콘스탄스 Reid, Constance 256, 258
리만, 프리드리히 베른하르트 Riemann, Friedrich Bernhard 41-45, 274, 292, 310, 359, 516, 525
   마리(여동생) Marie 188
   빌헬름(남동생) Wilhelm 138
   이다(딸) Ida 45, 473, 475
   이다(큰누나) Ida 45, 55, 475
   클라라(누나) Clara 188
리만 가설 Riemann Hypothesis 32, 44, 69, 73, 77, 102, 106, 114, 117, 129, 140, 156, 164, 169, 183, 191, 205, 210, 213-216, 220-221, 228, 233, 251, 256, 259-260, 262-264, 268-272, 302, 304, 307, 309, 314-316, 319-322, 324-326, 331, 333-334, 343, 346, 350, 353-354, 365-366, 372-385, 388-390, 397, 415, 425-427, 430, 432, 439-440, 453, 456-457, 459-461, 463-469, 472, 496, 504-506, 508-511, 513, 516, 526, 531-533
리만 연산자 415-416, 420, 423, 425

리만 적분 181
리만 제타 함수 117, 122, 149, 251, 373, 387, 392, 395, 405, 412, 415, 433, 493
리만-지겔 공식 350, 357-358, 391, 420
리스팅, 요한 Listing, Johann 491, 503
리어러, 톰 Lehrer, Tom 491
리틀우드, J.E. Littlewood, J.E. 264, 276, 309-310, 312, 314, 316-317, 319, 320-321, 324, 432, 453, 467, 493, 499, 501, 520, 526
리틀우드, 앤 Littlewood, Ann 317
리틀우드의 위반 324, 454
리델, 앨리스 Liddell, Alice 524
린데만, 페르드난트 폰 Lindemann, Ferdinand von 239, 254
린델뢰프, 에른스트 Lindelöf, Ernst 280, 309, 499, 507, 521, 532
린델뢰프 가설 500, 519, 525-527, 529, 531, 533
린델뢰프 함수 531
릴레, 헤르만 Riele, Herman te 222, 325

ㅁ

마구걷기 random walk 342
마르부르크대학 365, 512
〈마법사의 제자〉(뒤카) 218
마이셀, 에른스트 Meissel, Ernst 212
마이어, 헬무트 Maier, Helmut 430
말로리, 조지 Mallory, George 134
망골트, 한스 폰 Mangoldt, Hans von 211, 213-215, 221-222, 259, 263, 319
망데프랑스, 미셸 Mendes-France, Michel 513

매스매티카 Mathematica 383, 436, 490, 514-515
맥로린, 콜린 Maclaurin, Colin 357
맥스웰, 제임스 클러크 Maxwell, James Clerk 311
맨체스터대학 354
메르텐스, 프란츠 Mertens, Franz 212, 255, 504
메르텐스 함수 M(k) 342, 504
메타, 마단 랄 Mehta, Madan Lal 387, 510
멩골리, 피에트로 Mengoli, Pietro 29, 485
멘델스존, 레베카 Mendelssohn, Rebecca 138, 187
멘델스존, 오틸리 Mendelssohn, Ottilie 488
멘델스존, 펠릭스 Mendelssohn, Felix 138-139, 187, 488, 512
모듈로(절대값) 142, 248, 439, 525, 527
모페르튀이, 피에르 드 Maupertuis, Pierre de 485
몸, 서머셋 Maugham, Somerset 53
몽고메리, 휴 Montgomery, Hugh 264, 279, 309, 319, 385-392, 394, 461, 465-466, 509, 514
몽고메리 짝상관 추측 390, 392
몽고메리-오들리즈코 법칙 392-394, 415, 511
몽주, 가스파르 Monge, Gaspard 136
뫼비우스, 아우구스트 페르디난트 Möbius, August Ferdinand 341, 404, 503

뫼비우스 띠 503-504
뫼비우스 반전 404-405, 433
뫼비우스 μ함수 327, 426, 450, 456
무리수 68, 104, 107, 116, 234-236, 238-239, 241, 246-247, 360, 480, 499, 506
무한수열 94, 99
미국과학재단 462
미국수학연구소(AIM) 460-461, 463, 465
미국수학회(AMS) 389
미네소타대학 426, 467
미분 70, 158-160, 330, 416
미적분학 36, 69, 130-131, 155-156, 158, 162, 170, 176, 181, 397, 413-414, 416

ㅂ

바나흐 Banach 310
바이어슈트라스, 카를 Weierstrass, Karl 189, 210, 225
바일, 헤르만 Weyl, Hermann 234, 348, 508
바젤대학 92, 99
바젤 급수 Basel series 100-102
바젤 문제 Basel Problem 94, 98-101, 114, 298, 439, 485, 516, 529
바흐만, 파울 Bachmann, Paul 319, 328
반스 Barnes, E.W. 309, 499
발레, 푸생 Vallée Poussin, Charles de la 211, 214-216, 221-222, 259, 275, 310, 319, 325, 461, 466, 494
발미 전쟁 Battle of Valmy 42-43, 80
발산 31, 37-38
  조화급수 27, 31-32, 35, 37, 120, 206, 445,

529
버킬, J.C. Burkill, J.C. 493
버클리, 조지 Berkeley, George 131
버클리 2세 Buckley Jr., William F. 127
범프-Ng 정리 461, 516
범프, 다니엘 Bump, Daniel 461
배비지, 찰스 Babbage, Charles 312
베데니프스키, 세바스찬
Wedeniwski, Sebastian 352-353, 390
베르누이, 니콜라스 Bernoulli, Nicholas 92
베르누이, 다니엘 Bernoulli, Daniel 92-93
베르누이, 요한 Bernoulli, Johann 29, 92, 99
베르누이, 야콥 Beroulli, Jakob 29, 99, 427, 485
베르트랑, 조세프 Bertrand, Joseph 176
베른슈타인, 펠릭스 Bernstein, Felix 348, 504
베를린대학 54, 138, 505
베를린학술원 8, 54, 56, 60, 94, 189-190, 254
베리 경, 마이클 Berry, Sir Michael 279, 390, 415, 420, 449, 466, 510, 516
베버, 하인리히 Weber, Heinrich 170-171, 180, 350, 479
베유, 앙드레 Weil, André 278, 365-366, 431, 492, 508, 521, 533-534
베유의 추측 Weil Conjectures 365, 465
베이스, 카터 Bays, Carter 179, 325, 454, 501
베이스-허드슨 수 Bays-Hudson

number 454, 456
벤드란트 Wendland 44-45, 477
벨, E.T. Bell, Eric Temple 89, 93
변수 평면 303-307, 444, 499
보르도대학 218-219, 221
보어, 닐스 Bohrs, Niels 315, 520
보어, 하랄드 Bohr, Harald 315, 431, 526
복소수 234-236, 238, 241, 243, 247-250, 261, 266, 281-288, 290, 292, 294, 303-304, 352, 360, 367, 370-371, 373, 381, 423, 426, 437-439, 441, 443-445, 498, 515
 복소수의 진폭 248-249, 285, 292
 복소함수 177, 256, 282, 288, 290-293, 438, 444, 499, 533
 절대값 modulus 249, 453
 켤레복소수 complex conjugate 248-249, 262, 271, 370, 380, 443-444, 516
 복소평면 247, 249-251, 261-262, 272, 281, 284, 287, 290-292, 296, 439, 440-441, 527, 533
 복소함수론 55, 172, 177, 219, 270, 295, 310, 438, 479, 499, 533
볼로바스, 벨라 Bollobás, Béla 317
볼리아이 Bolyai, Farkas 136
볼차노, 베른하르트 Bolzano, Bernard 136
볼테라, 비토 Volterra, Vito 136
분수 38, 236, 479-480
 가분수 236
 대분수 236
 진분수 236
불, 조지 Boole, George 39, 311
브레슬라우대학 138

브라우어 Brouwer, Luitzen 234
브리스톨대학 510, 516
브리엔, 루이 드 Bourienne, Louis de 82
비버바흐, 루트비히 Bieberbach, Ludwig 505
빅토리아 여왕 49, 311
빈학술원 212
빈회의 43, 137
빌헬름 1세 220
빌헬름 4세 54
빌헬름, 프리드리히 Wilhelm, Friedrich 82
삐까르, 조르주 Picquart, Georges 223, 226

ㅅ

사르낙, 피터 Sarnak, Peter 335-336, 374, 461, 511, 513
4색 문제 269
사운다라라잔, 카난 Soundararajan, Kannan 514
사인 함수 492
산술학 38-39, 129, 132, 135, 142, 170, 183, 480, 487
   합동 산술 142
   시계산술법 clock arithmetic 361-362, 534
『산술학 연구』(가우스) *Disquisitiones Arithmeticae* 137, 142
산업혁명 169
3체 문제 three-body problem 417-419
삼각함수 203

삼원 정리 Three Circles Theorem 219, 493
상대오차 322-323
상용로그 common logarithms 114
상트페테르부르크대학 173-174
상트페테르부르크학술원 54, 91-92, 154, 173
상한 upper bound 324
섭동 이론 perturbation theory 460
세르, 장 피에르 Serre, Jean-Pierre 487, 506
셀버그, 아틀레 Selberg, Atle 177, 270, 275, 387, 460, 468, 491, 494, 506, 526
셈의 논리학 127
셰러, 파울 scherrer, Paul 254
소르본대학 219, 228, 253, 258, 311
소수
   소수 계량 함수 $\pi(N)$ 65, 77, 212-213, 220, 307, 310, 398-401, 413, 433
   소수 정리(PNT) Prime Number Theorem 74-76, 83, 87-88, 108, 141, 145, 163, 166, 168-169, 174-175, 177, 211-212, 214-216, 219-222, 224, 227, 260, 268, 270, 310, 322, 325, 428, 431, 436, 452, 463, 466, 494, 521, 533
   개선된 소수 정리 improved version of PNT 145, 156, 166-167, 323
   소수의 밀도 75, 260
쇤하게, 아르놀트 Schönhage, Arnold 358
쇼그트, 필리버트 Schogt, Philibert 222
수렴 Convergence
   절대 수렴급수 207

조건부 수렴급수 207
수열 27, 36-38, 246
『수학의 원리』 *Principia Mathematica*
(화이트헤드, 러셀) 311, 472
스큐어스의 수 324
쉴링, 칼 다비드 Schilling, Carl David 475
슈나이더, 테오도르 Schneider, Theodor 464
슈바르츠, 헤르만 Schwarz, Hermann 475
슈타이너, 야코프 Steiner, Jakob 170
슈테른, 모리츠 Stern, Moritz 51
스노, C.P. Snow, C.P. 313
스큐어스, 사무엘 Skewes, Samuel 324-325
스털링, 제임스 Stirling. James 176
스트래치, 리튼 Strachey, Lytton 484
스티건, 이레네 Stegun, Irene A. 489
스틸체스, 토마스 얀 Stieltjes, Thomas Jan 213, 219-222, 494
스프라귀, 롤란트 페르시발 Sprague, Roland Percival 488
시간 역행 대칭 time reversal symmetry 420
시그마(Σ) 119, 152
시애틀학회 465
시온주의 228
실베스터, 제임스 조지프 Sylvester, James Joseph 212, 311
실수 235, 238, 241-245, 247, 259, 266, 281, 283, 287, 295, 300, 304-307, 311, 360, 367, 370-371, 373, 381, 398, 423-424, 437, 439, 440-441, 445, 498

실수축 248, 292, 295, 297-300, 303, 305, 307, 440, 443-444, 446-447, 456, 529

○

아르강, 장 로베르 Argand, Jean-Robert 136
아르틴, 에밀 Artin, Emil 269, 278, 365-366, 431
아다마르, 루시 Hadamard, Lucie 224, 310
아다마르, 자크 Hadamard, Jacques 211, 213-219, 221-222, 224-228, 259, 265, 275, 310, 318-319, 461, 466, 470, 472, 494, 508
아델 adele 424-425
아델적 양자역학 424
아벨 함수 473
아브라모비츠, 밀턴 Abramowitz, Milton 489
아페리 상수 486, 529
아우구스투스, 에르네스트(하노버의 왕) Augustus, Ernest 49-50, 478
아우에르슈타트 Auerstadt 81-82
아이젠슈타인, 고트홀트 Eisenstein, Gotthold 170, 183
아인슈타인, 알베르트 Einstein, Albert 181-182, 227, 416, 509
아티야 경, 마이클 Atiyah, Sir Michael 508
아페리, 로제 Apéry, Roger 486
안나(러시아의 여왕) Anna 93
알렉산더슨, 제럴드 Alexanderson, Gerald 461-462

잉엄, 앨버트 Ingham, Albert 177
야코비, 카를 구스타프 야코프
Jacobi, Karl Gustav Jakob 170, 310
양자물리학 134, 415
양자역학 quantum 373, 377, 379-380, 387, 391, 395, 416
『어느 수학자의 변명』(하디)
A Mathematician's Apology 313, 470
어포스톨, 톰 Apostol, Tom 519-520, 524
에드워즈, 해럴드 Edwards, Harold 211, 301, 358, 400, 495
에라토스테네스의 체
sieve of Eratosthenes 145, 148-149, 151, 192, 405
에르미트, 샤를 Hermite, Charles 219-220, 239, 265, 310, 370
에르미트 행렬 370-373, 380-381, 383, 385, 387, 389, 394-395, 415
에르빈 슈뢰딩거 연구소 461
에스테라지 소령 223-224
에어디시, 폴 Erdős, Paul 177, 378
에어리, 조지 Airy, George 312
에타 함수 200
에벌린, 존 Evelyn, John 90
에벨, 샤를로테 Ebell, Charlotte 45
엥케, 요한 프란츠 Encke, Johann Franz 86-88
엘리자베스(러시아의 여왕) Elizabeth 93
ε(엡실론) 113-114, 335, 427
역학계 379, 415-416, 424, 509
역함수 70-71, 73, 159, 307
연산자 369, 372-373, 415, 420-421, 425, 460, 509

연산자 이론 359-360, 366
연속성 135, 170, 416
연속체 가설 234, 259, 496
열린 형식 open form 101
오들리즈코, 앤드루 Odlyzko, Andrew 222, 277, 302, 351, 354, 358, 374, 390-392, 394, 415, 432, 461, 465-468, 472, 512
오렘, 니콜 Oresme, Nicole d' 28-29, 131
오일러, 레온하르트 Euler, Leonhard 28, 35, 69, 89, 92-98, 101, 115-116, 130-131, 140, 143, 146, 154-155, 172-173, 175, 190, 203, 273, 439, 478, 482, 484-485, 487, 516
오일러-마스케로니 상수 Euler-Mascheroni number 89, 484
오일러-맥로린 합 Euler-Maclaurin summation 357
오일러의 곱셈 공식 Euler product formula 105-106, 365, 489
오차항 260, 322-323, 335, 433, 450, 452-453, 457, 526, 533
오클라호마주립대학 462
올베르스, 하인리히 Olbers, Heinrich 133
와일즈, 앤드루 Wiles, Andrew 134, 221, 336, 366, 461, 464
월리스, 윌리엄 Wallace, William 136
요크, 제임스 Yorke, James 512
야코비, 요한나 Jacoby, Johanna 318
울프람, 스티븐 Wolfram, Stephen 514
워싱턴대학 461
웨이건, 스탠 Wagon, Stan 514
웨일즈 대학 517
위상수학 39, 172, 313, 490
윌리엄 4세 49-50

유사—리만 가설
Quasi-Riemann Hypothesis 533-534
위그너, 유진 Wigner, Eugene 380, 512
윈스턴, 메리 Winston, Mary 259
유클리드 Euclid 59, 319, 499
음수 63, 71, 103, 165
이스터만, 테오도르
Estermann, Theodor 288, 312, 499
일반 상대성 이론 181-184, 416, 421
임계띠 261-262, 300-302, 353, 373, 431, 441, 506, 521, 527, 530-531
임계선 262, 295, 302, 305-307, 352-353, 355, 373, 388, 392, 425, 431-432, 441-442, 445-446, 448-449, 453-454, 456, 460, 468-469, 525-526, 532-533
입자물리학 269
『잉여계산법』(린델뢰프) *Calcul des Résidus* 499

ㅈ

자연로그 natural logarithm 114
자연수 27, 236-238, 241, 243, 341, 360, 362, 426-428, 438-439, 516
적분 70, 160-162, 205-206, 357, 387, 390, 407-408, 410-412, 417, 441, 479, 490, 533
적분 가능 integrable 417
적분 경로 521, 533
적분 함수 160-162, 164, 206, 408
전해석 함수 entire function 438-439, 515
절대오차 322-323, 332
정수 38, 146, 148, 166, 236-237, 240, 242, 263, 266, 360, 364, 367, 398, 416, 428, 479, 498, 506

정수론 88, 209, 235, 313, 319, 327, 333-335, 342, 359, 377, 385, 387, 391, 404, 413, 416, 460-461, 486-487, 491
제곱근 72, 102, 104, 107, 122, 234, 242, 287
제곱함수 281-282, 288, 291-292, 297
제논 Zeno 131
제르맹, 소피 Germain, Sophie 136
제타 함수
  제타—근 391, 393-394, 420-421, 425, 431, 437, 439, 440-447, 449, 451, 453-454, 456-457, 460, 520-521, 525-526, 532-533
  제타 함수의 그래프 121, 197
  제타 함수의 근 205, 233, 259, 263, 269-270, 295, 304, 306, 323, 351-354, 357-358, 386, 388-390, 392, 394, 432, 443-444
  제타 함수의 정의역 122, 197
젤, 캐서린 Gsell, Catherine 92-93, 97
젤폰드, 알렉산더 Gel'fond, Alexander 464
조르당, 카미유 Jordan, Camille 312
조르당 정리 312
조머펠트, 아르놀트 Sommerfeld, Arnold 349
조지 2세 49, 94, 477
조지 3세 49, 477
조지 4세 477, 482
조지 5세 79
존슨, 폴 Johnson, Paul 96
존스홉킨스대학 212
졸라, 에밀 Zola, Émile 224, 226
주기항 434, 446, 448

지겔, 칼 루트비히 Siegel, Carl Ludwig 277, 350-351, 357, 505, 507
지수 102-110, 193, 283, 335, 441, 530
지수 함수 67-69, 72-73, 282, 284, 438
　복소 지수 함수 282, 286
집합론 39, 131
짝상관 함수 385, 387, 390, 514

ㅊ

처치, 알론조 Church, Alonzo 267
『천재와 광기』(필리버트 쇼그트)
The Wild Numbers 221
체 field 269, 360-361, 364-365, 386
　유한한 체(유한체) 361, 363-365, 423, 426, 511, 533
　무한한 체(무한체) 364, 423
　복소수체 365
체비셰프, 파프누티 루보비치
Chebyshev, Pafnuty Lvovich 174-176, 178, 212, 275, 310
체비셰프 편이 Chebyshev bias 178-179, 501
체의 표수 534
초울라, 사르바다만
Chowla, Sarvadaman 386, 510
초월수(超越數) transcendental number 239, 254, 464
최소제곱법 86, 88
측도 이론 131
7년전쟁 95

ㅋ

카니겔, 로버트 Kanigel, Robert 314, 316
카라테오도리, 콘스탄틴
Carathéodory, Constantin 488
카스티, 존 Casti, John L. 496
카츠, 니콜라스 Katz, Nicholas 336, 481, 511
칸토어, 게오르그 Cantor, Georg 39, 246, 488
칸트, 임마누엘 Kant, Immanuel 184, 345
캐롤, 루이스 Carroll, Lewis 524
캐롤라인 Caroline of Brunswick 482
캐서린(러시아의 여제)
Catherine, Empress of Russia 95, 173
케일리, 아서 Cayley, Arthur 311, 373
케임브리지 왕립학회 355
케임브리지대학 354, 500, 519
케플러의 법칙 417
코시, 오귀스탱 루이 Cauchy, Augustin-Louis 136, 170, 310
코시–리만 방정식 172
코펜하겐대학 315
코흐, 엘리제 Koch, Elise 55, 331-332
코흐, 헬게 폰 Koch, Helge von 325-326, 331, 333, 335, 502, 527
콕스터, H.S.M. Coxeter, H.S.M. 267, 498
콘느, 알랭 Connes, Alain 265, 278, 421, 423-425, 506, 513
콘리, 브라이언 Conrey, Brian 462
콘웨이, 존 Conway, John 484
콜레주 드 프랑스 Collége de France 463,

쾨니히, 사무엘 König, Samuel 485
컬럼비아대학 226
쿠랑, 리처드 Courant, Richard 257, 348
쿠랑연구소 335
쿠랑학회 460, 461, 462, 465, 469
쿠머, 에두아르트 Kummer, Eduard 189, 488
쿠머, 오틸리 Kummer, Ottilie 488
쿨릭, 야코프 Kulik, Yakov 212
크라메르, 아랄드 Cramér, Harald 280, 428-430, 520, 526
크라메르 모형 Cramér model 428-429, 514
크로네커, 레오폴트 Kronecker, Leopold 189, 234, 254, 259, 495
크리스탈, 조지 Chrystal, George 476
크리시 경, 에드워드 Creasy, Sir Edward 42
큰 O big O 327, 329, 352, 519, 526, 529
클라인, 크리스티안 펠릭스 Klein, Christian Felix 136, 219
클래리톤 clariton 466
클레브슈, 알프레드 Clebsch, Alfred 475
클레이 Clay, Landon T. 463
클레이수학연구소 Clay Mathematics Institute 463
키팅, 조너선 Keating, Jonathan 420, 459-460, 516

ㅌ

타이예 Taiye 123-124, 280

타이히뮐러, 오스발트 Teichmüller, Oswald 349
타이히뮐러 정리 505
테넨바움, 제럴드 Tenenbaum, Gérald 513
투란, 폴 Turán, Paul 327
튜링 시험 Turing Test 355
튜링, 앨런 Turing, Alan 256, 277, 355-356, 467, 496, 517
튜링 기계 Turing machine 355, 517
튜링상 Turing Prize 355
트리니티대학 264, 309, 312, 316-317, 385, 500, 510
티치마시, 에드워드 찰스 Titchmarsh, Edward Charles 301, 356, 520, 526
~(틸더, 튀들) tilde, twiddle 74, 481

ㅍ

파동 방정식 416
파동함수 wave functions 422
파리과학아카데미 219-220, 321
파스칼, 블레즈 Pascal, Blaise 487
π(파이) 254
파인만, 리처드 Feynman, Richard 390
패터슨 Patterson, Samuel J. 301, 508
페르디난트 Ferdinand, Carl Wilhelm Duke of Brunswick 80-82, 273, 482
페르마의 마지막 정리 Fermat's Last Theorem 133-134, 221, 268-269, 366, 461, 464-465, 487
페르미, 엔리코 Fermi, Enrico 377
포르, 펠릭스 Faure, Felix 224

포르하우어, 울리케 Vorhauer, Ulrike 459, 516
폴리아, 조지 Pólya, George 264, 268, 279, 315, 372-375, 430, 461, 497, 498, 501
표준형 canonical form 73
표트르 대제(러시아의 황제) Peter the Great 89-93, 273, 484
푸리에, 프랑수아 마리 샤를 Fourier, Francois Marie Charles 136-137, 170
푸슈킨, 알렉산데르 세르게예비치 Pushkin, Aleksander Sergeevich 173
푸아송 분포 Poisson distribution 511
푸아송, 시메옹 드니 Poisson, Siméon-Denis 136, 138
푸앵카레, 앙리 Poincaré, Henri 136, 210, 219, 418, 496
프라이, 존 Fry, John 461-462
프랑스 과학아카데미 213
프랑스 혁명 42
프랭클린, 제임스 Franklin, James 430-432, 514
프레게, 고틀롭 Frege, Gottlob 471, 517
프레더릭 대왕 Frederick the Great 94-95, 97-98, 136, 268
  소피아(어머니) Sophia Dorothea 89, 94
프린스턴 고등과학원 358, 385, 390, 394, 491
프린스턴대학 316, 335-336, 481
플랑크 상수 420
피적분 함수 162, 412
피카르, 에밀 Picard, Émile 227, 515
피타고라스 Pythagoras 241, 479, 499
피타고라스의 정리 248

필즈상 355, 366, 506, 508

ㅎ

하세, 헬무트 Hasse, Helmut 365
하디, 고드프리 해럴드 Hardy, Godfrey Harold 85, 276, 310, 313-318, 320-321, 347, 385, 404, 431, 470, 495, 501, 510, 520, 526
하디, 조너선 Hardy, Jonathan Gathorne 47
하셀그로브, 브라이언 Haselgrove, Brian 354
하한 lower bound 325, 408
함수 61-62, 111, 114, 158-160, 163-164, 184, 196, 266, 290, 407
  정의역 63, 157, 160, 194, 196, 203, 281, 290, 398
  기울기 gradient 159-160, 166
『함수 편람』 Handbook of Mathematical Functions 489
함수 평면 295, 304-305, 441, 444, 449, 453, 499
함수의 변수 495
함수 이론 149
해밀토니안 연산자 311, 422
해석적 정수론 39, 129, 140, 143, 145, 155, 212, 216, 270, 319-320, 328, 413, 426, 501, 533
〈해석적 정수론과 관련된 리만의 유산〉 Of Riemann Nachlass as It Relates to analytic Number Theory 351
해석학 35-39, 104, 129, 131, 133, 135, 142,

146, 170, 172, 207, 219, 238, 266, 310-311, 313, 349, 364, 413, 416, 439, 461, 467
  함수해석학 266
행렬 366-367, 369-373, 389
  비정칙 행렬 366
  임의 행렬 random matrix 380-381, 384, 534
  특성 다항식 367-370, 372, 380-381, 421
  고유값 eigenvalue 368-370, 372-373, 380-385, 387, 389, 391, 394-395, 415, 421-422, 425, 466
허드슨, 리처드 Hudson, Richard 179, 325, 454, 501
허스트, 토마스 Hirst, Thomas 138
허수 234, 241-243, 370-371, 393
허수축 248, 292, 295, 448
허친슨, J.I. Hutchinson, J.I. 357
헉슬리, 마틴 Huxley Martin 467, 517
헤르글로츠, 구스타프 Herglotz, Gustav 348, 350
헤브루대학 227, 318
헤이절, 데니스 Hejhal, Dennis 426
헨젤, 쿠르트 Hensel, Kurt 423, 512
헬리오트로프 heliotrope 182
형태 인자 form factor 385
호이겐스, 크리스티안 Huygens, Christiaan 91
호지스, 앤드루 Hodges, Andrew 356, 496, 507
혼돈 이론 416, 418-419, 512
화이트모어, 휴 Whitemore, Hugh 356

화이트헤드, 앨프리드 노스 Whitehead, Alfred North 132, 311
황금 열쇠 73, 89, 94, 110, 140, 142-143, 145-146, 152-155, 170, 175-176, 190, 192, 307, 336, 365, 405, 412-414, 433, 437, 489
  황금 열쇠 돌리기 397, 433
훔볼트, 빌헬름 폰 Humboldt, Wilhelm von 47, 53-54, 137-138
히틀러 Hitler, Adolf 257, 347-348, 504
힌덴부르크 Hindenburg 347
힐베르트, 다비드 Hilbert, David 219, 228-229, 234, 253-260, 263, 265, 268, 276, 310-311, 314, 318, 345-349, 372-375, 429, 463-497, 517
힐베르트-폴리아의 추측 373-375, 377
힐베르트-프란츠 Hilbert, Franz 255

도 · 서 · 출 · 판 · 승 · 산 · 에 · 서 · 만 · 든 · 책 · 들

19세기 산업은 전기 기술 시대, 20세기는 전자 기술(반도체) 시대, 21세기는 **양자 기술** 시대입니다. 미래의 주역인 청소년들을 위해 21세기 양자 기술(양자 컴퓨터, 양자 암호, 양자 정보, 양자 철학 등) 시대를 대비한 수학 및 양자 물리학 양서를 계속 출간하고 있습니다.

수학

허수 시인의 마음으로 들여다본 수학적 상상의 세계
배리 마주르 지음 | 박병철 옮김 | 280쪽 | 12,000원

수학자들은 허수라는 상상하기 어려운 대상을 어떻게 수학에 도입하게 되었을까? 음수의 제곱근인 허수의 수용과정을 추적하면서 수학에 친숙하지 않은 독자들을 수학적 상상력의 세계로 안내한다.

불완전성 쿠르트 괴델의 증명과 역설 〈GREAT DISCOVERIES〉
레베카 골드스타인 지음 | 고중숙 옮김 | 352쪽 | 15,000원

독자적인 증명을 통해 괴델은 충분히 복잡한 체계, 요컨대 수학자들이 사용하고자 하는 체계라면 어떤 것이든 참이면서도 증명불가능한 명제가 반드시 존재한다는 사실을 밝혀냈다. 괴델이 보기에 이는 인간의 마음으로는 오직 불완전하게 헤아릴 수밖에 없는, 인간과 독립적으로 존재하는 영원불멸의 객관적 진리에 대한 증거였다. 레베카 골드스타인은 소설가로서의 기교와 과학철학자로서의 통찰을 결합하여 괴델의 정리와 그 현란한 귀결들을 이해하기 쉽도록 펼쳐 보임은 물론 괴팍스럽고도 처절한 천재의 삶을 생생히 그려나간다.

간행물윤리위원회 선정 '청소년 권장 도서'

소수의 음악 수학 최고의 신비를 찾아
마커스 드 사토이 지음 | 고중숙 옮김 | 560쪽 | 20,000원

소수, 수가 연주하는 가장 아름다운 음악! 이 책은 세계 최고의 수학자들이 혼돈 속에서 질서를 찾고 소수의 음악을 듣기 위해 기울인 힘겨운 노력에 대한 매혹적인 서술이다. 19세기 이후부터 현대 정수론의 모든 것을 다루는 일반인을 위한 '리만 가설', 최고의 안내서이다.

2007 과학기술부 인증 '우수과학도서' 선정.
아 · 태 이론물리센터 선정 '2007년 올해의 과학도서 10권', 〈EBS 북 다이제스트〉 테마북 선정
(저자 마커스 드 사토이는 180여 년 전통의 '영국왕립연구소 크리스마스 과학강연'을 한국에 옮겨 와 일산 킨텍스에서 열린 '대한민국 과학축전'의 2007년 '8월의 크리스마스 과학강연'을 4회에 걸쳐 진행했으며 KBS TV에 방영되었다.)

영재들을 위한 **365일 수학여행**
시오니 파파스 지음 | 김흥규 옮김 | 280쪽 | 15,000원

재미있는 수학 문제와 수수께끼를 일기 쓰듯이 하루에 한 문제씩 풀어 가면서 논리적인 사고력과 문제해결능력을 키우고 수학언어에 친숙해지도록 하는 책. 더불어 수학사의 유익한 에피소드도 읽을 수 있다.

뷰티풀 마인드
실비아 네이사 지음 | 신현용, 승영조, 이종인 옮김 | 757쪽 | 18,000원

21세 때 MIT에서 27쪽짜리 게임이론의 수학 논문으로 46년 뒤 노벨 경제학상을 수상한 존 내쉬의 영화 같았던 삶. 그의 삶 속에서 진정한 승리는 30년 동안 시달려 온 정신분열증을 극복하고 노벨상을 수상한 것이 아니라, 아내 앨리샤와의 사랑으로 끝까지 살아남아 성장할 수 있었다는 점이다.

간행물윤리위원회 선정 '우수도서', 영화 〈뷰티풀 마인드〉 오스카상 4개 부문 수상

우리 수학자 모두는 약간 미친 겁니다
폴 호프만 지음 | 신현용 옮김 | 376쪽 | 12,000원

83년간 살면서 하루 19시간씩 수학문제만 풀었고, 485명의 수학자들과 함께, 1,475편의 수학논문을 써낸 20세기 최고의 전설적인 수학자 폴 에어디쉬의 전기.

한국출판인회의 선정 '이달의 책', 론-풀랑 과학도서 저술상 수상

무한의 신비
애머 악첼 지음 | 신현용, 승영조 옮김 | 304쪽 | 12,000원

고대부터 현대에 이르기까지 수학자들이 이루어 낸 무한에 대한 도전과 좌절. 무한의 개념을 연구하다 정신병원에서 쓸쓸히 생을 마쳐야 했던 칸토어, 그리고 피타고라스에서 괴델에 이르는 '무한'의 역사.

유추를 통한 수학탐구
P. M. 에르든예프, 한인기 공저 | 272쪽 | 18,000원

유추는 개념과 개념을, 생각과 생각을 연결하는 징검다리와 같다. 이 책을 통해 우리는 '내 힘으로' 수학하는 기쁨을 얻게 된다.

문제해결의 이론과 실제
한인기, 꼴랴긴 Yu. M. 공저 | 208쪽 | 15,000원

입시 위주의 수학교육에 지친 수학교사들에게는 '수학 문제해결의 가치'를 다시금 일깨워 주고, 수학 논술을 준비하는 중등학생들에게는 진정한 문제해결력을 길러 줄 수 있는 수학 탐구서.

물리

타이슨이 연주하는 우주 교향곡 1, 2권
닐 디그래스 타이슨 지음 | 박병철 옮김 | 1권 256쪽, 2권 264쪽 | 각권 10,000원

모두가 궁금해하는 우주의 수수께끼를 명쾌하게 풀어내는 책 10여 년 동안 미국 월간지 〈유니버스〉에 '우주'라는 제목으로 기고한 42편의 칼럼을 두 권으로 묶었다. 우주에 관한 다양한 주제를 골고루 배합하여 쉽고 재치 있게 설명해 준다.

아인슈타인의 우주 〈GREAT DISCOVERIES〉
미치오 카쿠 지음 | 고중숙 옮김 | 328쪽 | 15,000원

밀도 높은 과학적 개념을 일상의 언어로 풀어내는 카쿠는 『아인슈타인의 우주』에서 인간 아인슈타인과 그의 유산을 수식 한 줄 없이 체계적으로 설명한다. 가장 최근의 끈이론에도 살아남아 있는 그의 사상을 통해 최첨단 물리학을 이해할 수 있는 친절한 안내서 역할도 할 것이다.

퀀트 물리와 금융에 관한 회고
이매뉴얼 더만 지음 | 권루시안 옮김 | 472쪽 | 18,000원

'금융가의 리처드 파인만'으로 손꼽히는 금융가의 전설적인 더만. 그가 말하는 이공계생들의 금융계 진출과 성공을 향한 도전을 책으로 읽는다. 금융공학과 퀀트의 세계에 대한 다채롭고 흥미로운 회고. 수학자 제임스 시몬스는 70세 나이에도 1조 5천 억 원의 연봉을 받고 있다. 이공계생들이여, 금융공학에 도전하라!

과학의 새로운 언어, 정보
한스 크리스천 폰 베이어 지음 | 전대호 옮김 | 352쪽 | 18,000원

양자역학이 보여 주는 '반직관적인' 세계관과 새로운 정보 개념의 소개. 눈에 보이는 것이 세상의 전부가 아님을 입증해 주는 '양자역학'의 세계와, 현대 생활에서 점점 더 중요시되는 '정보'에 대해 친근하게 설명해 준다. IT산업에 밑바탕이 되는 개념들도 다룬다.
한국과학문화재단 출판지원 선정 도서

아인슈타인의 베일 양자물리학의 새로운 세계
안톤 차일링거 지음 | 전대호 옮김 | 312쪽 | 15,000원

양자물리학의 전체적인 흐름을 심오한 질문들을 통해 설명하는 책. 세계의 비밀을 감추고 있는 거대한 '베일'을 양자이론으로 점차 들춰낸다. 고전물리학에서 최첨단의 실험 결과에 이르기까지, 일반 독자들을 위해 쉽게 설명하고 있어 과학 논술을 준비하는 학생들에게 도움을 준다.

엘러건트 유니버스
브라이언 그린 지음 | 박병철 옮김 | 592쪽 | 20,000원

초끈이론의 바이블! 초끈이론과 숨겨진 차원, 그리고 궁극의 이론을 향한 탐구 여행을 이끈다. 초끈이론의 권위자 브라이언 그린은 핵심을 비껴가지 않고도 가장 명쾌한 방법을 택한다.
〈KBS TV 책을 말하다〉와 〈동아일보〉〈조선일보〉〈한겨레〉 선정 '2002년 올해의 책' 2008년 '새 대통령에게 권하는 책 30선' 선정

우주의 구조
브라이언 그린 지음 | 박병철 옮김 | 747쪽 | 28,000원

'엘러건트 유니버스'에 이어 최첨단 물리를 맛보고 싶은 독자들을 위한 브라이언 그린의 역작! 새로운 각도에서 우주의 본질에 관한 이해를 도모할 수 있을 것이다.
〈KBS TV 책을 말하다〉 테마북 선정, 제46회 한국출판문화상(번역부문, 한국일보사), 아·태 이론물리센터 선정 '2005년 올해의 과학도서 10권'

파인만의 물리학 강의 I
리처드 파인만 강의 | 로버트 레이턴, 매슈 샌즈 엮음 | 박병철 옮김 | 736쪽 | 양장 38,000원 |
반양장 18,000원, 16,000원(I-I, I-II로 분권)

40년 동안 한 번도 절판되지 않았던, 전 세계 이공계생들의 전설적인 필독서, 파인만의 빨간 책.
2006년 중3, 고1 대상 권장 도서 선정(서울시 교육청)

파인만의 물리학 강의 II
리처드 파인만 강의 | 로버트 레이턴, 매슈 샌즈 엮음 | 김인보, 박병철 외 6명 옮김 | 800쪽 | 40,000원

파인만의 물리학 강의 I에 이어 우리나라에 처음 소개되는 파인만 물리학 강의, 최신 개정판의 완역본. 주로 전자기학과 물성에 관한 내용을 담고 있다.

파인만의 물리학 길라잡이 강의록에 딸린 문제 풀이
리처드 파인만, 마이클 고틀리브, 랠프 레이턴 지음 | 박병철 옮김 | 304쪽 | 15,000원

파인만의 강의에 매료되었던 마이클 고틀리브와 랠프 레이턴이 강의록에 누락된 네 차례의 강의와 음성 녹음, 그리고 사진 등을 찾아 복원하는 데 성공하여 탄생한 책으로, 기존의 전설적인 강의록을 보충하기에 부족함이 없는 참고서이다.

파인만의 여섯 가지 물리 이야기
리처드 파인만 강의 | 박병철 옮김 | 246쪽 | 양장 13,000원, 반양장 9,800원

파인만의 강의록 중 일반인도 이해할 만한 '쉬운' 여섯 개 장을 선별하여 묶은 책. 미국 랜덤하우스 선정 20세기 100대 비소설 가운데 물리학 책으로 유일하게 선정된 현대과학의 고전.
간행물윤리위원회 선정 '청소년 권장 도서', 서울시 교육청, 경기도 교육청 권장도서 선정, KBS 'TV 책을 말하다' 선정도서

파인만의 또 다른 물리 이야기
리처드 파인만 강의 | 박병철 옮김 | 238쪽 | 양장 13,000원, 반양장 9,800원

파인만의 강의록 중 상대성이론에 관한 '쉽지만은 않은' 여섯 개 장을 선별하여 묶은 책. 블랙홀과 웜홀, 원자 에너지, 휘어진 공간 등 현대물리학의 분수령이 된 상대성이론을 군더더기 없는 접근 방식으로 흥미롭게 다룬다.

일반인을 위한 파인만의 QED 강의
리처드 파인만 강의 | 박병철 옮김 | 224쪽 | 9,800원

가장 복잡한 물리학 이론인 양자전기역학을 일반인을 대상으로 가장 평범한 일상의 언어로 풀어낸 나흘간의 여행. 최고의 물리학자 리처드 파인만이 복잡한 수식 하나 없이 설명해 간다.

발견하는 즐거움
리처드 파인만 지음 | 승영조, 김희봉 옮김 | 320쪽 | 9,800원

인간이 만든 이론 가운데 가장 정확한 이론이라는 '양자전기역학(QED)'의 완성자로 평가받는 파인만. 그에게서 듣는 앎에 대한 열정.
문화관광부 선정 '우수학술도서', 간행물윤리위원회 선정 '청소년을 위한 좋은 책'

천재 리처드 파인만의 삶과 과학
제임스 글릭 지음 | 황혁기 옮김 | 792쪽 | 28,000원

'카오스'의 저자 제임스 글릭이 쓴, 천재 과학자 리처드 파인만의 전기. 영재 자녀를 둔 학부형, 과학자, 특히 과학을 공부하는 학생이라면 꼭 읽어야 하는 책.
2006 과학기술부 인증 '우수과학도서', 아·태 이론물리센터 선정 '2006년 올해의 과학도서 10권'

스트레인지 뷰티 머리 겔만과 20세기 물리학의 혁명
조지 존슨 지음 | 고중숙 옮김 | 608쪽 | 20,000원

20여 년에 걸쳐 입자 물리학을 지배했던 리처드 파인만과 쌍벽을 이루었던 머리 겔만. 그가 이룬 쿼크와 팔중도의 발견은 이후의 입자물리학에서 펼쳐진 모든 것들의 초석이 되었다. 1969년 노벨물리학상을 받았고, 현재도 생존해 있는 머리 겔만의 삶과 학문.
교보문고 선정 '2004 올해의 책'

볼츠만의 원자
데이비드 린들리 지음 | 이덕환 옮김 | 340쪽 | 15,000원

19세기 과학과 불화했던 비운의 천재, 엔트로피 이론을 확립한 루트비히 볼츠만의 생애. 그리고 그가 남긴 과학이론의 발자취.
간행물윤리위원회 선정 '청소년 권장 도서'

생물

안개 속의 고릴라
다이앤 포시 지음 | 최재천, 남현영 옮김 | 520쪽 | 20,000원

세 명의 여성 영장류 학자(다이앤 포시, 제인 구달, 비루테 갈디카스) 중 가장 열정적인 삶을 산 다이앤 포시. 이 책은 '산중의 제왕' 산악고릴라를 구하기 위해 투쟁하고 그 과정에서 목숨까지 버려야 했던 다이앤 포시가 우림지대에서 13년간 연구한 고릴라의 삶을 서술한 보고서이다. 영장류 야외 장기 생태 연구 분야에서 값어치를 매길 수 없이 귀한 고전이다. 시고니 위버 주연의 영화 〈정글 속의 고릴라〉에서도 다이앤 포시의 삶이 조명되었다.
한국출판인회의 선정 '이달의 책' (2007년 10월)

인류 시대 이후의 **미래 동물 이야기**
두걸 딕슨 지음 | 데스먼드 모리스 서문 | 이한음 옮김 | 240쪽 | 15,000원

인류 시대가 끝난 후의 지구는 어떻게 진화할까? 다윈도 예측하지 못한 신기한 미래 동물의 진화를 기후별, 지역별로 소개하여 우리의 상상력을 흥미롭게 자극한다. 책장을 넘기며 그림을 보는 것만으로도 이 책이 우리의 상상력을 얼마나 흥미롭게 자극하는지 느낄 수 있을 것이다. 나아가 이 책은 단순히 호기심만 부추기는 데 그치지 않고, 진화 원리를 바탕으로 타당하고 예상 가능한 상상의 동물들을 제시하기에 설득력을 갖는다.

근간

Gamma Exploring Euler's Constant
줄리언 해빌 지음 | 프리먼 다이슨 서문 | 고중숙 옮김

수학의 중요한 상수 중 하나인 감마는 여전히 깊은 신비에 싸여 있다. 줄리언 해빌은 여러 나라와 세기를 넘나들며 수학에서 감마가 차지하는 위치를 설명하고, 독자들을 로그와 조화급수, 리만 가설과 소수정리의 세계로 끌어들인다.

The Reluctant Mr. Darwin An Intimate Portrait of Charles Darwin and the Making of His Theory of Evolution.
데이비드 쾀멘 지음 | 이한음 옮김

찰스 다윈과 그의 경이롭고 두려운 생각에 관한 이야기! 다윈이 떠올린 진화 메커니즘인 '자연선택'은 과학사에서 가장 흥미를 자극하는 것이다. 이 책은 다윈의 과학적 업적은 물론 그의 위대함이라는 장막 뒤쪽의 인간적인 초상을 세밀하게 그려낸다.

THE MEANING OF IT ALL Thoughts of a Citizen-Scientist
리처드 파인만 강연 | 정재승, 정무광 옮김

'과학이란 무엇인가?', '과학적인 사유는 세상의 다른 많은 분야에 어떻게 영향을 미치는가?'에 대한 기지 넘치는 강연을 생생히 읽을 수 있다. 아인슈타인 이후 최고의 물리학자로 누구나 인정하는 리처드 파인만의 1963년 워싱턴대학교에서의 강연을 책으로 엮었다.

ISAAC NEWTON
제임스 글릭 지음 | 김동광 옮김

'천재'와 '카오스'의 저자 제임스 글릭이 쓴 아이작 뉴턴의 삶과 업적! 과학에서 가장 난해한 뉴턴의 인생을 진지한 시선으로 풀어낸다.

NOT EVEN WRONG The Failure of String Theory and the Continuing Challenge to Unify the Laws of Physics
Peter Woit 지음 | 박병철 옮김

초끈이론은 탄생한 지 20년이 지난 지금까지도 아무런 실험적 증거를 내놓지 못하고 있다. 그 이유는 무엇일까? 입자물리학을 지배하고 있는 초끈이론을 논박하면서 (그 반대진영에 있는) 루프양자이론, 트위스트이론 등을 소개한다.

THE ROAD TO REALITY A Complete Guide to the Laws of the Universe
로저 펜로즈 지음 | 박병철 옮김

지금껏 출간된 책들 중 우주를 수학적으로 가장 완전하게 서술한 책. 수학과 물리적 세계 사이에 존재하는 우아한 연관관계를 복잡한 수학을 피해 가지 않으면서 정공법으로 설명한다. 우주의 실체를 이해하려는 독자들에게 놀라운 지적 보상을 제공한다.

도서출판 승산의 다른 책과 어린이 책은 홈페이지(www.seungsan.com)를 방문하면 볼 수 있습니다.

리만 가설
베른하르트 리만과 소수의 비밀

1판 1쇄 펴냄 2006년 10월 10일
1판 9쇄 펴냄 2022년 7월 20일

지은이	|	존 더비셔
옮긴이	|	박병철
펴낸이	|	황승기
편집	|	황승기, 서규범, 박지혜, 김병수
마케팅	|	송선경
표지디자인	|	이은주
본문디자인	|	소울커뮤니케이션
펴낸곳	|	도서출판 승산
등록일자	|	1998년 4월 2일
주소	|	서울시 강남구 테헤란로 34길 17 혜성빌딩 402호
전화번호	|	02-568-6111
팩시밀리	|	02-568-6118
이메일	|	books@seungsan.com
블로그	|	blog.naver.com/seungsan_b
ISBN	|	978-89-88907-88-7 03410

• 도서출판 승산은 좋은 책을 만들기 위해 언제나 독자의 소리에 귀를 기울이고 있습니다.